DORN·BADER

PHYSIK

GYMNASIUM

BERLIN

7/8

Schroedel

Dorn·Bader
Physik
Gymnasium 7/8

Herausgegeben von
Prof. Dr. Franz Bader, Heinz-Werner Oberholz

Bearbeitet von
Heinz-Werner Oberholz
Mike Riechert
Klaus Utpatel

Prof. Dr. Franz Bader
Alke Bödeker
Rolf Bürkert
Dr. Peter Drehmann
Dirk Faßbinder
Dietmar Fries
Ole Gleiche
Dr. Friedemann Graubner
Dr. Erwin-Klaus Haberkant
Günther Harsch
Walter Kasten
Bernd Kretschmer
Dr. Wolfgang Philipp
Peter Uhlig
Werner Wegner
Klaus Wieder

Beratung
Detlef Arndt

Druck A [1] / Jahr 2006

Alle Drucke der Serie A sind im Unterricht parallel verwendbar.

Redaktion: Dr. Andreas Hagedorn
Herstellung: Udo Sauter
Illustrationen: Franz-Josef Domke, newVision!
Liselotte Lüddecke, Werner Wildermuth
Gesamtherstellung: Appl, Wemding
ISBN 978-3-507-**86217**-3
alt: 3-507-**86217**-4

INHALT

Bildquellenverzeichnis

Titelbild Hintergrund Mountainbiker: Getty-Images, München; – Titelbild Kugel: Dr. Bernhardt Brill, Hofgeismar; – 27.A, 56.B2, 101.Vertiefung, 104.B1, 126.A5, 126.A6, 172.B3, 173.B8: action press, Hamburg; – 148.B1: AKG, Berlin; – 5.unten rechts, 34.B1, 57.B4, 127.B, 130.B1, 157.A5, 174.B1a, 174.B1b: Astrofoto, Sörth; – 77.B3: Dr. Franz Bader, Ludwigsburg; – 172.B2: Pressefoto Baumann, Ludwigsburg; – 73.oben rechts: Henning Behrens, Arpke; – 98.B3: Fa. H. Beiler, Spiegelau; – 68.B1c: blickwinkel; – 29.A4, 104.B2: Dr. Bernhardt Brill, Hofgeismar; – 54.B1: BVG, Berlin; – 111.oben rechts, 232.B2: Conrad Electronic, Hirschau; – 155.A: creativ collection, Freiburg; – 16.B1 c: Deutsche Bahn AG, Frankfurt/M.; – 18.B1: Deutsche Bahn, Rüstwerk Opladen; – 44.B2: Deutsche Bahn AG, Berlin; – 84.B1: Deutscher Wetterdienst, Offenbach; – 9.B3, 30.B1, 67.Vertiefung rechts, 95.oben, 148.B2, 177.B, 177.C, 228.unten: Deutsches Museum, München; – 20.B1 A: Dyckerhoff & Widmann AG, Aschheim; – 23.D: D. van Eupen (mit freundl. Unterstützung d. Fa. W. Lamprecht GmbH, Göttingen); – 143.B5: Focus, Hamburg; – 94.B mitte links: Germanischer Lloyd, Hamburg; – 80.B1a: O. Gremblewski-Strate, Laatzen; – 137.B6c: Dr. A. Hagedorn, Hannover; 94.A mitte links: Hans Mare Reederei, Bremen; – 95:A7: Udo Heuer, Hannover; – 168.B1: Howaldtswerke Deutsche Werft AG, Kiel; – 120.B, 132.B2, 161.B3c, 173.B7: IFA-Bilderteam, Ottobrunn; – 28.B1: Monika Jäger, Verden; – 81. unten rechts: Dieter Jung, Hannover; – 172.B1: Junghans Uhren GmbH, Schramberg; – 69.B5: Lichtbildarchiv Dr. Keil, Neckargemünd; – 155.C: Heinz Kettler GmbH & Co. KG, Ense-Parsit; – 8.B1 links: Public Press/Keystone Pressedienst, Hamburg; – 16.B1 a (1): H. Krantz-TKT GmbH, Bergisch-Gladbach; – 198.B1c: F. Küchenberg, Solingen; – 10.B2: Pictures/Helga Lade Fotoagentur, Frankfurt; – 87.A8: LEYBOLD GmbH, Köln; – 210.B1: Mannesmann Demag Fördertechnik, Wetter; – 102.B1: Maurer & Söhne, München; – 5.B1, 8.B1 rechts, 16.B1b, 63.A, 68.B1a (Phototake), 68.B1b (Oxford Scientific), 82.B1b, 116.B1, 127.A, 137.B6a, 173.B5: Mauritius, Mittenwald; – 94.oben links: Lars Menz, Hannover; – 16.B1a (2): Minimax GmbH, Bad Oldesloe; – 199.B4: münchner bilderdienst Dr. Jochen Müller, Gräfelfing; – 243.A17: L. Müssing, Hannover; – 73.unten rechts, 94.unten rechts, 114.V1, 194.V1: H.-W. Oberholz, Everswinkel; – 6.A1: S. Oberholz, Everswinkel; – 7.A: U. Lochstampfer/Okapia, Frankfurt; – 189.A: OSRAM GmbH, München; – 110.rechts: Reinhard-Tierfoto, Heiligkreuzsteinach; – 81.B4A: Hartmut Rupprecht, Frankfurt/Main; – 97.A: Schellhove GmbH, Greven; – 143.B4, 143.V2: SCHOTT Glas, Mainz; – 67.Vertiefung links, 112.mitte links, 137.B6b: Schroedel Archiv; – 120.A: SILIT GmbH, Riedlingen; – 24.C (Frank Lane Picture Agency LTD), 108.B2: Silvestris, Kastl; – 58.B3, 219.B3 unten, 232.A1: Manfred Simper, Wennigsen; – 59.B5: SKF GmbH, Schweinfurt; – 145.A4: G. Staiger, Stuttgart; – 149.B9: U. Staiger, Stuttgart; – 21.B3: STEAG AG, Essen; – 82.B1c: Thorbecke-Luftbild, argentofot-Bildarchiv; – 51.B3, 155.B, 159.B3, 171.D: Klaus Utpatel, Berlin; – 26.A 20: W. Waldeck, Dannenberg; – 98.B2: Max Weishaupt GmbH, Schwendi; – 82.V1, 83.V3, 85.V4b, 107.B3, 223.V3, 233.B3, 239.B1: Klaus Wieder, Karlsruhe; – 66.B2: Carl Zeiss, Oberkochen; – 58.B2: Zeiss AG, Wetzlar; – 28.B2: Ulrich zur Nieden, Hannover

übrige Fotos: Michael Fabian, Hans Tegen

B1: Ein Gewitter mit Blitz und Donner

Einführung in die Physik

1. Liebe Schülerin, lieber Schüler,

du hältst ein Physikbuch in deinen Händen. **Physik** (➠ *Vertiefung*), das ist eine schon sehr alte Wissenschaft. Schon immer haben Menschen die Natur beobachtet und über sie nachgedacht. Als Grund für Blitz (➠ *Bild 1*) und Donner haben sie manchmal böse Dämonen erfunden, vor denen man Angst haben musste. Es gab aber auch Leute, die keine übernatürlichen, sondern natürliche Ursachen vermuteten und diesen nachgingen – die Wissenschaften entstanden. Die Beobachtungen wurden im Laufe der Zeit sehr umfangreich. Eine Person allein konnte das ganze Naturgeschehen nicht mehr überblicken – in *Biologie*, *Chemie* und *Physik* betrachten wir seitdem die Natur jeweils aus einem eigenen Blickwinkel.

Seit etwa Galileo Galilei (1564–1642) befragt man die unbelebte Natur in der Physik gezielt mit Experimenten (z.B. ➠ *Versuch 1*). Als erfolgreich erwies sich auch, in Gedanken die Natur zu vereinfachen (➠ *Interessantes*). Vielfach hilft die *Mathematik* bei der Beschreibung. Sie zeigte sich allen mystischen Vorstellungen weit überlegen. All diese Methoden halfen bei der Erkenntnis: *Überall im Universum gelten dieselben Naturgesetze.*

Merksatz

Physik ist eine Naturwissenschaft. Mit ihrer Hilfe ist es leichter, die Natur zu verstehen.

Viel könnten wir noch *über* die Physik erzählen. Aber mit der Physik ist es ähnlich wie mit der Musik: Man muss sie betreiben, dann weiß man, was sie bedeutet. Fangen wir doch einfach an!

Um es dir leichter zu machen, haben wir alles Grundlegende in die breite ***Basisspalte*** *geschrieben. Mit diesem Pfeil* ➠ *weisen wir auf eine* ***Ergänzung*** *hin (oft in der Außenspalte), z. B.* einen *Versuch,* ein *Bild,* eine *Vertiefung* oder *Interessantes.*

V1: Mit etwas Fantasie versetzen wir uns in das 16. Jahrhundert. Der Turm zu Pisa droht schon zu kippen, aber wir lassen uns nicht beirren, klettern bis zur höchsten Plattform – denn wir wollen es wissen: Fallen alle Körper gleich schnell oder nicht? Wir lassen zwei verschieden große und schwere Kugeln im gleichen Augenblick los. Sie kommen etwa zur selben Zeit unten an.

Vertiefung

Wichtige Begriffe drucken wir **fett** – und Physik halten wir für wichtig. Solche Begriffe findest du alphabetisch geordnet im Stichwortverzeichnis am Ende des Buches.

Interessantes

David R. Scott bewies auf dem Mond, was Galilei schon vermutete: Ohne störende Luft fällt auch eine Feder so schnell wie eine schwere Metallkugel. Im Physiksaal kann man es nachahmen.
Daran können wir sehen: Naturgesetze sind überall gleich, sie sind *universell.*

V1: Wir ziehen zunächst 30 ml Spiritus in eine Glasspritze und anschließend 30 ml Luft. Dann verschließen wir sie und pressen den Kolben in die Spritze. Das Volumen der Luftmenge lässt sich auf etwa 15 ml verkleinern, während das Volumen des Spiritus unverändert bleibt.

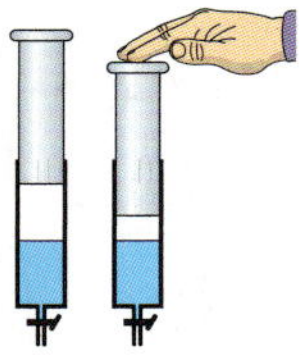

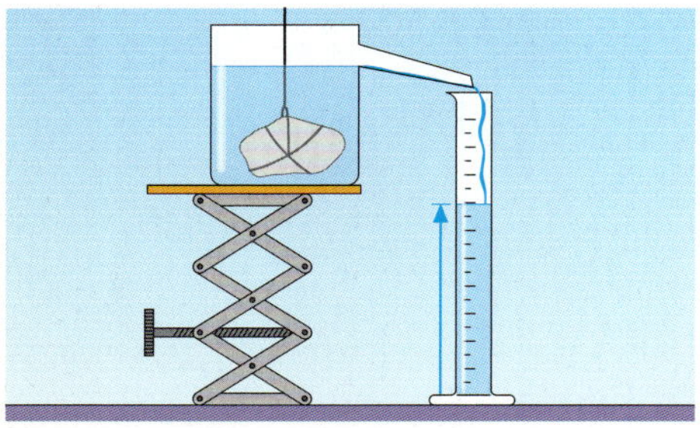

B1: Volumenmessung mit Überlaufgefäß

V2: Die umgestülpte Glaswanne war anfangs ganz mit Wasser gefüllt. Von der Luft wird nun Wasser verdrängt. Den entstehenden Luftquader messen wir aus.

Aufgaben

A1: So sollte dein Experiment nicht unbedingt ausgehen. Überlege dir eine bessere Methode, um dein eigenes Volumen zu bestimmen. Führe das Experiment aus.

2. Was versteht man in der Physik unter einem Körper?

Diese Frage klingt merkwürdig. Sieht nicht jeder, was ein Körper ist? In der Umgangssprache ist es klar – wir z. B. haben einen Körper. In der Physik ist noch etwas mehr gemeint: Alles, was eine abgegrenzte Stoffmenge hat, ist ein Körper. Ein Stein ist ein Körper, ein **fester Körper**.
Das Wasser im Aquarium ist auch eine abgegrenzte Menge eines Stoffes, also ein Körper, in diesem Fall ein **flüssiger Körper**.
Wenn du einen Luftballon aufbläst, hast du eine bestimmte Menge Luft eingesperrt. Wieder hast du einen Körper. Es gibt also auch **gasförmige Körper**.

Feste Körper kann man nicht zusammendrücken. Und flüssige Körper? Da sind wir nicht so sicher, aber ➠ *Versuch 1* zeigt: Flüssige Körper haben wie feste Körper ein unveränderliches Volumen. Das Volumen von Gasmengen lässt sich dagegen leicht verändern.

Merksatz

Eine abgegrenzte Menge eines Stoffes nennt man in der Physik einen **Körper**. Es gibt feste, flüssige und gasförmige Körper.
Feste und flüssige Körper haben ein unveränderliches **Volumen**. Das Volumen von Gasmengen dagegen lässt sich leicht verändern.

3. Volumenmessung

Das Volumen einer Flüssigkeit ist leicht zu bestimmen: Man füllt sie in einen Messzylinder und liest an der Skala ab.

Das Volumen eines quaderförmigen festen Körpers kann man *berechnen*. Bekanntlich gilt ja $V = l \cdot b \cdot h$ (Länge, Breite, Höhe).

Misst man mit dem Messschieber z. B.
$l = 2{,}87$ cm, $b = 1{,}95$ cm, $h = 1{,}83$ cm, so ergibt sich
$V = 2{,}87\ \text{cm} \cdot 1{,}95\ \text{cm} \cdot 1{,}83\ \text{cm} = 10{,}2\ \text{cm}^3$.

Das Volumen lässt sich aber auch mithilfe einer Flüssigkeit bestimmen. Man taucht den Quader z. B. in einen nur teilweise gefüllten Messzylinder ein und liest ab, um welchen Skalenwert die Flüssigkeit steigt. Selbst das Volumen eines unregelmäßig geformten Steins lässt sich so bestimmen. In ➠ *Bild 1* ist das Überlaufgefäß zunächst randvoll. Dann tauchen wir den Stein ein und fangen das jetzt überlaufende Wasser mit einem Messzylinder auf. Da kein Wasser unterwegs verloren geht, hat das übergelaufene Wasser dasselbe Volumen wie der Stein.

Jetzt kommt unsere Bewährungsprobe. Schaffen wir es sogar, das Volumen unserer Lunge zu bestimmen? Ja – dazu gehen wir geschickt vor. Zuerst atmen wir ein. Die eingeatmete Luft hat dasselbe Volumen wie die geblähte Lunge. Beim Ausatmen fangen wir die Luft auf (➠ *Versuch 2*) und messen ihr Volumen.

Heiß und Kalt in der Natur ist für dich selbstverständlich.
Menschen, Tiere und Pflanzen reagieren auf Heiß und Kalt. Aber auch flüssige, feste und gasförmige Körper werden von Heiß und Kalt beeinflusst.

Heiß und Kalt bestimmen das Naturgeschehen:
Geysire sind heiße unterirdische Quellen, die ihr Wasser in Abständen springbrunnenartig ausstoßen. Durch die große Hitze in der Erde siedet (kocht) das Wasser. Der entstehende Wasserdampf schleudert das Wasser mit großer Gewalt heraus.

B1: Heiß und Kalt in der Natur; wir Menschen leben dazwischen. Links: ein Vulkan, rechts: ein Eisberg.

V1: Anna und Daniel erhitzen Wasser auf einer Herdplatte. Am Wasser sehen sie zunächst keinerlei Veränderung. Um zu prüfen, ob nicht doch etwas geschieht, stecken Anna und Daniel immer wieder ihren Zeigefinger ins Wasser. Sie berichten, dass es zuerst lau, dann warm und schließlich heiß wird. Diese Fingerprobe brechen Anna und Daniel allerdings ab, wenn ihnen das Wasser zu heiß geworden ist. Anna bricht später ab als Daniel.

B2: Anna hält ihre linke Hand zunächst in heißes Wasser, ihre rechte in kaltes. Was empfindet sie in dem Moment, in dem sie beide Hände gleichzeitig in lauwarmes Wasser taucht?

Heiß und Kalt

1. Was machen wir in der Physik?

In deinem Stundenplan steht ein neues Fach, die Physik. Was machen wir hier? Physik ist wie Chemie und Biologie eine Naturwissenschaft. Diese Wissenschaften sind eng miteinander verwandt, sie beschäftigen sich alle mit der Erforschung der Zusammenhänge in der Natur. Dazu gehört an erster Stelle das genaue Beobachten und das Beschreiben der Beobachtungen. Die Naturwissenschaftler suchen dann nach Erklärungen für die Beobachtungen. Durch Experimente können sie ihre Überlegungen überprüfen und auch neue Entdeckungen machen.

2. Heiß und Kalt kann jeder fühlen!

Beginnen wir mit etwas Einfachem aus dem täglichen Leben. Wer Tee zubereitet oder Eier kocht, muss Wasser erhitzen. Durch genaues Beobachten wird dieser alltägliche Vorgang zu einem *physikalischen Experiment*. Die Durchführung und Beobachtung dieses ersten Experimentes beschreiben wir in → *Versuch 1* in der *Außenspalte*. Es zeigt, dass wir mit der „Fingerprobe“ deutlich fühlen können, wie das Wasser immer heißer wird.

Aus den Beobachtungen können wir bereits einiges über unseren Körper lernen:

- Unser Körper kann über die Haut wahrnehmen, ob Wasser heiß oder kalt ist.
- Wir können in groben Stufen mit Worten wie kalt, lau, warm, heiß beschreiben, wie warm das Wasser ist.

3. Heiß und Kalt ist subjektiv

Anna bricht den ➠ *Versuch 1* später ab als Daniel. Die Empfindung, dass das Wasser zu heiß ist, hängt also von der jeweiligen Person ab. Man sagt, dass die Empfindung von warm und kalt **subjektiv** ist.

Aufgrund seiner Erfahrung weiß Daniel, dass man sich täuschen kann, wenn man sich bei der Ermittlung, wie warm etwas ist, auf sein „Gefühl" verlässt. Er hat schon oft folgende Beobachtungen gemacht:

- Tritt er im Winter vom warmen Klassenraum in den Flur, so empfindet er ihn als kühl. Kehrt er aber vom kalten Pausenhof in denselben Flur zurück, so erscheint ihm dieser warm.
- Wenn er sich vor dem Sprung ins Schwimmbecken warm duscht, ist für ihn das Wasser im Becken sehr kühl. Dagegen kommt es ihm warm vor, wenn er kalt geduscht hat.

Anna will die Erfahrungen von Daniel in einem Experiment prüfen. Zunächst hält sie nach ➠ *Bild 2* für einige Zeit ihre rechte Hand in kaltes, die linke in heißes Wasser. Dann taucht sie beide Hände in das mittlere Gefäß mit lauwarmem Wasser und bewegt sie dort etwas. Mit ihrer rechten Hand empfindet sie dieses Wasser wärmer als mit der linken, die noch an das heiße Wasser gewöhnt ist. Die Bebachtung aus Annas Experiment stimmt mit den Beobachtungen aus dem Alltag von Daniel überein. Daniels Beobachtungen wurden bestätigt.

4. Messen hilft

Im Alltag gibt es aber auch viele Situationen, in denen wir unabhängig von unserer Empfindung wissen möchten, wie warm etwas ist. Wenn du den Wetterbericht für den nächsten Tag siehst, interessiert es dich auch weniger, ob es wärmer wird, sondern wie warm es genau wird. Wenn du Fieber hast, kannst du dich nicht auf dein Körperempfinden verlassen; oft frierst und schwitzt du abwechselnd. Für den Arzt ist es aber wichtig, eine genaue und zuverlässige Information zu bekommen.

Du weißt, dass in diesen Situationen **Thermometer** verwendet werden. Mit einem Thermometer können wir die **Temperatur** von Gegenständen messen und exakt mit einer Zahl angeben. Die Temperaturvorhersage hilft dir, um aufgrund deiner Erfahrung die richtige Kleidung auszuwählen. Der Arzt wählt aufgrund der Temperatur die Behandlung.

In der Physik ist es seit Jahrhunderten eine wesentliche Aufgabe herauszufinden, welche Größen zur Beschreibung der Vorgänge in der Natur wichtig sind und zu überlegen, wie diese Größen genau, zuverlässig und einheitlich gemessen werden können (➠ *Bild 3*). Du kennst sicher schon andere Größen, z. B. Länge, Volumen, Zeit. Die Temperatur ist eine weitere wichtige Größe der Physik, über die du einiges erfahren wirst.

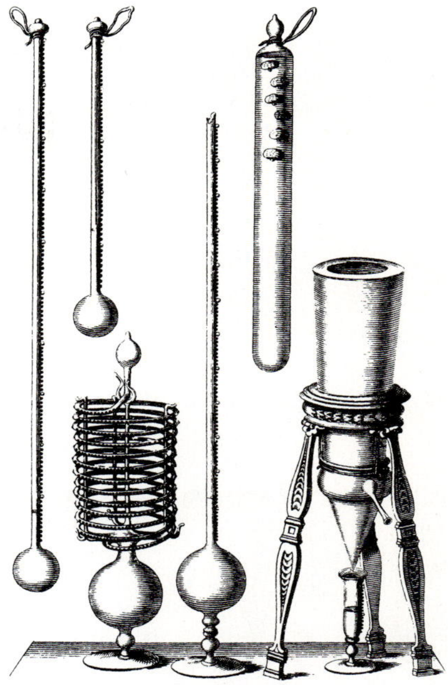

B3: Historische Messvorrichtungen

Aufgaben

A1: Wann kommt dir ein Getränk kalt, lauwarm, heiß oder zu heiß vor? Führe dazu den ➠ *Versuch 1* durch. Vergleiche deine Empfindungen mit den Empfindungen eines Mitschülers.

A2: Warum ist es für unseren Körper wichtig, dass er empfinden kann, ob etwas heiß oder kalt ist?

A3: Daniels Beobachtungen und Annas Experiment (➠ *Bild 2*) zeigen, dass der Körper sehr feinfühlig reagiert, wenn es kälter oder heißer wird. Warum ist es für den Körper wichtig, schnell auf Veränderungen zu reagieren?

A4: Stelle Vor- und Nachteile für die Empfindung von warm und kalt durch die Haut zusammen.

A5: Nenne Situationen, in denen es vorteilhaft ist, wenn man die Temperatur genau und zuverlässig feststellen kann.

A6: Du hast sicher schon einmal beim Wetterbericht von der „gefühlten Temperatur" gehört. Was ist damit gemeint? Wovon hängt die „gefühlte Temperatur" ab?

A7: **a)** Erkundige dich über die geschichtliche Entwicklung von Längen-, Volumen- und Zeitmaßen. Fertige einen Bericht an. **b)** Kennst du noch weitere Größen? Wie werden sie gemessen?

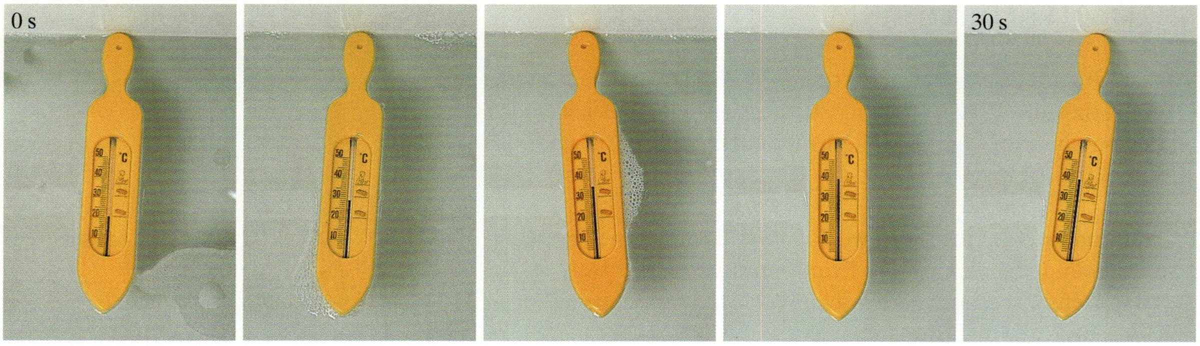

B1: Es dauert, bis das Badethermometer die richtige Temperatur des Badewassers anzeigt.

B2: Für das Baby muss die Wassertemperatur zuverlässig bestimmt werden, da es eine empfindliche Haut hat.

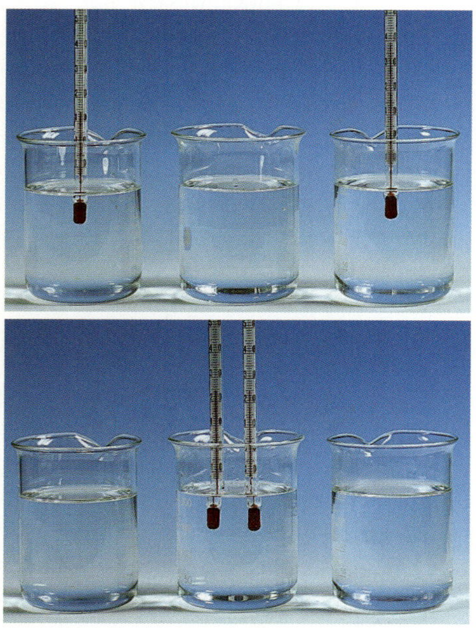

B3: Thermometer lassen sich nicht täuschen.

Thermometer messen Temperaturen

1. Thermometer irren nicht

Durch Messen der Temperatur mit einem Thermometer (➠ *Bild 1)* gehen wir sicher, dass wir uns bei der Berührung des Wassers nicht verbrennen. Was für dich eine angenehm warme Badetemperatur ist, kann für Babys zu heiß sein (➠ *Bild 2*). Daher ist es gut, dass wir mit einem Thermometer die Temperatur unabhängig von unserer Körperempfindung genau messen können.

Wir sehen: **Thermometer** haben gegenüber der Körperempfindung mehrere Vorteile:

- Statt der groben Stufeneinteilung kalt – lau – heiß lassen sich an der fein unterteilten Thermometerskala Zahlen ablesen. Man kann diese Zahlen anderen mitteilen.
- Die Messung ist **objektiv**. Das heißt, dass sie von der Empfindung der Person unabhängig ist. Jeder kommt beim Ablesen der Thermometers zum gleichen Ergebnis.
- Darüber hinaus kann man mit geeigneten Thermometern auch die Temperatur in Bereichen messen, die für unseren Körper zu heiß oder zu kalt sind.

Daniel fragt sich, ob Thermometer wirklich so zuverlässig sind und genau die Temperatur eines Gegenstandes messen. Er wiederholt Annas Versuch mit zwei Thermometern (➠ *Bild 3*). In den äußeren Gefäßen mit dem kalten beziehungsweise warmen Wasser zeigen die Thermometer verschiedene Temperaturen an. Im mittleren Gefäß mit lauwarmem Wasser steigt die Anzeige des einen Thermometers und sinkt die Anzeige des anderen. Beide Thermometer stellen sich auf den gleichen Skalenstrich ein. Die Thermometer lassen sich nicht wie die Hände täuschen.

Merksatz

Um objektiv (unabhängig vom Empfinden) festzustellen, wie kalt oder heiß etwas ist, bestimmt man die **Temperatur.** Dazu verwendet man **Thermometer**.

2. Messen, aber richtig

Anna möchte genauer verstehen, warum die Anzeige im Thermometer steigt und fällt. Sie weiß, dass sich in vielen Thermometern eine Flüssigkeit befindet. Um zu untersuchen, wie sich eine Flüssigkeitsmenge verhält, wenn man sie erhitzt, führen wir ➠ *Versuch 1* durch.
Da kein Öl entstehen und verschwinden kann, ist die Schlussfolgerung einfach: Beim Erhitzen dehnt sich das Öl aus, der Platz im Kolben reicht nicht mehr und das Öl steigt in dem Röhrchen hoch.

Merksatz

Flüssigkeiten dehnen sich bei Temperaturerhöhung aus. Beim Abkühlen ziehen sie sich zusammen.

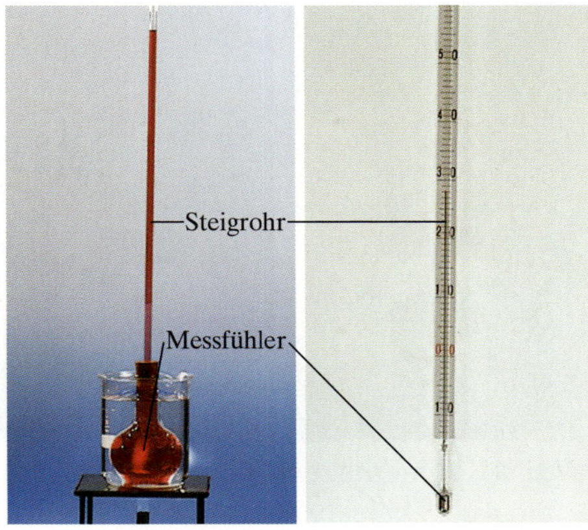

V 1: Wir füllen einen großen Glaskolben mit Öl. Oben verschließen wir ihn mit einem Gummistopfen, durch den ein dünnes Glasrohr gesteckt ist. Öl, das im Kolben keinen Platz mehr hat, steigt in diesem Glasrohr hoch. Drücken wir den Stopfen etwas fester in den Kolben, so steigt das Öl im Rohr sofort sehr viel höher. Hier zeigt sich der Sinn des dünnen Rohrs: Je dünner das Rohr ist, desto höher steigt darin die überschüssige Flüssigkeit.
Nun stellen wir den Kolben in heißes Wasser. Nach einiger Zeit steigt das Öl im Glasrohr. Beim Abkühlen in kaltem Wasser geht das Öl wieder auf seine Ausgangshöhe zurück.

Flüssigkeiten nehmen also bei hoher Temperatur einen größeren Raum ein als bei niedriger Temperatur. Aus dem Platzbedarf einer Flüssigkeit können wir daher auf ihre Temperatur schließen: Je mehr Raum die Flüssigkeit benötigt, desto höher ist ihre Temperatur.
Diese Eigenschaft nutzen wir, um Temperaturen zu messen: Wird der Messfühler eines Thermometers (➠ *Bild 4*) in Kontakt mit dem Messobjekt gebracht, so verändert sich die Temperatur der Thermometerflüssigkeit und damit der Platzbedarf. Wenn die Thermometerflüssigkeit die Temperatur der Umgebung angenommen hat, ändert sich die Höhe der Flüssigkeitssäule nicht mehr. So erklärt sich auch, warum erst gewartet werden muss, bis die Temperatur abgelesen werden kann.

Merksatz

Ein Thermometer zeigt die Temperatur seiner unmittelbaren Umgebung an.

Dieser Merksatz liefert die Begründung für einige wichtige Regeln zum Messen von Temperaturen:

- Wechselt man die Umgebung, muss man einen Augenblick warten, bis die Anzeige sich nicht mehr ändert (➠ *Bild 1*).
- Der Messfühler muss einen guten Kontakt zum Messobjekt haben. Das Beste ist, wenn er ganz eintaucht (➠ *Bild 4b*).
- Die Nähe zu einem Gegenstand anderer Temperatur sollte vermieden werden. Das Thermometer zeigt immer die Temperatur in der Umgebung des Messfühlers.

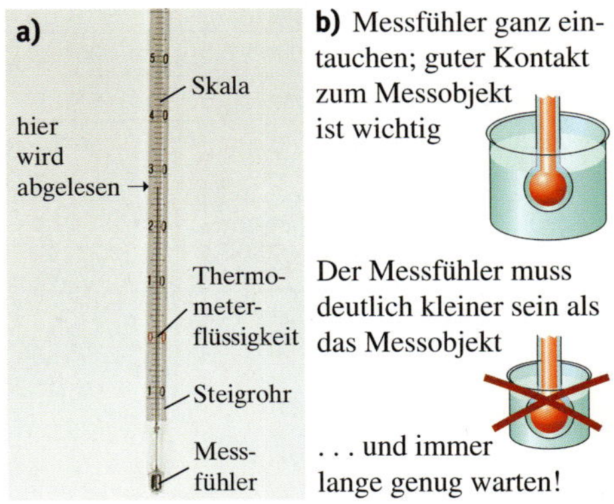

B 4: a) Aufbau eines Thermometers
b) So wird richtig gemessen.

Aufgaben

A 1: Miss von mittags bis abends jede Stunde die Außentemperatur. Trage die Messwerte in eine Tabelle ein, die du in deinem Heft anlegst. In welchem Bereich schwankt die Temperatur?

A 2: Wie gehst du beim Fiebermessen vor? Begründe dein Vorgehen.

A 3: Im Alltag begegnen dir viele Arten von Thermometern. Welche kennst du? Finde Gemeinsamkeiten und Unterschiede. Stelle die Einsatzmöglichkeiten vor.

A 4: Der Radiosprecher sagt am Morgen: „Über Nacht gab es einen Temperatursturz." Was meint er damit?

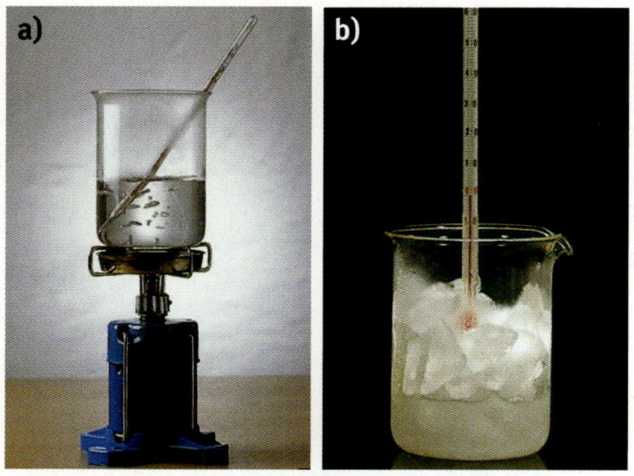

V1: a) Wir erhitzen Wasser so stark wie möglich. Dabei beobachten wir, wie hoch die Flüssigkeitssäule steigt und markieren den höchsten Stand. Wiederholungen zeigen uns, dass die Flüssigkeitssäule immer gleich hoch steigt. **b)** Wir füllen einige Eiswürfel in ein Becherglas und warten bis der Messfühler mit Schmelzwasser bedeckt ist. Auch bei Wiederholung des Versuchs sinkt die Flüssigkeitssäule immer bis zur selben Markierung.

Sonnenoberfläche	ca. +6000 °C
Glühlampendraht	ca. +2000 °C
siedendes Wasser (oberer Fixpunkt)	**+100 °C**
höchste Temp. in Wüsten	+60 °C
Körpertemperatur Zaunkönig	+43 °C
Körpertemperatur Mensch	+37 °C
empfohlene Wohnraumtemp.	um +20 °C
mittlere Temperatur in Europa	+8 °C
Eis-Wasser-Gemisch (unterer Fixpunkt)	**0 °C**
Frosterfach im Kühlschrank	−6 °C … −18 °C
tiefste Temp. der Antarktis	−94 °C
tiefste Temp. im Labor	−273 °C

T1: Einige Temperaturen

Interessantes

In England und den USA benutzt man die **Fahrenheit-Skala.** Der deutsche Physiker Daniel FAHRENHEIT (1686–1736) teilte wie CELSIUS den Abstand zweier Punkte in hundert gleiche Teile. Allerdings wählte er als Nullpunkt die niedrigste Temperatur, die er damals mit einer Mischung von Salz und Eis herstellen konnte. Die Temperatur des Blutes im menschlichen Körper nannte er 100 Grad. Eis schmilzt danach bei 32 °F.

3. Wie kommen Thermometer zur Skala?

Anna und Daniel haben verschiedene Thermometer zusammengesucht und vergleichen sie. Sie wundern sich, dass die Markierungen für gleiche Temperaturen in unterschiedlichen Höhen der Skalen angebracht sind und die Strichabstände verschieden sind. Bei genauerem Vergleich stellen sie fest, dass Thermometer, bei denen die Strichabstände groß sind, dünne Steigrohre besitzen. Diese Beobachtung hilft ihnen bei der Erklärung: Je dünner das verwendete Steigrohr ist, desto stärker steigt die Flüssigkeitssäule bei gleicher Temperaturerhöhung. Also müssen die Strichabstände für ein Grad in diesem Fall größer sein als bei dicken Steigrohren. Woher weiß man aber, wie groß jeweils die Strichabstände sein müssen?

Wir folgen einem genialen Vorschlag des Schweden Anders CELSIUS (um 1740). Er nutzte zwei Beobachtungen, die jeder im Experiment mit Wasser (➠ *Versuch 1*) nachvollziehen kann, die also *allgemeingültig* sind:

- Wasser siedet immer bei derselben Temperatur.
- Schmelzendes Eis hat immer dieselbe Temperatur.

Diese beiden Punkte nennt man **Fixpunkte**, da sie sich nicht verändern, also fest (lateinisch: fixus) sind. Streng genommen siedet Wasser nicht immer bei derselben Temperatur. Auf Bergen (bei geringerem Luftdruck) siedet Wasser schon bei niedrigeren Temperaturen.

Anders CELSIUS hat erkannt, dass es möglich ist, mit zwei Fixpunkten eine Temperaturskala festzulegen. Zunächst hat er die Temperatur, bei der Eis schmilzt, gewählt. Ihr wird der Wert **0 °C** (0 Grad Celsius) zugeordnet. Die Temperatur, bei der Wasser siedet, wird mit **100 °C** (100 Grad Celsius) benannt. Für dieselben Fixpunkte hätten auch andere Benennungen gewählt werden können. Die beiden Fixpunkte kann man auf jeder Skala zuverlässig markieren, indem der Messfühler erst in schmelzendes Eis und dann in siedendes Wasser gehalten wird.

CELSIUS schlug außerdem vor, den Abstand zwischen den beiden Fixpunkten in hundert gleiche Teile einzuteilen. Jeder dieser Teile entspricht einem Grad Celsius (**1 °C**). Das Wort Grad kommt aus dem Lateinischen und meint „Schritt". Der Buchstabe C für Celsius wird zu Ehren des Erfinders angefügt. Man kann die Skala auch über die Fixpunkte hinaus verlängern.

Neben der **Celsius-Skala** gibt es noch andere Temperaturskalen. Eine alte Temperaturskala geht auf den französischen Forscher R\'EAUMUR (um 1730) zurück. Er unterteilte den Abstand zwischen den beiden Fixpunkten in 80 gleiche Teile. Hierdurch ergibt sich für eine bestimmte Temperatur ein anderer Zahlenwert als bei der Celsius-Skala. Zum Beispiel meint 40 °R dieselbe Temperatur wie 50 °C.

Projekt

Herstellen einer Celsius-Skala

Ziel:
Wir stellen die Skala eines Thermometers nach der Idee von Anders Celsius her.

Material:
Vorratsgefäß mit Steigrohr ohne Skala, Pappkarton, Draht, 2 Bechergläser, Gasbrenner, Eiswürfel

Vorgehen:
Zuerst wurde eine Pappscheibe an dem dünnen Steigrohr befestigt, damit wir später dort eine Skala aufzeichnen können.
Dann ging es richtig los:
Wir haben in das erste Becherglas kleine Eiswürfel gelegt und etwas gewartet, bis sich auch geschmolzenes Wasser gebildet hatte. Dann haben wir das Thermometerröhrchen mit dem Vorratsgefäß zwischen die Eisklumpen gehalten. Die Thermometerflüssigkeit hat sich zurückgezogen. Als sie sich nicht mehr geändert hat, haben wir auf der Pappe die Stellung der Thermometerflüssigkeit markiert. Daneben haben wir 0°C geschrieben.

Jetzt haben wir das zweite Becherglas halb mit Wasser gefüllt und das Wasser auf dem Gasbrenner erhitzt, bis es siedete. Dann haben wir unser Thermometerröhrchen in das siedende Wasser gehalten, bis die Flüssigkeit im Steigrohr nicht mehr gestiegen ist. Die erreichte Stelle haben wir auf der Pappe markiert und 100°C daneben geschrieben.
Den Abstand zwischen 0°C und 100°C haben wir dann in 10 gleiche Teile unterteilt und daneben geschrieben: 10°C, 20°C usw. (das kann man in der Zeichnung sehen). Dann haben wir jeden kleinen Abstand nochmals halbiert, sodass wir auch 5°C, 15°C usw. ablesen können. Um auch im Winter draußen messen zu können, haben wir die Skala in gleichen Abständen mit Minus-Graden fortgesetzt: −10°C, −20°C. Auch über 100°C hinaus haben wir die Skala mit gleichen Abständen verlängert (+110°C, +120°C usw.).

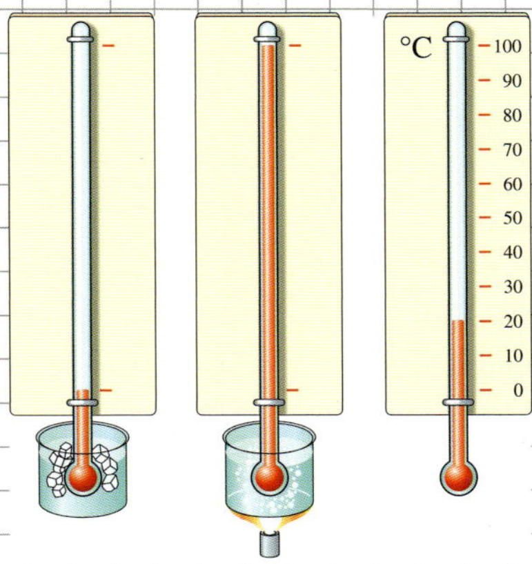

Ergebnis:
Durch das Einmessen einer Skala mit den Fixpunkten 0°C und 100°C haben wir aus einem bloßen Steigrohr ein Celsius-Thermometer gemacht. Mit diesem Thermometer können wir jetzt zum Beispiel die Temperatur im Physikraum messen.

V2: Herstellung einer Celsius-Skala; Versuchsprotokoll von Daniel und Anna

Aufgaben

A1: Die ➠ *Tabelle 1* zeigt verschiedene Temperaturen. Welche könntest du durch eigene Messungen überprüfen? Ergänze weitere typische Temperaturangaben.

A2: Daniel sagt, dass es möglich sei, mit nur einem Punkt, z.B. dem Fixpunkt 100°C, eine Temperaturskala festzulegen. Anna dagegen fragt, warum zusätzlich zu 0°C und 100°C nicht auch z.B. 20°C einen eigenen Fixpunkt brauche. Antworte beiden.

A3: Finde heraus, was mit „eichen" eines Messinstrumentes gemeint ist.

A4: **a)** Fertige eine Fahrenheit-Skala an. Beschreibe dein Vorgehen. **b)** Zeichne dazu passend eine Celsius-Skala. Gib die Siedetemperatur des Wassers in Grad Fahrenheit an. In wie viele Teile hat Fahrenheit den Abstand zwischen Schmelztemperatur und Siedetemperatur geteilt? **c)** Findest du noch weitere Temperaturskalen? Beschreibe das dortige Vorgehen.

A5: Du kannst eine Thermometerskala auch herstellen, indem du ein zweites bereits geeichtes Thermometer zuhilfe nimmst. Wie würdest du vorgehen? Beschreibe.

A6: **a)** Darf man statt +37°C nur 37°C und statt −94°C nur 94°C schreiben? **b)** Ein Thermometer steigt von −6°C auf +9°C. Um wie viel Grad stieg die Temperatur? **c)** Ein Thermometer zeigt −15°C und steigt um 27 Grad Celsius. Wie viel Grad Celsius zeigt es dann an?

Methoden

Diagramme

A. Diagramme selber zeichnen

In vielen Orten gibt es Wetterstationen, in denen Meteorologen das Wetter genau verfolgen. Meteorologie ist die Wissenschaft vom Wetter und meint „Beschreibung dessen, was in der Luft geschieht". Anna und Daniel haben die Wetterstation in ihrer Nähe besucht und sich alles erklären lassen. Sie haben gelernt, dass Meteorologen zum Beispiel beobachten, ob es sonnig oder bewölkt, trocken oder regnerisch, warm oder kalt, windig oder windstill ist. Da diese Vielzahl von Wetterdaten an allen Wetterstationen gemessen wird, können Meteorologen Zusammenhänge erkennen und Wettervorhersagen treffen.

Eine der wichtigsten Informationen ist der *Temperaturverlauf*. Anna und Daniel kennen die Diagramme aus der Zeitung. Diese enthalten zusätzlich Vorhersagen über Sonnenschein, Bewölkung und Regen.

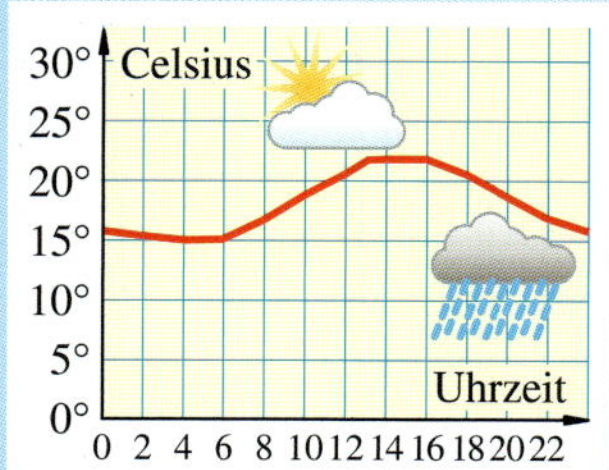

Anna und Daniel wollen wissen, wie so ein Diagramm entsteht. Der Meteorologe zeigt ihnen zuerst die Tabelle, in der die am Vortag gemessenen Temperaturwerte (*Tabelle 1*) festgehalten sind. Aus ihnen entsteht dann das Diagramm (*Bild 1*).

Zeitpunkt	Temperatur in °C	Zeitpunkt	Temperatur in °C
0 Uhr	9,8	12 Uhr	11,3
1 Uhr	9,2	13 Uhr	11,8
2 Uhr	9,1	14 Uhr	13,6
3 Uhr	8,8	15 Uhr	14,2
4 Uhr	8,6	16 Uhr	14,0
5 Uhr	8,4	17 Uhr	14,5
6 Uhr	8,3	18 Uhr	14,1
7 Uhr	8,5	19 Uhr	14,2
8 Uhr	8,6	20 Uhr	13,0
9 Uhr	8,8	21 Uhr	11,8
10 Uhr	9,2	22 Uhr	10,4
11 Uhr	9,6	23 Uhr	9,1

T1: Temperaturwerte im Tagesverlauf

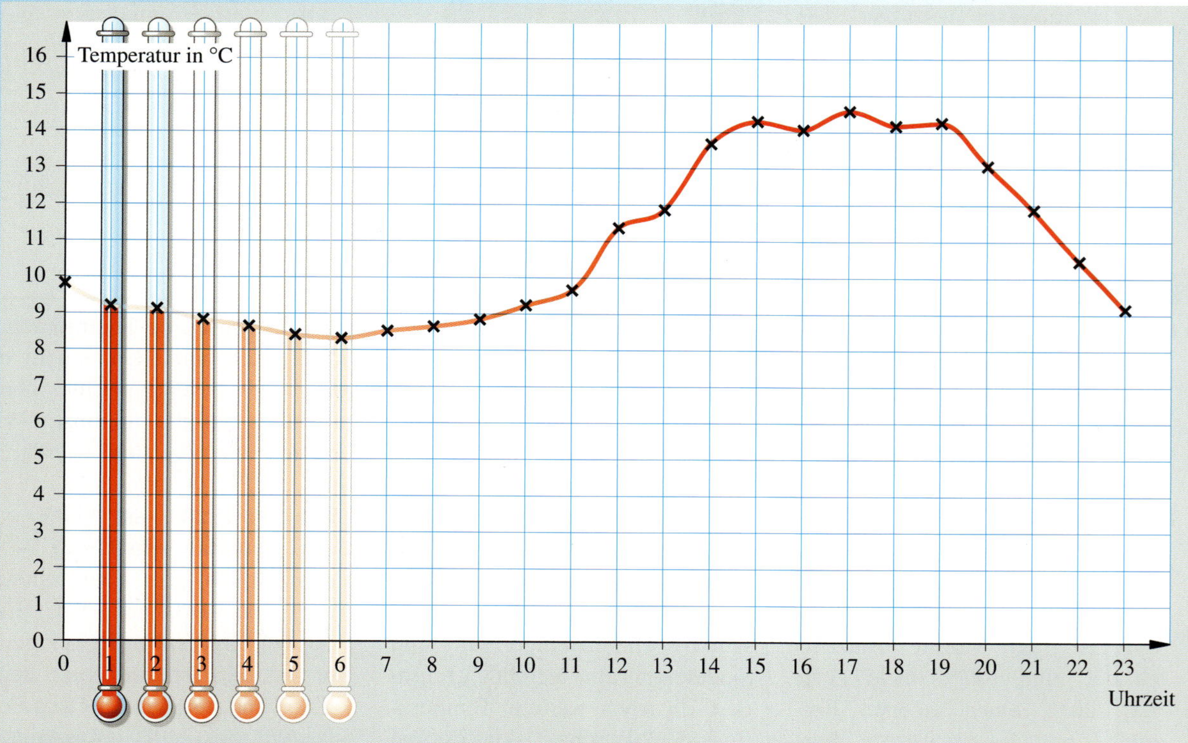

B1: Aus den Tabellenwerten entsteht schrittweise das Zeit-Temperatur-Diagramm.

Methoden

Das ⟹ *Bild 1* zeigt, wie Anna und Daniel die Entstehung des Diagramms erklärt bekommen:
Sie könnten für jeden gemessenen Temperaturwert ein eigenes Thermometer mit Skala und der jeweiligen Flüssigkeitssäule zeichnen. Dieses Verfahren wäre aber sehr zeitaufwändig.
Es reicht auch, wenn sie nur die Flüssigkeitssäulen in gleichen Abständen nebeneinander zeichnen. Die Skalen der Thermometer werden dazu durch eine einzige senkrechte Achse (Hochachse) mit der Skaleneinteilung für die Temperatur ersetzt. Eine waagerechte Achse (Rechtsachse) gibt an, zu welchem Zeitpunkt die jeweilige Temperatur gemessen wurde.
Es interessieren aber nicht die ganzen Säulen, sondern nur deren Endpunkte, da diese die Temperatur angeben. Daher markieren die Physiker nur die Endpunkte (z. B. mit Punkten, Rauten oder Kreuzen). Diagramme, in denen die Werte auf diese Art markiert werden, heißen Punktdiagramme.

B. Diagramme erzählen Geschichten

Bereits aus der Tabelle (⟹ *Tabelle 1*) können Daniel und Anna einige Informationen entnehmen: Zum Beispiel wurde die höchste Temperatur um 17 Uhr gemessen, sie betrug 14,5 °C. Sie stellen auch fest, dass am frühen Morgen die Temperatur recht gleich geblieben ist. Erst mittags stieg die Temperatur deutlich an.

In einem Diagramm lassen sich solche Zusammenhänge „auf einen Blick" erkennen. Aus dem Zeit-Temperatur-Diagramm (⟹ *Bild 1*) kannst du den Temperaturverlauf ablesen und sogar eine kleine Geschichte erahnen: Der kühle Vormittag lässt auf Wolken und vielleicht sogar Regen schließen. Am späten Vormittag lichteten sich die Wolken und die Sonne trat hervor, hierdurch kam es zum Temperaturanstieg. Nachmittags wechselten Sonne und Wolken ab bis sich um 19 Uhr der Himmel wieder zuzog und die Temperatur gleichmäßig abnahm.

Aufgaben

A1: a) Miss einen Tag lang jede Stunde die Außentemperatur. Halte deine Messwerte in einer Tabelle fest. Fertige ein Diagramm an. **b)** Finde heraus, wo sich für deinen Wohnort die nächstgelegene Wetterstation befindet.

A2: Anna und Daniel haben Wasser 3 Minuten lang erhitzt und alle 30 Sekunden die Temperatur gemessen. Die Messwerte haben sie in eine Tabelle eingetragen:

Zeit in s	0	30	60	90
Temp. in °C	17	20	25	28

Zeit in s	120	150	180	
Temp. in °C	32	37	41	

a) Fertige ein Zeit-Temperatur-Diagramm an. **b)** In deinem Diagramm kannst du gut erkennen, dass die Messpunkte fast auf einer geraden Linie liegen. Zeichne mit dem Lineal eine Gerade nach Augenmaß so ein, dass die Abweichungen der Messpunkte von dieser so genannten Ausgleichsgeraden so klein wie möglich sind. **c)** Die Ausgleichsgerade ermöglicht dir das Ablesen von Zwischenwerten. Stellt euch gegenseitig Ableseaufgaben. **d)** Mithilfe der Ausgleichsgeraden kannst du auch Vorhersagen machen: Welche Temperatur würde das Wasser nach 200 Sekunden haben, wenn man weiter erhitzen würde?

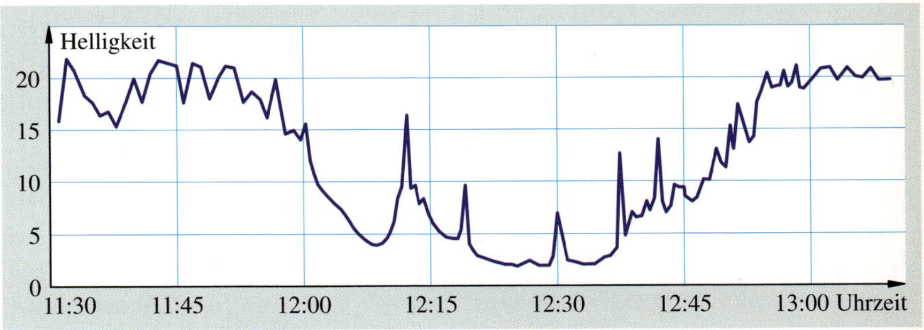

B2: Sonnenfinsternis 1999: Zeit-Helligkeit-Diagramm

A3: Am 11. August 1999 gab es in Deutschland eine Sonnenfinsternis. Eine Schülergruppe hat die Helligkeit am Erdboden zu verschiedenen Zeiten gemessen. Ihre Messergebnisse zeigt das Zeit-Helligkeit-Diagramm (⟹ *Bild 2*). Es erzählt dir die Geschichte von der Sonnenfinsternis. Berichte.

A4: Das Diagramm zeigt den Wasserstand in einer Badewanne. Erzähle dazu eine Geschichte.

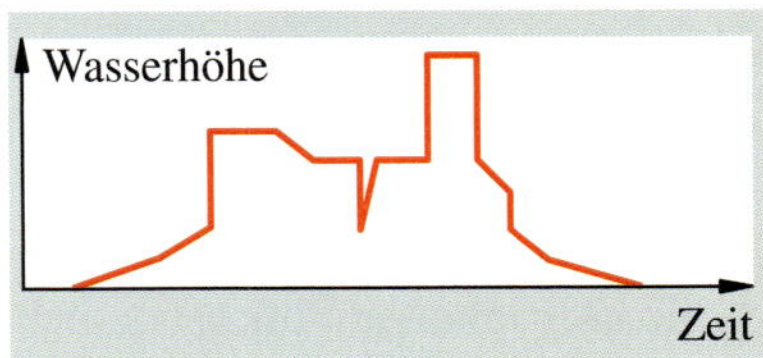

B1: a) Sprinkleranlagen **b)** Heißluftballon **c)** Rad eines Güterwagens

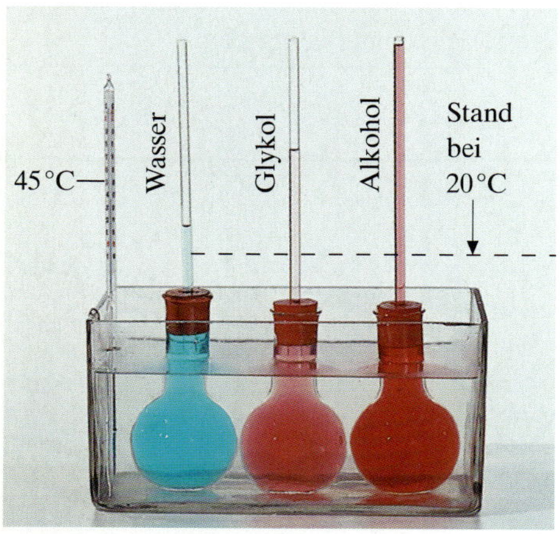

V1: a) Wir füllen drei gleichgroße und gleichgeformte Glaskolben jeweils fast randvoll mit einer anderen Flüssigkeit und verschließen die Kolben mit je einem Gummistopfen mit Steigrohr. Dabei achten wir darauf, dass die Flüssigkeiten zu Beginn die gleiche Temperatur haben und in den Steigrohren gleich hoch stehen. Dann stellen wir die Glaskolben gleichzeitig in heißes Wasser. Wir stellen fest, dass der Alkohol schnell sehr hoch steigt. Das Wasser steigt am wenigsten hoch.
b) Wir wiederholen den Versuch mit drei verschieden großen Glaskolben, in denen sich jeweils die gleiche Flüssigkeit befindet. Bei dem größten Glaskolben steigt die Flüssigkeit am höchsten, beim kleinsten Glaskolben steigt sie am geringsten.

Ausdehnung nutzbar gemacht

1. Eingesperrte Flüssigkeiten entwickeln Kräfte

Daniel sind im Kaufhaus schon oft die Sprinkler unter der Decke aufgefallen (➡ *Bild 1 a*). Sprinkler bestehen aus einem mit einer Flüssigkeit gefüllten Glasröhrchen in einer Halterung und verschließen die Öffnung in einer Wasserleitung.

Daniel freut sich, schon so viel Physik gelernt zu haben, dass er erklären kann, wie solche Sprinkleranlagen Brände löschen: Wenn ein Feuer ausbricht, steigt nicht nur die Temperatur im Raum, sondern auch die der Flüssigkeit im Röhrchen. Durch die Temperaturerhöhung benötigt die Flüssigkeit einen größeren Raum. Da das geschlossene Röhrchen jedoch vollständig gefüllt ist, kann die Flüssigkeit nicht entweichen. Die Flüssigkeit übt so starke Kräfte auf die Glaswände aus, dass diese schließlich platzen. Hierdurch ist die Öffnung in der Wasserleitung frei und das Wasser strömt heraus. Der Sprühteller sorgt dafür, dass das Wasser auf eine große Fläche verteilt wird.

Daniel überlegt sich, dass man das Röhrchen so hergestellt hat, dass es bei einer bestimmten Temperatur zersprengt wird. Diese darf nicht zu niedrig sein, damit die Anlage nicht bereits an sehr heißen Tagen ausgelöst wird und nicht zu hoch, damit der Brand rechtzeitig gelöscht wird.

2. Ausdehnung von Flüssigkeiten genauer untersucht

Wer Sprinkleranlagen baut, wendet an, was man in der Physik über die Ausdehnung von Flüssigkeiten herausgefunden hat. Wir wissen bereits: Je größer die Temperaturerhöhung ist, desto stärker dehnt sich die Flüssigkeit aus.

Physikerinnen und Physiker wollen immer alle Zusammenhänge finden. Für die Ausdehnung könnten zusätzlich die Flüssigkeitsmenge und die Art der Flüssigkeit wichtig sein. Dies wollen wir überprüfen (➠ *Versuch 1*). Die Beobachtungen zeigen uns, dass diese Vermutungen richtig waren. Nun wissen wir:

Merksatz

Je größer die Flüssigkeitsmenge ist, desto mehr nimmt das Volumen bei gleicher Temperaturerhöhung zu.
Die Zunahme des Volumens hängt außerdem von der verwendeten Flüssigkeit ab.

Gute Physiker und Physikerinnen suchen nach Zusammenhängen zwischen Größen, die gemessen werden können. Sie stellen zuerst Vermutungen auf und prüfen diese dann in Experimenten. Dazu achten sie darauf, dass sie immer nur einen Versuchsteil verändern. In ➠ *Versuch 1* haben wir es so gemacht.

3. Ballonfahren mit heißer Luft

Anna interessiert sich für Heißluftballons (➠ *Bild 2*). Sie hat schon oft gesehen, dass mit einem Gasbrenner die Luft im Ballon erhitzt wird, um den Heißluftballon zum Aufsteigen zu bringen. Anna untersucht daher, wie sich Luft bei Temperaturänderung verhält und ob die Menge der Luft von Bedeutung ist (➠ *Versuch 2*). Annas Ergebnisse helfen ihr, das Prinzip eines Heißluftballons zu verstehen:
Auch Luft dehnt sich beim Erhitzen aus. Das nutzt man beim Heißluftballon aus. Der Gasbrenner erhitzt die Luft im Ballon. Sie dehnt sich aus und passt nicht mehr in die Hülle. Die überflüssige Luft wird aus dem Ballon gedrängt. Dieser wird dadurch leichter als die umgebende Luft. Der Ballon kann jetzt den Korb tragen und über Land schweben.

Merksatz

Auch Luft kann sich beim Erhitzen ausdehnen und beim Abkühlen zusammenziehen.
Je höher die Temperatur ist, desto größer ist das Volumen.
Die Volumenzunahme hängt von der Menge der Luft ab.

V 2: a) Anna erhitzt Luft in einem Kolben. Im Wasser steigen ständig Luftblasen hoch. Anna weiß nun, dass sich die Luft bei Temperaturanstieg ausdehnt. Solange die Temperatur steigt, wächst der Raumbedarf der Luft weiter. **b)** Gießt sie kaltes Wasser über den Kolben, so dringt Wasser ins Glasrohr ein. Dies bedeutet, dass sich die Luft wieder zusammenzieht. **c)** Bei einem deutlich kleineren Kolben steigen viel weniger Luftblasen auf. Anna schließt daher, dass sich eine kleine Menge Luft weniger stark ausdehnt als eine große.

Vertiefung

Obwohl sich Luft also ähnlich verhält wie eine Flüssigkeit, gibt es doch einen wichtigen Unterschied: Man kann Luft leicht daran hindern, einen größeren Raum einzunehmen. Man muss sie dazu nur einsperren – z.B. in eine Kunstoffflasche. Eine Temperaturerhöhung führt meist nicht zu Zerstörungen, beim Öffnen der Flasche zischt es nur. Bei zu großer Erhitzung kann es aber dennoch zu Schäden kommen. So kann z.B. ein hart aufgepumpter Fahrradreifen, der lange in starkem Sonnenlicht steht, platzen.

Aufgaben

A 1: Blase zwei Luftballons etwa gleich groß auf und sperre den einen in den Kühlschrank. Was tut sich dort nach einiger Zeit?

A 2: Befeuchte die Öffnung einer leeren Flasche und lege ein 10-Cent-Stück drauf. Lege die Hände um die Flasche und beschreibe deine Beobachtung.

A 3: Nimm eine angewärmte Glasflasche und fülle sie vorsichtig randvoll mit heißem Wasser. Verschließe sie dann mit einer Gummikappe. Lasse die Flasche abkühlen und betrachte dann die Gummikappe. Was geschieht?

A 4: Verschließe ein großes leeres Reagenzglas mit einem Stopfen mit Glasrohr. Fülle ein zweites gleich großes Reagenzglas randvoll mit Wasser und verschließe es in gleicher Weise. Gib zuvor einen Tropfen gefärbtes Wasser in die Glasrohre. Umfasse jedes der Gläser mit einer Hand. Vergleiche die Steighöhe der Tropfen.

B1: Ein Radreifen wird erhitzt. Dabei dehnt er sich aus, sodass er um den Radkörper passt.

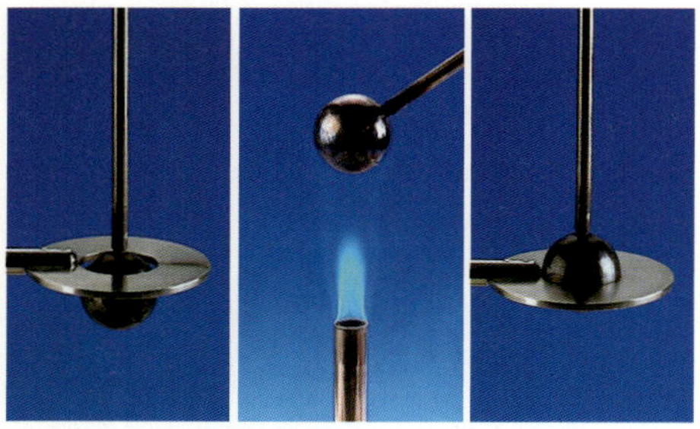

V1: Die Eisenkugel gleitet in kaltem Zustand gerade noch durch den Ring. Nachdem Daniel die Kugel aber mit einer starken Flamme eine Weile erhitzt hat, passt sie nicht mehr durch den kalten Ring, selbst wenn er sie dreht. Die Kugel hat sich also *nach allen Seiten ausgedehnt.* Daniel wartet nach dem Erhitzen eine kleine Weile. Nun passt die Kugel wieder durch den Ring. Die Kugel hat sich also wieder zusammengezogen.
Beim Aufschrumpfen wird der Ring erhitzt. Daniel probiert dies aus und sieht, dass die kalte Kugel viel besser durchpasst als vorher. Die Öffnung des Rings ist demnach größer geworden. Selbst die heiße Kugel fällt nun durch die größere Öffnung.

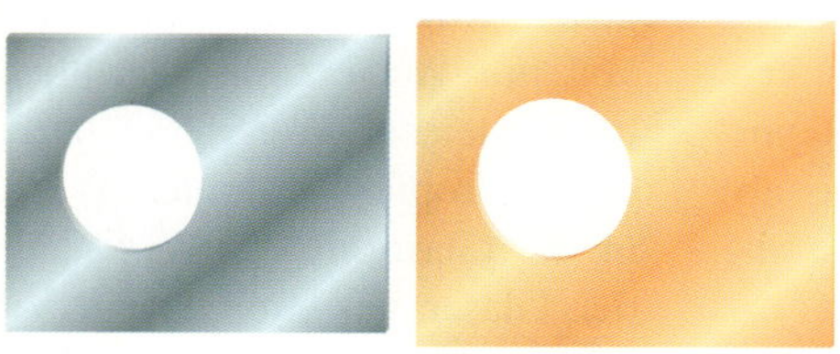

B2: Beim Erhitzen werden alle Längen größer, auch Lochdurchmesser.

4. Feste Körper in Aktion

Daniel hat in einer Eisenbahnzeitschrift gelesen, dass Eisenbahnräder aus einem scheibenförmigen Radkörper und einem Radreifen aufgebaut sind. Radreifen bestehen aus besonders hartem und widerstandsfähigem Stahl und nutzen sich dadurch nur langsam ab. Auf ➠ *Bild 1 c* der vorherigen Seite kannst du die einzelnen Ringe des Rades an einem Güterwagen erkennen.

Daniel ist ganz fasziniert, dass es möglich ist, den Radreifen ohne Schrauben, Nieten oder Kleber so fest mit dem Radkörper zu verbinden, dass er sich auch bei starken Erschütterungen nicht lockert. Dieses Verfahren nennt man *Aufschrumpfen*: Ein Radreifen, der im kalten Zustand gerade nicht um den Radkörper herumpasst, wird in einem Ofen gleichmäßig sehr stark erhitzt (➠ *Bild 1*). Dabei dehnt sich der Radreifen so weit aus, dass er um den Radkörper gelegt werden kann. Beim Abkühlen zieht sich der Reifen wieder zusammen und sitzt dann fest auf dem Radkörper.

Daniel kann sich kaum vorstellen, dass sich feste Gegenstände, insbesondere solche aus Stahl, ähnlich ausdehnen wie Flüssigkeiten und Luft. Daher will er dies durch eigene Experimente prüfen (➠ *Versuch 1*). Seine Beobachtungen zeigen, dass die Aussagen in der Eisenbahnzeitung richtig sind. Auch feste Gegenstände dehnen sich bei Temperaturerhöhung nach allen Richtungen aus.

Merksatz

Feste Gegenstände dehnen sich bei Temperaturerhöhung nach allen Seiten aus. Beim Abkühlen ziehen sie sich wieder zusammen.

Daniel hat außerdem festgestellt, dass die Stärke der Ausdehnung wie bei flüssigen und gasförmigen Stoffen von der Temperaturzunahme abhängt: Je größer die Temperaturzunahme ist, desto stärker ist die Ausdehnung. Erst, wenn die Kugel stark genug erhitzt ist, passt sie nicht mehr durch den Ring. Und auch beim Abkühlen muss man eine Weile warten, bis die Temperatur so niedrig ist, dass die Kugel wieder genügend klein geworden ist und durch den Ring passt.

5. Kleine Ausdehnungen fester Körper sichtbar gemacht

Daniel berichtet Anna von seinen Beobachtungen. Die beiden fragen sich, ob die Ausdehnung fester Gegenstände auch von der Größe und dem Material abhängt. Um diese Frage beantworten zu können, brauchen sie ein Verfahren, um die Ausdehnung sichtbar zu machen und sie messen zu können.

Kleine Ausdehnungen können viel bewirken; sie zu *messen* ist dennoch gar nicht so leicht. Mit einem „Zeigervergrößerungstrick" gelingt es:

Nimm wie in ➡ *Bild 3* einmal einen Bleistift zur Hand und halte ihn mit Fingerspitzen am Ende fest. Kurz davor drücke den Bleistift mit der anderen Hand leicht zur Seite. An dieser Stelle bewegt sich der Bleistift kaum, an der Spitze aber deutlich sichtbar um viele Millimeter.
Dieser „Zeigervergrößerungstrick" wird in der Apparatur nach ➡ *Bild 4* verwendet, um die Längenausdehnung eines Rohres zu messen. Dort ist der Zeiger so angebracht, dass er jede Verlängerung 30fach vergrößert anzeigt.

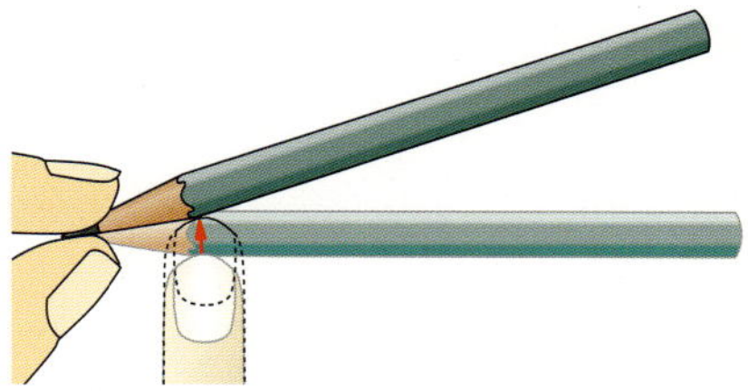

B3: Zeigervergrößerungstrick

6. Dehnen sich alle Stoffe gleich stark aus?

Mithilfe der Apparatur (➡ *Bild 4a, 4b*) vergleichen Anna und Daniel die Ausdehnung von Rohren aus verschiedenem Material. Dazu spannen sie die Rohre nacheinander ein und leiten jeweils Wasser, dass gerade gesiedet hat, in das Rohr (Ausgangstemperatur 0 °C). Sie stellen fest, dass die Rohre sich verschieden stark ausdehnen. ➡ *Bild 5* zeigt einen Vergleich verschiedener Materialien. Die Verlängerungen z.B. von Beton und Eisen sind etwa gleich stark. Invarstahl, eine teure Eisen-Nickel-Legierung, dehnt sich dagegen kaum aus (invariant: unveränderlich).

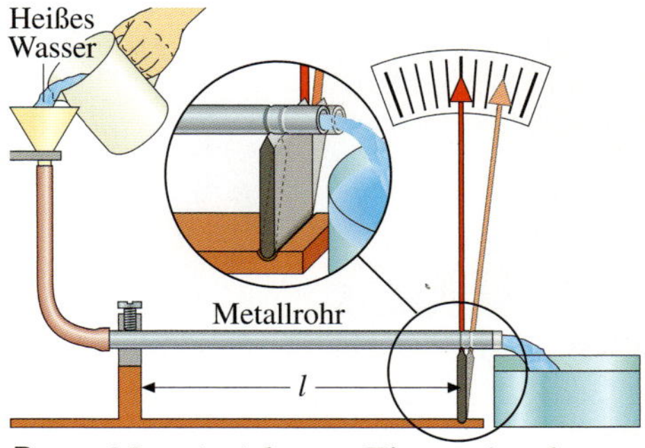

B4a: *Messeinrichtung:* Ein ca. 1 m langes Metallrohr ist links fest eingespannt. Rechts liegt es auf einem Steg, der um seine Unterkante etwas kippen kann. Am Steg ist ein langer Zeiger befestigt.

Merksatz

Die Ausdehnung fester Gegenstände bei Temperaturzunahme hängt stark vom Material ab.

7. Ausdehnung fester Körper genauer betrachtet

Wie die Ausdehnung fester Gegenstände von der Temperaturzunahme abhängt, lässt sich ebenfalls ermitteln.
Anna leitet dazu in gleich lange Rohre aus demselben Material, die sie zuvor mithilfe von Eiswasser auf 0 °C kühlt, nacheinander Wasser von 25 °C, 50 °C und 100 °C ein. Sie stellt fest, dass der Zeigerausschlag bei doppelter Temperaturzunahme doppelt so groß ist. Also ist bei doppelter Temperaturzunahme die Verlängerung des Rohres ebenfalls doppelt so groß.

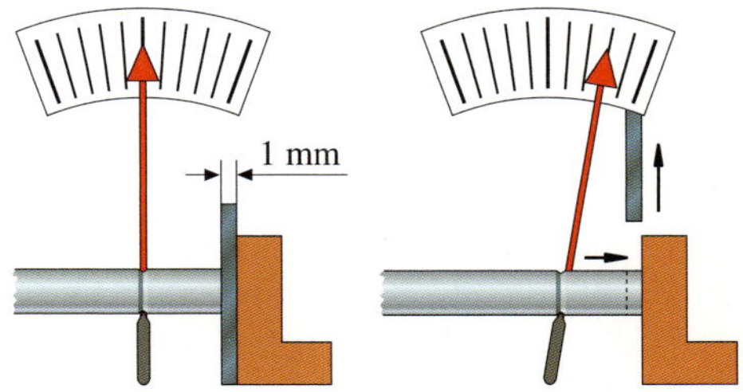

B4b: *Vergrößerungsfaktor:* Zwischen dem Rohrende und einem festen Anschlag schieben wir ein 1 mm dickes Blech. Wir lockern nun links die Schraube, nehmen das Blech weg und schieben das ganze Rohr nach rechts bis zum Anschlag. Der Zeiger bewegt sich vor der Skala dabei um 30 mm; er zeigt also die Verschiebung des Rohrendes 30fach vergrößert an.

In einem einfachen Gedankenexperiment kann man sich klar machen, ob und wie die Verlängerung eines Rohres bei Temperaturzunahme von der Ausgangslänge abhängt: Legt man zwei gleiche 1 m-Stäbe direkt hintereinander, so entsteht ein 2 m-Stab. Dehnt sich jeder 1 m-Stab z.B. um 1 mm aus, so dehnen sich beide zusammen um 2 mm aus. Je mehr Stäbe wir hintereinander legen, desto größer ist die Gesamtverlängerung, wenn alle Stäbe gleich stark erhitzt werden.

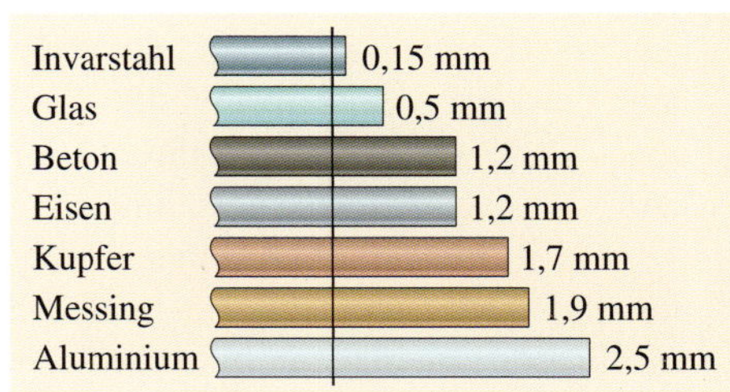

B5: So weit dehnen sich 1 m lange Stäbe bei Erhitzen um 100 Grad aus.

Merksatz

Je größer die Temperaturzunahme ist, desto stärker verlängert sich der Gegenstand (bei gleicher Ausgangslänge).
Je größer die Ausgangslänge ist, desto stärker verlängert sich der Gegenstand (bei gleicher Temperaturzunahme).

Interessantes

B1: Ausdehnung im Großen: Bei langen Brücken ist Vorsicht geboten. Zur Sicherheit werden sie verschiebbar gelagert und mit Dehnungsfugen versehen.

Physik in Alltag und Technik

A. Dehnungsfugen lassen Platz für Ausdehnung

Auf dem letzten Stück einer Autobahnbrücke (→ *Bild 1*) hört Daniel ein „Klack“. Die Mutter sagt, das sei eine Dehnungsfuge gewesen, die gäbe es an allen Brücken. Wozu dient so eine Dehnungsfuge?

Wir wissen: Beton dehnt sich wie alle festen Körper mit zunehmender Temperatur aus und zieht sich bei Abkühlung wieder zusammen. Die Länge eines Gegenstandes verändert sich mit der Temperatur. Weil die Brücke wegen der wechselnden Temperaturen nicht immer gleich lang ist, baut man sie mit Bewegungsspielraum: Die Brücke wird nur an einem Ende fest verankert, das andere Ende liegt auf einem Gleitlager (→ *Bild 1*), sodass sich dieses Brückenende verschieben kann.

Auf der Seite des Gleitlagers muss zusätzlich eine Lücke in der Straße vorhanden sein, damit sich die Brücke in den freien Platz hineinschieben kann und durch die Ausdehnung keine Erhebungen und Unebenheiten auf der Fahrbahn entstehen. Da eine Straße im Winter und im Sommer ohne klaffende Spalte befahrbar sein muss, fügt man in die Lücke verzahnte Dehnungsfugen (→ *Bild 1*) ein: Die Stahlzähne greifen so ineinander, dass sich einerseits die beiden Straßenseiten ungehindert zueinander bewegen können und andererseits ein Einsinken der Autoreifen verhindert wird.

B. So verhindert man große, zerstörerische Kräfte

Werden Körper durch Halterungen an der Ausdehnung gehindert, so können große Kräfte auftreten, die zur Zerstörung führen können. Dies zeigt → *Bild 2*. Man sieht einen U-förmigen eisernen Rahmen. Der Eisenstab in der Mitte ist zwischen dem Eisenbolzen rechts und dem Keil links eingespannt. Der Keil steckt in dem Teil des Spalts im Eisenstab, der nicht von der Halterung verdeckt wird.

Wenn man den Eisenstab stark erhitzt, wird er länger und gibt an der Halterung ein größeres Stück des Spaltes frei. Deshalb kann man den Keil weiter hineintreiben. Kühlt sich dann der Stab ab, so zieht sich der mittlere Eisenstab wieder zusammen. Der Stab kann den Keil nicht wieder hoch schieben, also kann er sich nur auf der Seite des Bolzens verkürzen. Der Bolzen wird mit übermenschlicher Kraft zerbrochen.

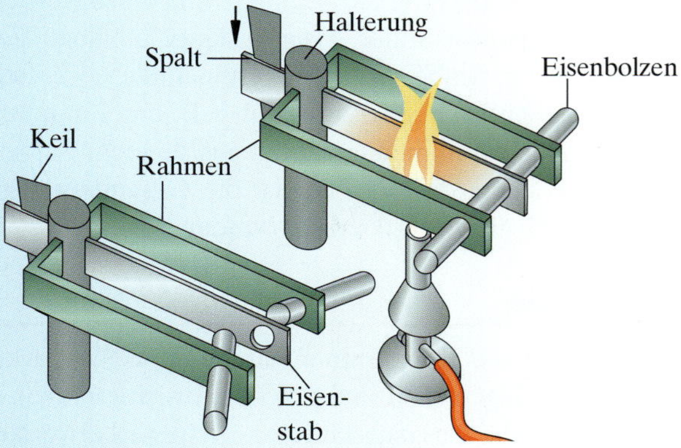

B2: Bolzensprenger

Interessantes

B3: Dehnungsschleifen in einer Heißdampfleitung verhindern Risse.

Damit die Ausdehnung beim Erhitzen nicht zu zerstörerischen Kräften führt, begegnen dir im Alltag und in der Technik viele Vorsichtsmaßnahmen:

- Heizungsmonteure setzen in die Halterungen von Rohren und in Mauerdurchbrüche Gummimanschetten ein.
- An Leitungen für Heißdampf sieht man in bestimmten Abständen elastische Dehnungsschleifen (➠ *Bild 3*). Dort gleicht sich das Schrumpfen der langen Leitung durch die Temperaturerniedrigung (mehr als 100 Grad) beim Abschalten des Dampfes aus, ohne dass die Leitung bricht.
- Zwischen Betonplatten auf der Autobahn lässt man einen Luftspalt. Das liefert das regelmäßige „Klack-klack".
- Für stabile Bauten verwendet man *Stahlbeton*. Das ist ein Gerüst aus Eisenstäben, das in eine Betonwand „einbetoniert" wird. Es hält die Wand nach dem Trocknen fest zusammen, im Sommer wie im Winter. Die Bestandteile Eisen und Beton ändern ihre Länge bei Temperaturänderungen nämlich gleich stark. Risse sind also nicht zu befürchten.
- Fensterscheiben sitzen oft in Aluminiumrahmen. Glas und Aluminium dehnen sich aber verschieden stark aus. Um Risse zu vermeiden, trennt man beide Stoffe durch eine elastische Gummidichtung.
- Kochfelder aus Ceran® (Glaskeramik) dehnen sich bei Erhitzen praktisch überhaupt nicht aus. Wenn etwas Kaltes auf die aufgeheizte Kochplatte fällt, passiert nichts.
- Für moderne Eisenbahnschienen werden neu entwickelte Stahlsorten verwendet, deren Länge nicht von der Temperatur abhängt.

C. Erhitzen krümmt Bimetallstreifen

Die unterschiedliche Ausdehnung verschiedener Stoffe wird im **Bimetallstreifen** genutzt (Bi bedeutet Zwei). Ein Streifen aus Eisenblech liegt auf einem aus Messingblech. Beide sind in ihrer ganzen Länge miteinander vernietet. Im ➠ *Versuch 1* wird dieses Gebilde aus zwei Metallstreifen erhitzt. Beide Metalle dehnen sich aus, Messing (unten) doppelt so stark wie Eisen. Die Vernietung verhindert, dass sich die Streifen gegeneinander verschieben. Dafür krümmt sich der Streifen, und zwar von der Seite mit dem sich stärker ausdehnenden Messing weg. Beim Abkühlen wird der Bimetallstreifen wieder gerade.

Um das Krümmen zu verstehen, denkt Anna an die Laufbahnen in der Kurve eines Stadions: Der Messingstreifen auf der „äußeren Bahn" ist länger als der Eisenstreifen auf der inneren.

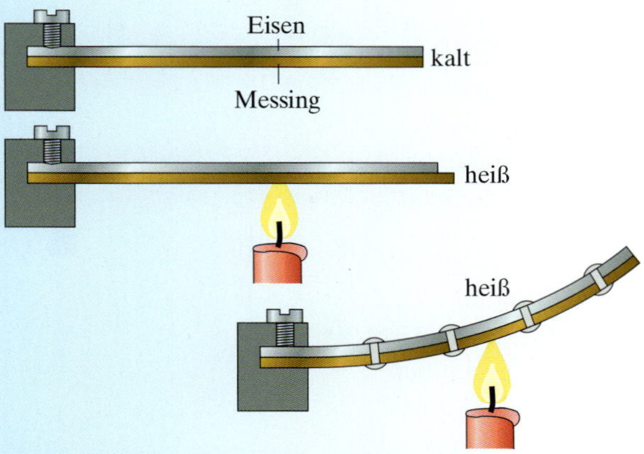

V1: Wir spannen einen Bimetallstreifen an einem Ende fest ein und erhitzen ihn.

Bringt man am Streifen einen Zeiger an, so lässt sich ein *Bimetall-Thermometer* bauen (➠ *Interessantes, nächste Seite*), das auch sehr tiefe und sehr hohe Temperaturen messen kann. Es enthält ja keine Flüssigkeit, die gefrieren oder sieden könnte.

Aufträge

A1: Suche in deiner Wohnung (in der Küche, im Bad, im Keller, …) nach Dehnungsstellen. Erkläre jeweils deren Notwendigkeit.

A2: Welches der folgenden Metallpaare eignet sich besser zur Herstellung von Bimetallen: Kupfer/Messing oder Eisen/Aluminium?

A3: Suche im Internet Beispiele zu Bimetall-Anwendungen und berichte darüber.

Interessantes

Verschiedene Thermometer

A. Was ist beim Fieberthermometer anders?

Du kennst das Fieberthermometer (➠ *Bild a*). Es zeichnet sich durch drei Besonderheiten aus:

- Man kann an ihm noch Zehntelgrade (0,1 Grad) ablesen, da die Abstände der Gradstriche sehr groß sind. Der Messfühler enthält die silbrig glänzende Messflüssigkeit Quecksilber. Sie nimmt die zu messende Körpertemperatur erst nach etwa 3 min an und zeigt sie auf 0,1 Grad genau an.
- Als *Messbereich* genügt für das Fiebermessen die Spanne zwischen 35 °C und 42 °C.
- Die Anzeige der Fieberthermometer bleibt beim Höchstwert (*Maximum*) stehen. Zwar zieht sich das Quecksilber beim Abkühlen wieder zusammen. Dabei reißt aber der dünne Quecksilberfaden an der Engstelle über dem Messfühler ab und bleibt im Steigrohr stehen. Auch noch nach Stunden kann man die Temperatur ablesen. Schütteln bringt den Quecksilberfaden wieder in den Messfühler zurück.

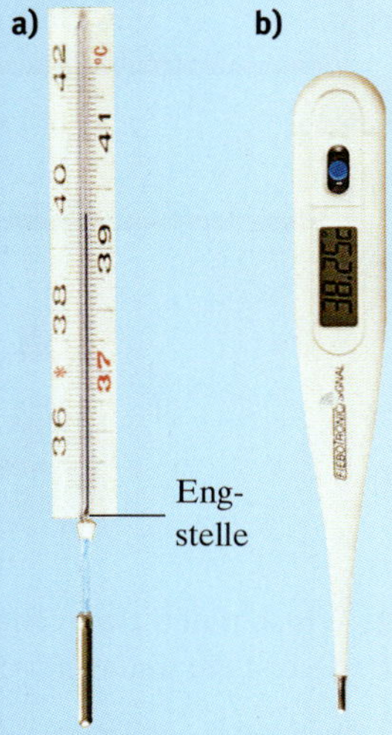

Zerbricht dieses Fieberthermometer, so fließt Quecksilber aus. Seine Dämpfe sind nach längerem Einatmen gesundheitsschädlich.
Man benutzt deshalb zunehmend Fieberthermometer, die elektronisch arbeiten und ungefährlich sind. Sie zeigen die Temperaturen mit Ziffern, man sagt *digital*, an (➠ *Bild b*). Dies ist so bequem abzulesen wie die Digitalanzeige von Uhren, die die Zeit mit Ziffern, nicht durch Zeigerstellung angeben.

B. Höchste – tiefste Temperatur

Das *Minimum-Maximum-Thermometer* zeigt die höchste (Maximum) wie auch die tiefste Temperatur (Minimum) an. Dazu muss man das Thermometer nicht ständig beobachten. Der Messfühler (oben zwischen dem U-förmig gebogenen Steigrohr) enthält Alkohol. Er dehnt sich beim Erhitzen aus und schiebt dabei rechts einen Quecksilberfaden nach oben. Dieser hebt ein Eisenstäbchen an. Da es an der Glaswand etwas reibt, bleibt es bei der höchsten Temperatur, dem *Maximum,* hängen. Zieht sich dann der Alkohol beim Abkühlen wieder zusammen, so geht das Quecksilber mit und drückt links ein zweites Eisenstäbchen nach oben. Es bleibt bei der tiefsten Temperatur, dem *Minimum,* haften. Nach dem Ablesen schiebt man die Eisenstäbchen mit einem Magneten zum Quecksilberfaden zurück. Heute benutzt man häufig digitale Minimum-Maximum-Thermometer.

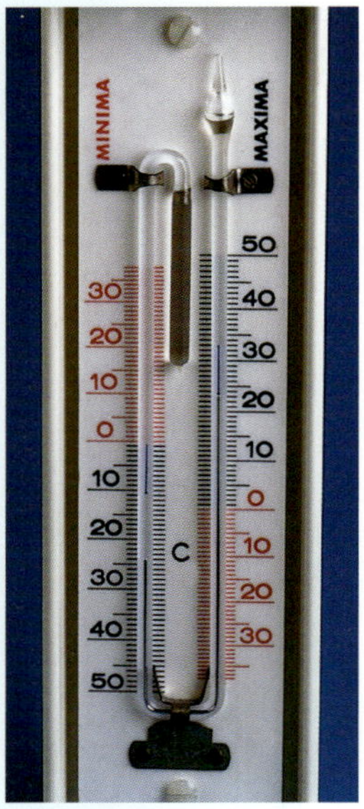

C. Das Bimetallthermometer

Auch die Ausdehnung der festen Körper kann man zum Bau eines Thermometers ausnutzen. Allerdings könnte man bei einer üblichen Temperaturzunahme die winzige Verlängerung z. B. eines kleinen Eisenstabes kaum wahrnehmen.

Man nimmt deshalb einen Bimetallstreifen. Seine Krümmungsänderung ist schon bei kleiner Temperaturerhöhung erkennbar. Deutlicher wird sie bei einem längeren Streifen. Schon bei der Herstellung wird dieser zu einer Spirale zusammengerollt, so passt er in das Gehäuse. Innen ist er fest mit dem Thermometergehäuse verbunden. Am frei schwebenden anderen Ende ist ein Zeiger befestigt.

Der innere, helle Metallstreifen dehnt sich nun bei einer Temperaturzunahme stärker aus als der äußere, dunkle Streifen. Jedes Teilstück des Bimetalls reckt sich und die ganze Spirale rollt sich etwas ab (so ungefähr wie Papier, das man eng zusammengerollt hat und nun wieder loslässt). Der Zeiger wandert wie gewünscht zu einem höheren Wert auf der Temperaturskala.

Interessantes

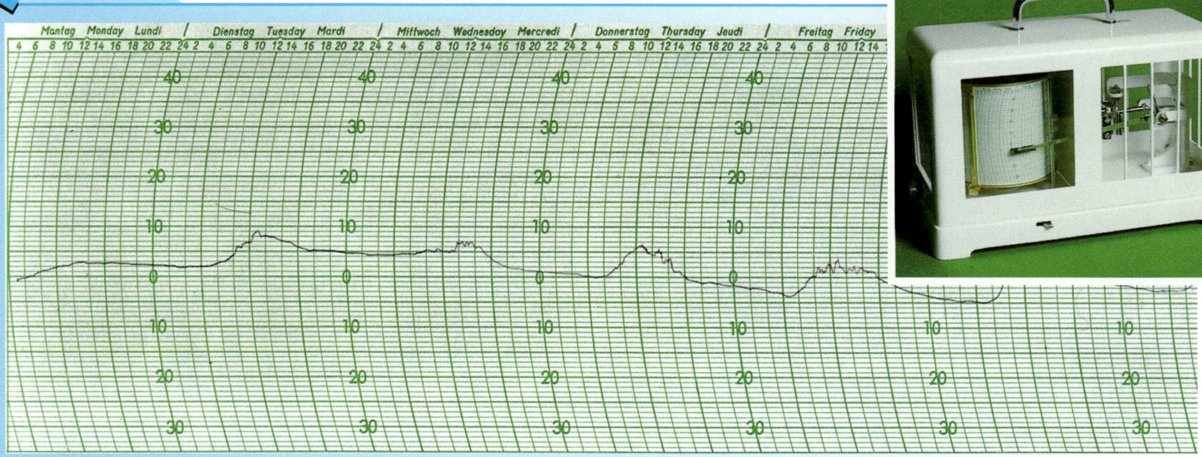

D. Temperaturschreiber

Ein normales Thermometer verrät uns immer nur die Temperatur im Augenblick des Ablesens. Wie kalt oder heiß es eine Stunde vorher war, erfährt man nicht. Ein Minimum-Maximum-Thermometer kann schon mehr. Von ihm können wir die niedrigste und die höchste Temperatur für den zurückliegenden Zeitraum ablesen. Wir erfahren so z. B., dass gestern die niedrigste Temperatur 15 °C war und 22 °C die höchste.

In Wetterstationen reicht auch dies noch nicht. Hier möchte man die Temperaturen einer ganzen Woche noch im Nachhinein ablesen können – und das für jede Stunde. Ein Bimetall mit „Verlängerungshebel" und Schreibstift schreibt den Temperaturverlauf auf eine sich drehende Trommel mit Papier„kragen". Am Dienstag um 18 Uhr waren es 6 °C. Wann war am Dienstag die Temperatur am höchsten? Wie hoch war sie dann?

E. Temperatur-Messstreifen

Bei Babys und Kleinkindern ist es oft mühsam, mit einem großen Fieberthermometer die Temperatur zu messen. Hier können so genannte selbstklebende Temperatur-Messstreifen helfen, die es in der Apotheke zu kaufen gibt: Für jede Temperatur, z. B. 37,3 °C oder 39,9 °C gibt es einen farbigen Messpunkt.

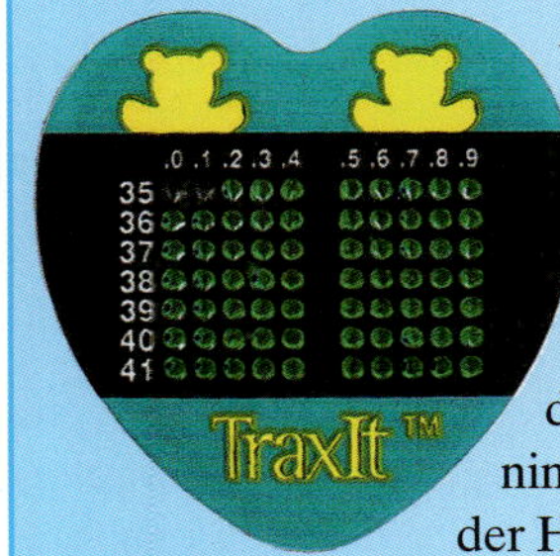

Das Thermometer wird in die Achselhöhle geklebt und nimmt langsam die Temperatur der Haut an. Wird die Temperatur eines Messpunktes erreicht, so wird dieser Punkt dauerhaft schwarz. Nach zwei bis drei Minuten kann man am letzten schwarzen Punkt die richtige Temperatur auf 0,1 °C genau ablesen. Da das Thermometer bis zu 48 Stunden aufgeklebt sein kann, ist es möglich, über einen langen Zeitraum zu verfolgen, ob die Temperatur steigt.

Ein Nachteil der Temperaturmessstreifen ist, dass die Messpunkte dauerhaft verfärbt bleiben. Jeder Messstreifen kann daher nur ein einziges Mal verwendet werden.

Temperatur-Messstreifen werden auch viel bei technischen Prüfmessungen verwendet. Bei Rennwagen beispielsweise dürfen Motoren, Bremsen und Reifen während des Fahrens nicht zu heiß werden. Die selbstklebenden Messstreifen können zur Temperaturmessung einfach und direkt am jeweiligen Gegenstand angebracht werden, ohne beim Fahren zu stören. Da verfärbte Messpunkte dauerhaft schwarz bleiben, zeigen sie auch noch nach dem Fahren die höchste Temperatur, die zwischenzeitlich aufgetreten ist.

Die Messstreifen werden je nach Verwendungszweck mit unterschiedlichen Messpunkten versehen. Will man z. B. nur wissen, ob eine bestimmte Temperatur überschritten wird, reicht ein einzelner Messpunkt. Vorteilhaft ist auch, dass mit Messstreifen hohe Temperaturen gemessen werden können.

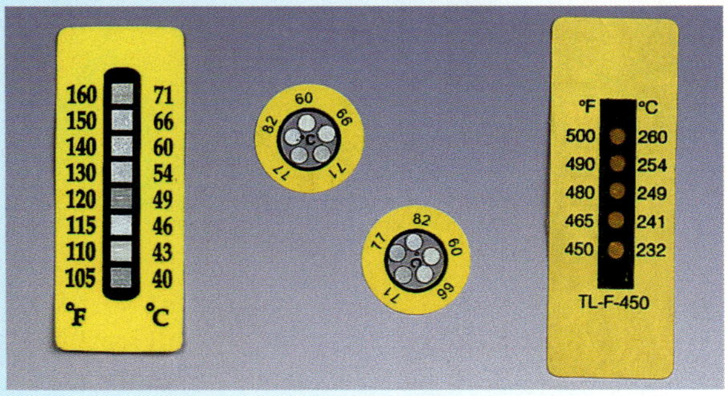

Interessantes

Die Besonderheit von Wasser

A. Wenn Wasser gefriert

Vielleicht ist es dir auch schon einmal passiert: An einem heißen Tag hast du eine Cola-Flasche in das Gefrierfach gelegt, damit sie schnell kalt wird. Dann ist etwas dazwischen gekommen und du hast die Flasche vergessen. Am nächsten Tag fiel dir die Flasche siedendheiß wieder ein. Aber statt einer eisgekühlten Cola fandest du lauter Scherben im Gefrierfach.

Aus den Scherben können wir schließen, dass die Flasche auseinandergesprengt wurde. Wie konnte das geschehen?
Wie wir wissen, ziehen sich Flüssigkeiten zusammen, wenn sie abkühlen. Kühlt man sie immer weiter ab, ziehen sie sich immer weiter zusammen. Durch die lange Zeit in dem Gefrierfach wurde die Cola sogar weiter bis zum Erstarren (Gefrieren) abgekühlt. Wir fragen uns:
Was passiert, wenn Wasser gefriert? Dies lässt sich in einem einfachen Experiment beobachten:

Diese Filmdose wurde randvoll mit Wasser gefüllt und für einige Stunden in ein Gefrierfach gestellt. Das Eis ragt jetzt über die Filmdose hinaus, nimmt also einen größeren Raum ein als das flüssige Wasser vorher.
Jede Wiederholung des Experiments führt zur gleichen Beobachtung. Also können wir festhalten:

Wasser dehnt sich beim Erstarren zu Eis aus.

Bei der Ausdehnung entsteht eine große Sprengkraft. Dies zeigt sich, wenn man die randvoll mit Wasser gefüllte Filmdose mit einem Deckel verschließt. Obwohl der Deckel sehr fest auf der Filmdose sitzt, wird er beim Erstarren aufgedrückt.

Wenn Wasser zu Eis erstarrt, entwickelt es bei seiner Ausdehnung eine große Sprengkraft.

Eingeschlossenes Wasser kann daher beim Erstarren großen Schaden anrichten. Dies gilt für Getränkeflaschen, aber z. B. auch für Wasserrohre im Winter.

B. Wasser bildet eine Ausnahme

Wir wissen nun, dass sich (flüssiges) Wasser beim Erstarren zu Eis (festes Wasser) ausdehnt. Du ahnst schon, welche Frage man sich jetzt in der Physik stellt: Verhalten sich andere Flüssigkeiten beim Erstarren genauso?
Auch hierzu kannst du ein Experiment selber durchführen: Die Filmdose wird dazu randvoll mit geschmolzener Butter gefüllt und dann – vorsichtig – in das Gefrierfach gestellt.

Beim Herausnehmen zeigt sich statt eines Hügels auf der Dose ein Tal in der Butter: Feste Butter braucht weniger Platz als flüssige Butter. Dieselbe Beobachtung ergibt sich auch für alle anderen Flüssigkeiten – außer für Wasser.

Alle Flüssigkeiten – mit Ausnahme von Wasser – ziehen sich beim Erstarren zusammen.

C. Sprengkraft des Wassers vielfach beobachtet

Solche Schlaglöcher entstehen als Frostaufbrüche durch gefrierendes Wasser.

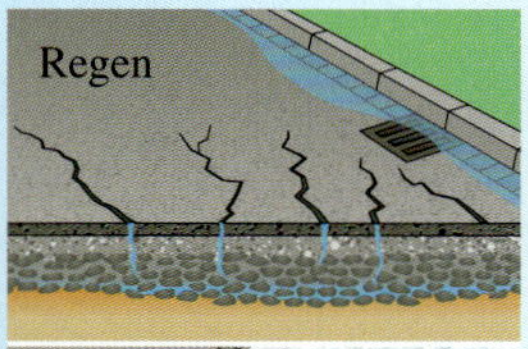

Regenwasser gelangt durch kleine Risse unter die Fahrbahn.

Beim Gefrieren braucht das Wasser mehr Platz, die Straßendecke wird aufgewölbt.

Nach dem Schmelzen benötigt das Wasser weniger Platz, ein Hohlraum entsteht und die Straße sackt zusammen.

Das ist wichtig

1. Naturwissenschaftler beobachten

Naturwissenschaftler erforschen die Zusammenhänge in der Natur. Sie beobachten sehr genau und ziehen aus den Beobachtungen Schlussfolgerungen über Naturvorgänge.

2. Naturwissenschaftler experimentieren

Experimente helfen herauszufinden, ob das Naturgeschehen so abläuft, wie man es erwartet.
Hierzu wird ein einzelner vermuteter Einflussfaktor verändert und dann wiederholt im Experiment geprüft, ob die Beobachtung immer wieder auftritt.
Naturwissenschaftler gehen dabei sehr gründlich vor, da sie gern alle Einflüsse auf ein bestimmtes Verhalten der Natur erforschen möchten.
Eine typische Frage ist auch, ob verschiedene Objekte dasselbe Verhalten unter denselben Voraussetzungen zeigen.

3. Die Temperatur

Heiß und kalt kann jeder fühlen. Diese Empfindung ist subjektiv, d.h. abhängig von der Person und der Situation. Mit **Thermometern** kann man objektiv die **Temperatur** von Gegenständen messen und exakt mit einer Zahl angeben.
Die Festlegung der Größe Temperatur ist typisch für das Vorgehen von Physikerinnen und Physikern: Sie überlegen, welche Vorgänge in der Natur genau beschrieben werden sollen und führen genaue, zuverlässige und einheitliche Messverfahren ein.

4. Richtig messen

Da ein Thermometer immer die Temperatur seiner unmittelbaren Umgebung anzeigt, muss es vor dem Ablesen lange genug in engem Kontakt mit dem interessierenden Körper sein. Die Nähe zu einem Gegenstand anderer Temperatur muss vermieden werden.

5. Die Temperatur-Skala

Unsere Temperatur-Skalen verwenden zwei Temperaturpunkte, für die jeweils ein Zahlenwert mit Einheit festgelegt wird. Der Abstand zwischen den beiden Punkten wird anschließend in gleiche Teile unterteilt.
Die **Celsius-Skala** verwendet die Temperatur des schmelzenden Eises und die Temperatur des siedenden Wassers. Diese beiden **Fixpunkte** werden mit 0 °C bzw. 100 °C bezeichnet (bei normalem Luftdruck.). Der Abstand zwischen ihnen wird in hundert gleiche Teile geteilt.

6. Diagramme geben Übersicht

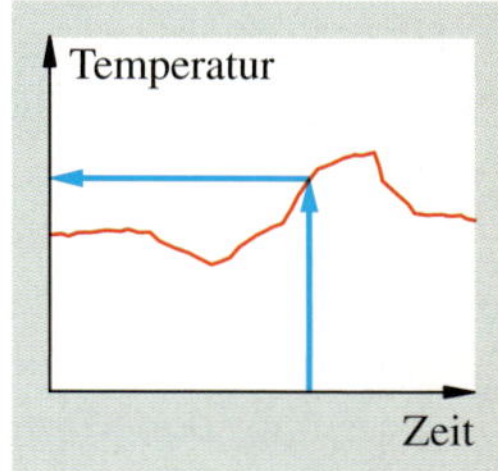

In einem Zeit-Temperatur-Diagramm kannst du „auf einen Blick" den Temperaturverlauf erkennen. Du kannst auch für jeden Zeitpunkt die jeweilige Temperatur ablesen.
Die Zeit wird an der Rechtsachse, die Temperatur an der Hochachse abgetragen.

7. Körper dehnen sich beim Erhitzen aus

Bei höherer Temperatur brauchen praktisch alle Körper mehr Platz. Dabei gilt für alle Körper:
Je größer die Temperaturerhöhung ist, desto stärker dehnt sich der Körper aus.

- Bei *flüssigen* Körpern wächst mit zunehmender Temperatur das Volumen. Passt eine bestimmte Flüssigkeitsmenge bei tiefer Temperatur genau in ein Gefäß, so läuft das Gefäß über, wenn die Temperatur der Flüssigkeit steigt.
  Die Zunahme des Volumens hängt auch von der Flüssigkeitsmenge und der verwendeten Flüssigkeit ab.
- Bei *festen* Körpern nehmen mit steigender Temperatur Länge, Breite und Höhe zu – das Volumen wächst.
  Die Verlängerung in jeder Richtung hängt auch ab von der Anfangslänge und dem Material. Je größer die Ausgangslänge ist, desto stärker verlängert sich der Körper (bei gleicher Temperaturzunahme).
- Auch *gasförmige* Körper dehnen sich mit zunehmender Temperatur aus. Mann kann sie aber viel leichter als flüssige oder feste Körper daran hindern, ihr Volumen zu vergrößern.

8. Physik hilft in Alltag und Technik

Das Wissen über Zusammenhänge in der Natur hilft uns, alltägliche Beobachtungen zu verstehen.
In der Technik werden physikalische Zusammenhänge nutzbar gemacht.

Ein Beispiel: Der Bimetallstreifen

Metallkörper aus verschiedenen Metallen dehnen sich im Allgemeinen verschieden stark aus. Dies nutzt man zum Bau von Bimetallstreifen:
Zwei gleichlange Streifen werden aufeinandergelegt und miteinander verschweißt. Beim Erhitzen krümmt sich der Bimetallstreifen. Man benutzt ihn zum Bau von Thermometern oder als Schalter z.B. in Alarmanlagen.

A1: Physiker und Biologen sind Naturwissenschaftler. Beschreibe Gemeinsamkeiten und Unterschiede.

A2: Anna sitzt mit dicker Jacke im Klassenraum und jammert, dass es so kalt ist, während Klaus nur mit einem T-Shirt bekleidet ist und das Fenster öffnen möchte. Gib Gründe für diesen Unterschied an.

A3: Nenne Vor- und Nachteile von Thermometern gegenüber der Körperempfindung.

A4: Bei einem Thermometer ist die Skala gegenüber dem Steigröhrchen verrutscht. Wie kannst du die Temperatur von 0 °C wieder richtig einstellen? Wie kannst du überprüfen, ob auch die 100 °C-Marke wieder stimmt?

A5: Miss eine Woche lang täglich jeweils zur gleichen Zeit (z. B. immer um 14 Uhr) die Außentemperatur. Fertige ein Zeit-Temperatur-Diagramm an. Vergleiche deine Messergebnisse mit den Daten des Wetterberichts.

A6: Erkläre die Begriffe „subjektiv", „objektiv" und „allgemeingültig".

A7: Aus welchen Teilen besteht eine Versuchsbeschreibung? Zu welchem Teil gehören die Messergebnisse?

A8: Für Tanklastwagen mit brennbaren Flüssigkeiten gelten strenge Sicherheitsregeln. Sie dürfen im Sommer niemals vollgefüllt werden. Begründe diese Vorschrift.

A9: Ziehe über die Öffnung einer leeren Flasche einen Luftballon und lege die Flasche 30 Minuten in den Kühlschrank. Stelle die Flasche mit dem Luftballon dann in einen Topf mit Wasser und erhitze das Wasser (lass es nicht sieden!). Stell danach die Flasche in kaltes Wasser. Beschreibe deine Beobachtungen und erkläre sie.

A10: Fabian hatte im kalten Nebenraum gerade seine Gitarre so schön gestimmt. Jetzt sitzt er im mollig warmen Orchesterraum und hat das Gefühl, dass die Gitarre sich schon wieder verstimmt hat. „Schreibe" ihm, was du vermutest und wie er seine Gitarre nachstimmen muss.

A11: Warum solltest du an heißen Sommertagen Fahrradreifen und Luftmatratzen nicht zu stark aufpumpen?

A12: Anna hat den Versuch zur Ausdehnung von Flüssigkeiten nachgebaut. Das Glasvorratsgefäß ist vollständig mit Wasser gefüllt und im Steigrohr steht es auch schon einige Zentimeter. Nun erhitzt sie das Vorratsgefäß mit einer Flamme. Zu ihrem Erstaunen sinkt der Wasserspiegel im Steigrohr zunächst ein wenig ab, bevor er wie erwartet nach oben klettert. Erkläre Annas Beobachtung.

A13: Beim ersten Wintereinbruch fährt Daniels ältere Schwester zur Tankstelle „Luft nachfüllen". Hat ihr Auto Luft verloren?

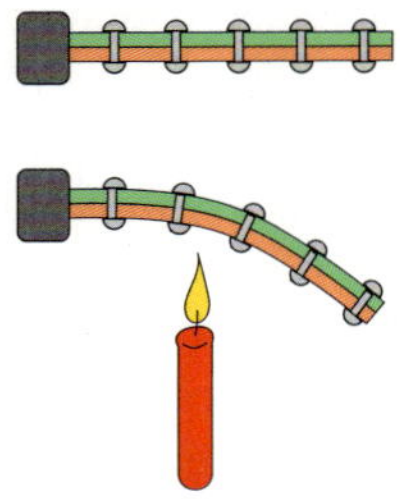

A14: Erkläre die nebenstehende Zeichnung. Aus welchen Materialien könnte der Bimetallstreifen gebaut worden sein?

A15: Erläutere, weshalb Wasser als Thermometerflüssigkeit ungeeignet ist, um Temperaturen unter +9 °C zu bestimmen.

A16: Tauche ein zuvor erhitztes Thermometer in kaltes Wasser. Erkläre, weshalb der Flüssigkeitsfaden dabei zunächst etwas ansteigt.

A17: Spanne zwei dünne Glasrohre an einem Ende ein, sodass sie senkrecht parallel und dicht zusammenstehen. Halte dann in der Nähe der Befestigungsstelle eine Streichholzflamme dazwischen. Beobachte die freien Enden der Glasrohre und erkläre, weshalb sie ihren Abstand ändern.

A18: Begründe, weshalb man einen Kupferdraht nicht ohne Probleme in Glas einschmelzen kann.

A19: Jemand misst eine Strecke mit einem Stahllineal, das in der Sonne gelegen hat. Werden die Messwerte zu groß oder zu klein? Begründe.

A20: Der Eiffelturm besteht aus Eisen (Gustave EIFFEL erbaute ihn 1889 zur Pariser Weltausstellung). Er ist im Winter bei –20 °C etwa 300 m hoch. Wie hoch ist er an einem Sommertag bei +30 °C? **b)** Wie groß wäre der Unterschied, wenn der Turm aus Messing bestünde?

A21: Die Temperaturkurve im Bild unten stellt den Temperaturverlauf für Berlin-Tempelhof für einige Tage im Juni 2005 dar. Welche Informationen kannst du dem Diagramm entnehmen?

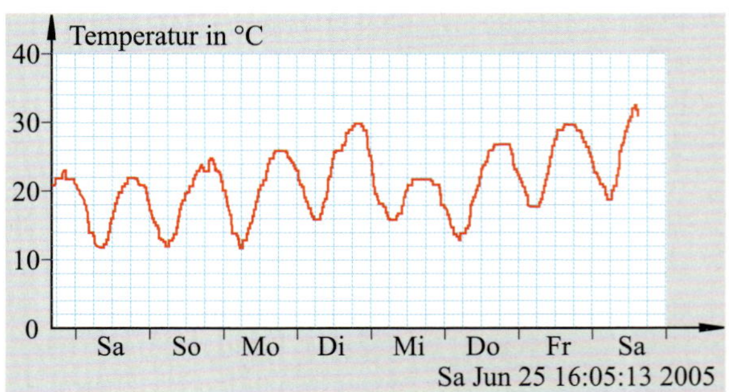

Beachvolleyballspielen erfordert vor allem Ausdauer, Kraft und Sprungvermögen. In diesem Kapitel geht es um *Kräfte*. Sie lassen sich an ihren Wirkungen erkennen. Schlägt eine Spielerin kraftvoll gegen den Ball, wird dieser schneller und/oder ändert seine Richtung. Die Spielerin spürt an der Hand eine *Gegenkraft* des Balles. Der Ball wird beim Schlag verformt.
Wenn eine Situation ein schnelles Vorlaufen erfordert, bietet der weiche Sand den Spielerinnen wenig Hilfe: Der Sand gibt nach, wenn man versucht sich kräftig abzustoßen. Die für einen Blitzstart wesentliche Gegenkraft bleibt klein.
Volleybälle müssen bestimmte Normen erfüllen: Der Umfang und die *Masse* oder die *Gewichtskraft* eines Wettkampfballes sind vorgeschrieben. Vom Zusammenhang zwischen Gewichtskraft und Masse ist in diesem Kapitel die Rede.
Genau über dem Netz kann der Ball von zwei Spielerinnen gleichzeitig geschlagen werden, es wirken dann also zwei Kräfte auf ihn ein. Was in solchen Fällen passiert, erfährst du auch auf den nächsten Seiten. Die Spielerinnen müssen aus eigener Kraft hochspringen, was im Laufe des Spieles immer anstrengender wird.
Der Ball ist im Laufe des Spiels mal schnell, mal langsam – manchmal fällt er senkrecht zu Boden. Im Folgenden wird gezeigt, wie man zweckmäßig Bewegungen beschreiben und unterscheiden kann.

B 1: Mit voller Kraft!

B 2: Kraftwirkungen beim Kopfball

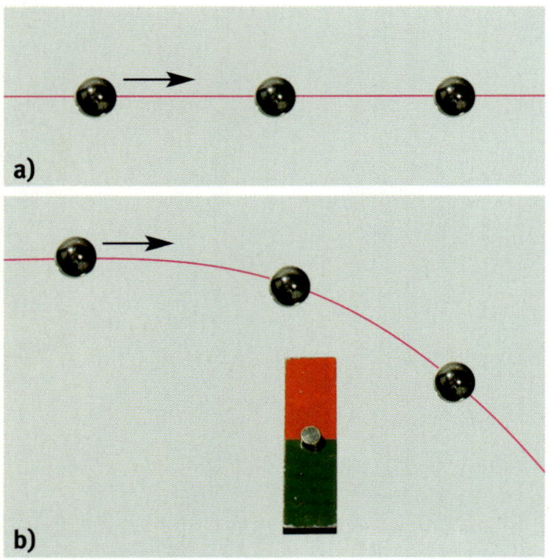

V 1: a) Wir rollen eine Stahlkugel über eine Glasplatte. Die Bahn der Kugel ist geradlinig; die Kugel wird nicht beschleunigt. **b)** Nun legen wir zusätzlich einen Magneten auf die Glasplatte. Wenn die Kugel in die Nähe des Magneten kommt, wird sie beschleunigt oder verzögert. Die Kugel scheint einer Kreisbahn zu folgen.

Vertiefung

Eine Fähigkeit ist noch keine Kraft

Magnete haben die Fähigkeit, Eisen oder Stahl anzuziehen. Ist kein Eisen in der Nähe eines Magneten, so führt diese Fähigkeit zu keiner Kraft. Insbesondere dürfen wir *dem Magneten allein* noch keine Kraft zuordnen. Der Magnet kann sich z. B. nicht mit magnetischen Kräften von selbst in Bewegung setzen. Von einer Kraft können wir nur dann sprechen, wenn sie an einem Körper angreift und durch Kraftwirkungen erfahrbar wird.

Kräfte und ihre Messung

1. Kräfte ändern die Bewegung eines Körpers

Der Sportler in ➡ *Bild 1* wirft den Ball auf das Handballtor. Dabei spürt er die Anspannung seiner Muskeln. In der Sprache der Physik heißt das: *Der Spieler übt auf den Ball eine Kraft aus.* Die Zuschauer können die Muskelanspannung nur eingeschränkt beobachten. Sie sehen aber, wie stark und in welche Richtung der Ball beschleunigt wird. Dies sind *Wirkungen der Kraft*, die auch ein Zuschauer wahrnehmen kann.
Fliegt z. B. der Ball auf das Tor zu, ist es die Aufgabe des Torhüters, ihn zu „halten“. Dazu muss er den Ball mit einer großen Kraft abbremsen. Der Torhüter spürt die Kraft an den Händen oder am Körper. Wenn es dem Torwart gelingt, den Ball so abzulenken, dass dieser am Tor vorbeifliegt, hat er seine Aufgabe auch erfüllt. Um die Flugrichtung des Balls zu ändern, muss er ebenfalls eine Kraft auf ihn ausüben.

Wirkt eine Kraft auf den Ball, so wird dieser beschleunigt, abgebremst oder seine Flugrichtung wird verändert. Wir erkennen Kräfte daran, dass sie die *Bewegung* von Körpern *ändern*.

Die Stahlkugel aus ➡ *Versuch 1 a* rollt – einmal in Bewegung gesetzt – mit konstanter Geschwindigkeit über die Glasplatte; sie ändert ihre Bewegung nicht. Es wirkt parallel zur Glasplatte *keine* Kraft auf die Stahlkugel. Ein Magnet dagegen kann die Kugel beschleunigen bzw. verzögern; er kann auch ihre Bewegungsrichtung ändern (➡ *Versuch 1 b*). Er kann nämlich auf die Kugel eine Kraft ausüben. In jedem Fall wird die Bewegung der Kugel geändert. Die **Kraft** des Magneten auf die Stahlkugel ist die **Ursache** dafür.

2. Kräfte verformen Körper

Das ➡ *Bild 2* zeigt eine weitere Kraftwirkung: Der Kopf des Fußballspielers übt auf den Ball eine Kraft aus. Durch diese Kraft wird der Ball zunächst langsamer und dann wieder schneller.

Neben diesen Änderungen der Bewegung wird der Ball durch die Kraft verformt, wie das Foto eindrucksvoll zeigt. Mit den Händen können wir diese Verformung nachempfinden, indem wir den Ball etwas zusammendrücken. Jetzt wirken auf ihn zwei Kräfte in verschiedene Richtungen. Diesmal wird der Ball nur verformt und nicht beschleunigt.

Merksatz

Werden Körper verformt oder wird ihre Bewegung geändert, so greifen Kräfte an ihnen an.
Das Ändern der Bewegung eines Körpers bedeutet:
Der Körper wird durch die Kraft schneller, langsamer oder in eine Kurve gezwungen.

3. Das Prinzip der Kraftmessung

Wer misst, vergleicht eine Größe mit den Vielfachen einer Einheit. So kann die Länge eines Tisches z.B. mit 3 · 1 m (Einheit) bestimmt werden. Diese allgemeine Aussage über das Messen wollen wir nun auf die Situation zweier Mädchen übertragen, die „ihre Kräfte messen wollen". Wie ermittelt man die Stärkere? Wievielmal so stark ist sie wie die andere?
Man könnte beim Schlagballweitwurf oder beim Kugelstoßen Kräfte vergleichen. Doch spielen dabei auch Geschicklichkeit und Übung eine Rolle. Also lassen wir die Schülerinnen nach ➡ *Bild 3* nacheinander an einem Expander ziehen. Ein Ende des Expanders ist an der Wandtafel sicher befestigt. Der Ort des rechten Griffes wird an der Tafel durch eine Kreidemarkierung festgehalten.
Wird der Expander von zwei Schülerinnen jeweils bis zur gleichen Marke verlängert, dann sagen wir, beide üben gleich große Kräfte aus. In der Sprache der Physik ist damit die *Maßgleichheit* für Kräfte festgelegt. Zum Messen brauchen wir aber auch noch eine *Einheit*. Wir legen als vorläufige Einheit die Kraft, die die Schülerin Ina ausübt, mit der Bezeichnung „1 Ina" fest.
Was sollen aber „2 Ina" sein? Jetzt brauchen wir Inas gleich starke Mitschülerin. Wir vereinbaren: Wenn beide am Expander in die gleiche Richtung ziehen, üben sie zusammen die Kraft „2 Ina" aus. Drei Schülerinnen, die sich als gleich stark erwiesen haben, üben gemeinsam in gleicher Richtung die Kraft „3 Ina" aus. Auf diese Weise erzeugen wir eine Kräfteskala. Wenn wir sie zusammen mit dem Expander aufbewahren, können wir später die Kraftmessungen weiterführen.
Die meisten Expander liefern eine ungleichmäßige Kräfteskala. Wir werden bald bessere Kraftmesser kennen lernen.

Merksatz

Zwei Kräfte, die denselben Körper gleich stark verformen, sind gleich groß.
Wenn Kräfte, die in einem Punkt eines Körpers angreifen, die gleiche Richtung haben, addieren sie sich.

B3: Expander als „Maßstab" für Kräfte

Aufgaben

A1: a) Nenne alltägliche Vorgänge zu den Wirkungen einer Kraft. **b)** Stelle eine Liste mit alltagssprachlichen Begriffen zusammen, die jeweils das Wort „Kraft" enthalten. **c)** Welcher dieser Begriffe verwendet „Kraft" im physikalischen Sinne?

A2: Beschreibe anhand von ➡ *Bild 1* den Ablauf eines Wurfes. Berichte zunächst aus der Sicht des Werfers und dann aus der Sicht einer Zuschauerin. Der Ball kommt auf das Tor – der Torwart hält. Berichte aus seiner Sicht.

A3: Ein Boxer schlägt im Training viele Male auf einen schweren Sandsack. Beschreibe den Vorgang und verwende dabei die Begriffe aus dem oberen Merksatz.

A4: Das Bild zeigt einen Tennisball im Augenblick des Kontaktes mit den Schlägersaiten. Beschreibe den Vorgang. Welche Kräfte treten auf und was bewirken sie?

A5: Ein Fußballreporter ruft, ein Spieler habe den Ball gehalten, abgewehrt bzw. verlängert. Was hätte der Spieler tun müssen, wenn das wörtlich gemeint wäre? Beschreibe physikalisch den jeweiligen Vorgang und die Wirkung.

B1: Sir Isaac NEWTON, engl. Physiker

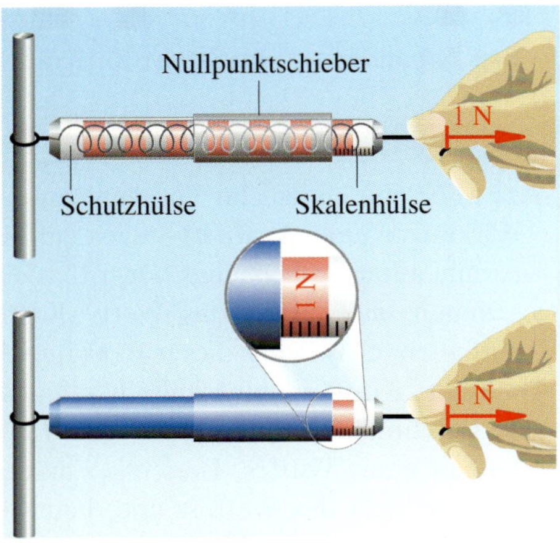

B2: Am Kraftmesser zieht rechts eine Hand mit der Kraft 1 Newton.

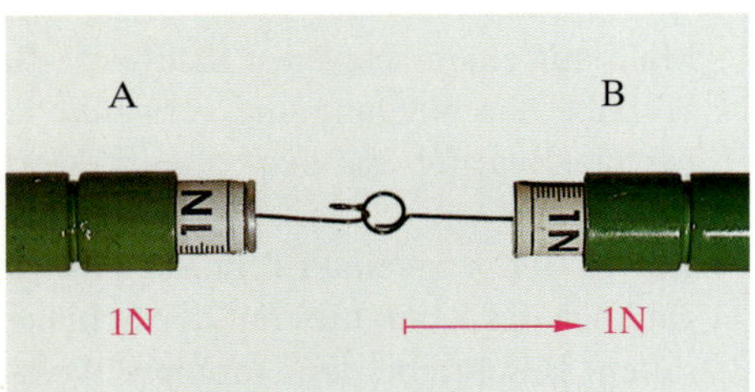

B3: Ein linker Partner hält Kraftmesser A nur fest, während ein rechter an Kraftmesser B mit der Kraft 1 N zieht.

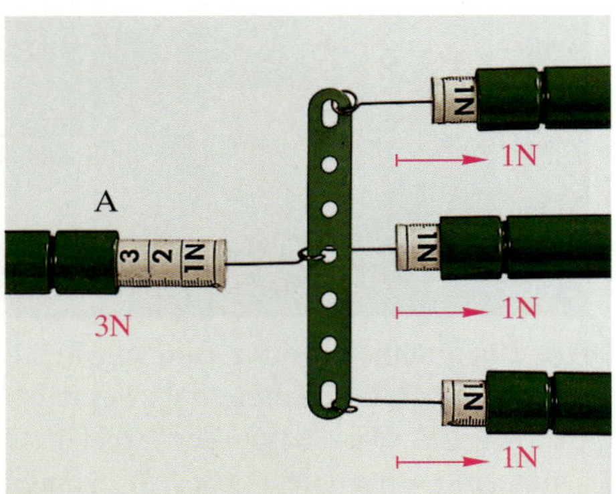

B4: Die Kräfte von je 1 N (rechts) addieren sich am linken Kraftmesser zu 3 N.

4. Kraftmesser und die Krafteinheit Newton

Kraftmesser sind kleine, aber präzise Expander. Sie enthalten nach ➠ *Bild 2* eine hochwertige Stahlfeder. Kraftmesser sind in der international vorgeschriebenen Krafteinheit, dem **Newton** (Abkürzung **N**) geeicht, zu Ehren des englischen Physikers Isaac NEWTON (➠ *Bild 1*), der wichtige Gesetze der Mechanik formuliert hat.

Merksatz

Die **Einheit der Kraft** ist **1 N** (**Newton**).

Unsere vorläufige Krafteinheit „1 Ina" hatte ihren Sinn bei den prinzipiellen Überlegungen zur Kraftmessung. Regionale oder sogar individuelle Maßeinheiten sind hinderlich, deshalb gibt es weltweit einheitliche Maßeinheiten wie das Newton.

Der Kraftmesser in ➠ *Bild 2* besteht aus einer Schraubenfeder aus Stahldraht, einer Plastikhülse mit Skala und einer Schutzhülse. Das linke Ende der Feder ist mit der Schutzhülse verbunden, das rechte mit der Skalenhülse. Diese kann reibungsfrei aus der Schutzhülse gezogen werden. Wenn keine Kraft wirkt, stellen wir den Nullpunktschieber (dritte Hülse) auf den Skalenwert 0 N. Verlängert dann eine Kraft die Feder, so taucht ein Teilstrich mit 1 N auf. Verlängern wir die Feder bis zum Teilstrich 5, so üben wir eine Kraft von 5 N aus. Je nach Härte der Federn haben Kraftmesser verschiedene Messbereiche: empfindliche von 0 N bis 0,1 N oder von 0 N bis 1 N; robuste von 0 N bis 5 N usw.

5. Versuche mit Kraftmessern

➠ *Bild 3* zeigt, dass beide Kraftmesser die gleiche Kraft anzeigen, unabhängig davon, an welchem Ende man zieht. Kraftmesser messen also die Kraft, die sie erfahren, aber auch die, die sie auf einen anderen Körper ausüben. Betrachten wir den waagerechten Draht in ➠ *Bild 3* zwischen den Kraftmessern A und B. Er überträgt die Kraft 1 N von links nach rechts oder auch umgekehrt. Im Draht, also unterwegs, nimmt die Kraft weder zu noch ab, sie beträgt überall 1 N. Dieses gilt auch dann, wenn wir den Draht durch einen langen Faden, ein Gummiband oder mehrere Federn ersetzen.

➠ *Bild 4* zeigt rechts drei Kraftmesser, die parallel zueinander liegen. An jedem Kraftmesser wird mit 1 N nach rechts gezogen. Als „Resultat" zeigt der linke Kraftmesser (A) die Kraft 3 N an. Die drei gleichgerichteten Kräfte von je 1 N haben sich zur der **resultierenden Kraft** 3 N addiert. Wenn die gleichgerichteten Kräfte unterschiedlich sind (z. B. 3 N, 7 N und 5 N) und wieder am gleichen Körper angreifen, dann addieren sie sich auch (hier: 15 N).

Merksatz

Wenn mehrere gleichgerichtete Kräfte am gleichen Körper angreifen, dann addieren sich ihre Beträge.

6. Kräfte sind Vektorgrößen

Die Wirkung einer Kraft ist mit ihrem Betrag und ihrer Richtung allein noch nicht eindeutig bestimmt. Stellen wir uns vor, dass eine bestimmte Kraft (Betrag und Richtung sind fest gewählt) auf eine geöffnete Tür wirkt. Greift die Kraft in der Nähe der Türangel an, so wird die Tür kaum gedreht. Greift sie aber in der Nähe des Griffes an, so bewegt sich die Tür leicht. Die Wirkung einer Kraft wird also von ihrem *Angriffspunkt* bestimmt.

Merksatz

Die Wirkung einer Kraft hängt ab:
- vom Angriffspunkt der Kraft,
- von der Richtung der Kraft,
- vom Betrag der Kraft.

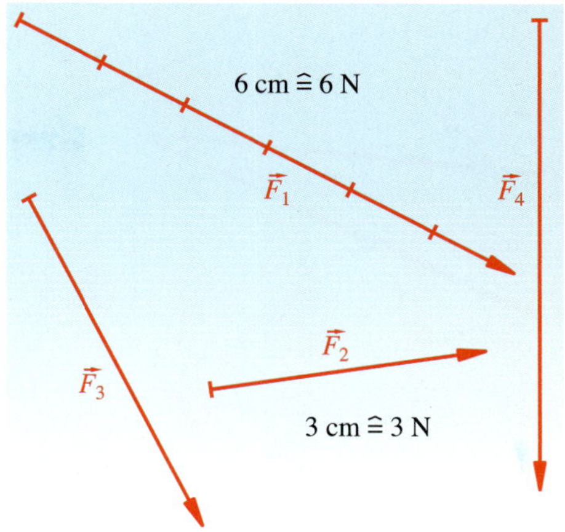

B5: Kraftpfeile zeigen Richtung, Angriffspunkt und Betrag der Kraft an.

Kräfte stellen wir in physikalischen und technischen Zeichnungen symbolisch als **Pfeile** dar.
- Den Pfeil heften wir meist an den Punkt des Körpers, an dem die Kraft angreift, also an den Angriffspunkt.
- Die Spitze des Pfeils weist in die Kraftrichtung.
- Den Betrag der Kraft können wir durch die Länge des Pfeils kennzeichnen. Dazu vereinbaren wir für seine Länge einen Kräftemaßstab, z. B. 1 cm ≙ 1 N. Dann stellt in ➠ *Bild 5* ein 3 cm langer Pfeil eine Kraft vom Betrag $F = 3$ N dar.

Mit dem Buchstaben F kennzeichnen wir Kräfte (engl.: force = Kraft).
Physikalische Größen, die wir durch Pfeile darstellen können, denen also eine Richtung zukommt, nennen wir **Vektorgrößen**. Eine solche ist auch die *Geschwindigkeit*. Wir bezeichnen sie durch einen Pfeil über dem Buchstabensymbol: z. B. $\vec{F}$ oder $\vec{v}$. Sprechen wir nur vom Betrag, so schreiben wir den Buchstaben ohne Pfeil ($F = 30$ N, $v = 2$ m/s). Wenn man sagt, eine Kraft oder Geschwindigkeit sei doppelt so groß wie eine andere, so meint man, sie habe den doppelten Betrag (unabhängig von der Richtung).
Es gibt auch Größen, denen keine bestimmte Richtung zukommt, wie Volumen V und Zeit t. Wir nennen sie **skalare Größen**.

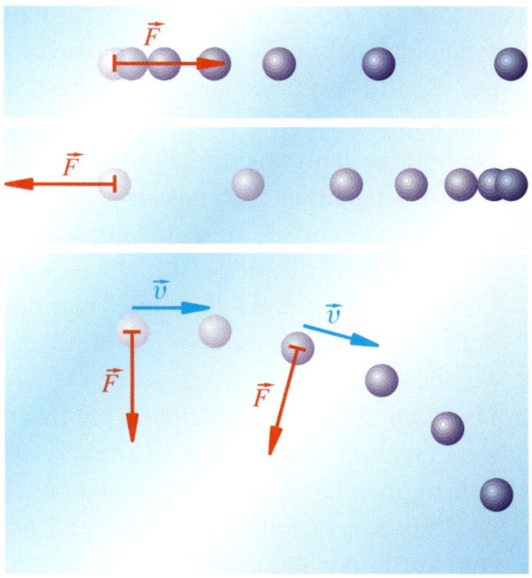

B6: Bewegungen einer Kugel auf einer Glasplatte. Oben: Kraft in Bewegungsrichtung, Mitte: Kraft gegen die Bewegungsrichtung, Unten: Kraft senkrecht zur Bewegungsrichtung (Momentbilder in gleichen Zeitabständen).

Aufgaben

A1: Denke dir vier Situationen aus, bei denen Kräfte wirken. Beantworte dazu folgende Fragen:
- Wer übt die Kraft aus?
- Wo greift die Kraft an?
- Wie lautet der Name der Kraft?
- Welche Kraftwirkung liegt vor?

A2: Nimm einen Magneten zur Hand. Hat er für sich eine Kraft im Sinne der Physik? Was musst du tun, damit eine magnetische Kraft auftritt? Wie kannst du sie messen? Hängt sie nur vom Magneten ab?

A3: In ➠ *Bild 6* sind Momentbilder einer Kugelbewegung dargestellt. Auf die Kugel wirkt eine Kraft. Sie ist durch die roten Pfeile in einigen Punkten dargestellt, die blauen Pfeile stehen für die momentane Bewegungsrichtung. Beschreibe die drei dargestellten Bewegungen, übertrage die Zeichnungen in dein Heft und ergänze sie durch weitere Kraft- und Bewegungspfeile.

A4: Kann eine Kraft am gleichen Körper zwei verschiedene Wirkungen ausüben?

A5: Max übt die Kraft 300 N aus. Wie könnte man sie mit 100 N-Kraftmessern nachmessen?

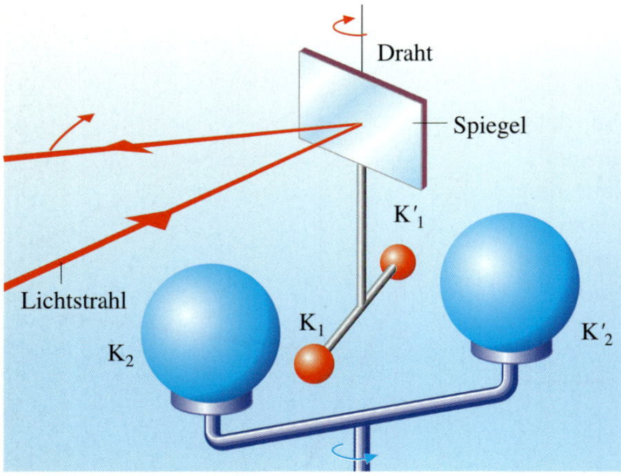

B1: Anziehungskräfte zwischen Kugeln

B2: Die Gewichtskraft zieht immer nach unten.

V1: Das ➠ *Bild 1* zeigt einen schematischen Versuchsaufbau zur Untersuchung der Kräfte zwischen den Bleikugeln K_1 und K_2.

Die Kräfte kann man im täglichen Leben nicht beobachten. Wenn es sie gibt, dann müssen sie sehr klein sein. Man könnte sie mit Federkraftmessern nicht messen. Um sie aufzuspüren, benutzen wir deshalb eine raffinierte, sehr empfindliche Versuchsanordnung.

Die Kugeln K_1 und K_1' hängen mit ihrem waagerechten Verbindungsbalken an einem dünnen Draht. Dieser Draht dient als Kraftmesser. Bereits ein schwacher Luftzug würde die Anordnung mitsamt dem Spiegel in Drehung versetzen. Deshalb ist diese Anordnung in einem geschlossenen Gehäuse untergebracht, das hier der Einfachheit halber nicht gezeichnet wurde.

Zunächst sei alles in Ruhe. Der am Spiegel reflektierte Lichtstrahl bewegt sich nicht. Nun drehen wir die beiden großen Kugeln K_2 und K_2' auf der blau gezeichneten Auflage außerhalb des Gehäuses. Dabei nähert sich K_2 der vorderen kleinen Kugeln K_1 von links. Kugel K_2' nähert sich der hinteren kleinen Kugel K_1' von rechts.

Wenn es richtig ist, dass sich diese Kugeln anziehen, dann kommt K_1 nach links und gleichzeitig K_1' nach rechts in Bewegung. Der Draht und der daran befestigte Spiegel drehen sich. Der am Spiegel reflektierte Lichtstrahl (rot) dreht sich mit. Dies geschieht tatsächlich, wenn auch sehr langsam.

Körper erfahren Gewichtskräfte

1. Was sind Gewichtskräfte?

Lassen wir einen Gegenstand los, so fällt er nach unten. Dabei wird er immer schneller. Der Gegenstand erfährt also eine nach unten wirkende Kraft. Man nennt sie **Gewichtskraft** oder auch **Schwerkraft**. An allen Orten der Erde fallen die Gegenstände zu Boden, deshalb sind in ➠ *Bild 2* die Pfeile für die Gewichtskräfte zur Erdmitte gezeichnet.

Aber nicht nur die Erde kann solche Kräfte ausüben. Astronauten erfuhren nämlich auch auf dem Mond eine Gewichtskraft, die allerdings viel kleiner war als auf der Erde. Also zieht auch der Mond Körper an. Er ist wie die Erde ein großer Materiebrocken. Wir fragen deshalb: Zieht vielleicht *jedes* Materiestück *jedes* andere an – wenn auch nur schwach?

Der ➠ *Versuch 1* gibt auf diese Frage eine Antwort: Zwischen den Kugeln bestehen Anziehungskräfte. Im Versuch sind die Kräfte sehr klein, die Anziehungskräfte sind bei der „riesigen Kugel" Erde viel größer. Um magnetische Kräfte kann es sich nicht handeln, da auch unmagnetische Stoffe wie Blei, Wasser oder Holz Anziehungskräfte erfahren.

Merksatz

Beliebige Körper ziehen sich gegenseitig an.

Es ist also irreführend zu sagen, die Körper sind *schwer*. Jeder Körper erfährt nämlich eine Gewichtskraft erst von der Erde als Anziehungskraft. Diese kann also kein unveräußerlicher „Besitz" eines Körpers sein. Hielten wir uns nämlich in einem Raumschiff weit weg von allen Himmelskörpern auf, so würden wir keine merkliche Gewichtskraft erfahren. Für sich allein haben Körper keine Gewichtskraft. Sie erfahren diese erst als Anziehungskraft, etwa von der Erde, dem Mond oder von anderen Himmelskörpern.

2. Ist die Gewichtskraft überall gleich?

Die Gewichtskraft zeigt nach ➠ *Bild 2* zur Erdmitte; sie hat also am Äquator eine ganz *andere Richtung* als an den Polen. Sind dann wenigstens die Beträge überall gleich? Wir wissen, dass die Erde keine exakte Kugel ist; die Pole liegen etwas näher am Erdmittelpunkt als der Äquator. Sehr genaue Kraftmesser zeigen, dass ein und derselbe Körper an den Polen eine etwas größere Gewichtskraft erfährt als bei uns. Unabhängig vom Material sind alle Körper an den Polen um 0,5% schwerer als am Äquator und um 0,25% schwerer als bei uns in Mitteleuropa.

Wenn ein Körper sich von der Erde entfernt, nimmt die Anziehungskraft auf ihn ab. Im doppelten Abstand vom Erdmittelpunkt, also in 6370 km Höhe über dem Boden, ist sie auf den vierten Teil gesunken, im dreifachen Abstand gar auf den neunten Teil.

Der Mond hat einen kleineren Radius und eine geringere Masse als die Erde. Er zieht alle Körper auf seiner Oberfläche nur mit dem 6. Teil der Gewichtskraft an, die sie auf der Erde erfahren würden (➠ *Bild 3*). Zieht also die Erde einen Körper mit $F = 6$ N an, so würde er an der Oberfläche des Mondes von diesem nur die Gewichtskraft 1 N erfahren. Deshalb konnten Raumfahrer auf dem Mond mit der gleichen Muskelkraft viel höher springen als bei uns. Dagegen ist auf dem größten Planeten des Sonnensystems, dem Jupiter, die Gewichtskraft, die ein Körper erfährt, 2,6-mal so groß wie bei uns.

Merksatz

Die Gewichtskraft, die auf einen Körper wirkt, hängt vom Ort ab. Dieses gilt für Betrag und Richtung.

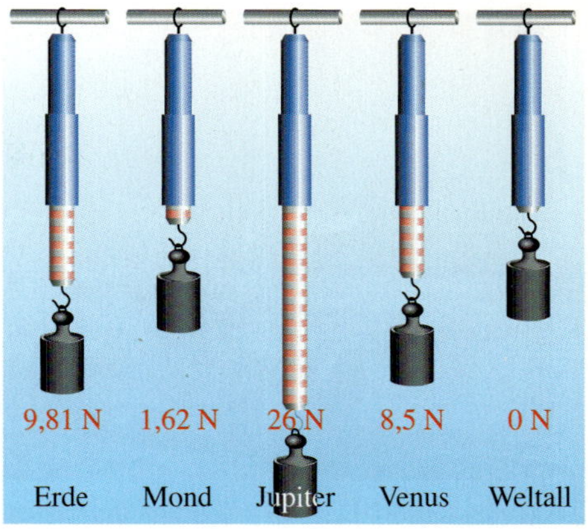

B3: Der Betrag der Gewichtskraft ein und desselben Körpers hängt vom Ort ab.

Kräfte auf die kleinen Kugeln in ➠ *Bild 1*	$1/10^9$ N
Gewichtskraft eines Normalbriefs	0,2 N
Gewichtskraft einer Schokoladentafel	1 N
Gewichtskraft von 1 l Wasser	10 N
Gewichtskraft eines Menschen	700 N
Zugkraft eines Pkw	5000 N
Zugkraft einer Lokomotive	15 000 N
Kraft der Erde auf den Mond	$2 \cdot 10^{20}$ N

T1: Verschiedene Kräfte

Aufgaben

A1: Nach ➠ *Bild 2* ist die Gewichtskraft von Körpern am Äquator anders gerichtet als an den Polen. Ein Weitgereister behauptet: „Überall, wo ich war, zeigte sie nach unten." Kläre den Widerspruch.

A2: Wir haben mit dem Expander waagerechte Zugkräfte der Größe „1 Ina", „2 Ina" usw. gemessen. Wie könnte man prüfen, ob 1 Ina auch die Gewichtskraft der Schülerin Ina ist, die diese von der Erde erfährt? Wäre sie überall gleich groß?

A3: Hänge an ein Gummiband einen Knetklumpen und markiere die Verlängerung. Deine private Krafteinheit heißt nun „1 Knet". Erzeuge die Kräfte 2 und 3 Knet. Muss dabei die Verlängerung des Bandes unbedingt doppelt bzw. dreifach sein? Wie bekommst du die Kraft 0,5 Knet? Wie bestimmt man, wie viel Newton einem „Knet" entsprechen?

A4: Ein Laborant misst mit einem Kraftmesser täglich die Gewichtskraft von weißen Mäusen. Eines Tages gibt er sie in cm statt in N an. Führe mit deinem Nachbarn über diese Idee eine Pro-und-Kontra-Diskussion. Protokolliere die verschiedenen Argumente.

A5: Wie müsste man beim Versuch nach ➠ *Bild 1* vorgehen, damit der reflektierte Lichtzeiger nach vorn und nicht nach hinten wandert?

A6: Ein zwischen zwei Kraftmessern gespannter Draht überträgt die Kraft 1 N von einem Kraftmesser zum anderen. Was ändert sich, wenn man den Draht durch eine Fadenschlinge aus zwei bzw. vier parallelen Fadenstücken ersetzt?

A7: Du möchtest mit einem Kraftmesser horizontal bzw. vertikal gerichtete Kräfte messen. Was musst du dabei beachten?

B1: Astronaut J. IRVIN trägt auf dem Mond einen Tornister mit 84 kg Masse.

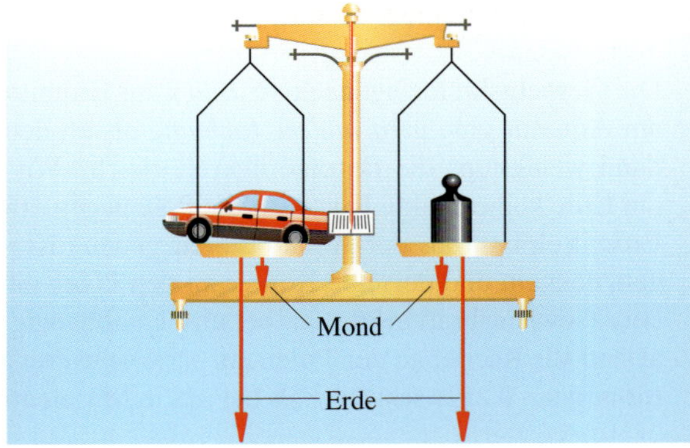

B2: Die Balkenwaage zeigt auf der Erde wie auf dem Mond an, ob zwei Massen gleich sind.

V1: Wir legen auf jede Schale einer Balkenwaage ein gleichartiges Spielzeugauto. Stehen beide Schalen in gleicher Höhe, so erfahren beide Autos die gleiche Gewichtskraft. Wir ersetzen ein Auto durch Wägestücke aus einem Wägesatz, sodass die Schalen wieder in gleicher Höhe stehen. Nun erfahren Auto und Wägestücke die gleiche Gewichtskraft. Dieser Vergleich ist viel genauer als bei der Benutzung von Federkraftmessern. Die tatsächliche Größe der Kräfte zeigt die Balkenwaage nicht an.

Vertiefung

Wägesätze

Ein Standardwägesatz enthält folgende Stücke: 500 g, 200 g, 200 g, 100 g, 50 g, 20 g, 20 g, 10 g, 5 g, 2 g, 2 g, 1 g.
Damit lassen sich alle Massen zwischen 1 g und 1110 g bestimmen, z. B.
768 g =
500 g + 200 g + 50 g + 10 g
+ 5 g + 2 g + 1 g.
Unterhalb der Grenze von einem Gramm gibt es auch Milligrammstücke.

Ein Wägesatz aus folgenden Stücken: 1 g, 2 g, 4 g, 8 g, 16 g, 32 g, 64 g, 128 g, 256 g, 512 g ermöglicht das Bestimmen von Massen bis 1023 g. Dieser Wägesatz umfasst zwar weniger Stücke, ist aber unpraktisch bei gebräuchlichen Massen:
100 g = 64 g + 32 g + 4 g bzw.
500 g =
256 g + 128 g+ 64 g + 32 g + 16 g + 4 g.

Körper haben Masse

1. Die Masse als „Besitz" eines Körpers

Eine Schokoladentafel (ohne Verpackung) erfährt auf der Erde die Gewichtskraft vom Betrag $G = 1$ N, auf dem Mond dagegen nur $\frac{1}{6}$ N. Dort zeigt ein Kraftmesser erst bei sechs Tafeln 1 N an. Daraus folgt nicht, dass ein Raumfahrer die sechsfache Menge an Schokolade braucht, um seinen Bedarf an Süßigkeiten zu erfüllen. Dass die Tafel Schokolade leichter geworden ist, liegt am Mond und nicht an der Schokolade.

Kaufleute benutzen keine Federkraftmesser, um ihre Warenmengen zu ermitteln, sondern Balken- oder Tafelwaagen, die ohne Federn auskommen (➠ *Bild 2*).
Worin liegt nun der Vorteil dieser Waagen gegenüber einem Federkraftmesser? Der ➠ *Versuch 1* legt nahe, dass Balkenwaagen genauere Ergebnisse liefern als Kraftmesser. Gehen wir nun aber in Gedanken auf den Mond. Dort belasten Warenmenge wie Wägestücke die Waagschalen je nur mit $\frac{1}{6}$ der Kraft (➠ *Bild 2*). Die Abnahme der Gewichtskraft wirkt sich allerdings auf beide Schalen gleich aus. Die Waagschalen sind auch auf dem Mond in gleicher Höhe, wenn sie es vorher auf der Erde waren. Balkenwaagen registrieren also Änderungen der Gewichtskraft durch Ortswechsel nicht; sie sind folglich *keine* Kraftmesser.

Balkenwaagen reagieren aber sehr empfindlich, wenn wir vom zu wiegenden Körper etwas wegnehmen oder etwas hinzufügen. Wir sagen, dabei ändere sich die Masse des Körpers. Deshalb schreiben wir zwei Körpern, die eine Waage zum Einspielen (Schalen in gleicher Höhe) bringen, die gleiche *Masse m* zu, selbst dann, wenn sie aus verschiedenen Stoffen bestehen (z. B. Spielzeugauto und Messing-Wägestücke). Mit Balkenwaagen werden also Massen *verglichen*.
An jedem Ort gilt: Körper gleicher Massen erfahren die gleiche Gewichtskraft.

Somit können wir mit Balkenwaagen
- Massen bestimmen,
- Gewichtskräfte $\vec{G}$ (Beträge G) aber nur vergleichen.

2. Die Einheit der Masse

Normale Schokoladentafeln tragen die Aufschrift 100 g. Mit 1 g oder 1 kg bezeichnen wir nämlich die **Einheit der Masse** m. Wie wir wissen, ist die Masse etwas anderes als die Kraft. Deshalb gibt es verschiedene Einheiten. **1 kg** ist die Masse eines bestimmten Normkörpers (aus Edelmetall), des so genannten *Urkilogramms*; es wird in Paris aufbewahrt. Zwei solche Körper erfahren am gleichen Ort die doppelte Gewichtskraft; sie haben die Masse 2 kg (⇒ *Bild 3*).
Eine Balkenwaage spielt sich auf der Erde wie auf dem Mond ein, falls in der einen Schale eine Tafel Schokolade und in der anderen ein 100 g-Wägestück liegen. Beide haben unabhängig vom Ort die Masse 100 g. Die Angabe 100 g auf der Tafel bleibt bei der Reise auf den Mond gültig, nicht aber die Angabe $G = 1$ N.
Die **Masse** kennzeichnet einen „Besitzstand" des Körpers, der im Gegensatz zur Gewichtskraft **nicht vom Ort abhängt**. Der Aufbewahrungsort für das Urkilogramm ist also beliebig.

Merksatz

Die Masse eines jeden Körpers bleibt beim Ortswechsel erhalten. Die Grundeinheit der Masse ist das Kilogramm (kg).
Körper, die am gleichen Ort die gleiche Gewichtskraft erfahren, haben die gleiche Masse. Erfährt ein Körper am selben Ort die n-fache Gewichtskraft wie ein anderer, so besitzt er überall die n-fache Masse.

Weitere Masseeinheiten sind:
1 kg = 1000 g; 1 g = 1000 mg (Milligramm); 1 t (Tonne) = 1000 kg.

3. Welche Gewichtskraft erfährt ein 1 kg-Stück?

Hängen wir einen Körper mit der Masse $m = 1$ kg an einen Kraftmesser, so zeigt dieser uns – wie überall in Mitteleuropa – die Gewichtskraft vom Betrag $G = 9{,}8$ N an. Also gehört die Gewichtskraft 1 N zur Masse $m = 1$ kg/9,8 = 102 g ≈ 0,1 kg. Das entspricht ziemlich genau einer Tafel Schokolade *mit* Verpackung.
Ein Grammstück erfährt in Mitteleuropa die Gewichtskraft 1 N/102 ≈ 0,01 N = 1 cN (**Zenti-Newton**).
Umgangssprachlich wird oft der Begriff „Gewicht" verwendet, wenn eigentlich die Masse gemeint ist. Wir sprechen z. B. vom Körper„gewicht" und geben es mit 45 kg an. Physikalisch korrekt wäre es, von der Körpermasse zu sprechen.

Merksatz

Ein Körper der Masse 1 kg erfährt in Mitteleuropa die Gewichtskraft vom Betrag 9,8 N ≈ 10 N.

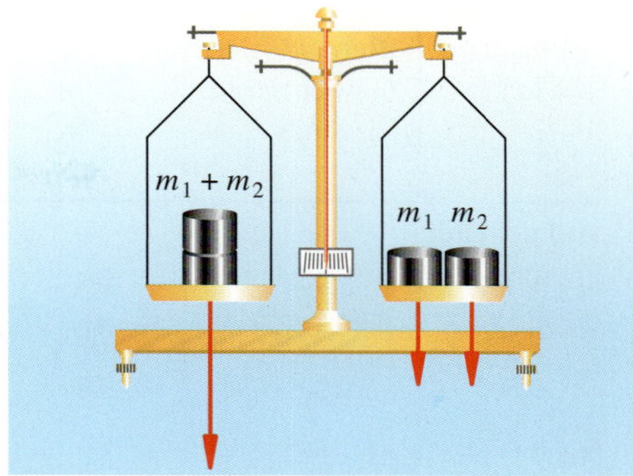

B3: Masse und Gewichtskraft

Aufgaben

A1: Man gab dem Urkilogramm so genau wie möglich die Masse von 1 l (1 dm³) Wasser (bei 4 °C). Prüfe diesen Zusammenhang – wenn möglich – zu Hause nach. Welche Masse hat 1 l Wasser auf dem Mond? Welche Gewichtskraft erfährt es dort?

A2: a) Kann man Massen auch mithilfe der Verlängerung von Federn vergleichen? Welche Einschränkung ist zu machen? **b)** Warum gibt man der Skala von Kraftmessern nicht die Einheit kg?

A3: a) Welche Masse m und welcher Betrag G der Gewichtskraft kommt dem Urkilogramm auf dem Mond zu? **b)** Tragen die Stücke unserer Wägesätze mit Recht die Aufschrift 1 kg und 1 g oder sollten sie durch 10 N und 1 cN ersetzt werden?

A4: Warum sagt man, Körper *haben* (besitzen) Masse und *erfahren* Gewichtskräfte?

A5: Das Urkilogramm wird in Paris aufbewahrt. Ist dies für seine Gültigkeit als Massenormal von Bedeutung?

A6: Anni benutzt einen alten Wägesatz, dessen kg-Stück mit einer Kruste überzogen ist. Damit wiegt sie Zucker ab und sagt, wegen der Kruste liege die Masse des Zuckers unter 1 kg. Susi widerspricht ihr. Diskutiere.

A7: a) Warum wird zusätzlich zum Begriff „Gewichtskraft" noch der Begriff „Masse" eingeführt? **b)** Warum werden in der Alltagssprache die Begriffe „Gewichtskraft" und „Masse" nur selten verwendet? Gibt es dafür Gründe?

Masse m in kg	Betrag G der Gewichtskraft in N	$g = \frac{G}{m}$ in $\frac{\text{N}}{\text{kg}}$
Auf der Erde		
1,000	9,80	9,8
0,500	4,90	9,8
0,300	2,94	9,8
0,200	1,96	9,8
0,102	1,00	9,8
Auf dem Mond		
1,00	1,60	1,6
0,50	0,80	1,6
0,30	0,50	1,7
0,20	0,32	1,6
0,10	0,16	1,6

T 1: Ortsfaktoren auf Erde und Mond

Mitteleuropa	9,81	Sonne	274
Äquator	9,78	Jupiter	26
Pole der Erde	9,83	Venus	8,5
Mond	1,6	Mars	3,7

T 2: Ortsfaktoren g in N/kg

Beispiel

Wenn deine Masse 60 kg beträgt, so erfährst du die Gewichtskraft
$G = m \cdot g = 60\ \text{kg} \cdot 9{,}8\ \text{N/kg} = 588\ \text{N}$
auf der Erde,
$G = m \cdot g = 60\ \text{kg} \cdot 1{,}6\ \text{N/kg} = 96\ \text{N}$
auf dem Mond und
$G = m \cdot g = 60\ \text{kg} \cdot 3{,}7\ \text{N/kg} = 222\ \text{N}$
auf dem Mars (theoretisch).

4. Wir berechnen die Gewichtskraft weltweit

➡ *Tabelle 1* zeigt den Betrag G der Gewichtskräfte von Wägestücken der Masse m auf Erde und Mond. Ein Stück mit der halben Masse erfährt am gleichen Ort auch nur die halbe Gewichtskraft.

Merksatz

Betrag G der Gewichtskraft und Masse m sind am gleichen Ort einander proportional.

Zwei Größen sind dann proportional, wenn ihre Quotienten konstant sind. In der dritten Spalte der ➡ *Tabelle 1* sind die Quotienten G/m errechnet. Diese Quotienten haben die Einheit N/kg. Die errechneten Quotienten sind tatsächlich für alle Messwertepaare gleich: Der Wert für die Erde beträgt 9,8 N/kg. Wir kürzen ab: $g = G/m = 9{,}8$ N/kg.

Die Einheit N/kg zeigt: Am Quotienten $g = G/m$ können wir insbesondere ablesen, wie groß die Gewichtskraft G (in N) ist, die ein Körper der Masse 1 kg erfährt. Der Quotient liefert bei uns 9,8 N je kg, und zwar unabhängig vom Körper, seinem Volumen und seinem Material.
Zwar sind die Gewichtskräfte auf dem Mond kleiner als auf der Erde, aber auch dort sind die Quotienten G/m für alle Körper konstant. Der Wert beträgt $g = 1{,}6$ N/kg. Ein Körper der Masse 1 kg erfährt auf dem Mond nur die Gewichtskraft 1,6 N.

Der Quotient $g = G/m$ hängt also vom Ort ab; wir nennen ihn **Ortsfaktor** g. Die ➡ *Tabelle 2* gibt Werte für mehrere Orte an. Das Wort „Faktor" zeigt eine weitere Bedeutung von g an:
Aus $G/m = g$ folgt nämlich $G = m \cdot g$.

Merksatz

Wir erhalten den Betrag G der Gewichtskraft eines Körpers an einem bestimmten Ort, wenn wir die nur vom Körper abhängige Masse m mit dem nur vom Ort abhängigen Ortsfaktor g multiplizieren: $\boldsymbol{G = m \cdot g}$.

All dies zeigt, dass Gewichtskraft und Masse zwei physikalische Größen sind, die wir streng voneinander unterscheiden müssen.

Vertiefung

Wie definiert man Größen?

Kräfte erkennt man daran, dass sie Körper verformen oder ihren Bewegungszustand ändern. Mit Kräften beschreiben wir also mechanische Einwirkungen auf Körper. Wenn wir einen Körper beleuchten, so wirken wir optisch auf ihn ein, nicht aber mechanisch; wir üben keine Kraft auf ihn aus, die ihn beschleunigen oder verformen würde.

Mit Balkenwaagen können wir weder die Helligkeit von Lampen noch die Größe von Flächen messen. Balkenwaagen und Wägesätze sind auf den Begriff Masse spezialisiert und grenzen diesen von anderen Größen – auch von Kräften – ab. Für „abgrenzen" sagen wir auch „definieren". Das Messverfahren mit Balkenwaage und Wägesatz definiert für uns den physikalischen Begriff Masse.

Aufgaben

A1: Jemand sagt: Fallende Steine besitzen ein Gewicht und werden deshalb beim Fallen von selbst schneller. Was sagst du dazu?

A2: a) Personenwaagen enthalten meist Federn (wie Kraftmesser). Trotzdem tragen sie die Maßbezeichnung kg. Unter welchen Voraussetzungen stimmt die Anzeige? **b)** Jemand steigt auf die Waage und stellt fest, dass er „Übergewicht“ hat. Würde er auf dem Mond dasselbe Übergewicht feststellen? **c)** Warum schreibt der Gesetzgeber zum Kennzeichnen von Warenmengen das Kilogramm vor und nicht das mit Kraftmessern einfach zu messende Newton?

A3: Mit welchem Gerät wiegen wir Erbsen mit einer Gewichtskraft von 10 N ab? Bekäme man damit bei uns, an den Polen, am Äquator, auf dem Mond immer die gleiche Anzahl Erbsen? (Denke an die Gewichtskraft, die eine Erbse erfährt und betrachte ➡ *Bild 1*).

A4: Ein Kaufmann wiegt bei uns 100 g Erbsen mit der Balkenwaage ab. Müsste er am Nordpol weniger Erbsen auf die Waagschale legen ➡ *Bild 1*)?

A5: a) Kann man Gewichtskräfte auch mit der Balkenwaage vergleichen? Kann man mit ihrer Hilfe Gewichtskräfte in N angeben, wenn man den Ortsfaktor des Messortes kennt? **b)** Welche Gewichtskraft erfährt der Tornister von IRVIN auf dem Mond? Könnte man ihn auch auf dem Mars oder dem Jupiter tragen?

A6: Ein Körper hängt an einer Federwaage. Sie zeigt auf der Erde 9,81 N, dem Mond 1,62 N, auf Jupiter 26 N, der Venus 8,5 N und im Weltall 0 N. Wie groß ist seine Masse? Kann man sagen, ob er überall dieselbe Masse hat? Welches Problem tritt dabei im Weltall – weitab von allen Himmelskörpern – auf?

A7: Ein Körper hat die Masse 100,0 kg. Um wie viel Newton ändert sich die Gewichtskraft bei einer Reise vom Nordpol über Mitteleuropa bis hin zum Äquator?

A8: Auf der Venus erfährt ein Körper die Gewichtskraft 43 N. Welche Masse hat er? Stelle für dort eine Tabelle gemäß ➡ *Tabelle 1* auf. Welche Gewichtskräfte würdest du dort erfahren?

A9: Astronauten haben sich im Weltraum verirrt. Sie landen auf einem Planeten und bestimmen dort die Gewichtskraft eines Körpers der Masse 20 kg zu 74 N. Welche Messgeräte benutzen sie? Wie können sie mithilfe der Tabelle der Ortsfaktoren ihren Landeplatz bestimmen?

A10: Jemand kauft 100 g Schokolade und 13 N Erbsen und sagt, er habe nun insgesamt 600 g Lebensmittel. Auf welchem Planeten könnte dies gelten (➡ *Tabelle 2*)?
Merke: Eine Masse kann man zu einer Gewichtskraft genauso wenig addieren wie eine Strecke zu einer Zeit.

A11: Ein Stück Platin erfährt an den Polen die Gewichtskraft 10,00 N. Wie groß wäre sie am Äquator, wie groß in 6370 km Höhe, wie groß auf dem Mond bzw. dem Planeten Jupiter?

A12: Ein Forscher berichtet, er habe mit einer überaus empfindlichen Balkenwaage nachgewiesen, dass die Gewichtskraft eines Körpers auf dem Matterhorn geringer sei als im Tal. Was sagst du dazu (➡ *Bild 2 a*)?

A13: In einem Labor wurde die Gewichtskraft desselben Körpers über mehrere Monate hinweg sehr genau gemessen. Sie nahm im Winter ab, als man den Kohlenkeller darunter leerte. Begründe dies. Welche Art Messgerät wurde (➡ *Bild 2 b*) benutzt?

B1: zu A 3, A 4: Erbsenzählen am Äquator und an den Polen mit Waagen und Kraftmessern

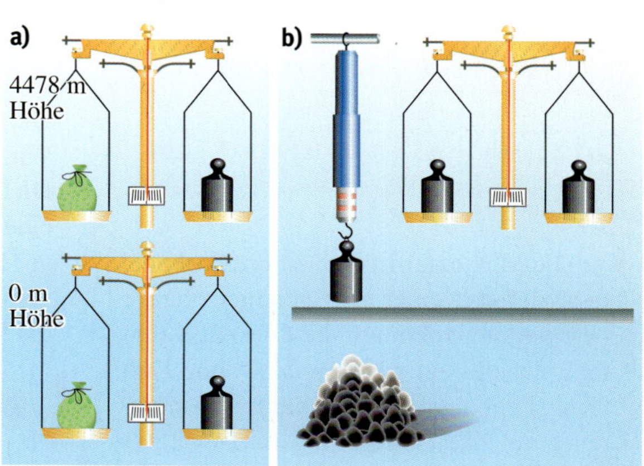

B2: a) Zu A 12: Spielt die Waage auch auf dem Berg ein? **b)** Zu A 13: Kohlen im Keller beeinflussen G.

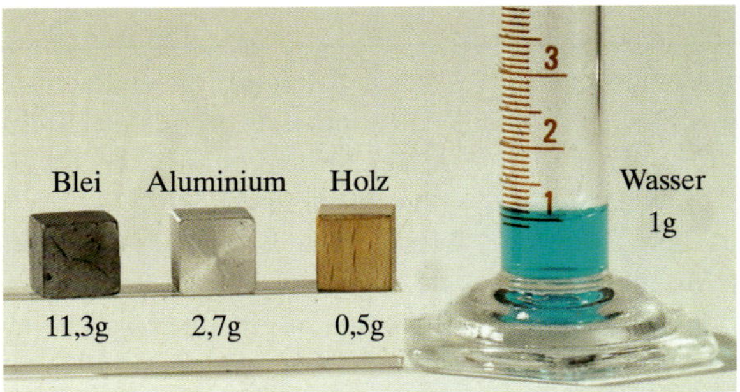

B1: Die Masse von 1 cm³ verschiedener Stoffe

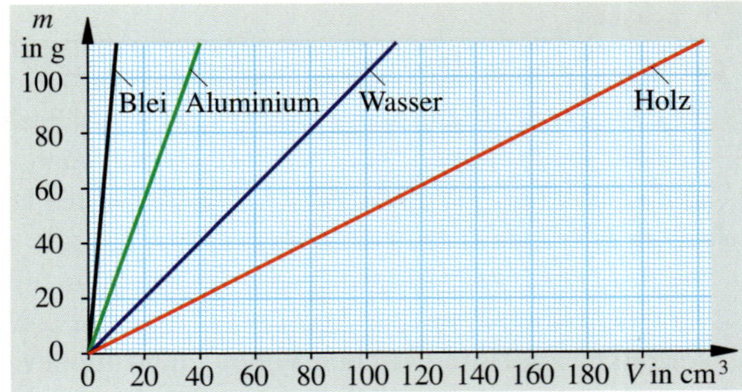

B2: Bei homogenen Stoffen ist m proportional zu V.

V1: Wir bestimmen die Masse von einigen Bleikügelchen mit einer Balkenwaage. Mithilfe eines Überlaufgefäßes können wir das Volumen der Kügelchen feststellen.

V2: Bestimme die Masse von 5 cm³ Wasser (in g). Was fällt dir beim ermittelten Zahlenwert auf?

V3: Ermittle die Masse m und das Volumen V mehrerer Aluminiumstücke. Die ➠ *Tabelle 1* enthält mögliche Messwerte.

V in cm³	10	20	30	40
m in g	27	54	80	110
m/V in g/cm³	2,7	2,7	2,67	2,75

T1: Messwerte für m/V für Aluminium

V4: Wir bestimmen die Massen von Holzquadern. Ihr Volumen berechnen wir als das Produkt aus den drei Kantenlängen. Die Tabelle zeigt einige Messwerte.

V in cm³	30	60	90	90	45
m in g	15	31	44	60	29
m/V in g/cm³	0,5	0,52	0,49	0,67	0,64

V5: Die Masse der Luft in einer Glaskugel lässt sich mit einer sehr genauen Waage bestimmen, indem wir die Glaskugel einmal mit und ein weiteres Mal ohne Luft (Kugel mit einer Vakuumpumpe auspumpen) auf die Waage legen. Ein Liter (1 dm³) der uns umgebenden Luft hat die Masse 1,29 g. Der Quotient m/V hat also den Wert $0{,}00129\,\frac{\text{g}}{\text{cm}^3}$.

Stoffe haben eine Dichte

1. Ist Blei schwerer als Aluminium?

Ein Bleikügelchen ist leichter als ein Aluminiumtopf. Trotzdem sagen wir, Blei ist schwerer als Aluminium. Das ist kein Widerspruch. Im ➠ *Bild 1* sind die Massen von 1 cm³-Würfeln aus verschiedenen Stoffen angegeben. Danach beträgt die Masse eines solchen 1 cm³-Würfels aus Blei 11,3 g, eines Würfels aus Aluminium aber nur 2,7 g.
In ➠ *Versuch 1* werden die Masse und das Volumen einiger Bleikügelchen bestimmt. Um die Masse von 1 cm³ dieser Bleikügelchen zu ermitteln, müssen wir keinen neuen Versuch durchführen, uns genügt eine einfache Rechnung:

$$\frac{m}{V} = \frac{3{,}4\,\text{g}}{0{,}3\,\text{cm}^3} = 11{,}3\,\frac{\text{g}}{\text{cm}^3}.$$

Das Ergebnis zeigt: Die Masse von 1 cm³ Blei ist 11,3 g.
Der Quotient m/V ist auch für die übrigen Stoffe sinnvoll (➠ *Versuche 2, 3* und *4*). ➠ *Versuch 3* zeigt, dass zum n-fachen Volumen V auch die n-fache Masse m gehört. Die entsprechenden Messpunkte liegen auf einer Ursprungsgeraden. Also gilt bei Körpern aus einheitlichem Stoff: **Die Masse *m* ist dem Volumen *V* proportional**.
Für Holz ist der Quotient m/V keine Konstante. Holz ist ein Naturprodukt, und besteht nicht aus einheitlichem Stoff. Deshalb kann man nur eine Bandbreite für m/V angeben (➠ *Versuch 4*).
Der Quotient m/V beschreibt offensichtlich den jeweiligen Stoff. Wir führen für den Quotienten als Bezeichnung $\varrho = \frac{m}{V}$ ein. ϱ heißt **Dichte** des Stoffes (ϱ (rho): griech. Buchstabe). Die Dichte ist eine **Stoffkonstante**. Sie hängt nicht von den Maßen des Körpers ab. Die Dichte von Blei ist $11{,}3\,\frac{\text{g}}{\text{cm}^3}$, von Aluminium $2{,}7\,\frac{\text{g}}{\text{cm}^3}$ und von Wasser $1{,}0\,\frac{\text{g}}{\text{cm}^3}$. Da die Masse vom Ort nicht abhängt, gelten die Dichtewerte überall, auch auf dem Mond.

Merksatz

Unter der **Dichte** ϱ eines Körpers verstehen wir den Quotienten aus der Masse m und dem Volumen V: $\varrho = \frac{m}{V}$.
Die Dichte kennzeichnet den Stoff eines Körpers.

Luft	≈0,0013	Glas, Marmor	≈2,5
Kork	≈0,2	Aluminium	2,70
Holz	0,3–1,1	Eisen	7,86
Benzin	0,70	Kupfer	8,93
Alkohol	0,79	Silber	10,5
Wasser	1,00	Quecksilber	13,55
Magnesium	1,74	Gold	19,3

T2: Dichte in $\frac{\text{g}}{\text{cm}^3}$ bei 20 °C

2. Wozu können wir die Dichte benutzen?

Welcher Stoff ist das? Masse und Volumen von zwei ähnlich aussehenden Metallstücken betragen $m_1 = 120$ g; $V_1 = 44{,}5$ cm³ und $m_2 = 113$ g; $V_2 = 65$ cm³. Ihre Dichten sind also $\varrho_1 = m_1/V_1 = 2{,}70\,\frac{\text{g}}{\text{cm}^3}$ und $\varrho_2 = m_2/V_2 = 1{,}74\,\frac{\text{g}}{\text{cm}^3}$.
Nach → *Tabelle 2* handelt es sich um die Metalle Aluminium und Magnesium.

Welche Masse liegt vor? Es sollen 2 m³ Sand transportiert werden. Ein Lkw mit 3 t (= 3000 kg) Nutzlast ist verfügbar. Reicht eine Fahrt aus? An einer kleinen Sandprobe wird die Sanddichte ermittelt: $\varrho = 1{,}7\,\frac{\text{kg}}{\text{dm}^3}$. Da 2 m³ = 2000 dm³ sind, beträgt die Sandmasse $m = \varrho \cdot V = 2000\,\text{dm}^3 \cdot 1{,}7\,\frac{\text{kg}}{\text{dm}^3} = 3400$ kg.
Eine Fahrt reicht also nicht.
Betrachten wir das gleiche Volumen ($V = 2$ m³) aus Styropor® ($\varrho = 0{,}017\,\frac{\text{kg}}{\text{dm}^3}$). Es hat nur die Masse
$m = 0{,}017\,\frac{\text{kg}}{\text{dm}^3} \cdot 2000\,\text{dm}^3 = 34$ kg.
Styropor® ist ein Schaumstoff und enthält viel Luft.
Ein Zimmer, dessen Grundfläche 40 m² und dessen Höhe 2,5 m beträgt, hat das Volumen $V = 100$ m³. Die Masse seiner Luft beträgt: $m = \varrho \cdot V = 0{,}0013\,\frac{\text{kg}}{\text{dm}^3} \cdot 100 \cdot 10^3\,\text{dm}^3 = 130$ kg.

Welches Volumen? Geht 1 kg Quecksilber mit der Dichte $\varrho = 13{,}6\,\frac{\text{g}}{\text{cm}^3}$ in ein 100 cm³-Becherglas? Sicherheitsbestimmungen verbieten ein Ausprobieren. Wir müssen rechnen und lösen die Gleichung $m = \varrho \cdot V$ nach V auf:
$V = m/\varrho = 1000\,\text{g}/(13{,}6\,\frac{\text{g}}{\text{cm}^3}) = 73{,}5$ cm³. Das Becherglas wäre groß genug.

Merksatz

Berechnung der Masse:	$m = \varrho \cdot V$
Berechnung des Volumens:	$V = \frac{m}{\varrho}$

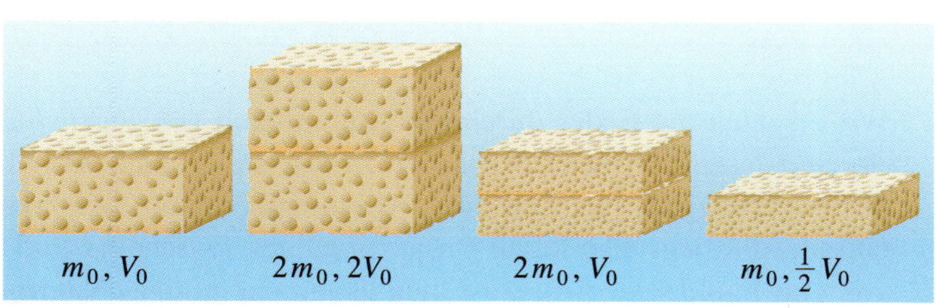

B3: Dichte von „Tafelschwämmen“

Aufgaben

A1: In → *Versuch 4* gibt eine Tabelle die Masse und das Volumen verschiedener Holzstücke an. Trage die Messwerte entsprechend → *Bild 2* auf. Handelt es sich hierbei stets um die gleiche Holzsorte?

A2: a) Du willst in → *Bild 2* die Massen ablesen, die jeweils zum Volumen 20 cm³ gehören. Zeichne ins *V-m*-Diagramm ein, wie du vorgehst. **b)** Ermittle die Volumina der verschiedenen Stoffe, die jeweils zur Masse 50 g (100 g) gehören. Zeichne ins *V-m*-Diagramm ein, wie du vorgehst.

A3: a) Bestimme das Volumen von 54 g Aluminium zunächst nach → *Bild 2* und dann durch Rechnung. **b)** Ermittle auf beide Arten die Masse von 30 cm³ Aluminium.

A4: Berechne die Masse einer 8,0 mm dicken Schaufensterscheibe, die 4,00 m lang und 2,00 m hoch ist.

A5: Schätze die Masse von 1 m³ Marmor ab und berechne sie anschließend. Welche Gewichtskraft erfährt der Block bei uns?

A6: Welches Volumen hat 1 kg Spiritus (Alkohol)? Welches Volumen hat die Alkoholmenge, die gleich viel wiegt wie 1 l (dm³) Quecksilber?

A7: Von zwei volumengleichen Körpern hat der eine die dreifache Masse. Zwei andere Körper haben die gleiche Masse, der eine hat jedoch das fünffache Volumen. Wie verhalten sich jeweils die Dichten beider Körper?

A8: → *Bild 3* zeigt modellhaft vier „Tafelschwämme“. Vergleiche deren Dichten miteinander, indem du die Quotienten m/V bildest und die Ergebnisse miteinander vergleichst.

A9: a) Welches Volumen hat eine Styropor®-Scheibe mit der Masse 100 g ($\varrho = 0{,}017\,\frac{\text{g}}{\text{cm}^3}$)? **b)** Styropor® besteht aus einem Stoff, der luftfrei die Dichte $1{,}7\,\frac{\text{g}}{\text{cm}^3}$ hat. Macht man ihn flüssig und mischt Luft in feinen Bläschen hinzu, so entsteht nach dem Erhärten der „Schaumstoff“. Wie viel cm³ Luft enthält 1 cm³ Styropor®? Von der Masse der Luft sehe man ab.

A10: Ermittle die Masse der Luft im Physiksaal. Erläutere, ob sie täglich gleich groß ist.

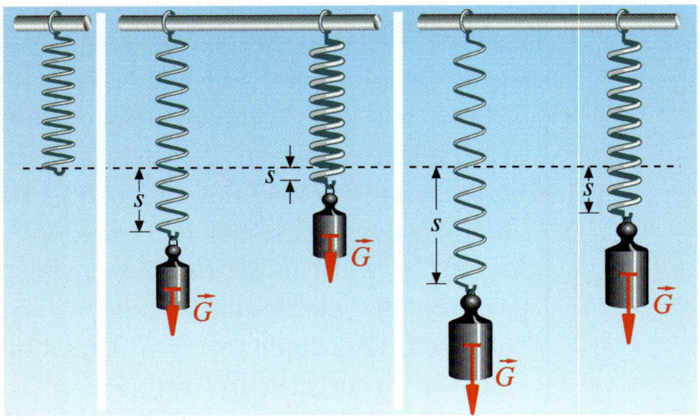

B1: Eine Feder wird verlängert.

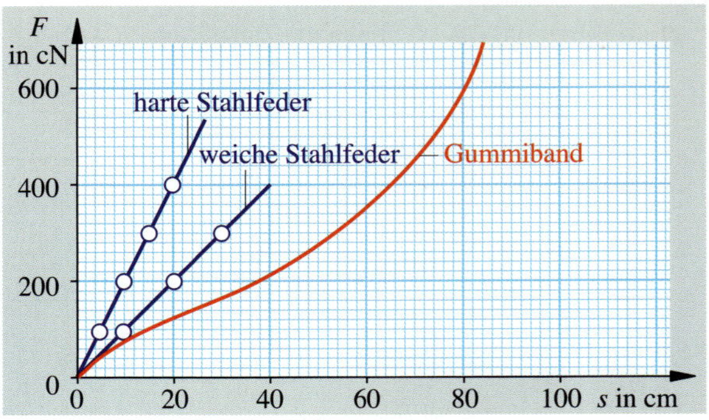

B2: Schaubilder zu ➠ *Versuch 1* und *2*

V1: An zwei unterschiedliche Stahlfedern hängen wir verschiedene Wägestücke. Dabei messen wir jeweils die zugehörige Verlängerung s der Feder. Die Verlängerung s und den Betrag G der Gewichtskraft der Wägestücke tragen wir in eine Tabelle ein (➠ *Tabelle 1*). Mit der Gewichtskraft wird an der Feder gezogen, wir sprechen deshalb von der *Zugkraft* $\vec{F}$. In der dritten und letzten Zeile der Tabelle stehen die Quotienten aus dem Betrag der Zugkraft und der Verlängerung. Der Quotient F/s hat die Einheit cN/cm.

Zugkraft: F in cN	0	100	200	300	400
Verlängerung: s in cm	0	5,1	10,1	15,2	20,0
F/s in cN/cm	–	19,6	19,8	19,7	20,0
Zugkraft: F in cN	0	100	200	300	400
Verlängerung: s in cm	0	10,2	20,0	30,2	39,7
F/s in cN/cm	–	9,8	10	9,9	10,1

T1: Messwerte; oben harte, unten weiche Feder

V2: Wir wiederholen Versuch 1 mit einem neuen *Gummiband*. Notiere die Messwerte in einer Tabelle. Wiederhole diesen Versuch mit demselben Gummiband. Suche eine Begründung, wenn die Messwerte voneinander abweichen. Bilde auch die Quotienten F/s.

Hookesches Gesetz

1. Wie verhalten sich Federn bei Verlängerung?

Kraftmesser bestehen im Wesentlichen aus Stahlfedern. Das hat folgenden Grund: Stahlfedern verformen sich **elastisch**, d. h., sie nehmen ihre Ausgangsform an, wenn die formändernde Kraft nicht mehr wirkt. Eine Feder aus Weicheisendraht würde sich **plastisch** verformen, d. h., diese Feder behält ihre Verformung dauerhaft.

Der ➠ *Versuch 1* zeigt, dass zwischen der Zugkraft vom Betrag F und der Verlängerung s ein gesetzmäßiger Zusammenhang besteht. Der ➠ *Tabelle 1* können wir entnehmen: $\boldsymbol{F \sim s}$.

Der Quotient $\boldsymbol{D = F/s}$ ist eine Konstante, die die Feder beschreibt. Ist D größer, sprechen wir von einer härteren Feder; ist D kleiner, so liegt eine weichere Feder vor. D heißt **Federhärte**. Ein Blick auf ➠ *Bild 2* zeigt, dass die Messwerte in der grafischen Darstellung Ursprungsgeraden ergeben. Die Gerade, die zur härteren Feder mit größerem D gehört, ist steiler.

Auf der Hülse eines jeden Kraftmessers ist eine größtmögliche Zugkraft angegeben. Wird diese überschritten, verformt sich die Feder nicht mehr elastisch, sondern plastisch, d. h., sie wird dauerhaft verlängert – der Kraftmesser ist zerstört. Betrag F der Zugkraft und Verlängerung s sind dann nicht mehr proportional.

Merksatz

Hookesches Gesetz: Die Verlängerung s einer Feder ist innerhalb eines gewissen Bereiches dem Kraftbetrag F proportional: $\boldsymbol{s \sim F}$. Der Quotient aus F und s ist dann konstant:

$$\frac{F}{s} = D = \text{konstant} \quad \text{oder} \quad F = D \cdot s.$$

Wir ersetzen die Feder durch ein Gummiband (➠ *Versuch 2*). ➠ *Bild 2* zeigt typische Messwerte. Zwar steigt auch hier die Verlängerung mit der Zugkraft. Allerdings erhalten wir keine Gerade. Es liegt also keine Proportionalität zwischen s und F vor. **Das hookesche Gesetz ist kein allgemein gültiges Naturgesetz.**

Aufgaben

A1: Drei Kraftmesser haben unterschiedliche Messbereiche: Bei der Verlängerung $s = 10$ cm zeigen sie Kräfte von 0,1 N, 1,0 N bzw. 10,0 N an. Wie groß ist jeweils die Federhärte? Berechne für jede Feder die Kräfte, die zu Verlängerungen von $s = 2$ cm, 4 cm, 6 cm und 8 cm gehören. Trage diese Werte in ein Schaubild entsprechend ➠ *Bild 2* ein (1 cm ≙ 1 N; 1 cm ≙ 1 cm). Zu welcher Feder gehört die steilere Gerade?

A2: a) Feder A wird durch dieselbe Kraft mit dem Betrag $F = 2{,}0$ N um 12 cm, also dreimal so stark verlängert wie Feder B. Bestimme die Federhärten. Wie verhalten sie sich zueinander? **b)** Zur gleichen Verlängerung einer Feder C braucht man die doppelte Kraft wie bei Feder D. Wie verhalten sich deren Federhärten?

A3: a) Entnimm ➠ *Bild 2* für beide Federn die Verlängerung s bei der Belastung $F = 150$ cN. Welche Kräfte verlängern die Federn um 15 cm? Welche Geraden zeichnet man im Diagramm zum Beantworten dieser Fragen? **b)** Woran erkennt man in ➠ *Bild 2*, dass die steilere Gerade zur härteren Feder gehört? Gilt dies auch, wenn man s über F aufträgt? **c)** Die Linie in ➠ *Bild 2* für das Gummiband ist bei stärkerer Belastung steiler. Wie verhält sich dort die „Härte" des Bandes? Wo ist es besonders weich?

A4: Ist bei einer Feder auch der Quotient s/F konstant? Gib seinen Wert (samt Einheit) für die in ➠ *Tabelle 1* benutzten Federn an. Warum nennt man diesen Quotienten nicht Federhärte?

A5: Rechne die Konstante $D = 10$ cN/cm in N/cm und in N/m um. Jemand zieht aus diesem Wert die Folgerung, dass die Feder durch die Kraft vom Betrag 10 N um 1 m verlängert wird. Nimm zu dieser Schlussfolgerung Stellung.

A6: a) Eine Feder wird durch 40 cN um 6 cm, durch 80 cN um 12 cm länger. Wie stark wird sie durch 60 cN bzw. 5 cN verlängert? Können wir sicher angeben, um wie viel sie durch 10 N verlängert wird? **b)** Welche Masse hat ein Körper, der diese Feder auf dem Mond um 7 cm verlängert?

A7: Astronauten hängen ein 2,0 kg-Stück an eine Feder der Härte 100 cN/cm. Diese wird um 7,6 cm länger. Auf welchem Planeten sind sie gelandet?

A8: Zwei Kraftmesser mit der Federhärte 0,1 N/cm werden aneinander gehängt und am unteren Ende mit der Kraft 1 N belastet. Um wie viel verlängern sich beide Federn zusammen? Welche Härte hat die Federkette?

A9: Zwei Federn mit verschiedenen Härten ($D_1 = 0{,}1$ N/cm und $D_2 = 0{,}3$ N/cm) werden hintereinander aufgehängt. Eine Kraft vom Betrag 1 N verlängert diese Federkombination um 13,3 cm. Bestimme die Härte der Kombination und versuche, einen Zusammenhang zu den einzelnen Federhärten herzustellen.

A10: a) Zwei Federn gleicher Härte ($D = 0{,}2$ N/cm) werden parallel aufgehängt (➠ *Bild 3*). Eine Kraft vom Betrag 0,6 N verlängert diese Federkombination um 1,5 cm. Bestimme die Härte der Federkombination. **b)** Stelle eine Vermutung über den Zusammenhang der Härten der Einzelfedern und der Federkombination auf.

A11: Bessere Abschleppseile enthalten eine zusätzliche Feder, mit der auftretende „Ruck"-Bewegungen, zum Beispiel beim Anfahren, gedämpft werden. Die Federhärte beträgt 100 N/cm. Eine solche Feder verlängert sich beim Anfahren von 25 cm auf 37 cm. Wie groß ist der Betrag der Zugkraft, die dabei vom Seil übertragen wird?

A12: ➠ *Bild 4* zeigt ein *s*-*F*-Diagramm für ein Gummiband. Im zugehörigen Versuch wurde ein neues Gummiband zunächst in Schritten von 0,5 N belastet und die jeweilige Verlängerung bestimmt. Dann wurde von der Maximalbelastung aus in gleichen Schritten entlastet und wiederum die Verlängerung bestimmt. Die Messwerte zeigt das Diagramm. Begründe den Verlauf der Kurven.

A13: Ein Metalldraht wird durch Kräfte gedehnt. Es ergeben sich folgende Messwerte:

F in N	2	4	6	8	10	12	14
s in cm	0,4	0,9	1,1	1,7	2,1	2,9	3,6

Bis zu welcher Ausdehnung gilt das hookesche Gesetz?

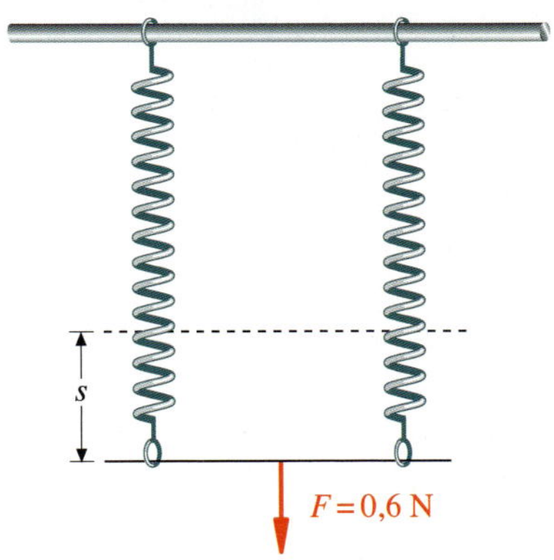

B3: zu Aufgabe 10

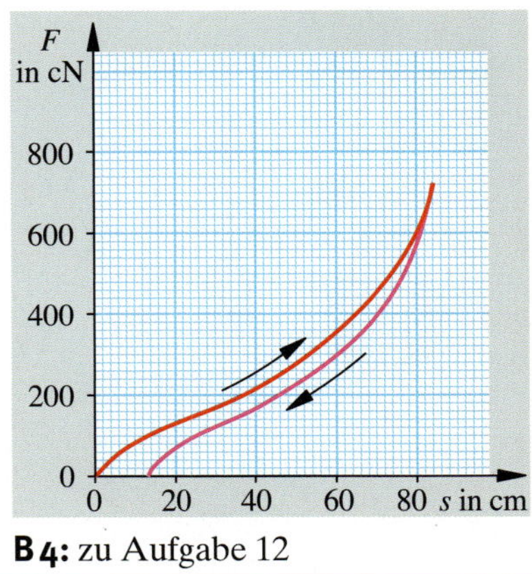

B4: zu Aufgabe 12

B 1: Tauziehen – Kräfte im Vergleich

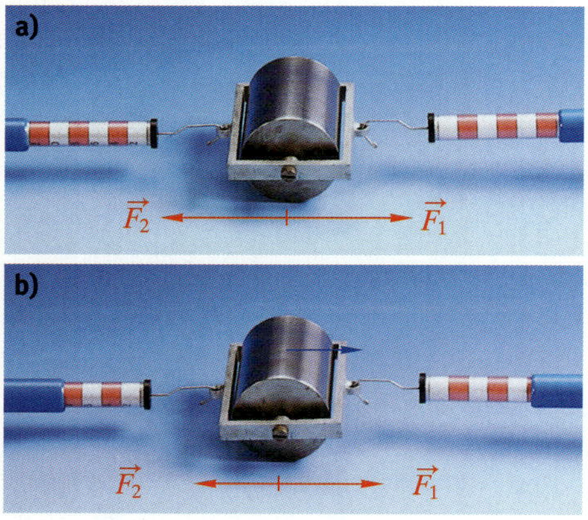

V 1: Wir ziehen an der ruhenden Walze mit Federkraftmessern in entgegengesetzte Richtungen. Zugleich messen wir die Beträge F_1 bzw. F_2 der beiden Kräfte. **a)** Wenn wir mit gleich großen Kräften ziehen, dann bleibt die Walze in Ruhe. **b)** Ziehen wir dagegen mit verschieden großen Kräften, so setzt sich die Walze in Bewegung – und zwar in Richtung der größeren der beiden Kräfte.

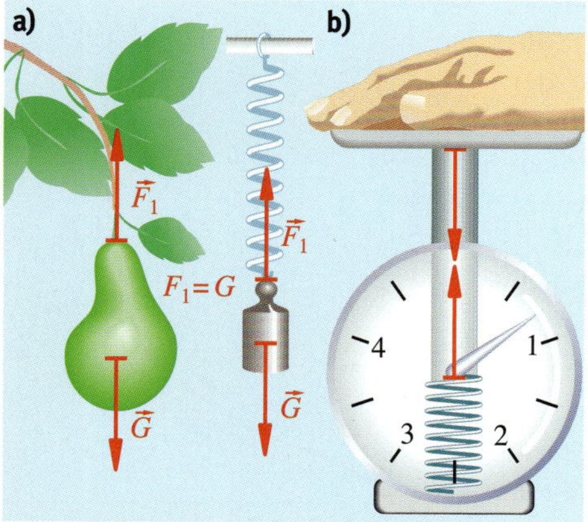

B 2: Kräftegleichgewicht an **a)** einem Zweig, **b)** einer Druckfeder

Kräftegleichgewicht

1. Kräfte wirken – und doch keine Bewegung

Beim Tauziehen kommt es auf die rote Marke in der Mitte an (*Bild 1*): Jede Gruppe versucht mit großer Kraft, sie auf die eigene Seite zu ziehen. Wenn sich die Marke aber trotzdem nicht bewegt, was können wir dann folgern?

Mit *Versuch 1* untersuchen wir einen solchen Fall, indem wir die beteiligten Kräfte messen. Es zeigt sich: Bei kleinen wie bei großen Kräften bleibt die Walze in Ruhe, sofern folgende Bedingung erfüllt ist:
Die Beträge der entgegengesetzt gerichteten Kräfte sind gleich groß, d.h. es gilt: $F_1 = F_2$. Man sagt dann: Die beiden Kräfte befinden sich im **Kräftegleichgewicht**.

Wenn dagegen die Beträge dieser Kräfte nicht gleich, sondern verschieden groß sind, wenn also z.B. $F_1 > F_2$ gilt, so setzt sich die Walze in Bewegung – in Richtung der größeren Kraft. Dann sind die Kräfte nicht im Kräftegleichgewicht.
Bei einem Körper in Ruhe *kann* es sein, dass gar keine Kraft an ihm angreift. Es ist aber auch möglich, dass an dem Körper zwei Kräfte angreifen, die sich im Kräftegleichgewicht befinden.

Was gilt nun für eine Birne, die in Ruhe an einem Zweig hängt? An der Birne zieht die Gewichtskraft nach unten (*Bild 2a*). Der Zweig wurde dadurch *gekrümmt* – und aufgrund dieser Verformung bringt der Zweig eine Kraft nach oben auf. Je größer die Verformung ist, desto größer ist die Kraft des Zweiges – ganz ähnlich wie die Kraft einer Druckfeder. Der Zweig hat sich genau so weit verformt, dass sich die nach oben gerichtete Kraft (Betrag F_1) und die nach unten, also entgegengesetzt gerichtete Gewichtskraft (Betrag G) im Kräftegleichgewicht befinden: $G = F_1$.

Eine *gegengleiche* Kraft bringt auch die Druckfeder in *Bild 2b* auf, wenn z.B. eine Hand auf sie drückt. Wieder sind die Kräfte im Kräftegleichgewicht. Je mehr sich diese Feder verkürzt, desto größer ist die Kraft, die an der Feder angreift.

2. Eine Kraft als Ersatz für zwei

Bild 3 a zeigt zwei Kinder, wie sie Kräfte auf einen Einkaufswagen ausüben: Der Wagen wird in Bewegung gesetzt. Also sind die Kräfte nicht im Kräftegleichgewicht. Die beiden Kräfte sind von *gleichem Betrag* und *gleicher Richtung*, sie sind also nicht gegengleich. Den Wagen kann sogar *ein* Kind allein genau so in Bewegung bringen. Dazu muss es jedoch die zwei Kräfte durch *eine* den beiden gleichwertige Kraft ersetzen, die so genannte **Ersatzkraft**, auch die **Resultierende** der Einzelkräfte genannt. Haben diese gleiche Richtung, so ist der Betrag der Ersatzkraft gleich der Summe der Einzelbeträge. Nur dann gilt mit $F_1 = F_2 = 30\,\text{N}$:

$$F_{\text{Ersatz}} = F_1 + F_2 = 30\,\text{N} + 30\,\text{N} = 60\,\text{N}.$$

In *Bild 3 b* üben die Kinder in entgegengesetzten Richtungen Kräfte aus. Der Wagen setzt sich auch diesmal in Bewegung. Es gibt also wieder kein Kräftegleichgewicht. Die eine Kraft ist größer als die andere ($F_1 > F_2$). Weiter gilt: Der Wagen setzt sich umso stärker in Bewegung, je größer der Unterschied zwischen den beiden Kräften, je größer also die Differenz $F_1 - F_2$ ist. Wenn die Kraftrichtungen entgegengesetzt sind, dann liefert diese Differenz der Einzelbeträge den Betrag der Ersatzkraft. Hier wäre es falsch, die Summe zu nehmen. Gemäß *Bild 3 b* erhalten wir:

$$F_{\text{Ersatz}} = F_1 - F_2 = 30\,\text{N} - 20\,\text{N} = 10\,\text{N}.$$

Auch in *Bild 3 c* wirken die Kräfte der beiden Kinder in entgegengesetzten Richtungen, nun aber mit gleichen Beträgen. Der Wagen bleibt in Ruhe stehen, die Kräfte befinden sich im Kräftegleichgewicht. Das Ergebnis ist so, als ob gar keine Kraft auf den Wagen wirken würde. Für die Ersatzkraft gilt nun:

$$F_{\text{Ersatz}} = F_1 - F_2 = 30\,\text{N} - 30\,\text{N} = 0\,\text{N}.$$

Merksatz

Die Kräfte an einem Körper lassen sich durch *eine* **Ersatzkraft** ersetzen (sie wird auch deren Resultierende genannt). Ist die **Ersatzkraft null**, so sind die Kräfte im Gleichgewicht. Ein ruhender Körper bleibt dann in Ruhe. Ist die **Ersatzkraft** an einem ruhenden Körper **ungleich null**, dann wird er in Bewegung gesetzt.

Statt zu sagen: „Die Kräfte sind im Kräftegleichgewicht“, ist es auch üblich zu sagen: „Die Kräfte heben sich *in ihrer Wirkung* auf“. Die Kräfte sind aber keineswegs verschwunden, sie sind weiterhin vorhanden. Wir erkennen sie manchmal daran, dass sie einen Körper *verformen* (*Bild 4*) oder *drehen* (*Bild 5*).

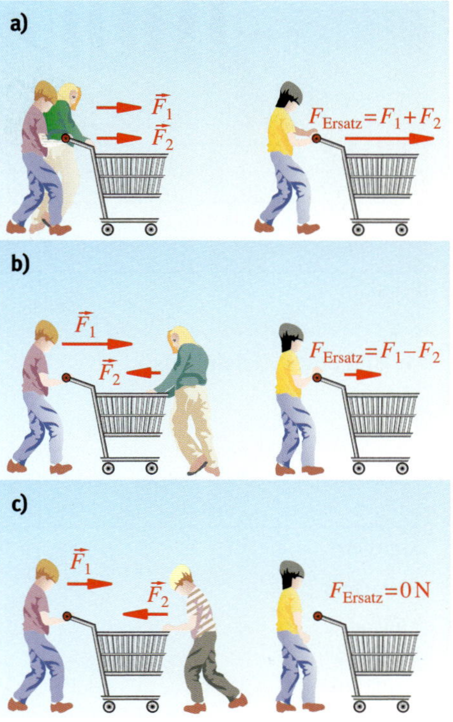

B3: Wie groß ist jeweils die Ersatzkraft?

B4: Verformung bei Kräftegleichgewicht

B5: Drehung bei Kräftegleichgewicht

Aufgaben

A1: Wie in *Bild 1* wirken vier Kräfte mit den Beträgen 410 N, 295 N, 315 N, 335 N nach rechts. Bei Kräftegleichgewicht sind drei Beträge der nach links wirkenden Kräfte bekannt: 295 N, 370 N, 365 N. Mit welchem Kraftbetrag zieht der achte Teilnehmer?

A2: Zwei gleich große Kräfte können einen Körper verformen. Gib Beispiele an, mit denen dies vorgeführt werden kann.

B1: Bild eines Zieleinlaufs

B2: ICE

Bahnhof	Fahrweg in km	Fahrzeit in min
Stuttgart	–	–
Mannheim	107	39
Flughafen Frankfurt	77	31
Frankfurt	11	11
Kassel	193	81
Göttingen	44	18
Hannover	99	32

T1: ICE 574 „Lessing" unterwegs von Stuttgart nach Hannover.

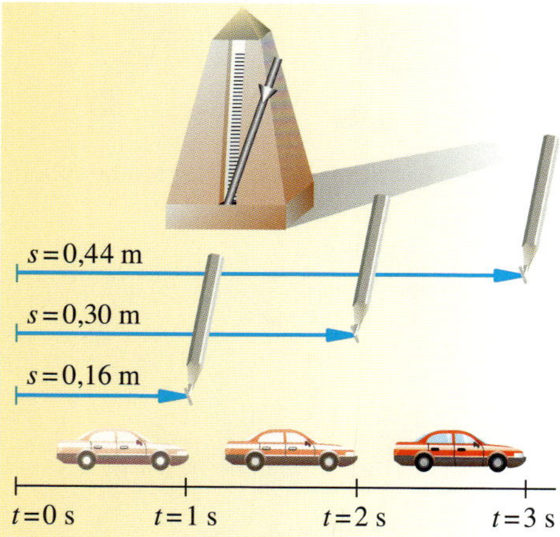

V1: a) Während ein Modellauto über einen Tisch fährt, gibt ein Metronom Taktschläge in Sekundenabständen. Zu jedem Schlag wird der jeweilige Ort des Modellautos markiert. Das gelingt mit etwas Übung. **b)** Der Versuch wird wiederholt. Das Modellauto fährt dabei langsamer. Mithilfe der Ortsmarken bestimmen wir die zurückgelegten Wege.

Geschwindigkeit

1. Schnell, schneller, ...

Einen 100 m-Lauf hat gewonnen, wer zuerst im Ziel ankommt, d. h. wer für diesen vorgegebenen Weg die geringste Zeit braucht. In manchen Fällen ist ein Foto nötig, um Siegerin oder Sieger zu ermitteln. In ➠ *Bild 1* wurde der 100 m-Weg in 13,7 s vom Sieger zurückgelegt. Der Zweite benötigt 13,9 s. Das Bild zeigt den Lauf etwa 13,7 s nach dem Start. Also zeigt es, welchen Weg jeder Läufer in dieser Zeit zurückgelegt hat. Der Sieger hat in 13,7 s 100 m bewältigt. Der Zweite erreichte in dieser Zeit die Marke von 98,5 m; der Dritte 96,4 m.

Merksatz

Schneller ist, wer einen vorgegebenen Weg s in der kleineren Zeit t zurücklegt.
Schneller ist, wer in einer vorgegebenen Zeit t den längeren Weg s zurücklegt.

Der ICE 574 „Lessing" verkehrt zwischen Stuttgart und Hamburg. Die ➠ *Tabelle 1* gibt einen Überblick über Fahrwege und Fahrzeiten.
Die Frage, zwischen welchen Halteorten dieser ICE am schnellsten ist, lässt sich mit der Zeitangabe allein nicht beantworten, denn die Wege zwischen den Haltebahnhöfen sind unterschiedlich lang. Es sind z. B. 107 km von Stuttgart nach Mannheim und 99 km von Göttingen nach Hannover. Auch die einzelnen Fahrzeiten zwischen den Bahnhöfen sind unterschiedlich lang. Für die beiden ausgesuchten Wege braucht der ICE 39 Minuten bzw. 32 Minuten reine Fahrzeit. Die Merksätze reichen hier zur Beantwortung der Frage nicht aus.

2. Bewegung mit konstanter Geschwindigkeit

Beim ➠ *Versuch 1* wurde festgehalten, an welchen Orten sich das Modellauto in Sekundenabständen befand. Für die Auswertung bleibt der Abstand zwischen den ersten zwei Marken unberücksichtigt, da er die Anfahrphase widerspiegelt. Mit der zweiten Marke beginnt die Zeit- und Wegmessung. Die ➠ *Tabelle 2* (2. Zeile) zeigt, welche Wege in 1 s, 2 s, 3 s, … zurückgelegt wurden: in einer Sekunde etwa 0,15 m. Wenn wir von Ungenauigkeiten beim Messen absehen, legt das Modellauto in jeder Sekunde gleich lange Wege zurück. Wir sagen: Das Modellauto bewegt sich **gleichförmig**.

Dann gilt zudem: In 2 s hat sich der Weg verdoppelt, in 3 s verdreifacht. Die Wege s sind den Zeiten t proportional. Dies bestätigen die grafische Darstellung der Messwerte in ➠ *Bild 3* (hellgrüne Ursprungsgerade) sowie die Berechnung der Quotienten s/t (➠ *Tabelle 2*, Zeile 3).

Merksatz

Gleichförmige Bewegungen sind an folgenden Merkmalen erkennbar:
- In der doppelten (dreifachen, …) Zeit t wird der doppelte (dreifache, …) Weg s zurückgelegt.
- Das t-s-Diagramm zeigt eine Ursprungsgerade.
- Die Quotienten zugeordneter Wertepaare (t, s) sind konstant.

Man sagt, ***s* und *t* sind proportional**.
Alle Merkmale sind gleichwertig; bei einer bestimmten Bewegung genügt es, ein Merkmal nachzuweisen.
(Sonderfall mit $s = 0$ m zur Zeit $t = 0$ s.)

Bei ➠ *Versuch 1 b* fährt das Modellauto im Vergleich zum ➠ *Versuch 1 a* in jeder Sekunde weniger weit; es fährt langsamer. Die Bewegung ist im Diagramm durch die dunkelgrüne Ursprungsgerade dargestellt (➠ *Bild 3*). Sie verläuft weniger steil als die hellgrüne Gerade, die zu Versuch 1 a gehört.

Die ➠ *Tabelle 2* zeigt, dass die Quotienten s/t zwar bei jeder dieser gleichförmigen Bewegung untereinander gleich sind, dass sich aber für jede Bewegung verschiedene Werte ergeben. Der Quotient s/t für das schnellere Modellauto ist größer. Der Quotient s/t gibt an, wie schnell das Auto ist. Man nennt ihn dessen Geschwindigkeit v.

Merksatz

Bei einer **gleichförmigen Bewegung** nennen wir den Quotienten aus dem zurückgelegten Weg s und der dazu benötigten Zeit t die **Geschwindigkeit v**:

$$v = \frac{s}{t}.$$

Die Frage, zwischen welchen Halteorten der ICE „Lessing" am schnellsten ist, lässt sich nun beantworten. Gehen wir vereinfachend von einer gleichförmigen Bewegung aus, so ermitteln wir für den Weg Göttingen – Hannover eine *mittlere* Geschwindigkeit $v = 99$ km/32 min = 3,09 km/min. Für den Weg Stuttgart – Mannheim ergibt sich so $v = 107$ km/39 min = 2,74 km/min.

Zeit t in s	0	1	2	3	4
Weg s in m	0	0,16	0,30	0,44	0,61
s/t in m/s	–	0,16	0,15	0,15	0,15
Weg s in m	0	0,09	0,20	0,32	0,39
s/t in m/s	–	0,09	0,10	0,11	0,10

T2: Messwerte zu ➠ *Versuch 1 a* und *1 b*.

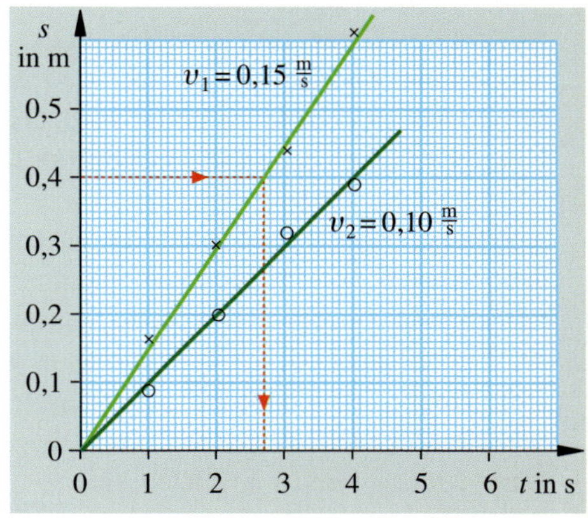

B3: Diagramm zu ➠ *Versuch 1*

Aufgaben

A1: a) Berechne für den ICE „Lessing" (➠ *Tabelle 1*) die mittleren Geschwindigkeiten (in km/h) zwischen den Bahnhöfen und zwischen Stuttgart und Hannover. **b)** Beschreibe den tatsächlichen Bewegungsablauf des ICE zwischen zwei Halteorten. **c)** Zeichne ein t-v-Diagramm für die Fahrt von Stuttgart nach Hannover. **d)** Gib Gründe für die unterschiedlichen mittleren Geschwindigkeiten zwischen den Halteorten an. (Beschaffe die notwendigen Informationen aus geeigneten Quellen).

A2: In einem dritten Versuch mit dem Modellauto wird für den Quotienten s/t der Wert 0,25 m/s ermittelt. Übertrage das Diagramm ➠ *Bild 3* in dein Heft und zeichne die Gerade für diesen dritten Versuch hinein. Wo liegt diese Gerade?

A3: Bestimme die Geschwindigkeiten für die drei Läufer aus ➠ *Bild 1*. Vergleiche deren Geschwindigkeiten mit der des Weltrekordlers auf der 100 m-Strecke.

Vertiefung

Größen und Einheiten

Beim Berechnen der Geschwindigkeit des ICE mit v = 99 km/32 min = 3,09 km/min sind die Einheiten km und min nötig; mit der Angabe v = 3,09 kann man nichts anfangen. Im Gegensatz zur reinen Mathematik braucht man Einheiten. Der Weg s und die Zeit t sind **Größen**, sie bestehen aus **Zahlenwerten** (z.B. 99 bzw. 32) und **Einheiten** (hier: km bzw. min). Für den Quotienten aus s und t, den wir Geschwindigkeit v nennen, ergibt sich hier als Einheit der Quotient km/min.

Der Weg s und die Zeit t sind **Grundgrößen**; für sie sind **Grundeinheiten** Meter (m) und Sekunde (s) allgemein festgelegt. Die Geschwindigkeit v wird als **abgeleitete Größe** bezeichnet, weil sie aus zwei Grundgrößen (s und t) gebildet wird. Die Einheit der Geschwindigkeit ergibt sich deshalb als Quotient m/s.

Nun haben wir für die Einheit der Geschwindigkeit v mit m/s und km/min zwei verschiedene Möglichkeiten kennen gelernt. Vom Auto fahren kennen wir die Einheit km/h. Im Alltag sprechen wir unpräzise von „Tempo 30“. Dies bedeutet 30 km/h. Wie rechnet man diese Angabe in m/s um? Dazu setzen wir nur:
1 km = 1000 m und 1 h = 3600 s.
Bei Tempo 30 hat ein Auto die Geschwindigkeit v = 30 km/h = 30 · 1000 m/3600 s = 8,3 m/s.
Für den ICE mit v = 3,09 km/min gilt:
v = 3,09 · 1000 m/60 s = 51,5 m/s.

Ein Fußgänger, der „gut zu Fuß ist“, legt in einer Sekunde 1,6 m zurück. Er hat also die Geschwindigkeit v = 1,6 m/s. Welche Geschwindigkeit hat der Fußgänger in km/h? Wir ersetzen 1 m durch 1/1000 km und 1 s durch 1/3600 h und erhalten:

$$v = 1{,}6\,\frac{\text{m}}{\text{s}} = \frac{1{,}6 \cdot \frac{1\,\text{km}}{1000}}{\frac{1\,\text{h}}{3600}} = \frac{1{,}6 \cdot 3600\,\text{km}}{1000\,\text{h}} = 5{,}76\,\frac{\text{km}}{\text{h}}.$$

Drei Musterrechnungen

Die Berechnung der Geschwindigkeit:

Ein Auto durchfährt den Weg s = 200 m in der Zeit t = 5 s gleichförmig.
Gegeben: s = 200 m; t = 5 s
Gesucht: v

$$v = \frac{s}{t} = \frac{200\,\text{m}}{5\,\text{s}} = \frac{40\,\text{m}}{1\,\text{s}} = \frac{40 \cdot (1/1000)\,\text{km}}{(1/3600)\,\text{h}}$$

$$= \frac{40 \cdot 3600\,\text{km}}{1000\,\text{h}} = 40 \cdot 3{,}6\,\frac{\text{km}}{\text{h}} = 144\,\frac{\text{km}}{\text{h}}$$

Die Berechnung des Weges:

Wie lang ist der Weg s, den eine Radfahrerin in der Zeit t = 20 min mit der konstanten Geschwindigkeit v = 20 km/h zurücklegt?
Gegeben: t = 20 min; v = 20 km/h
Gesucht: s
Zum Berechnen von s haben wir noch keine Gleichung. Wir können aber auf $v = s/t$ die Regeln der Algebra anwenden. Wir multiplizieren die Gleichung $v = s/t$ auf beiden Seiten mit t und erhalten die Gleichung $v \cdot t = s$. Als Rechnung ergibt sich:

$$s = v \cdot t = 20\,\text{km/h} \cdot \tfrac{1}{3}\,\text{h} = 6{,}67\,\text{km}.$$

Die Berechnung der Zeit:

Welche Zeit t braucht ein Flugzeug (v = 600 km/h) für den Weg s = 1000 km?
Gegeben: s = 1000 km; v = 600 km/h
Gesucht: t
Um t zu erhalten, dividieren wir die Gleichung $s = v \cdot t$ auf beiden Seiten durch v und erhalten die Gleichung $s/v = t$:

$$t = \frac{s}{v} = \frac{1000\,\text{km}}{600\,\frac{\text{km}}{\text{h}}} = \frac{1000}{600}\,\text{h} = 1{,}67\,\text{h} = 1\,\text{h}\;40\,\text{min}.$$

Kopfhaar	1 cm/Monat	Schneeflocke	20 cm/s
Schnecke	2 mm/s	Regentropfen	9 m/s
Pferd	60 km/h	Lawine	100 km/h
Schwertfisch	110 km/h	Orkan	300 km/h
Gepard	120 km/h	Mond um Erde	1 km/s
Schwalbe	300 km/h	Erde um Sonne	30 km/s
Strafstoß	100 km/h	Schall in Luft	340 m/s
Tennisaufschlag	260 km/h	Schall in Wasser	1,5 km/s
ICE	410 km/h	Schall in Eisen	5,8 km/s
Flugzeug	900 km/h	Licht	300 000 km/s

T1: Geschwindigkeiten

Interessantes

A. Wir messen die Schallgeschwindigkeit

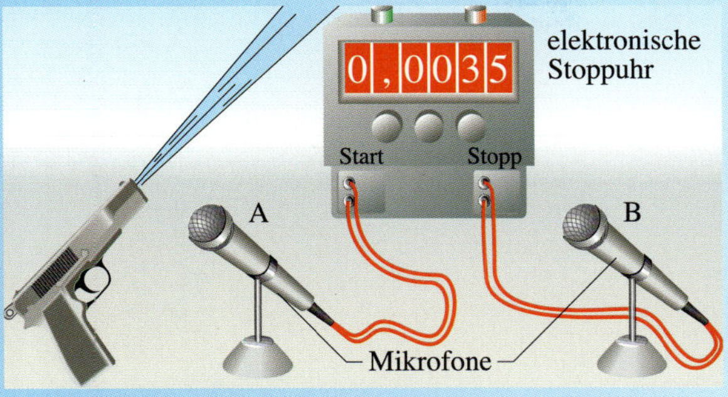

Das Bild zeigt einen Versuchsaufbau zur Messung der Schallgeschwindigkeit. Die verwendete elektronische Stoppuhr kann sehr kurze Zeiten messen (auf 0,1 ms genau). An die Stoppuhr sind zwei Mikrofone angeschlossen. Mit einer „Pistole" verursachen wir einen lauten Knall bei Mikrofon A. Damit starten wir die Uhr. Sie wird gestoppt, wenn der Schall das in seiner Laufrichtung aufgestellte Mikrofon B erreicht.

Wir stellen die Mikrofone in verschiedenen Entfernungen s auf und messen jeweils die Laufzeit t des Schalls. Die ➠ *Tabelle 2* gibt die Messwerte an:

s in m	0	0,4	0,8	1,2	1,6
t in s	0	0,0012	0,0023	0,0035	0,0047
v in m/s	–	333	347	342	340

T2: Schallgeschwindigkeit bei 20 °C Lufttemperatur

Wir erhalten für die Schallgeschwindigkeit $v = s/t \approx 340$ m/s. Da die benutzte Uhr nur bei vollen zehntausendstel Sekunden weiterschaltet, ist in der 2. Zeile die Ziffer in der letzten Stelle unsicher, sie kann um eine Einheit nach oben oder nach unten abweichen. Die Schallgeschwindigkeit ist in verschiedenen Stoffen unterschiedlich groß. In Gasen ist sie am kleinsten, in festen Körpern am größten. ➠ *Tabelle 1* enthält einige Werte.

Aufgaben

A1: Ein Auto soll mit der konstanten Geschwindigkeit $v = 0{,}30$ m/s fahren. Berechne die Teilwege nach $t = 0$ s, 1 s, 2 s, 3 s, 4 s und zeichne ein t-s-Diagramm für diese Bewegung. Berechne den Weg s, den das Auto in 2,5 s zurücklegt, und die Zeit t, die es für 0,5 m braucht. Bestätige die Ergebnisse an Hand des Diagramms.

A2: Die Leitpfosten an der Autobahn haben einen Abstand von 50 m. Wie kannst du damit die Anzeige des Tachometers bei 100 km/h überprüfen? Ist es zweckmäßig, als Weg 50 m zu wählen?

A3: Welchen Fehler macht ein Zeitnehmer beim 100 m-Lauf, wenn er die Uhr startet, sobald er den Startschuss hört? Wäre dies für die Läuferin von Vorteil? Wie viel Zeit braucht das Licht für den 100 m-Weg (Lichtgeschwindigkeit 300 000 km/s)? Darf man also nach dem Rauchzeichen der Startpistole stoppen, ohne einen nennenswerten Fehler zu machen?

A4: Wie lange braucht das Licht von der Sonne zur Erde (150 Mio. km)? In der Astronomie werden Entfernungen in Lichtjahren angegeben; das ist der Weg, den das Licht in einem Jahr durchläuft. Wie lang ist er?

A5: Der Umfang der Erde beträgt etwa 40 000 km. Welche Geschwindigkeit haben die Menschen am Äquator allein wegen der täglichen Erddrehung?

A6: Bei der Messung der Schallgeschwindigkeit wurde die Zeit auf eine zehntausendstel Sekunde genau gemessen. Welcher Wert hätte sich für die Schallgeschwindigkeit ergeben, wenn die Uhr jeweils eine um eins größere (kleinere) Ziffer in der letzen Stelle angezeigt hätte (➠ *Tabelle 2*)?

A7: In vielen Wohngebieten ist „Tempo 30" vorgeschrieben. Das nützt der Verkehrssicherheit. Der reine Bremsweg bis zum Stillstand eines Autos ist bei der Geschwindigkeit 50 km/h etwa 20 m und bei 30 km/h etwa 7 m lang. Wird nun ein Autofahrer zu einer Vollbremsung gezwungen, so reagiert er erst nach einer „Schrecksekunde". Wie weit fährt das Auto in einer Reaktionszeit von 0,5 s? Wie groß ist somit der gesamte Weg bis zum Stillstand?

A8: Die Entfernung von Stuttgart nach Hannover beträgt rund 500 km. Wenn eine Autofahrerin diesen Weg in sechs Stunden und 15 Minuten zurücklegt, dann hat sie eine mittlere Geschwindigkeit von 500 km/6,25 h = 80 km/h erreicht. Während der Fahrt ist sie teilweise schneller und teilweise langsamer als 80 km/h gefahren. Vereinfachend nehmen wir an, sie sei gleichförmig mit 80 km/h gefahren. Wie weit war sie dann nach 3 Stunden 45 Minuten von Stuttgart entfernt? Nach welcher Fahrzeit war sie 100 km vor Hannover? Wie ändern sich die Antworten, wenn sich die Gesamtfahrzeit verlängert durch eine Pause von 25 Minuten drei Stunden nach dem Start?

Methoden

Mit Messfehlern „ist zu rechnen"

Für die **Schallgeschwindigkeit** erhielten wir aus unseren Messwerten das Ergebnis $v \approx 340$ m/s. Aber hätten nicht schon kleine Ungenauigkeiten bei unserer Messung ein anderes Ergebnis zur Folge? Bei der gemessenen Weglänge $s = 1{,}60$ m haben wir in der letzten Stelle eine Null notiert. Sie sollte auch keinesfalls weggelassen werden, denn die letzte Stelle zeigt uns, wie zuverlässig die Angabe ist. Die benutzte Messlatte mit ihrer cm-Einteilung lässt Ungenauigkeiten zu, aber bei einiger Sorgfalt doch höchstens um ± 1 cm. Wir schreiben deshalb begründet $s = (1{,}60 \pm 0{,}01)$ m.

Die benutzte Uhr misst nur auf ± 0,0001 s genau, also ist $t = (0{,}0047 \pm 0{,}0001)$ s. Auch hier haben wir nicht nur einen Wert, sondern *einen Bereich* zu berücksichtigen. Man beschreibt die Messunsicherheit mit dem **absoluten Fehler** der Messung $\Delta s = 0{,}01$ m bzw. $\Delta t = 0{,}0001$ s. (Δs steht für die **D**ifferenz von z. B. 1,61 m – 1,60 m; für Δt gilt Entsprechendes). Im Zweifel sollten wir den Fehler stets etwas großzügiger schätzen, und vor allem sollten wir keine übertriebene Genauigkeit vortäuschen.

Ist eine Messung mit einem absoluten Fehler von $\Delta s = 0{,}01$ m gut? Falls $s = 160$ m, sicherlich; bezogen auf $s = 1{,}60$ m sind wir zufrieden, bezüglich $s = 0{,}16$ m wäre derselbe absolute Fehler relativ groß. Der Bruchteil 0,01 m von 1,60 m ist mathematisch der Quotient $\Delta s/s = 0{,}01$ m/(1,6 m) = 0,006 = 0,6%. Zum sinnvollen Vergleich der Genauigkeit wird deshalb immer der **relative Fehler** $\Delta s/s$ oder z. B. auch $\Delta t/t$ gebildet, der in Prozent angegeben wird (ohne physikalische Einheit). Bei $s = 160$ m wäre der relative Fehler nur $\Delta s/s = 0{,}01$ m/(160 m) = 0,006%.

Für die gesuchte Geschwindigkeit $v = s/t$ ergibt sich der *Größtwert*, wenn wir den *Größtwert* von s und den *Kleinstwert* von t einsetzen. $v = 1{,}61$ m/(0,0046 s) = 350,0 m/s. Der Kleinstwert für v ergibt sich durch $v = s/t = 1{,}59$ m/(0,0048 s) = 331,2 m/s. Diese Ergebnisse weichen von dem Quotienten unserer Tabellenwerte $v = s/t = 1{,}60$ m/(0,0047 s) = 340,4 m/s teils um 9,2 m/s, teils um 9,6 m/s ab; wir mitteln: $\Delta v = 9{,}4$ m/s. Aus diesem absoluten Fehler der Geschwindigkeit folgern wir ihren relativen Fehler:
$\Delta v/v$ = (9,4 m/s)/(340,4 m/s) = 2,8%. Wir vergleichen mit den oben ermittelten relativen Fehlern von Weglänge und Zeit: 0,6% bzw. 2,1%. Wir sehen: Deren Summe liegt ganz nahe bei dem relativen Fehler des Quotienten. Dies lässt sich für alle Quotienten verallgemeinern und sogar für Produkte nachweisen. Daher dürfen wir zukünftig die Berechnung abkürzen. Im Endergebnis verwenden wir gerundete Angaben: $v = 340$ m/s mit $\Delta v/v = 2{,}7\%$ oder $v = (340 \pm 9)$ m/s. Sicher ist folglich nur: Die Schallgeschwindigkeit liegt *irgendwo* in dem angegebenen Bereich. Das veranschaulicht uns ein maßstäblicher Balken:

Messwerte:	s in m	1,60	
	t in s	0,0047	
Berechnung:	v in m/s	340,4	
Schätzung:	Δs in m	0,01	
	Δt in s	0,0001	
Folgerung:	$\Delta s/s$	0,6%	
	$\Delta t/t$	2,1%	
Größtwert:	v in m/s	350,0	
Kleinstwert:	v in m/s	331,2	
	Δv in m/s	9,4	
	$\Delta v/v$	2,8%	
Näherung:	$\Delta v/v$		2,7%
Endergebnis:	$v = 340$ m/s	mit $\Delta v/v = 2{,}7\%$	
oder	$= (340 \pm 9)$ m/s		

T1: Messwerte und Folgewerte

Regeln: Für ein Produkt bzw. einen Quotienten ergibt sich der relative Fehler durch Addition der relativen Fehler der Faktoren bzw. des Zählers und Nenners.
Für eine Summe bzw. Differenz ergibt sich der absolute Fehler durch Addition der absoluten Fehler der Summanden.

A1: Folgere den relativen Fehler und dann den absoluten Fehler zu einer Messung der Schallgeschwindigkeit für den Fall, dass die Messstrecke nur halb so lang ist wie in ➠ *Tabelle 1*, aber die Uhr die Zeitangabe 0,00470 s liefern kann. Welches ist der Kleinstwert der Geschwindigkeit, welches der Größtwert?

A2: Bewerte eine Standuhr, deren relativer Fehler „nur" 1 Prozent beträgt: Welche Abweichung hat sie von Tag zu Tag? – Wie groß ist der relative Fehler einer Uhr, die täglich um eine Minute falsch geht?

A3: Welche Weglänge s legt der Schall zurück, bis eine Handstoppuhr mit *drei* Nachkommastellen die Zeit $t = 0{,}300$ s anzeigt? Benutze $s = v \cdot t$ (Begründung!). Bestimme den absoluten Fehler Δt der Zeit, folgere ihren relativen Fehler $\Delta t/t$. Berechne $\Delta s/s = \Delta v/v + \Delta t/t$ mit $\Delta v/v = 2{,}7\%$. Wie groß ist der Fehler Δs?

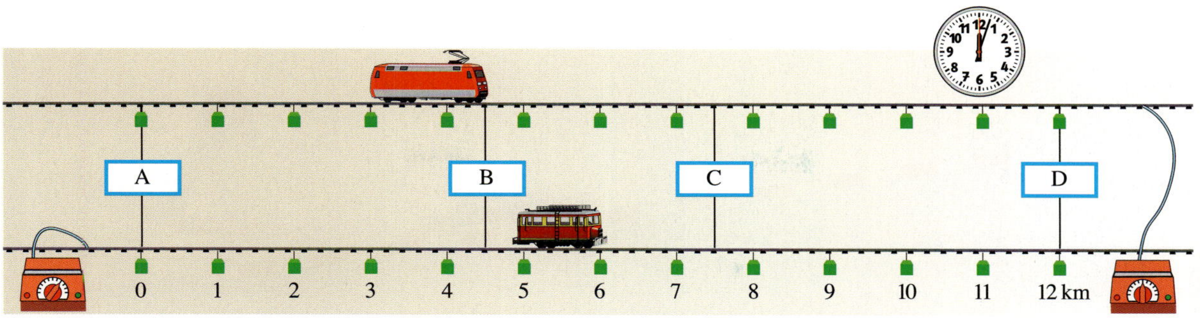

B 1: Mit zwei Modellbahnfahrzeugen spielen wir verschiedene Bewegungsabläufe durch.

Bewegungen im Vergleich

1. Diagramme sagen mehr als viele Wörter

Wir kennen Diagramme als wichtige Hilfsmittel, um Bewegungen aufzuzeichnen. Damit lassen sich langsame wie schnelle Vorgänge und sogar unterschiedliche Bewegungsrichtungen übersichtlich darstellen. In ➠ *Versuch 1* beobachten wir typische Bewegungsabläufe auf einer Modellbahnstrecke, dazu gehören auch die „Kilometersteine“ und die Uhr. Eine Schülergruppe entwirft daraufhin ein t-s-Diagramm (➠ *Bild 2a*) und legt uns damit ein Musterbeispiel vor – Wege und Zeiten wurden in den Großmaßstab übersetzt. Unsere Aufgabe ist es nun, dieses t-s-Diagramm zu „entschlüsseln“.

Der Graph der Lok steigt zunächst geradlinig an: Die Lok durchläuft in gleichen Zeiten gleich große Wege. Die Geschwindigkeit ist konstant und beträgt $v = s/t = (4{,}5\ \text{km})/(3\ \text{min}) = 1{,}5\ \text{km/min}$, das sind 90 km/h. – Dass der Graph für 2 min horizontal liegt, heißt: Der Zug hält. Denn solange ändert sich die Wegangabe nicht, wohl aber die Zeit. – Danach zeigt der Anstieg der Geraden: Die Geschwindigkeit ist so groß wie zuvor. – Einige Zeit später erfolgt die Rückfahrt, und zwar ohne Zwischenhalt. Im Bahnhof „B“ ist ein Museums-Schienenbus, eine „Ferkeltaxe“, abgefahren. Dessen Graph ist zwar auch geradlinig, aber weniger steil. Für die zugehörige Geschwindigkeit ergibt sich $v = 30\ \text{km/h}$. – Besonders interessant sind in dem Diagramm die zwei Schnittpunkte der Graphen: Dort stimmen Zug und Schienenbus im Weg- *und* im Zeitwert überein. Der erste Schnittpunkt zeigt: Dort überholt der Zug den haltenden Schienenbus. Der zweite Schnittpunkt bedeutet eine Begegnung, denn die Fahrtrichtungen sind entgegengesetzt. Für Eisenbahner ist ein solches Diagramm ein „graphischer Fahrplan“.

Passend zum t-s-Diagramm zeichnen wir nun das t-v-Diagramm (➠ *Bild 2b*), indem wir über der Zeit die jeweilige Geschwindigkeit auftragen. Solange diese gleich hoch ist, bleibt auch ihr Bild auf gleicher Höhe, ergibt also einen *horizontalen* Graphen. Je steiler der Graph im t-s-Diagramm, also je größer die Geschwindigkeit, desto größer ist folglich der Wert im t-v-Diagramm. Im letzten Abschnitt fährt der Zug wieder mit 90 km/h, aber in *Gegenrichtung*! Damit der Unterschied sichtbar wird, erfolgt die *Darstellung negativ,* also mit –90 km/h.

V 1: Am Fahrregler einer Modellbahn-Lok wechseln wir zwischen 0 und einer bestimmten Einstellung für Vorwärtsfahrt, sowie zwischen 0 und einer gleich weiten Einstellung für Rückwärtsfahrt. Ebenso regeln wir die Fahrt eines Schienenbusses, doch dessen Regler drehen wir weniger weit auf. Wir zeigen die Betriebsabläufe: Fahren, Halten, Überholen und Begegnen.

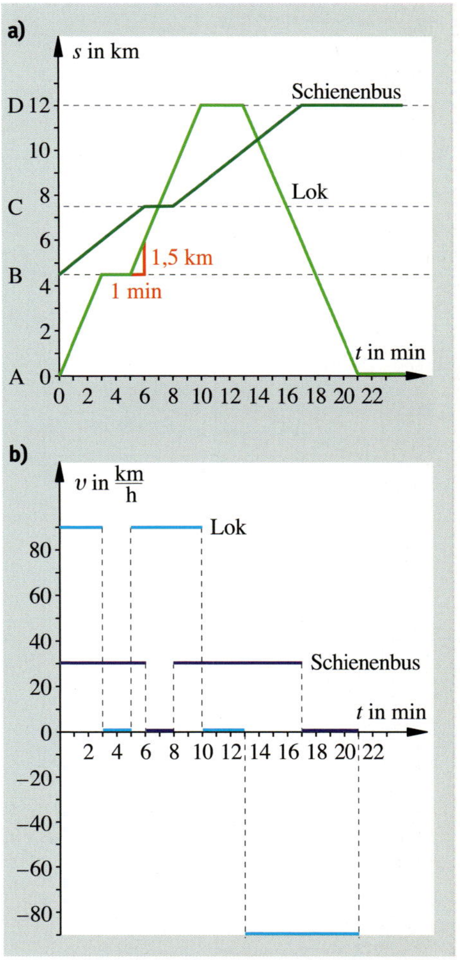

B 2: a) t-s-Diagramm **b)** t-v-Diagramm

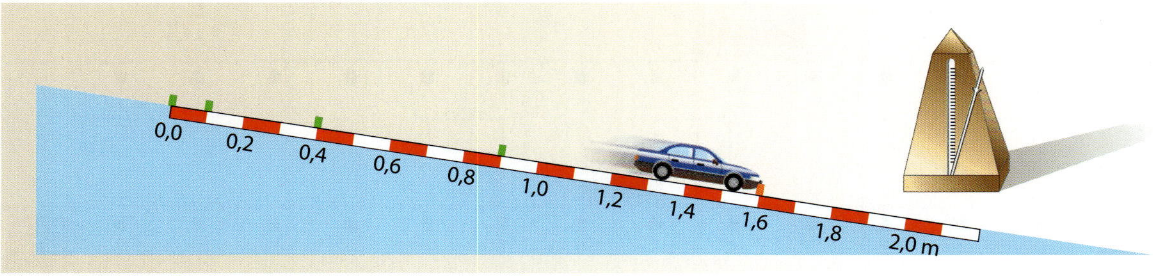

B 1: Wir untersuchen das Schnellerwerden eines Modellautos auf einer Fahrbahn, die schräg abwärts gerichtet ist.

V 1: Mit einem leicht laufenden Modellauto richten wir die schräge Fahrbahn so ein, dass es nach genau 4 Sekunden an der Markierung 1,6 m vorbei fährt. Wir starten dann mit einem Sekundenschlag des Metronoms. Im Verlauf der Fahrt setzen wir Markierungen an allen Stellen, die das Auto im Sekundentakt erreicht. Wiederholte Versuche verbessern unsere Ergebnisse.

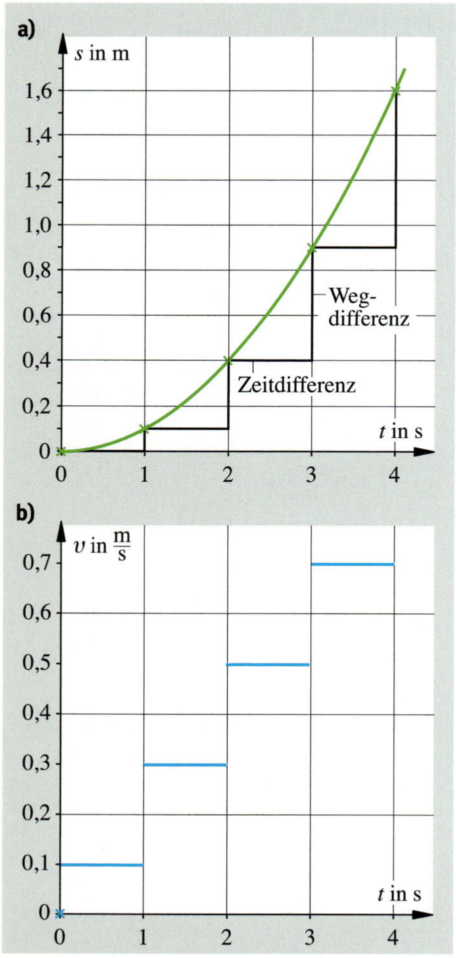

B 2: a) *t-s*-Diagramm **b)** *t-v*-Diagramm

Beschleunigte Bewegungen

1. Wenn die Geschwindigkeit sich laufend ändert

Nach dem Start erreicht ein Auto seine Endgeschwindigkeit nicht sprungartig, sondern erst im Laufe der Zeit. Diesen Vorgang der Beschleunigung (den wir bisher übergangen haben) wollen wir näher untersuchen. ➠ *Versuch 1* liefert uns eine Messreihe aus Wertepaaren (t; s) von Zeiten und Wegen einer derartigen Bewegung. Damit zeichnen wir das zugehörige *t-s*-Diagramm (➠ *Bild 2a*). Zu der Kette der Messpunkte passt nun *keine* Gerade. Die Bewegung geschieht ja *nicht* mit konstanter Geschwindigkeit.

Natürlich möchten wir trotzdem die Messpunkte mit einem Graphen verbinden. „Nach Augenschein" zeichnen wir eine gekrümmte Linie von Punkt zu Punkt. Es wäre unsinnig, von Punkt zu Punkt Geradenstücke zu zeichnen – ändert etwa der Graph nur zu *den* Zeitpunkten seine Richtung, wenn *wir* gemessen haben?

Liefern die (t; s)-Wertepaare nur den *t-s*-Graphen, oder sagen sie uns auch etwas über die Geschwindigkeit des Autos? Bei konstanter Geschwindigkeit liefert $v = s/t$ als Steigung der *t-s*-Geraden den richtigen Wert. Bei nicht konstanter Geschwindigkeit können wir die Steigung nur jeweils in einem kleinen Weg- und Zeitintervall bestimmen, so als wären die gewonnenen Messpunkte geradlinig verbunden. Der Quotient aus der Differenz der Ortswerte und der Differenz der zugehörigen Zeiten liefert uns die **mittlere Geschwindigkeit** im Intervall. Im zweiten Intervall ergibt sich so $v_{\text{mittel}} = \Delta s/\Delta t = (0{,}4\text{ m} - 0{,}1\text{ m})/(2\text{ s} - 1\text{ s}) = 0{,}3\text{ m/s}$. So schnell *wäre* das Auto, wenn es diesen Weg in derselben Zeit mit *konstanter* Geschwindigkeit durchfahren würde. In Wahrheit ist es anfangs langsamer, am Ende schneller als v_{mittel}. Wir stellen v_{mittel} im *t-v*-Diagramm für jedes Zeitintervall als *horizontales Geradenstück* dar (➠ *Bild 2b*). Die Differenzenquotienten liefern uns eine „Geschwindigkeits-Treppenstufe" und damit ein – wenn auch grobes – Bild davon, wie schnell das Auto im Laufe der Zeit ist.

Merksatz

Unter der **mittleren Geschwindigkeit** versteht man den Quotienten aus der Wegdifferenz und der zugehörigen Zeitdifferenz.

Die mittlere Geschwindigkeit in einem Zeitintervall ist ein Näherungswert für die Geschwindigkeit, die tatsächlich zu einem bestimmten Zeitpunkt – einem Moment – gilt, und die sich (zumeist) von Moment zu Moment ändert: die **Momentangeschwindigkeit.** Wie gut die Näherung ist, hängt von der Länge des Zeitintervalls ab: Je kleiner das Zeitintervall, umso näher liegt die mittlere Geschwindigkeit bei der gesuchten Momentangeschwindigkeit. Umgekehrt: Hätten wir bei unserer Berechnung von v_{mittel} z. B. doppelt so große Zeitdifferenzen aus der Messreihe oder sogar die gesamte Zeit verwendet, so hätten wir eine viel schlechtere Näherung erhalten. Aber wenn die Zeitabschnitte so klein sind, dass sich darin die Geschwindigkeit (im Rahmen der Messgenauigkeit) praktisch nicht mehr ändert, dann gibt die zugehörige mittlere Geschwindigkeit einen geeigneten Wert für die Momentangeschwindigkeit.

Merksatz

Als **Momentangeschwindigkeit** nehmen wir die mittlere Geschwindigkeit in einem genügend kleinen Zeitabschnitt.

2. Ein typischer Fall: Eine Kugel fällt

Ein Blatt Papier, das zu Boden fällt, ist langsamer als eine Stahlkugel, die daneben fallengelassen wird. Liegt das an der unterschiedlich großen Gewichtskraft? Wenn wir das Papier zu einer kleinen Kugel zusammenpressen und den Versuch in sonst gleicher Weise wiederholen, dann bleibt es auf dem ersten Meter nur geringfügig zurück. Die Ursache für den Unterschied ist: Das großflächige Blatt wurde von der Luft stark gebremst – die Kugel dagegen kaum.

Genaueres über die Bewegung eines fallenden Körpers – hier einer Stahlkugel – können wir durch eine Messreihe erfahren. Wir verschaffen uns wieder Wertepaare (t; s), also von Zeiten und Weglängen. Da jetzt alles viel zu schnell abläuft, als dass wir selbst auf der Messstrecke Marken setzen könnten, verwenden wir ein Foto, auf dem die Bewegung mithilfe von mehreren Lichtblitzen festgehalten ist. Die Blitze wurden genau zur Startzeit und dann alle Zehntelsekunden von einer (Stroboskop-)Lampe abgegeben. Zur Auswertung bestimmen wir wieder zu jedem Zeitintervall die mittlere Geschwindigkeit und tragen die Ergebnisse als horizontale Graphenstücke im t-v-Diagramm ein (➠ *Bild 4*). Der Verlauf der „Treppenstufen" erlaubt nun mit großer Sicherheit anzugeben, wie groß die Momentangeschwindigkeit im Laufe der Zeit ist: Sie wächst von null an, und zwar proportional zur Zeit. Ihr t-v-Graph ist eine Ursprungsgerade. Nach 0,5 s wird bereits eine Geschwindigkeit von etwa 5 m/s erreicht – also rund 18 km/h.

Merksatz

Die Bewegung eines fallenden Körpers ist eine beschleunigte Bewegung. Je weniger die Luft ihn bremst, umso genauer gilt:
Die Geschwindigkeit eines fallenden Körpers nimmt in gleichen Zeiten um stets gleiche Beträge zu.

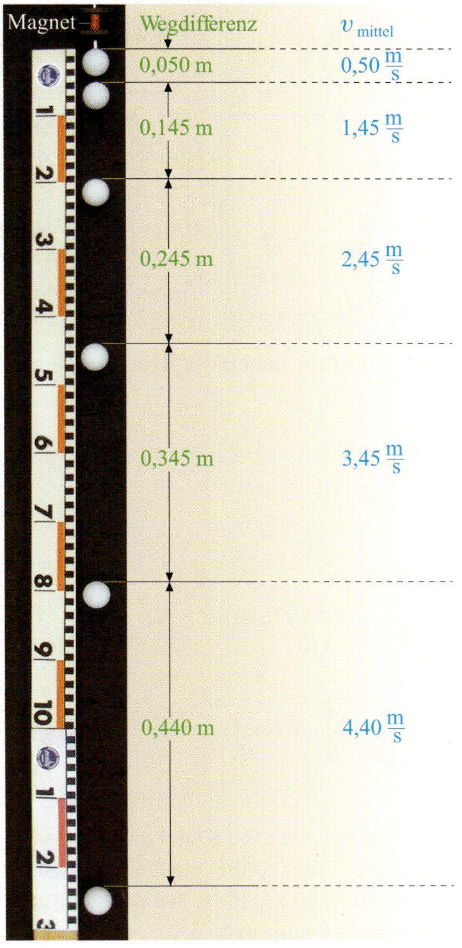

B3: Fallende Kugel: Foto und Auswertung

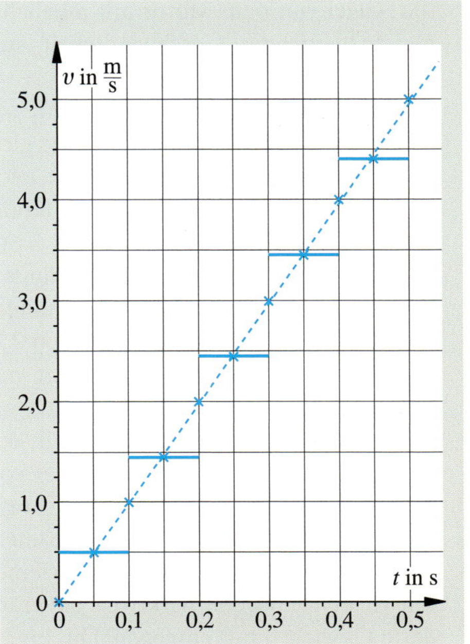

B4: t-v-Diagramm zur Fallbewegung

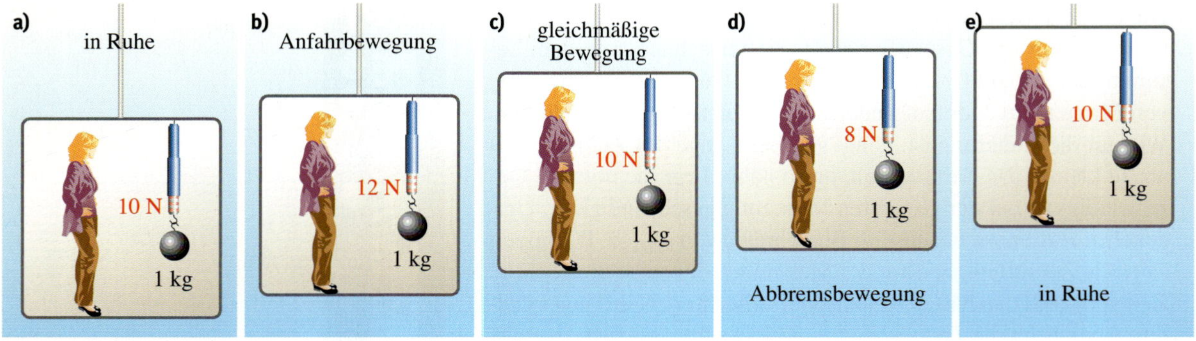

B 1: Wir untersuchen die Kräfte in einem Aufzug.

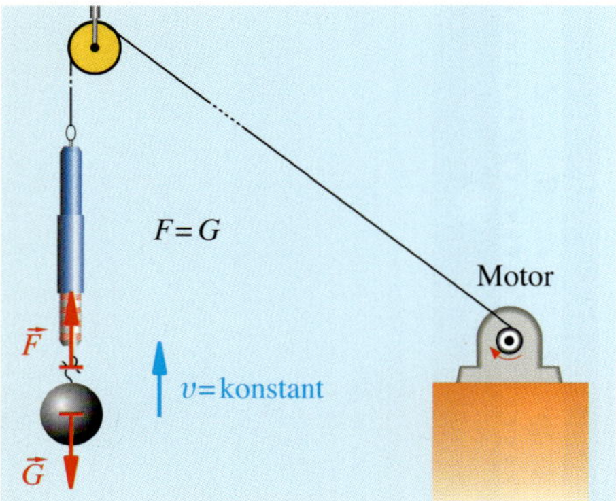

V 1: Wir hängen eine Kugel an einen Kraftmesser. Sie erfährt eine Gewichtskraft vom Betrag $G = 10$ N. An den Kraftmesser binden wir ein Seil, das wir über eine Umlenkrolle führen und auf der Welle eines Elektromotors befestigen. Wir lassen die Kugel von dem Motor mit möglichst gleich bleibender Geschwindigkeit aufwärts ziehen.
a) Im Stillstand zeigt der Kraftmesser 10 N an. Die Kraft nach oben hat den gleichen Betrag wie die Gewichtskraft nach unten. **b)** Beim Anfahren zeigt der Kraftmesser etwa 12 N an. Also ist die Kraft nach oben jetzt größer als die unveränderte Gewichtskraft von 10 N nach unten. Dies ergibt jetzt eine Ersatzkraft von 2 N nach oben. **c)** Während der Fahrt mit gleich bleibender Geschwindigkeit werden 10 N angezeigt – genauso wie in der Ruhe. Die Kraft nach oben ist wieder von gleichem Betrag wie die Gewichtskraft. **d)** Beim Abbremsen zeigt der Kraftmesser nur noch etwa 8 N an. Dieser kleineren Kraft nach oben wirkt die unveränderte Gewichtskraft entgegen. Das ergibt eine Ersatzkraft von 2 N nach unten.

Das Trägheitsgesetz

1. Das eigenartige Gefühl im Aufzug

Ob sich ein Aufzug gleichmäßig bewegt, oder ob er anfährt oder abbremst, können wir im Innern nicht *sehen*, wenn die Tür dicht schließt und kein Fenster eingebaut ist. Wir *spüren* aber jeweils unterschiedliche Kräfte in den Füßen – besonders deutlich, wenn wir uns auf die Zehen stellen. Welche physikalischen Zusammenhänge dabei bestehen, untersuchen wir mit ➠ *Versuch 1*.

Beim Anfahren nach oben zeigt uns der Kraftmesser, dass – anders als noch zuvor im Ruhezustand – kein Kräftegleichgewicht mehr besteht. Die Kraft nach oben ist nun größer als die Gewichtskraft. Dies ergibt eine nach oben gerichtete Ersatzkraft. Sie ist Ursache dafür, dass sich die Kugel aufwärts in Bewegung setzt. Wer in einem Aufzug mitfährt (➠ *Bild 1 b*), der spürt in den Füßen eine vergrößerte Kraft und fühlt sich beim Anfahren schwerer.

Während der gleichmäßigen Fahrt, solange der Körper also weder schneller noch langsamer wird, zieht der Motor nur mit demselben Betrag wie die Gewichtskraft. Trotz des jetzt wieder bestehenden Kräftegleichgewichts kommt die Kugel nicht zur Ruhe, sondern bewegt sich mit gleicher Geschwindigkeit weiter. *Kräftegleichgewicht gibt es also nicht nur im Ruhezustand, sondern auch bei gleichmäßiger Bewegung!* Im Aufzug (➠ *Bild 1 c*) spürt man deshalb bei der gleichmäßigen Fahrt nichts anderes als bei Stillstand; man fühlt sich genauso schwer wie in Ruhe.
Der Vergleich mit dem Ruhezustand zeigt: *Zum Festhalten eines Körpers wie auch zum Hochheben mit gleich bleibender Geschwindigkeit braucht man dieselbe Kraft.* Diese Kraft hat den gleichen Betrag wie die Gewichtskraft des Körpers.

Beim Abbremsen, kurz bevor der Motor anhält, zieht er mit kleinerer Kraft. Ein Kräftegleichgewicht gibt es jetzt nicht. Es überwiegt die nach unten ziehende Gewichtskraft, und die Kugel wird abgebremst. Im Aufzug (➠ *Bild 1 d)* spürt man eine Entlastung in den Füßen und fühlt sich leichter.

2. Alle Körper sind träge

Angenommen, an einem Körper greift keine Kraft an oder es besteht an ihm Kräftegleichgewicht. Ist er dann in Ruhe, so bleibt er in Ruhe. Ist er in Bewegung, dann bleibt er in Bewegung und behält seine Geschwindigkeit nach Betrag und Richtung bei. Damit zeigt sich eine Eigenschaft, die jeder Körper hat, seine **Trägheit**.
Wird ein Auto plötzlich abgebremst, so behalten die Insassen und die Ladung ihren Bewegungszustand bei. *Aufgrund ihrer Trägheit* bewegen sie sich mit gleicher Geschwindigkeit weiter. Ein Insasse erfährt erst, wenn sich sein Sicherheitsgurt spannt, eine Kraft in entgegengesetzter Richtung. Er wird dann, ohne Schaden zu nehmen, abgebremst. In einer Kurve ändert zwar das Fahrzeug die Bewegungsrichtung – Insassen und Ladung dagegen nicht, solange keine Kraft auf sie einwirkt (➡ *Bild 2*).

Merksatz

Das Trägheitsgesetz: Ein Körper, an dem keine Kraft angreift oder der sich im Kräftegleichgewicht befindet, behält seine Geschwindigkeit nach Betrag und Richtung bei. Er ist träge. Sein Zustand lässt sich nur durch eine Kraft ändern.

Unsere tägliche Erfahrung scheint dem Trägheitsgesetz sehr zu widersprechen. Denken wir nur an einen Wagen, den wir mit einer Kraft in Bewegung gesetzt haben. Wenn wir dann keine Kraft mehr auf ihn ausüben, wird er langsamer und kommt bald zur Ruhe. Das Trägheitsgesetz verlangt aber: Falls keine Kraft angreift, muss sich der Wagen mit gleicher Geschwindigkeit weiterbewegen. Ein Widerspruch? Da der Wagen langsamer wird, verlangt dasselbe Gesetz: Es muss eine Kraft geben, die ihn abbremst. Hier entsteht diese Bremskraft durch *Reibung*.

B 2: Körper behalten ihre Geschwindigkeit bei.

Interessantes

Innerer Trieb oder äußere Ursache?
Das Trägheitsgesetz stammt von Galileo GALILEI. Er hat es für Körper mit waagerechten Bewegungen ausgesprochen. Bald nach ihm hat Isaac NEWTON das Trägheitsgesetz für alle Körper ohne jede Einschränkung formuliert. Das war im 17. Jahrhundert.
Vorher galt die Lehrmeinung des ARISTOTELES aus der Antike. Danach sollten alle Körper, die in Bewegung gesetzt werden, aus einem inneren Trieb heraus wieder zum Zustand der Ruhe streben. Diese Auffassung entspricht durchaus der alltäglichen Erfahrung. Dass sich Körper ohne Reibung bewegen, kommt ja in unserer Wahrnehmung nicht vor. Bewegungen, die wir auf der Erde kennen, benötigen, wenn sie erhalten bleiben sollen, eine ständig wirkende Kraft.
GALILEI hat unzählige Experimente durchgeführt und genau beobachtet. Er fand, dass die Reibung mit sorgfältig geplanten Versuchen ganz entscheidend verringert werden kann. Er folgerte dann, dass die Körper, wenn sie nur auf sich gestellt, also völlig ohne äußere Einwirkung sind, ihren Bewegungszustand beibehalten. Sie haben also keinen inneren Trieb, von sich aus zur Ruhe zu kommen. Bewegungsänderungen haben stets eine äußere Ursache. Ein Bewegungszustand mit unveränderter Geschwindigkeit und Richtung ist daher ebenso ein Normalzustand wie der Zustand der Ruhe.
Diese neue Denkweise leitete eine Revolution in der Naturbetrachtung ein. NEWTON gelangte schließlich zu der Erkenntnis, dass das Trägheitsgesetz sowohl auf der Erde wie auch im gesamten Weltraum Gültigkeit hat.

Aufgaben

A1: Beschreibe die Kräfte, die in ➡ *Versuch 1* bei einer *Abwärtsbewegung* zu erwarten sind. Mache nach Möglichkeit selbst eine Fahrt im Aufzug und vergleiche.

A2: Erläutere die Gefahren, die von ungesicherten Gegenständen im oder auf dem Auto ausgehen.

A3: Beschreibe, in welchen Fällen die Kopfstützen in einem Auto lebensrettend werden.

A4: Auf einem Wasserglas liegt eine Postkarte und darauf eine Münze. Ziehe die Karte zunächst einmal langsam, dann möglichst schnell weg. Beschreibe deine Beobachtung und erkläre sie. Ändere den Versuch auch ab.

B1: Im Führerstand der U-Bahn stets im Blick: Der Geschwindigkeitsmesser.

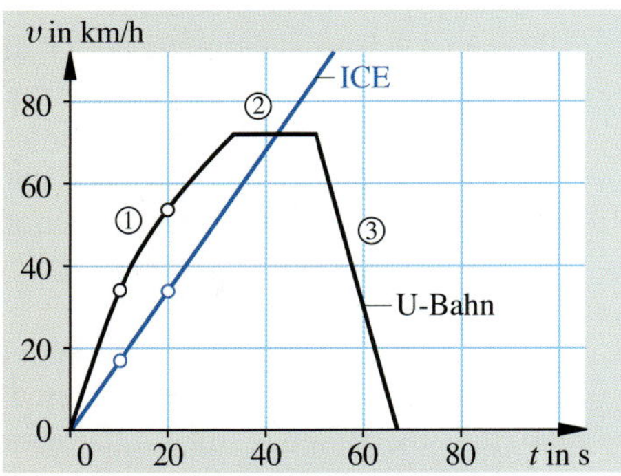

B2: Zeit-Geschwindigkeit-Diagramm von einem U-Bahnzug und einem ICE-Zug.

t in s	0	5	10	15	20
v_{UB} in km/h	0	18	**34**	45	54
v_{ICE} in km/h	0	8,5	17	25,5	**34**

T1: Einige Werte aus dem t-v-Diagramm

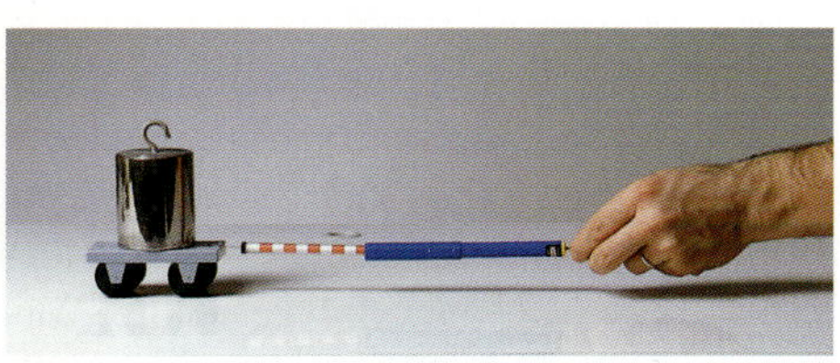

V1: Wir ziehen einen Wagen, dessen Räder leicht rollen, mit möglichst gleichbleibender Kraft drei Sekunden lang nach rechts. Der Wagen setzt sich mit zunehmender Geschwindigkeit in Bewegung. Wiederholen wir den Versuch mit einer größeren Kraft, so erreicht der Wagen eine *größere* Geschwindigkeit. Weil dies nach *gleich langer* Anfahrzeit geschah, ist sicher: Er wurde nun *stärker* beschleunigt.

3. Geschwindigkeit verändern heißt beschleunigen

Fahrzeuge auf Straßen und Schienen, aber ebenso zu Wasser und in der Luft müssen ihre Geschwindigkeit häufig ändern. Dabei werden sie durch Geschwindigkeitsmesser (auch **Tachometer** genannt) kontrolliert. Im ➡ *Bild 1* ist von der Fahrt einer U-Bahn ein Zeitpunkt festgehalten: In diesem Moment war ihre „momentane" Geschwindigkeit $v = 54$ km/h, das sind umgerechnet $v = 15$ m/s. Die Dauergeschwindigkeit dieser U-Bahn liegt im Allgemeinen bei $v = 72$ km/h $= 20$ m/s. Von einem Körper, dessen Geschwindigkeit vergrößert wird, sagt man: Der Körper wird **beschleunigt**.

➡ *Bild 2* zeigt den typischen Ablauf einer U-Bahnfahrt zwischen zwei Bahnhöfen in Gestalt eines Diagramms. Über der waagerechten Zeitachse ist die jeweilige, momentane Geschwindigkeit aufgetragen. Mit drei Graphen wird die U-Bahnfahrt dargestellt:

- (1) Zur Anfahrzeit, solange also die Geschwindigkeit zunimmt, gehört ein ansteigender Geschwindigkeitsgraph.
- (2) Während der Fahrzeit mit Dauergeschwindigkeit bleibt die Geschwindigkeit unverändert (konstant); dazu gehört ein Graph, der in gleicher Höhe bleibt, also waagerecht verläuft.
- (3) Schließlich wird die U-Bahn gebremst – während der Bremszeit nimmt die Geschwindigkeit ab; dazu gehört ein fallender Geschwindigkeitsgraph.

Im ➡ *Bild 2* ist außerdem der Graph eines anfahrenden ICE-Zuges zu sehen. Von welchem der beiden Züge sollten wir nun sagen, dass er *stärker* beschleunigt wird? Etwa von dem ICE, weil er eine viel größere Endgeschwindigkeit erzielt? Nein, denn es kommt auch auf die Zeit an! Bis der ICE 34 km/h schnell ist, benötigt er nach ➡ *Tabelle 1* die Zeit 20 s; die U-Bahn braucht jedoch nur 10 s für den gleichen Geschwindigkeitszuwachs. Ebenso zeigt die Tabelle, dass in gleich langen Zeiten die U-Bahn eine größere Geschwindigkeits*änderung* als der ICE erreicht. So lassen sich Beschleunigungsvorgänge vergleichen – und auch Bremsvorgänge.

4. Eine große Kraft beschleunigt stärker

Wie sehr ein Körper beschleunigt wird, hängt mit der Kraft zusammen. Dies sagt uns das Gefühl, das wir vom Einkaufswagen im Supermarkt kennen: Je größer die Geschwindigkeit des Wagens in kurzer Zeit werden soll, je mehr wir ihn also beschleunigen wollen, desto *kräftiger* müssen wir unsere Muskeln einsetzen. Dies überprüfen wir im ➡ *Versuch 1* mithilfe von Kraftmessern. Die größere Kraft ergibt in gleicher Zeit eine größere Geschwindigkeit – oder anders gesagt: Um die gleiche Geschwindigkeit zu erreichen, braucht die größere Kraft weniger Zeit. Eine große Kraft beschleunigt also einen Körper stärker als eine kleine.

Merksatz

Je größer die antreibende Kraft auf einen Körper ist, desto stärker beschleunigt sie ihn.

5. Körper sind verschieden träge

Omnibusse und Lastwagen haben gegenüber einem Moped sehr viel stärkere Motoren. Trotzdem fährt das Moped beim gemeinsamen Start an einer grünen Ampel dem Omnibus weit voraus (➠ *Bild 3*) – das Moped wird stärker beschleunigt als der Bus. Da es mit einer kleineren Kraft angetrieben wird, hängt das Beschleunigen offensichtlich nicht nur mit der Kraft zusammen.

Im ➠ *Versuch 2* bilden wir den Vergleich mit zwei Wagen, die wie Bus und Moped unterschiedlich große Masse haben, vereinfacht nach: Indem wir an beiden gemeinsam ziehen, beschleunigen wir beide auch nahezu gleich. Die beschleunigenden Kräfte sind aber verschieden groß. Wir können ausschließen, dass dies etwa durch die Reibung zu begründen wäre. Der Wagen, der den Bus darstellt, benötigt für die Bewegungsänderung eine viel größere Kraft. Daraus folgern wir, dass er mit seiner größeren Masse zugleich eine größere Trägheit hat als das Fahrzeug mit der kleinen Masse.

Dass die Kräfte unterschiedlich sind, können wir uns nun so verdeutlichen: Mit der einen großen Kraft hätten wir ja anstelle des *einen* Wagens mit der großen Masse – d.h. mit der großen Trägheit – zugleich eine entsprechend *größere Anzahl* unbeladener Wagen – jeder mit kleiner Trägheit – beschleunigen können. Dann wäre auf *jeden* Wagen eine gleich große Kraft entfallen.

Der Omnibus in ➠ *Bild 3* hat zwar im Vergleich zum Moped einen viel stärkeren Motor, aber auch eine im Verhältnis noch viel größere Masse und Trägheit. Daher wird er weniger stark beschleunigt.
Auch beim **Abbremsen,** nicht nur beim Beschleunigen, ändert sich der Bewegungszustand eines Körpers. Dazu müssen in jedem Fall die auf ihn einwirkenden Kräfte eine Ersatzkraft ergeben, die nicht null ist. Aus unserer Erfahrung mit leeren und vollen Einkaufswagen wissen wir: Um Körper großer Masse, also großer Trägheit, schnell abzubremsen, braucht man große Kräfte.

Merksatz

Je größer die **Masse** eines Körpers ist, desto größer ist seine **Trägheit**. Werden zwei Körper gleich stark **beschleunigt**, so muss an dem Körper mit der größeren Trägheit eine größere Kraft angreifen als an dem Körper mit der kleineren Trägheit.

B3: Das Moped wird trotz kleinerer Antriebskraft stärker beschleunigt.

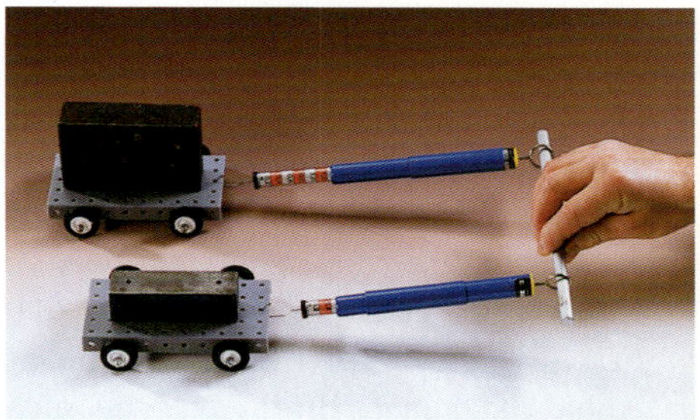

V2: Wir verwenden zwei leichtgängige Wagen; die Masse des hinteren Wagens ist durch das aufgesetzte Massestück um ein Vielfaches größer als die des vorderen. Mithilfe des für beide gemeinsamen Stabes werden beide Wagen ziemlich genau gleich beschleunigt. Die Kraftmesser zeigen, dass an dem Wagen mit der größeren Masse eine größere Kraft angreift.

Vertiefung

Du findest es gar nicht selbstverständlich, dass einem Körper, der „schwer" ist, zugleich die Eigenschaft „Träge-sein" zukommt, die umso größer ist, je größer die Masse des Körpers ist? Richtig so! Auch die Physik kann das *nicht erklären* – aber alle Messungen haben es gezeigt.

Aufgaben

A1: ➠ *Tabelle 1* sowie ➠ *Bild 2* zeigen: Die U-Bahn wird in den einzelnen 5 s-Abschnitten nicht gleich stark beschleunigt. Erläutere dies. Vergleiche mit dem ICE.

A2: Mit großen Kräften lassen sich Körper erheblich beschleunigen. Nenne dazu Beispiele aus dem Sport.

A3: Ein Mopedfahrer nimmt eine Person als Beifahrer mit. Wie wirkt sich das auf die Trägheit, auf die Antriebskraft und auf das Beschleunigen aus?

A4: In einem Weltraumlabor lässt sich eine gefüllte Blechdose von einer leeren nicht wie am Erdboden mithilfe der Schwerkraft unterscheiden. Wie kann man sie dennoch prüfen, ohne dass sie geöffnet wird?

B1: Anna zieht an Björn, Björn an Anna.

B2: Das blaue Auto wirkt auf das rote und umgekehrt.

V1: a) **A**nna und **B**jörn stehen auf Skateboards auf ebenem Boden und ziehen gleichzeitig an einem Seil (➠ *Bild 1*). Die Folge ist, dass sie sich gleich schnell aufeinander zu bewegen und sich (bei gleicher Masse) in der Mitte treffen. Wie die Kraftmesser zeigen, hat jeder auf den anderen eine gleich große Kraft ausgeübt: $F_{\text{A auf B}} = F_{\text{B auf A}}$. **b)** Nun versucht nur Anna zu ziehen, Björn dagegen nicht. Björn hält deshalb das Seil nur fest. Doch auch dann bewegen sich beide in gleicher Weise aufeinander zu! Björn stellt fest, dass er dabei – ohne es zu beabsichtigen – wieder eine gleich große Kraft ausüben musste. **c)** Jetzt nimmt Björn sich vor, auf die Kraft von Anna *nicht* mit einer Gegenkraft zu antworten. Dies gelingt ihm jedoch nur, wenn er das Seil loslässt. Dann aber kann auch Anna gar keine Kraft mehr auf Björn ausüben.

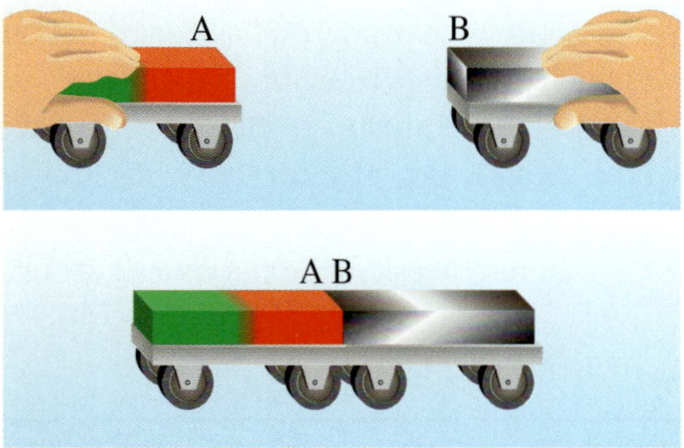

V2: Auf einem Wagen befestigen wir einen Magneten (A) und auf einem anderen ein Eisenstück (B), das kein Magnet ist. Wenn wir die Wagen aus nicht zu großem Abstand frei lassen, dann prallen sie in der Mitte aufeinander (falls die Wagen samt Beladung gleiche Masse haben).

Kraft und Gegenkraft

1. Keine Kraft ohne Gegenkraft

Bisher haben wir untersucht, wie Kräfte auf einen Körper wirken, wenn die Kräfte von anderen Körpern aufgebracht werden. Nun werden wir diese anderen Körper in unsere Betrachtungen mit einbeziehen.
Hierzu ergibt ➠ *Versuch 1* etwas Neuartiges: Eine Person übt eine Kraft auf einen anderen Körper aus. Dabei zeigt sich, dass zugleich auch eine Kraft auf die Person selbst zurückwirkt. Zu einer Kraft von Körper A auf Körper B tritt eine gleich große **Gegenkraft** von Körper B auf Körper A auf – ohne unser Zutun, jedes Mal und unabänderlich.
Das Auftreten von Kraft und Gegenkraft zeigt sich auch in ➠ *Versuch 2*, wenn Magnet und Eisenstück gegeneinander prallen. Dies blieb folgenlos – aber das Aufeinanderprallen in ➠ *Bild 2* hatte erhebliche Auswirkungen: Der blaue Lieferwagen A übte auf den am Unfall beteiligten, roten Pkw B die Kraft $\vec{F}_{\text{A auf B}}$ aus und zerbeulte dessen Front. Mit dem Auftreten dieser Kraft wirkte aber sofort auch von dem beteiligten Pkw die Gegenkraft $\vec{F}_{\text{B auf A}}$ auf den Lieferwagen. Sie zerbeulte mit dem gleichem Betrag wie $F_{\text{A auf B}}$ dessen Motorhaube. Wieder zeigt sich: Es gibt keine Kraft ohne Gegenkraft.

Merksatz

Wenn der Körper A eine Kraft auf den Körper B ausübt, so übt der Körper B auf den Körper A eine Gegenkraft aus.
Kraft und Gegenkraft haben entgegengesetzte Richtungen.
Kraft und Gegenkraft haben gleiche Beträge: $F_{\text{A auf B}} = F_{\text{B auf A}}$

Kraft und Gegenkraft treten *immer* als Paar auf, und sie greifen stets an *verschiedenen* Körpern an. Wir müssen unterscheiden: Im Kapitel Kräftegleichgewicht haben wir uns klargemacht, welche Kräfte wirken, wenn z. B. eine Birne an einem Zweig hängt. Dort sind auch zwei entgegengesetzt gerichtete Kräfte beteiligt. Aber: Beim Kräftegleichgewicht greifen die Kräfte am *selben* Körper an.

2. Antrieb durch Rückstoß: Antrieb durch Gegenkraft

Wenn jemand in einem Boot sitzt wie in ➠ *Bild 3* und mit großer Kraft Steine nach hinten wirft, dann wirken die Steine mit einer gleich großen Gegenkraft auf den, der wirft, zurück. Diese Gegenkraft treibt ihn voran – und auch das Boot, sofern er fest darin sitzt. Man spricht von **Rückstoßkraft** oder kürzer von Rückstoß.

Statt Steine zu werfen, könnte man auch Wasser schöpfen und dies nach hinten schleudern. Noch einfacher ist es aber, wenn man mit einem Paddel oder mit einer motorgetriebenen Schraube ständig Wasser nach hinten beschleunigt. Das beschleunigte Wasser übt dabei wie der Stein die Gegenkraft auf das Boot nach vorne aus. Das Boot wird durch die Rückstoßkraft angetrieben.

Flugzeuge beschleunigen Luft mit Propellern oder Düsentriebwerken nach hinten. Sie üben dazu eine Kraft auf die Luft nach hinten aus. Die Gegenkraft der Luft wirkt auf das Flugzeug nach vorn. Wie Boote und Flugzeuge nutzen auch Fische und Vögel dieses Prinzip des Antriebs aus. Den Raketen wird vorher die Materie, die sie dann bei der Verbrennung mit großer Kraft ausstoßen, in Tanks mitgegeben. Sie können daher auch im leeren Weltraum beschleunigen, die Richtung ändern und abbremsen.

B3: Der Rückstoß treibt das Boot an.

B4: Raumschiffe brauchen Raketendüsen.

3. Tragflächen: Getragen durch Gegenkraft

In ➠ *Bild 5* steht der *Drachen* schräg zum Wind und lenkt die anströmende Luft teilweise nach unten. Dazu muss der Drachen eine Kraft auf die Luft nach unten ausüben. Die Gegenkraft der Luft hält den Drachen oben oder lässt ihn steigen. Flaut der Wind ab, so wird weniger Luft je Sekunde nach unten umgelenkt – folglich werden Kraft und Gegenkraft kleiner, der Drachen sinkt.

Die *Tragflächen der Flugzeuge* sind etwas geneigt und gekrümmt (➠ *Bild 6*). Dadurch wird beim Flug die Luft nach unten umgelenkt. Dabei übt das Flugzeug auf die Luft eine abwärts gerichtete Kraft aus. Die Luft wirkt mit der Gegenkraft auf das Flugzeug nach oben. Wenn diese Gegenkraft nach oben genau so groß ist wie die Gewichtskraft des Flugzeugs nach unten, dann behält es seine Höhe bei. Wenn es schneller fliegt, nimmt die Gegenkraft der Luft auf das Flugzeug zu. Größere Tragflächen und stärkere Wölbung vergrößern die Gegenkraft ebenfalls. Deshalb genügen bei großen Reisegeschwindigkeiten relativ schmale Flügel. Bei Start und Landung dagegen wird die Flügelfläche durch das Ausfahren zusätzlicher Landeklappen vergrößert.

B5: Kraft und Gegenkraft beim Drachen

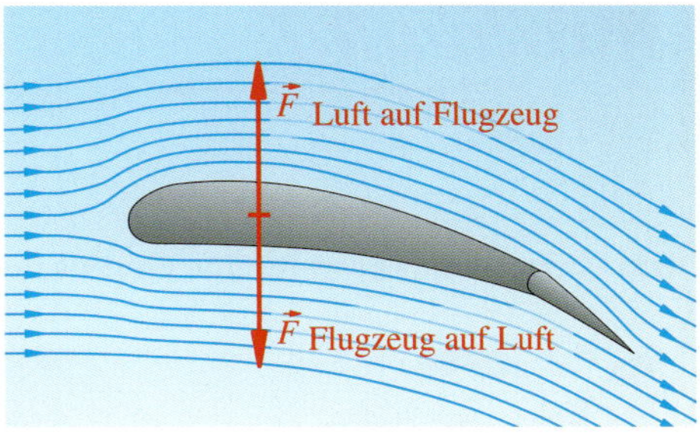

B6: Tragflügel mit Landeklappe

Aufgaben

A1: Wenn jemand von einem Boot aus zum Ufer springt, treten eine Kraft und eine Gegenkraft auf. Zeichne beide in eine Skizze ein. Kommentiere die Kräfte und deren Wirkungen.

A2: Ein Sprinter übt beim Start eine Kraft nach *hinten* auf den Startblock aus. Welche Kraft beschleunigt folglich den Sprinter nach vorn? Warum wird er, falls der Startblock nach hinten wegrutscht, nicht beschleunigt?

A3: Du stehst auf einer Personenwaage. Welche Kräfte wirken?

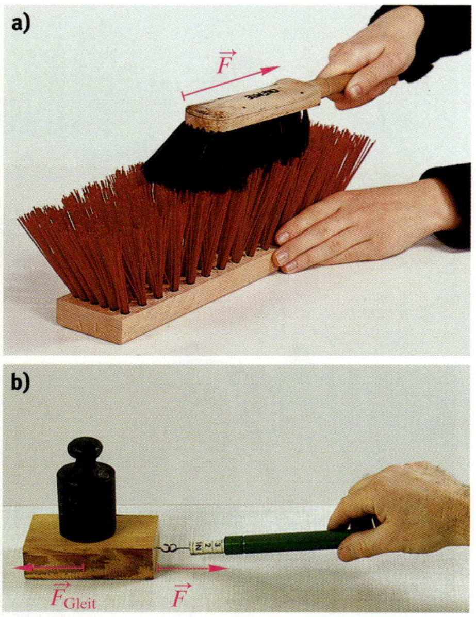

V1: a) Wir legen zwei Bürsten aufeinander, ziehen die obere Bürste mit einer Kraft nach rechts und beobachten, wie sich die Borsten verbiegen. **b)** Wir messen die Gleitreibungskraft an einem Holzklotz mit einem Kraftmesser. Wir ändern die *Anpresskraft* durch verschiedene Auflagekörper und die *Art* der Gleitflächen, indem wir z. B. auch Filz oder Sandpapier verwenden.

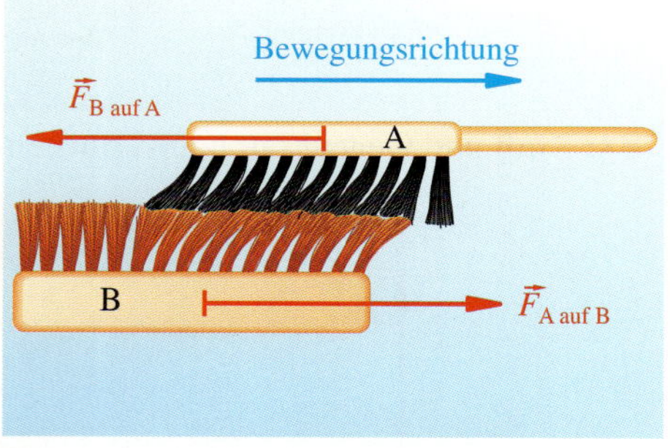

B1: Gleitreibungskraft ist eine Gegenkraft

Reibungskräfte

1. Die Gleitreibungskraft bremst Bewegungen

Wenn man seine Hand fest auf einen Tisch oder auf einen Pappkarton presst und sie dabei wegzieht, dann spürt man eine bremsende Kraft. Um Genaueres über solche Reibungsvorgänge zu erfahren, führen wir den ➠ *Versuch 1* durch.

Die Verformungen, die wir in ➠ *Versuch 1 a* beobachten, verdeutlicht ➠ *Bild 1*: Die Bürsten wirken mit Kraft und Gegenkraft aufeinander. Die Borsten der unteren Bürste B werden durch eine Kraft $\vec{F}_{A\ auf\ B}$ nach rechts gebogen; sie wirken daher mit der gleich großen Gegenkraft $\vec{F}_{B\ auf\ A}$ auf die obere Bürste A nach links zurück, also der Bewegung entgegen. Diese Gegenkraft hemmt die Gleitbewegung; man nennt sie die **Gleitreibungskraft** $\vec{F}_{Gleit}$.

Die Oberflächen von Körpern, die z. B. aus Holz oder Metall bestehen, sind alle mehr oder weniger rau, auch wenn sie dem Augenschein nach glatt und eben aussehen. ➠ *Bild 2* zeigt ein Beispiel in starker Vergrößerung. Dass sich diese Unebenheiten der beiden Gleitflächen miteinander verzahnen, ist für die Gleitreibungskraft eine mögliche Erklärung. Für genauere Angaben braucht man erst präzise Forschungen zum Aufbau der Materie.

➠ *Versuch 1 b* zeigt uns: Die Gleitreibungskraft $\vec{F}_{Gleit}$ ist von Fall zu Fall unterschiedlich groß. Im Allgemeinen ist sie umso größer,
- je größer die Kraft ist, mit der die beiden Körper aneinander gepresst werden,
- je rauer die Gleitflächen sind.

Wenn wir schwere Getränkekisten im Keller weiterschieben wollen, ist die Reibung für uns sehr *nachteilig*. Überaus *nützlich* dagegen ist uns die Gleitreibung z. B. beim Bremsen. Dabei ist es auch wichtig, dass man sowohl sehr weiches als auch hartes Bremsen bewirken kann. Je kräftiger man beim Radfahren die Bremsklötze auf die Felge drückt, desto größer ist dort die Gleitreibungskraft und desto stärker wird dann das Rad abgebremst (➠ *Bild 3*). Für eine gute Bremswirkung muss die Felge sauber sein.

B2: Metalloberfläche im Mikroskop

B3: Die Felgenbremse gibt Sicherheit durch Gleitreibung.

2. Die Haftkraft hält die Körper fest

Damit das Abrutschen an einer Kletterstange nicht zu schnell geschieht, nutzen wir die Gleitreibungskraft. Wenn wir sehr kräftig zupacken, dann können wir die Abwärtsbewegung ganz verhindern, obwohl nach wie vor die Gewichtskraft an uns angreift. Über Gegenkräfte, die bei Stillstand wirken können, gibt uns ➔ *Versuch 2* Auskunft. In diesem Versuch steigern wir die Kräfte langsam.
Bei kleiner Zugkraft zeigt sich eine **Haftkraft**. Die Kraft, mit der man gerade noch ziehen kann, bevor der Körper gleichförmig zu gleiten beginnt, ist so groß wie die *maximale* Haftkraft $\vec{F}_{\text{Haft}}$. Für viele Körper gilt: Solange ein Körper ruht, verzahnen sich die Unebenheiten der Oberflächen stärker als beim raschen Hinweggleiten. Die Haftkraft wird ähnlich der Gleitreibungskraft im Allgemeinen umso größer, je rauer die Oberflächen sind und je stärker die beiden Körper aufeinander gepresst werden.

Wenn Schleifen und Knoten schlecht geknüpft sind, dann lösen sie sich, sobald die Belastung zu groß wird. Die maximale Haftkraft ist dann zum Halten zu gering. Die Schlingen von gut geknüpften Knoten, z. B. von Seemannsknoten, pressen umso stärker aufeinander, je größer die Zugbelastung ist. Die Haftkraft nimmt bei diesen Knoten mit der Belastung zu: Sie halten gut.

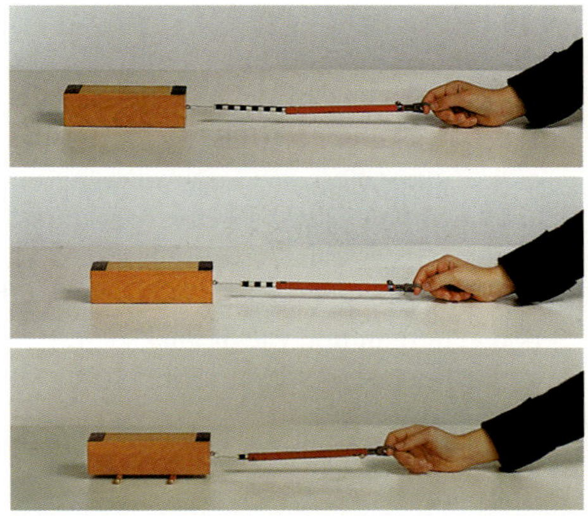

B4: Kräftevergleich: $F_{\text{Haft}} > F_{\text{Gleit}} > F_{\text{Roll}}$

V2: Wir versuchen, einen Klotz mit ganz allmählich zunehmender Kraft in Bewegung zu setzen (➔ *Bild 4a*). Solange der Klotz noch in Ruhe ist, zeigt der Kraftmesser einen größeren Wert als nachher.

V3: Wir legen den Klotz auf runde Stäbe und ziehen ihn mit einem Kraftmesser weg (➔ *Bild 4c*). Die Kraft ist extrem klein.

3. Die Rollreibungskraft ist besonders klein

➔ *Versuch 3* zeigt, dass eine Rollbewegung nur sehr wenig gehemmt wird – von der **Rollreibungskraft** $\vec{F}_{\text{Roll}}$. Die Unebenheiten der Oberflächen können sich nun ähnlich wie die Zähne von Zahnrädern aufeinander abwälzen. Das gilt ebenso für die Laufflächen bei Rädern. Setzt man ein Rad mit seiner Nabe auf den Zapfen der Achse, so tritt hier jedoch Gleitreibung auf. Auch die meisten Türscharniere bilden solche Gleitlager. Bei Fahrzeugrädern setzt man Rollen- oder *Kugellager* ein (➔ *Bild 5*). Dann wird auch an der Achse das Gleiten durch ein Abrollen ersetzt.

B5: Kugellager und Rollenlager

4. Schmieren verkleinert die Reibungskräfte

Befindet sich zwischen den festen Körpern eine Flüssigkeitsschicht, so wird die Reibungskraft zumeist ganz erheblich verringert. Achslager und Motorkolben in ihrem Zylinder werden deshalb geölt, und zugleich werden sie davor bewahrt, dass sich ihre Oberflächen aufrauen. – Beim Schlittschuhlaufen kann sich zwischen Kufen und Eis sehr schnell eine Wasserschicht bilden; darauf gleitet man fast reibungsfrei (➔ *Bild 6*).

B6: Wasserschmierung beim Schlittschuh

Aufgaben

A1: Ein Holzschrank wird nach und nach über unterschiedliche Fußböden geschoben. Beschreibe die zugehörigen Reibungskräfte.

A2: Teppiche auf einem glatten Untergrund benötigen zur Sicherheit geeignete Gleitschutzunterlagen. Erläutere dies physikalisch.

A3: Beschreibe Vor- und Nachteile der Reibung beim Laufen im Sand, im Gras, auf Asphalt, auf nassen Fliesen und auf Eis.

Das ist wichtig

1. Physikalische Größen und Einheiten

Jede physikalische Größe – z. B. der Weg s, das Volumen V, die Zeit t, die Geschwindigkeit v – bezeichnet ein **messbares physikalisches Merkmal**. Zum Beispiel kennzeichnet das Volumen eines Körpers seine Raumerfüllung. Um den Betrag einer Größe anzugeben, teilt man mit, wievielmal so groß sie im Verhältnis zu einer vereinbarten Einheit ist:

physikalische Größe = Zahlenwert mal **Einheit**.

Beispiele:
Weg = 2,5 mal 1 Meter; $s = 2{,}5 \cdot 1\ \text{m} = 2{,}5\ \text{m}$
Volumen = 0,2 mal 1 Kubikmeter;
$V = 0{,}2 \cdot 1\ \text{m}^3 = 0{,}2\ \text{m}^3$;
Geschwindigkeit = 15 mal 1 m/s;
$v = 15 \cdot 1\ \text{m/s} = 15\ \text{m/s}$
(Die Einheit 1 m/s ist zusammengesetzt gemäß der Definition: *Geschwindigkeit = Weg/Zeit.*)

Wenn bei der Angabe einer Größe von einer Einheit zu einer anderen Einheit gewechselt wird, so gilt:
Zu einer **kleineren (größeren) Einheit** gehört stets ein **größerer (kleinerer) Zahlenwert**.
Dabei wird die auszutauschende Einheit durch einen Term ersetzt, der ihren Wert mithilfe der gewünschten Einheit angibt.

Beispiele:
Umrechnung von Kubikmeter auf Liter:
$V = 0{,}01\ \mathbf{m^3} = 0{,}01 \cdot (\mathbf{1000\ l}) = (0{,}01 \cdot 1000)\ \text{l} = 10\ \text{l}$.
Umrechnung von Sekunde auf Stunde:
$t = 900\ \mathbf{s} = 900 \cdot (\mathbf{1\ h/3600}) = (900/3600)\ \text{h}$
$= \frac{1}{4}\ \text{h} = 0{,}25\ \text{h}$.
Umrechnung von (km/h) auf (m/s):
$v = 36\ \text{km/h} = 36 \cdot (1000\ \text{m})/(3600\ \text{s}) = 10\ \text{m/s}$.
Es ist nützlich, sich zu merken: **10 m/s = 36 km/h**.
(Die mittlere Geschwindigkeit eines Sprinters – 100 m in 10 s – ist etwa gleich der Mopedgeschwindigkeit.)

Durch Zusatzfaktoren können größere oder kleinere Einheiten gebildet werden:

Giga	G	Milliarde
Mega	M	Million
Kilo	k	Tausend
Zenti	c	Hundertstel
Milli	m	Tausendstel
Mikro	µ	Millionstel

Die im Folgenden aufgeführten Einheiten sind (von vielen möglichen) stets die *bevorzugten*.

2. Kraft

Symbol: $\vec{F}$ (Betrag: F); Einheit: 1 N (Newton);
Messgerät: Federkraftmesser (nutzt die Verformung)

Kräfte können …
- … Körper verformen *und/oder*
- … die Bewegung (den Impuls) der Körper ändern.

Es gibt verschiedene Kraftarten: z. B. Muskelkraft, Magnetkraft, Federkraft, Gewichtskraft, …

Zur vollständigen Angabe einer Kraft gehören ihr **Betrag** wie auch ihre **Richtung**. Oft ist außerdem ihr **Angriffspunkt** wichtig.

Größen mit Richtungseigenschaften heißen **Vektorgrößen** (z. B. Kraft) – im Gegensatz zu **Skalaren** (z. B. Volumen, Zeit).
Vektorgrößen lassen sich durch Pfeile darstellen, für Skalare genügt der Betrag, also Zahlenwert mal Einheit (z. B. $V = 3\ \text{m}^3$).

Auch die **Geschwindigkeit** ist eine Vektorgröße mit Betrag und Richtung.
Symbol: $\vec{v}$ (Betrag v); Einheit: $1\ \frac{\text{m}}{\text{s}}$

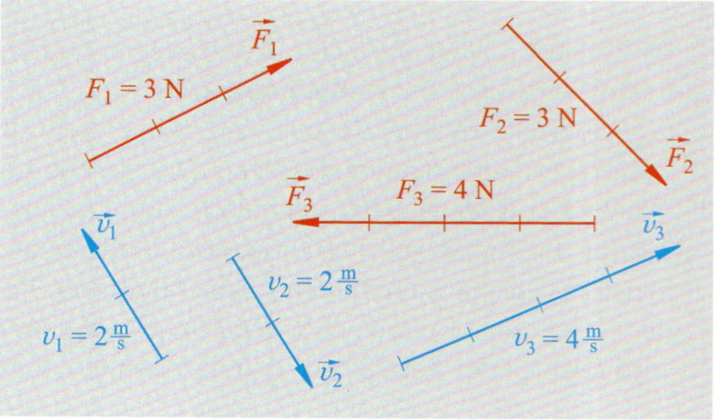

B1: Kraft und Geschwindigkeit sind Vektorgrößen.

Die Gewichtskraft $\vec{G}$, die Körper auf der Erde oder auf anderen Himmelskörpern erfahren, rührt von deren Anziehungskraft. Sie hängt vom jeweiligen Ort ab und wird kleiner, wenn man sich vom Himmelskörper entfernt. Fernab von allen Himmelskörpern gibt es keine Gewichtskraft. Je größer der Abstand vom Erdmittelpunkt, desto kleiner ist die Gewichtskraft.

3. Masse

Symbol: m; Einheit: 1 kg (Kilogramm);
Messgerät: Balkenwaage und Wägesatz

Die Massen zweier Körper sind gleich, wenn beide am gleichen Ort eine gleich große Gewichtskraft erfahren.

4. Ortsfaktor

Symbol: g; Einheit: 1 N/kg;
Definition: $g = G/m$

Der Ortsfaktor g gibt den Zusammenhang zwischen der Gewichtskraft $\vec{G}$, die ein Körper an einem bestimmten Ort erfährt, und seiner Masse m als Quotient an. Der Ortsfaktor hängt nicht vom Körper ab; er ist an einem Ort für alle Körper gleich groß, für verschiedene Orte im Allgemeinen verschieden.
In **Mitteleuropa** gilt: $\boldsymbol{g = 9{,}8}$ **N/kg**. Dort erfährt jeder Körper der Masse 1 kg die Gewichtskraft $G = 9{,}8$ N.

5. Dichte

Symbol: ϱ; Einheit: 1 g/cm³ = 1 kg/dm³;
Definition: $\varrho = m/V$

Die Dichte ϱ eines Stoffes gibt den Zusammenhang von Masse m und Volumen V eines Körpers als Quotient an. Eisen hat die Dichte 7,9 g/cm³ bedeutet also: 1 cm³ Eisen hat die Masse 7,9 g.
Die Dichte ist unter normalen Bedingungen (➠ *Tabelle im Anhang*) für einen Stoff konstant. Verschiedene Stoffe haben im Allgemeinen verschiedene Dichten. Unter Normalbedingungen gilt …

- … für Wasser: $\varrho = 1{,}00$ g/cm³ = 1,00 kg/dm³,
- … für Luft: $\varrho = 0{,}00129$ g/cm³ = 1,29 g/dm³.

6. Ersatzkraft und Kräftegleichgewicht

Mehrere am gleichen Körper angreifende Kräfte können durch eine **Ersatzkraft** $\vec{F}_{\text{Ersatz}}$ gleicher Wirkung ersetzt werden. Man nennt sie auch **Resultierende**. Für die Beträge von z. B. $\vec{F}_1$ und $\vec{F}_2$ gilt:

- bei gleicher Kraftrichtung: $F_{\text{Ersatz}} = F_1 + F_2$,
- bei entgegengesetzter Richtung: $F_{\text{Ersatz}} = F_1 - F_2$, für $F_1 > F_2$; dann zeigt $\vec{F}_{\text{Ersatz}}$ in Richtung von $\vec{F}_1$.
- Haben die entgegengesetzt gerichteten Kräfte $\vec{F}_1$ und $\vec{F}_2$ den gleichen Betrag, dann ist $F_{\text{Ersatz}} = F_1 - F_2 = 0$ N.
  Es besteht **Kräftegleichgewicht.** $\vec{F}_1$ und $\vec{F}_2$ sind nicht verschwunden; sie können den Körper verformen oder kurzzeitig drehen.

7. Geschwindigkeit

Bei einer **gleichförmigen Bewegung** nennen wir den Quotienten aus dem zurückgelegten Weg s und der dazu benötigten Zeit t die **Geschwindigkeit** v:

$$\boldsymbol{v = \frac{s}{t}}.$$

8. Bewegungen im Vergleich

Trägt man für eine Bewegung zurückgelegte Wege über die zugehörigen Zeiten auf, so erhält man ein **Zeit-Weg-Diagramm** – auch ***t*-*s*-Diagramm** – dieser Bewegung.

Die **Steigung** in diesem Diagramm ist ein Maß für die **Geschwindigkeit**. Große Steigung bedeutet hohe Geschwindigkeit, geringe Steigung niedrige Geschwindigkeit. Ist die Steigung **negativ**, so bedeutet das, dass die Bewegung in **Gegenrichtung** stattfindet.

Trägt man die Geschwindigkeit über der Zeit auf, so ergibt sich das zugehörige **Geschwindigkeit-Zeit-Diagramm** – auch ***t*-*v*-Diagramm**.

9. Beschleunigte Bewegungen

Wird ein Körper immer schneller, so sagen wir, er wird beschleunigt.
Ändert sich die Geschwindigkeit eines Körpers ständig, so ist die Angabe der mittleren Geschwindigkeit in einem Zeitintervall sinnvoll. Die **mittlere Geschwindigkeit** ist der Quotient aus der Wegdifferenz und der zugehörigen Zeitdifferenz.

Als **Momentangeschwindigkeit** nehmen wir die mittlere Geschwindigkeit in einem genügend kleinen Zeitintervall.

Die **Fallbewegung** ist eine beschleunigte Bewegung. Solange die Luft den fallenden Körper kaum bremst, gilt: Seine Geschwindigkeit nimmt in gleichen Zeiten um stets gleiche Beträge zu.

Je größer die Masse eines Körpers ist, desto größer ist seine **Trägheit.** Werden zwei Körper gleich stark beschleunigt, so muss an dem Körper mit der größeren Masse eine größere Kraft angreifen als an dem Körper mit der kleineren Masse.

Aufgaben

A1: In einem Gespräch über ein Auto werden die folgenden Merkmale genannt: Lang, schnell, alt, schön, geräumig, teuer, stark, schwer. Ordne ihnen – soweit möglich – physikalische Größen und geeignete Einheiten zu. Wieso ist das nicht für alle Merkmale möglich?

A2: Ute sagt von ihrem 3 km langen Schulweg, er betrage „10 Fahrradminuten". Ulf braucht mit 15 km/h die Zeit 11 min. Wessen Weg ist länger? Welche Voraussetzung gehört zu Utes Aussage?

A3: Gib für einen Marathonläufer, der für die Strecke (42 195 m) die Zeit 2 h 15 min benötigt, die mittlere Geschwindigkeit in km/h an. Vergleiche mit der Geschwindigkeit eines 100 m-Sprinters, der 10 s braucht.

A4: In der Seeschifffahrt wird 1 kn (Knoten) als Einheit der Geschwindigkeit benutzt: 1 kn = 1852 m/h. Leite die zugehörigen Umrechnungsgleichungen her: 1 kn = ??? m/s und 1 m/s = ??? kn.

A5: Für eine Fahrt zu einem Termin an einem anderen Ort plant jemand eine bestimmte Geschwindigkeit ein und fährt rechtzeitig los. Wegen eines Unwetters kann er jedoch die erste Hälfte des Weges nur mit halb so großer Geschwindigkeit durchfahren. Welche Chancen hat er nun, mit erhöhter Geschwindigkeit dennoch pünktlich zu sein? Bilde ein Beispiel und verallgemeinere.

A6: a) Das Schiffshebewerk Niederfinow (zwischen Berlin und Stettin) hat einen Trog mit 85 m Länge, 12 m Breite und 2,5 m Tiefe. Wie viel Tonnen Wasser (1 t = 1000 kg) werden (ohne Schiffe) in diesem Aufzug transportiert? Wie viel Tonnen wären es mehr, falls der Wasserstand auch nur um 5 cm überschritten würde? **b)** Nach Wetterbericht sind 60 l/m^2 Regen gefallen. Wie hoch steht das Wasser in einem frei stehenden, zunächst leeren Eimer? Hängt das Ergebnis vom Querschnitt des Eimers ab?

A7: Für den Küchengebrauch gibt es Messbecher, die z. B. bei der Bestimmung von 400 g Zucker eine Waage ersetzen. Erläutere, wie man so ein Messgerät für Volumina zu einem Messgerät für Massen umfunktionieren kann?

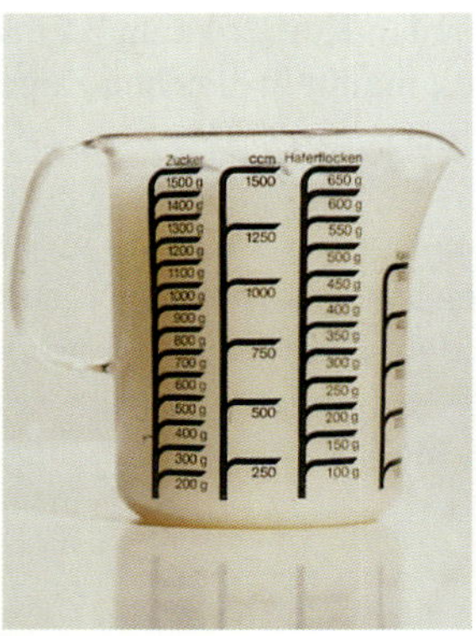

A8: a) Schätze ab, wie viele Salzkörner in einer quaderförmigen Handelspackung für 500 g Kochsalz sind. Erläutere, wie du vorgegangen bist. (*Hilfe:* Schätze ab, wie groß ein Salzkorn im Mittel ist.) **b)** Ermittle die Dichte von Kochsalz in einer Handelspackung. (Beschaffe dir die benötigten Daten aus einer geeigneten Quelle). **c)** Vergleiche die von dir ermittelte Dichte mit Daten aus dem Internet und mit dem Tabellenwert von $\varrho = 2{,}2\ \text{g/cm}^3$ für Kochsalzkristalle. Erläutere eventuelle Unterschiede.

A9: Die Dichte von frisch gefallenem Schnee beträgt 0,2 g/cm^3. Wie groß ist die Masse einer 30 cm hohen Schneeschicht auf einem flachen Terrassendach von 20 m^2 Fläche? Wie stark wird es dadurch belastet?

A10: Welches Volumen hat ein Goldbarren (Bleibarren) der Masse 1 kg? (Werte für die Dichte ➠ *Tabelle im Anhang*).

A11: Der Ortsfaktor an der Erdoberfläche hängt zwar vom Abstand zum Erdmittelpunkt ab, aber auch davon, ob sich unter dem Ort z. B. eine Höhle befindet oder z. B. ein Bleierzlager. Erläutere die Zusammenhänge.

A12: Für eine Station auf dem Mars (Ortsfaktor $g_{\text{Mars}} = 3{,}7\ \text{N/kg}$) wird ein Kran projektiert. Er soll Bauteile heben, für die auf der Erde ein Stahlseil mit 24 Adern erforderlich ist. Wie viele solcher Adern muss das Seil auf dem Mars haben? Auf dem Mond genügen vier Adern. Wie groß ist demnach g_{Mond}?

A13: a) Bestimme zuhause die Dichte eines rohen Eies. Beschreibe dein Vorgehen. **b)** Ergibt sich für ein gekochtes Ei eine andere Dichte? **c)** Kannst du aus dem Wert der Dichte erkennen, ob ein bestimmter Stoff überwiegender Bestandteil eines Eies ist?

A14: Zehn-Cent- und Zwanzig-Cent-Münzen sehen äußerlich so aus, als seien sie aus dem gleichen Stoff. Plane ein Experiment, mit dem du diesen oberflächlichen Anschein überprüfen kannst. Führe das Experiment zuhause durch. Dokumentiere schriftlich Durchführung und Ergebnisse deines Experimentes. Vergleiche dein Ergebnis mit den Daten aus einer (Internet-)Recherche.

A15: Das s-v-Diagramm zeigt die Geschwindigkeit eines Rennwagens auf einem drei Kilometer langen ebenen Rundkurs während seiner zehnten Runde.

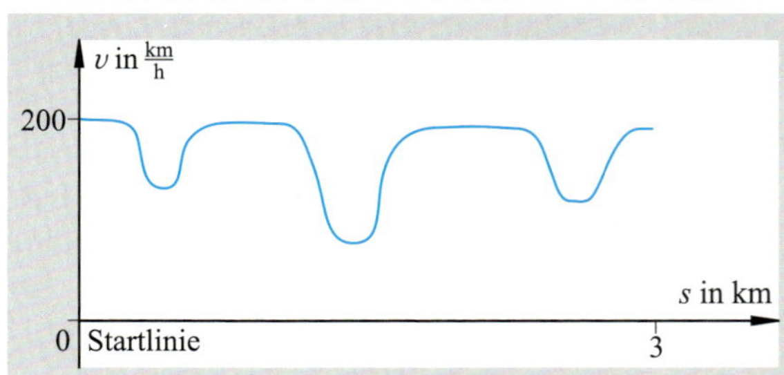

a) Wie groß ist etwa die Entfernung von der Startlinie bis zum Beginn des längsten geradlinigen Abschnitt der Rennstrecke? **b)** Skizziere einen möglichen Verlauf der Rennstrecke. Begründe den Verlauf.

Teilchenmodell und Druck

Der Begriff Atom stammt von Demokrit, einem griechischen Philosophen, der allein durch Nachdenken versuchte, eine Antwort auf die Frage zu finden, ob es *kleinste Teilchen* gibt. Noch heute ist dieses eine gewichtige Frage an die Grundlagen der Physik.
In diesem Kapitel wird ein einfaches Modell für Teilchen entwickelt, was in vielen Situationen eine befriedigende Erklärung liefert.

Flüssigkeiten und Gase in einem Gefäß lassen sich durch Kräfte auf einen Kolben in einen *Druckzustand* versetzen. Dieser Zustand lässt sich an jeder Begrenzungsfläche – auch im Inneren – als Kraft auf diese Fläche nachweisen.
Der *Schweredruck* in der Tiefe eines Meeres kann auf den *Kolbendruck* zurückgeführt werden, wenn die Wassersäule als Kolben angesehen wird.

B1: a) Ein Öltropfen verteilt sich auf Wasser. **b)** Die Kügelchen fließen auf die Schale.

V1: *Ölfleckversuch:*
Wir füllen einen tiefen Teller bis zum Rand mit Wasser und stauben auf die Wasseroberfläche hauchdünn Bärlappsporen. Aus einer Bürette lassen wir einen Tropfen einer Ölsäure-Benzin-Lösung (1:1000) in den Teller fallen. Es bildet sich ein Ölfleck (das Benzin verdunstet), dessen Fläche wir bestimmen. Geben wir einen weiteren Tropfen hinzu, so verdoppelt sich die Fläche.
Wir ermitteln in einem weiteren Versuch mit der gleichen Bürette, welches Volumen ein einzelner Tropfen der Ölsäure-Benzin-Lösung hat. Wir lassen dazu 1 cm³ der Lösung langsam aus der Bürette tropfen und zählen z. B. 60 Tropfen.
Ein Tropfen hat also das Volumen $\frac{1}{60}$ cm³ und enthält die Ölmenge

$$V = \frac{1}{60}\,\text{cm}^3 \cdot \frac{1}{1000} = \frac{1}{60\,000}\,\text{cm}^3.$$

Im Versuch entsteht aus einem solchen Tropfen eine Ölschicht mit der Fläche $A = 160\,\text{cm}^2$. Die Dicke der Ölschicht erhalten wir mit der Gleichung $h = V/A$:

$$h = \frac{(1/60\,000)\,\text{cm}^3}{160\,\text{cm}^2} = \frac{1\,\text{cm}^3}{60\,000 \cdot 160\,\text{cm}^2}$$

$$h = 0{,}000\,000\,1\,\text{cm}.$$

Wir können annehmen, dass die Ölmoleküle wie Kügelchen nebeneinander liegen, da von der doppelten Menge auch die doppelte Fläche bedeckt wird.
Die Dicke der Ölschicht ist also gleich dem Durchmesser eines Moleküls. Der Durchmesser eines Ölmoleküls beträgt demzufolge etwa ein millionstel Millimeter.

Das Teilchenmodell

1. Eine Modellflüssigkeit

Geben wir einige Kochsalzkristalle in eine Suppe, so schmeckt die ganze Suppe salziger als vorher. Das Kochsalz muss sich also ganz fein in der Suppe verteilt haben. Wir können es schmecken, aber nicht sehen.
Die kleinsten Bestandteile („Teilchen") der Materie sind wegen ihrer geringen Größe unserer Anschauung entzogen. DEMOKRIT nannte sie Atome. Heute unterscheiden wir **Atome** und **Moleküle**. Vereinfacht stellen wir uns diese Teilchen als Kügelchen vor. Um unsere Vorstellung zu entwickeln, verwenden wir Kunststoffkügelchen, die wir in einen Messzylinder füllen (➠ *Bild 2*). So können wir deren Gesamtvolumen bestimmen. Einige dieser Kügelchen schütten wir auf eine flachgewölbte Schale (Uhrenglas, ➠ *Bild 1 b*). Leichtes Rütteln bewirkt, dass alle Kügelchen in einer Schicht nebeneinander liegen. So bilden sie ungefähr eine Kreisfläche, die wir messen können. Geben wir noch einmal so viele Kügelchen hinzu, so drängen sich diese zwischen die anderen, bis alle wieder in einer Schicht nebeneinander liegen. Aus Volumen und Kreisfläche lässt sich der Kügelchendurchmesser berechnen. Mit einer Schieblehre könnten wir das Ergebnis kontrollieren.
Die Kügelchen bilden eine **Modellflüssigkeit**: Sie lassen sich leicht gegeneinander verschieben, bilden in etwa eine waagerechte Oberfläche und weichen aus, wenn ein Gegenstand eintaucht.

2. Wie groß ist ein Ölmolekül?

Mit dem *Ölfleckversuch* können wir die Größe *realer* Moleküle abschätzen (➠ *Versuch 1*). Ein Tropfen einer Ölsäure-Benzin-Lösung in Wasser ergibt einen runden Fleck, dessen Fläche wir messen können (➠ *Bild 1 a*). Ein zusätzlicher zweiter Tropfen der Lösung ergibt einen Kreis mit der doppelten Fläche. Der Benzinanteil verdunstet und nur das Öl breitet sich auf der Wasseroberfläche aus; es schwimmt dort. Da jeder Tropfen (konstantes Volumen vorausgesetzt) nach dem Zerfließen eine gleich große Fläche bedeckt, können wir daraus schließen, dass die Ölmoleküle in einer Schicht nebeneinander liegen – wie die Kügelchen unserer Modellflüssigkeit. Eine einfache Abschätzung zeigt, dass ein Ölmolekül einen Durchmesser von etwa 10^{-9} m hat (➠ *Versuch 1*).

3. Die brownsche Bewegung – Hinweis auf kleinste Teilchen

Wir beobachten einen Tropfen Milch bei 1000facher Vergrößerung unter dem Mikroskop und sehen zahlreiche „Kügelchen". Sehen wir etwa Moleküle? Leider nein: Verdünnen wir nämlich die Milch mit Wasser, so wächst der Abstand dieser Kügelchen. Wassermoleküle haben sich dazwischen geschoben. Unter dem Mikroskop kann man diese nicht erkennen. Die sichtbaren Kügelchen sind Fetttröpfchen, die im Wasser schweben.

Der Versuch hält aber eine große Überraschung bereit: Die Fetttröpfchen zittern ständig und unregelmäßig hin und her. Der Engländer BROWN beobachtete die Erscheinung 1827 als Erster; man nennt sie nach ihm die **brownsche Bewegung**. Je kleiner die Fetttröpfchen sind, desto schneller zittern sie. Daraus folgern wir, dass sich die wesentlich kleineren Moleküle der Flüssigkeit in einer noch viel rascheren Zitterbewegung befinden – und das andauernd.

Eine Kaliumpermanganatlösung, die vorsichtig auf den Boden eines mit Wasser gefüllten Glases geleitet wird, verteilt sich im Laufe von Tagen ganz gleichmäßig darin (➠ *Versuch 2*).

Zunächst befindet sich die Lösung des Kaliumpermanganates am Boden des Glases. Aufgrund der ständigen Molekularbewegung kommt es zu einer Durchmischung von Wasser und Kaliumpermanganat. Der Versuch bestätigt also die brownsche Bewegung.

Eine Erklärung dieses Versuches mit der Modellflüssigkeit scheitert. Füllen wir die Kügelchen in ein Becherglas, so bleiben sie dort regungslos liegen. Die Molekularbewegung ließe sich wohl nur durch ständiges Schütteln darstellen.

Und noch etwas fehlt den Kügelchen im Becherglas: Echte Flüssigkeiten bilden Tropfen; zwischen Molekülen müssen also Anziehungskräfte bestehen, die jedoch die freie Verschiebbarkeit nicht beeinträchtigen. Um diesen Zusammenhalt der Moleküle auch im Modell zu berücksichtigen, haben wir ein Uhrenglas benutzt (➠ *Bild 1 b*). Seine Wölbung sorgt dafür, dass die Kügelchen nach jedem Schütteln wieder zu einer lückenlosen „Flüssigkeit" zusammenlaufen.

Merksatz

Für die Moleküle einer **Flüssigkeit** gilt:
- Sie sind in ständiger und unregelmäßiger Zitterbewegung.
- Sie lassen sich leicht verschieben.
- Sie bilden eine waagerechte Oberfläche.
- Zwischen Molekülen wirken Anziehungskräfte.

Eine typische Molekülgröße ist ein millionstel Millimeter.

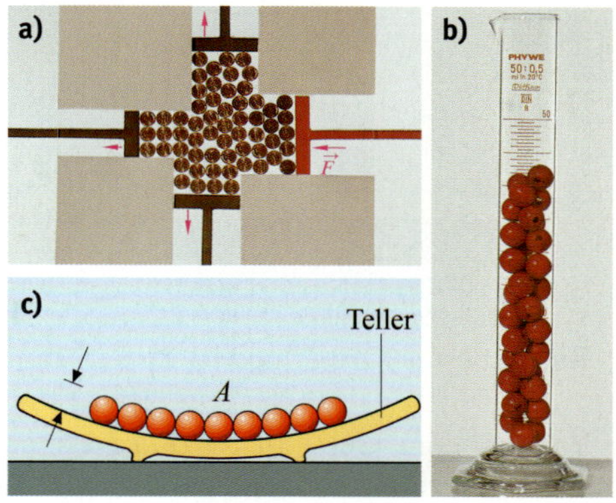

B 2: Modellflüssigkeit

V 2: Wir leiten eine Lösung des violetten Salzes Kaliumpermanganat vorsichtig auf den Boden eines mit Wasser gefüllten Glases. Obwohl das Wasser keinerlei Bewegung zeigt, färbt es sich im Laufe von Tagen von unten nach oben, bis es einheitlich violett ist. Wegen ihrer ständigen Bewegung schieben sich die Moleküle des Kaliumpermanganats zwischen die Wassermoleküle: Die Salzteilchen *diffundieren* in das zunächst farblose Wasser.

Aufgaben

A 1: Benenne einige Eigenschaften realer Flüssigkeiten und prüfe, ob die Modellflüssigkeit aus den Kunststoffkügelchen diese Eigenschaften auch besitzt.

A 2: Unter welchen Voraussetzungen können wir aus der Fläche eines Ölflecks und aus dem zugehörigen Tropfenvolumen den Durchmesser eines Ölmoleküls berechnen?

A 3: Was verstehen wir unter dem Teilchen*modell* und einer *Modell*eisenbahn. Benenne Gemeinsamkeiten, wo liegen Unterschiede. Wann ist ein *Modell* falsch?

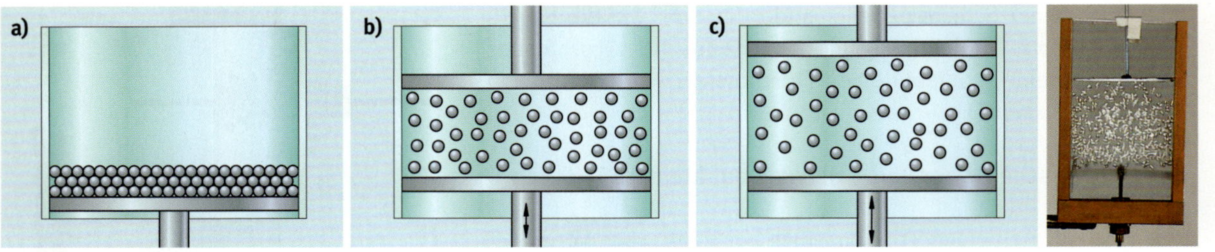

B1: a) Fester Körper und **b)**, **c)** gasförmiger Zustand im Modell

V1: Mit dem Gerät in ➠ *Bild 1* können wir modellhaft feste und gasförmige Körper darstellen. Der Gefäßboden ist ein beweglicher Kolben, der von einem Motor auf und ab bewegt wird.
Bewegt sich der Motor kaum, bleiben die Glaskügelchen im Gefäß nahezu in Ruhe: Es liegt ein Festkörper vor.
Bewegt sich der Motor schneller, so fliegen die Kügelchen ungeordnet durcheinander: Nun wird ein Gas dargestellt.

V2: Wir nehmen eine Glasspritze und schließen darin ein bestimmtes Luftvolumen ein. Wir erhöhen vorsichtig die Temperatur des Gases und sehen, dass sich der Kolben nach außen schiebt. Das Volumen des Gases hat sich also vergrößert.

V3: Wir ziehen den Kolben einer Fahrradpumpe ganz heraus und verschließen mit dem Daumen die Öffnung der Pumpe. Jetzt lässt sich der Kolben nur mit großer Kraft hineinschieben. Nach dem Loslassen bewegt er sich zurück. Die Luft in der Pumpe lässt sich also zusammendrücken. Sie nimmt das ursprüngliche Volumen wieder ein, wenn die Kraft auf den Kolben nicht mehr wirkt.

B2: In der Schneeflocke herrscht Ordnung.

4. Ein Modellgas

In ➠ *Bild 1* rechts sehen wir ein Gefäß, in dem kleine Glaskügelchen ungeordnet umherfliegen. Der Gefäßboden ist als Kolben ausgebildet und wird von einem Motor schnell auf und ab bewegt. Dabei werden die Kügelchen hochgeschleudert, stoßen gegeneinander und prallen von den Wänden ab.

In ➠ *Bild 1 b, c* erkennen wir den beweglichen Gefäßdeckel deutlicher. Durch den ständigen Aufprall der Kügelchen wird dieser Deckel angehoben und in einer bestimmten Höhe gehalten. Läuft der Motor schneller, bewegen sich auch die Kügelchen schneller und der Deckel wird weiter angehoben.

Durch die schnellere Bewegung des Gefäßbodens erhalten die Kügelchen eine höhere Bewegungsenergie. Wenn die Gesamtheit der Kügelchen eine höhere Bewegungsenergie besitzt, wird der Deckel weiter angehoben; das heißt, die Kügelchen beanspruchen für ihre Bewegung ein größeres Volumen. Ein reales Gas in einer Glasspritze verhält sich genauso (➠ *Versuch 2*). Es schiebt einen Kolben nach außen und vergrößert so das Gasvolumen, wenn man die Temperatur erhöht. In Gasen nimmt die Bewegungsenergie beim Erhitzen zu. Die Glaskügelchen in dem Gefäß bilden also ein *Modellgas.*
Wenn wir den Gefäßdeckel mit der Hand nach unten drücken, verkleinern wir das Volumen des Modellgases. Geben wir den Deckel wieder frei, so hebt sich dieser wieder in die Ausgangshöhe. Luft in einer Fahrradpumpe verhält sich genauso (➠ *Versuch 3*).

Merksatz

Moleküle eines Gases sind ständig in schneller Bewegung.
Sie haben so große Abstände, dass Anziehungskräfte zwischen ihnen keine Rolle spielen.

Durch Energiezufuhr werden die Moleküle schneller.

5. Ein Festkörpermodell

In ➠ *Bild 1 a* liegen die Glaskügelchen nebeneinander, eine Bewegung ist zunächst nicht zu erkennen. Bei genauerer Betrachtung wäre eine leichte Bewegung festzustellen; einige Glaskügelchen drehen sich.

Ist Wasser zu Eis gefroren, verschieben sich die Moleküle nicht mehr, sondern sie haften fest aneinander. Die regelmäßige Form von Kristallen (➠ *Bild 2*) lässt vermuten, dass sich beim Kristallisieren die Moleküle ordnen und so eine feste Struktur bilden. Diesen Prozess können wir im ➠ *Versuch 4* beim Abkühlen des geschmolzenen Fixiersalzes beobachten.

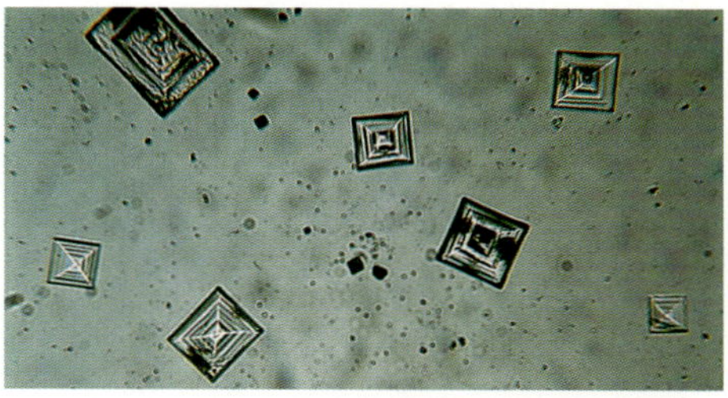

V4: Wir gießen geschmolzenes Fixiersalz auf eine kalte Glasplatte. Beim Abkühlen sehen wir regelmäßige Kristalle entstehen.

Merksatz

In Festkörpern haben die kleinsten Teilchen einen festen Platz, um den sie eine Zitterbewegung ausführen.

Vertiefung

Die Idee von den kleinsten Teilchen

Der Aufbau der Materie beschäftigte bereits ca. 500 Jahre vor unserer Zeitrechnung im antiken Griechenland die hellsten Köpfe dieser Zeit.

Die griechischen Philosophen DEMOKRIT (er lebte bis 360 v. Chr.) und ARISTOTELES (384–322 v. Chr.) kamen dabei zu völlig entgegengesetzten Antworten:

DEMOKRIT lehrte, alle Stoffe seien aus kleinsten Teilchen zusammengesetzt, er nannte sie Atome (griech. *atomos:* unteilbar).
ARISTOTELES dagegen behauptete, man könne Materie immer weiter teilen, ohne je auf kleinste Teilchen zu stoßen.
DEMOKRIT orientierte sich bei seiner Position an Stoffen, wie z.B. Sandstein, während ARISTOTELES sich auf das Wasser bezog.

In der Antike gab es keine Klärung dieser widersprüchlichen Positionen. Das lag unter Anderem daran, dass die Möglichkeit, ein Entscheidungsexperiment durchzuführen, der antiken Philosophie fremd war.
Über 2000 Jahre gab es in dieser Frage keinen Fortschritt, bis zu Beginn des 19. Jahrhunderts DALTON eine Atomvorstellung entwickelte.

DEMOKRIT

ARISTOTELES

Aufgaben

A1: Beschreibe mithilfe der modellhaften Vorstellung, die das Gerät aus ➠ *Bild 1* nahe legt, den Übergang von einem Festkörper zu einer Flüssigkeit bzw. von einer Flüssigkeit zu einem Gas. Gehe dabei auf die Bewegung des Stempels ein.

A2: Ein Gasgemisch besteht aus verschiedenen Gasen. Die enthaltenen Molekülarten können unterschiedliche Masse haben. Beschreibe die möglichen Beobachtungen in einem Modellgas aus zwei unterschiedlichen Molekülarten.

A3: Beschreibe anhand der Vorstellung von kleinsten Teilchen aus ➠ *Bild 3* die drei Zustandformen: fest – flüssig – gasförmig. Gehe dabei auf die Bewegungsmöglichkeiten ein.

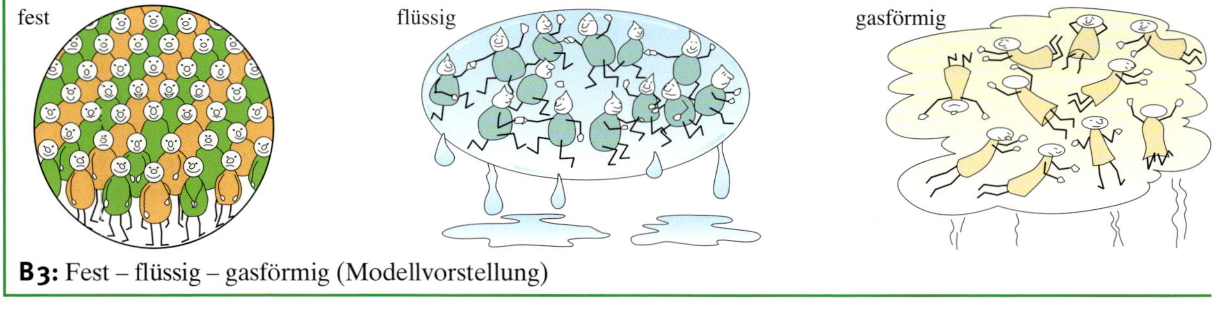

B3: Fest – flüssig – gasförmig (Modellvorstellung)

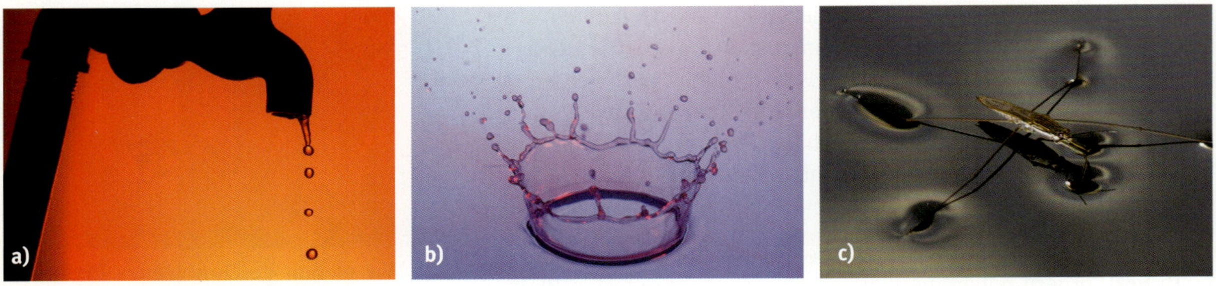

B1: a) Tropfen im Fallen **b)** Tropfen über der Wasseroberfläche **c)** Ein Insekt, das auf dem Wasser laufen kann

V1: Auf eine saubere Wasseroberfläche legen wir vorsichtig ein ebenes Stück von einem Drahtnetz, eine Nähnadel oder eine Rasierklinge. Diese Gegenstände gehen nicht unter. Erst, wenn wir sie unter die Wasseroberfläche drücken, sinken sie.

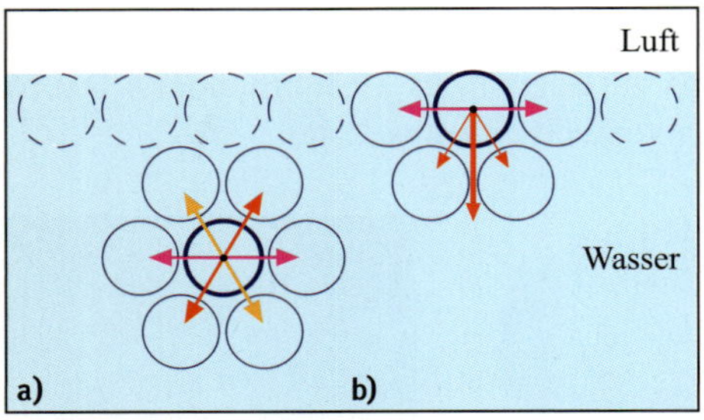

B2: a) Ersatzkraft für alle Kräfte: null
b) Der breite Pfeil stellt die Ersatzkraft dar.

V2: In einem waagerechten Ring ist eine Seifenhaut gespannt. Auf sie wurde eine (schon angefeuchtete) Fadenschlinge gelegt. Wenn man mit einer Nadel die Seifenhaut innerhalb der Schlinge verletzt, so zieht die äußere Seifenhaut die Schlinge zu einem Kreis auseinander.

Kohäsion und Adhäsion

1. Was Teilchen zusammenhält: Kohäsionskräfte

Weshalb fällt Wasser nicht wie Staub zu Boden, sondern bilden die Wasserteilchen Tropfen (➠ *Bild 1a*)? Warum formen sich Öl und flüssiges Fett auf der Suppe zu Fettaugen? Um diese Fragen zu beantworten, müssen wir etwas ausholen. – Die Form fester Körper können wir nicht ohne Weiteres verändern, aber die Teilchen einer Flüssigkeit lassen sich sehr leicht verschieben. Die Teilchen eines Gases verteilen sich sogar gleichmäßig im ganzen Raum. Zwischen den Molekülen eines festen Körpers, z. B. eines Eiswürfels, verursachen *Anziehungskräfte* den Zusammenhalt; man nennt sie **Kohäsionskräfte.** Diese Kohäsionskräfte sind beim Übergang zu einer Flüssigkeit kleiner, aber nicht völlig verschwunden. Sie sind für das eingangs beschriebene Verhalten von Wasser und Öl verantwortlich. Bei Gasen dagegen können die Kohäsionskräfte normalerweise nicht wahrgenommen werden.

2. Spannende Flüssigkeiten: Oberflächenspannung

Weder die Gegenstände in ➠ *Versuch 1*, noch das Insekt in ➠ *Bild 1c* gehen im Wasser unter, obwohl die Gegenstände aus Metall sind und auch keine Hohlräume wie Schiffe haben. Die Wasseroberfläche erscheint so, als hätte sie eine dünne, gespannte Haut. Eine Erklärung hierfür muss da zu finden sein, worin sich die Teilchen im Innern der Flüssigkeit von denen an der Oberfläche wesentlich unterscheiden: Die Teilchen im Innern erfahren in *allen* Richtungen von benachbarten Teilchen Kohäsionskräfte, und die gleichen sich gegenseitig völlig aus (➠ *Bild 2a*) – so ähnlich wie beim Tauziehen mit gleich starken Partnern. Aber bei den Oberflächenteilchen gleichen sich nur die Kräfte der benachbarten Oberflächenteilchen aus, und alle Kräfte – egal, ob mehr oder weniger schräg – von den tieferen Teilchen ergeben insgesamt eine Kraftwirkung nach unten (➠ *Bild 2b*). Die darunter liegenden Teilchen verhindern jedoch ein Absinken der Oberflächenteilchen und stemmen sich gegen sie – so ähnlich, wie sich belastete Polsterfedern verhalten. Zusätzlich aufgelegte Gegenstände wie in ➠ *Versuch 1* werden wie von einem eingedellten Trampolintuch getragen. Geraten diese aber ins Innere des Wassers, dann gibt es keine einseitige Kraft mehr, die sie tragen kann.

Die Kohäsionskräfte haben auch zur Folge, dass die Flüssigkeit eine Form mit möglichst kleiner Oberfläche annimmt – wie eine Haut, die sich möglichst eng zusammenzieht. Man spricht von **Oberflächenspannung**. In ➠ *Versuch 2* gibt sie der Seifenhaut die kleinstmögliche Form auf der Wasseroberfläche: Die Fadenschlinge wird zu einem Kreis. Die Kugelform der Tropfen und Seifenblasen im freien Raum ist ebenfalls eine Folge der Oberflächenspannung. ➠ *Versuch 3* zeigt, wie die Oberflächenspannung einer Seifenblase auf die eingeschlossene Luft drückt.

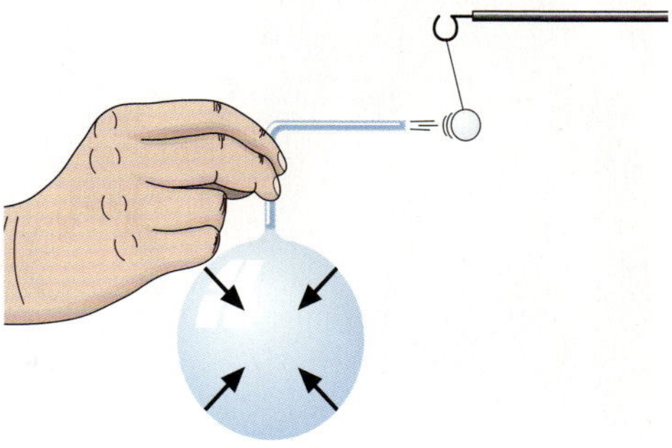

V3: Mit einem Glasröhrchen blasen wir Seifenlauge zu einer Seifenblase auf. Sie verkleinert sich, wenn wir die Öffnung freigeben, und presst die Luft heraus.

3. Was Teilchen anhänglich macht: Adhäsionskräfte

Der Wassertropfen in ➠ *Bild 3* löst sich trotz seiner Gewichtskraft nicht von der Glasplatte; er haftet und benetzt das Glas. Die Wassermoleküle werden von den Glasmolekülen stark angezogen. Diese Kräfte zwischen zwei *verschiedenen* Molekülarten nennt man **Adhäsionskräfte.** Adhäsion wie Kohäsion betreffen Molekularkräfte gleicher Art, sie können aber unterschiedlich groß sein. Wasser benetzt das Glas und haftet – das Auto braucht Scheibenwischer. Jedoch sind die Adhäsionskräfte zwischen Öl und Wasser viel kleiner als die Kohäsionskräfte zwischen den Wassermolekülen, daher perlt Wasser von eingefetteten Gegenständen ab. Hierauf beruht auch die wasserabweisende Wirkung des Vogelgefieders. Uns helfen auf ähnliche Weise Imprägnierungsmittel für Kleidung und Schuhe. – Fügt man aber dem Wasser ein Waschmittel zu, dann werden die Kohäsionskräfte kleiner, und die Oberflächenspannung wird stark herabgesetzt. Wasser, das auf diese Weise „entspannt" wurde, dringt aufgrund der Adhäsionskräfte zwischen die Schmutzteilchen und Textilfasern und löst beide voneinander. Bringen wir noch in ➠ *Versuch 1* auf die Wasseroberfläche einige Spülmitteltropfen! Dann ist der „Zauber" mit den nicht sinkenden Metallgegenständen sofort vorbei.

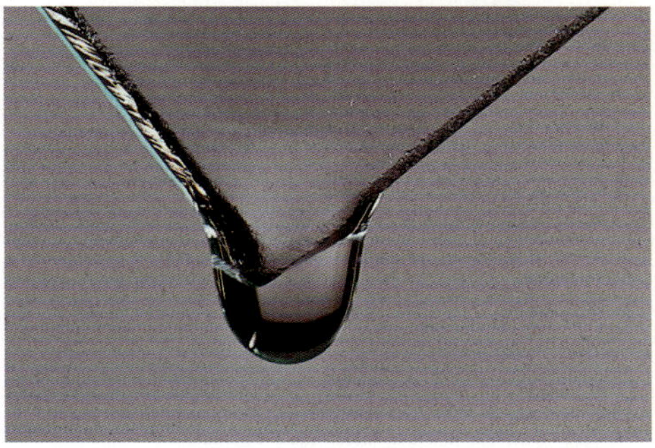

B3: Die Kohäsion im Wasser bildet den Tropfen; die Adhäsion hält ihn am Glas.

4. Je enger die Röhren, desto größer die Kapillarwirkung

Überraschend verhält sich Wasser in engen Röhren wie in ➠ *Bild 4:* Der Wasserstand ist unterschiedlich hoch. Zwischen Wasser und sauberem Glas bestehen nämlich starke Adhäsionskräfte. Diese ziehen die Wassermoleküle an die Wand und lassen sie sogar hochsteigen. Die Oberflächenspannung des Wassers hebt die Wasserteilchen auch in der Mitte des Röhrchens und verkleinert so die Oberfläche zur Luft. Je enger ein Röhrchen, umso weniger ist die Gewichtskraft des Wassers gegenüber diesen Molekularkräften von Bedeutung, und das Wasser steigt umso höher. Diese **Kapillarwirkung** lässt auch Wasser in Poren von Papier und Tüchern, in Kreide und in Würfelzucker hochsteigen. Durch die Kapillarwirkung wird die Wasserversorgung der Pflanzen ganz erheblich unterstützt (➠ *Bild 5*). Sehr unerwünscht ist sie dagegen im Mauerwerk, in welches das Wasser vom Erdboden durch Poren eindringt. Ganz wichtig sind daher Wassersperren durch Teeranstriche und Dachpappeschichten. Die Kapillarwirkung ist aber nicht auf Wasser beschränkt. Im Kerzendocht steigt flüssiges Wachs auf diese Weise nach oben und gelangt so zur Flamme.

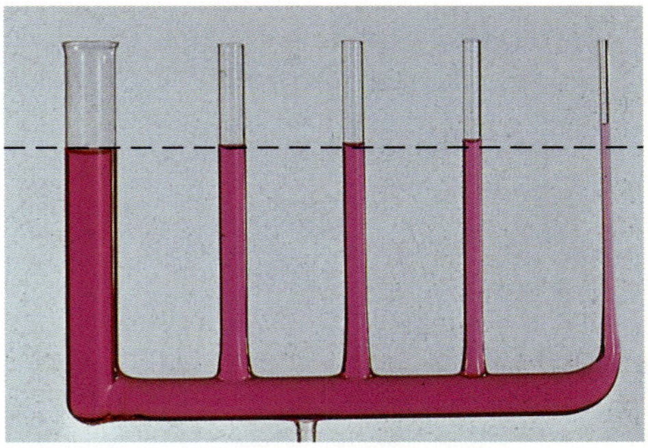

B4: Kapillarwirkung bei Wasser: In den engsten Röhren steht es am höchsten.

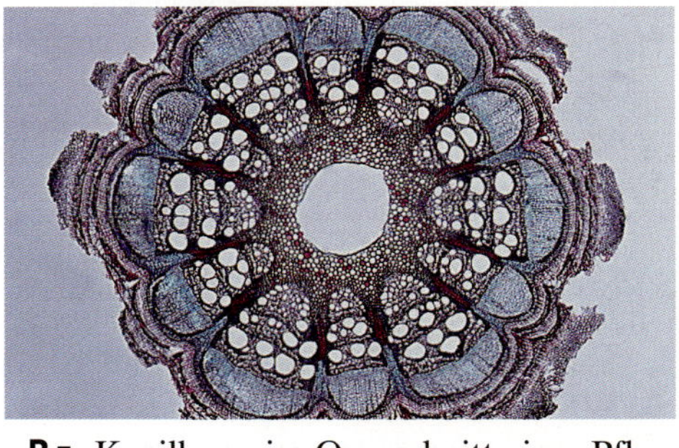

B5: Kapillaren im Querschnitt einer Pflanze – unentbehrlich zur Wasserversorgung

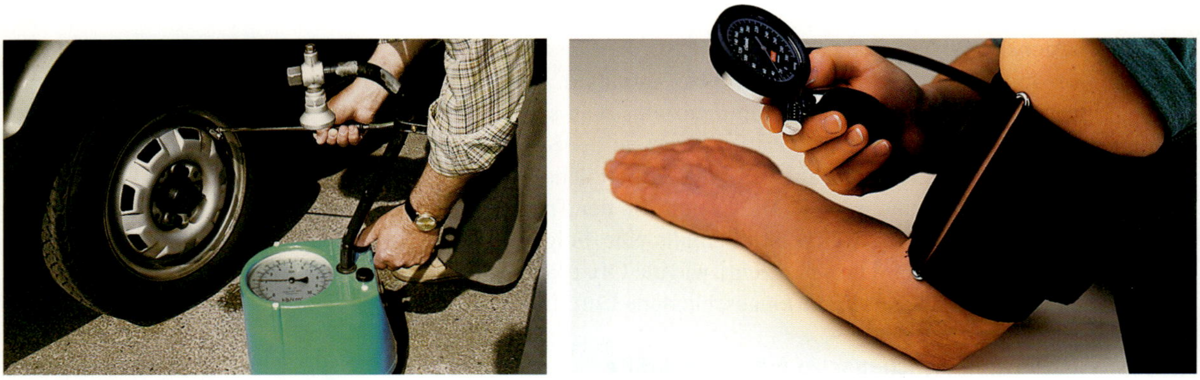

B1: Geräte zur Messung des Druckes heißen *Manometer.*

V1: Übe auf einen Holzklotz, einen Schaumstoffquader und auf eine Wasseroberfläche mit dem Finger eine Kraft aus. Der Versuch, auf eine Wasseroberfläche eine Kraft auszuüben, scheitert, weil das Wasser ausweicht: Man erfährt keine Gegenkraft.

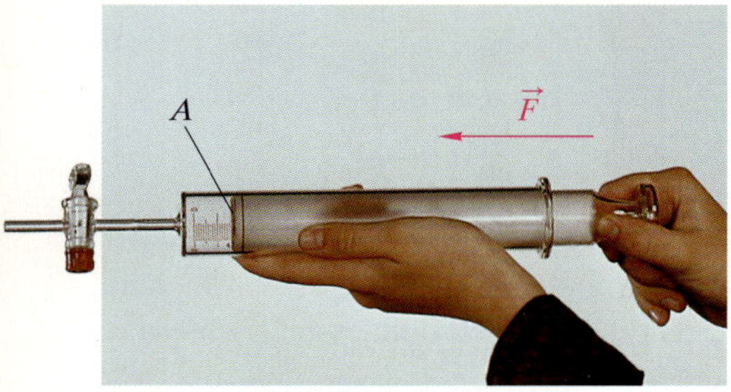

V2: Die Glasspritze ist mit Wasser gefüllt. Durch den Kolben kann man eine Kraft auf die eingeschlossene Wassermenge ausüben. Die Kraft $\vec{F}$ wirkt jetzt im Bereich der ganzen Kolbenfläche A auf das Wasser ein. Die Wirkung der Kraft bleibt gering. Das Wasser lässt sich nur minimal zusammendrücken. Ist der Zylinder mit Luft gefüllt, lässt sich jetzt der Kolben]mit der gleichen Kraft viel weiter hineinschieben.

Der Kolbendruck

1. Druck in Alltagssituationen

Phänomene, die durch Druck verursacht werden, begegnen uns täglich. Schon das allmorgendliche Füllen des Zahnputzbechers mit Wasser sollte uns an den Druck in der Wasserleitung erinnern. Dieser wird besonders anschaulich bei dem Versuch, den Wasserhahn mit dem Finger zuzuhalten. Die Fahrradfahrt zur Schule wird leichter, wenn der Reifendruck stimmt. Mit hohem Blutdruck steigt das Risiko für Herz-Kreislauf-Erkrankungen.

Diese Beispiele beziehen sich auf den Druckbegriff der Physik, im Alltag jedoch verwenden wir diesen Begriff z. T. in ganz anderen Zusammenhängen: Druck als erlebte Form des Stresses, z. B. bei Klassenarbeiten, oder im Sinne von einengenden Vorschriften durch Eltern und Schule; Linoldruck als künstlerische Form, Buch- bzw. Zeitungsdruck stehen für einen ganz anderen Aspekt des Begriffes. Diese Aufzählung muss unvollständig bleiben.

Der Fahrradreifen und der Blutkreislauf der Menschen haben als Gemeinsamkeit einen abgeschlossenen Behälter, der mit einer Flüssigkeit oder einem Gas gefüllt ist. An solchen Beispielen wollen wir den physikalischen Druckbegriff zunächst erarbeiten. Dazu müssen wir vorab einige Einschränkungen vornehmen:

Die folgenden Überlegungen beziehen sich nur auf Flüssigkeiten und Gase, die in Ruhe sind oder sich nur sehr langsam bewegen. Die Widerstandskräfte, die z. B. eine schnelle Schwimmerin im Wasser spürt oder die bei schnellen Bewegungen in der Luft erfahrbar sind, interessieren uns augenblicklich nicht.

Manche Türen in öffentlichen Gebäuden tragen den auffordernden Schriftzug „Drücken". Also drücken wir gegen die Tür, um sie zu öffnen. Diese Beschreibung ist physikalisch ungenau, denn wir üben eigentlich auf die Tür eine Kraft aus, die sie in Bewegung setzt. Was ist eigentlich der Unterschied zwischen Druck und Kraft? Dieser Frage wollen wir uns genauer widmen.

2. Druckzustand in Flüssigkeiten

Bei ➡ *Versuch 1* werden mit dem Finger auf verschiedene Körper Kräfte ausgeübt. Ein Holzklotz als fester Körper gibt die ausgeübte Kraft unmittelbar an seine Unterlage weiter. Verformungen sind nicht feststellbar. Eine Kraft auf den Schaumstoffkörper bewirkt eine Verformung. Eine Kraft auf eine Wasseroberfläche bewirkt dagegen wenig. Sogar Wasser in einer Glasspritze zeigt bei einer Kraft $\vec{F}$ auf die Kolbenfläche A kaum Wirkung (➡ *Versuch 2*), der Kolben bewegt sich nur wenig. Das Wasservolumen bleibt nahezu unverändert. Flüssigkeiten lassen sich bekanntlich (fast) nicht zusammendrücken. Hat denn die Kraft auf einen Kolben überhaupt keine Folgen?

Weitere Versuche geben auf diese Frage eine Auskunft. Der ➡ *Versuch 3* mit dem spritzenden Rundkolben zeigt, dass aufgrund der Kraft auf den Kolben vom Wasser Kräfte auf alle begrenzenden Wandflächen ausgeübt werden. Die Wände üben eine Gegenkraft auf die Wasserfläche aus. Wo diese Gegenkraft fehlt – an den Öffnungen –, fliegt das Wasser hinaus.

Aber nicht nur auf die Außenwände wirken solche Kräfte. Vielmehr wirkt auch im Inneren senkrecht zu jeder Fläche eine Kraft. Dies zeigt ➡ *Versuch 4* mit der luftgefüllten Gummiblase im Inneren eines wassergefüllten Rundkolbens.

Die Kraft auf den Kolben versetzt das Wasser in einen **Druckzustand**. Dieser sorgt dafür, dass auf jede Begrenzungsfläche und auf jede Fläche im Inneren eine Kraft wirkt. Diese steht immer senkrecht zur Fläche.

3. Das Teilchenmodell hilft weiter

Durch die Kraft des Kolbens wirkt auf alle inneren und äußeren Begrenzungsflächen eine Kraft, die vorher nicht da war. Um das zu verstehen, ziehen wir das Teilchenmodell für eine Flüssigkeit heran. Dazu stellen wir uns ein mit reibungsfreien kleinen Kugeln dicht gefülltes Gefäß vor. Die Kugeln stellen die leicht gegeneinander verschiebbaren Moleküle dar.

Das ➡ *Bild 2* veranschaulicht dies an einem noch etwas weiter vereinfachten Modell mit Münzen. Der rechte Kolben übt (auf die Münzen) eine Kraft nach links aus. Jede Münze versucht, sich zwischen andere zu schieben und sie zur Seite zu drängen. So setzt sich die Wirkung der Kolbenkraft in alle Richtungen durch die Modellflüssigkeit fort. Die drei anderen Kolben werden nach außen bewegt.

Durch die Kolbenkraft wird die Flüssigkeit in einen besonderen Zustand versetzt. Man sagt, es herrsche in ihr ein Druckzustand oder kurz ein **Druck**. Als Folge davon wirkt aufgrund der leichten Verschiebbarkeit der Moleküle auf *jede* Begrenzungsfläche eine Kraft.

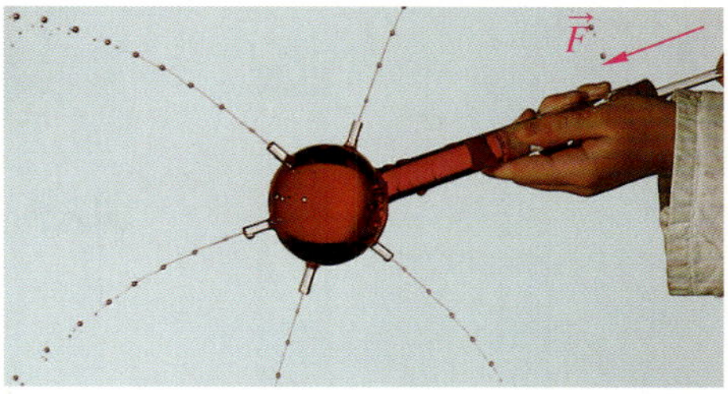

V3: Ein Rundkolben, der in der Wand mehrere Löcher hat, wird mit Wasser gefüllt. Übt man mit dem Kolben eine Kraft auf das Wasser aus, so spritzt es in alle Richtungen, sogar nach hinten. Wie lässt sich diese Beobachtung erklären? Durch die Kraft auf den Kolben übt das Wasser auf alle begrenzenden Wandflächen Kräfte aus. Wo die Wandflächen fehlen, spritzt das Wasser heraus.

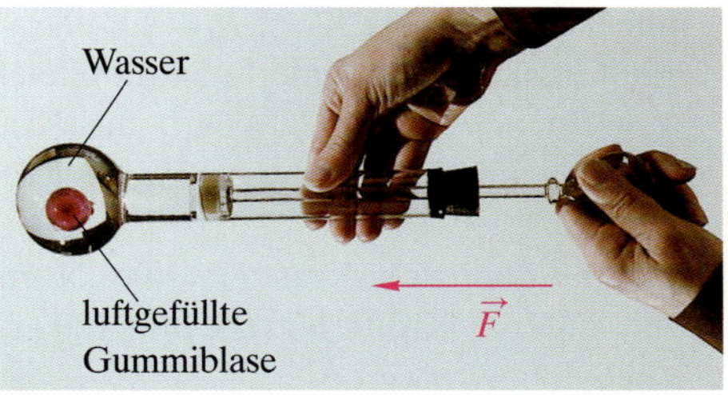

V4: Der Rundkolben enthält neben Wasser auch eine luftgefüllte Gummiblase. Nun wird der Kolben vorsichtig nach links geschoben. Die Luft in der Gummiblase wird zusammengedrückt. Die Gummiblase wird deshalb kleiner, bleibt aber rund. Dies zeigt, dass auf allen Seiten Kräfte entstanden sind, die jeweils senkrecht auf die Blasenhaut einwirken. Wiederholt man diesen Versuch mit einem luftgefüllten Rundkolben, so wird die Luftblase nur leicht zusammengedrückt.

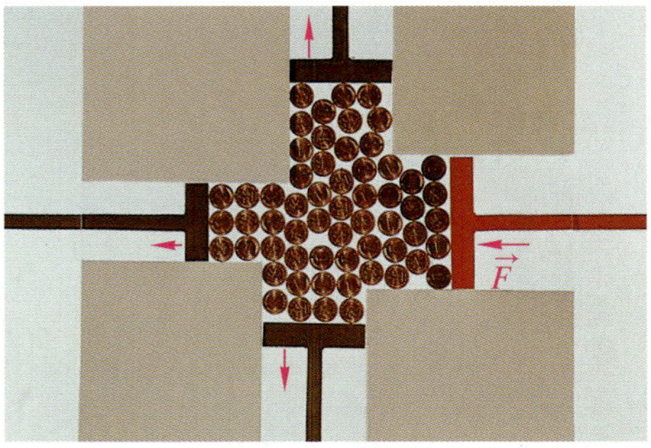

B2: Die Münzen drücken sich nach allen Seiten weg, wenn auf den rechten Kolben eine Kraft wirkt.

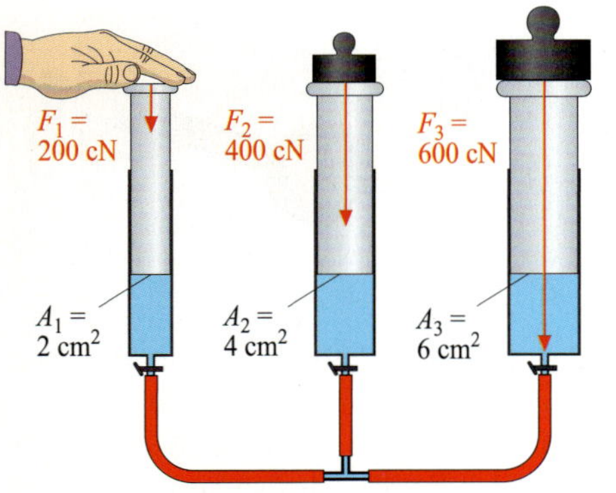

V1: Wird auf einen Kolben eine Kraft ausgeübt, so heben sich die anderen. Gleichgewicht herrscht erst, wenn auch die anderen Kolben mit passend großen Kräften auf die Flüssigkeit einwirken.
Drückt Kolben 1 mit der Querschnittsfläche 2 cm² mit der Kraft $F_1 = 200$ cN auf die Flüssigkeit, so findet man im Gleichgewicht am Kolben 2 (4 cm²) die Kraft 400 cN, am Kolben 3 (6 cm²) die Kraft 600 cN.
Bei der doppelten Kraft $F_1 = 400$ cN sind die anderen Kräfte 800 cN und 1200 cN auch doppelt so groß.

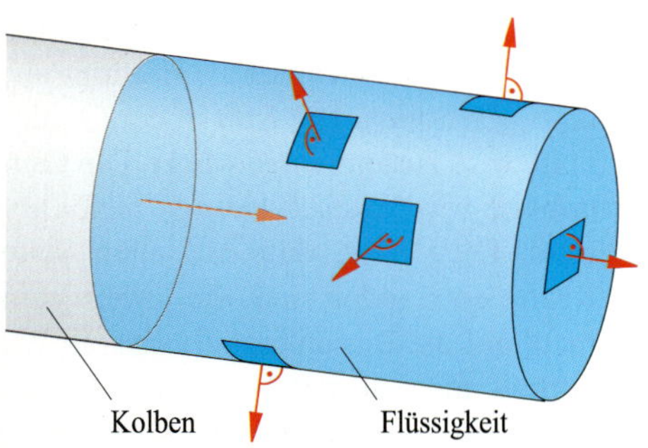

B1: Besteht Druck, so wirken auf die Wandflächen Kräfte ein. Diese stehen senkrecht auf den Wandflächen.

4. Der Druck und seine Messung

Im ➠ *Versuch 1* wird die Flüssigkeit durch die Kraft F_1 auf Kolben 1 unter Druck gesetzt. Dann wirkt sie selbst auf die Gefäßwände mit Kräften ein. Der Versuch lehrt uns zweierlei:

a) Wir beobachten: Am Kolben mit doppelter bzw. dreifacher Querschnittsfläche A wirkt die Flüssigkeit mit der doppelten, bzw. dreifachen Kraft F.
Wir schließen: Die auf die Fläche A wirkende Kraft F ist der Größe der Fläche A *proportional*. Der Quotient F/A ist also konstant.

b) Nun erhöht man die Kraft F_1 am Kolben 1, der den Druck erzeugt. Dann muss man bei den anderen Kolben die Kräfte entsprechend vergrößern, um Kräftegleichgewicht zu erzeugen. Der Quotient F/A wird dann größer, ist aber wieder bei allen Kolben gleich. Die Flüssigkeit steht nun unter einem größeren Druck; sie wirkt mit stärkeren Kräften auf die Gefäßwände.

Es ist daher sinnvoll, die physikalische Größe **Druck *p*** mit dem Quotienten aus F und A zu definieren:

$$p = F/A \quad \text{mit der Maßeinheit } 1\ \text{N/m}^2 = 1\ \text{Pa}.$$

Pa ist die Abkürzung für Pascal (Blaise PASCAL, franz. Physiker, 17. Jahrhundert). Hier bezeichnet p nicht den Impuls, sondern steht für den Druck (**p**ressure).

Merksatz

Wirkt eine Flüssigkeit (oder ein Gas) auf eine Wandfläche A mit der Kraft vom Betrag F, so sagen wir, es herrscht dort der Druck p. Für ihn gilt:

$$p = F/A \quad \text{mit der Einheit } 1\ \text{Pa} = 1\ \text{N/m}^2$$

Kennt man in einer Flüssigkeit oder in einem Gas den Druck p, so kann man die Kraft F auf eine bekannte Fläche A berechnen:

$$F = p \cdot A.$$

Der Druck 1 Pa ist ein kleiner Druck. Große Drücke, etwa im Autoreifen, gibt man in Bar an: **1 bar = 100 000 Pa.**

Interessantes

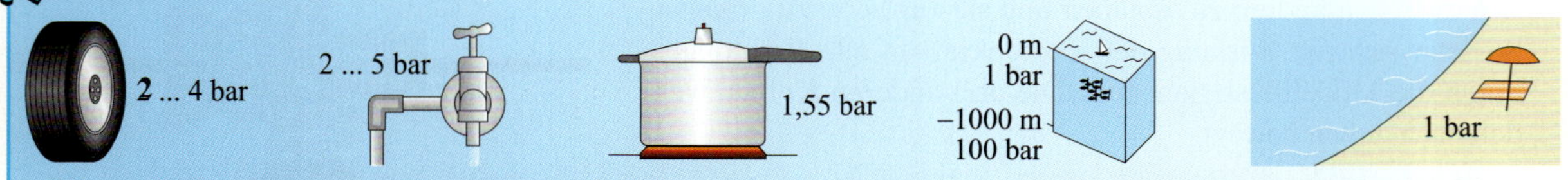

Die meisten **Manometer** (Druckmesser) geben den **Überdruck** gegenüber dem äußeren Luftdruck an. Zeigt der Luftdruckprüfer beim Autoreifen 2 bar an, bedeutet das: Im Reifen ist der Druck um 2 bar größer als der Luftdruck von ca. 1 bar in der Umgebung, der absolute Reifendruck beträgt also 3 bar. Unser Körper ist dem Luftdruck von etwa 1 bar ausgesetzt. Davon merken wir aber nichts, weil auch das Innere unseres Körpers (auch die Lunge) unter dem gleichen Druck steht.

Interessantes

A. Blutdruckmessung

„Der Blutdruck beträgt 140 zu 90." Was ist mit dieser Aussage gemeint?

In der medizinischen Praxis wird der Druck noch in mmHg (Millimeter Quecksilbersäule) gemessen. Es gilt: 1 mmHg = 133,322 Pa. Der Blutdruck wird nun durch die Werte 140 mmHg und 90 mmHg beschrieben.

Um die Bedeutung dieser beiden Werte zu verstehen, ist ein kleiner Ausflug in die Medizin erforderlich. Wenn sich die Herzkammern zusammenziehen und entleeren (*Systole*) wird das Blut durch den raschen Druckanstieg weitertransportiert. Es entsteht eine Art Druckwelle, die wir als Pulsschlag an vielen Körperstellen ertasten können.

Wenn der Herzmuskel sich entspannt (*Diastole*), strömt Blut in die Herzkammer nach.

Der Wert 140 mmHg bezeichnet den *systolischen* und 90 mmHg den *diastolischen* Wert des Blutdrucks (jeweils am Arm gemessen).

Medizinisches Personal verzichtet oft auf moderne elektronische Blutdruckmessgeräte und verwendet den Messapparat mit Gummimanschette und Quecksilbermanometer, der vom italienischen Kinderarzt Scipione RIVA-ROCCI (1863–1937) erfunden wurde.

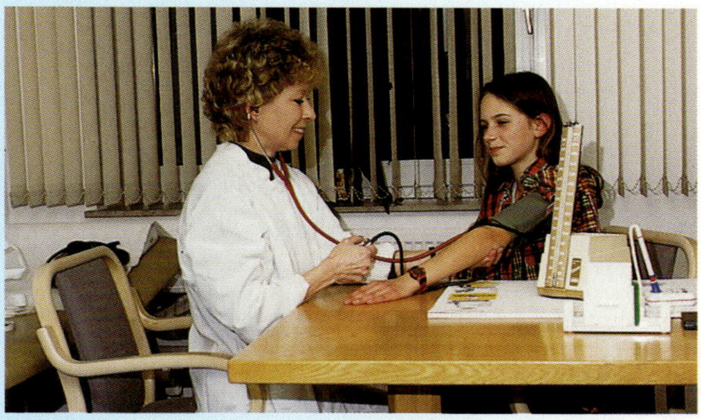

Wie wird der Blutdruck korrekt gemessen? Der Blutdruck sollte immer in Ruhe, z. B. nach längerem Sitzen, gemessen werden. Der Ellenbogen soll sich dabei in gleicher Höhe mit dem Herzen befinden. Die Armmanschette des Messgerätes wird einige Zentimeter oberhalb der Ellenbeuge um den Oberarm gelegt. Die Manschette wird zügig aufgepumpt bis zu einem Wert etwa 30 mmHg oberhalb des zu erwartenden systolischen Wertes. Durch die Arterie des Armes fließt nun kein Blut mehr. Ein Stethoskop wird in die Ellenbeuge gelegt und die Luft langsam abgelassen. Beim ersten hörbaren Pulsgeräusch wird der systolische Wert abgelesen, beim Verschwinden des Geräusches wird der diastolische Wert bestimmt. Dieser lässt insbesondere Rückschlüsse auf die Elastizität der Gefäße zu.

B. Überprüfung eines Druckmessgerätes

Das rechte Foto zeigt den Versuchsaufbau: Eine vertikal eingespannte Glasspritze mit einem Dreiwegehahn ist über einen Schlauch mit einem Differenzdruckmessgerät verbunden. Ohne Kolben zeigt das Messgerät 0,0 hPa an. Nun werden mit dem Kolben, auf dem sich ein Wägestückteller befindet, nach und nach 50 g-Wägestücke aufgelegt. Damit steigt F und die zugehörigen Druckwerte werden von der Anzeige abgelesen. Die Messwerte sind im F-p-Diagramm als Kreise dargestellt. Aus der Kolbenquerschnittsfläche A und den bekannten Kraftbeträgen F können wir nach der Definition $p = F/A$ die Druckwerte berechnen; das Ergebnis dieser Rechnungen (rote Linie im Diagramm) stimmt gut mit den Messwerten überein. Das Differenzdruckmessgerät ist somit ein geeignetes Instrument zur Druckbestimmung.

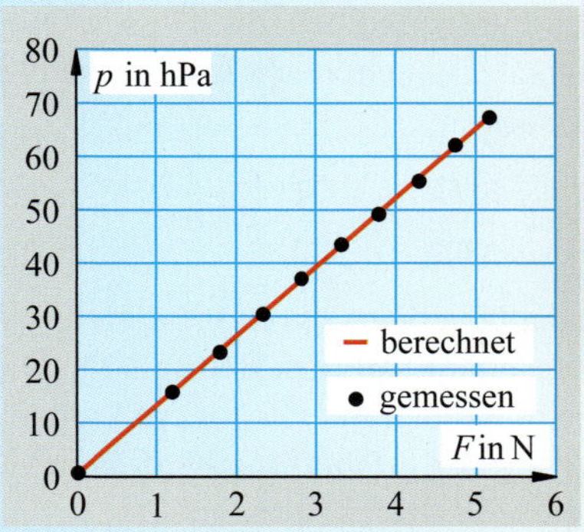

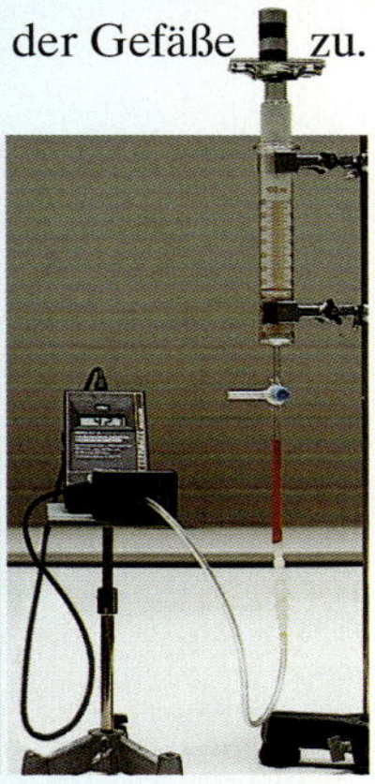

Aufgaben

A1: In einer Wasserleitung herrscht ein Druck von 3 bar. Welche Kraft braucht man, um die Öffnung eines Wasserhahns ($A = 1{,}4\ cm^2$) zuzuhalten?

A2: Die Scheibenbremsen eines Autos sollen mit $F = 10$ kN angepresst werden. Der Druck in der Bremsleitung erreicht 200 bar. Welche Fläche muss der Bremskolben haben?

A3: Erdgasleitungen werden mit einer Wandstärke von 2 cm für einen Betriebsdruck bis zu 170 bar ausgelegt. Welche Kraft wirkt in der Leitung auf eine Begrenzungsfläche von $2\ cm^2$?

A4: In ➠ *Versuch 1* sollen links 3 N statt 2 N wirken. Welcher Druck herrscht dann in der Flüssigkeit?

Interessantes

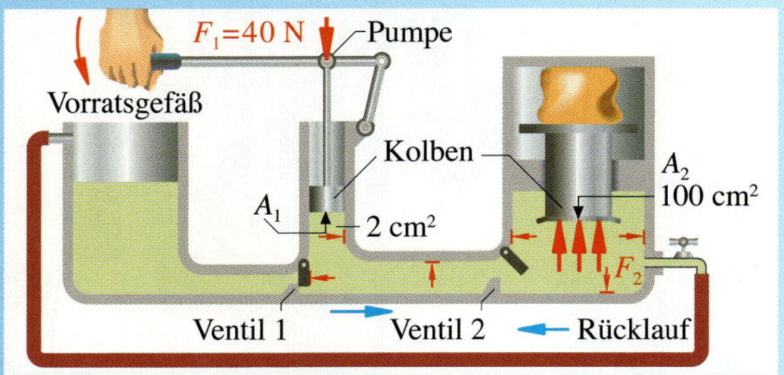

B1: Hydraulische Presse

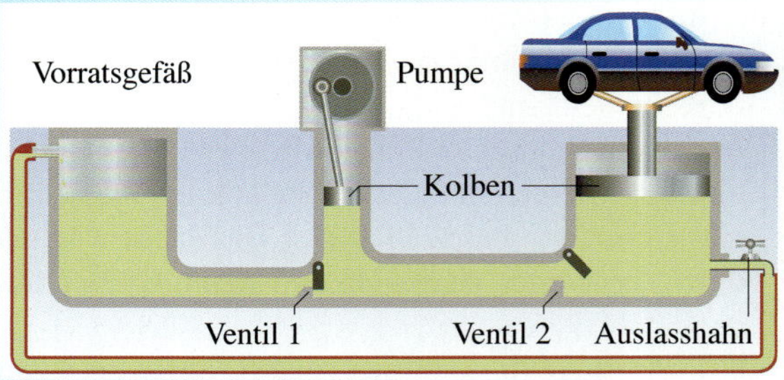

B2: Hebebühne für Kraftfahrzeuge

A. Hydraulische Presse

Im ➠ *Bild 1* ist das Schema einer mit Flüssigkeit gefüllten hydraulischen Presse dargestellt. Senkt man den Kolben mit kleiner Fläche (links), so wird Ventil 1 geschlossen und Ventil 2 geöffnet; das Hydrauliköl fließt in den rechten Zylinder. Es bleibt dort, weil das Ventil 2 ein Zurückfließen verhindert.

Beim Heben des Kolbens dagegen stehen die Ventile anders; dann fließt neues Öl aus dem Vorratsgefäß durch Ventil 1 in den Zylinder, da die Flüssigkeitssäule im Vorratsgefäß höher ist. Der Vorgang kann nun wiederholt werden und mit jedem Senken fließt eine bestimmte Ölmenge in den rechten Zylinder.

Die Hand übt mithilfe des Hebels eine Kraft mit $F_1 = 40$ N auf den Pumpenkolben aus. Dessen Querschnitt ist $A_1 = 2\ \text{cm}^2$. Dann herrscht in der gesamten Flüssigkeit der Druck

$$p = \frac{F_1}{A_1} = \frac{40\ \text{N}}{2\ \text{cm}^2} = 20\ \frac{\text{N}}{\text{cm}^2} = 2\ \text{bar}.$$

Damit erfährt jeder beliebige Quadratzentimeter der Begrenzungsfläche eine Kraft vom Betrag 20 N. Dieses nutzt man beim Kolben mit der Querschnittsfläche $A_2 = 100\ \text{cm}^2$ aus. Er erfährt eine Kraft vom viel größeren Betrag

$$F_2 = p \cdot A_2 = 20\ \frac{\text{N}}{\text{cm}^2} \cdot 100\ \text{cm} = 2000\ \text{N}.$$

F_1 wurde im Verhältnis 50 : 1, d. h. im Verhältnis der beiden Kolbenflächen verstärkt.
Hydraulische Pressen werden z. B. im Karosseriebau oder bei der Münzprägung eingesetzt.

B. Hydraulische Hebebühne

In fast jeder Kraftfahrzeugwerkstatt werden hydraulische Hebebühnen benutzt. Das Heben aller Fahrzeuge wird dadurch sehr erleichtert. Die Hebebühne unterscheidet sich von einer hydraulischen Presse prinzipiell nur wenig: Entfernt man nämlich die oberste Abdeckung über dem Kolben mit der großen Fläche, so wird aus der Presse eine hydraulische Hebebühne ➠ *Bild 2*. Mit kleiner Kraft werden so schwere Lasten gehoben. Der Antrieb des Pumpkolbens erfolgt natürlich nicht von Hand, sondern durch einen Motor.

Beispielaufgabe

Die Hebebühne trage eine Last mit der Gewichtskraft 12 000 N. Der Kolben mit der Querschnittsfläche $A_2 = 200\ \text{cm}^2$ soll etwa um $s_2 = 2$ m gehoben werden. **a)** Welches Flüssigkeitsvolumen muss dazu aus dem Vorratsgefäß in den rechten Zylinder gepumpt werden? **b)** Wie oft muss man dazu einen Kolben mit der Fläche $A_1 = 4\ \text{cm}^2$ um $s_1 = 20$ cm herunterdrücken? **c)** Welche Kraft muss man bei jedem Senken des Kolbens mit der kleinen Fläche aufbringen? **d)** Welcher Druck p herrscht dabei in der Flüssigkeit?

Lösungen:

a) Hierzu muss man unter den Kolben mit der großen Fläche Flüssigkeit vom Volumen

$$V_2 = A_2 \cdot s_2 = 200\ \text{cm}^2 \cdot 200\ \text{cm} = \mathbf{40\,000\ cm^3}$$

aus dem Vorratsgefäß pumpen.

b) Senkt man den Kolben mit $A_1 = 4\ \text{cm}^2$ um $s_1 = 20$ cm, so schließt sich Ventil 1 und nur das Volumen $V_1 = A_1 \cdot s_1 = 4\ \text{cm}^2 \cdot 20\ \text{cm} = 80\ \text{cm}^3$ an Flüssigkeit wird nach rechts gepumpt. Damit der Kolben mit der großen Fläche sich um $s_2 = 2$ m hebt, muss man den anderen Kolben **500-mal** heben und senken, denn dabei werden die gewünschten $500 \cdot 80\ \text{cm}^3 = 40\,000\ \text{cm}^3$ Öl nach rechts geschafft.

c) Das Verhältnis der Flächen A_1 und A_2 beträgt 1 : 50; auf den kleinen Kolben muss deshalb die Kraft

$$F_1 = 12\,000\ \text{N} : 50 = \mathbf{240\ N}$$

ausgeübt werden.

d) Der Druck $p = F/A$ beträgt

$$p = 240\ \text{N}/4\ \text{cm}^2 = 12\,000\ \text{N}/200\ \text{cm}^2 = \mathbf{6\ bar}.$$

Interessantes

C. Bremsen mit Flüssigkeiten und Gasen

Das *Bild 3* zeigt schematisch die Arbeitsweise einer *Scheibenbremse* unter Verzicht auf Bremskraftverstärkung.

Das Bremspedal wird mit zunehmender Kraft heruntergedrückt. Diese wird auf den Kolben am *Hauptbremszylinder* übertragen, was einen höheren Druck in der Bremsflüssigkeit bewirkt. Dieser erhöhte Druck herrscht im gesamten Bremsleitungssystem, also insbesondere auch an den *Radbremszylindern* aller vier Räder. Die Radbremszylinder haben große Flächen, auf die Bremsbeläge geklebt sind. Diese werden mit großer Kraft von beiden Seiten gegen die Bremsscheibe gepresst und reduzieren so schnell deren Umdrehungszahl.

Der überall gleiche Druck in der Bremsflüssigkeit sorgt dafür, dass alle vier Räder gleich stark gebremst werden. Wäre dies nicht der Fall, bestünde Schleudergefahr. Wird allerdings nur eine Bremsleitung leck, versagen alle vier Bremsen gleichzeitig.

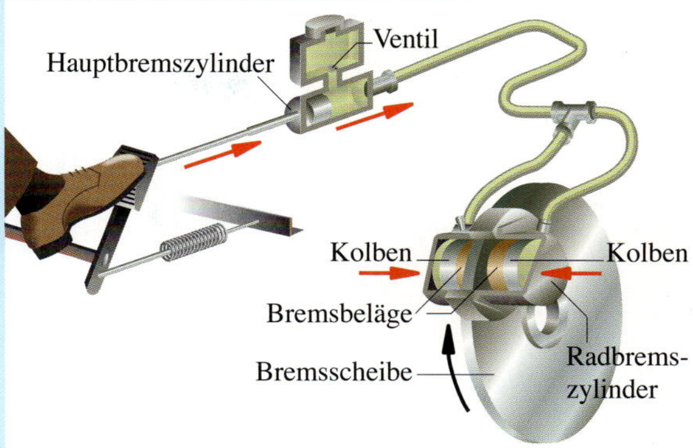

B3: Scheibenbremse (schematisch)

Deshalb werden zwei getrennte Bremskreise eingebaut (*Zweikreissystem*); diese wirken auf diagonal gegenüber liegende Räder.

Bei der *Druckluftbremse*, die bei allen schweren Lkw verwendet wird, geschieht die Druckübertragung nicht durch Flüssigkeit, sondern durch Pressluft.

D. ABS und ESP

In den aktuellen Prospekten der Automobilhersteller findet man häufig Abkürzungen aus drei Buchstaben: ABS, ESP oder EBS.

Wir können die Begriffe hier nicht ausführlich erklären, wohl aber etwas erläutern.

Bei einer Vollbremsung blockieren die Räder. Ein Sensor des ABS (**A**nti**b**lockier**s**ystem) erfasst dies und steuert den Bremskraftverstärker so, dass die Bremsen sich für einen Augenblick lockern. Der Wagen rollt und kann gelenkt werden. Gleich darauf packen die Bremsen wieder zu. Dieser Vorgang wiederholt sich automatisch etwa 15-mal je Sekunde.

ESP ist die Abkürzung für **E**lektronisches **S**tabilitäts**p**rogramm. Es soll dem Fahrer auch in kritischen Situationen die Kontrolle über sein Fahrzeug geben. In diesem Programm werden die tatsächlichen Bewegungen des Fahrzeugs erfasst und mit der Stellung des Lenkrades verglichen. Dieses geschieht 150-mal pro Sekunde. Das Ergebnis dieses Vergleiches führt zu exakten Befehlen für Bremsen und Motor, sodass das Fahrzeug stabil durch jede Kurve fährt.

EBS bedeutet **e**lektronisches **B**rems**s**ystem. Damit wird der Bremsdruck elektronisch für jedes Rad z. B. an den jeweiligen Reifenuntergrund angepasst.

Aufgaben

A1: Der kleine Kolben einer hydraulischen Presse hat 12,5 cm^2 Querschnittsfläche. Wirkt auf ihn die Kraft 1500 N, erfährt der große Kolben die Kraft 48 kN. Welcher Druck herrscht? Welchen Querschnitt hat der zweite Kolben?

A2: Der kleine Kolben einer hydraulischen Hebebühne hat 5 cm^2 Querschnitt, der zweite Kolben 500 cm^2. **a)** Welche Kraft ist am ersten Kolben nötig, um einen Pkw ($m = 1400$ kg) zu heben? **b)** Wie viel Flüssigkeit muss man zum zweiten Kolben pumpen, damit dieser sich um 1 m hebt? **c)** Wie oft muss sich dann der erste Kolben jeweils um 10 cm senken?

A3: Mit dem Druck in der Wasserleitung (2,5 bar) soll ein Wagen ($m = 5$ t) um 2 m gehoben werden. Welchen Querschnitt muss der Kolben haben?

A4: Jemand sagt: „Pressluft überträgt eine bestimmte Kraft." Diese Aussage ist so nicht richtig. Welche Formulierung wäre korrekt?

A5: Bei einer hydraulischen Hebebühne beträgt das Verhältnis der Kolbenflächen 1 : 60. Welche Masse darf ein Pkw höchstens haben, den du damit durch Muskelkraft heben kannst?

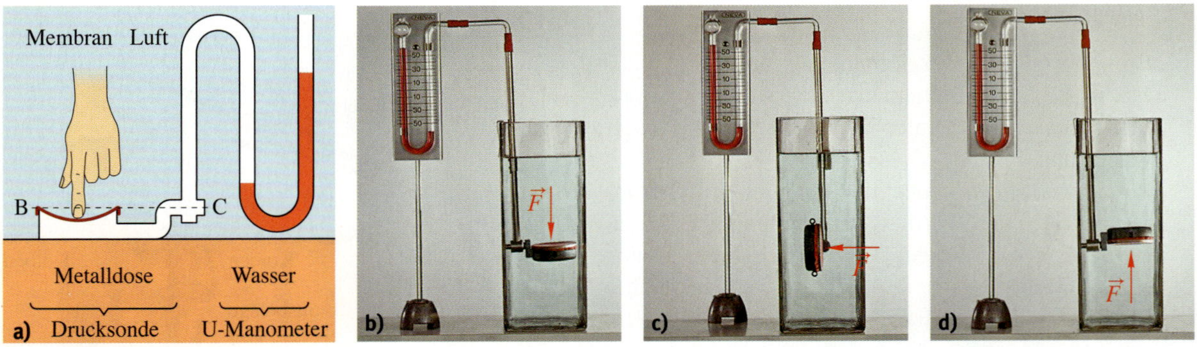

B 1: a) Das Wasser „drückt" auf den Daumen. **b)** Wassersäule als drückender Kolben **c)** Die Erde von oben

V 1: Wir üben, wie im ➡ *Bild 1 a* dargestellt, mit dem Finger eine Kraft senkrecht auf die Membran einer Drucksonde aus. Sie wird eingedrückt und verdrängt so Luft aus der Dose. Dadurch ändert sich der Stand des Wassers im U-Rohr. Je größer die ausgeübte Kraft ist, desto stärker ändert sich der Stand des Wassers im U-Rohr.

V 2: a) Wir tauchen die Sonde mit der Membran nach oben in Wasser (➡ *Bild 1 b*). Am Wasser im U-Rohr ist zu erkennen, dass die Membran eine mit der Tiefe zunehmende Kraft erfährt. **b)** In einer bestimmten Tiefe wird die Dose um die horizontale Achse BC gedreht (➡ *Bilder 1 c, 1 d*). Somit verändern wir die Stellung der Gummimembran. Dabei bleibt die Anzeige im U-Rohr gleich. Wenn wir die Membran sehr genau beobachten, stellen wir fest, dass die Kraft in jeder Stellung senkrecht zur Membran wirkt. **c)** Tauchen wir die Sonde in Spiritus, so wirkt in gleicher Tiefe eine kleinere Kraft auf die Membran als im Wasser.

V 3: Wir senken ein unten offenes Glasrohr in einen mit Wasser gefüllten Glaszylinder (➡ *Bild 2 b*). Die Öffnung liegt 30 cm unter der Wasseroberfläche. Mit einer Kolbenspritze drücken wir Luft in das Rohr und verdrängen so das Wasser aus dem Rohr. Dabei steigt der Druck in der Luft, wie ein empfindliches Manometer anzeigt. Wenn die ersten Blasen aufsteigen, ist der Druck der Luft so groß wie der Druck im Wasser an der Rohröffnung. Das Manometer zeigt dann 30 hPa.

Der Schweredruck

1. Druck am künstlichen Trommelfell

Beim Tauchen im Schwimmbad spürst du eine Kraft am Trommelfell. Sie nimmt mit der Tiefe rasch zu. Zu Recht sagst du, dass du einen starken „Druck" spürst. So haben wir den Druck ja kennen gelernt: Auf jede Grenzfläche wirkt eine zu ihr senkrecht stehende Kraft. Das Trommelfell ist eine solche Grenzfläche.

Welche Gesetzmäßigkeiten gelten für den Druck im Wasser? Woher kommt diesmal der Druck? Anders als bisher übt ja kein Kolben eine Kraft auf das Wasser aus.

Wir gehen zunächst der ersten Frage nach und untersuchen den Druck mit einem Messgerät (➡ *Versuch 1*), das als *Drucksonde* ein künstliches Trommelfell besitzt. Diese Grenzfläche kann man in alle Richtungen drehen.
Im ➡ *Versuch 2* wird die Drucksonde mit der Membran nach oben ins Wasser getaucht. Die Membran erfährt mit zunehmender Tiefe eine zunehmende Kraft.
Diese Kraft bleibt gleich groß, wenn die Stellung der Membran in gleicher Tiefe verändert wird; die Anzeige des Gerätes bleibt dabei gleich. Beobachten wir die Verformung der Membran sehr genau, zeigt sich, dass die Kraft in jeder Stellung senkrecht zur Membran wirkt. Dies ist eine weitere Bestätigung dafür, dass wir im Wasser einen Druckzustand nachgewiesen haben.

Einen solchen Druckzustand finden wir auch in anderen Flüssigkeiten. Allerdings ist der Druck in gleicher Tiefe bei unterschiedlichen Flüssigkeiten im Allgemeinen verschieden groß (➡ *Versuch 2 c*).

Merksatz

Im Wasser herrscht ein Druck. Er zeigt sich an jeder Grenzfläche durch auf sie senkrecht wirkende Kräfte. Es gilt:
- In gleicher Tiefe ist der Druck überall gleich groß.
- Je größer die Tiefe, desto größer der Druck.

2. Wie groß ist der Druck *p* in der Tiefe *h*?

Die ➠ *Versuche 2* lassen vermuten, dass der Druck p in der Tiefe h unter der Oberfläche von der Gewichtskraft der darüber lastenden Flüssigkeit herrührt. Mit dieser Annahme lässt sich der Druck p sogar berechnen.

➠ *Bild 2a* zeigt eine Flüssigkeit in einem Glaszylinder. Wir stellen uns die über der Fläche A in der Tiefe h lastende Flüssigkeitsmenge als Kolben vor. Dessen Volumen ist $V = A \cdot h$. Hat die Flüssigkeit die Dichte ϱ, so hat der Kolben die Masse $m = \varrho \cdot V$ und erfährt die Gewichtskraft $G = m \cdot g = \varrho \cdot A \cdot h \cdot g$. Diese Gewichtskraft wirkt als Kraft auf die Fläche A und erzeugt dort den Druck p:

$$p = \frac{F}{A} = \frac{G}{A} = \frac{A \cdot h \cdot g \cdot \varrho}{A} = h \cdot g \cdot \varrho.$$

A ist entfallen; dies zeigt, dass der Druck p von der Querschnittsfläche A des Gefäßes unabhängig ist.

Die Gleichung für den Druck enthält den Ortsfaktor $g = 9{,}8$ N/kg; für einzelne Berechnungen ist es bequemer, dafür andere Einheiten zu wählen:

$$g = \frac{9{,}8\,\text{N}}{1\,\text{kg}} = \frac{980\,\text{cN}}{1000\,\text{g}} = 0{,}98\,\frac{\text{cN}}{\text{g}} \approx 1\,\frac{\text{cN}}{\text{g}}.$$

Im ➠ *Versuch 3* haben wir in 30 cm Wassertiefe für den Druck den Wert 30 hPa gemessen. Im ➠ *Beispiel, rechts* kommen wir rechnerisch auf genau denselben Wert. Die Berechnungen zu unserer Annahme und die experimentellen Ergebnisse stimmen also überzeugend überein. Die Druckzustände in einer Flüssigkeit werden demnach von deren Gewichtskraft verursacht. Wir nennen den Druck daher **Schweredruck** oder **hydrostatischen Druck**.

Unsere Überlegungen zum Druck belegen auch, dass bei gleichbleibender Tiefe Kraft und Fläche proportional sind. Denn es gilt $F = G = A \cdot h \cdot g \cdot \varrho$.

3. Die Gewichtskraft wird „umgelenkt“

Auf alle Flüssigkeitsteilchen wirken Gewichtskräfte nach unten. Warum aber üben dann z. B. die an der vertikalen Membran liegenden Teilchen auf diese Membran eine Kraft nach links aus (➠ *Bild 1 c*)? Jedes der leicht verschiebbaren Teilchen versucht, sich zwischen andere zu klemmen und sie dorthin zu schieben, wo es möglich ist. So entsteht z. B. eine Kraft nach links. Mit diesem Ansatz können wir auch erklären, warum eine nach unten weisende Membran eine Kraft nach oben erfährt.

Die Gewichtskräfte in Höhe der Membran tragen dazu bei, dass der Druck nach unten hin größer wird, nicht jedoch in horizontaler Richtung.

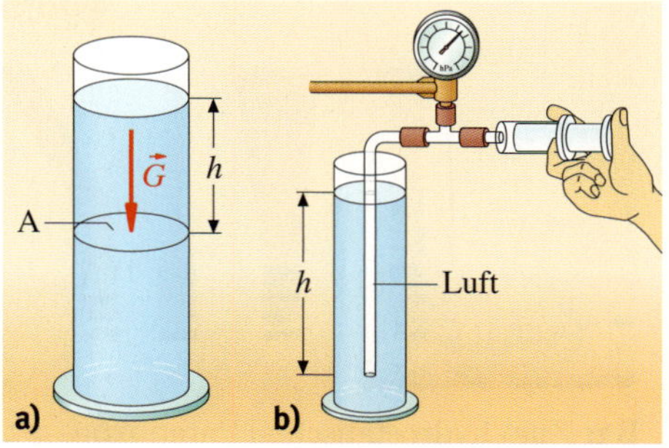

B 2: a) Wassersäule als „Kolben“
b) Aufbau von ➠ *Versuch 3*

Beispiel

Wie groß ist der Druck am Boden eines zylindrischen Gefäßes, das bis zur Höhe $h = 30$ cm mit Wasser gefüllt ist?

Lösung:

$$\boldsymbol{p} = h \cdot g \cdot \varrho$$
$$= 30\,\text{cm} \cdot 1\,\frac{\text{cN}}{\text{g}} \cdot 1\,\frac{\text{g}}{\text{cm}^3} = 30\,\frac{\text{cN}}{\text{cm}^2}$$
$$\boldsymbol{= 30\,\text{hPa}}.$$

Aufgaben

A 1: Berechne den Druck, der 10 cm unter der Oberfläche von Wasser, Alkohol bzw. Quecksilber besteht. Die Dichten findest du in einer ➠ *Tabelle* am Buchende.

A 2: Wie hoch muss eine Quecksilbersäule sein, die den Druck 1 bar erzeugt?

A 3: Wie groß ist der Druck in 11 000 m Meerestiefe (Dichte von Salzwasser: 1,02 g/cm³)? Wie groß ist dort die Kraft auf 1 cm² Oberfläche einer Taucherkugel (➠ *Bild 3*)? Wirken bei der Kugel Kräfte nur auf die obere Halbkugel? Ist die Kraft auf 1 cm² Oberfläche der Kugel überall gleich groß?

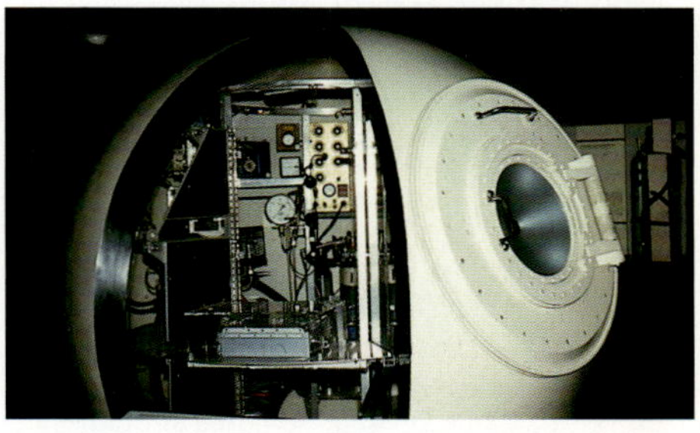

B 3: Taucherkugel, mit der Jacques Piccard 11 000 m tief tauchte (1960).

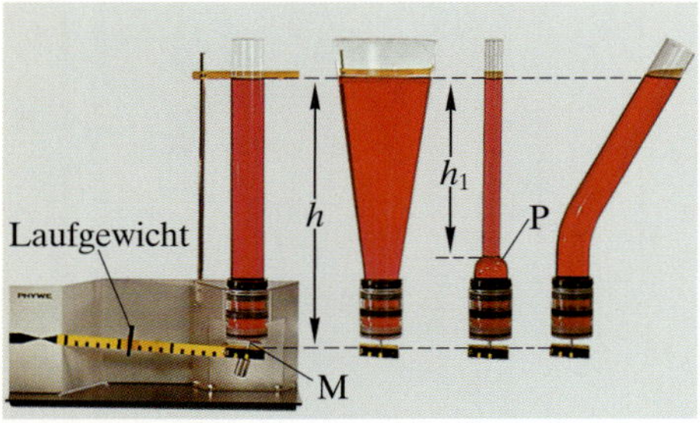

B1: Zum hydrostatischen Paradoxon

V1: Aus einem Joghurtbecher wird der Boden entfernt. Dabei ist auf glatte Ränder zu achten. Wir stellen den beidseitig offenen Kegelstumpf auf eine ebene Unterlage und füllen Wasser hinein. Das Wasser fließt nicht aus, weil die auf die schrägen Wände nach unten wirkende Gewichtskraft des Wassers den Becher fest auf die Unterlage presst.

V2: Drücken wir den Joghurtbecher aus ➠ *Versuch 1* mit der großen Öffnung nach unten auf die Unterlage, füllen Wasser ein und lassen los, so wird der Becher deutlich angehoben; das Wasser fließt aus. Es wirken auf die schrägen Wände infolge des Schweredrucks Kräfte schräg nach oben, die den Becher anheben.

V3: Wir verschließen außerhalb des Wassers die untere Öffnung eines Glaszylinders mit einer leichten Platte, indem wir sie mit einem Faden an den unteren Zylinderrand ziehen ➠ *Bild 3.* Dann tauchen wir den Zylinder ein. Die vom Wasser nach oben ausgeübte Kraft presst die Platte gegen die Zylinderöffnung. Vorsichtig gießen wir gefärbtes Wasser in den Zylinder. Wenn es innen so hoch wie außen steht, fällt die Platte ab, obwohl innen weniger Wasser als außen ist.

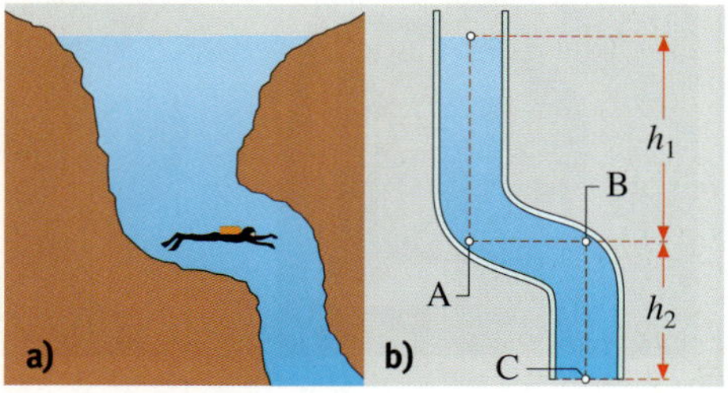

B2: Der Druck in C ist so, als ob über C eine Wassersäule mit $h = h_1 + h_2$ stünde.

4. Paradoxe Vorstellungen

Verschieden geformte Glasgefäße, welche die gleiche Grundfläche haben, werden unten durch eine Gummimembran verschlossen. Jedes Gefäß wird bis zur Höhe h mit gefärbtem Wasser gefüllt ➠ *Bild 1.* Die Kraft, welche die Membran erfährt, wird gemessen. Sie nimmt wie erwartet beim Einfüllen von Wasser zu. Der Druck am Boden steigt mit der Füllhöhe. Überraschenderweise ist er jedoch bei gleicher Füllhöhe unabhängig von der Form der verwendeten Gefäße und damit von der Gewichtskraft der eingefüllten Flüssigkeit. Da dieses Ergebnis zunächst paradox erscheint, spricht man vom **hydrostatischen Paradoxon**.

Beim *zweiten*, sich nach oben erweiternden Gefäß ist die Erklärung einfach: Der Schweredruck am Boden wird nur durch die Gewichtskraft des Teiles der Flüssigkeit verursacht, der senkrecht über dem Boden steht. Alles Wasser, das über den schrägen Wänden liegt, wird von diesen getragen.
In ➠ *Versuch 1* wird ein Plastikbecher durch die auf die schrägen Wände nach unten wirkende Gewichtskraft des Wassers auf die Unterlage gepresst.

Beim *dritten Gefäß* ist die Kraft, die das Wasser an der Membran erzeugt, größer als seine eigene Gewichtskraft. Woher kommt hier die zusätzliche Kraft? Falls wir bei P (➠ *Bild 1*) ein Loch bohrten, würde Wasser herausspritzen. Denn durch den Schweredruck der Wassersäule der Höhe h_1 wird auf die horizontal liegende Wand eine Kraft nach oben ausgeübt. Da sich kein Loch in der Wand befindet, drückt diese mit einer Kraft vom gleichen Betrag nach unten (Kraft und Gegenkraft) und somit auch auf die Membran.

Die Erklärung für das *vierte Gefäß* fällt uns leichter, wenn wir uns zunächst einen Taucher vorstellen, der waagerecht schwimmt ➠ *Bild 2.* Er stellt keine Druckunterschiede in der Horizontalen fest. Wie wir wissen, ändert sich der Schweredruck nur in vertikaler, nicht aber in horizontaler Richtung.

In ➠ *Bild 2 b* betrachten wir den Druck an den Stellen A, B und C. Die Höhe h_1 bestimmt den Druck in A. In B ist er gleich groß. Die Höhe h_2 bestimmt die Druckzunahme von B nach C. Daher können wir den Druck in C so berechnen, als ob über C eine senkrechte Säule der Höhe $h = h_1 + h_2$ stünde.

Merksatz

In einer ruhenden Flüssigkeit besteht in einer horizontalen Ebene gleicher Druck.
Der Schweredruck p in einer Flüssigkeit ist von der Gefäßform unabhängig.
Der Schweredruck hängt nur von der Tiefe h, von der Dichte ϱ der Flüssigkeit und vom Ortsfaktor g ab.

$$p = h \cdot g \cdot \varrho.$$

Beispiel

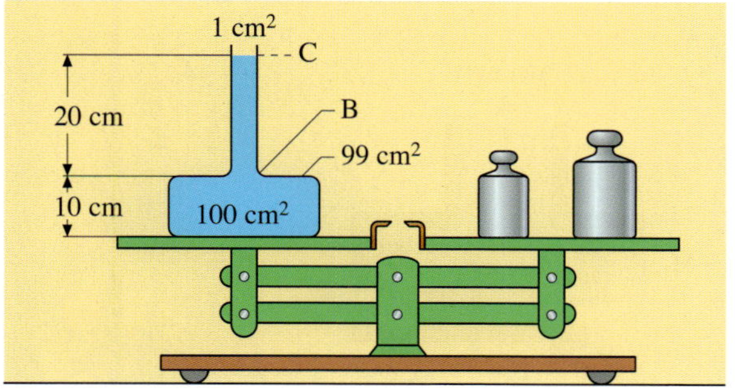

Eine besondere Aufgabe

Das Gefäß auf der Waage hat die Grundfläche $A_1 = 100\ \text{cm}^2$ und die Höhe $h_1 = 10\ \text{cm}$. Oben ist es durch die Fläche $A_2 = 99\ \text{cm}^2$ abgeschlossen. Bei B ist ein Rohr mit Querschnitt $A_3 = 1\ \text{cm}^2$ und $h_2 = 20\ \text{cm}$ Höhe aufgesetzt.

a) Wenn das Wasser bis B bzw. C reicht, wirken die Kräfte $\vec{F}_B$ bzw. $\vec{F}_C$ auf den Boden. Wie groß sind sie? **b)** Vergleiche F_B und F_C mit den Beträgen G_B und G_C der jeweiligen Gewichtskraft des Wassers. **c)** Wenn das Wasser bis C steigt, wirkt eine nach oben gerichtete Kraft $\vec{F}_2$ auf die Fläche A_2. Berechne den Betrag F_2. **d)** Welcher Zusammenhang besteht zwischen F_C, G_C und F_2?

Lösung:

a) Gefäß bis B mit Wasser gefüllt:

Druck: $\boldsymbol{p_B} = h_1 \cdot g \cdot \varrho = \mathbf{10\ cN/cm^2}$;

Kraft: $\boldsymbol{F_B} = p_B \cdot A_1 = 10 \cdot 100\ \text{cN} = \mathbf{10\ N}$.

Gefäß bis C mit Wasser gefüllt:

Druck: $\boldsymbol{p_C} = (h_1 + h_2) \cdot g \cdot \varrho = \mathbf{30\ cN/cm^2}$;

Kraft: $\boldsymbol{F_C} = p_C \cdot A_1 = 30 \cdot 100\ \text{cN} = \mathbf{30\ N}$.

b) Gefäß bis B mit Wasser gefüllt:

Betrag G_B der Gewichtskraft des eingefüllten Wassers:

$\boldsymbol{G_B} = m_B \cdot g = \varrho \cdot (A_1 \cdot h_1) \cdot g = \mathbf{10\ N}$.

Es ist also $G_B = F_B$.

Gefäß bis C mit Wasser gefüllt:

Betrag G_C der Gewichtskraft des eingefüllten Wassers:

$\boldsymbol{G_C} = m_C \cdot g = \varrho \cdot (A_1 \cdot h_1 + A_3 \cdot h_2) \cdot g = \mathbf{10{,}2\ N}$.

Es ist also $G_C < F_C$.

c) Druck: $\boldsymbol{p_2} = h_2 \cdot g \cdot \varrho = \mathbf{20\ cN/cm^2}$;

Kraft: $\boldsymbol{F_2} = p_2 \cdot A_2 = 20 \cdot 99\ \text{cN} = \mathbf{19{,}8\ N}$.

d) Es ist $F_C = G_C + F_2$; F_2 erzeugt am Deckel des Gefäßes eine gleich große Gegenkraft nach unten, die zusammen mit $\vec{G}_C$ die Kraft $\vec{F}_C$ ergibt.

Aufgaben

A1: Der Glaszylinder in ➠ *Versuch 3* hat die Querschnittsfläche 25 cm², die Platte erfährt die Gewichtskraft 1 N (➠ *Bild 3*). **a)** Von welcher Eintauchtiefe an fällt die Platte nicht ab? **b)** Der Zylinder sei 20 cm eingetaucht. Bis zu welcher Höhe kann man Wasser (Alkohol) einfüllen, ohne dass die Platte abfällt? **c)** Was ändert sich, wenn man die Anordnung nach ➠ *Bild 4* verwendet?

A2: In der oben vorgerechneten Aufgabe sei $A_1 = 100\ \text{cm}^2$, $A_3 = 2\ \text{cm}^2$, $h_1 = 15\ \text{cm}$, $h_2 = 8\ \text{cm}$. Beantworte für diese Werte dieselben Fragen wie in der obigen Musteraufgabe, wenn das Gefäß mit Spiritus gefüllt wird.

A3: Was zeigt die Waage in obiger Musteraufgabe an, wenn man das Gefäß auf ihr bis C mit Wasser füllt? Kann man Flüssigkeiten in solchen Gefäßen wiegen?

A4: Geben wir in eines der miteinander verbundenen Gefäße Wasser, so füllen sich die anderen, bis der Wasserspiegel überall gleich hoch steht (➠ *Bild 5*). **a)** Gib eine Begründung dafür. **b)** Unsere Wasserversorgung besteht im Prinzip auch aus verbundenen Gefäßen. Erkundige dich nach dem Aufbau. Welche Funktion haben Wassertürme bei der Wasserversorgung?

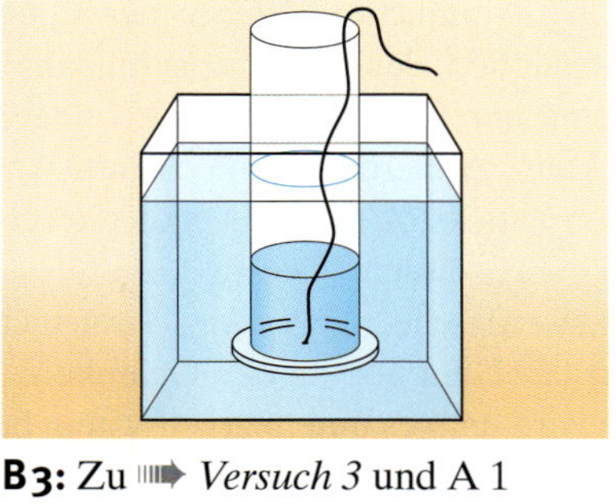

B3: Zu ➠ *Versuch 3* und A 1

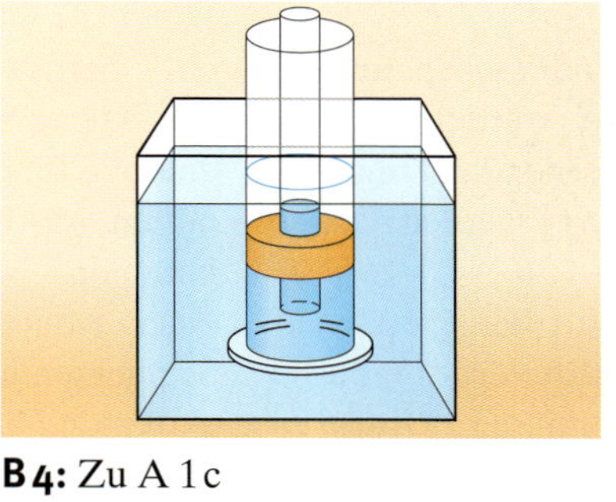

B4: Zu A 1c

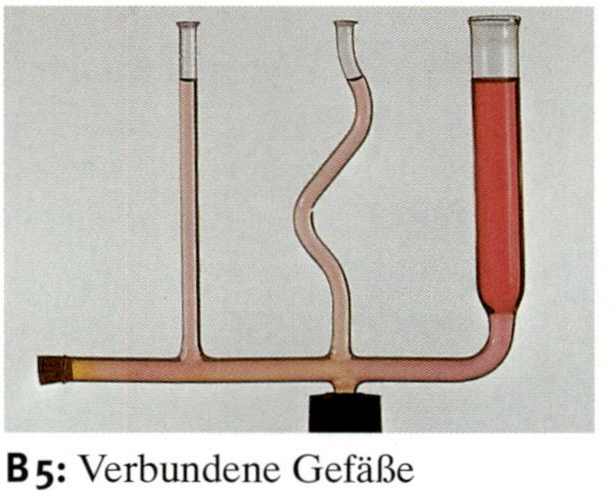

B5: Verbundene Gefäße

Interessantes

B 1: a) Taucher mit Pressluftflasche **b)** Druck in verschiedenen Höhen und Tiefen

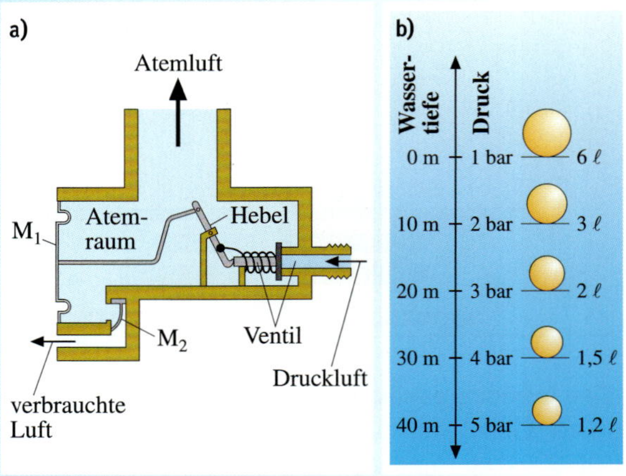

B 2: a): Schnittbild der 2. Stufe eines Lungenautomaten **b)** Änderung des Lungenvolumens mit der Tiefe

A. Vom Tauchen

Im Schwimmbad hast du sicher schon einmal die Erfahrung gemacht, dass beim Tauchen aus einem leichten Druckempfinden mit zunehmender Tiefe ein Schmerz im Ohr wurde. Das ist leicht erklärbar, denn der zusätzliche Schweredruck des Wassers steigt proportional mit der Tiefe ($p = \varrho \cdot g \cdot h$). In 10 m Wassertiefe beträgt er ungefähr 10 N/cm^2 = 1 bar; in 20 m Wassertiefe 2 bar usw. Mit je 10 m Wassertiefe steigt der Schweredruck um 1 bar (➠ *Bild 1 b*).

Dem Tauchen ohne Hilfsmittel sind dadurch natürliche Grenzen gesetzt. Wenn der Schweredruck steigt, sind alle Körperhöhlen gefährdet, die Luft enthalten oder eine empfindliche Oberfläche besitzen. So wird z.B. die Lunge zusammengedrückt und in ihrer Funktion beeinträchtigt.
Tauchen in größeren Tiefen erfolgt deshalb nur mit Geräten und Hilfsmitteln: mit Pressluft, in Taucherglocken oder Tauchkugeln (➠ *Bild 1 a*). Zusätzlich müssen verschiedene die Gesundheit schützende Regeln beachtet werden. Taucher werden z.B. durch den dauernden Aufenthalt in Druckkammern auf den Einsatz in größeren Tiefen vorbereitet.

Gerättaucher führen ihre Atemluft in Flaschen unter Druck mit. Damit die Luft geatmet werden kann, muss der Druck auf den jeweils herrschenden Umgebungsdruck in der Tauchtiefe angepasst werden. Das geschieht in zwei Stufen:
In der 1. Stufe des Atemreglers wird der Pressflaschendruck auf einen einstellbaren Mitteldruck reduziert. Diese 1. Stufe ist vergleichbar mit dem Druckminderer an den Gasflaschen in der Chemie.

Der **Lungenautomat** (2. Stufe ➠ *Bild 2 a*) regelt den Mitteldruck auf den jeweilig herrschenden Umgebungsdruck herunter. Beim Einatmen entsteht im Atemraum Unterdruck gegenüber der Umgebung. Die Membran M_1 gibt dem Wasserdruck nach. Sie betätigt einen Hebel, der das Ventil öffnet. Luft strömt in den Atemraum. Das geschieht, solange Luft aus dem Atemraum in die Lungen strömt. Ist das Einatmen beendet, steigt der Druck im Atemraum, bis die Membran M_1 in ihre Ausgangsstellung zurückkehrt und das Ventil schließt. Beim Ausatmen entsteht Überdruck im Atemraum. Die Membran M_2 öffnet. Die verbrauchte Atemluft entweicht ins Wasser.
Beim Tauchen sorgt der erhöhte Druck der eingeatmeten Luft aus den Flaschen dafür, dass die Lunge nicht zusammengedrückt wird. ➠ *Bild 2 b* zeigt wie ein Lungenvolumen von 6 l mit zunehmender Tiefe verkleinert wird. Bei einem Volumen von etwa 1,5 l verliert die Lunge ihre Funktionsfähigkeit.

Das Auftauchen schon aus geringeren Tiefen erfolgt in Intervallen mit so genannten *Dekompressionszeiten*, damit sich der Körper an die geänderten Druckverhältnisse anpassen kann.
Durch zu schnelles Auftauchen kann in der Lunge ein Überdruck entstehen, der zunächst asthmaähnliche Atemprobleme bereitet und sogar zur Lungenembolie führen kann. Außerdem kann es zum Ausperlen von Gasen (Stickstoff) in Blut und Gewebe kommen – wir kennen diesen Vorgang vom Öffnen einer Mineralwasserflasche. Das Gas verursacht Schmerzen unter der Haut und an den Gelenken; in extremen Fällen wird das gesamte Nervensystem beeinträchtigt mit lebensbedrohenden Folgen.

Interessantes

B3: Staumauer

B4: Staumauer des Drei-Schluchten-Projekts in China

B. Wie baut man einen Staudamm?

Der Schweredruck nimmt mit der Tiefe zu, auch deshalb wird eine Staumauer nach unten hin dicker gebaut, wie *Bild 3* zeigt. Die Staumauern sind zusätzlich zum Stausee hin gewölbt. Eine 500 m lange und 60 m hohe Mauer erfährt eine Gesamtkraft von fast 10^{10} N durch das Wasser.

In China baut man am größten Staudammprojekt der Technikgeschichte – dem *Drei-Schluchten-Projekt.* Bis zum Jahr 2009 soll der Fluss Jangtse durch eine mehr als 2000 m lange Staumauer von 185 m Höhe aufgestaut werden. Der Wasserstand soll dabei um bis zu 100 m steigen. Der entstehende Stausee wird über 600 km lang sein und eine Gesamtfläche von 54000 km² besitzen. Die besondere Größe dieses Projektes wird durch den Vergleich mit der Edertalsperre besonders deutlich:

	Drei-Schluchten	Edertalsperre
Staumauer		
Länge	2300 m	400 m
Höhe	185 m	48 m
Stausee		
Fläche	54000 km²	27 km²

C. Schmelzwasser sprengt Eis

Schmelzwasser kann in vergleichsweise kleinen Rissen im Eis eines Gletschers einen großen Druck ausüben. Schon ein fünf bis fünfzehn Meter tiefer Spalt, der von unten bis oben mit Schmelzwasser gefüllt ist, erzeugt am unteren Ende einen Druck von 0,5 bar bis 1,5 bar. Damit wirkt auf jeden Quadratzentimeter eine Kraft von 15 N (150000 N auf 1 m²). Eisschollen von 200 m Dicke können dadurch abgesprengt werden. Es genügen also geringe sommerliche Temperaturerhöhungen um riesige Eisflächen abzubrechen.

Aufgaben

A1: Unter welchen Bedingungen dringt Wasser von einem Fluss in benachbarte Keller? Warum kommt Grundwasser in der Nähe eines Flusses in Wiesen an die Oberfläche? Unter welchen Bedingungen sickert an Küsten Wasser hinter die Deiche?

A2: Versuche die im Text angegebene Kraft auf die Staumauer selbst abzuschätzen. Hängt die Kraft auf die Staumauer davon ab, wie weit sich der dahinter liegende Stausee ins Land erstreckt? Begründe deine Aussage.

A3: Ein U-Boot soll aus 180 m Tiefe auftauchen. Dazu muss es leichter werden. Mit welchem Druck muss das Wasser aus den Tanks ins Meer gepresst werden?

B1: a) Bei hohem Verkehrsaufkommen ist die „Verkehrsstromstärke" groß. **b)** Zu Beginn der Pause ist die „Schülerstromstärke" am Schultor groß. **c)** Bei Konstanz ist die Stromstärke im See und im weiterführenden Fluss gleich, etwa 100 000 l/s. Doch ist die Strömungsgeschwindigkeit im engen Rhein viel größer als im weiten Bodensee.

V1: Nur wenn der Druck an den Enden des Verbindungsrohres verschieden groß ist, strömt das Wasser.

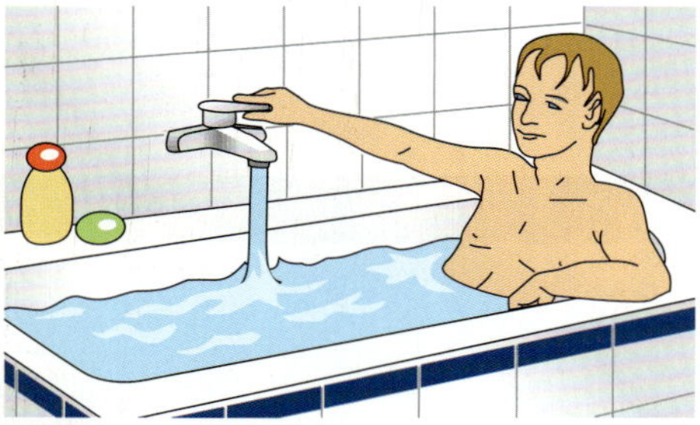

B2: Zum Füllen der Badewanne (120 l) braucht man 10 Minuten. Die Stromstärke ist dabei 120 l/600 s = 0,2 l/s.

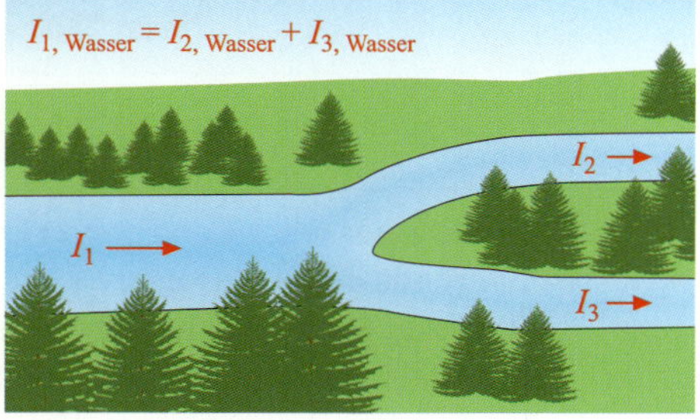

B3: Beim Verzweigen des Flusses ändert sich die Gesamtmenge des strömenden Wassers nicht.

Strömungen

1. Druckunterschiede bringen Wasser zum Strömen

Am Grund eines tiefen Brunnens ist der Wasserdruck groß, trotzdem ruht dort das Wasser. Das Gleiche gilt für Luft: Im Autoreifen herrscht großer Druck, trotzdem strömt in ihm die Luft nicht. In ➠ *Versuch 1* zeigt das Rädchen erst dann eine Strömung an, wenn die Zylinder verschieden hoch mit Wasser gefüllt sind. Dann ist der Druck an beiden Enden des waagerechten Verbindungsrohres verschieden groß.
Öffnet man den Hahn einer Wasserleitung, so fließt Wasser. Der **Druckunterschied** zwischen Leitung und Umgebung ist die Ursache, der Antrieb für das Strömen. Das Gleiche gilt für die Luft im Reifen, wenn man das Ventil öffnet.

Merksatz

Flüssigkeiten und Gase strömen in waagerechten Leitungen von Orten hohen Drucks zu Orten niedrigeren Drucks.
Der Druckunterschied wirkt als *Antrieb* für die **Strömung.**

Die auf Wasser wirkende Schwerkraft kann aber auch Antrieb für das Strömen sein, z. B. bei einem bergab fließenden Bach.

2. Die Stromstärke

Im Verkehrsfunk wird starker Verkehr gemeldet. Wie könnte man die Stärke des Verkehrs genauer fassen? Jan zählt die Autos, die in der Zeit t unter ihm auf einer Spur durchfahren (➠ *Bild 1 a*). Zählt er z. B. 40 Autos in 5 Minuten, so sagt er, im Mittel fuhren 40/5 = 8 Autos je Minute. Also bildet er den Quotienten aus Autozahl n und der Messzeit t. Er erhält die

Verkehrsstromstärke = Anzahl der Autos/Zeit, kurz: $I = n/t$.

Auf zwei Fahrspuren zählt Jan in gleicher Zeit (bei gleicher Geschwindigkeit der Autos) zusammen etwa doppelt so viele Autos. Folglich ist dann die Verkehrsstromstärke doppelt so groß, obwohl die Geschwindigkeit der Autos gleich ist.

Bei strömendem Wasser kann man die einzelnen Wasserteilchen nicht sehen. Trotzdem kann man die Stromstärke des Wassers bestimmen. Man misst z. B. die Menge des Wassers, das in einer frei gewählten Zeit t aus einem Wasserhahn fließt:

Wasserstromstärke = Wasservolumen/Zeit in l/s.

Beim Füllen der Badewanne drehst du den Hahn voll auf, du sorgst dafür, dass möglichst viel Wasser pro Minute fließt, das heißt, dass die Wasserstromstärke groß ist (➠ *Bild 2*).
Du weißt aus Erfahrung, dass das Wasser eines Flusses an Engstellen schneller fließt als im breiten Flussbett. Trotzdem ist die Wasserstromstärke des Flusses an beiden Stellen gleich groß (➠ *Bild 1 c*). Verwechsle also nicht Stromstärke und Strömungsgeschwindigkeit!

3. Stromverzweigungen

Im ➠ *Bild 3* verzweigt sich ein Wasserstrom. Da bei der Verzweigung kein Wasser verloren geht und kein Wasser dazu kommt, fließt genau soviel Wasser auf die Verzweigung zu wie von ihr weg. In der Physik nennt man solche Verzweigungen **Knoten.** Im Straßenverkehr nennt man solche Stellen Verkehrsknotenpunkte. In ➠ *Bild 4* fließt aus dem linken Rohr in jeder Sekunde so viel Wasser zur Verzweigung hin wie durch die anderen Rohre insgesamt abfließt. Es gilt die **Knotenregel:**

Merksatz

Die zu einem Knoten hin fließenden Ströme sind zusammen so stark wie die vom Knoten weg fließenden Ströme.

4. Wovon hängt die Stromstärke ab?

- Je größer der Druck in einem Radreifen ist, desto lauter zischt es beim Öffnen des Ventils. ➠ *Versuch 1* zeigt, dass das Wasser umso schneller fließt, je größer der Druckunterschied zwischen den Enden des Verbindungsrohres ist.
- In ➠ *Versuch 2* erkennt man, dass der Schlauch das Strömen des Wassers verlangsamt. Er setzt der Strömung **Widerstand** entgegen. ➠ *Versuch 3* zeigt, wovon der Widerstand abhängt: Mit einem kurzen, dicken Trinkhalm ist der Becher schnell geleert. Bei einem langen, dicken Halm dauert es deutlich länger. Bei einem langem, dünnen Halm gibt der Schüler auf.

Diese Beispiele zeigen:

Merksatz

- Je größer der Druckunterschied (der Antrieb) bei einer Strömung ist, desto größer ist die Stromstärke.
- Eine Leitung setzt der Strömung von Flüssigkeiten und Gasen einen Widerstand entgegen:
  Je länger und je dünner die Leitung, desto größer der Widerstand, umso kleiner die Stromstärke.

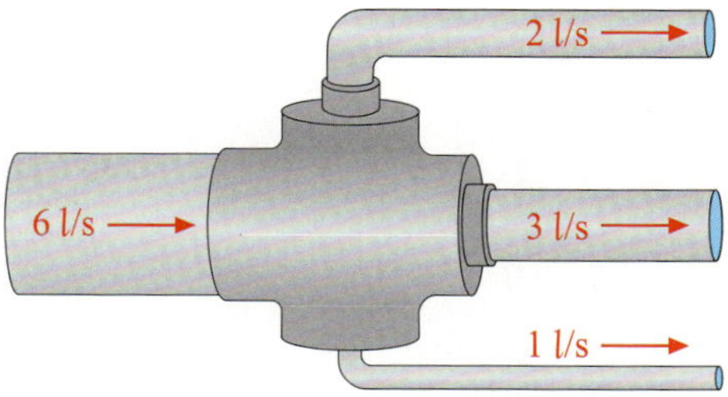

B4: Die Stromstärke im linken Rohr ist 6 l/s. Die Stromstärken des durch die anderen Rohre abfließenden Wassers betragen 2 l/s, 3 l/s und 1 l/s – zusammen also auch 6 l/s. In jeder Sekunde fließen auf den Knoten 6 l Wasser zu, insgesamt aber auch 6 l ab.

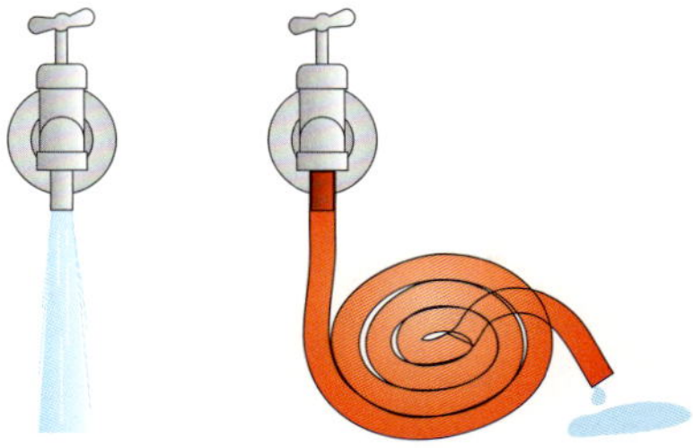

V2: Aus dem Wasserhahn ohne Schlauch spritzt das Wasser mit großer Geschwindigkeit heraus. Muss es einen langen Schlauch durchfließen, ist der Strahl deutlich schwächer, die Stromstärke kleiner.

V3: Je länger und dünner das Rohr, umso größer der Strömungswiderstand.

Aufgaben

A1: Die Brunnen eines Wasserwerks fördern maximal 400 l/s und 300 l/s. Damit werden eine Stadt (Bedarf 500 l/s) und ein Dorf (100 l/s) versorgt. Eine Neubausiedlung würde 80 l/s verbrauchen. Kann auch sie noch versorgt werden?

A2: Eine Badewanne (140 l) wird in 20 min gefüllt. Bereche die Wasserstromstärke.

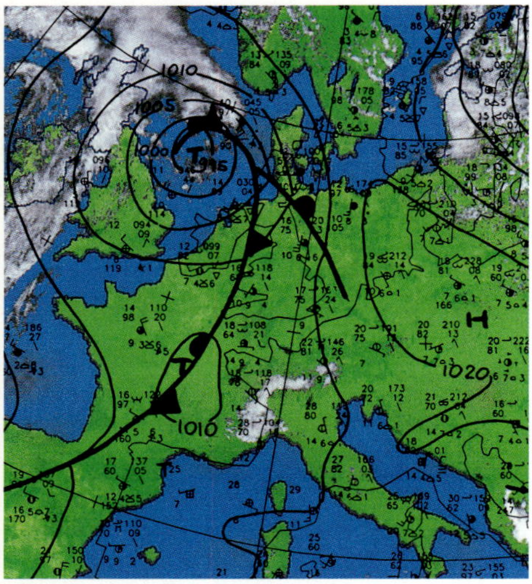

B1: Wetterkarte von Europa

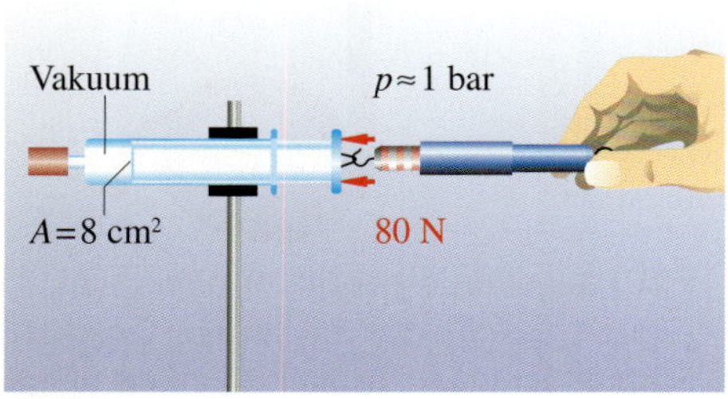

V1: Wir schieben aus der Glasspritze alle Luft hinaus und verschließen die Öffnung. Um den Kolben ($A = 8\ cm^2$) herauszuziehen, brauchen wir eine Kraft von ca. 80 N. Im Innern der Spritze entsteht dabei ein luftleerer Raum, ein Vakuum.

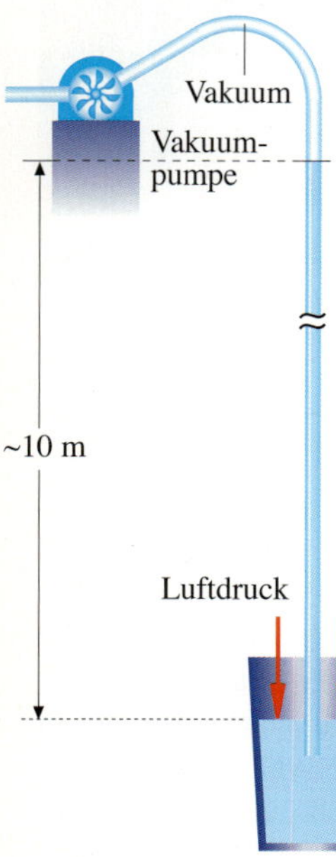

V2: Wir hängen einen ca. 12 m langen, dickwandigen und durchsichtigen Plastikschlauch senkrecht, z. B. in einem Treppenhaus, auf und halten das untere Ende in einen wassergefüllten Eimer. Schließen wir an das obere Ende des Schlauchs eine Pumpe an und holen die Luft aus dem Schlauch, steigt das Wasser im Schlauch nicht ganz 10 m hoch.

Luftdruck

1. Wir leben am Grunde des Luftmeeres

Ebenso wie eine Flüssigkeit erzeugt auch die **Erdatmosphäre** infolge der Gewichtskraft einen Schweredruck, den **Luftdruck**. Er schwankt von Ort zu Ort und auch mit der Zeit, wie man z. B. den Wetterkarten (➠ *Bild 1*) in der Zeitung entnehmen kann. Orte mit gleichem Luftdruck sind dort durch Linien verbunden (so genannte *Isobaren*), und man erkennt *Hoch- und Tiefdruckgebiete*, die wesentlich unser Wetter mitbestimmen. Die Größe des Luftdrucks ist an diesen Linien angegeben, z. B. 1010, d. h. 1010 hPa ≈ 1 bar.

2. Der Luftdruck wird gemessen

a) Die Größe des Luftdrucks lässt sich zunächst grob mit ➠ *Versuch 1* bestimmen. Die beim Herausziehen des Kolbens gemessene Kraft vom Betrag $F = 80\ N$ auf den Kolben mit der Querschnittsfläche $A = 8\ cm^2$ rührt allein vom Luftdruck her. Das im Innern der Glasspritze entstandene **Vakuum** kann nämlich keine Kraft auf den Kolben ausüben, da sich nichts in ihm befindet. Also ist der Luftdruck bei uns an der Erdoberfläche etwa:

$$p = \frac{F}{A} = \frac{80\ \text{N}}{8\ \text{cm}^2} = 10\ \frac{\text{N}}{\text{cm}^2} = 1000\ \text{hPa}.$$

b) Geräte, mit denen man den Luftdruck messen kann, nennt man **Barometer**. ➠ *Versuch 2* beschreibt das **Wasserbarometer**. Schaltet man die Pumpe ein, holt sie Luft aus dem Schlauch, Wasser aus einem Eimer steigt in dem Schlauch bis auf etwa 10 m nach oben. Grund für das Hochsteigen des Wassers ist der Luftdruck, der allein auf die Wasseroberfläche im Eimer wirkt. Oberhalb der Wassersäule ist nämlich ein Vakuum entstanden. Die Pumpe „saugt" also nicht etwa das Wasser hoch. Ist die Säule *über der Wasseroberfläche* z. B. $h = 986$ cm hoch, sind der Schweredruck $p = h \cdot g \cdot \varrho$ dieser Wassersäule und der Luftdruck gleich groß. Steigt der Luftdruck, so steigt auch h.
Nimmt man Quecksilber statt Wasser, erhält man ein **Quecksilberbarometer** (➠ *Beispiel*). Wegen der größeren Dichte des Quecksilbers ist die Säule 13,6-mal kleiner ($h \approx 986$ cm/13,6 = 72,5 cm). – Von der Messung des Luftdrucks mit einem Quecksilberbarometer stammt die alte, heute nicht mehr zulässige Druckeinheit *Millimeter Quecksilbersäule (mm Hg)*. Der **Normdruck** von 1013,25 hPa (mittlerer Luftdruck auf Meereshöhe) entspricht dem Schweredruck einer 760 mm hohen Quecksilbersäule.

Beispiel

Eine Quecksilbersäule sei $h = 725$ mm hoch. Mit $g = 0{,}98$ cN/g und der Dichte $\varrho = 13{,}6\ g/cm^3$ findet man:

$$p = h \cdot g \cdot \varrho = 72{,}5\ \text{cm} \cdot 13{,}6\ \frac{\text{g}}{\text{cm}^3} \cdot 0{,}98\ \frac{\text{cN}}{\text{g}} = 966\ \frac{\text{cN}}{\text{cm}^2} = \mathbf{966\ hPa}.$$

c) Viel bequemer als ein Flüssigkeitsbarometer ist das **Dosenbarometer** (➠ *Bild 2*). In ihm ist eine Metalldose mit einem welligen, dadurch leicht biegsamen Deckel (Membran) luftleer gepumpt. Damit ihn der Luftdruck nicht eindrückt, wird er von einem starken Federbügel gehalten. Steigt der Luftdruck, so biegen sich Deckel und Feder stärker. Das macht ein Zeigerwerk vergrößert sichtbar. – Viele Barometer, z. B. in Armbanduhren, arbeiten nach diesem Prinzip, es werden nur kleinere Sensoren verwendet.

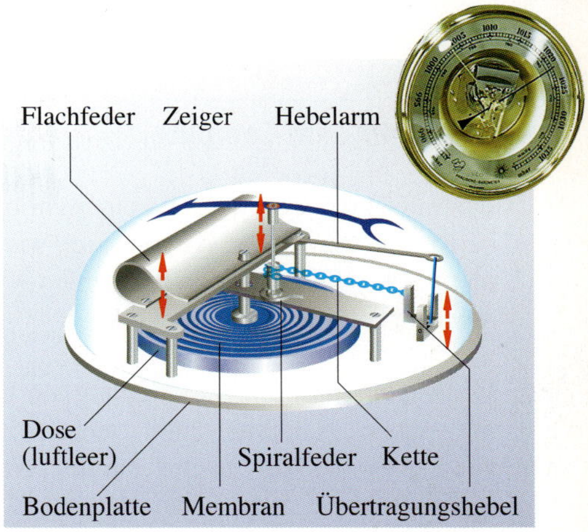

B 2: Dosenbarometer: Prinzip und handelsübliches Gerät

3. Warum spüren wir nichts vom Luftdruck?

Von dem herrschenden Luftdruck spüren wir normalerweise nichts. ➠ *Versuch 3* zeigt, warum das so ist. Solange aus dem Gefäß keine Luft abgepumpt ist (➠ *Versuch 3 a*), bleibt die Zellophanhaut auch bei geschlossenen Hahn am Stutzen eben. Sie scheint also keinerlei Kräfte zu erfahren.
Pumpt man aber die Luft ab (➠ *Versuch 3 b*), wölbt sich die Zellophanhaut nach innen und platzt. Erst jetzt „spürt" also die Zellophanhaut die Kraft, die sie infolge des Luftdrucks erfährt. Vor dem Auspumpen muss sie die gleich große Kraft von unten erfahren haben, sonst wäre sie nicht eben gewesen. *In der im Glasgefäß eingeschlossenen Luft herrschte vor dem Abpumpen also auch ein Druck, der genau so groß wie der äußere Luftdruck war.* ➠ *Versuche 4 a* und *4 b* bestätigen, **dass in abgeschlossenen Gasmengen ein Druck herrscht**.

Wir selbst spüren also vom Luftdruck nichts, weil die Luft in unserem Körper unter demselben Druck steht. Wenn wir allerdings rasch große Höhen überwinden (etwa bei einer Bergfahrt mit dem Auto), können wir etwas im Ohr bemerken. Dann hat sich der Druck der Luft im Inneren des Ohrs dem äußeren Luftdruck, der mit der Höhe abnimmt, nicht schnell genug angepasst. Die Druckdifferenz verursacht eine Kraft auf das Trommelfell.

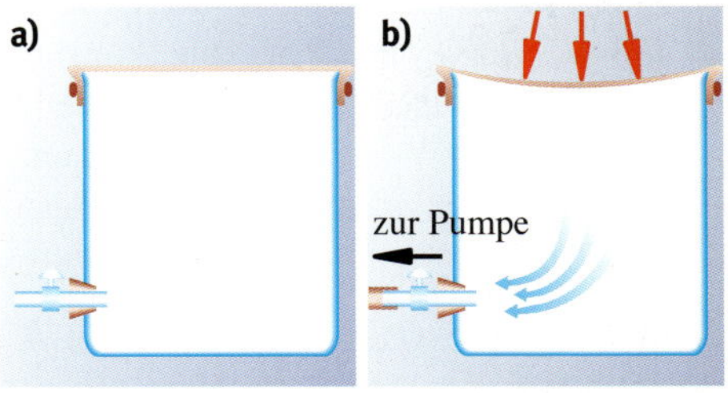

V 3: a) Wir verschließen ein Glasgefäß mit einer Zellophanhaut. Sie ist bei geöffnetem und geschlossenem Hahn eben. **b)** Mit einer Pumpe holen wir die Luft aus dem Inneren des Gefäßes. Die Zellophanhaut wird nach innen gewölbt und platzt mit lautem Knall.

4. Über- und Unterdruck

Mit Barometern messen wir den Druck gegenüber dem Vakuum, den man **absoluten Druck** nennt. Gibt aber ein Hersteller von Autoreifen den richtigen Reifendruck z. B. vorne mit 2,0 bar an, so ist der **Überdruck** gegenüber dem äußeren Luftdruck gemeint. Nur dieser Unterschied bestimmt die Härte des Autoreifens. Das Manometer an der Tankstelle gibt deshalb den Überdruck und nicht den absoluten Druck an. – Allgemein bezeichnet man mit Überdruck $p_ü$ die Differenz vom absoluten Druck p_a zum Luftdruck p ($p_ü = p_a - p$ mit $p \approx 1$ bar; zu $p_ü = 2{,}2$ bar gehört also $p_a = 3{,}2$ bar).
Herrscht ein Druck p_a, der kleiner als der Luftdruck p ist, so spricht man von **Unterdruck** $\boldsymbol{p_u}$. Es ist $p_u = p - p_a$.

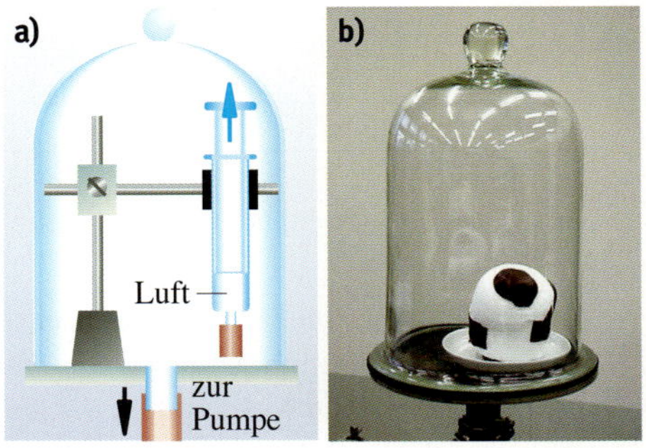

V 4: a) Wir stellen eine verschlossene Glasspritze, die Luft enthält, unter eine Glasglocke. Pumpen wir die Luft aus der Glocke ab, wird der Kolben infolge des in der eingeschlossenen Luft herrschenden Drucks nach oben bewegt. **b)** Stellen wir einen Schokokuss unter die Glasglocke und pumpen die Luft ab, so wächst er enorm. Die kleinen Luftbläschen unter der Schokoladendecke dehnen sich nämlich aus.

Merksatz

Die Gewichtskraft der Luft verursacht den Luftdruck. Er beträgt bei uns etwa 1000 hPa und wird mit Barometern gemessen.

Vertiefung

Physik mit dem Computer

Überall ist der Computer zu einem notwendigen Arbeitsmittel geworden. Als Beispiel, wie der Computer die Physik unterstützt, betrachten wir **die Abnahme des Luftdrucks mit der Höhe**.

Wir beginnen unsere Überlegung am Erdboden auf der Höhe $h_0 = 0$ km und steigen in Schritten von $\Delta h = 0{,}5$ km nach oben. Wir erreichen $h_1 = h_0 + \Delta h = 0{,}5$ km, danach $h_2 = h_1 + \Delta h = 1$ km usw. Der griechische Buchstabe Δ steht also für die Differenz $\Delta h = h_1 - h_0 = h_2 - h_1 = \ldots$

Am Boden ist der Druck am größten, $p_0 = 1000$ hPa. Beim *Hochsteigen* von h_0 auf h_1 *nimmt* der Druck von p_0 auf p_1 *ab*. Für eine konstante Luftdichte $\varrho_{\text{Luft}} = 0{,}0013\ \text{g/cm}^3$ können wir diese *Druckänderung* $\Delta p = p_1 - p_0 = p_2 - p_1 = \ldots$ berechnen. Es gilt nämlich $p = p_0 - h \cdot g \cdot \varrho$ (je größer h, desto kleiner wird der Druck p):

$$\Delta p = p_2 - p_1 = (p_0 - h_2 \cdot g \cdot \varrho) - (p_0 - h_1 \cdot g \cdot \varrho)$$
$$= -(h_2 - h_1) \cdot g \cdot \varrho = -\Delta h \cdot g \cdot \varrho.$$

Mit jedem Schritt von $\Delta h = 0{,}5$ km im Luftmeer nach oben ändert sich der Druck jedesmal um $-\Delta h \cdot g \cdot \varrho = -65$ hPa. So entsteht diese Tabelle:

Höhe h über dem Erdboden in km	Luftdruck p in hPa
$h_0 = 0$	$p_0 = 1000$
$h_1 = h_0 + 0{,}5 = 0{,}5$	$p_1 = p_0 - 65 = 935$
$h_2 = h_1 + 0{,}5 = 1{,}0$	$p_2 = p_1 - 65 = 870$
$h_3 = h_2 + 0{,}5 = 1{,}5$	$p_3 = p_2 - 65 = 805$
$h_4 = h_3 + 0{,}5 = 2{,}0$	$p_4 = p_3 - 65 = 740$
usw.	usw.

Bequemer und schneller kann man derartige Tabellen mit dem Computer berechnen. In einem **Tabellenkalkulationsprogramm** werden die einzelnen Felder mit Formeln berechnet. Damit der Computer loslegen kann, benötigt er **Konstanten** (blau unterlegte Felder) und **Startwerte** (gelb unterlegt). Die Felder mit Konstanten bekommen "sprechende Namen". Wir lassen die Einheiten weg, tragen die Werte aber immer in den gleichen Einheiten ein (z. B. Längen in cm).

B1	$\varrho_0 = 0{,}0013$	Dichte ϱ	Name rho0
B2	$g = 1$	Ortsfaktor g	Name g
B3	$\Delta h = 50\,000$	Höhenschritt	Name dh
B5	$h_0 = 0$	Starthöhe	
B6	$p_0 = 1000$	Druck in Höhe h_0	Name p0

In die grün unterlegten Felder geben wir die Formeln ein und kopieren sie nach unten.

D11	**=-rho0*dh*g**	Druckänderung
A12	**= A11 + dh**	alte Höhe + Höhenzunahme
C12	**= C11 + D11**	alter Druck + Druckänderung

	A	B	C	D
1	rho0 (in g/cm^3) =	0,0013	(Dichte)	
2	g (in cN/g) =	1	(Ortsfaktor)	
3	dh (in cm) =	50000	(Höhenschritt)	
4				
5	h0 =	0	(Starthöhe in cm)	
6	p0 =	1000	(Druck in Starthöhe)	
7				
8				
9	Höhe	Höhenänderung	Luftdruck	Druckänderung
10	in cm	in cm	in hPa	in hPa
11	0	50000	1000	-65
12	50000	50000	935	-65
13	100000	50000	870	-65
14	150000	50000	805	-65
15	200000	50000	740	-65

Den in jeder Zeile berechneten Druck (p) gibt der Computer zusammen mit der Höhe (h) als Schaubild aus und man erhält so ➠ *Bild 1*. Dieses Bild hätten wir natürlich auch etwas mühsamer aus den Daten der obigen Tabelle selbst erstellen können.

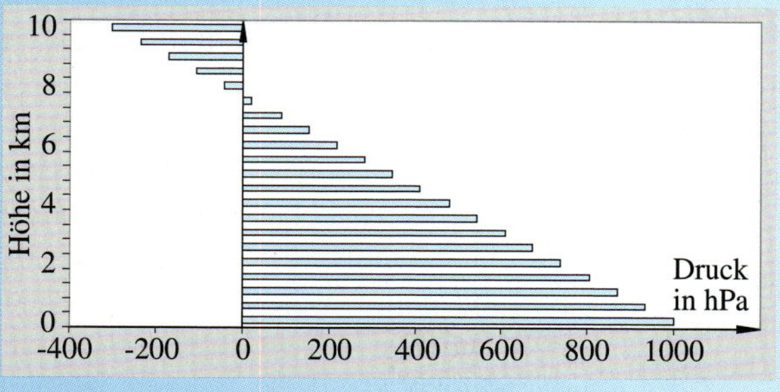

B1: Druckabnahme in Luft; ϱ = konstant

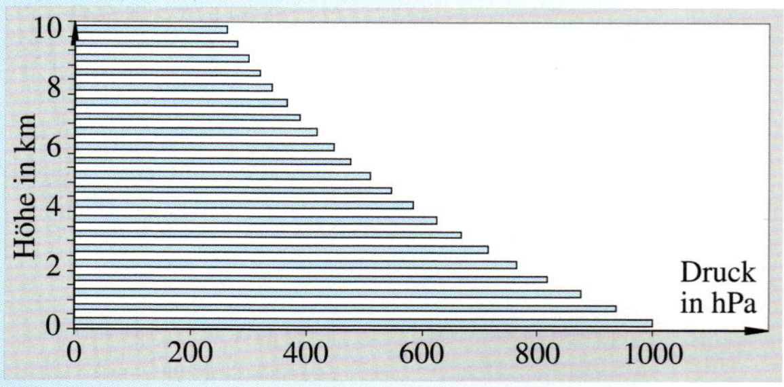

B2: Druckabnahme in Luft; ϱ ändert sich mit h

Vertiefung

Das Ergebnis unserer Überlegungen ist aber sehr enttäuschend. In der Höhe $h \approx 8$ km ist p auf 0 hPa gesunken und wird an schließend sogar negativ!
Bergsteiger finden aber auch noch auf dem Mount Everest in 8848 m Höhe Luft. Was haben wir also falsch gemacht? Nun, mit sinkendem Druck p sinkt auch die Dichte ϱ von Luft. Wir werden bald erfahren, dass bei konstanter Temperatur nach dem *Gesetz von* BOYLE und MARIOTTE gilt:
Beim halben Druck hat sich 1 cm^3 Luft auf das doppelte Volumen ausgedehnt; die Dichte ist also halbiert. Sie ist folglich zum Druck proportional.
Falls die Temperatur konstant ist, können wir sagen: Am Boden, beim Ausgangsdruck 1000 hPa, ist die Luftdichte $\varrho_0 = 0{,}0013$ g/cm^3, bei $p = 500$ hPa aber nur noch die Hälfte; dort gilt statt $\varrho_0 = 0{,}0013$ g/cm^3 nur $\varrho = 0{,}0013$ g/$cm^3 \cdot 500$ hPa/1000 hPa.
In der Höhe h, also beim Druck p, ist ϱ gesunken auf $\varrho = 0{,}0013$ g/$cm^3 \cdot p$/1000 hPa, die Druckänderung auf

$$\Delta p = -\Delta h \cdot g \cdot \varrho_0 \cdot p/1000 \text{ hPa}$$

Wir ändern also Spalte D für die Druckänderung:

D11 **= -rhoO * dh * g * p/1000** Druckänderung

Das Ergebnis der neuen Computerrechnung zeigt ➠ *Bild 2*. Überraschenderweise findet der Computer jetzt keine Oberfläche des Luftmeers mit Luftdruck $p = 0$ (hPa) mehr. Das Luftmeer geht allmählich in den leeren Weltraum über.
Zudem zeigt ➠ *Bild 2*: In 5,5 km Höhe ist p auf die Hälfte, also auf ca. 500 hPa und in nochmals 5,5 km, also in 11 km Höhe auf 250 hPa, also die Hälfte von 500 hPa gesunken.
Einen Fehler hast du sicher schon entdeckt: Auf dem Höhenschritt dh = 500 (m) wird mit der zum Druck p gehörenden konstanten Dichte $\varrho \cdot p$/1000 gerechnet, obwohl auch auf dieser Strecke Druck und damit Dichte noch etwas sinken. Dieser Fehler wird sicherlich viel kleiner, wenn wir dh z.B. auf 5 (m) verringern. Den für dort berechneten Druck notieren wir. Dann verkleinern wir im nächsten Gang dh auf 5 (cm) oder gar auf 1 (mm). Ergeben sich dann keine merklichen Abweichungen, so können wir mit unserem Näherungsverfahren zufrieden sein.
Man könnte nun noch den Temperatureinfluss berücksichtigen. Doch überlassen wir dies den Meteorologen, die viel mit solchen **Computersimulationen** arbeiten.

Aufgaben

A1: Fernsehbildröhren sind praktisch luftleer. Welche Kraft wirkt auf die Bildfläche eines Fernsehgeräts der Größe 60 cm × 40 cm?

A2: Fülle ein Glas mit ebenem Rand ganz mit Wasser, lege ein Papierblatt auf und drehe das Glas schnell um. **a)** Warum läuft das Wasser nicht aus? **b)** Welcher Druck herrscht oben am Boden des Glases (Höhe des Glases 30 cm, Luftdruck 1000 hPa)?

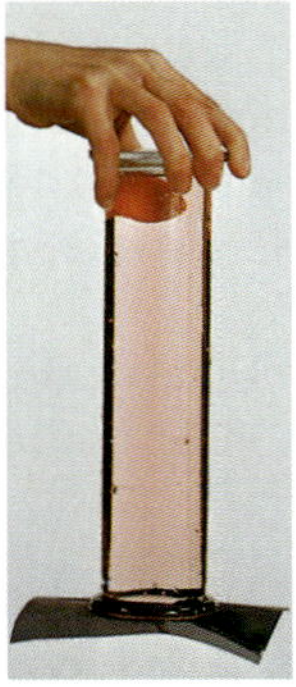

A3: a) Warum hängt die Höhe der Quecksilbersäule im Barometer nicht von Form und Querschnitt der Röhre ab? **b)** Wie groß ist der Druck im Quecksilber in halber Höhe [10 cm unter dem oberen Spiegel]? ($p_{Luft} = 960$ hPa).

A4: Wie hoch wäre die Erdatmosphäre bei konstanter Luftdichte $\varrho = 1{,}28$ g/dm^3? (p = 1000 hPa)

A5: Man misst den Luftdruck mit verschiedenen Barometern: Ein Dosenbarometer zeigt 980 hPa, die Säule eines Quecksilberbarometers ist 734 mm lang, die eines Wasserbarometers 9,9 m. Stimmen die Angaben überein?

A6: Ein 15 m langer durchsichtiger Plastikschlauch wird vollständig mit luftfreiem Wasser gefüllt. Ein Ende des Schlauches wird verschlossen, das andere in eine wassergefüllte Wanne gehalten. Was geschieht, wenn man das verschlossene Ende 14 m hoch zieht, während das andere Ende im Wasser bleibt?

A7: a) Man sagt häufig, man „sauge" mit einem Trinkhalm eine Flüssigkeit hoch. Was meint man damit? **b)** Kann man mit einer Vakuumpumpe aus einem 12 m tiefen Brunnen Wasser „hochsaugen"? Begründe deine Antwort.

A8: Zwei hohle Halbkugeln aus Metall werden mittels eines Dichtungsrings zu einer Kugel zusammengesetzt. Die Kugel wird mit einer Vakuumpumpe leer gepumpt. Zwei Schüler schaffen es nicht, die Halbkugeln zu trennen! Erkläre!

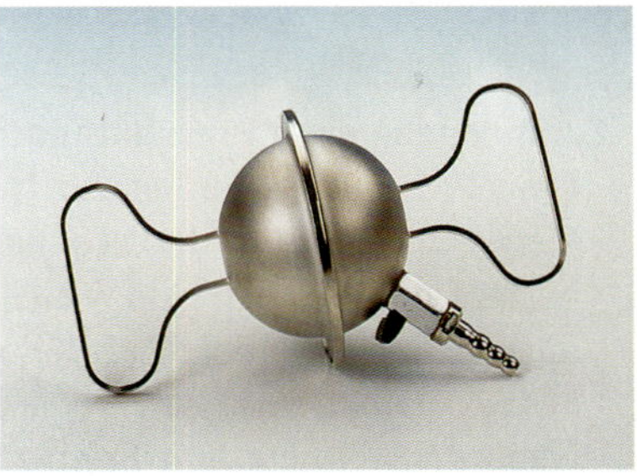

A9: Welcher absolute Druck herrscht in 5 m, 10 m, in der Tiefe h unter der Oberfläche eines Sees?

V 1: Verschließe die Öffnung einer halb mit Luft gefüllten Glasspritze. Der Kolben verschiebt sich nicht. Drücken wir den Kolben in die Glasspritze hinein, brauchen wir eine umso größere Kraft, je weiter wir das tun. Lassen wir den Kolben los, wird er wieder nach außen geschoben. – Ziehen wir den Kolben aus der Glasspritze heraus und lassen ihn dann los, verschiebt er sich wieder nach innen.

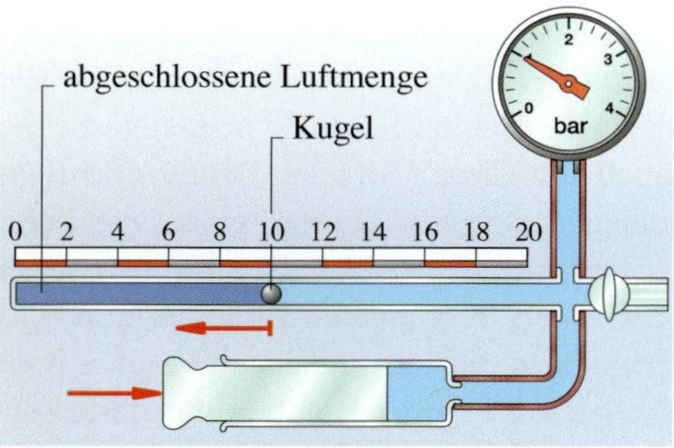

V 2: Wir trennen in einem innen zylindrisch geschliffenen Glasrohr von 1 cm² Querschnitt eine 10 cm lange Luftsäule durch eine genau eingepasste, leicht verschiebbare Stahlkugel ab. In dieser abgeschlossenen Luftmenge erzeugen wir mit einer Glasspritze unterschiedliche Druckzustände. Wenn die Kugel ruht, herrscht links und rechts von ihr der gleiche Druck. Wir können also am Manometer den Druck p der eingeschlossenen Luftmenge und am Maßstab deren Volumen V ablesen. So ist die folgende Messtabelle entstanden:

p in bar	0,5	1,0	1,5	1,75	2,0
V in cm³	20	10	6,7	5,7	5
$p \cdot V$ in bar · cm³	10	10	10	10	10

Beispiel

Luftmenge in einer Pressluftflasche

Eine Pressluftflasche hat ein Innenvolumen von $V_1 = 20$ l; der absolute Druck beträgt $p_1 = 100$ bar. Auf welches Volumen V_2 dehnt sich die Luft beim Öffnen aus ($p_2 = 1$ bar)?

Nach dem Gesetz von BOYLE und MARIOTTE gilt:

100 bar · 20 l = 1 bar · $V_2 \Leftrightarrow V_2 =$ **2000 l**.

Sinkt p auf den hundertsten Teil, so steigt V auf das 100fache. 1980 l strömen aus.

Druck in eingeschlossenen Gasen

1. Das Gesetz von BOYLE und MARIOTTE

In eingeschlossenen Gasmengen herrscht ein Druckzustand. ➠ *Versuch 1* zeigt dessen prinzipielles Verhalten. Übt man keine Kraft auf den Kolben aus, so sind der Druck in der eingeschlossenen Luft und der äußere Luftdruck gleich groß und zwar jeweils 1 bar. Der Kolben verschiebt sich nicht. Drückt man den Kolben in die Glasspritze, verkleinert sich das Volumen der eingeschlossenen Luftmenge und der Druck steigt über 1 bar und zwar umso mehr, je kleiner das Volumen wird. Lässt man den Kolben los, so überwiegt der Druck in der eingeschlossenen Luft und der Kolben wird zurückgeschoben. Zieht man den Kolben heraus, sinkt der Druck in der eingeschlossenen Luft unter 1 bar und wird umso kleiner, je größer das Volumen der Luft wird. Lässt man jetzt los, überwiegt der äußere Luftdruck und der Kolben wird zurückgeschoben.

Das Teilchenmodell erklärt dieses Verhalten: Die Moleküle des Gases bewegen sich sehr schnell und erzeugen beim Aufprall auf die Wände Kräfte. Verkleinern wir z. B. das Gasvolumen auf die Hälfte, so enthält jeder Kubikzentimeter Gas doppelt so viele Moleküle wie vorher. *Gleiche Geschwindigkeit* der Moleküle vorausgesetzt bedeutet dies, dass je Sekunde doppelt so viele Moleküle auf 1 cm² einer Wand aufprallen. Die Kraft auf jeden Quadratzentimeter der Begrenzungsfläche des Gases werden doppelt so groß und damit auch der Druck.

Merksatz

In jeder abgeschlossenen Gasmenge herrscht ein Druckzustand. Er rührt von der Bewegung der Moleküle her.

Nach dem Teilchenmodell sollten das Volumen V und der Druck p (absoluter Druck) einer abgeschlossenen Gasmenge antiproportional zueinander sein ($p \sim 1/V$). Damit wäre das Produkt $p \cdot V$ konstant. Die Messtabelle in ➠ *Versuch 2* bestätigt diese Vermutung.

Der Engländer Robert BOYLE und der Franzose Edme MARIOTTE fanden um 1670 dieses nach ihnen benannte Gesetz.

Merksatz

Bei konstanter Temperatur ist das Produkt aus Druck p und Volumen V einer eingeschlossenen Gasmenge konstant:

$$p_1 \cdot V_1 = p_2 \cdot V_2 = p_3 \cdot V_3 = \text{konstant.}$$

Der Zusatz „bei konstanter Temperatur“ ist nötig: Der Druck in einem Fahrradreifen, der in der Sonne steht, steigt, auch ohne dass wir das Volumen der Luft verkleinern. – Konstante Temperatur bedeutet auch, dass sich die Geschwindigkeit der Moleküle nicht ändert. Dies hatten wir oben vorausgesetzt.

Interessantes

Atmen und Pumpen

A. Die Atmung des Menschen

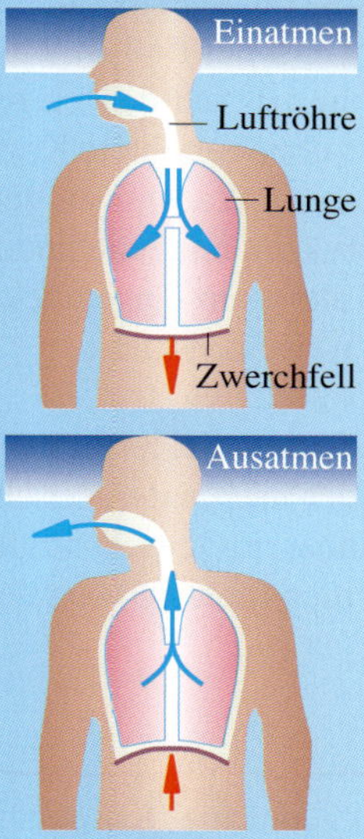

Die Lungen des Menschen liegen geschützt im luftdicht abgeschlossenen Brustkorb. Bei der Brustatmung hebt sich der Brustkorb, bei der Bauchatmung senkt sich das Zwerchfell ab. In beiden Fällen folgen die Lungen diesen Bewegungen. Sie dehnen sich aus und das Volumen der in ihnen befindlichen Luft wird größer. Nach *Boyle-Mariotte* sinkt somit der Druck in dieser Luft. Er wird kleiner als der äußere Luftdruck und da Gas immer von einem Ort höheren Druckes zu einem Ort kleineren Druckes strömt, kommt frische Luft in die Lungen. Umgangssprachlich sagt man dazu manchmal „die Lungen *saugen* Luft ein". Richtig ist, dass der größere äußere Luftdruck die Luft in die Lungen presst.

Beim Ausatmen ist es gerade umgekehrt. Der Brustkorb zieht sich zusammen und das Zwerchfell wölbt sich nach oben. Dadurch wird das Lungenvolumen kleiner und der Druck in der Luft in den Lungen größer als der äußere Luftdruck, Luft strömt aus.

B. Vakuumpumpen

Pumpen, die aus einem Gefäß Luft herausholen und damit dort den Druck verkleinern, nennt man **Vakuumpumpen.** – Häufig verwendet man eine **Drehschieberpumpe**. Ihre Funktion beruht – ähnlich wie die Atmung – auf dem Gesetz von BOYLE und MARIOTTE.

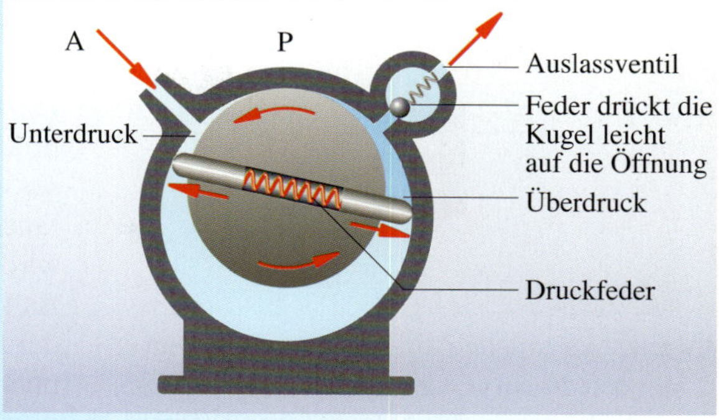

Ein massiver, von einem Elektromotor angetriebener Metallzylinder dreht sich in einer Trommel um eine waagerechte Achse, die oberhalb der Trommelachse liegt. Die rot gezeichnete Feder presst die Stahlschieber stets luftdicht an die exakt geschliffene Innenwand. Im obersten Punkt (P) muss der Zylinder luftdicht an der Trommelwand gleiten; ein Ölfilm dichtet und schmiert zugleich. Das auszupumpende Gefäß wird bei A angeschlossen, sodass sich das Gas des Gefäßes in den Raum zwischen P und dem links gleitenden Schieber ausdehnen kann. Dadurch sinkt der Druck in dem bei A angeschlossenen Gerät. Der jeweils rechts gleitende Schieber verkleinert das Volumen der sich dort befindlichen Luft. Der Druck steigt dort und wenn er größer als der äußere Luftdruck ist, strömt Luft über das Ventil aus.
Der gesamte Vorgang wiederholt sich ständig. Mit solchen einstufigen Drehschieberpumpen kann man den Druck im angeschlossenen Gefäß unter 1 Pa senken. Moderne, anders konstruierte Vakuumpumpen, können den Druck sogar unter 10^{-10} Pa senken.

C. Kompressoren

Pumpen, die Luft oder ein anderes Gas in ein Gefäß hineinpumpen und damit dort den Druck erhöhen, nennt man **Kompressoren**. Die bekannteste dieser Pumpen ist die **Fahrradpumpe**.

Aufgaben

A1: Erkläre die Funktionsweise einer Spraydose und einer Sprühflasche.

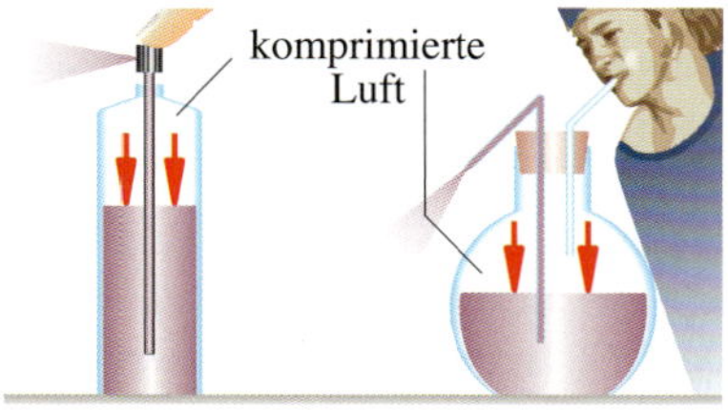

A2: Eine Sauerstoffflasche enthält 20 l Gas unter 150 bar. Wie viel Liter unter Atmosphärendruck kann man entnehmen, wenn die Temperatur gleich bleibt? Was wiegt der Inhalt?

A3: Suche Beispiele aus der Umwelt, wo der vergrößerte Eigendruck der Luft (**Pressluft** oder Druckluft) technisch genutzt wird.

A4: Bei einem Wettersturz „fällt das Barometer" von 1000 hPa auf 970 hPa. Wie viel Liter Luft unter 970 hPa verlassen hierbei ein Zimmer mit 100 m³ Rauminhalt?

A5: Ein Autoreifen hat ein Volumen von 60 l. Er wird von 2,5 bar auf 3,5 bar aufgepumpt. Wie viel Luft von ursprünglich 1 bar muss der Kompressor zuführen?

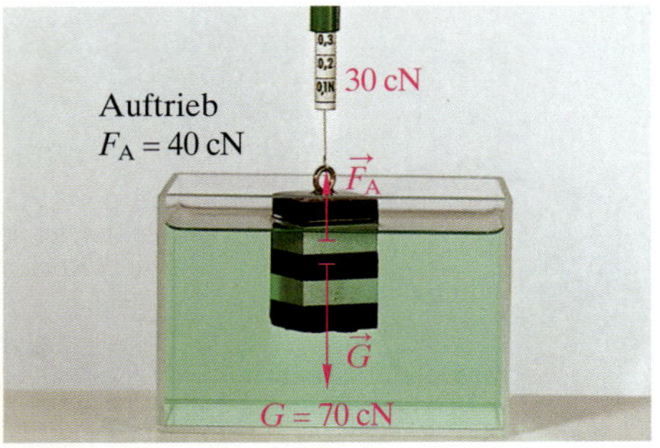

V 1: a) Wir tauchen einen 5 cm hohen Quader mit 10 cm^2 Grundfläche und der Gewichtskraft von 70 cN langsam in Wasser. Während der Quader eingetaucht wird, geht die Anzeige des Kraftmessers zurück. Verdrängt der Quader z. B. 40 cm^3 Wasser mit der Gewichtskraft von 40 cN, so zeigt der Kraftmesser statt 70 cN nur noch 30 cN an; die Auftriebskraft beträgt also $F_A = 40$ cN. **b)** Wir tauchen den Quader verschieden tief ein und stellen jedes Mal fest, dass die Auftriebskraft $\vec{F}_A$ und die Gewichtskraft $\vec{G}_{Fl}$ des verdrängten Wassers denselben Betrag haben. Schließlich tauchen wir den Körper ganz ein: Jetzt verdrängt er 50 cm^3 Wasser mit dem Gewichtskraftbetrag $G_{Fl} = 50$ cN. Die Auftriebskraft beträgt ebenfalls 50 cN, auch wenn wir den Körper noch tiefer tauchen. **c)** Wir nehmen statt Wasser Spiritus ($\varrho = 0{,}8$ g/cm^3). Tauchen wir den Quader wieder so tief ein, dass er 40 cm^3 Flüssigkeit verdrängt, stellen wir eine Auftriebskraft von nur 32 cN fest. Die Gewichtskraft von 40 cm^3 Spiritus beträgt:

$$G_{Fl} = m \cdot g = \varrho \cdot V \cdot g$$
$$= 0{,}8\ (\text{g/cm}^3) \cdot 40\ \text{cm}^3 \cdot 1\ (\text{cN/g})$$
$$= 32\ \text{cN}$$

Tauchen wir den Quader ganz ein, so beträgt die Auftriebskraft 40 cN, genauso viel wie die Gewichtskraft der verdrängten 50 cm^3 Spiritus.

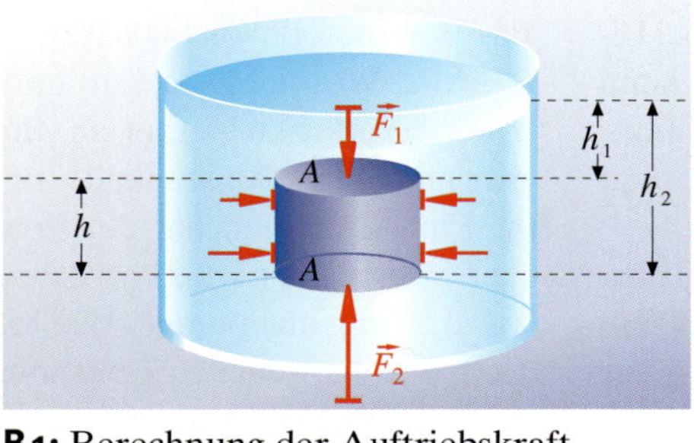

B 1: Berechnung der Auftriebskraft

Der Auftrieb; Schwimmen, Schweben und Sinken

1. Schon die alten Griechen ...

Hast du schon einmal versucht, einen Plastikball unter Wasser zu drücken? Dann wirst du festgestellt haben, dass der Ball im Wasser eine Kraft nach oben erfährt. Lässt du nämlich den eingetauchten Ball los, schnellt er hoch. Die nach oben gerichtete Kraft wird **Auftriebskraft $\vec{F}_A$**, kurz **Auftrieb** genannt. Tauchst du den Ball tiefer ein, spürst du, dass die Auftriebskraft mit zunehmender Eintauchtiefe größer wird. Ist der Ball aber ganz eingetaucht, bleibt die Auftriebskraft überraschender Weise konstant.

Die Auftriebskraft lässt einen Körper im Wasser viel leichter erscheinen; sie täuscht eine Verminderung der nach unten gerichteten Gewichtskraft $\vec{G}$ vor. Diesen scheinbaren Gewichtskraftverlust empfindet man z. B. beim Baden; man fühlt sich von der Schwere befreit.

Merksatz

Ein ganz oder teilweise in eine Flüssigkeit getauchter Körper erfährt eine Auftriebskraft $\vec{F}_A$, kurz **Auftrieb** genannt. Sie täuscht einen Verlust an Gewichtskraft vor.

Um den Betrag F_A der Auftriebskraft zu bestimmen, tauchen wir in ➡ *Versuch 1 a* einen Quader in Wasser. Ist er z. B. 4 cm eingetaucht, so verdrängt er 40 cm^3 Wasser und erfährt eine Auftriebskraft vom Betrag $F_A = 40$ cN. Nun erfahren 40 cm^3 Wasser eine Gewichtskraft vom Betrag $G_{Fl} = 40$ cN. Diese Übereinstimmung ist kein Zufall. ➡ *Versuch 1 b* bestätigt, dass die Auftriebskraft $\vec{F}_A$ und die Gewichtskraft $\vec{G}_{Fl}$ des verdrängten Wassers immer denselben Betrag haben. Dies stimmt auch dann, wenn wir statt Wasser eine andere Flüssigkeit, nehmen (➡ *Versuch 1 c*). Es gilt:

Merksatz

Satz des ARCHIMEDES (250 v. Chr.): Der Auftrieb ist so groß wie die Gewichtskraft der verdrängten Flüssigkeit.

2. Warum gilt der Satz des ARCHIMEDES?

Ursache der Auftriebskraft $\vec{F}_A$ könnten die Kräfte sein, die infolge des *Schweredrucks* auf einen in eine Flüssigkeit eingetauchten Körper wirken. Ausgehend von dieser Annahme wollen wir versuchen, den Satz des ARCHIMEDES mathematisch aus den bekannten Gesetzen über den Druck in Flüssigkeiten herzuleiten.

Die Kräfte auf die Seitenflächen des Körpers in ➡ *Bild 1* halten sich in jeder Tiefe das Gleichgewicht. Die *untere Fläche* erfährt eine *nach oben* gerichtete Kraft $\vec{F}_2$. In der Tiefe h_2 ist der Schweredruck $p_2 = h_2 \cdot g \cdot \varrho_{Fl}$. ϱ_{Fl} ist die Dichte der Flüssigkeit.

Aus p_2 folgt für den Betrag F_2:

$$F_2 = p_2 \cdot A = h_2 \cdot g \cdot \varrho_{Fl} \cdot A.$$

Die *obere Fläche* des ganz eingetauchten Körpers erfährt eine Kraft $\vec{F}_1$, allerdings *nach unten*. Ihr Betrag F_1 ist kleiner als F_2, da an der oberen Fläche der kleinere Druck $p_1 = h_1 \cdot g \cdot \varrho_{Fl}$ herrscht:

$$F_1 = p_1 \cdot A = h_1 \cdot g \cdot \varrho_{Fl} \cdot A.$$

Auf den ganz eingetauchten Körper wirkt somit die Resultierende dieser beiden entgegengesetzt gerichteten Kräfte. Sie ist die Auftriebskraft. Ihr Betrag ist die Differenz von F_2 und F_1:

$$F_A = F_2 - F_1 = g \cdot \varrho_{Fl} \cdot (h_2 - h_1) \cdot A.$$

$h_2 - h_1$ ist aber die Höhe des Körpers, $(h_2 - h_1) \cdot A$ also sein Volumen V_K. Dieses ist so groß wie das Volumen V_{Fl} der verdrängten Flüssigkeit. $\varrho_{Fl} \cdot V_{Fl}$ ist die Masse m_{Fl} der verdrängten Flüssigkeit und $g \cdot m_{Fl}$ der Betrag G_{Fl} ihrer Gewichtskraft. Es ist also:

$$\boldsymbol{F_A = G_{Fl}}.$$

Dies ist der Satz des Archimedes. Wir folgern:

Merksatz

Der Auftrieb entsteht allein dadurch, dass der Schweredruck mit der Tiefe zunimmt. Es gilt:

$$F_A = G_{Fl} = g \cdot m_{Fl} = g \cdot \varrho_{Fl} \cdot V_{Fl} = g \cdot \varrho_{Fl} \cdot V_K.$$

➠ *Versuch 2* zeigt, dass der Satz des Archimedes nicht nur für Quader oder Zylinder, sondern für beliebige Körper gilt.

V2: Wir befestigen einen Körper beliebiger Form an der rechten Waagschale einer Balkenwaage, auf der ein Becherglas steht. Durch Auflegen von Wägestücken bringen wir die gesamte Anordnung ins Gleichgewicht. Dann tauchen wir den Körper in ein volles Überlaufgefäß. Die verdrängte Flüssigkeit fließt in das Becherglas auf der Waagschale.
Wegen der Auftriebskraft hebt sich zunächst die rechte Waagschale; doch stellt sich wieder Gleichgewicht ein, wenn alles vom Körper verdrängte Wasser in das Becherglas geflossen ist.
Die Gewichtskraft der verdrängten Flüssigkeit ist also auch hier genauso groß wie die Auftriebskraft.

Interessantes

Ein historischer Versuch von Archimedes

Taucht man zwei gleich schwere massive Körper aus unterschiedlichem Material (z. B. Eisen und Messing), die an einem Waagebalken hängen, ins Wasser, so hebt sich die Seite mit dem Eisenstück. Die beiden Körper erfahren also einen unterschiedlichen Auftrieb. Eisen ($\varrho = 7{,}86$ g/cm³) verdrängt nämlich bei gleicher Masse ($m = 200$ g) infolge seines größeren Volumens (25,4 cm³) mehr Wasser und erfährt somit einen größeren Auftrieb als Messing ($\varrho = 8{,}3$ g/cm³; $V = 24{,}1$ cm³). Auf diese Weise soll Archimedes nachgeprüft haben, ob eine dem König Hieron von Syrakus gelieferte goldene Krone auch wirklich echt war. Er tauchte die „goldene" Krone und einen gleich schweren Klumpen reinen Goldes an der Waage hängend ins Wasser. Da sich die Seite mit der Krone hob, war der Goldschmied überführt, Gold zum Teil unterschlagen und durch ein gleich schweres Stück Silber von größerem Volumen ersetzt zu haben.

Aufgaben

A1: Ein massiver Aluminiumquader ($\varrho = 2{,}7$ g/cm³) hat eine Querschnittsfläche von 20 cm² und ist 9 cm hoch. **a)** Wie groß ist der Auftrieb, wenn er 3 cm, 6 cm bzw. vollständig in Wasser eingetaucht ist? **b)** Was zeigt ein Federkraftmesser jeweils an, an dem er wie in ➠ *Versuch 1* hängt?

A2: Ein Quader aus Messing ($V = 81$ cm³, $\varrho = 8{,}3$ g/cm³) wird vollständig in Spiritus getaucht. Was zeigt ein Federkraftmesser an, an dem er hängt?

A3: Hängt der Auftrieb eines vollständig eingetauchten Körpers von der Tiefe ab, in der er sich befindet? Begründe deine Antwort.

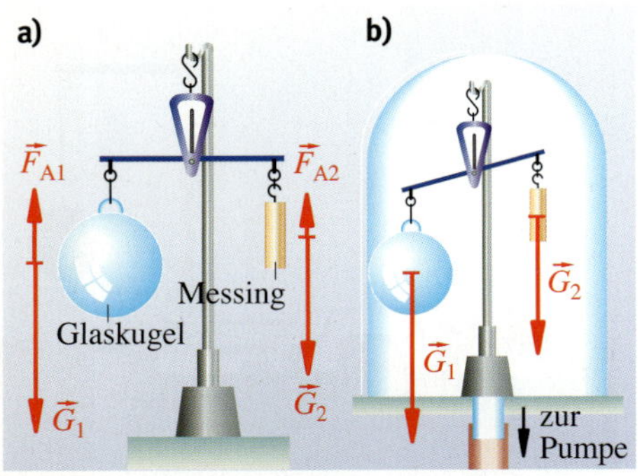

V1: a) An einer Waage hält der kleine Messingkörper der großen, abgeschlossenen Glaskugel in Luft das Gleichgewicht. **b)** Bringen wir die Waage unter eine Glasglocke und pumpen die Luft aus der Glocke, so sinkt die Glaskugel. **c)** Stellen wir die Waage in einen Glastrog und leiten in diesen Kohlenstoffdioxid ($\varrho \approx 2$ g/l) ein, so steigt die Glaskugel.

Beispiel

Auftrieb des Menschen im Luftmeer

Ein erwachsener Mensch hat einen Rauminhalt von ca. 75 000 cm³. Die Gewichtskraft der von ihm verdrängten Luft beträgt:

$$G = \varrho \cdot V \cdot g$$
$$= 0{,}0013\,\frac{\text{g}}{\text{cm}^3} \cdot 75\,000\ \text{cm}^3 \cdot 1\,\frac{\text{cN}}{\text{g}} \approx \mathbf{1\ N}.$$

Ein Mensch erfährt also eine Auftriebskraft von etwa 1 N.

4. Auch in Gasen gibt es Auftrieb

Der Auftrieb hat seine Ursache darin, dass der Schweredruck mit größer werdender Tiefe zunimmt.

Diese Zunahme gilt ebenso in Gasen. Also muss es dort ebenfalls einen Auftrieb geben. Alle Überlegungen zum Auftrieb in Flüssigkeiten lassen sich auch auf Gase übertragen. Dies gilt insbesondere für den Satz des ARCHIMEDES.

➡ *Versuch 1* bestätigt dies. Das Volumen der Glaskugel ist dort viel größer als das des Messingkörpers. Folglich verdrängt sie mehr Luft und erfährt eine entsprechend größere Auftriebskraft. In Luft ist die Waage nur deshalb im Gleichgewicht (➡ *Versuch 1 a*), weil die Glaskugel auch eine etwas größere Gewichtskraft erfährt. Fallen die Auftriebskräfte im Vakuum weg (➡ *Versuch 1 b*), muss die Glaskugel sinken.
Befindet sich die Anordnung in einem Gas, das eine höhere Dichte als Luft hat (z. B. Kohlenstoffdioxid, ➡ *Versuch 1 c*), so sind die Auftriebskräfte größer als in Luft. Es ist ja die Gewichtskraft der verdrängten Gasmenge größer geworden. Da die Auftriebskraft der Glaskugel aber viel stärker zugenommen hat als die des Messingkörpers, steigt die Glaskugel.

Das ➡ *Beispiel* zeigt, dass der Mensch im Luftmeer scheinbar etwa 1 N leichter ist, als er „in Wirklichkeit" ohne die ihn umgebende Luft wäre.

Merksatz

Alle Körper erfahren in einem Gas, z. B. in Luft, einen Auftrieb. Der Satz des ARCHIMEDES gilt auch für die Auftriebskraft in Gasen.

Beispiel

Musteraufgabe

a) Ein Körper erfährt eine Gewichtskraft von $G_K = 70$ cN. Wird er in Wasser vollständig eingetaucht, zeigt ein Federkraftmesser, an dem er hängt, 40 cN an. Berechne Volumen und Dichte des Körpers ($g = 1$ cN/g).

Lösung:	Scheinbarer Gewichtskraftverlust (Auftriebskraft):	$F_A = 70\ \text{cN} - 40\ \text{cN} = 30\ \text{cN}$
	Gewichtskraft der verdrängten Wassermenge:	$G_{Fl} = 30$ cN (ARCHIMEDES); $m_{Fl} = G_{Fl}/g = 30$ g
	Volumen der verdrängten Wassermenge:	$V_{Fl} = m_{Fl}/\varrho_{Fl} = 30\ \text{g}/(1\ \text{g/cm}^3) = 30\ \text{cm}^3$
	Volumen des Körpers:	$V_K = \mathbf{30\ cm^3}$ ($V_K = V_{Fl}$)
	Masse des Körpers:	$m_K = G_K/g = 70\ \text{cN}/(1\ \text{cN/g}) = 70\ \text{g}$
	Dichte des Körpers:	$\varrho_K = m_K/V_K = 70\ \text{g}/30\ \text{cm}^3 = \mathbf{2{,}3\ g/cm^3}$

b) Wird derselbe Körper ($G_K = 70$ cN, $V_K = 30$ cm³) in eine *unbekannte* Flüssigkeit eingetaucht, zeigt der Federkraftmesser nur noch 30 cN an. Wie groß ist die Dichte der Flüssigkeit?

Lösung:	Scheinbarer Gewichtskraftverlust (Auftriebskraft):	$F_A = 70\ \text{cN} - 30\ \text{cN} = 40\ \text{cN}$
	Gewichtskraft der verdrängten Flüssigkeit:	$G_{Fl} = 40$ cN (ARCHIMEDES)
	Masse der verdrängten Flüssigkeit:	$m_{Fl} = G_{Fl}/g = 40\ \text{cN}/(1\ \text{cN/g}) = 40\ \text{g}$
	Volumen der verdrängten Flüssigkeit:	$V_{Fl} = 30\ \text{cm}^3$ ($V_{Fl} = V_K$)
	Dichte der verdrängten Flüssigkeit:	$\varrho_{Fl} = m_{Fl}/V_{Fl} = 40\ \text{g}/30\ \text{cm}^3 = \mathbf{1{,}3\ g/cm^3}$

5. Sinken, Schweben, Steigen, Schwimmen

Jeder sagt: Körper, die leichter als Wasser sind, schwimmen. Aber sind 100 g Holz leichter als 100 g Wasser? Physikalisch korrekt ist: *Körper, deren mittlere Dichte kleiner ist als die des Wassers, schwimmen.* Dies wollen wir im Folgenden begründen:

Auf jeden *völlig eingetauchten Körper* wirken zwei entgegengesetzt gerichtete Kräfte: die Gewichtskraft $\vec{G}_K$ und die Auftriebskraft $\vec{F}_A$ (➠ *Bild 1*). Je nachdem, ob $G_K > F_A$, $G_K = F_A$ oder $G_K < F_A$ ist, *sinkt*, *schwebt* (in beliebiger Tiefe) oder *steigt* der Körper. Dies notieren wir in der folgenden Übersicht:

	Sinken	Schweben (beliebige Tiefe)	Steigen
Vergleich der Kräfte	$G_K > F_A$	$G_K = F_A$	$G_K < F_A$
Vergleich der Dichten	$\varrho_K > \varrho_{Fl}$	$\varrho_K = \varrho_{Fl}$	$\varrho_K < \varrho_{Fl}$

Die letzte Zeile begründen wir mit den folgenden Überlegungen: Hat der Körper das Volumen V und die Dichte ϱ_K, so erfährt er die Gewichtskraft vom Betrag G_K und es ist:

$$G_K = m_K \cdot g = \varrho_K \cdot V \cdot g. \qquad (1)$$

Unter ϱ_K versteht man bei Körpern, die aus verschiedenen Materialien bestehen, die *mittlere Dichte* $\varrho_K = m_K/V$.

Der völlig eingetauchte Körper und die von ihm verdrängte Flüssigkeitsmenge der Masse m_{Fl} besitzen dasselbe Volumen V. Nach dem Satz des ARCHIMEDES ist der Betrag F_A der Auftriebskraft so groß wie der Betrag G_{Fl} der Gewichtskraft der verdrängten Flüssigkeit. Also ist:

$$F_A = G_{Fl} = m_{Fl} \cdot g = \varrho_{Fl} \cdot V \cdot g. \qquad (2)$$

Aus den beiden Angaben (1) und (2) für G_K bzw. F_A folgt die dritte Zeile der Tabelle unmittelbar aus der zweiten.

Ein völlig in Flüssigkeit eingetauchter Körper, der steigt und somit eine kleinere mittlere Dichte als die Flüssigkeit hat, kommt schließlich an die Oberfläche und *schwimmt*. Dabei taucht er gerade noch so tief ein (➠ *Versuch 2*), dass seine Gewichtskraft durch die Auftriebskraft ausgeglichen ist ($G_K = F_A$). Nach dem Satz des ARCHIMEDES ist die Auftriebskraft nun ihrerseits wieder so groß wie die Gewichtskraft der verdrängten Flüssigkeit ($F_A = G_{Fl}$). Also ist für einen schwimmenden Körper $G_{Fl} = G_K$ (➠ *Versuch 3*).

Merksatz

Ein Körper **schwimmt** in einer Flüssigkeit, wenn seine mittlere Dichte kleiner als die der Flüssigkeit ist.
Ein schwimmender Körper taucht so tief ein, bis die Gewichtskraft der verdrängten Flüssigkeit und die Gewichtskraft des Körpers gleich groß sind: $G_{Fl} = G_K$.

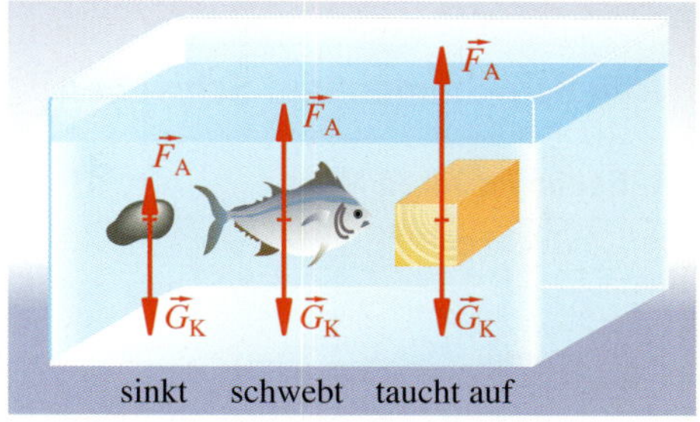

B1: Sinken, Schweben, Steigen

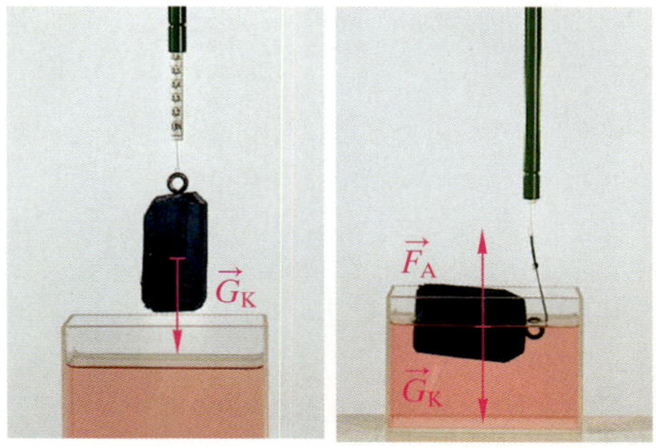

V2: Ein Körper aus Holz schwimmt auf Wasser. Er taucht so weit ein, bis seine Gewichtskraft durch die Auftriebskraft ausgeglichen ist. Die Anzeige des Kraftmessers geht auf null zurück. Der Körper erscheint gewichtslos: $G_K = F_A$. Drücken wir den schwimmenden Körper etwas tiefer, so erhöhen wir die Auftriebskraft. Ziehen wir den Körper etwas hoch, vermindern wir F_A. Lassen wir los, so kommt der Körper immer in dieselbe Gleichgewichtslage (bestimmt durch $G_K = F_A$). Es handelt sich um ein stabiles Gleichgewicht.

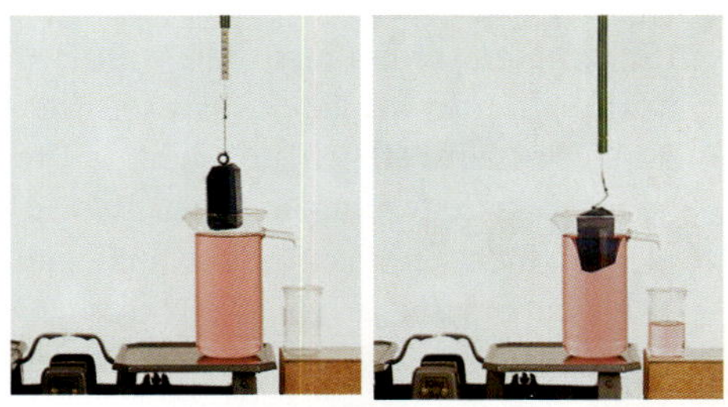
V3: Auf einer Waage wird ein Überlaufgefäß randvoll mit Wasser gefüllt und die Waage austariert. Dann taucht man in das Gefäß einen Körper ein, der schwimmt. Er belastet durch seine Gewichtskraft die Waagschale zusätzlich, dagegen nicht mehr den Kraftmesser. Ist jedoch die verdrängte Wassermenge abgeflossen, so spielt die Waage wieder ein. Es gilt: $G_{Fl} = G_K$.

Interessantes

Vom Schwimmen und Schweben

A. Baden im Toten Meer

Ohne Schwimmbewegungen geht ein Mensch ($\varrho = 1{,}02\ \mathrm{g/cm^3}$) in Süßwasser unter, nicht dagegen im Toten Meer. Dort hat das Wasser wegen des hohen Salzgehaltes eine größere Dichte als ein Mensch.

B. Schiffe aus Eisen schwimmen

für Süßwasser: Tropen (TF) und Sommer (F);
für Salzwasser: Tropen (T), Sommer (S), Winter (W)

Ein Schiff aus Eisen schwimmt, weil durch die großen luftgefüllten Hohlräume die mittlere Dichte des Schiffes kleiner als die des Wassers ist.
Hochseeschiffe tragen so genannte Freibordmarken an ihrer Außenwand. Sie geben an, wie tief ein Schiff in einzelnen Gewässern maximal eintauchen darf. Fährt ein Schiff z. B. von der Nordsee (Seewasser) in die Elbe (Süßwasser) ein, dann ändert sich am Gewicht des verdrängten Wassers nichts ($G_{\mathrm{Fl}} = G_{\mathrm{K}}$), doch ist das verdrängte Wasservolumen bei Süßwasser größer. Das Schiff sinkt tiefer ein.

C. Der ferngesteuerte Taucher

In einem völlig mit Wasser gefüllten Glaszylinder schwimmt ein luftgefüllter, unten offener Glaskörper. Ein Glasbläser hat ihm die Form eines Teufelchens gegeben. Pressen wir die Gummihaut herunter, so erhöht sich der Wasserdruck und die Figur sinkt.

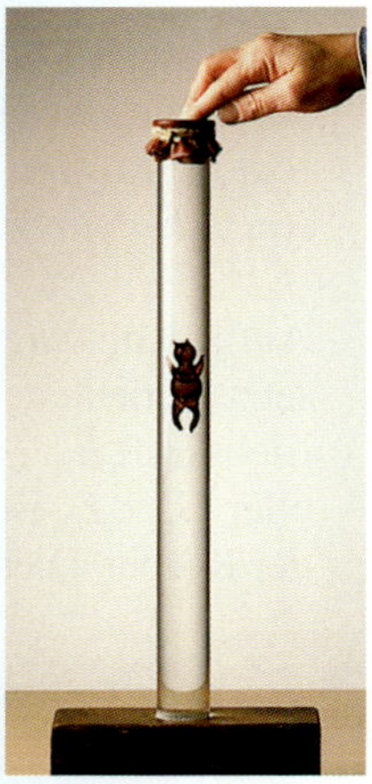

Mit steigendem Druck nimmt nämlich das Gasvolumen im Glaskörper ab. Er verdrängt weniger Wasser, und seine Auftriebskraft wird kleiner. Je nach dem erzeugten Druck sinkt, schwebt oder steigt das Teufelchen.

D. Wie hoch steigt ein Ballon?

Kaufst du dir auf dem Jahrmarkt einen Luftballon und passt nicht auf, dann entschwindet er in luftige Höhen.
– Der Luftballon ist mit einem leichten Gas (z. B. Helium) gefüllt, sodass die mittlere Dichte der Hülle samt Gasfüllung und Last kleiner als die Dichte der Luft ist. Diese nimmt mit der Höhe über dem Erdboden ab. Der Ballon steigt und dehnt sich, bedingt durch die Hülle, nur wenig aus. Schließlich erreicht er eine Luftschicht, deren Dichte gleich seiner eigenen mittleren Dichte ist. Dann halten sich Auftriebskraft und Gewichtskraft des Ballons das Gleichgewicht, und der Ballon schwebt. Grundsätzlich gilt:
Ein Körper steigt in Luft auf, wenn seine mittlere Dichte kleiner als die Dichte der Luft ist.

Ein moderner Freizeitsport ist das „Fahren" mit einem *Heißluftballon* geworden. Er wird nicht mit Helium oder Wasserstoff gefüllt, sondern mit „heißer Luft". Mit einem Propangasbrenner erhitzt man über $5000\ \mathrm{m^3}$ Luft. Dadurch entweicht Luft aus der hitzebeständigen Ballonhülle. Wenn die gesamte Gewichtskraft von Ballonhülle (einschließlich der sich darin befindlichen Luft), dem Korb, dem Gasbrenner und den Insassen genauso groß ist wie die immer vorhandene Auftriebskraft schwebt der Ballon. Während der Fahrt muss die sich abkühlende Luft immer wieder aufgeheizt werden. Möchte man landen, stellt man einfach den Brenner ab.

Im Kapitel *Das thermische Verhalten der Gase* gehen wir nochmals auf die Physik des Heißluftballons ein.

Interessantes

Otto VON GUERICKE war 35 Jahre lang Bürgermeister seiner Heimatstadt Magdeburg und setzte sich sehr für ihren Wiederaufbau nach dem Dreißigjährigen Krieg ein. Berühmt machten ihn die Liebhabereien seiner Mußestunden. Der ungeheure, unbegrenzte Raum oberhalb unserer Lufthülle, in dem sich Gestirne widerstandslos bewegen, fesselte ihn.

„Ist dieser Raum leer" fragten sich damals die Gelehrten. „Kann es überhaupt einen von Materie freien Raum geben?" GUERICKE machte durch seine groß angelegten Schauversuche den Menschen bewusst, dass man den leeren Raum – im Prinzip – herstellen kann und dass „Luft ein gewisses körperliches Etwas ist". Seine geniale Experimentierkunst ließ ihn zum Mitbegründer der modernen Naturwissenschaften werden.

Ein berühmtes historisches Experiment

1650 ließ Otto VON GUERICKE (1602–1686) zwei große kupferne Halbkugeln anfertigen. Er setzte sie an ihren Rändern luftdicht zusammen und pumpte den Innenraum mit der von ihm konstruierten Kolbenluftpumpe leer. Zur Verblüffung der Zuschauer konnten erst zweimal acht Pferde die Halbkugeln auseinanderreißen. Pumpen und Halbkugeln sind noch heute im Deutschen Museum in München zu sehen.

Aufgaben

A1: Ein Körper ($G_K = 75$ N) wird vollständig in Wasser eingetaucht. Ein Kraftmesser, an dem er hängt, zeigt 66 N an. Bestimme die Dichte des Körpers.

A2: Ein Körper ($G_K = 20{,}50$ cN) wird vollständig in Wasser eingetaucht. Ein Kraftmesser, an dem er hängt, zeigt 13,75 cN an. Der Kraftmesser zeigt 9,36 cN bei einer anderen Flüssigkeit. Berechne deren Dichte ($g = 0{,}981$ cN/g).

A3: Du hebst unter Wasser einen Felsblock ($\varrho = 2{,}5$ g/cm^3) mit der Kraft 100 N. Welche Gewichtskraft erfährt er über Wasser? Betrachte zunächst 1 cm^3.

A4: Angenommen, der Goldschmied hätte zum „Goldkronenexperiment" gegenüber ARCHIMEDES angeführt, dass sich in der Krone luftgefüllte Hohlräume befänden. Ist er entlastet?

A5: ARISTOTELES wollte klären, ob Luft eine Gewichtskraft erfährt. Zu diesem Zweck wog er eine Blase, zunächst mit Luft angefüllt, dann zusammengeknüllt. Sie war beide Male gleich schwer, sodass er der Luft eine Gewichtskraft absprach. Wo lag sein Trugschluss?

A6: In einem randvoll gefüllten Becherglas schwimmt ein Eisbrocken. Läuft das Wasser über, wenn das Eis schmilzt?

A7: Der Glaszylinder (GALILEI-Thermometer) enthält eine Flüssigkeit, deren Dichte bei Temperaturerhöhung abnimmt. Die farbigen Glaskugeln, haben fein abgestufte mittlere Dichten und steigen oder sinken je nach Zimmertemperatur. Erkläre.

A8: Ein Körper ($V = 50$ cm^3) taucht beim Schwimmen auf Wasser mit 40 cm^3 unter die Oberfläche. Wie groß ist seine Gewichtskraft? Wie groß müsste die Dichte einer Flüssigkeit sein, damit er darin schwebt?

A9: Wie viel Prozent eines Eisbergs (0,91 g/cm^3) ragen über die Wasseroberfläche (Dichte des Salzwassers 1,02 g/cm^3)?

A10: In einem Teich schwimmt ein mit Steinen beladenes Boot. Ein Kind wirft aus ihm Steine ins Wasser. Hebt oder senkt sich der Wasserspiegel? (Rechne mit 1 m^3 Steinen der Dichte 2,5 g/cm^3).

A11: Im Wasser schwimmt eine zum Teil gefüllte Flasche mit der Öffnung nach unten. Sie wird nach unten gestoßen. Begründe, dass je nach Stärke des Stoßes die Flasche entweder wieder an die Oberfläche kommt oder ganz untergeht.

Das ist wichtig

1. Viele Beobachtungen an Gasen, Flüssigkeiten und Festkörpern lassen sich durch das **Teilchenmodell** erklären: Die Moleküle eines **Gases** sind in ständiger schneller Bewegung. Bei Zusammenstößen verhalten sie sich wie (ideale) Tennisbälle. Da ihr mittlerer Abstand groß ist, lassen sich Gase komprimieren.

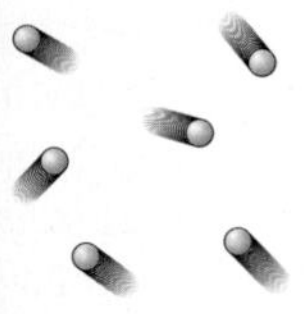

Die Moleküle einer **Flüssigkeit** sind so dicht gepackt, dass sie mit anziehenden Kräften aufeinander einwirken. Ihr mittlerer Abstand lässt sich kaum verkleinern – man kann Flüssigkeiten nicht zusammendrücken. Teilchen einer Flüssigkeit sind leicht gegeneinander verschiebbar, dadurch bildet eine Flüssigkeit eine waagerechte Oberfläche und passt sich der Gefäßform an.

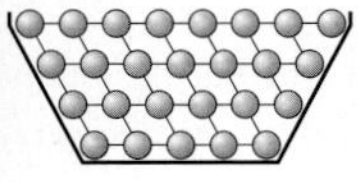

Die Moleküle von **Festkörpern** sind an ihren Ort gebunden. Sie führen um diesen Schwingungen aus.

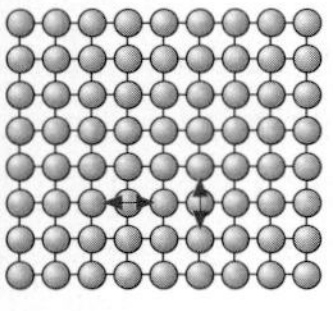

Kohäsionskräfte zwischen den Molekülen sorgen für den Zusammenhalt eines Körpers. Sie sind die Ursache für die **Oberflächenspannung** bei Flüssigkeiten. Flüssigkeiten nehmen aufgrund der Oberflächenspannung eine Form mit möglichst kleiner Oberfläche an. Kräfte zwischen zwei verschiedenen Molekülarten nennt man **Adhäsionskräfte.**

2. Steht eine ruhende Flüssigkeit oder ein ruhendes Gas unter Druck, so gilt:

- Auf jede Begrenzungsfläche A wirkt eine Kraft $\vec{F}$. Es gilt: $F \sim A$
- Die Kraft steht senkrecht auf der Fläche.

Der **Druck** p ist definiert durch

$$p = \frac{F}{A}.$$

Einheiten des Drucks sind **1 Pa (Pascal)** und **1 bar.**
1 Pa = 1 N/m^2; 1 hPa = 100 Pa = 1 cN/cm^2
1 bar = 100000 Pa = 10 N/cm^2.

3. In Flüssigkeiten herrscht ein **Schweredruck**.

- Er ist unabhängig von der Form der Gefäße.
- Er hängt nur von der Tiefe h, der Dichte ϱ der Flüssigkeit und dem Ortsfaktor g ab:

$$p = h \cdot \varrho \cdot g.$$

- Geht man in Wasser 10 m tiefer, so nimmt der Schweredruck um 1000 hPa (1 bar) zu.

Der Schweredruck der Atmosphäre heißt **Luftdruck**.
An der Erdoberfläche ist er etwa **1 bar = 1000 hPa.**
Der Luftdruck nimmt mit der Höhe ab und schwankt an jedem Ort im Laufe der Zeit.

4. Druckunterschiede sind Ursache von **Strömungen.**

Wasserstromstärke I = Wassermenge/Zeit in l/s

- Je größer der **Druckunterschied** (Antrieb), umso größer die Stromstärke.
- Je kleiner der **Widerstand** der Leitung, umso größer die Stromstärke. – Je länger und je dünner die Leitung, umso größer ihr Widerstand.

5. Ist p der Druck und V das Volumen eines eingeschlossenen Gases, so gilt bei konstanter Temperatur das **Gesetz von Boyle und Mariotte:** $p \cdot V = \text{konstant}$.

6. Sinken, Schweben, Steigen, Schwimmen

- In Flüssigkeiten und Gasen erfährt jeder eingetauchte Körper eine **Auftriebskraft**, kurz **Auftrieb** genannt. Sie ist eine Folge des Schweredrucks.
- Das **Gesetz des Archimedes** lautet: Die Auftriebskraft ist so groß wie die Gewichtskraft der verdrängten Flüssigkeit.
- Ist die Gewichtskraft eines vollständig eingetauchten Körpers größer als sein Auftrieb, **sinkt** er.
  Sind die Kräfte gleich, **schwebt** er in beliebiger Tiefe.
  Ist der Auftrieb größer als die Gewichtskraft, dann **steigt** der Körper an die Oberfläche, wo er schwimmt.
- Ein Körper **schwimmt,** wenn seine mittlere Dichte kleiner ist als die der Flüssigkeit. Er taucht so tief ein, bis die Gewichtskraft der verdrängten Flüssigkeit gleich seiner Gewichtskraft ist: $G_K = G_{Fl}$.

Aufgaben

A1: Nimm eine Plastiktüte, erzeuge durch Aufblasen im Innern einen Überdruck und sauge dann alle Luft heraus. Beschreibe die Veränderungen der Plastikhaut als Grenze zwischen Innen und Außen. Erkläre die Veränderungen mit den Kräften an der Grenze.

A2: Um einen Pkw über einen Fluss zu transportieren, muss ein Floß aus Baumstämmen gebaut werden. Welche physikalischen Überlegungen sollte man zuvor anstellen, damit das Floß den Pkw auch sicher trägt?

Fauchend schießt die Flamme in die Ballonhülle. Mit offenen Sinnen können die Ballonfahrer dabei Einiges beobachten: Metallteile knacken, da sie sich mit zunehmender Temperatur ausdehnen. Die Flammengase strahlen heiß ins Gesicht. Der Ballon bläht sich auf, weil die Luft bei höherer Temperatur mehr Platz braucht, ein Teil der Luft quillt über, der nun leichtere Ballon steigt auf. Die heißere Luft hat mehr Energie als vorher.

Die Temperaturdifferenz zwischen der Luft innerhalb des Ballons und der Luft außen ist sehr hoch und die Ballonhülle ist sehr dünn. Deshalb fließt innere Energie des heißen Gases durch die Hülle unerwünscht schnell nach außen ab. Im Ballon zieht sich die Luft beim Abkühlen zusammen, von außen fließt kalte Luft nach. Der nun wieder schwerer gewordene Ballon sinkt.

Auch **Umweltschutz und Energie sparen** werden bei uns groß geschrieben. In jeder Klasse gibt es zwei *Umweltmanager* und zwei *Energiemanager.* Die einen sorgen für konsequente Mülltrennung, die anderen für das Einsparen von Strom, Heizwärme und von Wasser. Unser Hausmeister, Herr Ludolph, hilft ihnen dabei und leitet sie an.
Je zwei Schülerinnen oder Schüler je Klasse sorgen als Energiemanager dafür, dass die Energiesparmaßnahmen in den Klassen eingehalten werden, z. B. durch Kontrolle der Raumtemperaturen und Überprüfung der Thermostateinstellungen an den Heizungen, Ausschalten der Beleuchtung, wenn es draußen hell genug ist, richtiges Lüften usw.
Die Energiemanager treffen sich regelmäßig zum Erfahrungsaustausch. Sie informieren ihre Mitschülerinnen und Mitschüler über Energiesparen und motivieren sie zum Mitmachen.

B1: An Julias Schule werden Umweltschutz und Energie sparen groß geschrieben. Auf der Website der Schule kann man es nachlesen. Warum und wofür man Energie braucht, steht dort nicht. Das lernt man im Physikunterricht.

B2: Die Ölflamme im Heizkessel liefert Heizenergie.

B3: Mit diesem nostalgischen Puppenstubenherd kann man richtig kochen. Die Energie dafür liefern Esbit-Tabletten, die man in Spielzeuggeschäften kaufen kann.

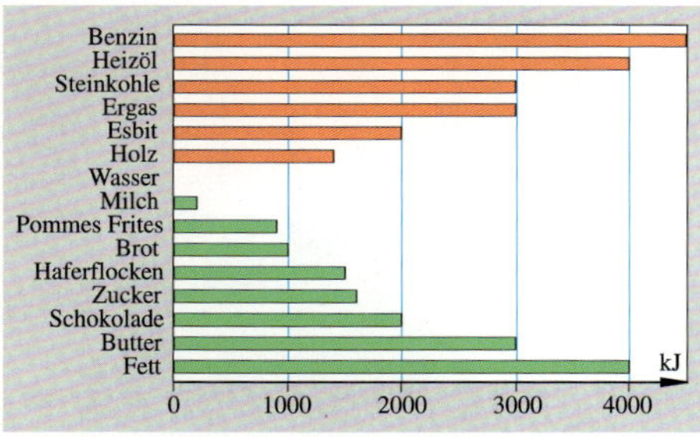

T1: Brennstoffe und Nahrungsmittel liefern Energie. Die Tabelle zeigt den Energiegehalt in kJ (Kilojoule) für jeweils 100 g. Zum Leben braucht der Mensch täglich etwa 10000 kJ.

Zum Heizen braucht man Energie

1. Energie benötigt man, um die Temperatur zu erhöhen

Energiemanager kümmern sich um Energie und Energiesparen (➠ *Bild 1*). Julia ist Energiemanagerin in ihrer Klasse. Bei einem Rundgang durch die Heizzentrale kann sie einen Blick auf die Flamme in einem Heizkessel werfen (➠ *Bild 2*). Die Flamme sorgt für hohe Temperatur im Heizkessel. Die Flamme erlischt, wenn die Zufuhr von Öl oder Gas unterbrochen wird. Ohne Flamme keine Heizung! Von alleine wird das Wasser in der Heizung nicht heiß. Dem Wasser muss **Energie** zugeführt werden. Die Energie der Flamme kommt mit Gas oder Heizöl ins Haus. Sie muss bezahlt werden.
Nach einer kalten Winternacht muss der Luft und den Wänden in den Klassenräumen Energie zugeführt werden, damit die Temperatur wieder steigt. Der Brennstoff liefert die Energie zum Heizkessel, das erhitzte Wasser in den Heizungsrohren bringt die Energie in die Klassenräume. Bei Unterrichtsbeginn hat die Temperatur dann (hoffentlich) den richtigen Wert.

Merksatz

Wer die Temperatur von Gegenständen erhöhen will, muss ihnen Energie zuführen.

2. Energie kann man messen

Menschen können einen Raum aufheizen – ohne Ofen. Sie geben nämlich ständig selbst Energie ab. Diese erhalten Sie von energiereichen Nahrungsmitteln. In der ➠ *Tabelle 1* findest du Beispiele. Manchmal ist auch auf Verpackungen angegeben, wie viel Energie in 100 g eines Nahrungsmittels steckt.

1 kJ (Kilojoule) ist die international gültige Einheit für Energiemengen. Wie viel man mit der Energie 1 kJ erreicht, zeigt sich beim Erhitzen von Wasser: Um die Temperatur von 1 l Wasser um 1 Grad zu erhöhen, muss man etwa 4 kJ zuführen.

Merksatz

Energieportionen werden in kJ (Kilojoule) gemessen. – Mit 4 kJ kann man die Temperatur von 1 l Wasser um 1 Grad erhöhen.

In *Versuch 1* wird Wasser erhitzt. Die dazu nötige Energie liefern Esbit-Tabletten, die z. B. in Spielzeugen verwendet werden (*Bild 3*). Beim Verbrennen geht der Brennstoff „in Rauch auf", seine Energie gibt er dem Wasser. Im Bild zu *Versuch 1* ist dargestellt, wie beim Erhitzen von Wasser der Brennstoffvorrat abnimmt und gleichzeitig die Temperatur des Wassers steigt. *Jede* Esbit-Tablette liefert Energie für jeweils etwa 10 Grad Temperaturerhöhung. Da man für jedes Grad 4 kJ braucht, gibt also eine Esbit-Tablette (2 g) 40 kJ Energie an das Wasser ab.

Merksatz

Beim Heizen gilt für eine bestimmte Portion Wasser (und für jeden Gegenstand): *Gleiche Energiezufuhr* bewirkt *gleiche Temperaturerhöhung.*

3. Energie geht nicht verloren

Julia und Daniel führen *Versuch 2* durch: Sie haben drei Esbit-Tabletten und in drei Töpfen je einen Liter Wasser:

- Im Fall a) liefern sie jedem Topf die Energie einer Tablette; die Temperatur steigt in jedem Topf um 10 Grad.
- Im Fall b) bekommt der mittlere Topf allein die ganze Energie: Nur dort steigt die Temperatur – und zwar um 30 Grad.

„Was geschieht wohl", fragt Julia, „wenn wir das Wasser aus den drei Töpfen zusammengießen?" – „Dann bleibt den drei Litern Wasser *zusammen* die ganze Energie!", sagt Daniel. „Es wird am Ende so sein wie im Fall a)." Julia zweifelt noch: „Aber die Energie ist dann auf einem Umweg zu dem Wasser der äußeren Töpfe gelangt!" – Daniel und Julia überprüfen das:

- Im Fall c) mischen sie das Wasser aus den Töpfen des Versuchs b). Sie messen für die drei Liter Wasser eine Temperaturerhöhung von 10 Grad.

Daniel hatte Recht. Die Energie von drei Esbit-Tabletten steckt allein im Wasser des mittleren Topfes. Beim Mischen verteilt sich die Energie gleichmäßig auf die ganze Wassermenge. Der heiße Liter Wasser muss Energie abgeben, seine Temperatur sinkt. Die beiden anderen bekommen jeweils die Hälfte dieser Energie, ihre Temperatur steigt. Zuletzt ist die Temperatur im ganzen Wasser wie in a) um 10 Grad gestiegen. Energie ging nicht verloren.

Merksatz

Energie kann auf Gegenstände übertragen werden. Gegenstände speichern Energie und können sie wieder abgeben.
Energie geht bei der Übertragung nicht verloren.

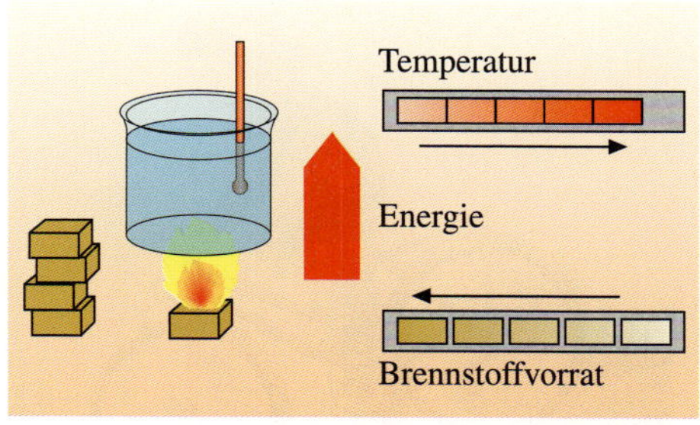

V1: In dem Stapel Esbit-Tabletten steckt die Energie, mit der 1 l Wasser im Topf erhitzt werden kann. Wenn eine Tablette verbrannt ist, wird (nach Umrühren) das Thermometer abgelesen und die nächste Tablette angezündet. – Der rote Pfeil ist Symbol für die Energieübertragung.

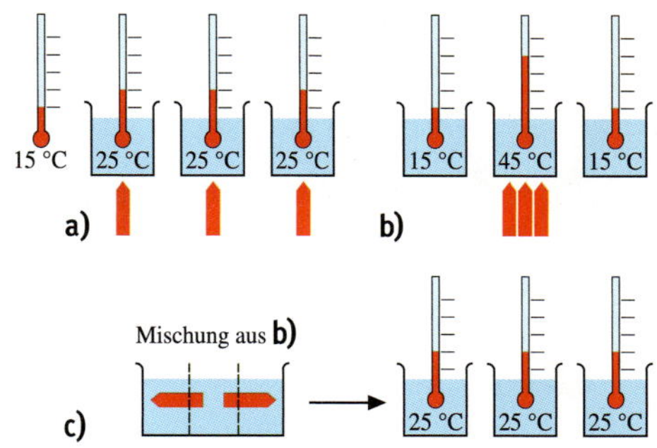

V2: **a)** In jedem Topf ist 1 l Wasser von 15 °C. Unter jedem Topf wird eine Esbit-Tablette verbrannt. In jedem Topf steigt die Temperatur um 10 Grad auf 25 °C. **b)** Alle drei Esbit-Tabletten werden unter dem mittleren Topf verbrannt. Die Temperatur des Wassers steigt um $3 \cdot 10$ Grad auf 45 °C. **c)** Das Wasser aus den beiden kalt gebliebenen Töpfen mit 15 °C und das heiße Wasser aus dem mittleren Topf mit 45 °C werden zusammengegossen, die Mischung wird wieder auf drei Töpfe verteilt. Jetzt misst man in allen Töpfen die Temperatur 25 °C, 10 Grad höher als die Ausgangstemperatur.

Aufgaben

A1: Julia füllt aus einer mit 200 l Wasser (15 °C) gefüllten Badewanne 1 l in den Alu-Topf. Sie heizt diese Portion mit der Energie einer Esbit-Tablette. **a)** Auf welchen Wert steigt die Temperatur? **b)** Sie gießt das erhitzte Wasser wieder in die Badewanne. Ob sie dort die Temperaturerhöhung mit der Hand spüren kann?

B 1: Bergab braucht jeder gute Bremsen.

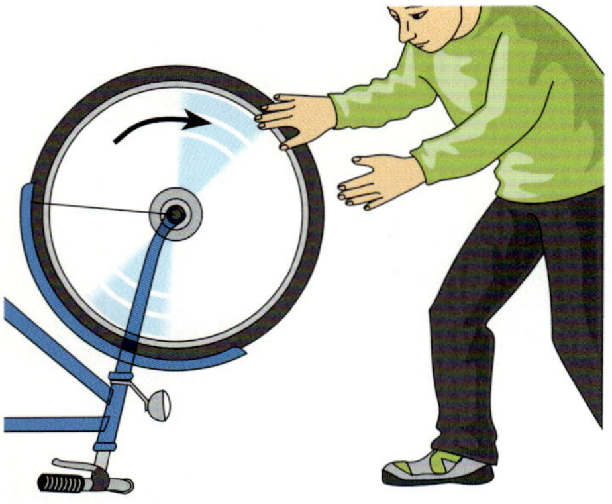

V 1: Daniel stellt sein Fahrrad auf den Sattel und setzt das Vorderrad mit seinen Muskeln in Schwung. Anschließend lässt er seine Hand auf dem Reifen reiben. Das Rad wird langsamer; dafür erhitzt sich die Handfläche. Je länger das Rad an der Hand reibt, desto heißer wird sie.

V 2: Ein zweites Rad ist in einer Gabel gelagert. Daniel nähert es vorsichtig dem vorher in Schwung gebrachten Vorderrad bis sich die Reifen berühren. Daniels Vorderrad wird langsamer; das zweite Rad kommt dafür in Schwung. Trennt man die Räder wieder, so drehen sich *beide* weiter.

Ein Körper kann Bewegungsenergie haben

1. In jeder Bewegung steckt Energie

Bei der Fahrt ins Tal haben es Radfahrer gut. In flottem Tempo geht es bergab, keiner braucht in die Pedale zu treten. Damit die Fahrt nicht schneller wird, müssen sie sogar ständig bremsen, sonst droht ein Unfall.
„Komisch", sagt Daniel, „die Bremsen werden heiß. Zum Erhitzen braucht man aber Energie. Woher kommt diese Energie?"

Wer den ➠ *Versuch 1* durchführt, kann spüren, dass ein bewegtes Rad nicht nur die Bremsen, sondern auch die Handflächen erhitzen kann. Solange die Hand am Reifen reibt, nimmt die Geschwindigkeit des Rades ab und die Temperatur der Hand steigt. Die Energie zum Erhitzen der Hand wird vom Rad geliefert. Sie war in der Bewegung des Rades *gespeichert*. Das drehende Rad hat **Bewegungsenergie.** Es bleibt stehen, wenn es die Bewegungsenergie vollständig abgegeben hat.

2. Bewegungsenergie kann übertragen werden

Im ➠ *Versuch 2* wird das Vorderrad langsamer, wenn die Reifen sich berühren. Die Bewegungsenergie des Vorderrades nimmt ab, ohne dass Bremsen oder Hände erhitzt werden. Wo bleibt jetzt die abgegebene Energie? Nun, das lose Rad hat sich in Bewegung gesetzt, Bewegungsenergie kann übertragen werden – von dem einen Rad auf das andere. Wer Bewegungsenergie abgibt, wird langsamer, wer sie aufnimmt, wird schneller. Wird keine Energie entnommen, so dreht sich das Rad weiter.

Wird das rotierende Rad an einen anderen Ort gebracht, so nimmt es die Bewegungsenergie mit. Dort könnte man die Bewegungsenergie auf ein drittes Rad übertragen oder beim Bremsen die Hand erhitzen. Daniel könnte die Kette der Energie-Übertragungen so aufschreiben:

Merksatz

Ein Körper in Bewegung hat Bewegungsenergie. Er kann sie auf einen anderen Körper übertragen. Dabei wird er langsamer. Der Körper, der die Energie aufnimmt, wird schneller oder heißer.

3. Woher kommt die Bewegungsenergie?

In Daniels Bremsversuchen muss der Vorrat an Bewegungsenergie immer wieder aufgefüllt werden. Mit seinen Muskeln bringt er das Rad erneut in Schwung. In den Muskeln stellen chemische Vorgänge Energie bereit

Die Kette der Energie-Übertragungen beginnt einen Schritt früher:

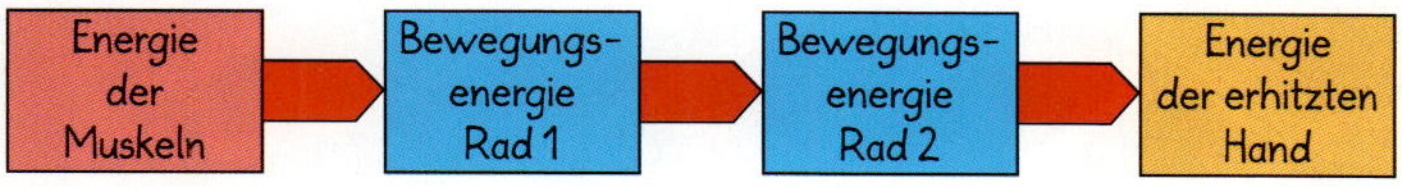

4. Heimliche Bremsen: Energie verkrümelt sich

Auch wenn Daniel dem Rad keine Energie entnimmt, kommt es zur Ruhe. Das liegt daran, dass sich beim drehenden Rad Teile gegeneinander bewegen und reiben. Dies sind heimliche Bremsen, die man nicht restlos ausschalten kann. Sie entnehmen dem Rad Bewegungsenergie. Mit einem empfindlichen Thermometer kann man die erhöhte Temperatur an der Achse des Rades messen.

5. Was aus Bewegungsenergie sonst noch werden kann

Daniel kennt eine weitere Möglichkeit dem Rad Bewegungsenergie zu entnehmen. Das Rad hat einen modernen Naben*dynamo*, den man nicht bemerkt, solange das Fahrradlicht ausgeschaltet ist. Bei eingeschaltetem Licht nimmt die Geschwindigkeit des Rades schnell ab (➠ *Versuch 3*). Der Dynamo wandelt die Bewegungsenergie des Rades in **elektrische Energie** um, das Glühlämpchen macht daraus *Licht*.

Julia versteht jetzt, warum die Energiemanager kontrollieren sollen, ob das Licht in den Klassenräumen ausgeschaltet ist, wenn der Klassenraum verlassen wird. Den Lampen muss elektrische Energie zugeführt werden, wenn sie Licht abgeben sollen.

Und wo bleibt die Energie, die als elektrische Energie ins Haus kommt und den Lampen zugeführt wird?
Du weißt, dass schwarze Körper im Sonnenlicht sehr schnell heiß werden. Sie schlucken das Licht und bekommen eine höhere Temperatur. Dazu ist Energie nötig, als **Lichtenergie** ist sie transportiert worden.

Julia hält ihre Hand unter die Schreibtischlampe und schaltet sie ein. „Man kann richtig nachdenklich werden.", sagt sie, „Die Energie, die ich abends benötige, um in meinem Physikbuch lesen zu können, kommt als elektrische Energie in meine Lampe. Sie ist wertvoll für mich als Lichtenergie und fließt gleich wieder davon."

Die Bürger von Schilda (die „Schildbürger") haben es auch nicht geschafft, Licht in Säcken in ihre fensterlosen Häuser zu transportieren und darin aufzubewahren!

V3: Das Rad von ➠ *Versuch 2* ist mit einem modernen Nabendynamo ausgestattet. Bisher war die Beleuchtung ausgeschaltet. Bei eingeschalteter Beleuchtung nimmt die Geschwindigkeit des Rades schnell ab – als ob jemand bremst.

Vertiefung

Bewegungsenergie und Verkehr

Beim Verkehrssicherheitstraining redet der Fahrlehrer vom ADAC auch über den Bremsweg von Autos: „In welcher Entfernung vor einem fahrenden Auto könnt ihr gefahrlos die Straße überqueren? Viele Kinder glauben, dass ein Auto sofort stehen bleiben kann.".
Das Bremsen nicht gleich Stehen bedeutet, erfahren sie am eigenen Leib: Aus vollem Lauf sollen sie stoppen. Sie stellen fest, dass sie nicht sofort anhalten können.

Wir können das erklären: Wer im vollen Lauf ist, hat Bewegungsenergie, die er vollständig loswerden muss. Erst dann ist Stillstand.
Je schneller das Auto, desto größer die Bewegungsenergie, desto länger der Bremsweg.

B1: Achterbahn: Wenn die Fahrgäste eingestiegen sind, wird der Wagen von einem Motor nach oben gezogen. Weiter geht es im Freilauf, zuerst in Kurven nur bergab, dann in Kurven bergauf und bergab.

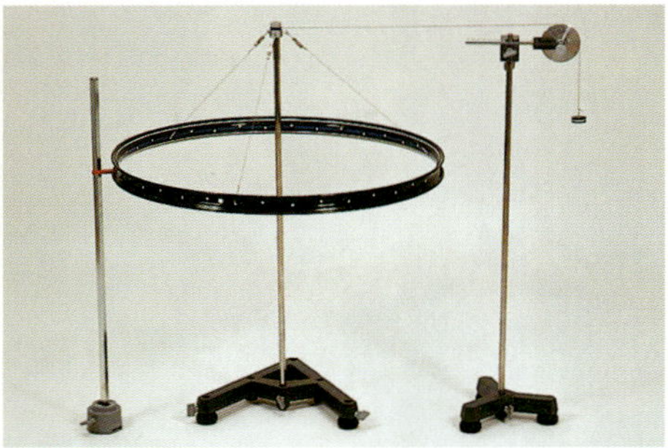

V1: **a)** Gibt man das Rad frei, so beginnt es, sich immer schneller zu drehen, während das Wägestück sinkt. Hat das Wägestück den Boden erreicht, so wird das Rad nicht mehr schneller, dreht sich aber weiter. **b)** Das Wägestück wird unterwegs aufgefangen, sodass es keine Höhe mehr verlieren kann. Das Rad dreht sich weiter, wird aber nicht mehr schneller.

V2: Wenn das Wägestück unterwegs ist, wird das Rad mit leichter Hand gebremst, sodass es weder schneller noch langsamer wird. Das Wägestück verliert gleichmäßig weiter an Höhe.

V3: Das Wägestück liegt auf dem Tisch. Bei lose gelegtem Faden wird das Rad in Schwung gebracht. Nach kurzer Zeit ist der Faden gespannt; dann gewinnt das Wägestück an Höhe, während das Rad immer langsamer wird.

Körper speichern innere Energie und Höhenenergie

1. Temperatur und innere Energie

In *Energie-Übertragungsketten* haben wir für Daniels Experimente dargestellt, wie Energie *übertragen* und *umgewandelt* werden kann. Am Ende einer Energie-Übertragungskette steht immer ein Körper, dessen Temperatur sich erhöht hat. An der Temperaturänderung kann man sehen, ob einem Körper Energie zugeführt oder weggenommen wird. Die Energie, die der Körper gespeichert hat, heißt **innere Energie.**

Innere Energie ist aber etwas anderes als Temperatur: Wer zwei Ziegelsteine im Backofen auf 50 °C erhitzt, vergrößert bei jedem Stein den Vorrat an innerer Energie. Der Backofen liefert die Energie. Stapelt man die erhitzten Steine aufeinander, so hat man *einen* „Doppelstein" mit *gleicher* Temperatur, aber *doppelter* Menge an innerer Energie.

2. Gegenstände speichern Höhenenergie

Bei der Talfahrt der Achterbahn in ➠ *Bild 1* werden die Wagen schneller. Ihre Bewegungsenergie nimmt zu. Dies geschieht im Freilauf, ohne Motorantrieb. Von anderen Wagen bekommen sie die Bewegungsenergie aber auch nicht. Kann es sein, dass ihr *Höhenverlust* etwas mit Energie und Energieübertragung zu tun hat?

In ➠ *Versuch 1* hat jemand das Wägestück gehoben und an die Schnur gehängt. Gibt man das Rad frei, so verliert das Wägestück an Höhe, das Rad bekommt Bewegungsenergie. Das Wägestück hat Höhenenergie, die sich am Rad in Bewegungsenergie wandelt.

Die Gesamtenergie aller Teilchen eines Körpers nennt man seine **innere Energie** (die „Gewimmel"-Energie heißt auch **thermische Energie**). Die doppelte Teilchenmenge (z. B. zweier Backsteine gleicher Temperatur) hat bei gleicher Temperatur die doppelte innere Energie. Die *mittlere Energie je Teilchen* ist jedoch gleich. Sie ist ein Maß für die Temperatur.
Will man die innere Energie erhöhen, so muss man den Teilchen von außen Energie zuführen, bei einem Gas z. B. durch Kompression, bei festen Körpern z. B. durch *Reibung*. Dabei rutscht ein Körper auf seiner Unterlage. Winzige Unebenheiten der Berührungsflächen verzahnen sich miteinander. Reißen sie sich los, geraten ihre Teilchen in stärkere Schwingungen. So „verkrümelt" sich die Bewegungsenergie der aneinander gleitenden Körper in ungeordnete Teilchenbewegung der Reibflächen und erhöht deren innere Energie. Wird dabei viel Energie umgesetzt, treten sehr hohe Temperaturen auf. Bremsen werden bei übermäßiger Beanspruchung glühend heiß (➠ *Bild 1*), sodass sie versagen können.

Merksatz

Die **innere Energie** eines Körpers ist die Summe der Energien all seiner Teilchen. Sie steigt mit der Temperatur.

3. Innere Energie kann strömen

Das kennst du: Man legt einen Silberlöffel in die heiße Suppe. Nach kurzer Zeit will man ihn wieder am Griff anfassen – doch jetzt ist auch dieses Ende des Löffels unangenehm heiß geworden. Es muss Energie von selbst aus der Suppe durch den Löffel bis zur Hand gewandert sein. Man spricht in einem solchen Fall von **Wärmeleitung**. Was passiert bei diesem unsichtbaren, von selbst ablaufenden Energietransport durch einen Metallstab?
Nach dem Teilchenmodell schwingen die Teilchen bei hoher Temperatur heftig (➠ *Bild 3, jeweils links*). Im noch kalten Teil des Metallstabes schwingen die Teilchen nur schwach. Sie erhalten aber von schnellen Nachbarn Energie und werden deshalb schneller. Auch in ihrem Bereich steigt nun die Temperatur. Der Vorgang setzt sich nach rechts weiter fort. Stets strömt dabei Energie *von schnellen Teilchen zu langsamen Teilchen, von höherer zu niedrigerer Temperatur, nie umgekehrt.* Je heftiger die Teilchen links im Vergleich zu denen auf der rechten Seite schwingen, desto mehr Energie wird je Sekunde von links nach rechts durchgereicht, desto größer ist die **Energiestromstärke** $I = W/t$. Deren Maßeinheit ist 1 J/s = 1 W (Watt). Die Temperaturdifferenz ist Ursache des inneren Energiestroms, ohne sie versiegt er (➠ *Bild 4*).

Merksatz

Innere Energie fließt von selbst von Heiß nach Kalt, von hoher zu niedriger Temperatur. Man spricht von **Wärmeleitung**.
Die **Energiestromstärke** ist der Quotient Energie/Zeit: $\boldsymbol{I = W/t}$.
Ihre Einheit ist 1 J/s = 1 Watt.

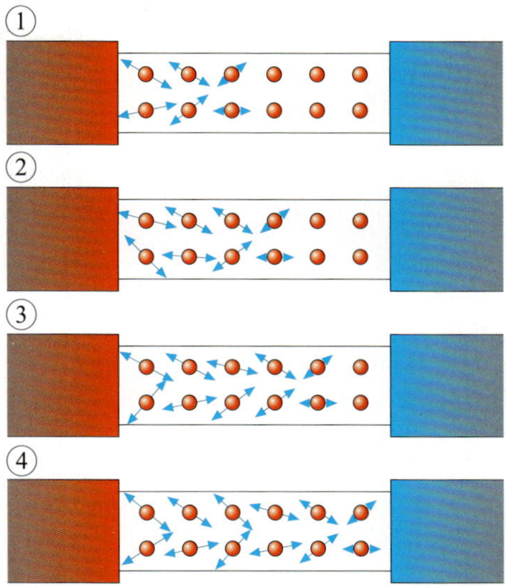

B3: Nach und nach wird Energie durch einen Metallstab von links (heißer Körper) nach rechts (kalter Körper) weitergeleitet. Zu Beginn ① schwingen die Teilchen auf der linken Seite stark. Sie reichen Energie an langsamere Nachbarteilchen weiter, diese, nun schneller geworden, an ihre rechten Nachbarn usw. ②, ③. Nach einiger Zeit wird die von links übernommene Energie nur noch durchgereicht ④. Dann kommt im kalten Körper rechts in jeder Sekunde genauso viel Energie an wie links vom heißen Körper hineingegeben wird.

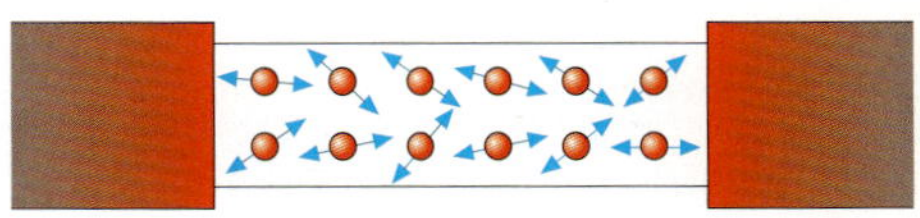

B4: Hier kann keine Energie fließen. Links und rechts sind die Teilchen im Mittel gleich schnell, Energie wird nicht weitergereicht. Ohne Temperaturunterschied fehlt die Ursache, der „Antrieb" für den inneren Energiestrom.

Aufgaben

A1: Presse deine Hände fest gegeneinander und reibe sie kräftig. Was spürst du? Wie kannst du den Vorgang erklären?

A2: Ein Schmied bearbeitete ein Hufeisen von normaler Temperatur mit dem Hammer bis es rot glühte. Erkläre dies.

A3: Nenne Beispiele für Energieströmung bei Temperaturdifferenzen. Wann enden diese jeweils?

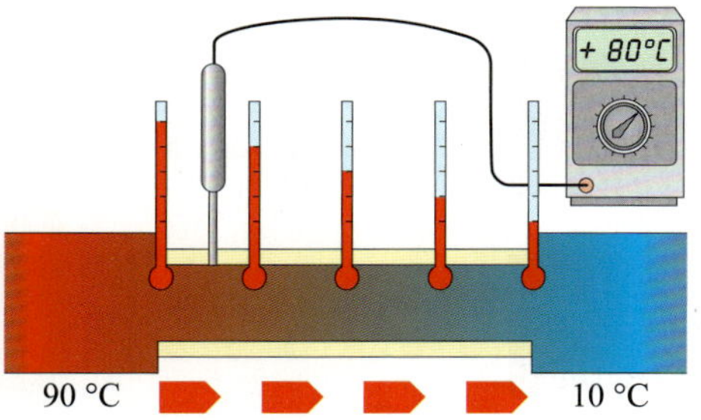

B1: Die Temperatur nimmt längs des Energie führenden Stabes von links nach rechts kontinuierlich ab. Dies können wir durch eine Messung nachweisen oder einfach ertasten. In jedem Abschnitt sorgt eine kleine Temperaturdifferenz für die Energieströmung.
Wichtiger Unterschied zum Wasserstrom: Hier wird nur das Gewimmel der Teilchen als Energie weitergereicht, die Teilchen selbst bleiben an ihrem Ort.

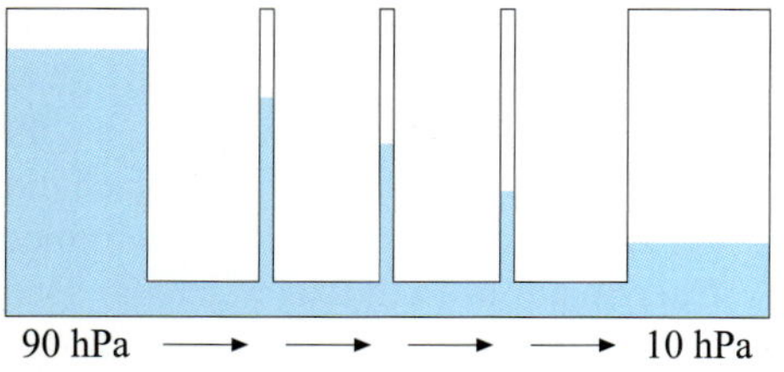

B2: Der Druck nimmt längs des Wasser führenden Rohres vom hohen Druck zum tiefen Druck kontinuierlich ab.

4. Strömungen und Widerstand

Die Erfahrung zeigt: Je größer die Temperaturdifferenz zwischen den Stabenden ist, desto größer ist die Energiestromstärke. Beim Wasserstrom in waagerechten Rohren fanden wir Vergleichbares: Je größer die Druckdifferenz als „Antrieb" ist, desto größer ist die Wasserstromstärke. Gibt es noch weitere Gemeinsamkeiten?

Der Energiestrom in ➠ *Bild 1* ist überall gleich stark. Die Temperatur nimmt ab, macht aber nicht plötzlich an einer Stelle des Stabes einen Sprung von 90 °C auf 10 °C. Vielmehr nimmt sie gleichmäßig längs des Stabes von links nach rechts ab. In jedem der vier Längenabschnitte von z. B. 5 cm besteht deshalb eine kleine Temperaturdifferenz von 80 °C/4 = 20 °C. Diese reicht als Antrieb für den Energiestrom auf dieser kurzen Strecke aus. Beim kürzeren Stab braucht man für dieselbe Energiestromstärke also einen kleineren Antrieb. Der Stab hat einen kleineren Widerstand. Mit der gleichen Argumentation und ➠ *Bild 2* verstehst du, warum der Widerstand für den Wasserstrom umso kleiner wird, je kürzer das Rohr ist.
Eine weitere Gemeinsamkeit finden wir beim Querschnitt des Leiters: Eine großflächige Außenwand (dies ist ein dicker Stab) lässt ein Zimmer im Winter schneller auskühlen als eine kleinflächige Wand. Je dicker also der Stab (beim Wasser das Rohr), desto kleiner ist der Widerstand.

Der Wärmewiderstand hängt auch noch vom Material ab. Metalle leiten die Energie sehr gut. Kunststoff, Glas, Luft sind schlechte Wärmeleiter. Ein Kochtopf hat deshalb Griffe aus Kunststoff, ein Winterpullover schließt in seinen Maschen viel Luft ein.

Interessantes

Energiestrom in der Hauswand

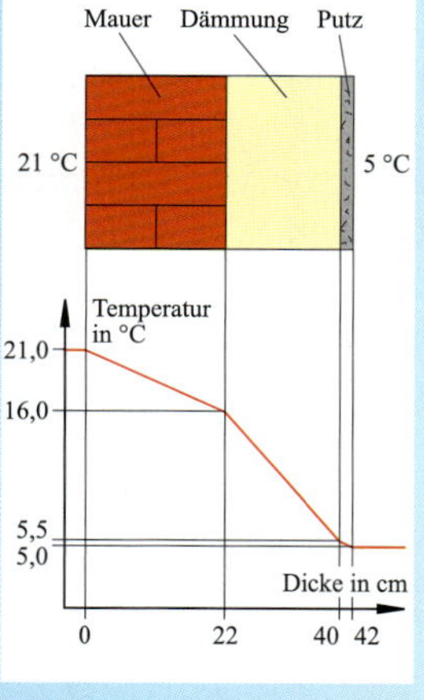

Stein und Beton sind gute Wärmeleiter. Luft und Materialien mit eingeschlossenen Luftbläschen leiten die Energie dagegen schlecht. Man nimmt sie als Dämmmaterial beim Hausbau, damit die Heizenergie nur langsam entkommen kann. So muss die Heizung nur wenig Energie in jeder Sekunde nachliefern. Wenn z. B. die Raumtemperatur 21 °C und die Außentemperatur 5 °C schon längere Zeit vorliegen, dann gibt es durch die Wand hindurch einen gleichmäßigen Energiestrom. Wegen des großen Widerstandes der Dämmschicht ist der Energiestrom schwach. Die Dämmschicht benötigt selbst dafür schon eine große Temperaturdifferenz (in der Zeichnung beträgt sie (16 – 5,5) °C = 10,5 °C). Die Steinmauer benötigt für dieselbe Energiestromstärke nur eine kleine Temperaturdifferenz (in der Zeichnung sind dies 5 °C). Die Temperaturdifferenz an der Steinmauer allein wäre 16 °C.

A1: Erarbeite ein Referat zum Thema „Wärmedämmung". Beachte folgende Gesichtspunkte:
Mache Sinn und Funktionsweise der Dämmung deutlich.
Plane ein Experiment zum Nachweis der Dämmung.
Wie dick müsste in der Zeichnung die Mauer allein sein, wenn der Energiestrom genau so klein sein soll wie bei der gedämmten Mauer?
Überlege dir für den Energiestrom durch die ungedämmte und die gedämmte Wand jeweils ein Vergleichsexperiment mit Wasserströmung.

Methoden

Strömung von Wasser

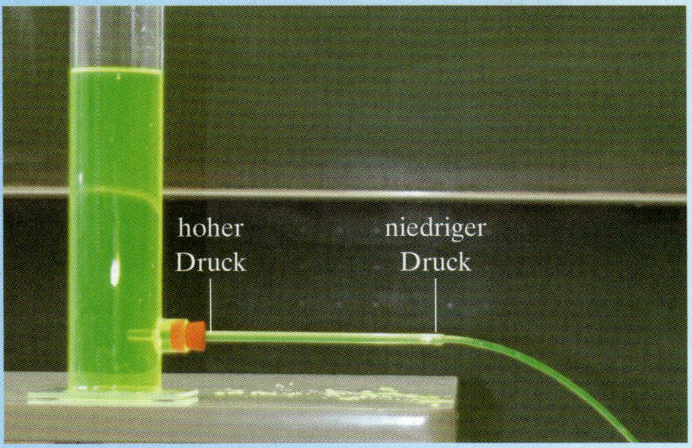

B3: Zwischen den Enden des Ausflussrohres besteht ein Druckunterschied. Dieser ist Ursache (Antrieb) für die Wasserströmung.

- In dem Ausflussrohr (*Bild 3*) strömt Wasser nach rechts, von Stellen hohen Drucks zu Stellen niedrigen Drucks.
- Die Wasserstromstärke ist gegeben durch:

  I = Volumen/Zeit = V/t.

  Ihre Einheit ist: 1 l/s.

> *Beispiel:*
> Am Boden eines halb gefüllten Wassertanks ist ein Leck. In jeder Minute entweichen 0,6 l Wasser. Die Wasserstromstärke beträgt also
> $I = V/t$ = 0,6 l/min = 0,01 l/s.

- Je größer der Druckunterschied, also der Antrieb, desto größer ist die Wasserstromstärke.

> *Beispiel:*
> Bei vollgefülltem Tank ist der Druckunterschied zwischen Innen und Außen doppelt so groß. Die Wasserstromstärke steigt also auf 0,02 l/s.

- Je größer der Strömungswiderstand des Rohres ist, desto kleiner ist die Wasserstromstärke.

  Je kürzer und je dicker das Rohr ist, desto kleiner ist der Strömungswiderstand, desto größer ist die Wasserstromstärke.

Strömung von Energie

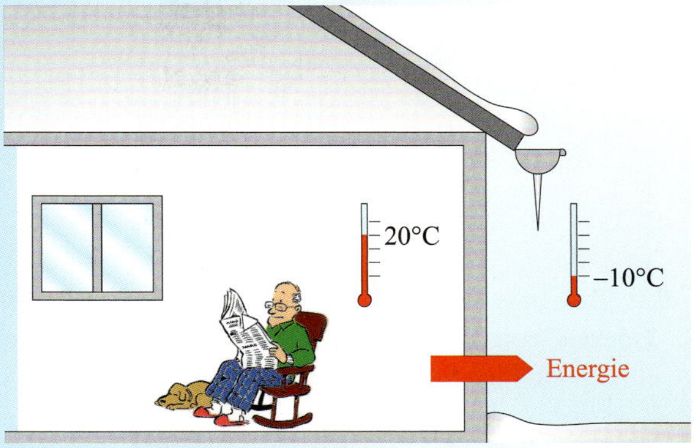

B4: Die Zimmertemperatur beträgt 20 °C, außen ist die Temperatur −10 °C. Der Temperaturunterschied von 30 °C ist die Ursache (Antrieb) für die Wärmeströmung (Energieströmung) nach außen.

- In der obigen Wand (*Bild 4*) strömt Energie (Wärme) nach rechts, von Stellen hoher Temperatur zu Stellen niedriger Temperatur.
- Die Energiestromstärke ist gegeben durch:

  I = Energie/Zeit = W/t.

  Ihre Einheit ist: 1 J/s = 1 Watt.

> *Beispiel:*
> Durch 1 m^2 der Außenwand eines Hauses fließt in einer Sekunde die Energie 15 J. Die Energiestromstärke beträgt also
> $I = W/t$ = 15 J/1 s = 15 W.

- Je größer der Temperaturunterschied, also der Antrieb, desto größer ist die Energiestromstärke (Wärmestromstärke).

> *Beispiel:*
> Nachts nimmt die Außentemperatur auf −20 °C ab, die Temperaturdifferenz steigt von 30 °C auf 40 °C. Die Energiestromstärke pro m^2 wächst auf 20 W.

- Je besser die Wärmedämmung der Wand ist, also je größer der Strömungswiderstand der Wand ist, desto kleiner ist die Energiestromstärke.
  Je dünner und je großflächiger die Wand ist, desto kleiner ist der Strömungswiderstand, desto größer ist die Energiestromstärke.

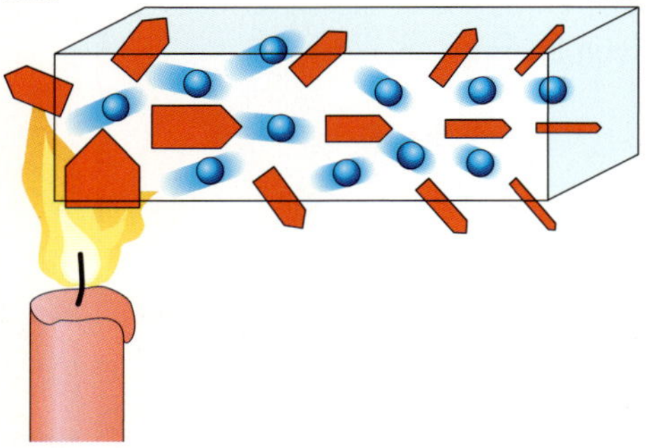

B 1: Bei der Wärmeleitung wird innere Energie von Teilchen zu Teilchen durch unregelmäßige Stöße weitergegeben.

B 2: Vögel plustern sich im Winter auf. Die Luft in ihrem Gefieder ist ein schlechter Wärmeleiter. Dadurch ist die Energieabgabe aus dem Körperinneren an die Umgebung gering.

V 1: Vier Schüler halten Stäbe gleicher Form und Größe aus Eisen, Kupfer, Glas und Kohlenstoff (Graphit) in eine Flamme. Wer lässt zuerst los?

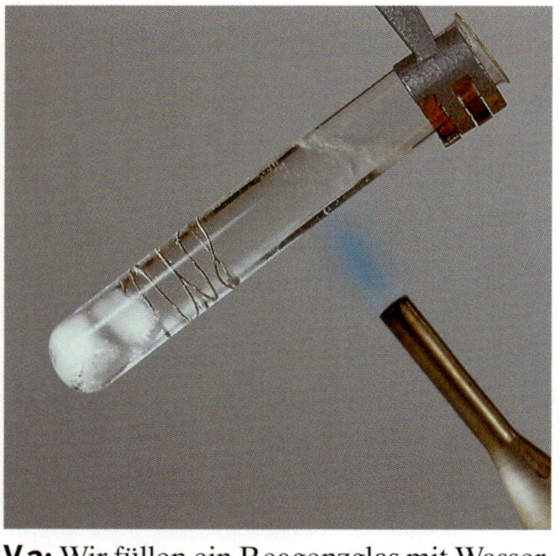

V 2: Wir füllen ein Reagenzglas mit Wasser, geben ein Stück Eis hinein und drücken dieses mit einer Drahtspirale nach unten. Dann erhitzen wir das Reagenzglas oben mit einem Gasbrenner. Nach kurzer Zeit siedet oben das Wasser, aber das Eis unten schmilzt nicht. Wasser ist ein schlechter Wärmeleiter.

Energietransport

1. Energie wandert *durch* die Materie

Selten ist die Energie gleich dort, wo man sie haben möchte. Man braucht sie z. B. *im* Kochtopf, aber die heiße Gasflamme ist *darunter.* Wie gelangt die Energie in den Topf?
Die Atome und Moleküle in der Gasflamme führen eine heftige, ungeordnete Bewegung aus und stoßen gegen den Topfboden. Dabei übertragen sie Energie an die Teilchen des kälteren Topfbodens. Diese stoßen dann ihre Nachbarteilchen an. So wandert Energie durch eine Vielzahl von Stößen bis zum Inhalt des Topfes. Den *Transport von Energie mithilfe unregelmäßiger Teilchenstöße* nennt man **Wärmeleitung**. Dabei wandern die Teilchen selbst nicht mit (➡ *Bild 1*).

Verschiedene Stoffe leiten die Energie verschieden gut (➡ *Versuch 1*). Alle Metalle sind gute Wärmeleiter. Glas, Keramik, Holz, Kunststoffe und alle Flüssigkeiten (außer Quecksilber) sind schlechte Wärmeleiter (➡ *Versuch 2*). Alle Gase, auch Luft, sind sehr schlechte Wärmeleiter (➡ *Bild 2*).

2. Energie wandert *mit* der Materie

Vom Kessel einer Zentralheizung bis in die Wohnräume muss die Energie über eine beträchtliche Strecke transportiert werden. Durch Wärmeleitung ginge das nicht. Deshalb lässt man erhitztes Wasser durch Rohre vom Heizungskessel zu den Heizkörpern der einzelnen Zimmer fließen (➡ *Bild 3*). Dabei führt es seine innere Energie mit sich, *zusammen mit der sie tragenden Materie*. Man spricht von **Konvektion**.
In einer Zentralheizungsanlage sorgt eine Pumpe für die Zirkulation des heißen Wassers. Wie werden aber die Luftmassen hoher und tiefer Temperatur in der Atmosphäre und wie die Meeresströmungen angetrieben?
➡ *Versuch 3* hilft uns zu verstehen, wie die Konvektion von Wasser auch ohne einen Pumpenantrieb möglich ist:

Das kalte Wasser im rechten Rohrstück hat eine größere Dichte und damit eine größere Masse als das heiße Wasser im linken Rohrstück. Es kann deshalb die kleinere Masse im linken Rohrstück nach oben drücken! Nach dem Wegnehmen der Flamme, d.h. ohne Energiezufuhr von außen, kommt die Zirkulation schnell zum Stillstand. Das kalte Wasser sammelt sich im unteren Teil, das heiße Wasser im oberen Teil des Glasrohres.

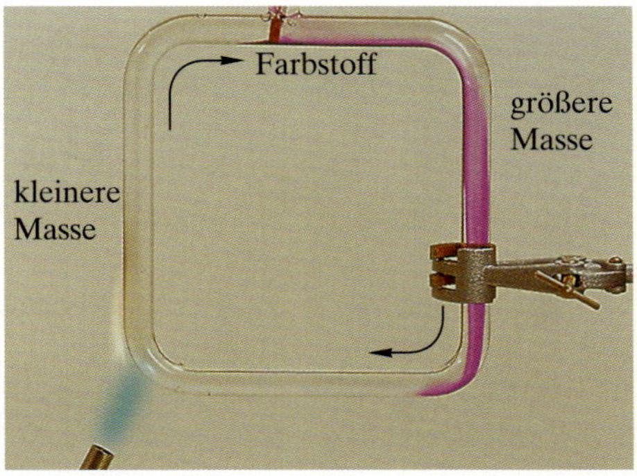

V3: Wir füllen ein zum Ring gebogenes Glasrohr mit Wasser und geben an einer Stelle etwas Farbstoff hinein. Nun erhitzen wir das Rohr seitlich mit der Flamme eines Gasbrenners. Nach kurzer Zeit beginnt das Wasser im Kreis zu strömen.

3. Energiefluss *ohne* Materie

Zwischen Sonne und Erde gibt es fast keine Materie. Trotzdem erreicht uns Energie von der Sonne. Wird es uns zu heiß, so gehen wir in den Schatten. Dort kann uns die Sonnen*strahlung* nicht mehr erreichen.

Heiße Körper senden eine *Strahlung* aus, die Energie mit sich trägt (➡ *Versuch 4*). Je höher die Temperatur eines Körpers ist, desto intensiver ist diese **Temperaturstrahlung**. Wir spüren sie auf der Haut. Bei genügend hoher Temperatur senden Körper zudem *Licht* aus, also Strahlung, die wir sehen können. So leuchtet der schwach glimmende Glühdraht einer Glühlampe in einer roten Farbe. Bei höherer Temperatur des Glühdrahtes erscheint uns die Strahlung gelblich und bei noch höherer Temperatur schließlich weiß. Wir müssen uns also nicht wundern, dass auch die Temperaturstrahlung wie Licht reflektiert und von einer schwarzen Fläche fast vollständig verschluckt wird (➡ *Versuch 5*).

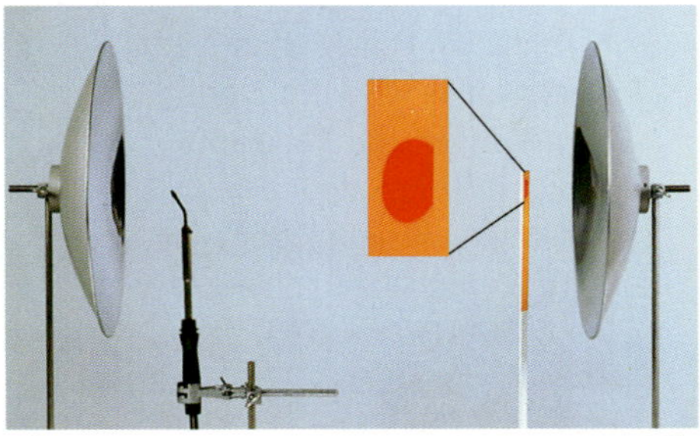

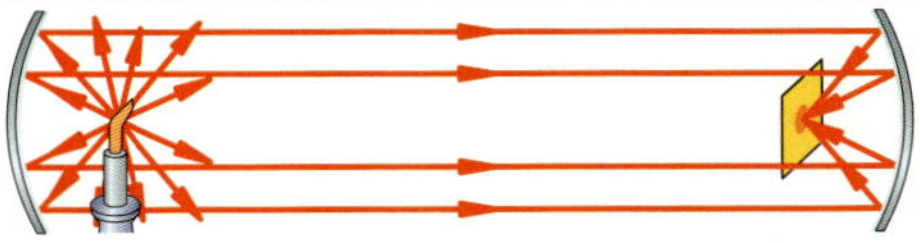

V4: Der Lötkolben sendet Temperaturstrahlung aus. Nach zweimaliger Reflexion an den Hohlspiegeln trifft diese auf das temperaturempfindliche *Thermochrompapier*. An der Auftreffstelle färbt sich dieses.

Merksatz

Den Energietransport durch Stöße bei der ungeordneten Teilchenbewegung nennt man **Wärmeleitung**. Luft ist ein schlechter Wärmeleiter.

Strömende Materie führt ihre innere Energie mit sich. Diesen Transport nennt man **Konvektion**.

Temperaturstrahlung transportiert Energie ohne Materie und ohne Teilchenstöße. Die Temperaturstrahlung aller Körper wird bei steigender Temperatur intensiver. Bei genügend hoher Temperatur entsteht Licht.

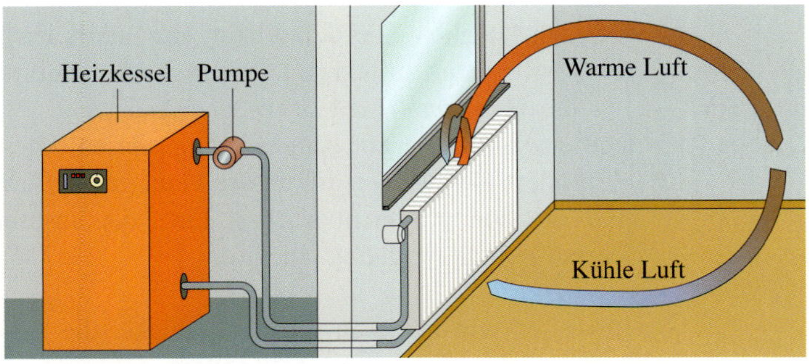

B3: In einer Warmwasserheizung führt das erhitzte Wasser die Energie mit sich. Die Pumpe treibt den Wasserkreislauf an. Die Energie gelangt dann durch die Oberfläche des Heizkörpers in die Zimmerluft; deren Temperatur steigt. Durch die anschließende Zirkulation wird die Energie verteilt.

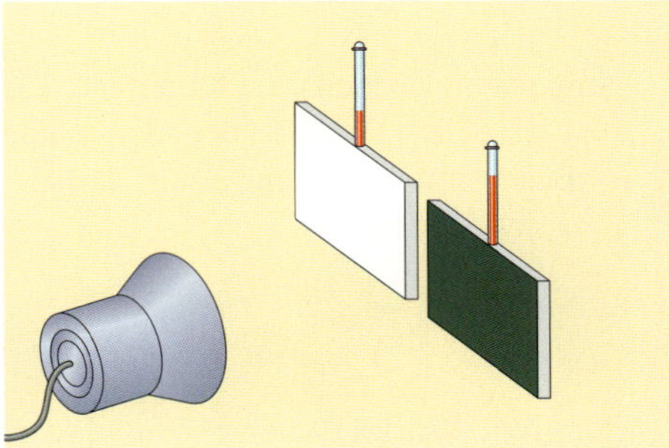

V5: Die Temperaturstrahlung wird von einer spiegelnden Aluminiumoberfläche reflektiert, von einer berußten Oberfläche weitgehend verschluckt. Deshalb stellt sich jeweils eine andere Temperatur ein.

Interessantes

Warum Elefanten große Ohren haben und Igel im Winter schlafen

Afrikanische *Elefanten* sind die größten Landtiere. Mit ihrer Nahrung nehmen sie viel (chemische) Energie auf. Diese wird vor allem in den Muskeln umgewandelt. Neben der erwünschten mechanischen Energie entsteht dabei aber auch innere Energie. Damit ihre Körpertemperatur nicht auf gefährlich hohe Werte ansteigt, muss diese Energie nach außen transportiert und als Wärme an die Umgebung abgegeben werden.

Hunde lösen das Problem durch *Hecheln*. Wir Menschen scheiden Wasser über die Haut aus, wir *schwitzen*. Beim Verdunsten des Schweißes wird der Haut die dafür erforderliche Verdampfungswärme entzogen. Elefanten haben wegen ihrer großen, gut durchbluteten Ohren eine erheblich *vergrößerte Hautoberfläche*, über die sie wirkungsvoll Energie abgeben können. Bei Bedarf können sie zusätzlich mit den Ohren wie mit einem Fächer wedeln. Dadurch wird die warme Luftschicht abgestreift, die sich in der Nähe der Haut bildet.

Kleine Tiere, wie Mäuse, müssen nicht befürchten, an Überhitzung zu sterben. Sie sind eher der Gefahr ausgesetzt, im Winter zu erfrieren! Warum ist das so?

Die in den Muskeln entstehende *innere Energie* ist ungefähr proportional zur Muskelmasse und damit auch ungefähr *proportional zum Volumen* eines Tieres. Die *Energieabgabe* über die Haut ist aber ungefähr *proportional zu seiner Körperoberfläche*.

Vergleichen wir nun die Oberfläche A und das Volumen V eines Würfels der Kantenlänge $a = 2$ cm („Maus") mit dem eines Würfels der Kantenlänge $a = 2$ m („Elefant"):

$$A_{\text{Maus}} = 6\,a^2 = 24\ \text{cm}^2,$$
$$V_{\text{Maus}} = a^3 = 8\ \text{cm}^3.$$

Der große Würfel hat eine 100-mal so große Kantenlänge, also eine 10^4-mal so große Oberfläche und ein 10^6-mal so großes Volumen:

$$A_{\text{Elefant}} = 240\,000\ \text{cm}^2,$$
$$V_{\text{Elefant}} = 8\,000\,000\ \text{cm}^3.$$

Beim Verhundertfachen der Kantenlänge wächst das Volumen eines Würfels also hundertmal so stark wie die Oberfläche! Auf jeden Kubikzentimeter „Elefanten-Volumen" entfallen nur 0,03 cm^2 Oberfläche für die Energieabgabe; auf jeden Kubikzentimeter „Maus-Volumen" aber hundertmal so viel, nämlich 3 cm^2!

Kleine warmblütige Tiere haben es deshalb besonders schwer, ihre Körpertemperatur zu halten. Sie sind darauf angewiesen, fast ununterbrochen Nahrung aufzunehmen. Fehlt einer Tierart im Winter passende Nahrung, wie z. B. den Igeln und Fledermäusen, so ist der *Winterschlaf* ein Ausweg. Während des Winterschlafes sinkt die Körpertemperatur bis auf wenige Grad Celsius über Umgebungstemperatur. Dadurch wird die Energieabgabe im Winter drastisch verringert. Alle Vorgänge im Körperinneren laufen nur noch sehr langsam ab und die im Winterspeck gespeicherte Energie reicht dann zum Überleben meist aus.

Warmblütige Tiere, die in kalten Regionen leben, brauchen eine gute *Wärmeisolation*. Wölfe haben deshalb im Winter ein dickeres Fell als im Sommer. Bei strengem Frost sträubt sich ihr Haar, um die wärmeisolierende Luftschicht dicker zu machen. Eine Speckschicht verbessert die Wärmeisolation zusätzlich.

Wir Menschen haben nur noch ein kümmerliches Fell. Versuchen wir die Haare zu sträuben, so bekommen wir lediglich eine Gänsehaut. Besonders leicht frieren wir, wenn zusätzlich zu niedrigen Temperaturen die Haut nass wird oder der Wind weht. Wir sind deshalb meist auf Kleidung angewiesen. Diese verhindert, dass Regen auf unsere Haut gelangt und dass die dünne Schicht warmer Luft, die unseren Körper umgibt, weggeblasen wird.

Besonders gut isolieren Kleidungsstücke, die viele Luftporen enthalten. Verantwortlich dafür ist *die schlechte Wärmeleitfähigkeit* der Luft in den Poren z. B. von Wolle, Daunen, Federn oder Fellen. Dort kann keine großräumige Konvektion stattfinden.

Interessantes

Energietransport ist manchmal erwünscht ...

Will man innere Energie von einem Ort zu einem anderen transportieren, so geht das durch *Konvektion* schneller als durch *Wärmeleitung*:

- Bei Fernheizungen wird heißes Wassers durch Rohre von vielen Kilometern Länge gepumpt.
- Bei einem Gas-Durchlauferhitzer gibt die Flamme Energie durch sehr gut wärmeleitende Metallrohre an das kalte Wasser weiter. Anschließend wird die Energie zusammen mit dem Wasser zur weiter entfernten Entnahmestelle transportiert.
- Damit ein Automotor nicht zu heiß wird, transportiert das Kühlwasser Energie zum Kühler, wo sie als Wärme an die schnell vorbeiströmende Luft abgegeben wird.
- Elektrische Heizgeräte sind oft mit einem Gebläse ausgestattet. Als Transportmittel für die Energie dient hierbei die Luft.

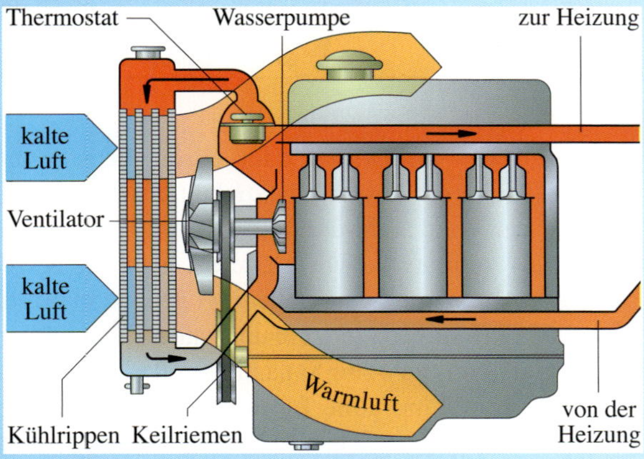

Transistoren und Mikroprozessoren können sich wie Widerstände im Betrieb stark erhitzen. Damit die Kristallstruktur der Halbleitermaterialien nicht zerstört wird, versieht man sie bei Bedarf mit *Kühlkörpern*. Diese besitzen durch ihre Verzweigungen eine große Oberfläche, über die sie Energie schneller abgeben. Sie sind meist aus Aluminium gefertigt. Dieses Metall ist ein sehr guter Wärmeleiter.

Bei der Kühlung hilft auch die *Temperaturstrahlung*. Deshalb erhalten Kühlkörper bei der Herstellung eine dunkle Oberfläche. Körper mit dunklen, matten Oberflächen verschlucken nämlich nicht nur die Temperaturstrahlung fast vollständig, sie *strahlen* Energie auch *sehr gut ab*. Die Kühlkörper von Mikroprozessoren haben zusätzlich meist noch einen kleinen Ventilator.

Auch die verschiedenen Meeresströmungen transportieren gewaltige Energiemengen aus den heißen Tropen in die kälteren Regionen der Erde. So fließt z. B. der *Golfstrom* aus der Karibik bis an die nordeuropäischen Küsten und sorgt dort für milde Winter.

... und manchmal auch unerwünscht

In einer *Thermosflasche* soll sich die Temperatur der eingefüllten Flüssigkeit möglichst nicht ändern. Deshalb müssen alle drei Arten des Energietransports weitgehend unterbunden werden:

Die dargestellte Thermosflasche besteht aus einem doppelwandigen Glasgefäß, das zum Schutz gegen äußere Stöße von einer Kunststoffhülle umgeben ist. Die Glaswände sind verspiegelt. Dadurch wird das Eindringen und Austreten der Temperaturstrahlung verhindert. Aus dem Raum zwischen den Glaswänden hat man die Luft herausgepumpt. Deshalb findet dort weder Wärmeleitung noch Konvektion statt. Der Bereich der Einfüllöffnung ist die einzige Stelle, durch die dann noch Energie fließen kann. Man verschließt diese Öffnung mit einem Stopfen aus schlecht wärmeleitendem Material.

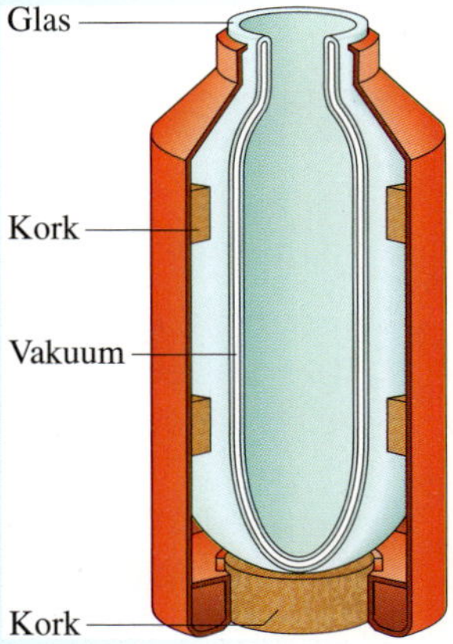

Interessantes

Eine gute Wärmedämmung spart Heizkosten

Fällt im Winter die *Heizung* aus, so sinkt die Temperatur im Zimmer. Die innere Energie der Raumluft und der Möbel „kriecht" nämlich nach außen in die kalte Winterluft. Dies geschieht vor allem an Fenstern und Türen, aber auch durch die Wände. Soll die Temperatur im Zimmer konstant bleiben, so muss ein Heizkörper die nach außen strömende Energie ständig nachliefern. In Deutschland geht auf diese Weise ca. ein Drittel der insgesamt in der Industrie, den Haushalten und im Verkehr eingesetzten Energie *nutzlos verloren*!

Wir könnten viel Energie sparen, wenn die Energie langsamer aus den beheizten Räumen verschwinden würde. *Wie können wir das erreichen?*

Die Wärmeleitung durch die Wände ist gering, wenn diese dick sind und aus schlecht leitenden Mauerziegeln oder Porenbeton bestehen.

Platten aus Styropor® oder Mineralfasern, die man auf dem Mauerwerk befestigt, behindern die Wärmeleitung zusätzlich. Die gute Wärmedämmung dieser Materialien beruht auf der sehr schlechten Wärmeleitfähigkeit der Luft, die in den Hohlräumen dieser Materialien eingeschlossen ist.

Die Fensterfläche eines Zimmers ist meist erheblich kleiner als die Fläche der Außenwände, aber die Scheiben sind viel dünner als das Mauerwerk. Deshalb ist ihre isolierende Wirkung gering und der Energieverlust durch die Fenster entsprechend groß. Fenster mit nur einer Glasscheibe gibt es nur noch in älteren Gebäuden. In Neubauten und bei der Modernisierung von Altbauten müssen mindestens doppelt verglaste Fenster eingebaut werden. Dabei behindern die ca. 10 – 15 mm dicken Luftschichten zwischen den Glasscheiben die Wärmeleitung viel stärker als die Glasscheiben selbst. Auch die Energieverluste durch die Temperaturstrahlung sind nicht zu vernachlässigen. Um diese zu verringern, beschichtet man eine der Glasscheiben mit einer dünnen, fast unsichtbaren Metallschicht, die die Temperaturstrahlung reflektiert und so im Zimmer hält. Trotzdem lassen auch dreifach verglaste Fenster mit Beschichtung ca. viermal so viel Energie hindurch wie eine 36 cm dicke Wand aus Mauerziegeln.

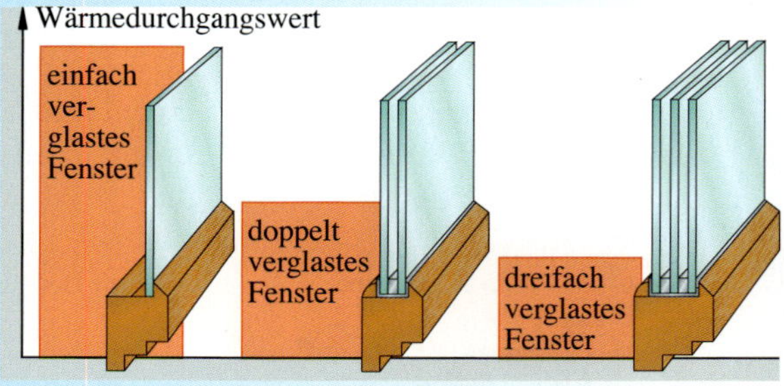

Es ist selbstverständlich, dass Türen, Fenster und Wände keine größeren Undichtigkeiten haben dürfen, damit der Wind nicht durch die Ritzen bläst und die warme Raumluft wegführt. Dichtet man alle Ritzen perfekt ab, so muss man unbedingt genügend oft lüften. Andernfalls entsteht ein ungesundes Raumklima mit zu viel CO_2, zu wenig Sauerstoff und zu hoher Luftfeuchtigkeit. Eine hohe Luftfeuchtigkeit begünstigt die Entstehung von Schimmel an den Außenwänden. Langandauerndes Lüften ist jedoch nicht sinnvoll, da die Wände und Möbel dabei Energie abgeben und dann wieder kostspielig aufgeheizt werden müssen.

Die **Absenkung der Raumtemperatur** ist eine weitere sehr wirksame Sparmaßnahme. Bei Absenkung um 1 K erniedrigt sich die erforderliche Heizleistung um ca. $\frac{1}{15} \approx 7\%$!

Die Lufttemperatur eines Raumes allein entscheidet nicht, ob wir uns wohlfühlen. Selbst bei einer Lufttemperatur von 20 °C können wir ein Zimmer als unbehaglich kühl empfinden. Dies ist z.B. der Fall, wenn der Raum Wände mit einer schlechten Wärmedämmung oder zu große Fensterflächen besitzt. Dann gibt unser Körper viel mehr Energie in Form von Temperaturstrahlung ab, als er von der kalten Wand oder aus der Richtung des Fensters als Strahlung aufnimmt. Umgekehrt kann man bei starker Sonnenstrahlung trotz niedriger Lufttemperatur behaglich im Freien sitzen.

Interessantes

Der Golfstrom

Vielleicht hast du schon einmal etwas vom **Golfstrom** gehört. Er ist eine gewaltige Wasserströmung im Atlantik, die warmes Wasser zu uns nach Europa bringt, bis hinauf nach Norwegen. Der Golfstrom ist für das Klima in Europa wichtig, denn ohne ihn wäre es in unseren Breiten erheblich kälter. Ein Beispiel: Hamburg liegt etwa auf demselben Breitengrad wie Labrador in Kanada, nämlich auf etwa 54 Grad nördlicher Breite. In Labrador liegen im Januar die Temperaturen durchschnittlich bei –15 °C und selbst im Juli wird es dort kaum wärmer als +10 °C. In Hamburg dagegen liegen die Temperaturen im Januar durchschnittlich bei etwa +0,5 °C und im Juli bei etwa +17 °C! Der Golfstrom lässt auf den Scilly-Inseln vor England sogar Palmen und andere subtropische Pflanzen gedeihen.

Wo kommt die Energie her, mit der das Wasser des Golfstroms geheizt wird? Nun, am heißen *Golf von Mexiko* wird das Wasser an der Meeresoberfläche durch die starke Strahlung der Sonne erhitzt, die Temperatur des Wassers steigt und zeigt so die Energieaufnahme an. Hier staut sich das warme Wasser und bahnt sich nun seinen einzigen Weg aus dem Golf heraus nach Norden. Dieser Meeresstrom – der *Golfstrom* – zieht dann mit etwa 50 km Breite und einer Tiefe von 300 m an der Ostküste der USA entlang, bis er sich etwa auf der Höhe von North Carolina von der Küste löst und in den offenen Atlantik fließt. Getrieben von süd-westlichen Winden wird er schließlich nach Osten in Richtung Europa abgelenkt.

Auf dem Weg nach Norden verdunstet nun das warme Wasser des Golfstroms stärker als das kältere Wasser der Umgebung. Der Salzgehalt des Golfstromwassers erhöht sich, wodurch die Dichte des Wassers steigt. Das warme und salzreiche Wasser trifft bei Island auf kälteres Wasser und wird so abgekühlt. Wie im Versuch zur *Konvektion* sinkt schließlich das kältere und stark salzhaltige Wasser des Golfstroms aufgrund seiner hohen Dichte vor Grönland weit nach unten. Es entsteht der größte „Wasserfall" der Erde: In nur 15 Kilometer breiten zylindrischen Säulen – so genannten Chimneys – fallen in jeder Sekunde 17 Millionen Kubikmeter Wasser in die Tiefe, rund 15-mal so viel, wie alle Flüsse der Erde führen! In einer Tiefe von 3000 m bis 4000 m setzt das Wasser mit einer gemächlichen Geschwindigkeit von hundert Metern pro Tag seinen Weg nach Süden fort. Auf dem Umweg über die Antarktis kommt es später im Golf von Mexiko wieder an die Oberfläche.

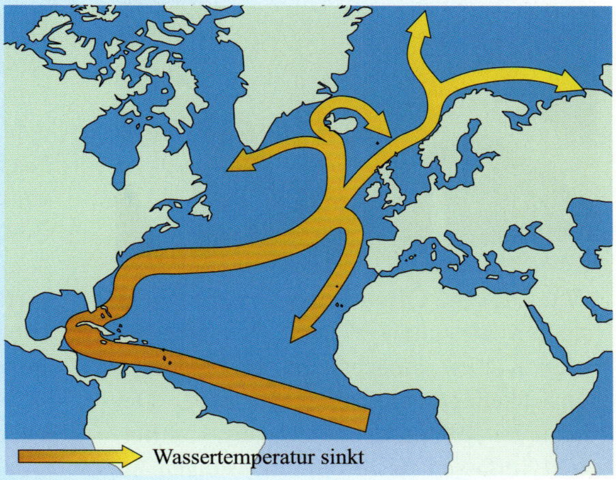

Wenn der warme Golfstrom an der europäischen Küste ankommt, wirkt er dort auf das europäische Klima wie eine Warmwasserheizung. Die Luft über dem Meer wird nämlich durch das warme Wasser des Golfstroms erhitzt. Die vorherrschenden Winde und das flache Land sorgen dafür, dass diese warme Luft sehr weit auf den europäischen Kontinent vordringen kann. Deshalb ist der Golfstrom dafür verantwortlich, dass es bei uns auch im Winter wärmer ist als in Kanada. In jeder Sekunde transportiert der Golfstrom 50 Millionen Kubikmeter Wasser und legt von den Tropen bis zur Arktis 10 000 km zurück – ein Strom der Superlative. Er ist aber nur ein Teil eines komplizierten Systems von Meeresströmungen, die sich gegenseitig und unser Klima beeinflussen.

Durch die *globale Erwärmung* wird der Antrieb des Golfstroms geschwächt und könnte möglicherweise in Zukunft ganz zum Stillstand kommen. Zunehmende Temperaturen lassen nämlich das Eis der Arktis und der Grönlandgletscher schmelzen. Das hier abfließende Schmelzwasser ist aber Süßwasser. Es verringert somit den Salzgehalt und damit die Dichte des nördlichen Golfstromwassers. Dadurch wird das Absinken des Golfstromwassers verhindert, der Golfstrom insgesamt geschwächt.
In der Vergangenheit kam er schon mehrfach ganz zum Stillstand und zwar in klimageschichtlich sehr kurzen Zeitspannen von einigen Jahrzehnten! Messergebnisse von Meeresforschern zeigen, dass sich der Golfstrom inzwischen bereits wieder deutlich abgeschwächt hat. Die Folgen eines geschwächten oder gestoppten Golfstroms auf das Klima waren in der Vergangenheit gravierend und führten in West- und Nordeuropa zur fortschreitenden Vergletscherung (*Eiszeit*).

V1: Die eine Öffnung des Glasröhrchens halten wir unter Wasser. Wir erhitzen den Kolben zunächst mit den Händen, anschließend mit einer Flamme. Die Luft im Kolben dehnt sich aus; Luftblasen verlassen das Rohr und steigen im Wasser auf. Sinkt die Temperatur, dringt Wasser durch das Rohr in den Kolben.

Interessantes

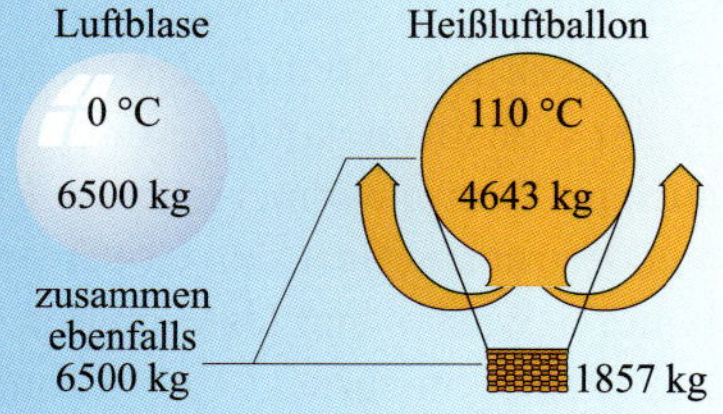

Physik im Heißluftballon

1 kg heiße Luft hat ein größeres Volumen und eine geringere Dichte als 1 kg kalte; deshalb wird heiße Luft in kalter Umgebung nach oben gedrückt.
Stelle dir eine große Luftblase vor mit dem Volumen $V = 5000\ \text{m}^3$ bei $\vartheta = 0\ °\text{C}$ ($T = 273\ \text{K}$). Ihre Masse $m = \varrho \cdot V = 1{,}3\ (\text{kg/m}^3) \cdot 5000\ \text{m}^3 = 6500\ \text{kg}$ ist erheblich. Dennoch schwebt sie in der Luft, die sie umgibt.
Erhitzen wir sie auf etwa 110 °C ($T = 383\ \text{K}$), so ist ihr neues Volumen etwa $7000\ \text{m}^3$. (Rechne dies nach!)
Steckt die Luftblase in einem Heißluftballon mit dem Volumen $5000\ \text{m}^3$, der unten offen ist, so entweichen also $2000\ \text{m}^3$ Luft. Das sind $\frac{2}{7}$ der ursprünglichen Luftmenge. Der Ballon wird also um $\frac{2}{7} \cdot 6500\ \text{kg} = 1857\ \text{kg}$ leichter. Haben Ballonhülle, Korb, Gasbrenner und Insassen insgesamt diese Masse, so schwebt der Ballon genauso wie vorher.

Das thermische Verhalten der Gase – Kelvin-Skala

Wir wissen bereits, dass sich das Volumen von Luft bei Temperaturänderung verändert. ➡ *Versuch 1* zeigt noch einmal, dass Luft sich schon bei geringer Temperaturerhöhung erheblich ausdehnt. Das können wir nun mit dem *Teilchenmodell* verstehen. Nach unserer früheren Überlegung werden die Luftteilchen mit zunehmender Temperatur schneller und beanspruchen für ihre Bewegung ein größeres Volumen. Sinkt die Temperatur, so werden die Teilchen immer langsamer; der Abstand der Teilchen verringert sich und damit das von ihnen benötigte Volumen.
Gibt es vielleicht eine *tiefste* Temperatur, bei der die Teilchen stillstehen? Nun, zahlreiche Messungen weisen darauf hin, dass bei –273 °C alle Teilchen schließlich zur Ruhe gekommen sind. Langsamer können sie nicht werden. Es ist die tiefste überhaupt mögliche Temperatur, die nicht mehr unterschritten werden kann. Man nennt sie daher den **absoluten Nullpunkt** der Temperatur. Wir verschieben nun die Temperaturskala so, dass ihr Nullpunkt dort liegt. Nach William LORD KELVIN nennt man diese neue Skala die **Kelvin-Skala**, die zugehörige (Kelvin)-Temperatur wird üblicherweise mit T bezeichnet. Kelvin- und Celsius-Skala haben gleich große Gradschritte, die wir nun allgemein mit 1 Kelvin (1 K) bezeichnen. Man kann die Temperaturangaben umrechnen, denn $\vartheta = x\ °\text{C}$ bedeutet dasselbe wie $\boldsymbol{T = (273 + x)\ \text{K}}$.

Beispiel: Die Zimmertemperatur $\vartheta = 20\ °\text{C}$ lässt sich also auch als $T = (273 + 20)\ \text{K} = 293\ \text{K}$ (sprich: 293 Kelvin) angeben.
Für den Schmelzpunkt $\vartheta_\text{E} = 0\ °\text{C}$ gilt: $T_E = 273\ \text{K}$.

Misst man nun bei einer bestimmten Gasmenge die (Kelvin)-Temperatur T und das zugehörige Volumen V (bei konstantem Druck), so ergibt sich ein besonders einfacher Zusammenhang zwischen T und V. Zur doppelten (Kelvin)-Temperatur T gehört das doppelte Volumen V, zum dreifachen T gehört das dreifache V usw. Also ist $V \sim T$, d. h. der **Quotient V/T ist eine Konstante** für eine bestimmte Gasportion.
Erfüllt ein Gas diese Proportionalität ganz genau, so sagen wir, das Gas verhalte sich *ideal* und sprechen von einem **idealen Gas.** Natürlich gibt es kein Gas, das bis zum absoluten Nullpunkt hin ideal wäre. Es hätte ja dort das Volumen null, müsste also völlig verschwunden sein! Alle Gase werden aber bei sehr tiefen Temperaturen flüssig und schließlich fest. Wir dürfen jedoch die wirklichen („realen“) Gase näherungsweise als ideal betrachten.

Merksatz

Die Temperatur $\vartheta = -273\ °\text{C}$ heißt **absoluter Nullpunkt.** Es ist die tiefste überhaupt mögliche Temperatur. Sie ist der Nullpunkt der **Kelvin-Skala**. Die Zahlenwerte auf der Kelvin-Skala sind um 273 größer als auf der Celsius-Skala, die Skalenschritte sind auf beiden Skalen gleich groß.
Für das Volumen eines **idealen Gases** gilt $\boldsymbol{V \sim T}$, bei konstantem Druck.

Interessantes

A. Geschichte der Temperaturmessung

Eine „Temperatur“ kann mit menschlichem Wärmeempfinden nicht geeignet bestimmt werden. Deshalb suchte man bereits im Mittelalter nach Methoden zur Temperatur*messung*. Die ersten Flüssigkeitsthermometer entstanden um 1600 in Italien nach einer Idee von Galileo GALILEI für medizinische Zwecke. Es waren zum Teil sehr kunstvolle, aber unhandliche Thermometer mit Vorratsgefäß und langem Steigrohr, die recht zuverlässig funktionierten. Nachteilig war, dass jedes Thermometer seine eigene Skala hatte; eine allgemein gültige Temperaturangabe war mit solchen Thermometern nicht möglich.

Später baute der Danziger Daniel FAHRENHEIT Quecksilberthermometer, die in ihrer Anzeige übereinstimmten, für die damalige Zeit ein großer Fortschritt. Als Nullpunkt seiner Skala wählte er die tiefste Temperatur des strengen Winters von 1709, die er später durch eine bestimmte Mischung aus Eis, festem Salmiak und Wasser wieder herstellen konnte (–18 °C). Mit der Wahl dieses Nullpunktes hoffte FAHRENHEIT, negative Temperaturwerte vermeiden zu können. Als zweiten Fixpunkt wählte er vermutlich seine eigene Körpertemperatur und bezeichnete sie mit 100 Grad. Den Abstand dazwischen teilte er in 100 gleiche Teile. So entstand die Fahrenheit-Skala, die heute noch z. B. in den USA benutzt wird.

Im Jahr 1742 schlug der schwedische Astronom Anders CELSIUS vor, die von Fahrenheit eingeführte Skala durch eine besser zu handhabende Skala zu ersetzen. Er wählte die bereits bekannten Fixpunkte, allerdings nannte er damals die Schmelztemperatur des Eises 100 Grad und die Temperatur des siedenden Wassers 0 Grad. Die schwedische Akademie der Wissenschaften übernahm diesen Vorschlag acht Jahre später, tauschte aber die Werte um. Die so entstandene Celsius-Skala wird heute in allen europäischen Staaten verwendet.

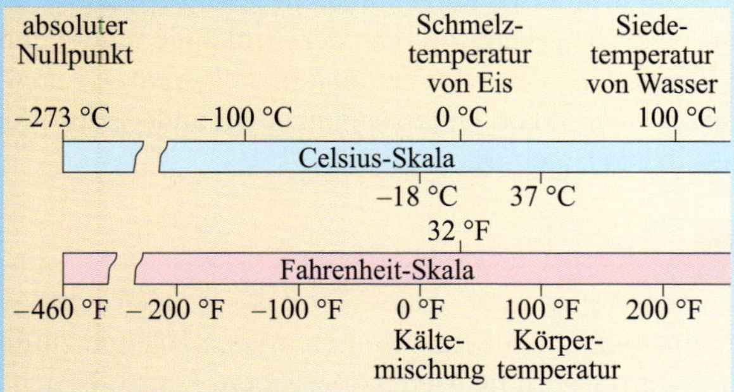

B. Tiefe Temperaturen

Relativ schnell erkannte man, dass es noch tiefere Temperaturen gab, als der von FAHRENHEIT gewählte Nullpunkt bei –18 °C. Bereits 1877 gelang es sogar, mit Kältemaschinen bei –194 °C Luft zu verflüssigen!

Materie bei immer tieferen Temperaturen beobachten zu können, hat in der Vergangenheit stets bedeutet, auch auf ganz neue physikalische Phänomene zu stoßen, die neue Technologien ermöglichen. So führte die Eroberung noch tieferer Temperaturbereiche zur Entdeckung der Supraleitung durch den Niederländer Heike KAMERLINGH ONNES, der dafür 1913 mit dem Nobelpreis ausgezeichnet wurde. 1985 gab es einen Nobelpreis für den deutschen Physiker Klaus VON KLITZING, der bei tiefen Temperaturen den Quanten-Hall-Effekt entdeckte. Wolfgang KETTERLE u. a. wurden 2001 mit dem Physiknobelpreis geehrt, weil sie bei einer Temperatur von einem millionstel Kelvin (!) über dem absoluten Nullpunkt eine ganz neue Form der Materie mit sehr exotischen Eigenschaften herstellten, das so genannte *Bose-Einstein-Kondensat*. In dieser Form marschieren die Teilchen in „Reih und Glied“, statt unabhängig von einander umherzuflitzen.

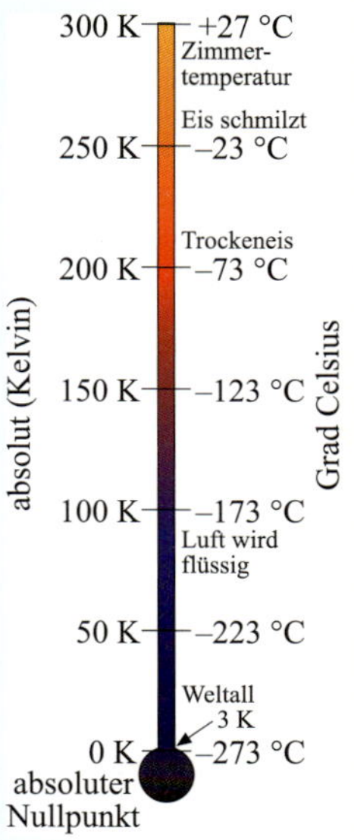

Im September 2003 schließlich erreichten KETTERLE und sein Team eine Temperatur von einem halben milliardstel Kelvin über dem absoluten Nullpunkt. Der Wettstreit um die tiefste Temperatur läuft bereits seit Jahren mit sehr großem Aufwand, erreicht wurde der absolute Nullpunkt allerdings noch nicht.

Ist eigentlich irgendetwas so kalt wie der absolute Nullpunkt? Nun, der kälteste Ort in der Natur ist die Tiefe des Weltalls. Dort liegt die Temperatur etwa 3 Kelvin über dem absoluten Nullpunkt; sie sinkt aber nicht darunter. Es hat sich gezeigt, dass die Strahlung, die vom Urknall übrig geblieben und überall vorhanden ist, das Weltall daran hindert, kälter als 3 Kelvin zu werden. Die Messung dieser Temperatur ist für die Physikerinnen und Physiker einer der wichtigsten Beweise dafür, dass der Urknall wirklich stattgefunden hat. Erstaunlicherweise gelang es den Menschen, noch tiefere Temperaturen als 3 Kelvin zu erzeugen!

B1: Eisberge schmelzen nur langsam.

B2: Kleine Eisberge kühlen Getränke.

V1: a) In ein Reagenzglas geben wir Naphthalinpulver und stecken ein Thermometer hinein. Das Ganze tauchen wir in Wasser, das wir z. B. mit einer Gasflamme sieden lassen. Die Temperatur des Naphthalins steigt zunächst bis auf etwa 80 °C. Dann bleibt sie konstant, bis alles Naphthalin geschmolzen ist. Erst danach steigt sie weiter. Die Schmelztemperatur des Naphthalins beträgt also 80 °C. **b)** Das Reagenzglas mit dem geschmolzenen Naphthalin aus a) tauchen wir in kaltes Wasser. Die Temperatur des flüssigen Naphthalins sinkt nicht weiter als bis zur Erstarrungstemperatur (80 °C), obwohl ständig Wärme auf das Kühlwasser übergeht. Erst wenn alles Naphthalin erstarrt ist, sinkt die Temperatur wieder.

Interessantes

Schlittschuhlaufen mit Physik

Bei sehr hohem Druck werden Schmelz- und Erstarrungstemperatur der meisten Stoffe erhöht, die von Wasser dagegen erniedrigt. Wasser ist auch hier ein „Außenseiter" und verhält sich anomal. Dass Wasser bei sehr hohem Druck schon bei einer Temperatur etwas unter 0 °C schmilzt, nutzt man z. B. beim Schlittschuhlaufen aus. Die eigene Gewichtskraft konzentriert sich auf eine sehr kleine Fläche der Kufe. Dort wirkt sie so stark, dass etwas Eis schmilzt. Hinzu kommt, dass die Oberflächenmoleküle weniger stark gebunden sind und selbst bei tieferen Temperaturen einen dünnen Wasserfilm bilden: Die Kufe gleitet so mit „Wasserschmierung" widerstandsarm über das Eis.

Schmelzen und Erstarren

1. Wärmezufuhr – aber keine Erhöhung der Temperatur!

Versucht man Eis auf eine höhere Temperatur zu bringen, so schmilzt es zunächst. Das Gemisch aus Eis und Schmelzwasser behält dabei aber so lange die Temperatur 0 °C, bis alles Eis geschmolzen ist. Verhalten sich auch andere Stoffe so?

Betrachten wir z. B. Naphthalin (➠ *Versuch 1 a*). Während des Schmelzvorgangs ging ständig Wärme vom siedenden Wasser ($\vartheta_W = 100\,°C$) auf das Naphthalin ($\vartheta_N = 80\,°C$) über. Dadurch wurde dessen innere Energie erhöht; trotzdem stieg seine Temperatur (Bewegungsenergie je Teilchen) nicht. Wozu diente dann die übertragene Energie?

Im festen Naphthalin sind die Moleküle an feste Plätze gebunden, um die herum sie mit zunehmender Temperatur immer heftiger schwingen – bis zur Schmelztemperatur. Bei dieser reißen sie sich aus dem geordneten Verband los. Zum Aufbrechen der Bindungen ist viel Energie erforderlich, sie steckt nachher als ein Teil der inneren Energie in der Schmelze. Die innere Energie in Flüssigkeiten ist also *mehr* als nur die Bewegungsenergie der Moleküle.

Was geschieht aber mit dieser Energie, wenn das Naphthalin später wieder erstarrt?

Beim Erstarren binden sich die Moleküle wieder im Kristallverband. Die beim Schmelzen aufgenommene Energie wird wieder abgegeben. Die *Bewegungsenergie* der Moleküle und damit auch die *Temperatur* des Körpers *ändern sich während dieser Kristallisation nicht*. Auch Untersuchungen an anderen Stoffen liefern stets dieses Ergebnis.

Merksatz

Die Erstarrungstemperatur eines Stoffes ist gleich seiner Schmelztemperatur. Zum Schmelzen muss man Energie zuführen; beim Erstarren wird sie wieder abgegeben.

2. Wie viel Energie braucht Eis zum Schmelzen?

Wie viel Energie man braucht, um einen Eisblock von 0 °C zu schmelzen, hängt sicher von seiner Masse ab. Um einen Vergleich mit anderen Stoffen zu ermöglichen, rechnet man deshalb die benötigte Energieportion W auf Körper gleicher Masse um. Dazu teilt man W durch die Masse m des geschmolzenen Stoffes. Der Quotient heißt **spezifische Schmelzwärme** $s = W/m$. Diese ist eine Materialkonstante und hat die Einheit 1 J/g.

In ➡ *Versuch 3* messen wir die spezifische Schmelzwärme von Eis mit dem Ergebnis $s = 340$ J/g (genauer Wert: 335 J/g). Dieser Wert ist im Vergleich zur spezifischen Schmelzwärme anderer Stoffe (➡ *Tabelle 2*) recht groß, deshalb kann man Getränke mit hineingegebenen Eisstücken auch so gut kühlen. Die kleinen Eisberge schwimmen in der Flüssigkeit (➡ *Bild 2*) und entziehen ihr die zum Schmelzen nötige Energie.

Hier, wie bei allen Schmelzvorgängen, findet Wärmezufuhr ohne Temperaturerhöhung statt. Wir sehen, das umgangssprachliche Wort „erwärmen" ist also problematisch.

Wenn ein Körper erstarrt, binden sich seine Moleküle wieder aneinander. Beim Schmelzen wurden sie unter Energieaufwand getrennt. Die dabei benötigte Energie wird beim Erstarren wieder frei. Dies bestätigt wieder einmal die *Erhaltung der Energie.*

3. Auch zum Auflösen braucht man Energie

Auch wenn man Zucker oder Salz in Wasser auflöst, müssen Teilchen aus ihrem Kristallverband gerissen werden. Hierzu ist Energie nötig – wie beim Schmelzen. Lösen wir z. B. 20 g Kochsalz in 200 g Wasser, so nehmen die Salzkristalle die Energie, die sie zum „Zerbrechen" ihrer Bindungen brauchen, von der inneren Energie des Wassers. Weil weder eine Flamme noch ein Tauchsieder diese Energie ersetzt, sinkt die Temperatur der Lösung, und zwar umso stärker, je mehr Salz gelöst wird.

Bringt man Salz mit Eis oder Schnee zusammen, so tritt zweierlei ein: Beide Mischungspartner werden (breiartig) flüssig. Zum Auflösen der Bindungen zwischen den Molekülen brauchen sowohl Salz als auch Eis viel Energie. Die Temperatur der Salz-Wasser-Lösung nimmt deshalb ab. Trotzdem bleibt die Salz-Wasser-Mischung flüssig. Bei einem Gewichtsverhältnis von Eis : Salz = 3 : 1 sinkt die Temperatur auf etwa –18 °C. Man nennt deshalb eine Mischung aus zerkleinertem Eis und Salz auch *Kältemischung.*

Streut man im Winter Salz auf vereiste Straßen, so schmilzt das Eis. Die zum Schmelzen erforderliche Energie wird zum Teil der Luft oder dem Untergrund entzogen, die dadurch kälter werden. Aus Rücksicht auf die Natur muss man das Streusalz allerdings sparsam einsetzen.

Stoff	Schmelztemperatur	Stoff	Schmelztemperatur
Quecksilber	–39 °C	Zinn	232 °C
Eis	0 °C	Blei	327 °C
Fixiersalz	48 °C	Kupfer	1084 °C
Paraffin	≈53 °C	Eisen, rein	1535 °C
Naphthalin	80 °C	Platin	1773 °C
Natrium	98 °C	Wolfram	3370 °C

T1: Schmelztemperaturen bei normalen Bedingungen

Stoff	spez. Schmelzwärme	Stoff	spez. Schmelzwärme
Quecksilber	13 J/g	Fixiersalz	200 J/g
Blei	25 J/g	Kupfer	205 J/g
Schwefel	42 J/g	Eisen	260 J/g
Zinn	60 J/g	Eis	335 J/g
Silber	105 J/g	Aluminium	400 J/g
Naphthalin	148 J/g	Kochsalz	500 J/g

T2: Spezifische Schmelzwärmen einiger Stoffe

V3: Wir geben 500 g Eis ($\vartheta = 0$ °C) in ein isoliertes Gefäß. Dazu gießen wir ebenfalls 500 g (entspricht $\frac{1}{2}$ l) heißes Wasser ($\vartheta = 90$ °C). Wir warten bis alles Eis geschmolzen ist und messen dann die Temperatur der Mischung. Sie beträgt 5 °C.
Zur Temperaturerhöhung von $\frac{1}{2}$ l kalten Wassers um 5 Grad von 0 °C auf 5 °C benötigten wir $\frac{1}{2} \cdot 5 \cdot 4$ kJ = 10 kJ. Das heiße Wasser (ebenfalls $\frac{1}{2}$ l) hingegen gab bei Abkühlung von 90 °C auf 5 °C $\frac{1}{2} \cdot 85 \cdot 4$ kJ = 170 kJ ab. Die Differenz von 160 kJ wurde zum Schmelzen des Eises benötigt, das heißt, um aus Eis von 0 °C Wasser von 0 °C zu machen. Umgerechnet auf 1 g Eis benötigten wir zum Schmelzen also 170 kJ/500 g = 340 J/g an Energie. Dieser Wert stimmt recht gut mit dem Literaturwert von 335 J/g überein.

Aufgaben

A1: Warum stellt man die Glühdrähte für Glühlampen aus Wolfram her? (➡ Tabelle 1)

A2: Welche Energie braucht man, um 5 kg Eis ($\vartheta = 0$ °C) zu schmelzen?

B 1: Wasser verdampft und kondensiert wieder.

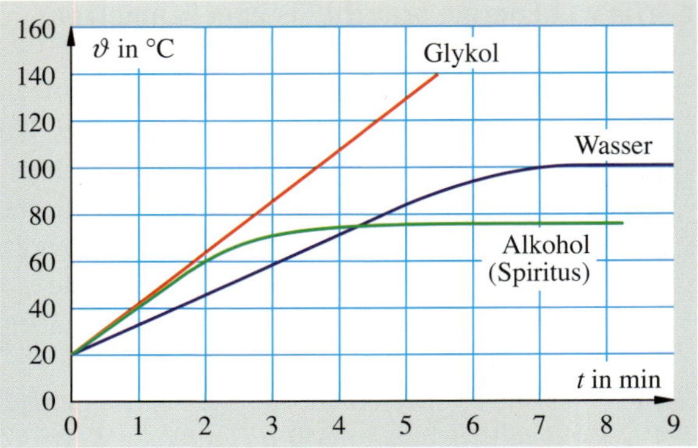

B 2: Die Siedetemperatur hängt vom Stoff ab.

V 1: Wir erhitzen in einem großen Becherglas etwas Wasser. Mit einer Glasplatte decken wir das Becherglas ab. Schon nach kurzer Zeit erkennen wir an der Unterseite der Deckplatte einen Beschlag aus sehr kleinen Wassertröpfchen, die langsam wachsen. Dabei ist die Wassertemperatur noch weit von der Siedetemperatur entfernt. Erhitzen wir das Wasser weiter bis auf 100 °C, so bilden sich dort, wo geheizt wird, Blasen, die hochsteigen: das Wasser siedet. Diese Blasen enthalten ein unsichtbares Gas; es ist Wasserdampf.
Halten wir ein kaltes Becherglas in den Wasserdampfstrom, so beschlägt es sofort (➠ *Bild 1*). Wasserdampf kondensiert zu flüssigem Wasser.

V 2: Wir erhitzen gleiche Mengen verschiedener Flüssigkeiten (Wasser, Alkohol und Glykol) mit einem Tauchsieder und verfolgen dabei den Temperaturverlauf (➠ *Bild 2*). In allen Fällen siedet die Flüssigkeit bei einer für sie charakteristischen Temperatur, ihrer Siedetemperatur. Bei Glykol (Frostschutzmittel) steigt die Temperatur weit über 100 °C, denn die Siedetemperatur reinen Glykols beträgt 197 °C. Alkohol siedet dagegen schon bei 78 °C (➠ *Tabelle 1*).
Alle angegebenen Siedetemperaturen gelten für normalen äußeren Druck. Auf der Zugspitze beispielsweise siedet Wasser schon bei 90 °C. Das Garen von Speisen dauert bei so niedrigem Druck wesentlich länger. Im Schnellkochtopf bei erhöhtem Druck ist die Garzeit verkürzt.

Verdampfen und Kondensieren

1. Wasser ist manchmal unsichtbar

Wenn du gegen eine kalte Fensterscheibe hauchst, so beschlägt sie. Woher kommen die zahlreichen Wassertropfen des Beschlags? ➠ *Versuch 1* beweist, dass unsichtbarer Wasserdampf – also gasförmiges Wasser an der kalten Scheibe kondensiert. Es bildet wieder sichtbare Wassertropfen.
Die Luft, die du ausatmest, hat in deinen Lungen Wasserdampf aufgenommen. Gelangt der Wasserdampf an einen kalten Gegenstand, so kondensiert er; der Gegenstand beschlägt. Bei sehr kalter Außenluft bildet sich beim Ausatmen vor deinem Mund Nebel.

Merksatz

Wasserdampf ist ein unsichtbares Gas. Nebel und Wolken bestehen dagegen aus sehr kleinen Wassertropfen und sind deshalb sichtbar.

Jede Umwandlung flüssigen Wassers in gasförmiges nennen wir **Verdampfen**. Bei tieferen Temperaturen erfolgt das Verdampfen langsam. Dabei fliegen die schnellsten Wassermoleküle durch die Wasseroberfläche in den Raum darüber. Wir sagen: Das Wasser **verdunstet**. Bei 100 °C verdampfen die Teilchen sogar *innerhalb* der Flüssigkeit in neu entstehende Hohlräume hinein und bilden so Blasen. Wir sagen: Das Wasser **siedet**. Bei größerem äußeren Druck bilden sich die Blasen erst bei höherer Temperatur; dann liegt die Siedetemperatur über 100 °C.
Im Winter kann man beobachten, wie eine Schneeschicht bei Temperaturen unter 0 °C langsam verschwindet, ohne zu schmelzen. Dabei geht Wasser vom festen direkt in den gasförmigen Zustand über. Diesen Vorgang nennt man **Sublimation**. Der umgekehrte Vorgang tritt bei hinreichend tiefen Temperaturen unter 0 °C ein. Wasserdampf in der Luft überspringt den flüssigen Zustand und bildet direkt Eiskristalle; so entstehen Schneeflocken und *Reif*.

2. Erneut bewährt sich das Teilchenmodell

Wenn Wasser verdampft, rücken die Wassermoleküle weit auseinander. Sie müssen dabei gegen die Anziehungskräfte, die zwischen ihnen wirken, anlaufen und außerdem die Luft wegschieben. Die dazu erforderliche Energie kommt meistens von einem Heizgerät. Beim Verdunsten liefert häufig die Umgebung diese Energie und wird dadurch kälter. So kühlt z.B. die Verdunstung von Körperschweiß die Hautoberfläche.

3. Energie wandert hin und her

Sorgfältig durchgeführte Messungen zeigen:

a) Die zum Verdampfen einer Flüssigkeit (bei ihrer normalen Siedetemperatur, d.h. bei normalem Druck) erforderliche Energie hängt von der Menge und Art der Flüssigkeit ab. Den Quotienten $r = W/m$ nennt man die **spezifische Verdampfungswärme** des benutzten Stoffes. Sie ist eine Materialkonstante und hat die Einheit 1 J/g.
Die spezifische Verdampfungswärme des Wassers beträgt 2258 J/g. Man braucht also 2258 J, um 1 g Wasser von 100 °C in Dampf von 100 °C umzuwandeln.

b) Beim **Kondensieren** einer Flüssigkeit wird die Verdampfungswärme wieder frei. In ➠ *Versuch 3* bestimmen wir die Menge des im Thermosgefäß kondensierten Wasserdampfs und die Temperaturerhöhung des kalten Wassers. Hieraus berechnen wir die vom Dampf gelieferte Energie. Es zeigt sich, dass 1 g Wasserdampf bei der Kondensation wie erwartet 2258 J abgegeben hat. Wieder mal wird die *Erhaltung der Energie* bestätigt.

Wasserdampf ist gefährlich! 1 g siedendes Wasser gibt beim Abkühlen auf der Haut etwa 250 J Energie ab. 1 g Wasserdampf von 100 °C jedoch würde zusätzlich beim Kondensieren 2258 J abgeben! Entsprechend schwer wäre die Verbrennung deiner Haut.

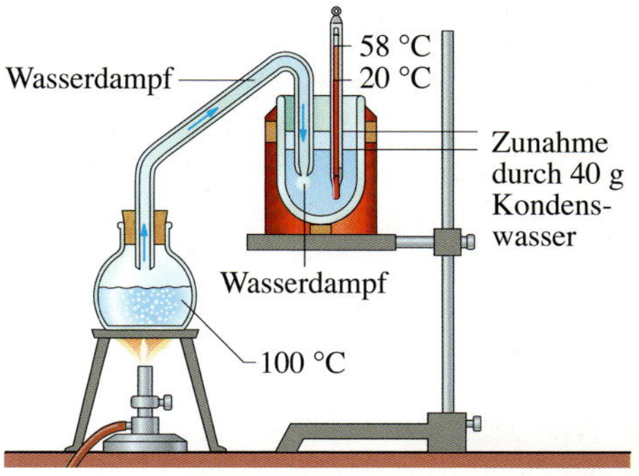

V3: Wir erzeugen einen kräftigen Dampfstrahl und leiten ihn durch eine Glasspitze in ein Thermosgefäß mit kaltem Wasser. Der in das Wasser eingeblasene Dampf kondensiert, wobei die zusammenfallenden Blasen ein lautes Geräusch erzeugen. Die Wassertemperatur im Thermosgefäß steigt schnell. Die dazu erforderliche Energie liefert der kondensierende Wasserdampf. Es ist dieselbe Energieportion, die vorher zum Verdampfen nötig war.

Stoff	Siedetemperatur	Stoff	Siedetemperatur
Ammoniak	−33 °C	Glykol	197 °C
Frigen	−30 °C	Glyzerin	290 °C
Äther	35 °C	Quecksilber	357 °C
Alkohol	78 °C	Schwefel	444 °C
Benzol	80 °C	Zink	910 °C
Wasser	100 °C	Eisen	2880 °C

T1: Siedetemperaturen einiger Stoffe bei normalem äußeren Druck (Frigen: Kältemittel R 12).

Aufgaben

A1: Unter welchen Bedingungen „schwitzen" Fensterscheiben? In welchen Räumen einer Wohnung sind diese Bedingungen vor allem gegeben?

A2: Weshalb soll man einen Raum, in dem Wäsche getrocknet wird, besonders gut lüften?

A3: Unter welchen Bedingungen kannst du deinen „Atem" sehen? Was siehst du dabei eigentlich? Unter welchen Bedingungen bildet sich an Gräsern und Zweigen Tau, unter welchen Reif?

A4: a) Weshalb spritzt und prasselt es, wenn man Fleisch in siedendes Fett ($\vartheta > 200\,°C$) legt? **b)** Erhitzt man in einem Topf Fett (oder Öl) weit über 100 °C, so kann es in Brand geraten. Versucht man, dieses Feuer mit Wasser zu löschen, so spritzt das brennende Fett aus dem Topf und verschlimmert den Brand. Wie ist das zu erklären? Und wie kann man erfolgreich löschen?

A5: a) Was bewirkt die Verdunstung des Schweißes auf der Haut? **b)** Was ändert sich, wenn Wind oder Zugluft die Verdunstung beschleunigen? **c)** Kann ein Ventilator helfen, oder erhöht er nur die Temperatur der Luft?

A6: Im Urlaub liegst du am Strand und sonnst dich. Du möchtest etwas Kühles trinken, aber weit und breit ist kein Laden in Sicht und deine Flasche Mineralwasser ist warm. Was kannst du tun, um trotzdem kühleres Mineralwasser zu bekommen?

Interessantes

Zustandsänderungen im Alltag

A. Kochen in Rekordzeit

Das Volumen des Wassers nimmt beim Verdampfen stark zu. Aus 1 l Wasser werden bei normalem Druck und bei der Temperatur 100 °C etwa 1700 l Wasserdampf. Verschließt man das Wassergefäß, so staut sich der Wasserdampf, und der Druck im Gefäß steigt. Dadurch wird die Blasenbildung in der Flüssigkeit erschwert, sodass die Siedetemperatur des Wassers auf über 100 °C steigt. Das nutzt man bei *Drucktöpfen* aus, denn Speisen werden bei höheren Temperaturen schneller gar. Ein Sicherheitsventil verhindert einen zu großen und deshalb gefährlichen Druckanstieg. Ohne dieses Ventil könnte der Druck so hoch werden, dass der Topf platzt und großen Schaden anrichtet.

B. Die Espressomaschine und der Obstbaum

Zum Verdampfen muss dem Wasser viel Energie zugeführt werden, für jedes Gramm 2258 J. Beim *Kondensieren* geht diese Energie wieder in die Umgebung. Dies nutzt man bei der *Espressomaschine* aus. In ihr wird Wasserdampf erzeugt und bereitgehalten. Möchte jemand einen heißen Kaffee trinken, wird in der Maschine heißer Dampf durch die benötigte Menge Wasser geleitet. Dabei kondensiert der Dampf und gibt viel Energie an das Wasser ab. Um 200 g Wasser von 15 °C auf 80 °C zu erhitzen, braucht man 54600 J. Diese bekommt man bei der Kondensation von nur 24 g Wasserdampf.

Auch *Obstblüten* profitieren von physikalischen Gesetzen. Nicht selten drohen zur Blütezeit Nachtfröste. Obstbauern besprengen dann ihre Bäume mit Wasser. Nach kurzer Zeit sinkt dessen Temperatur auf 0 °C und das Wasser beginnt zu *gefrieren*. Dabei gibt es viel Energie an die umgebende Luft und an noch nicht gefrorenes Wasser ab. Der Abkühlungsvorgang an den Blüten wird genügend verlangsamt, sodass die Blüten heil die eiskalte Nacht überstehen.

C. Rauchteilchen fördern die Kondensation

In einem Glaskolben bringen wir Wasser zum Sieden. Den entstehenden Wasserdampf lassen wir durch ein Glasrohr, dessen Ende zu einer Düse verengt ist, ausströmen. Einige Zentimeter von dieser Düse entfernt bildet sich eine kleine Wolke. Halten wir nun ein brennendes Streichholz dicht an der Düse unter den Dampfstrahl, geschieht etwas Überraschendes. Obwohl die Flamme etwas Wärme zuführt, wird die Kondensation keineswegs verzögert, sondern setzt sogar früher ein! Den Molekülen fehlten vorher nämlich Ansatzpunkte für die Tropfenbildung. Offensichtlich werden diese von der Streichholzflamme geliefert. Sie enthält winzige *Rußteilchen* und verschiedene andere Verbrennungsprodukte. An ihnen erfolgt die Kondensation bevorzugt; man nennt sie deshalb *Kondensationskerne.* In feuchter Luft wird die Nebelbildung also durch Rauch gefördert.

Autoabgase enthalten viel Wasserdampf und gleichzeitig viele Rußteilchen, die als Kondensationskerne dienen. Deshalb erzeugt ein fahrendes Auto eine kleine Wolke aus kondensierten Wassertröpfchen, solange die Auspuffanlage noch kalt ist. Diese selbst produzierte Wolke kannst du auch bei einem hochfliegenden Flugzeug beobachten. Man nennt sie *Kondensstreifen.*

Nebel und Wolken bilden sich ebenfalls an kleinsten Staubteilchen.

Später – in der Kernphysik – wirst du die „Nebelkammer“ kennen lernen. Schnelle, energiereiche Teilchen schießen in die Kammer und stoßen auf ihrer Bahn mit Luftteilchen zusammen. Diese sind danach elektrisch geladene Kondensationskerne. Bei Abkühlung der Kammerluft bildet sich längs der Teilchenbahn ein Kondensstreifen – er verrät die unsichtbaren Teilchen.

Interessantes

Zustandsänderungen in der Natur

Es gibt auf der Erde rund 1400 · 10^6 km^3 Wasser. In der Atmosphäre befinden sich davon etwa 0,001 %, also immerhin noch 14000 km^3. Dies ist im Vergleich zu den anderen Bestandteilen der Atmosphäre, also vor allem Sauerstoff und Stickstoff, nur etwa 4 %. Wasser spielt aber eine besondere Rolle, denn es kommt in allen drei Zustandsformen vor, gasförmig als Wasserdampf, flüssig in Wassertropfen und fest als Eis. Bei jeder Umwandlung von einem Zustand in einen anderen werden beträchtliche Energiemengen hin- und hergeschoben – das haben wir gelernt. Um 1 g Wasser von 20 °C zu verdunsten, sind schon 2452 J erforderlich (bei 100 °C waren es 2258 J/g). Diese große Energiemenge wird beim Kondensieren wieder der Luft zugeführt und lässt die Temperatur ansteigen. Die Luft dehnt sich aus und steigt auf. Umwandlungsprozesse haben also sehr viel mit dem **Wetter** zu tun. (Mit der großen Bedeutung der Sonnenstrahlung werden wir uns noch später in diesem Buch beschäftigen.)

A. Warum ist es in der Höhe so kalt?

Befassen wir uns zunächst einmal mit trockener auf- und absteigender Luft. Du erinnerst dich noch an den *Luftpumpenversuch*: Wenn man den Kolben herausschnellen lässt, sinkt nicht nur der Druck. Die Luftmoleküle werden vom zurückweichenden Kolben reflektiert. Wie beim Stoppball sind sie danach langsamer als vorher. Wenn der Vorgang schnell genug abläuft, hat die Luft keine Zeit, die fehlende innere Energie von außen zu bekommen. Somit ist die Temperatur der Luft jetzt niedriger als vorher. Beim Aufstieg der Luft z. B. vor einem Gebirge ist es genauso. Die Luft dehnt sich gegen die dort vorhandene Luft aus und verliert dabei innere Energie, ihre Temperatur sinkt. Wenn Luft aus dem Gebirge ins Tal strömt, wird sie wie in einer riesigen Luftpumpe wieder zusammengedrückt. Ihre Temperatur steigt umso höher, je tiefer sie ins Tal fällt. Auf derselben Höhe unten angekommen, hat sie wieder ihre ursprüngliche Temperatur.

B. Der Föhn

Wer in der Nähe der Alpen wohnt, kennt den *Föhn*. Es herrscht warmes und sehr trockenes Wetter. Auf den Höhen weht ein starker Sturm aus Süden. Auf der Südseite, in Norditalien, steigt die feuchte Luft auf und kühlt sich dabei ab. Bei genügend tiefer Temperatur in einer bestimmten Höhe kondensiert der Wasserdampf, es regnet. Die Kondensation setzt viel Energie frei. Daher sinkt die Lufttemperatur beim weiteren Aufstieg nicht so stark, wie wenn die Luft trocken aufgestiegen wäre. Nun folgt der Abstieg. Die Luft wird wieder zusammengedrückt, die Luftmoleküle werden schneller, die Temperatur steigt. Die Wolken lösen sich bei genügend hoher Temperatur schon weit oben in der Luft auf; es sieht für den Beobachter so aus, als blieben sie stehen. Es bildet sich die scharf begrenzte, drohend aussehende „Föhnmauer“. (Nur ein paar typisch aussehende Föhnwolken, die „Föhnfische“, dringen weiter vor.) Die jetzt ausgetrocknete Luft hat, wenn sie auf der ursprünglichen Höhe angekommen ist, eine höhere Temperatur als am Ausgangspunkt. Der Föhn beeinflusst das Wohlbefinden mancher Menschen, sie bekommen dann Kopfweh.

Interessantes

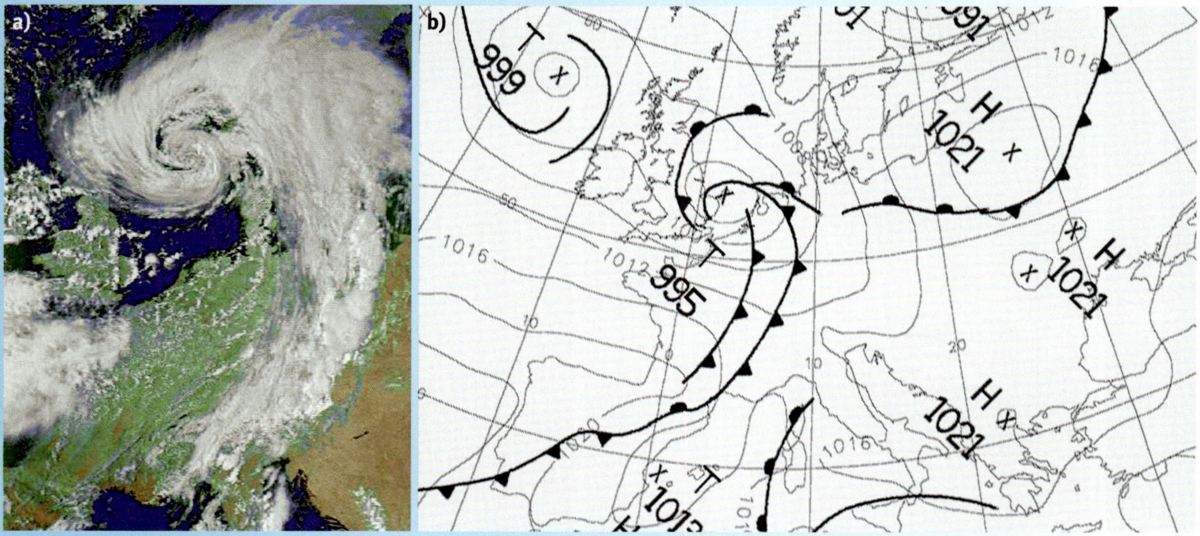

B1: a) So sah ein Wettersatellit Europa am 27.5.2000 um 15.16 Uhr **b)** Wetterkarte vom 27.5.2000.

Das Wetter

Wodurch wird das Wetter bestimmt?

Der „Motor" aller Windsysteme auf der Erde ist die Sonneneinstrahlung. Dies soll am Beispiel der **Passatwinde** gezeigt werden:

In den Tropen treffen die Sonnenstrahlen fast senkrecht auf die Erdoberfläche. Die absorbierte Energie erhöht die Temperatur von Boden und Luft. Die erwärmte Luft steigt auf, in der Region sinkt der Luftdruck – es entsteht dort ein **Tiefdruckgebiet**, kurz **Tief** genannt. Über der Sahara sinkt die Luft wieder nach unten und bewirkt damit eine Erhöhung des dortigen Luftdrucks – ein **Hochdruckgebiet**, kurz **Hoch**, entsteht. Von diesem Hoch weht der Wind in Bodennähe zunächst nach Süden zum Tief am Äquator. Aufgrund der Erdrotation bleibt der Wind nicht auf demselben Längengrad, sondern „hängt" immer mehr gegenüber dem Boden zurück. Von der Erde aus gesehen wird er nach rechts abgelenkt, aus dem N-Wind wird ein NO-Wind – der Nord-Ost-Passat. Er bleibt hinter der Erddrehung zurück. Umgekehrt wird aus einem zunächst reinen Südwind ein SW-Wind, weil er auf dem Weg nach Norden der Erddrehung vorauseilt. Auch er wird nach rechts abgelenkt.

Auf der Nordhalbkugel bildet Luft, die von allen Seiten in ein Tief strömt, einen Wirbel (Zyklone) im Gegenuhrzeigersinn.

Wann regnet es?

Luft kann umso mehr Wasserdampf (unsichtbar!) aufnehmen, je höher ihre Temperatur ist. Sinkt die Temperatur feuchter Luft, so kondensiert der überschüssige Wasserdampf als kleine Tröpfchen aus, es entsteht eine Wolke. Da sich aufsteigende Luft abkühlt, bilden sich über Tiefdruckgebieten Wolken, es beginnt meist zu regnen. Umgekehrt erwärmt sich absteigende Luft. Ihre Aufnahmefähigkeit für Wasserdampf nimmt zu, eventuell vorhandene Wolken lösen sich auf. Der Himmel über einem Hochdruckgebiet ist meist klar.

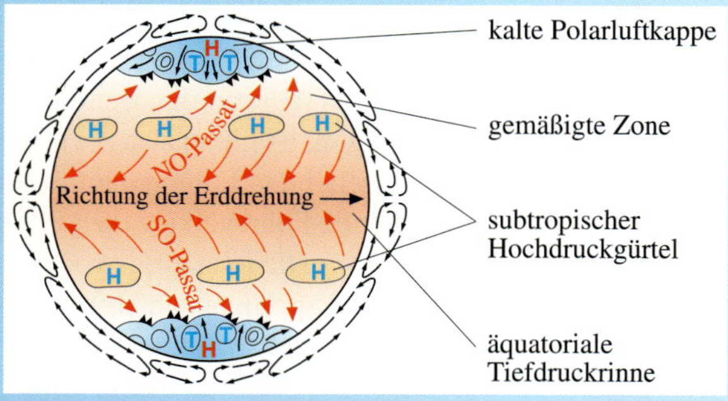

B2: Großräumige Windsysteme

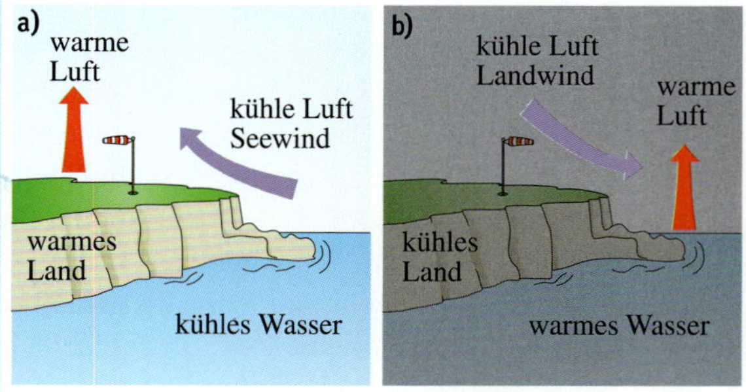

B3: a) Seewind bei Tag **b)** Landwind bei Nacht

Interessantes

Luftmassen prallen aufeinander

Luft mit einheitlicher Temperatur und Feuchte heißt *Luftmasse*. Stoßen zwei Luftmassen verschiedenen Ursprungs zusammen, so vermischen sie sich nicht. Ihre Grenze nennt man **Front**.

Wo eine warme Luftmasse auf eine kalte trifft, schiebt sie sich über sie und steigt langsam auf. Es entsteht eine **Warmfront** (➠ *Bild 4a*). Zunächst bilden sich in großer Höhe Federwolken, dann tiefreichende Schichtwolken.

Bei einer **Kaltfront** (➠ *Bild 4b*) trifft kalte Luft auf warme und drängt diese schnell nach oben. Dabei entstehen hoch reichende Haufenwolken. Im Innern von Haufenwolken bilden sich heftige Aufwinde aus (deshalb müssen kleine Flugzeuge diese Wolken meiden). Es kommt häufig zu *Gewittern*.

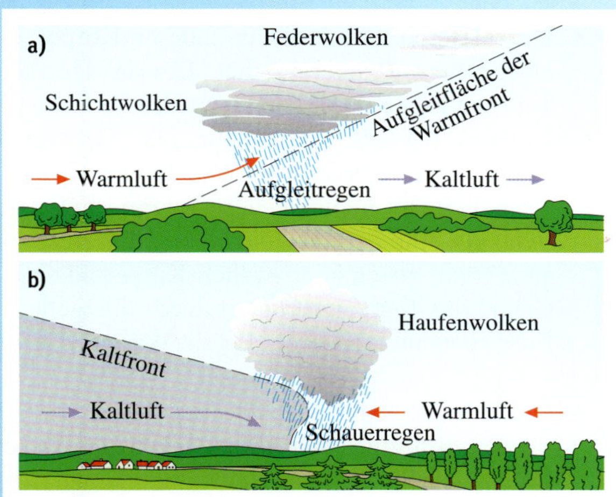

B4: a) Warmfront **b)** Kaltfront

Beim Herannahen von Fronten fällt der Luftdruck. Sinkender Luftdruck deutet also auf Wetterverschlechterung hin. Je tiefer der Luftdruck unter den Mittelwert 1013 hPa fällt, desto schwerere Stürme sind zu erwarten. Bei dem Orkan Lothar, der Weihnachten 1999 über Frankreich und Deutschland hinwegraste, fiel der Druck auf 970 hPa. In den Alpen wurden Spitzenböen von 259 km/h gemessen.

Wir leben im Gebiet der globalen Westwindzone. In ihr treffen häufig kühle, subpolare Luftmassen auf feuchtwarme, subtropische Luftmassen. Dadurch entsteht unser wechselhaftes Wetter. Für schlechtes Wetter sorgen ausgedehnte Tiefdruckgebiete, die oft über dem nördlichen Atlantik entstehen („Islandtief"). Das „Azorenhoch" (Azoren: Inselgruppe im Atlantik westlich der Sahara) bewirkt schönes Wetter.

Wie liest man eine Wetterkarte?

Viele Bodenstationen messen fortwährend Druck, Temperatur und Feuchte. Die Daten werden zusammen mit Satellitenbildern an Wetterämter übermittelt. Daraus fertigen die Meteorologen Wetterkarten, auf denen mit international festgelegten Symbolen die wichtigsten Wetterelemente dargestellt werden. In ➠ *Bild 1* erkennt man ein Tief über der Nordsee (das Sturmtief Farah). Zwei Kaltfronten überqueren Frankreich. Auf der Satellitenaufnahme sind die zugehörigen Wolkenfelder zu sehen. Das Hoch über dem westlichen Mittelmeer sorgt dort für klare Sicht.

Hochdruckzentrum – Kern eines Gebiets mit höherem Luftdruck als in der Umgebung.

Tiefdruckzentrum – Kern eines Gebiets mit niedrigerem Luftdruck als in der Umgebung.

Isobaren – Linien konstanten Luftdrucks (in hPa); wo verschiedene Isobaren dicht beieinander liegen, ändert sich der Luftdruck stark – es sind heftige Winde zu erwarten.

Warmfront – wärmere Luftmassen nähern sich, um kältere zu verdrängen. Es bilden sich ausgedehnte Wolkenfelder, aus denen oft ein gleichmäßiger Landregen fällt.

Kaltfront – kältere Luftmassen nähern sich, um wärmere zu verdrängen. Sie bringt uns kurze, schauerartige Regenfälle.

Niederschläge

- • Regen
- , Niesel
- * Schnee
- ▽ Schauer

Bedeckung des Himmels

- ○ wolkenlos
- ◑ Halbe Bedeckung
- ◕ Dreiviertel Bedeckung

Windgeschwindigkeit (1 kn ≈ 0,5 m/s)

- ◎ Windstill

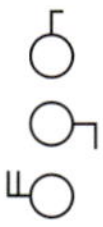

- 5 kn (Nordwind)
- 10 kn (Ostwind)
- 20 kn (Westwind)

B5: Die Symbole auf der Wetterkarte

Das ist wichtig

1. Energie ist etwas anderes als Temperatur

Wer die Temperatur von Gegenständen erhöhen will, muss ihnen Energie zuführen. Die Gegenstände speichern die Energie als *innere Energie*.

In kälterer Umgebung nimmt die innere Energie von Gegenständen ab. Dabei sinkt ihre Temperatur.

Energieportionen werden in kJ (*Kilojoule*) gemessen. Mit 4 kJ kann man die Temperatur von 1 l Wasser um 1 Grad erhöhen.

2. In jeder Bewegung steckt Energie

Ein Körper in Bewegung hat *Bewegungsenergie*. Sie nimmt zu, wenn der Körper schneller wird.

Auch Bewegungsenergie kann auf einen anderen Gegenstand übertragen werden. Der abgebende Körper wird dann langsamer.

3. Bremsen wandeln Energie

Körper in Bewegung kommen früher oder später zur Ruhe. Durch die unvermeidliche *Reibung* wird ständig Bewegungsenergie in innere Energie der reibenden Gegenstände umgewandelt. Die Bewegung nimmt ab, die Temperatur nimmt zu.

4. Mit der Höhe wächst die Höhenenergie

Beim Heben eines Körpers wird ihm Energie zugeführt. Er speichert diese Energie als *Höhenenergie*.

Verliert ein Körper an Höhe, so nimmt seine Höhenenergie ab. Sie kann …

- … in Bewegungsenergie gewandelt werden,
- … auf einen anderen Körper übertragen werden,
- … mittels Reibung in innere Energie gewandelt werden.

Energie-Übertragungsketten beschreiben den Weg der Energie. Mit ihnen stellt man dar, wie die Energie gewandelt oder von einem Gegenstand zu einem anderen übertragen wird. Meistens stellt man nur Ausschnitte dar.
Vollständige Energie-Übertragungsketten beginnen fast immer bei der Energie der Sonne und enden immer bei der inneren Energie der Umgebung.

5. Innere Energie und Temperatur

Die Teilchen eines Körpers bewegen sich unregelmäßig. Je größer die **mittlere** Geschwindigkeit **je Teilchen** ist, desto höher ist die **Temperatur.**

Bringt man zweimal je 1 kg Wasser gleicher Temperatur zusammen, so haben die 2 kg danach dieselbe Temperatur, denn an der Geschwindigkeit der Teilchen ändert sich nichts.

Je größer die **Summe aller Teilchenenergien** eines Körpers, desto größer ist dessen **innere Energie.** Sie steigt mit der Temperatur.

Bringt man zweimal 1 kg Wasser gleicher Temperatur zusammen, so verdoppelt sich die innere Energie, wie sich auch die Zahl der Teilchen verdoppelt.

6. Erhöhen der inneren Energie

Wenn wir die innere Energie (und Temperatur) eines Körpers erhöhen wollen, müssen wir die Geschwindigkeit, mit der sich seine Teilchen ungeordnet bewegen, erhöhen. Dies kann auf zwei verschiedene Arten geschehen:

- Durch Berühren mit einem anderen Körper, der eine höhere Temperatur hat. Dessen schnellere Teilchen geben durch Stöße mit den Teilchen des kälteren Körpers Energie ab. Die Temperatur des heißeren Körpers sinkt. Die Teilchen des kälteren Körpers nehmen diese Energie auf. Hier steigt die Temperatur. Die während dieses Vorgangs vom ersten zum zweiten Körper allein auf Grund des Temperaturunterschieds übergehende Energie nennt man in der Physik **Wärme**.

- Die Energie kann auch mechanisch übertragen werden, d.h. mit einer Kraft längs eines Weges. Dies geschieht z.B. bei Reibungsvorgängen (bei Gasen auch durch Kompression). Die Energie der geordneten Bewegung des Körpers geht so über in die Energie der sich ungeordnet bewegenden Teilchen. Die so übertragene Energie heißt **Arbeit**.

Wärme und *Arbeit* sind also *Übertragungsformen* der Energie („Wärme in einem Körper" gibt es also in der Physik nicht).

7. Energiestromstärke

Die **Energiestromstärke**

$$\boldsymbol{I = \frac{W}{t}} \quad \text{(Einheit } 1\,\frac{\text{J}}{\text{s}} = 1\text{ Watt)}$$

gibt an, wie viel Energie je Sekunde durch den Wärmeleiter weitergereicht wird. Sie ist umso größer, je größer die Temperaturdifferenz der angrenzenden Körper ist. Die Energiestromstärke ist umso kleiner, je dünner und länger der Wärmeleiter ist.

8. Energietransport

Wir unterscheiden drei Arten des Energietransports:

- Geschieht der Energietransport durch Stöße bei der ungeordneten Teilchenbewegung, so sprechen wir von **Wärmeleitung**. Die Teilchen selbst wandern nicht mit (Energie wandert *in* Materie).
  Alle Metalle sind gute Wärmeleiter. Alle (nicht strömenden) Gase leiten die Energie sehr schlecht weiter.

- Wird innere Energie zusammen mit der sie tragenden Materie transportiert, so sprechen wir von **Konvektion** (Energie wandert *mit* Materie).
  Durch Konvektion werden in den Meeresströmungen und durch Winde riesige Energiemengen transportiert.

- Die **Temperaturstrahlung** transportiert Energie *ohne* Materie und ohne Teilchenstöße.
  Die Temperaturstrahlung der Sonne kann uns erreichen, obwohl der Raum zwischen Sonne und Erde fast frei von Materie ist.

9. Thermisches Verhalten der Gase – Kelvin-Skala

Die Temperaturskala nach KELVIN hat die gleichen Gradschritte wie die Celsius-Skala. Beide Skalen haben aber verschiedene Nullpunkte.
Der Nullpunkt der Kelvin-Skala ist die tiefste mögliche Temperatur und heißt deshalb **absoluter Nullpunkt.**
Man kann x °C in y K umrechnen:

$$y = x + 273. \text{ Beispiel: } 20\,°\text{C} = 293\,\text{K}.$$

Zwischen dem Volumen V einer bestimmten Gasmenge und der Temperatur in K besteht ein einfacher Zusammenhang (bei konstantem Druck):

$$V \sim T, \text{ d. h. } \frac{V}{T} = \text{konstant.}$$

10. Zustandsänderungen

Nicht nur für Temperaturerhöhungen, auch zur Änderung des Aggregatzustandes ist Energie nötig.

Beim **Schmelzen** (fest ⇨ flüssig) gilt:
Die zum Schmelzen eines Körpers benötigte Energie hängt ab von

- der Art des Stoffes, also der **spezifischen Schmelzwärme *s*** (*s* ist eine stoffabhängige Konstante; für Wasser z. B. beträgt sie 335 $\frac{\text{J}}{\text{g}}$) und von
- der Masse *m* des Körpers (Mengeneigenschaft).

Während des Schmelzvorgangs wird zwar Energie zugeführt (z. B. in Form von Wärme), aber die Temperatur bleibt konstant (bei Wasser z. B. unter normalem Druck: $\vartheta = 0\,°\text{C}$).
Nach dem Schmelzen hat der Körper eine höhere innere Energie bei gleicher Temperatur. Diese kann er beim Erstarren ohne Temperaturabsenkung wieder abgeben.

Beim **Verdampfen** (flüssig ⇨ gasförmig) gilt:
Die zum Verdampfen einer Flüssigkeit benötigte Energie hängt ab von

- der Art der Flüssigkeit, also der **spezifischen Verdampfungswärme *r*** (*r* ist eine stoffabhängige Konstante; für Wasser z. B. beträgt sie $r = 2258\,\frac{\text{J}}{\text{g}}$) und von
- der Masse *m* der Flüssigkeit (Mengeneigenschaft).

Auch hier bleibt die Temperatur während des Verdampfens konstant (bei Wasser unter normalem Druck: $\vartheta = 100\,°\text{C}$).

Wasserdampf hat die zusätzliche Energie gespeichert. Beim Kondensieren geht sie wieder auf andere Körper (z. B. Luft der Umgebung) über.

11. Erhaltung der Energie

Bei allen Übergängen der Energie von einem Körper auf einen anderen sowie bei allen Zustandsänderungen bleibt die Summe aller Energieformen immer konstant.

Aufgaben

A1: Daniel zündet fünf Kerzen an und fragt: „Geben diese fünf Kerzen fünffache Energie an die Umgebung ab oder haben sie fünffache Temperatur?“ Erkläre an diesem Beispiel den Unterschied von Temperatur und Energie.

A2: Wir haben bei den Versuchen mit Esbit festgestellt, dass 1 g Esbit 20 kJ an das Wasser abgibt. Tatsächlich ist sein Brennwert etwas höher (30 kJ je Gramm). Erkläre den Unterschied.

A3: Wie viele Esbit-Tabletten braucht man um 1 l Wasser von 20 °C auf 60 °C zu erhitzen?

A4: Erkläre den Unterschied zwischen einer Warmhalteplatte für Speisen und der Heizplatte eines Elektroherdes.

A5: Seifenkisten sind Rennautos ohne Motor. Wie bekommen sie Bewegungsenergie? Warum werden sie auf ebener Straße langsamer?

A6: Stelle die Energie-Übertragungskette für einen Skisprung dar.

A7: a) Hohe, schlanke Fernsehtürme werden oft aus aufeinandergesetzten Betonrohren gebaut. Welche Wirkung hat die einseitige Sonnenbestrahlung auf sie? **b)** Welche Kurve beschreibt die Spitze eines solchen Turms während eines sonnigen Sommertages (von oben gesehen)?

A8: a) Das Stahlseil eines Skiliftes ist 1500 m lang. Um wie viel ändert sich seine Länge im Verlauf eines Tages, wenn die tiefste Temperatur –20 °C und die höchste –5 °C beträgt? **b)** Skizziere, wie man mit Umlenkrollen und einem schweren Betonklotz eine immer gleiche Spannung des Seiles erreichen kann.

A9: a) Weshalb werden deine Hände heiß, wenn du an einem Kletterseil schnell herabrutschst? **b)** Verbietet die „Erhaltung der Energie", dass deine Hände sich abkühlen und du am Kletterseil nach oben schwebst?

A10: Daniel sagt: „Im Pullover wird mir heiß!" Liefert sein Pullover Energie wie eine Heizung?

A11: Gefrierkost in Styroporboxen – ist das sinnvoll?

A12: Auf dem Tisch steht eine Tasse mit heißem Kakao (er wird noch nicht getrunken). **a)** Diskutiere mit physikalischen Argumenten, was in den nächsten Minuten passiert. **b)** Skizziere ein Diagramm, das zeigt, wie die Temperatur des Kakaos mit der Zeit abnimmt. Begründe deine Skizze. **c)** Wie erreicht man, dass der Kakao länger heiß bleibt?

A13: In welchem der drei gezeichneten Fälle ist die Energiestromstärke im Stab am größten, in welchem am kleinsten? Begründe. Zeichne mindestens einen weiteren Fall mit noch kleinerem Energiestrom.

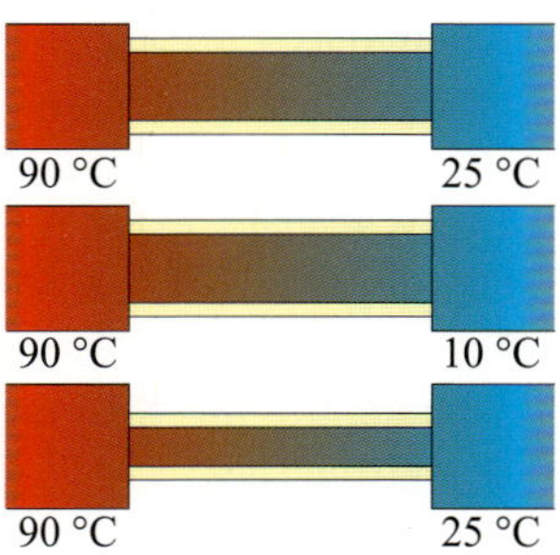

A14: Experimente für zu Hause: **a)** Stelle ein Bügeleisen wie im Bild auf und wähle eine hohe Betriebstemperatur. **b)** Halte deine Hand im Abstand von ca. 30 cm vor das Bügeleisen (*Vorsicht, komm der Bodenfläche des Bügeleisens dabei nicht zu nahe!*). Was spürst du? Halte ein Blatt Papier bzw. ein Stück Alu-Folie zwischen Bügeleisen und Hand. Welche Arten des Energietransports entfallen dadurch? Begründe. **b)** Halte deine Hand jetzt ca. 30 cm neben ② bzw. 30 cm über ③ das Bügeleisen und wiederhole die Versuche aus a). *Vergiss nicht, das Bügeleisen auszuschalten!*

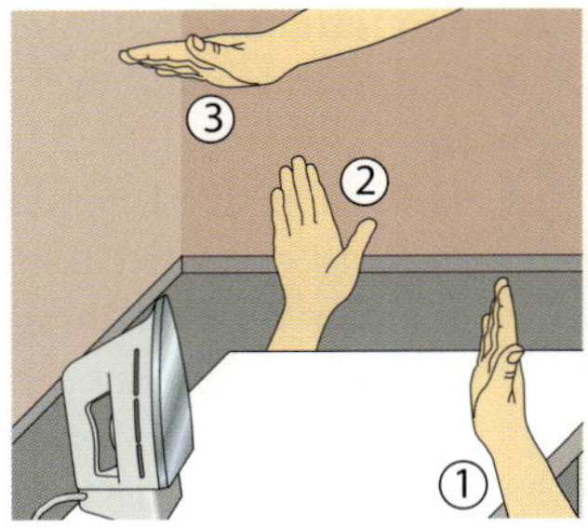

A15: a) Welche Materialien verwendet man bei Kleidungsstücken, um bei niedrigen Temperaturen nicht zu frieren? **b)** Welche Materialien werden zur Wärmedämmung von Häusern benutzt? **c)** Welche Eigenschaft der in a) und b) genannten Materialien ist für ihre gute Wärmedämmung verantwortlich?

A16: Erläutere, weshalb die Wärmedämmung bei Luft besonders gut ist, wenn sie in Poren eingeschlossen ist.

A17: Warum friert man auch bei hoher Lufttemperatur, wenn man bei windigem Wetter aus dem Wasser kommt?

A18: Kann man einem Stoff Wärme zuführen, ohne dass eine Temperaturerhöhung eintritt? Warum ist das Wort „erwärmen" mehrdeutig?

A19: Begründe, weshalb die Kelvin-Skala nach unten begrenzt ist, aber nicht nach oben.

A20: Aus dem Urlaub kommend heizt du dein Zimmer (25 m^3) von 13 °C auf 21 °C auf. Bestimme das Volumen der durch die geöffnete Tür entweichenden Luft.

A21: Wie kann man die Temperatur einer Gasmenge erhöhen, ohne Wärme zuzuführen?

A22: Erläutere mithilfe des Teilchenmodells, dass beim Verdampfen oder Schmelzen einem Körper Energie zugeführt, beim Kondensieren bzw. Erstarren entzogen werden muss.

A23: Um die Temperatur von 1 g Wasser um 1 Grad zu erhöhen, muss man 4 J an Energie zuführen. Für Wasserdampf liegt dieser Wert bei 1,95 J, für Eis bei 2,09 J. **a)** Wie viel Energie muss 200 g Wasserdampf einer Temperatur von 150 °C entzogen werden, um daraus Eis mit einer Temperatur von – 20 °C zu machen? **b)** Je Sekunde werde immer der gleiche Energiebetrag entzogen. Skizziere den zeitlichen Verlauf der Temperatur.

Wir sitzen im Konzertsaal, einem Raum ohne Fenster. Kurz vor Beginn der Aufführung erlischt das Licht. Es ist dunkel, wir sehen von unserer Umgebung nichts. Es ist so, als ob wir unsere Augen geschlossen hätten. Plötzlich wird ein Scheinwerfer eingeschaltet – wir sehen den Dirigenten. Auf dem Fußboden erkennen wir einen hellen runden Fleck mit dem Schatten des Dirigenten.

Licht ist nötig, damit wir Menschen und Gegenstände sehen können. Dabei ist völlig gleich, ob das Licht von Lampen kommt oder von der Sonne.
Wir sehen den Mond – und auch die anderen Planeten – am Himmel nur deshalb, weil Sonnenlicht sie beleuchtet.

B1: a) Der Leuchtturm als Lichtquelle. **b)** Blaulicht

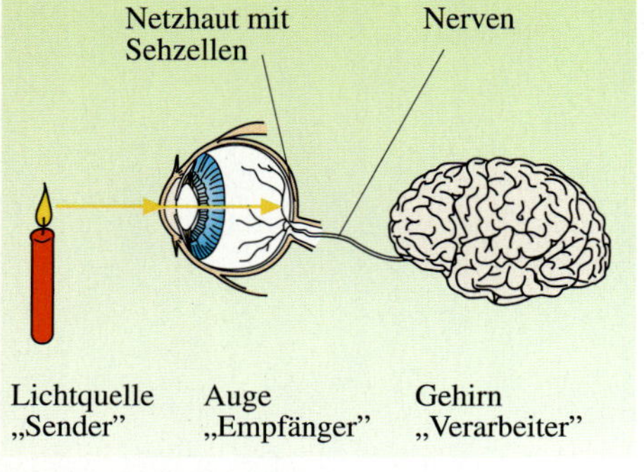

B2: Das Sehen ist ein mehrstufiger Vorgang.

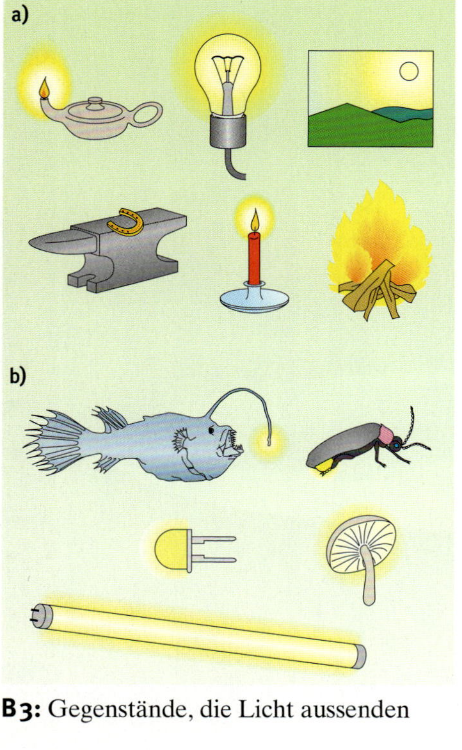

B3: Gegenstände, die Licht aussenden

Lichtausbreitung

1. Was bedeutet „Sehen"

Sehen ist ein Vorgang, bei dem die Sehzellen in unserem Auge durch Licht gereizt werden. Dabei entstehen elektrische Signale, die von Nerven ins Gehirn geleitet werden (➡ *Bild 2*). Dort verarbeiten wir die Signale zu einer Bildvorstellung.

2. Wann sehen wir etwas?

Zum Sehen gehören immer ein „Sender", der Licht aussendet (auch Lichtquelle genannt), und ein Empfänger. Ein solcher Lichtsender ist z.B. die Sonne. Das Auge ist ein Beispiel für einen Empfänger. So wie die Sonne senden alle heißen Körper Licht aus (➡ *Bild 3a*). ➡ *Bild 3b* zeigt Lichtquellen, die sogar bei normaler Temperatur Licht erzeugen.

Zündest du in einem dunklen Raum ein Zündholz an, dann siehst du die Flamme, denn das Licht der Flamme fällt direkt in dein Auge. Du erkennst gleichzeitig auch die Gegenstände in diesem Raum. Sicher, sie waren vorher schon da, aber natürlich unsichtbar. Das brennende Zündhölzchen erschließt uns die „optische" Welt. Sein Licht breitet sich nach allen Richtungen aus. Die Gegenstände im Raum werden vom Zündholz beleuchtet und geben das empfangene Licht in alle möglichen Richtungen wieder ab, so als wären sie selbst Lichtquellen. Man sagt: Die beleuchteten Gegenstände **streuen** das Licht.

Merksatz

Man sieht die Gegenstände, die Licht aussenden und deren Licht vom Auge empfangen wird.

Entweder erzeugen die Gegenstände selbst Licht oder sie streuen das Licht, das von anderen Lichtquellen stammt.

Wir sehen also nur etwas, wenn das Licht *in* unser Auge fällt. Stellen wir uns ➠ *Bild 1* als reale Situation vor:

Die Glühlampe sehen wir, weil ihr Licht direkt in unser Auge fällt. Die rechte Gesichtsseite des Mädchens wird von der Leuchte direkt beleuchtet, das Licht dort gestreut. Es macht also einen Umweg, bevor es in unser Auge trifft. Das Licht, das von der linken Gesichtsseite in unser Auge fällt, hat einen noch längeren Umweg hinter sich: Von der Leuchte zuerst zur Wand, von dort zum Mädchen und dann erst in unser Auge. Da bei jeder Streuung Verluste entstehen, ist diese Gesichtsseite dunkler.

3. Vom Lichtbündel zum Lichtstrahl

Eine Kerze strahlt das Licht nach allen Seiten aus, eine Taschenlampe dagegen nur in eine Richtung. Man spricht dann von einem **Lichtbündel**. Durch eine Blende (zum Beispiel einen Karton mit einem kleinen Loch) können wir das Lichtbündel stark einengen. Dann erzeugt die Taschenlampe an der Wand nur einen ganz kleinen Lichtfleck. Zu sehr feinen Lichtbündeln sagt man **Lichtstrahlen**, denn man kann geometrische Strahlen als *Denkmodell* für diese sehr feinen Lichtbündel verwenden.

Lichtbündel werden dadurch sichtbar gemacht, dass man in ihren Verlauf Kreidestaub, Wasserdampf oder Rauch bläst. An den Kreide-, Wasser- oder Rauchteilchen wird ein Teil des Lichts gestreut. Man sieht die beleuchteten Teilchen. Wir sehen dann auch, dass Lichtbündel geradlinig verlaufen (➠ *Bild 4*).

Schauen wir nachts in den wolkenlosen Himmel, dann erscheint er uns schwarz, obwohl doch die Sonne auch nachts leuchtet. Das Licht scheint an der Erde vorbei, es wird nicht gestreut, also gelangt es nicht in unser Auge (➠ *Bild 5*). Erst wenn der Mond als überdimensionales Staubteilchen in unser Blickfeld tritt, wissen wir, dass das Universum lichtdurchflutet ist. Auf der Tagseite der Erde wird das Licht schon an der Lufthülle gestreut, der Himmel erscheint uns hell.

Die Sterne, die wir am Himmelszelt sehen, leuchten selbst. Es sind Sonnen oder ganze Galaxien, also große Sonnenansammlungen. Doch sind sie so weit entfernt, dass sie uns nur als Pünktchen am Himmel erscheinen.

Im ➠ *Bild 6* kreuzen sich auf einem Schirm flache Lichtbündel aus zwei Experimentierleuchten. Der Verlauf wird dadurch sichtbar, dass sie an dem Schirm entlangstreifen. Die Lichtbündel durchdringen sich ungestört, anders als sich kreuzende Wasserstrahlen.

Merksatz

Die geradlinigen verlaufenden **Lichtstrahlen sind Denkmodelle** für sehr feine Lichtbündel. Diese durchdringen sich ungestört.

B 4: Lichtbündel werden sichtbar

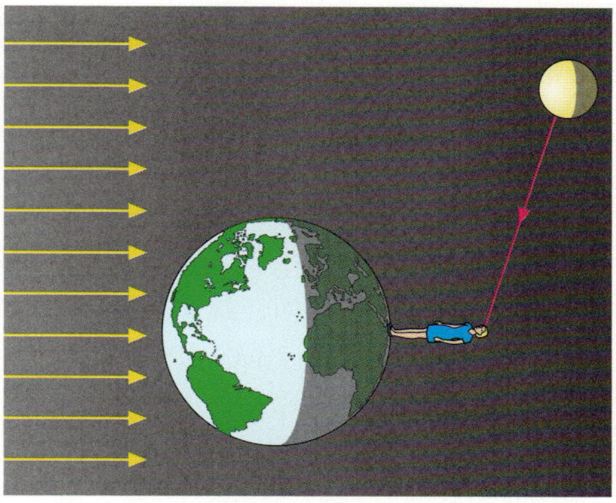

B 5: Der lichtdurchflutete Nachthimmel erscheint uns dunkel, nur der beleuchtete Mond ist sichtbar.

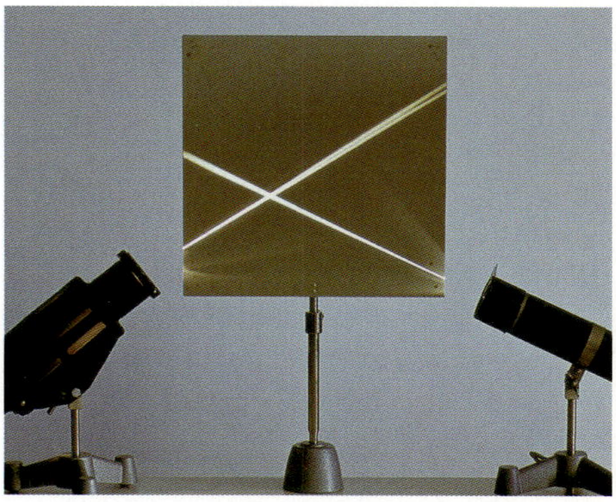

B 6: Lichtbündel stören sich gegenseitig nicht.

Aufgaben

A 1: Beim Blaulicht eines Polizeifahrzeugs rotiert um eine Glühlampe ein Spiegel, der das Licht bündelt. Warum sieht man das Blaulicht blinken, obwohl die Lampe doch immer leuchtet?

B1: Bilder einer totalen Sonnenfinsternis, aufgenommen im Abstand von 20 Minuten.

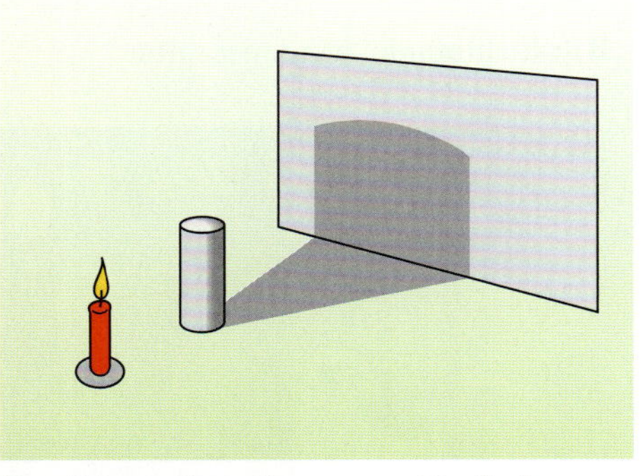

B2: Hinter dem Gegenstand befindet sich ein lichtfreier Raum.

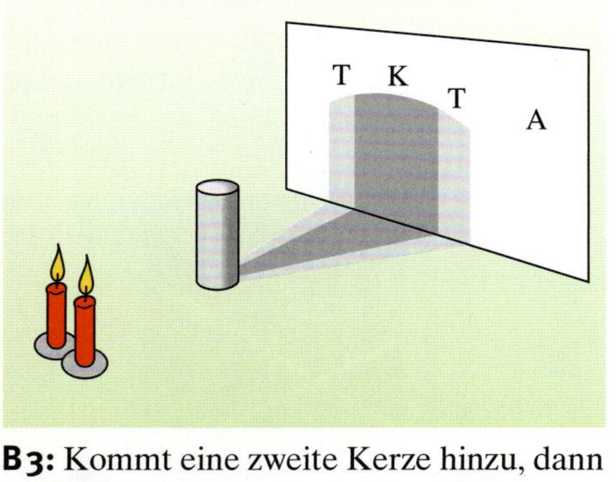

B3: Kommt eine zweite Kerze hinzu, dann gibt es links und rechts neben dem dunklen Schatten etwas hellere Flächen, häufiger „Halbschatten" genannt.

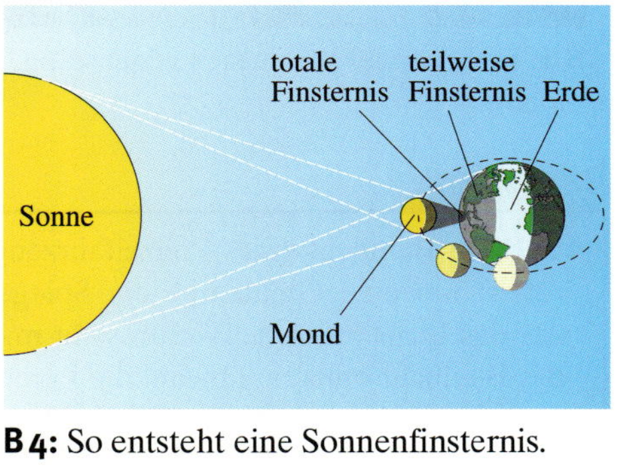

B4: So entsteht eine Sonnenfinsternis.

Licht und Schatten

1. Lichtfreier Raum

Bringt man vor eine Lichtquelle einen undurchsichtigen Gegenstand, dann ist der Raum dahinter dunkel, also lichtfrei. Dort sieht man Gegenstände nicht. Stellt man nach ➠ *Bild 2* hinter den Gegenstand ein großes weißes Blatt Papier, so zeigt es den Umriss des Gegenstands. Er stellt die Grenze zwischen beleuchteter und nicht beleuchteter Fläche dar. Umgangssprachlich nennt man den nicht beleuchteten Bereich den „Schatten" des Körpers.

Im ➠ *Bild 3* stehen zwei Kerzen nahe beisammen. Auch ihrem Licht verwehrt der undurchsichtige Gegenstand den Weg zum Papier. Dort sehen wir jetzt drei Zonen:
In den Kernbereich (K) kann weder das Licht der linken noch der rechten Kerze gelangen. Dort ist es völlig dunkel.
Rechts und links davon gibt es Bereiche, die das Licht nur jeweils einer Kerze trifft. Diesen Bereich nennt man „Teillichtbereich" (T) oder auch „Halbschatten".
Auf alle Stellen außerhalb dieser Bereiche fällt dagegen das Licht beider Kerzen (A). Dort ist es ganz hell.

2. Sonnenfinsternis

Das spektakulärste Schattenereignis ist die **totale Sonnenfinsternis** (➠ *Bild 1*). Dabei steht der Mond für bestimmte Erdregionen so, dass das Licht der Sonne diese Regionen nicht mehr erreicht. Eine solche Region wird verfinstert – nicht eigentlich die Sonne! Die Bewohner befinden sich im „Schatten" des Mondes. Dieser Schatten rast mit hoher Geschwindigkeit über die Erdoberfläche. Während der völligen Verdeckung der Sonne wird deren *Korona*, die lichtschwächer leuchtende Umgebung der Sonne, sichtbar (➠ *Bild 1*, mittlere Abbildung).
Weil der Schattenbereich nicht sehr groß ist, ist das ganze, großartige Naturschauspiel nach wenigen Minuten wieder vorbei.

Die letzte totale Sonnenfinsternis in Deutschland fand am 11.08. 1999 statt. Die nächste wird hier erst wieder am 17.04. 2135 zu beobachten sein.

3. Mondphasen

Der Mond zeigt sich in wechselnder Gestalt, einmal als runde Scheibe, dann wieder als schmale Sichel. Dies kann man anhand von ➠ *Bild 5* erklären. Dort sind acht verschiedene Standorte des Mondes eingezeichnet, die dieser während seines vier Wochen dauernden Umlaufs um die Erde einnimmt.
Die Sonne beleuchtet immer die ihr zugewandte Mondhälfte. Die andere ist unbeleuchtet. Je nach Position des Mondes sehen wir nur Teile dieser beleuchteten Seite. Der Mond erscheint uns also in seinen **Mondphasen**. Wir sehen …:

- bei Vollmond die beleuchtete Mondfläche ganz (1),
- bei Halbmond die Hälfte des beleuchteten Mondes (3), (7),
- bei Neumond sehen wir die beleuchtete Mondhälfte nicht (5).

Aber auch den nicht von der Sonne beleuchteten Teil kann man in klaren Nächten schwach erkennen. Von der Erde gelangt nämlich etwas Streulicht zum Mond und beleuchtet ihn ein wenig.

Warum gibt es eigentlich nicht bei jedem Neumond eine Sonnenfinsternis und bei jedem Vollmond eine Mondfinsternis? Die Ebene der Mondbahn ist gegenüber der Ebene der Erdbahn um ungefähr 5° geneigt. So gelingt es dem Mond nur selten, die Sonnenscheibe zu verdecken.
Es gibt zwar alle 29,5 Tage Vollmond, aber meistens steht die Erde nicht exakt auf der Verbindungslinie Mond-Sonne. Wäre dies der Fall, so träfe das Sonnenlicht den Mond nicht und wir hätten eine Mondfinsternis (➠ *Bild 7*).

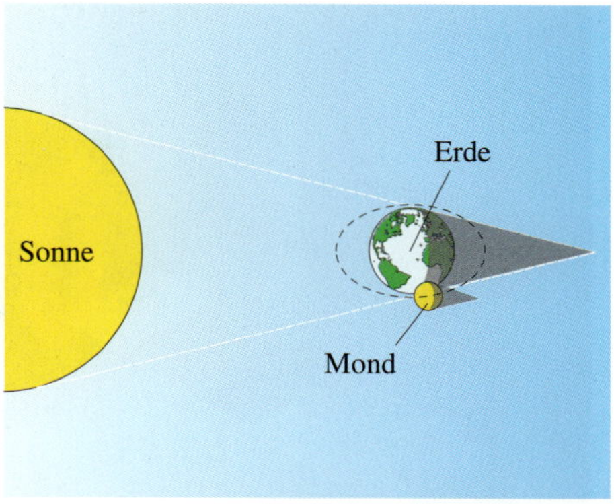

B6: Hinter Erde und Mond gibt es einen Schattenkegel.

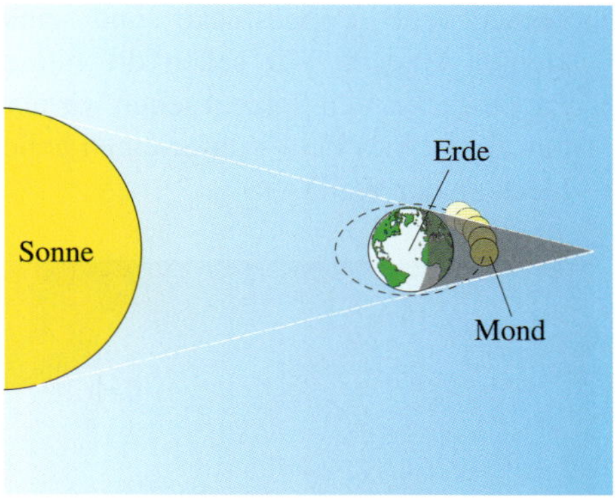

B7: So entsteht eine Mondfinsternis.

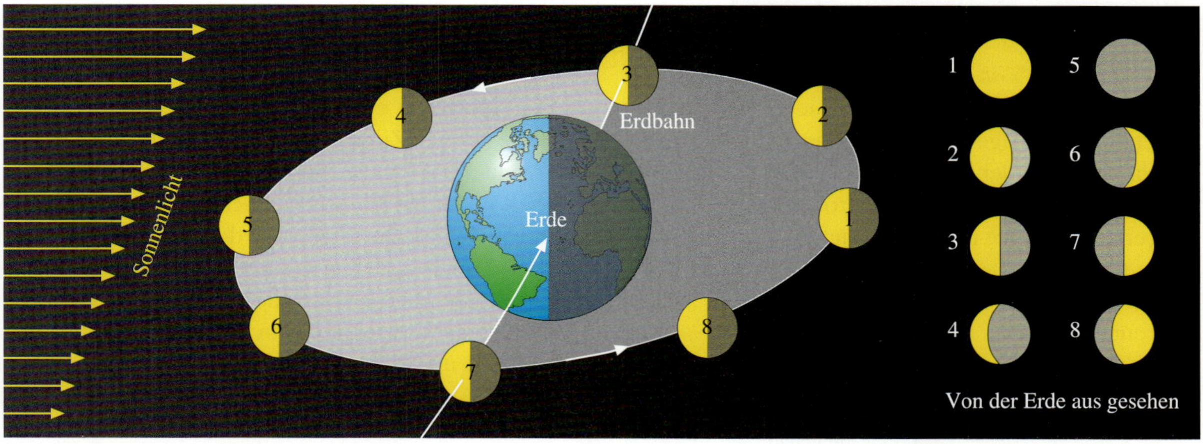

B5: In vier Wochen umkreist der Mond die Erde; von der Erde sieht man dann die Mondphasen 1 bis 8.

Aufgaben

A1: Beschreibe, wie sich Schatten und beleuchtete Flächen ändern, wenn man in ➠ *Bild 3* die Kerzen auseinanderzieht.

A2: Fußballspieler haben bei Flutlicht vier sternförmig angeordnete Teilschatten. Wie ist dies zu erklären?

A3: Warum kann eine Mondfinsternis nur bei Vollmond und eine Sonnenfinsternis nur bei Neumond stattfinden?

A4: Aus welcher Art von Verfinsterung kann man auf die Kugelgestalt der Erde schließen, aus einer Sonnen- oder einer Mondfinsternis?

V1: Das breite Lichtbündel einer Experimentierleuchte fällt schräg auf mehrere verschiedene Pappestücke und einen kleinen Spiegel. Wir sehen die bunten Pappestücke; den Spiegel sehen wir aber nur als dunkles Feld – dafür einen hellen Fleck an der Wand.

V2: Vor eine Glasscheibe wird eine brennende Kerze gestellt. Ihr Spiegelbild scheint hinter der Glasscheibe zu stehen. Nun nehmen wir eine gleichgroße, nicht brennende Kerze und stellen sie so hinter die Glasscheibe, dass von vorne der Eindruck entsteht, auch ihr Docht würde brennen.

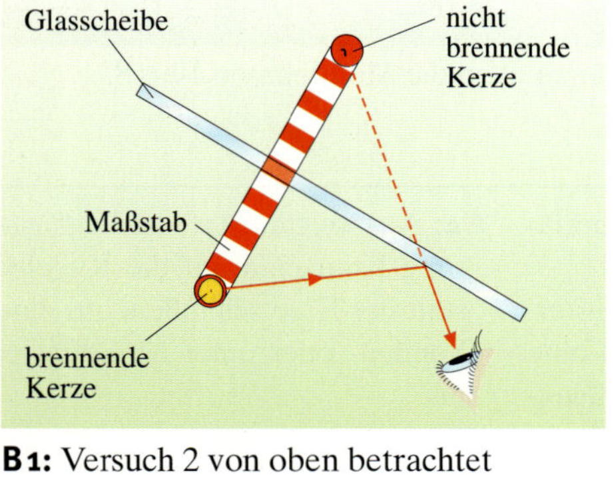

B1: Versuch 2 von oben betrachtet

B2: Ein Spiegelbild, das zahlreiche Touristen anlockt.

Reflexion am ebenen Spiegel

1. Glatte Flächen spiegeln

Die Erfahrung sagt uns, dass man sich nur in glatten Flächen spiegeln kann: In der Glasscheibe, im Badezimmerspiegel, in einer ruhigen Wasseroberfläche, in der polierten Lackoberfläche mancher Möbel oder von Autos. Man spiegelt sich jedoch nicht in rauen oder stumpfen Oberflächen.
Im ➠ *Versuch 1* sind die Pappestücke deutlich zu erkennen, denn ihre Oberflächen sind rau und streuen das Licht nach allen Richtungen. Der Spiegel jedoch reflektiert das Licht nur in eine Richtung, deshalb erscheint an der Wand der helle Fleck.

2. Der Spiegel – Fenster zur Spiegelwelt

Schaue in den Spiegel in einem Zimmer. Du siehst dich, aber auch das ganze übrige Zimmer; die Gegenstände im Hintergrund, die Wände, die Decke, den Boden, wenn man so will: Die ganze Welt ist hinter der Spiegelfläche für das Auge nochmals vorhanden. Willst du allerdings deinem Gegenüber im Spiegel die Hand reichen, dann erkennst du: Die Spiegelwelt ist nur eine Sehwelt, aber keine Tastwelt. Wir schauen in die Spiegelwelt hinein, scheinbar wie durch ein Fenster in ein Haus. Unser Gehirn erzeugt uns diese Scheinwelt. Wir sind ja gewohnt, dass Lichtstrahlen gerade verlaufen. Deshalb glauben wir, sie kämen aus einem Raum hinter dem Spiegel. In Wirklichkeit kommen sie von vorn und werden an der Spiegeloberfläche geknickt. Trotzdem ist die Vorstellung einer Spiegelwelt, den Spiegel also als Fenster in eine zweite „gespiegelte" Welt aufzufassen, nützlich. Sie hilft uns, das Reflexionsgesetz zu finden und andere „Spiegelfragen" zu klären.

Unter günstigen Lichtverhältnissen erkennt man, dass sich Glasscheiben wie „richtige" Spiegel verhalten, mit dem Vorteil, dass man auch die Welt dahinter sieht. Deshalb verwenden wir jetzt eine normale Glasscheibe als Spiegel.

3. Die Gesetze des Spiegelns

Betrachten wir den Versuch 2 von oben (➠ *Bild 1*), dann sehen wir, dass die Kerzen achsensymmetrisch zur Glasscheibe angeordnet sein müssen. Nur so kann der Eindruck entstehen, die nicht brennende Kerze habe eine Flamme. Dieser Eindruck entsteht für jeden Beobachter vor der Scheibe, wenn diese nur groß genug ist. Achsensymmetrisch bedeutet: Ihr Abstand zur Scheibe ist jeweils gleich, ihre Verbindungslinie senkrecht zu ihr.

Merksatz

Das Spiegelbild erscheint senkrecht gegenüber der Spiegelebene und im gleichen Abstand vom Spiegel wie der reale Gegenstand.

Wir untersuchen jetzt den Verlauf eines Lichtstrahls. Dazu leuchten wir mit einer Taschenlampe so in einen Spiegel, dass das Lichtbündel in das Auge des Betrachters trifft. Dieser glaubt, dass er in das Licht der Lampe in der „Spiegelwelt" schaut (➠ *Bild 4*). In Wirklichkeit wird das Licht natürlich auf der Spiegeloberfläche reflektiert und fällt dann in sein Auge. Der ➠ *Versuch 3* zeigt uns, dass das Licht der Taschenlampe das Auge des Betrachters nur trifft, wenn die Lichtquelle, der Reflexionspunkt auf dem Spiegel und das Auge des Betrachters in einer Ebene liegen. In dieser so genannten **Reflexionsebene** liegen der hinlaufende und der reflektierte Lichtstrahl. Diese Ebene steht stets senkrecht auf der Spiegeloberfläche. Zeichnen wir die Taschenlampe achsensymmetrisch ein, dann erhalten wir folgende geometrischen Verhältnisse (➠ *Bild 3*):
Da die Punkte T', R und A auf einer Geraden und T' und T symmetrisch zum Spiegel liegen, sind die drei rot eingezeichneten Winkel gleich groß. Um das Reflexionsgesetz auch bei gekrümmten Flächen anwenden zu können, verwendet man das Lot (grün). Die beiden gelben Winkel neben dem Lot, **Einfallswinkel** *(α)* und **Reflexionswinkel** *(β)*, sind dann ebenfalls gleich groß. Dies lässt sich in ➠ *Versuch 4* für jeden Winkel sehr genau bestätigen.

Merksatz

Reflexionsgesetz: Einfallender Lichtstrahl, Lot und reflektierter Lichtstrahl liegen in einer Ebene. Einfallswinkel und Reflexionswinkel sind gleich groß.

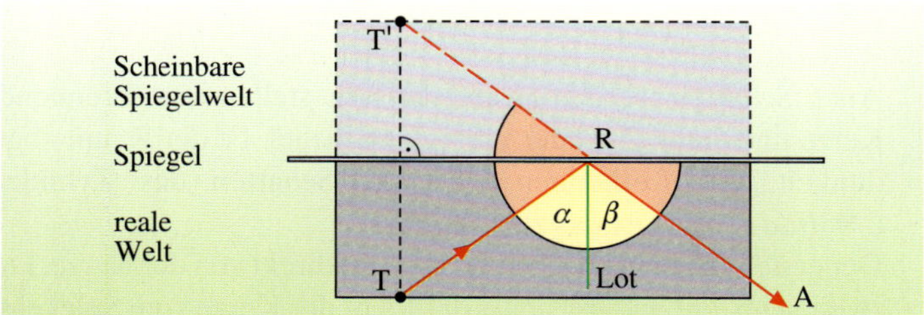

B3: Geometrische Verhältnisse bei der Reflexion am Spiegel

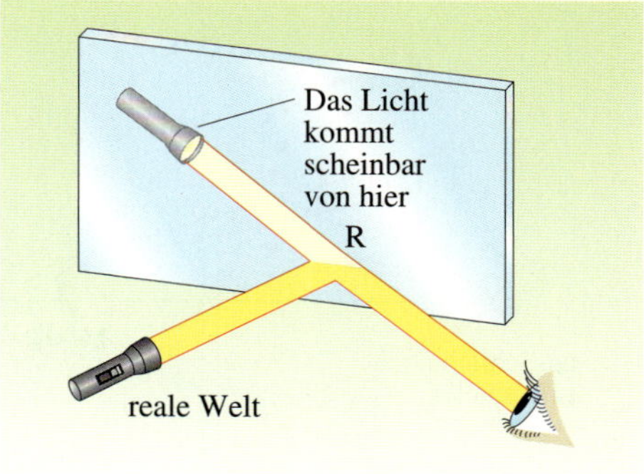

B4: Reale Welt – Spiegelwelt. So wird das Auge getäuscht.

V3: Mit der Taschenlampe wird so in den Spiegel geleuchtet, dass das Bündel das Auge des Betrachters trifft. Mit Staub kann man die Stelle auf dem Spiegel sichtbar machen, an der das Lichtbündel reflektiert wird (R). Ein Helfer hält ein Stück Karton so in die Anordnung, dass die Lichtbündel streifend darauf sichtbar werden und sich deshalb nachzeichnen lassen.

V4: Das Reflexionsgesetz lässt sich überprüfen, in dem man ein feines Lichtbündel einer Experimentierleuchte auf einen Spiegel fallen lässt und die Winkel misst.

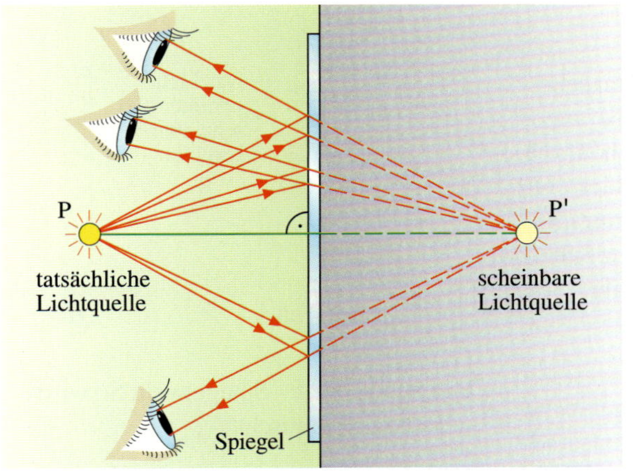

B1: Das Licht scheint von P' zu kommen.

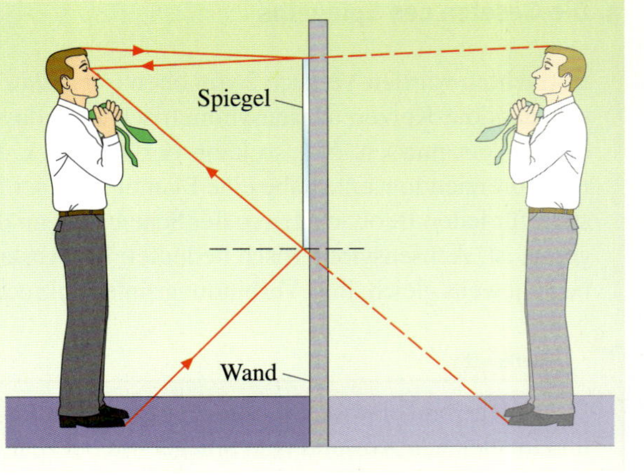

B2: So muss man den Spiegel aufhängen.

B3: Schatten aus der Spiegelwelt

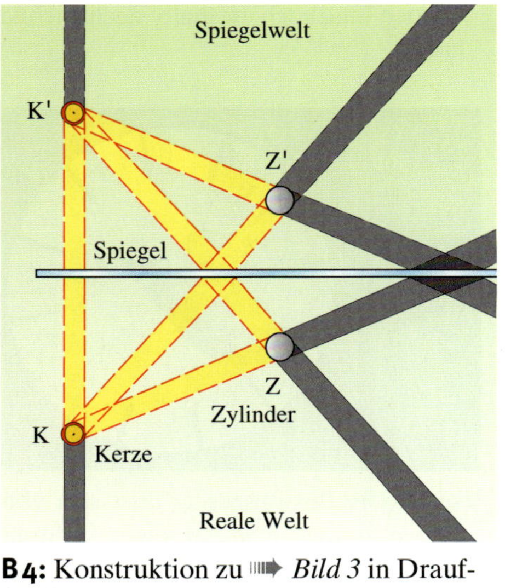

B4: Konstruktion zu ➠ *Bild 3* in Draufsicht.

Spiegelbilder

1. Konstruktion mit Spiegelbildern

Wir wollen Spiegelbilder und den Verlauf von Lichtstrahlen konstruieren. Dazu verwenden wir die Tatsache, dass sich auf Grund des Reflexionsgesetzes die Lichtstrahlen einer Lichtquelle vor dem Spiegel so verhalten, als ob sie aus einer Lichtquelle hinter dem Spiegel stammten. Diese und die tatsächliche Lichtquelle liegen symmetrisch zum Spiegel (➠ *Bild 1*).

Ein Beispiel: Wie groß muss ein Spiegel mindestens sein, damit man sich dort in voller Größe sehen kann (➠ *Bild 2*)?
Zuerst zeichnen wir die Person und die Wand, an der der Spiegel hängt. Die „dahinter stehende“ Person der Spiegelwelt konstruieren wir Punkt für Punkt. Jeder reale Punkt und sein Spiegelpunkt liegen symmetrisch zum Spiegel. (So kennen wir dies auch als Achsenspiegelung in der Mathematik).

Jetzt soll sich unsere Person in der Spiegelwelt betrachten. Die Lichtstrahlen müssen dazu von den Füßen und vom Scheitel ins Auge fallen können. Wir zeichnen die Verbindung von den Fußspitzen und dem Scheitel in der Spiegelwelt zum realen Auge. Aus den Schnittpunkten mit der Wand ergibt sich die Mindestspiegelgröße (in dieser Situation gerade die halbe Körpergröße). Die richtige Höhe liegt auch schon fest und der tatsächliche Verlauf der Lichtstrahlen lässt sich jetzt ebenfalls einzeichnen. (➠ *Bild 2*).

Auch Schatten werden gespiegelt. Wir stellen eine brennende Kerze und einen Zylinder vor einen Spiegel. Ist der Raum abgedunkelt, dann erkennen wir zwei Schatten des Zylinders (➠ *Bild 3*). Wie ist das zu erklären?
Der erste Schatten am Zylinder stammt direkt von der Kerze. Der zweite entsteht dadurch, dass das Licht der Kerze vom Spiegel so reflektiert wird, als ob es von der Kerze in der Spiegelwelt käme.

Alle Lichtpunkte haben ihre Spiegelpunkte in der Spiegelwelt. Deshalb findet auch jeder Schatten (fehlendes Licht) sein Gegenstück „hinter dem Spiegel“ (➠ *Bild 4*).

2. Der Winkelspiegel

Zwei Spiegel werden im rechten Winkel zueinander aufgestellt (➠ *Bild 5*). Ein Lichtbündel trifft den ersten Spiegel und wird von diesem auf den zweiten reflektiert. Dieser reflektiert das Bündel ein zweites Mal. Das Experiment zeigt, dass das Lichtbündel immer in die gleiche Richtung zurückkehrt, aus der es gekommen ist. Wie lässt sich dies erklären?

a) Konstruktion des Lichtwegs (➠ *Bild 6*): Der von P kommende Lichtstrahl trifft in Punkt C auf den Spiegel. Mithilfe des Lots und des Reflexionsgesetzes (Einfallswinkel und Reflexionswinkel sind gleich groß) erhalten wir den weiteren Verlauf bis zur Stelle D, an der der Strahl auf den zweiten Spiegel trifft. Auch dort wird der weitere Verlauf wie schon an der Stelle C konstruiert. Der Lichtstrahl verlässt den Winkelspiegel in Richtung P'.

b) Wie lässt sich geometrisch der experimentelle Befund, dass einfallender und reflektierter Strahl parallel sind, begründen?
Den ersten Einfallswinkel bezeichnen wir mit α und markieren ihn mit roter Farbe. Der grün gekennzeichnete Winkel ist der Ergänzungswinkel zu α. Er hat also die Größe $(90° - \alpha)$.
Da das Dreieck CAD rechtwinklig ist, ist bei D wieder der Winkel α zu finden. Der Austrittswinkel hat damit die Größe $(90° - \alpha)$.
Da das zweite Lot parallel zum ersten Spiegel ist, sind also einfallender und reflektierter Strahl parallel.

B5: Das Licht einer Experimentierleuchte fällt auf einen Winkelspiegel.

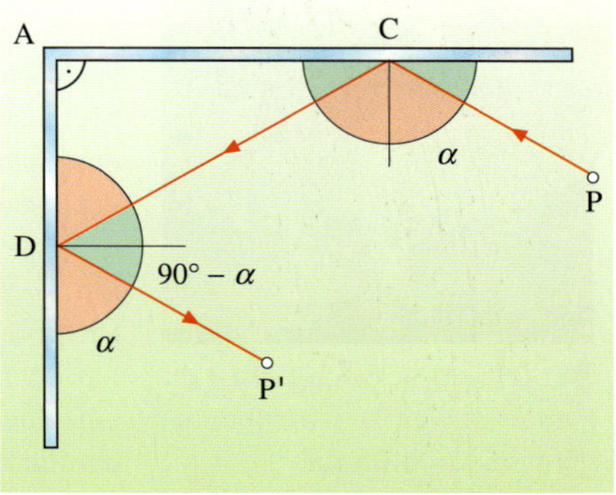

B6: Verlauf des Lichtstrahls beim Winkelspiegel

Aufgaben

A1: Du willst dich in einem Spiegel von Kopf bis Fuß betrachten. **a)** Wie groß muss der Spiegel mindestens sein? In welcher Höhe muss er hängen (Augenhöhe 10 cm geringer als Körperhöhe)? **b)** Ist die Spiegelgröße davon abhängig, wie weit du vor der Wand stehst, an der der Spiegel hängt? Fertige dazu eine maßstäbliche Zeichnung (1:20) an. Zeichne dich im Abstand von 1 m und von 2 m zur Wand ein. **c)** Kannst du dich im unverändert aufgehängten Spiegel auch dann noch ganz sehen, wenn du einen Kopfstand machst?

A2: In ➠ *Bild 3* sieht man an der Kerze einen Schatten, obwohl sie die einzige Lichtquelle ist. Wie ist dies zu erklären?

A3: Der Spiegel S soll so gedreht werden, dass Licht der Lampe L auf den Punkt P fällt.
Übertrage die Zeichnung ins Heft und bestimme den Winkel gegenüber der Horizontalen.

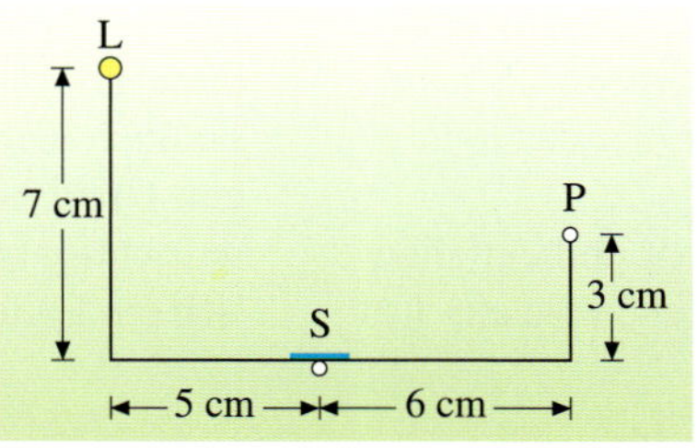

A4: Du möchtest in einem hohen Raum die Deckenhöhe ermitteln. Dir stehen dazu ein Spiegel und ein Maßstab zur Verfügung. Wie kannst du vorgehen?
Dokumentiere deine Überlegungen, den Rechenweg und das Ergebnis anhand einer Skizze. Vergleiche die Genauigkeit deines Ergebnisses mit der tatsächlichen Höhe.
Hilfe: Lege den Spiegel geeignet auf den Boden und wähle einen passenden Beobachtungsort.

A5: In einem Zimmer hängt eine Glühlampe. Auf dem Boden liegt ein Spiegel und erzeugt an Decke und Wand einen Lichtfleck. Übertrage die Zeichnung (Maßstab 3:1) in dein Heft und konstruiere die Lage und Größe des Spiegels so, dass der Lichtfleck entsteht.

Vertiefung

Gekrümmte Spiegel

A. Der Wölbspiegel

Reflexionen an gekrümmten Flächen üben eine Faszination aus. Anders als beim ebenen Spiegel sieht man bei nach außen gewölbten Spiegeln fast die ganze Welt, die den Betrachter umgibt. Zudem sieht sich der Betrachter selbst in oft amüsierend verzerrter Form, wie es der Gartenschmuck in ➠ *Bild 1* zeigt.

B 1: Diesen Versuch kannst du auch mit einer Christbaumkugel durchführen.

Wie kommt ein solches Spiegelbild zustande? Um das herauszufinden, bringe einen nach außen gewölbten polierten Metallstreifen auf einer Scheibe an und untersuche, was passiert, wenn der Streifen von einem Lichtbündel getroffen wird. Um die einzelnen Vorgänge deutlich zu machen, verwende keine Kerze sondern eine Punktlicht-Lampe (oder die Sonne) und eine Blende mit mehreren Schlitzen. In ➠ *Bild 3* kannst du beobachten: Einige Strahlen laufen nach der Reflexion am Metallstreifen stark auseinander.

Kannst du auch hier, wie beim ebenen Spiegel eine Lichtquelle in der Spiegelwelt finden?

Um eine Antwort auf die Frage zu bekommen, greifen wir uns eine winzige Teilfläche der gewölbten Spiegelfläche heraus. Diese betrachten wir als winzigen *ebenen* Spiegel. Jetzt können wir hier das *Reflexionsgesetz* anwenden.
Es sagt, dass der Winkel zwischen Lot und einfallendem Lichtstrahl gleich dem Winkel zwischen Lot und reflektiertem Strahl ist. Der gewölbte Metallstreifen stellt ein Segment eines Kugelspiegels dar. Der Kugelspiegel habe den Mittelpunkt M.

B 3: Strahlengang beim Wölbspiegel

Das *Lot* (grün) auf die spiegelnde Oberfläche erhalten wir nun als Verbindungsgerade Mittelpunkt M – Spiegelelement S (➠ *Bild 2 a*).

In ➠ *Bild 2 b* gehen von der Lichtquelle L zwei Lichtstrahlen aus. Sie fallen auf den Wölbspiegel und werden dort reflektiert. Verlängern wir die reflektierten Strahlen nach hinten, dann erhalten wir als Schnittpunkt einen Punkt unserer scheinbaren Lichtquelle in der Spiegelwelt.

In ➠ *Bild 2 c* wurde dies mit zwei Punkten durchgeführt. Man erkennt, dass die Punkte in der Spiegelwelt viel enger zusammenliegen als in der Realität. Der Wölbspiegel wirkt also *verkleinernd.* Da alle Punkte zusammenrücken, sieht man in einem Wölbspiegel einen größeren Ausschnitt der Umgebung als bei einem gleich großen ebenen Spiegel.

Diesen Effekt nutzt man beispielsweise bei Rückspiegeln in Autos oder bei Verkehrsspiegeln an unübersichtlichen Kreuzungen aus. Dort will man sich mit einer kleinen Spiegelfläche einen möglichst großen Überblick über die Verkehrssituation verschaffen.
In Fabriken und Einzelhandelsmärkten findet man diese gewölbten Spiegel ebenfalls. Man verwendet sie auch hier immer dann, wenn man sich schnell einen Überblick verschaffen will: Arbeitet die Maschine richtig, kommt jemand um die Ecke oder macht sich ein Ladendieb an den Waren zu schaffen?

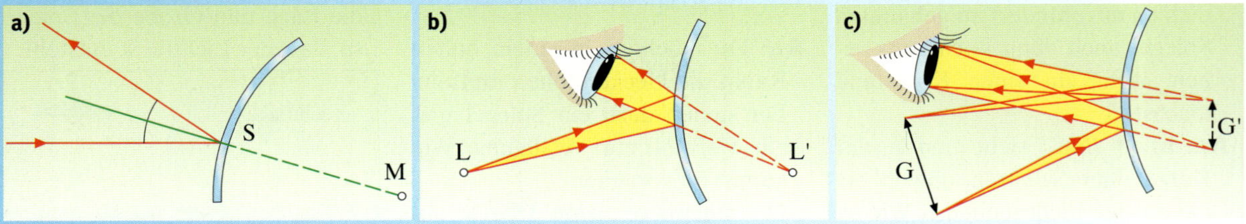

B 2: Konstruktion der Spiegelwelt

Vertiefung

B. Der Hohlspiegel

Mit Hohlspiegeln kannst du die gleichen Versuche wie bei Wölbspiegeln durchführen. Auch die Konstruktion der Spiegelwelt erfolgt genauso.

Ist der Abstand zum Spiegel klein genug, dann liegt die Spiegelwelt hinter dem Spiegel, ihre Punkte aber weiter auseinander als in der Realität (➠ *Bild 4*). Man sieht die Gegenstände vergrößert (z. B. im Kosmetik- oder Rasierspiegel).

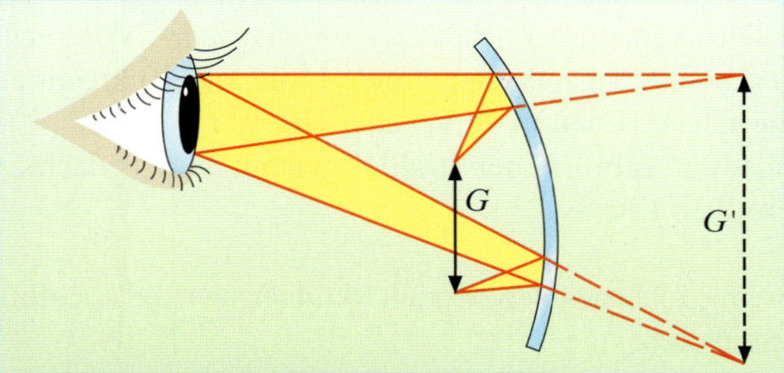

B 4: Die Spiegelwelt beim Hohlspiegel

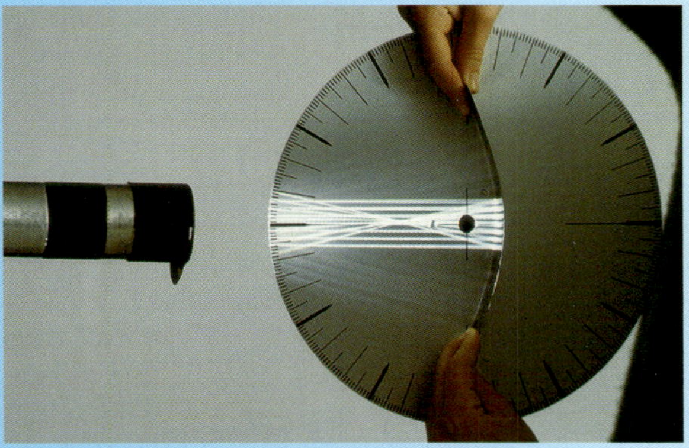

B 5: Der Brennpunkt des Hohlspiegels

Fallen *parallele* Lichtbündel auf einen Hohlspiegel (➠ *Bild 5*), kannst du beobachten, dass sich alle reflektierten Bündel fast genau in einem einzigen Punkt schneiden. Diesen Punkt nennt man den *Brennpunkt* des Hohlspiegels. Mit einem Hohlspiegel ist es also möglich, parallele Lichtbündel in einem Punkt zu vereinen. Diese Eigenschaft nutzt man z. B. beim Bau von Solaröfen (➠ *Bild 6 a*). Damit lässt sich die Energie, die von der Sonne auf den Spiegel fällt, auf einen kleinen Fleck konzentrieren. Es wird dort sehr heiß. Schon um 1870 hat Abel Pifre mit einer solchen Anordnung eine kleine Dampfmaschine betrieben (➠ *Bild 6 b*).

Aber auch für einfachere Anwendungen ist der Hohlspiegel geeignet. Schon bei einem Durchmesser von 1,5 m kann man mit einem solchen Spiegel kochen. In den Brennpunkt bringt man einen Kochtopf, sodass das Sonnenlicht auf diesen gebündelt wird (➠ *Bild 6 c*). Die Sonnenenergie wird konzentriert zugeführt, das Kochgut wird erhitzt.

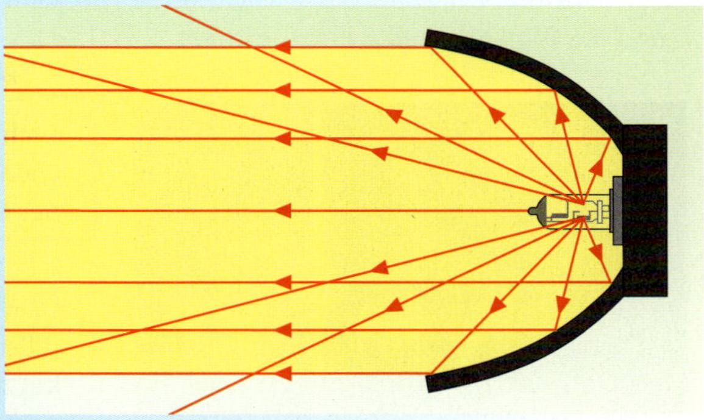

B 7: Lichtverlauf beim Kfz-Scheinwerfer

Umgekehrt wird Licht, das aus dem Brennpunkt kommt, nach der Reflexion parallel. Dies nutzt man z. B. bei Autoscheinwerfern (➠ *Bild 7*). In den Brennpunkt des Hohlspiegels bringt man die Wendel der Glühlampe. Das Licht ist nach der Reflexion fast parallel und kann die Straße sehr weit ausleuchten.

B 6: a) Solarofen **b)** Solardampfmaschine von Pifre **c)** Solar-Kochgerät

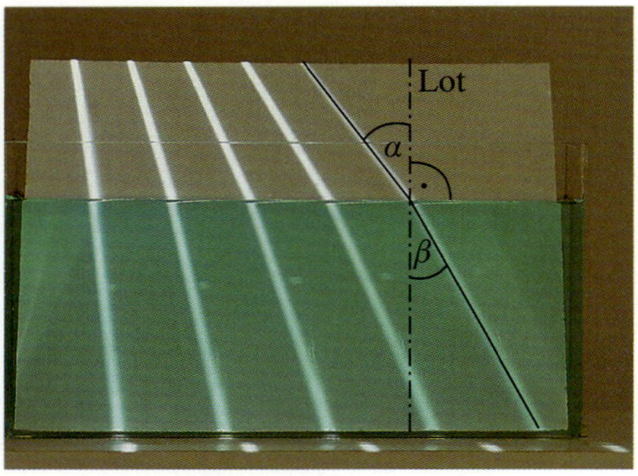

V1: Eine Experimentierleuchte und eine Blende mit mehreren parallelen Schlitzen erzeugen etliche Lichtbündel verschiedener Neigung. Sie dringen in eine mit Wasser gefüllte Wanne ein und haben an der Wasseroberfläche einen Knick. Wir sehen, wie die Bündel an der weißen Rückwand der Wasserwanne entlang streifen. Beim Bündel ganz rechts sind das Lot auf der Wasseroberfläche, die Lichtstrahlen und die Winkel α und β eingezeichnet.

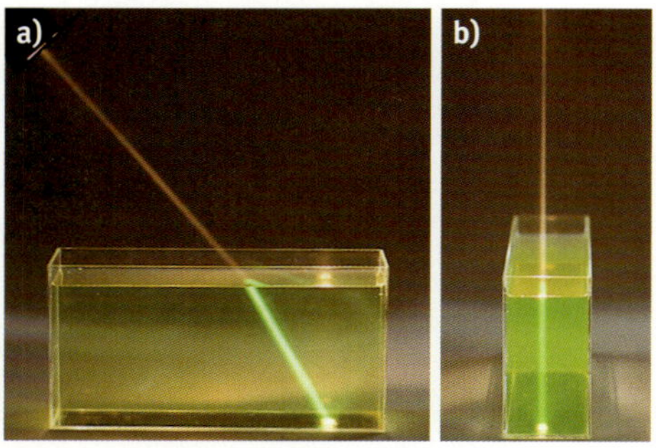

V2: Ein Lichtstrahl trifft auf eine Wasseroberfläche. Es wurde in der Luft mit Staub und im Wasser mit Fluoreszein sichtbar gemacht. **a)** Man sieht die Anordnung von vorn. Der Strahl hat einen Knick. **b)** Dreht man die Anordnung um 90°, dann kann man sie von rechts betrachten. Man sieht keinen Knick.

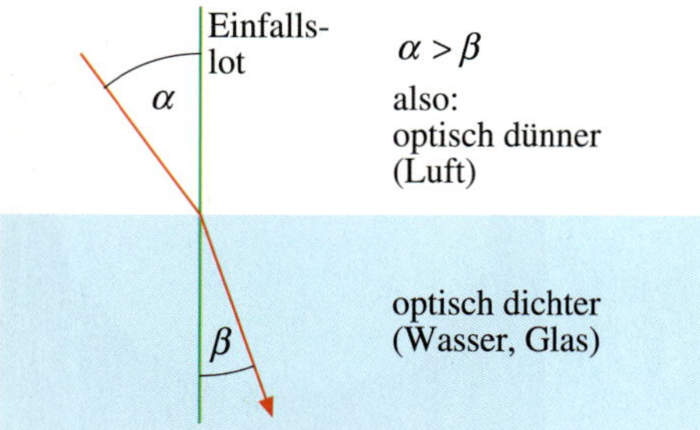

B1: So definiert man „optisch dicht“ – „optisch dünn“.

Brechung

1. Geknickte Lichtstrahlen

Im ➠ *Versuch 1* machen wir folgende Beobachtungen: Sowohl in Luft als auch in Wasser verlaufen die Lichtbündel jeweils geradlinig. Beim Übergang von Luft in Wasser bekommen die Lichtbündel einen Knick, es sei denn, sie treffen senkrecht auf die Wasseroberfläche.

Im ➠ *Versuch 2* wird nun ein einziges Lichtbündel untersucht. Weil es sehr fein ist, können wir auch von einem Lichtstrahl sprechen. Von vorne sehen wir den Lichtstrahl geknickt (➠ *Versuch 2a*). Dies kennen wir schon von ➠ *Versuch 1*. Von rechts gesehen erkennen wir nur eine gerade Linie, die senkrecht zur Wasseroberfläche verläuft (➠ *Versuch 2b*). Wir folgern:
Einfallender und gebrochener Strahl liegen mit dem (gedachten) Lot in derselben Ebene.

Mit unserem „Lichtstrahlen-Modell“ können wir die Lichtbrechung formulieren:

Merksatz

Lichtstrahlen werden beim Übergang von Luft in Wasser gebrochen. Dabei liegen einfallender Strahl, Einfallslot und gebrochener Strahl in einer Ebene.

In ➠ *Versuch 1* bezeichnen wir den Winkel zwischen dem Einfallslot und dem in Luft verlaufenden Lichtstrahl mit α; den Winkel zwischen diesem Lot und dem Lichtstrahl im Wasser dagegen nennen wir β. Trifft der Lichtstrahl die Wasseroberfläche senkrecht, so wird er nicht gebrochen. Dies ist der Fall, wenn $\alpha = \beta = 0°$ ist.
Weiter beobachten wir, dass der Winkel β im Wasser stets kleiner als der Winkel α in Luft ist (wenn nicht $\alpha = \beta = 0°$ ist). Außerdem ist der Unterschied zwischen α und β umso größer, je flacher der Strahl auf die Grenzfläche der beiden Stoffe trifft.

Diese Eigenschaft findet man bei jedem Übergang von einem durchsichtigen Stoff in einen anderen durchsichtigen Stoff. Allerdings ist das Maß, in dem der einfallende Strahl beim Übergang von einem in den anderen Stoff gebrochen wird, von Stoffpaar zu Stoffpaar verschieden.

Der Stoff, in dem der Lichtstrahl mit dem Einfallslot den kleineren Winkel (β) bildet, nennt man das **optisch dichtere** Medium. Das Medium, in dem der Winkel (α) größer ist, ist im Vergleich mit dem anderen Stoff das **optisch dünnere** Medium (➠ *Bild 1*). Wasser und auch Glas sind demnach optisch dichter als Luft.
Man sagt: Ein Lichtstrahl wird beim Übergang vom dünneren ins dichtere Medium *zum Lot hin* gebrochen.

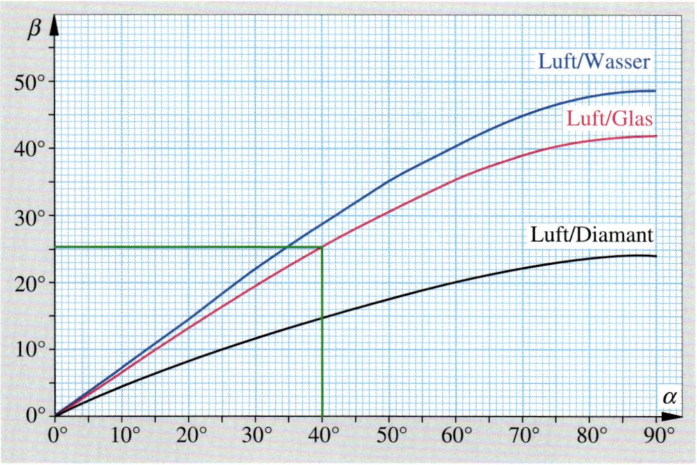

B 2: Zusammenhang zwischen α und β für verschiedene Stoffe. α wird immer in Luft gemessen.

Für die Lichtbrechung können wir jetzt die folgende Regel formulieren:

Merksatz

Der Lichtstrahl wird beim Übergang vom optisch dünneren ins optisch dichtere Medium zum Lot hin gebrochen.
Einfallender Strahl, Einfallslot und gebrochener Strahl liegen in einer Ebene.

2. Genauere Messung zur Brechung

Im ➡ *Versuch 3* wird der Übergang eines Lichtstrahls von Luft in ein Stück Glas untersucht. Wir lesen die Größe des Winkels zwischen einfallendem Strahl und Lot sowie des zugehörenden Winkels im optisch dichteren Medium ab. Damit erhalten wir die ➡ *Tabelle 1* beziehungsweise das Diagramm in ➡ *Bild 2*. Beispielsweise ist in der Abbildung des Versuchsgeräts $\alpha = 40°$, $\beta = 25{,}4°$.
Wir können hier den Zusammenhang von α und β leider nicht in eine Formel fassen. Deshalb benutzen wir die ➡ *Tabelle 1* oder das Diagramm (➡ *Bild 2*), um entsprechende Werte abzulesen.

3. Umkehrbarkeit des Lichtwegs

Wir wiederholen den Versuch, mit dem die Brechung von Licht beim Übergang in Glas gezeigt wird. Dabei halten wir aber am Ende einen Spiegel senkrecht in den Lichtstrahl. Das Licht wird dort reflektiert (➡ *Bild 3*). Um das einfallende und das reflektierte Licht unterscheiden zu können, verwenden wir diesmal weißes Licht und setzen vor den Spiegel ein rotes Farbfilter. Somit ist das von der Lampe ausgehende Licht weiß, das vom Spiegel reflektierte Licht rot. Der Versuch zeigt: Der Rückweg des oben am Glas austretenden Lichts deckt sich exakt mit dem Hinweg.

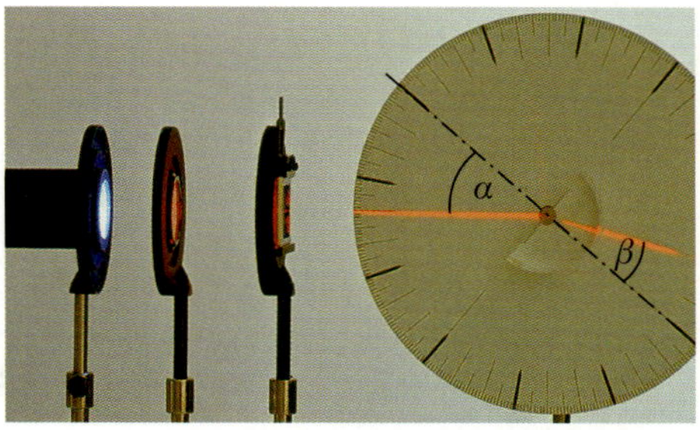

V 3: Auf der Scheibe mit Gradeinteilung ist ein Halbzylinder aus Glas angebracht. Eine Experimentierleuchte mit Schlitzblende und Farbglas erzeugt ein feines Lichtbündel, das die Mitte des ebenen Glaskörpers trifft. Wir beobachten, dass an der Eintrittsstelle ein Knick entsteht. Das Licht wird beim Übergang von Luft in Glas gebrochen. – An der runden Seite beobachten wir keinen Knick, denn hier sind der Lichtstrahl und die Oberfläche stets senkrecht zueinander. Deshalb kann man den Winkel β, der ja eigentlich innerhalb des Glases gemessen werden müsste, am Rand der Scheibe messen. Bei verschiedenen Stellungen der Scheibe lassen sich so α und β ablesen (➡ *Tabelle 1*).

Winkel α in	Winkel β in	
Luft	Glas	Wasser
0°	0°	0°
10°	6,6°	7,5°
20°	13,2°	14,9°
30°	19,5°	22,0°
40°	25,4°	28,8°
50°	30,7°	35,1°
60°	35,3°	40,5°
70°	38,8°	44,8°
80°	41,0°	47,6°
90°	41,8°	48,6°

T 1: Zusammenhang von α und β

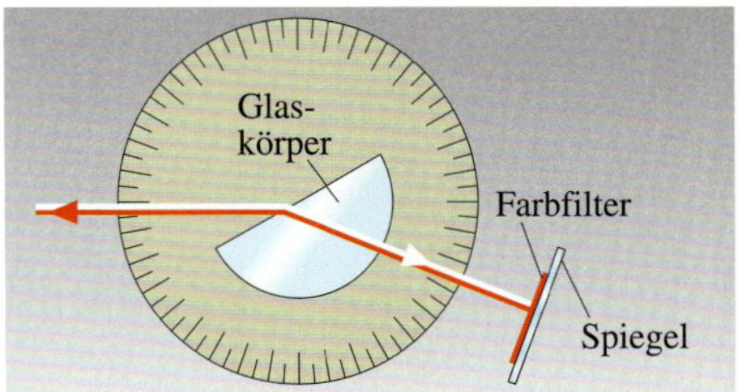

B 3: Umkehrbarkeit des Lichtwegs

Interessantes

A. Reflexion

Bei Versuchen zur Brechung beobachtet man außer dem gebrochenen auch reflektiertes Licht: Von jedem Lichtstrahl wird ein Teil an der Oberfläche wie an einem Spiegel nach dem Reflexionsgesetz reflektiert. Mit wachsendem Winkel α steigt die Helligkeit des gespiegelten Teils, die des gebrochenen Teil nimmt ab.

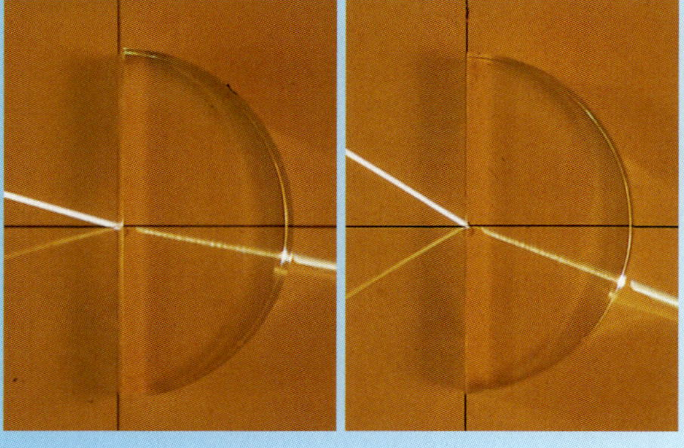

B. Optische Täuschungen

- Eine Münze liegt an der Stelle P im Wasser. Das Tageslicht wird von ihr nach allen Seiten gestreut. Ein Teil des gestreuten Lichts fällt nach der Brechung an der Grenzschicht Wasser-Luft ins Auge des Betrachters. Der kann jedoch nicht wahrnehmen, dass das Lichtbündel einen Knick macht. Er sieht die Münze an der Stelle P′, wo sie tatsächlich nicht liegt. Die Münze scheint samt Boden „angehoben" zu sein.

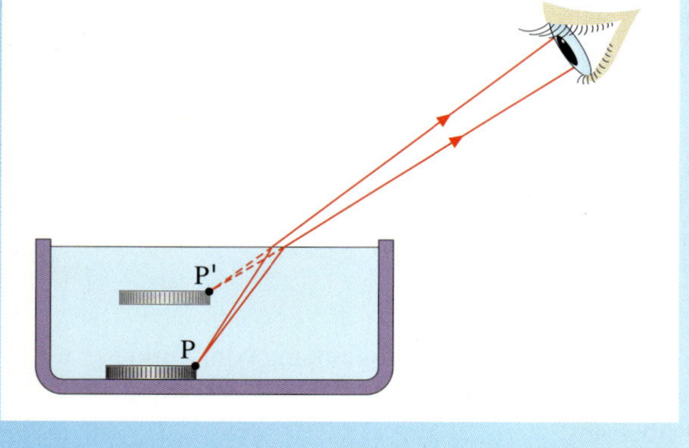

- Der Teil des Paddels, der sich unter Wasser befindet, erscheint uns gegenüber dem Teil oberhalb des Wassers abgeknickt. Wir lassen uns täuschen, denn wir gehen davon aus, dass sich das Licht überall geradlinig ausbreitet. Lichtstrahlen von Paddelstellen unter Wasser werden aber an der Wasseroberfläche gebrochen.

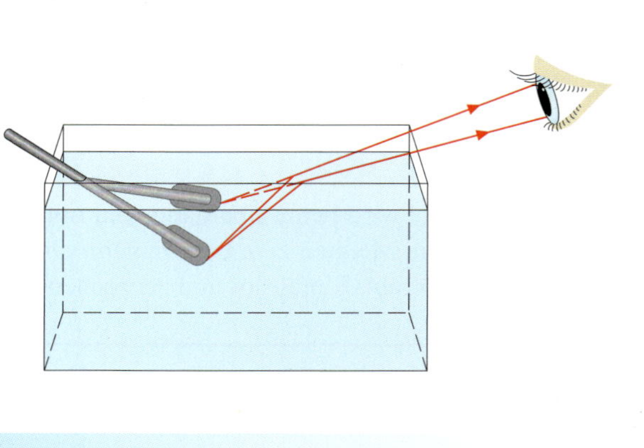

Die Situation des geknickten Paddels im Versuch und die geometrische Erklärung der Täuschung.

- Die Leiter hat gleiche Sprossenabstände. Trotzdem erscheinen die Sprossen, die unter Wasser sind, viel enger zu stehen.

Interessantes

C. Fata Morgana oder warum schwebt die Palme am Himmel?

Die optische Dichte von Luft sinkt mit steigender Temperatur. In der Atmosphäre liegen Schichten unterschiedlicher Temperaturen und damit unterschiedlicher optischer Dichte übereinander. Bei einer *Fata Morgana* werden schräg in dieses Luftschichtenpaket einfallende Lichtstrahlen „umgebogen". Trifft der „umgebogene" Lichtstrahl in unser Auge, dann werden wir getäuscht, denn wir gehen durch unsere alltägliche Erfahrung von einer geradlinigen Lichtausbreitung aus. Wir sehen die Palme am Himmel schweben.

Die folgenden Voraussetzungen müssen für eine Fata Morgana allerdings erfüllt sein:

- Windstille, damit die Luftschichten unterschiedlicher Temperatur erhalten bleiben;
- die richtige Lage des Objekts und des Beobachters.

Wie kommt aber so ein „umgebogener" Lichtstrahl zustande? Wir denken uns verschiedene durchsichtige Stoffe brettartig übereinander gestapelt. Ihre optische Dichte nehme nach unten zu. Dann wird an jeder Grenzfläche der Lichtstrahl ein bisschen zum Lot hin gebrochen. Damit ergibt sich der in der Abbildung a) dargestellte Verlauf.
Wenn wir uns diese Schichten sehr dünn vorstellen, und die optische Dichte wieder von oben nach unten zunimmt, dann erhalten wir einen „gebogenen" Lichtstrahl b).

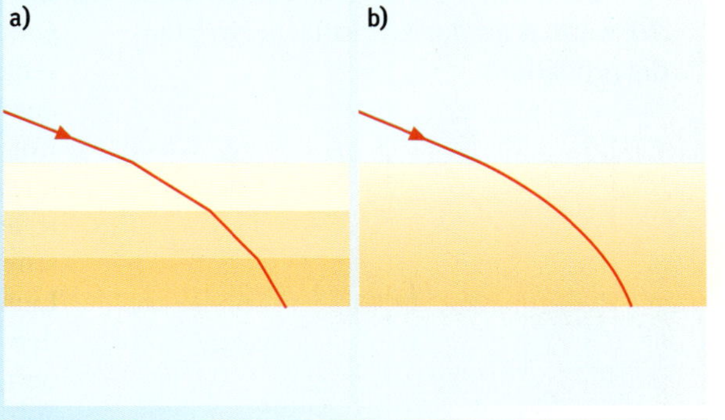

Aufgaben

A1: Warum können wir einen Glasstab oder eine Glasplatte in Luft oder in Wasser sehen, obwohl Glas durchsichtig ist?

A2: Um welchen Winkel wird ein Lichtstrahl abgelenkt, der unter 35° zum Lot von Luft in Wasser übergeht? (Benutze dazu das α-β-Diagramm.)

A3: Eine punktförmige Lichtquelle, von der nach allen Richtungen Lichtstrahlen ausgehen, ist 5 cm von der ebenen Oberfläche eines Glaskörpers entfernt. Der senkrecht zur Glasoberfläche verlaufende Strahl treffe die Oberfläche im Punkt P. Zeichne die von der Lichtquelle ausgehenden Lichtstrahlen, die 1,8 cm, 4,2 cm bzw. 6,0 cm vom Punkt P entfernt auf der Glasoberfläche ankommen. Wie laufen diese Lichtstrahlen nach der Brechung im Glas weiter?

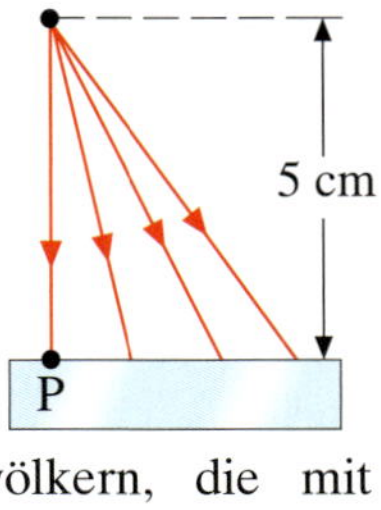

A4: Bei Naturvölkern, die mit Speeren Fische jagen, wirft der Fischer den Speer nach einem im Wasser erspähten Fisch nicht genau in Blickrichtung. Warum nicht? Erkläre anhand einer Skizze, wie er zielen muss.

A5: Ein Lichtstrahl wird durch Brechung um den Winkel δ aus seiner Richtung abgelenkt. Wie kann man den Ablenkwinkel δ berechnen? Stelle in einem Diagramm dar, wie der Ablenkwinkel δ vom Winkel α abhängt, unter dem ein Lichtstrahl aus der Luft auf Diamant fällt.

A6: Der Behälter im Bild ist mit Zuckerlösung gefüllt. Ihre Konzentration nimmt nach unten zu. Mit ihr wächst die optische Dichte. Warum ist das Lichtbündel gekrümmt?

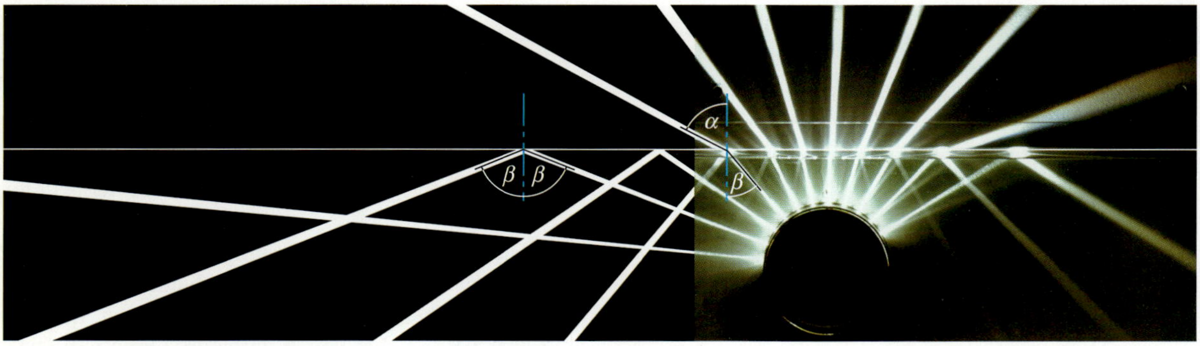

B1: Totalreflexion beim Übergang Wasser-Luft

V1: Eine Lichtquelle wird in das Innere eines mit Wasser gefüllten Glastroges gebracht (➠ *Bild 1*). Durch zahlreiche Schlitze gehen schmale Lichtbündel nach verschiedenen Richtungen. Einige Bündel werden an der Grenzfläche vollständig reflektiert.

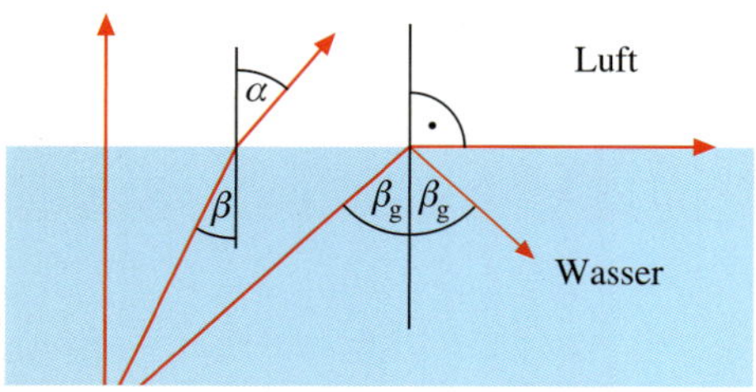

B2: $\alpha = 90°$ beim Grenzwinkel β_g

Vertiefung

Konstruktion des Strahlverlaufs

Wenn ein Lichtstrahl vom optisch dichteren ins optisch dünnere Medium tritt, dann wird er *vom Lot weg* gebrochen. Für die Zeichnung liest man die schon bekannte Tabelle einfach umgekehrt ab – sucht also zum vorgegebenen β den zugehörenden Wert von α. Ist β größer als der zu $\alpha = 90°$ gehörende Wert, dann gibt es nur noch Reflexion (nach dem Reflexionsgesetz).

α in Luft	β in Glas
...	...
40°	25,4°
50°	30,7°
60°	35,3°
...	...
90°	41,8°

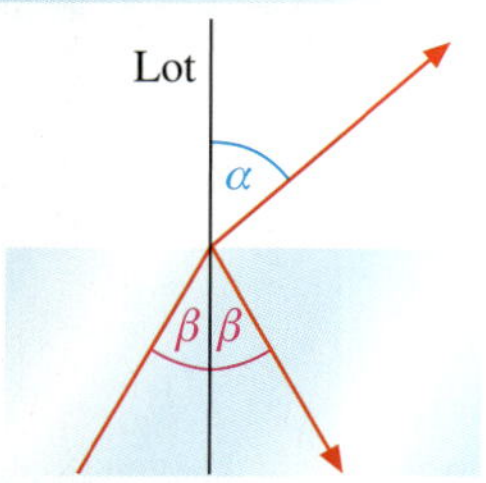

B3: Konstruktion der Lichtstrahlen

Totalreflexion

1. Gefangenes Licht

Im ➠ *Versuch 1* mit der Lichtquelle im Wasser können wir folgende interessante Beobachtung machen: Der Lichtstrahl, der senkrecht auf die Oberfläche trifft, verlässt dort ungebrochen das Wasser. Links und rechts davon sind Lichtstrahlen, die vom Lot weg gebrochen werden. Ein Teil des Lichts wird jeweils nach dem Reflexionsgesetz an der Grenzfläche reflektiert. Der reflektierte Anteil wird umso heller, je größer der Winkel zwischen Strahl und Lot ist. Weiter außen beobachten wir sogar Lichtstrahlen, die das Wasser gar nicht mehr verlassen. Sie werden an der Oberfläche nach dem Reflexionsgesetz total reflektiert. Das sind die Lichtstrahlen, die unter einem großen Winkel auf die Oberfläche treffen. Wie groß muss dieser Winkel sein, damit die **Totalreflexion** einsetzt, der Strahl also nur noch reflektiert wird?

2. Grenzwinkel

Vergrößert man beim Übergang von Luft in Wasser den Winkel zwischen Strahl und Lot, so beträgt die obere Grenze für den Winkel α in Luft 90°. Der zugehörige Winkel β ist demnach der größte Winkel im dichteren Medium. Man nennt ihn den **Grenzwinkel β_g** (➠ *Bild 2*). Wegen der Umkehrbarkeit des Lichtweges können wir die bisherige Tabelle auch in diesem Fall verwenden. Wir lesen ab: Bei $\alpha = 90°$ in Luft ist der Grenzwinkel in Wasser $\beta_g = 48{,}6°$. Trifft Licht auf die Grenzfläche zwischen einem optisch dichteren und einem dünneren Medium unter einem größeren Winkel als dem Grenzwinkel, so entsteht Totalreflexion.

Merksatz

Tritt ein Lichtstrahl vom optisch dichteren ins optisch dünnere Medium, dann wird er an der Grenzfläche gebrochen, teilweise auch reflektiert. Je weiter sich der Winkel β dem Grenzwinkel β_g nähert, desto mehr Licht wird reflektiert. Überschreitet β den Grenzwinkel β_g, dann wird nur noch reflektiert.

3. Lichtleiter

Im ➠ *Versuch 2* sieht man, dass das Licht nicht seitlich aus dem Plexiglasstab austritt, sondern den Windungen folgt und erst am andern Ende den Stab wieder verlässt. Der Stab hat einen kleinen Durchmesser. Seine seitlichen Begrenzungsflächen gegen die umgebende optisch dünnere Luft werden von allen Lichtstrahlen nur flach getroffen; es gibt *Totalreflexion*. Deshalb kann das Licht den Plexiglasstab seitlich nicht verlassen. Es wird von Wand zu Wand reflektiert, bis es fast senkrecht auf die Endflächen des Lichtleiters trifft.

Glasfaserkabel sind Bündel optisch gegeneinander getrennter haardünner Lichtleiter. Jede Faser überträgt einen anderen Punkt des Gegenstands (➠ *Bild 4*). Um „Bilder" übertragen zu können, müssen die Fasern sehr exakt geordnet sein. In der Medizin verwendet man beim so genannten **Endoskop** dünne Glasfaserkabel aus Tausenden von Lichtleitern, um damit in das Innere des menschlichen Körpers zu sehen.

Mit Glasfaserkabeln (➠ *Bild 5*) können auch Telefongespräche oder Daten übertragen werden: Elektrische Signale werden in Lichtsignale umgewandelt, durch das Glasfaserkabel geleitet und an dessen Ende wieder in elektrische Signale zurückverwandelt.

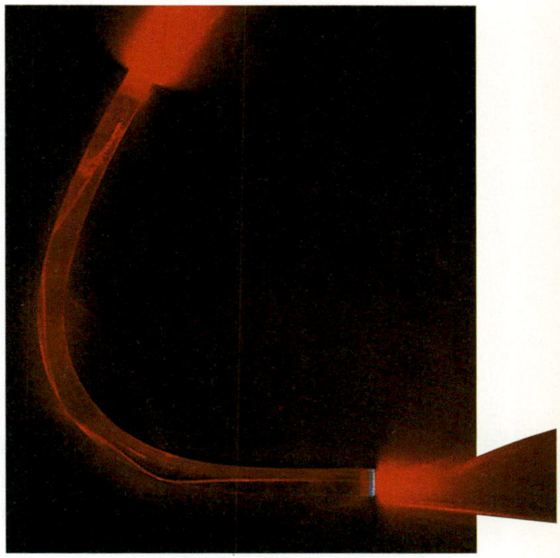

V 2: Licht aus einer Experimentierleuchte fällt auf ein Ende eines gebogenen Stabes aus Plexiglas. Das Licht tritt oben ein und unten rechts aus, jedoch nicht seitlich. (Das leichte Leuchten stammt von Kratzern und Unreinheiten der Oberfläche, an denen Licht gestreut wird).

B 4: Viele geordnete Glasfasern übertragen dieses Bild.

B 5: Glasfaserkabel übertragen Information

Aufgaben

A 1: Von dem Licht, das eine punktförmige Lichtquelle unter Wasser aussendet, kann nur ein bestimmter Teil durch die Wasseroberfläche treten. **a)** Zeige: Dieser Teil hat im Wasser die Form eines Kegels. **b)** Wie groß ist sein Öffnungswinkel?

A 2: Eine punktförmige Lichtquelle befindet sich 4 cm unter Wasser. Sie sendet nach allen Seiten Licht aus. Der senkrecht zur Wasseroberfläche verlaufende Strahl treffe diese in P. Zeichne von der Lichtquelle ausgehende Lichtbündel, die 2 cm, 4 cm und 6 cm von P entfernt auf die Wasseroberfläche treffen. Wie verlaufen diese Lichtbündel anschließend weiter?

A 3: Das Schnittbild eines Quaders aus Glas ist 8 cm lang und 4 cm hoch. Auf die Mitte der Seitenfläche fällt unter dem Winkel 50° zum Lot ein in der Schnittebene liegender Lichtstrahl. Konstruiere seinen weiteren Verlauf, bis ein Teil den Quader erstmals wieder verlässt.

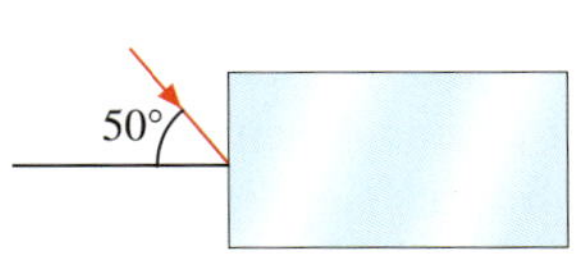

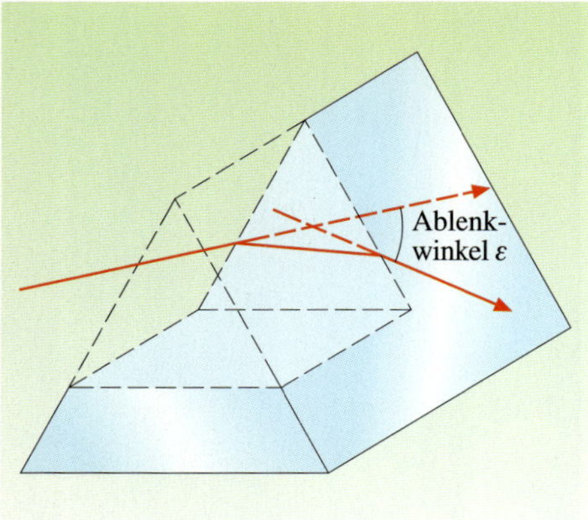

B1: Ein Lichtstrahl auf seinem Weg durch ein Prisma. Der Strahl wird dabei um den Winkel ε aus seiner ursprünglichen Richtung abgelenkt.

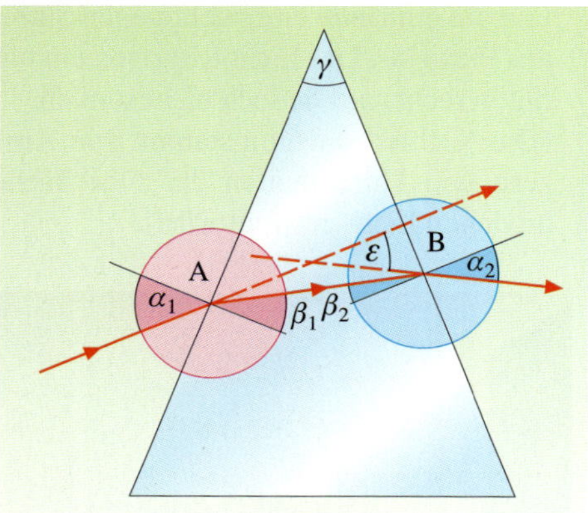

B2: Brechung am Prisma. Beim Eintritt in das Prisma wird der Lichtstrahl zum Lot hin gebrochen; beim Austritt wird er vom Lot weg gebrochen.

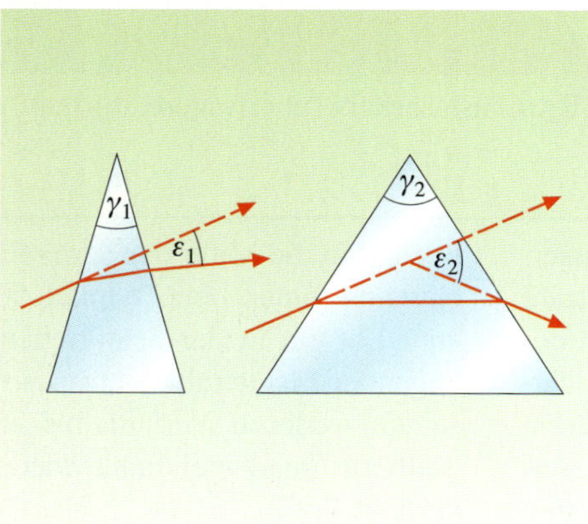

B3: Je stumpfer das Prisma ist, desto größer ist der Ablenkwinkel ε. Anders ausgedrückt: Je größer der Keilwinkel γ ist, desto größer ist der Ablenkwinkel ε.

Mehrmalige Brechung

1. Der Weg durch das Prisma

Ein keilförmiger Glaskörper heißt optisches **Prisma**. Wichtig sind dabei die gegeneinander geneigten ebenen Grenzflächen.
Wir verfolgen nun einen Lichtstrahl auf seinem Weg durch ein solches Prisma (➡ *Bild 1*).
Um den Strahlverlauf zu verstehen, betrachten wir einmal die Querschnittzeichnung in ➡ *Bild 2*:

a) Der Lichtstrahl trifft unter dem Winkel α_1 zum Lot auf die Grenzfläche. Dort geht er von der Luft ins optisch dichtere Medium Glas über, wird also zum Lot hin gebrochen (β_1).

b) Der Lichtstrahl durchquert das Glasstück geradlinig, bis er auf die Grenzfläche auf der anderen Seite trifft. Dort wird der Winkel zwischen ihm und dem Lot mit β_2 bezeichnet.

c) Beim Übergang vom dichteren ins dünnere Medium wird der Lichtstrahl vom Lot weg gebrochen. Der zu β_2 gehörende Austrittswinkel α_2 muss der Tabelle entnommen werden. Unter diesem Winkel α_2 gegenüber dem Lot verlässt der Lichtstrahl das Prisma.

Durch die zweimalige Brechung wird das Licht stärker aus seiner ursprünglichen Richtung abgelenkt als bei einmaliger. Den Ablenkwinkel ε bestimmen wir so:
Der einfallende Lichtstrahl wird über die Grenzfläche hinaus verlängert, als ob das Prisma nicht vorhanden sei. Der ausfallende Lichtstrahl wird rückwärts verlängert, bis er die Verlängerung des einfallenden Strahls schneidet. Jetzt lässt sich der Ablenkwinkel ε messen (➡ *Bild 1*). Dieser Ablenkwinkel ε ist bei gleichem Einfallswinkel α umso größer, je stumpfer das Prisma ist. Wie stumpf ein Prisma ist, gibt der **Keilwinkel** γ an (➡ *Bild 3*). Je größer der Winkel γ ist, umso größer ist der Ablenkwinkel ε.

Merksatz

Ein Lichtstrahl wird an einem optischen **Prisma** so gebrochen, dass er zu dessen dickerem Ende hin abgelenkt wird. Je stumpfer das Prisma ist, desto größer ist die Ablenkung.

2. Der Weg durch die planparallele Platte

Ein Glasstück, das wie eine Fensterscheibe ebene und zueinander parallele Grenzflächen zur Luft aufweist, wird **planparallele Platte** genannt. Wir verfolgen wiederum einen Lichtstrahl auf seinem Weg durch die Platte (➡ *Bild 4*).

a) Der Lichtstrahl trifft unter dem Winkel α zum Lot auf die Grenzfläche. Dort geht er von der Luft ins optisch dichtere Medium Glas über, wird also zum Lot hin gebrochen.

b) Der Lichtstrahl durchquert die Glasplatte geradlinig, bis er auf die Grenzfläche auf der anderen Seite trifft. Dort ist der Winkel zum Lot wiederum β.

c) Beim Übergang vom dichteren ins dünnere Medium wird der Lichtstrahl vom Lot weg gebrochen. Der Austrittswinkel ist wieder α (Brechungstabelle, rückwärts angewandt).

Somit ist der austretende Lichtstrahl zum eintretenden Lichtstrahl parallel, aber etwas zur Seite verschoben (➡ *Bild 4*). Diese seitliche Verschiebung s ist umso größer, je dicker die Platte und je größer der Einfallswinkel ist.

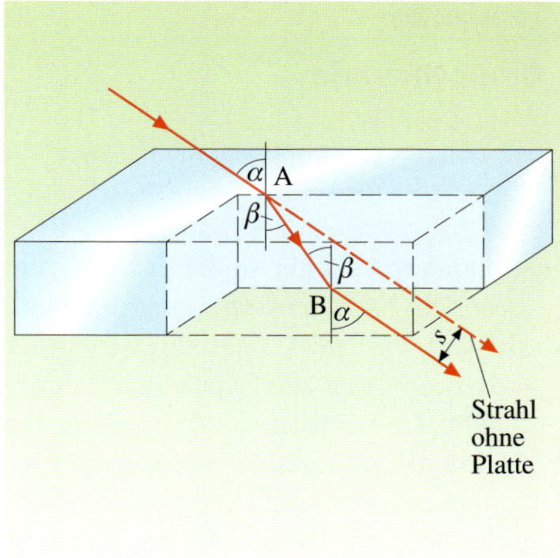

B 4: Ein Lichtstrahl auf seinem Weg durch eine planparallele Platte. Der Strahl wird dabei parallel verschoben. Die Verschiebung ist umso größer, je dicker die Platte ist.

Merksatz

Lichtstrahlen haben nach der Brechung an einer **planparallelen Platte** wieder ihre ursprüngliche Richtung. Sie werden nur parallel verschoben.
Die Verschiebung ist umso größer, je schräger sie einfallen und je dicker die Platte ist.

Aufgaben

A 1: Ein Lichtstrahl fällt unter dem Winkel 60° zum Lot auf eine planparallele Glasplatte der Dicke 2 cm. Zeichne den weiteren Verlauf und miss die Verschiebung nach Austritt aus der Platte.

A 2: Eine punktförmige Lichtquelle befindet sich 5 cm über einer planparallelen Glasplatte mit 3 cm Dicke. Der senkrechte Lichtstrahl trifft diese in P. Zeichne die von der Quelle ausgehenden Lichtstrahlen, die 4,2 cm und 8,7 cm von P entfernt auf der Glasoberfläche ankommen. Konstruiere ihren weiteren Verlauf sowohl in als auch hinter der Glasplatte.

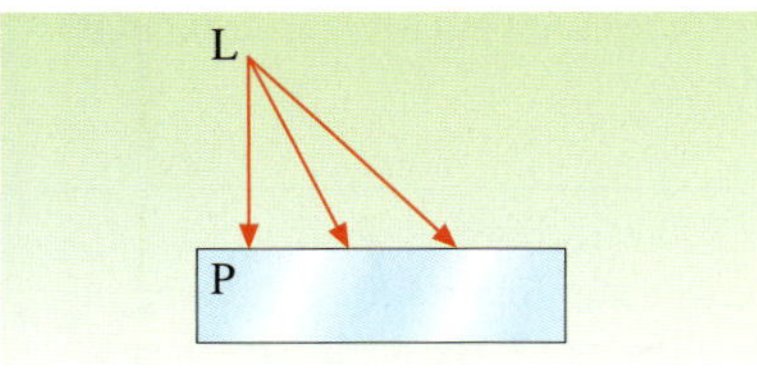

A 3: Fensterscheiben bestehen aus planparallelen Platten. Erkläre, warum man die Verschiebung der Lichtstrahlen üblicherweise nicht bemerkt.

A 4: Vor das Modell des Stuttgarter Fernsehturms wurde eine dicke Glasplatte gehalten. Dabei entstand das Bild unten. Erkläre, wie es dazu kommt.

A 5: Ein Lichtbündel trifft senkrecht die Grundfläche eines Glasprismas (Keilwinkel $\gamma = 90°$) Konstruiere den weiteren Verlauf des Lichtbündels.

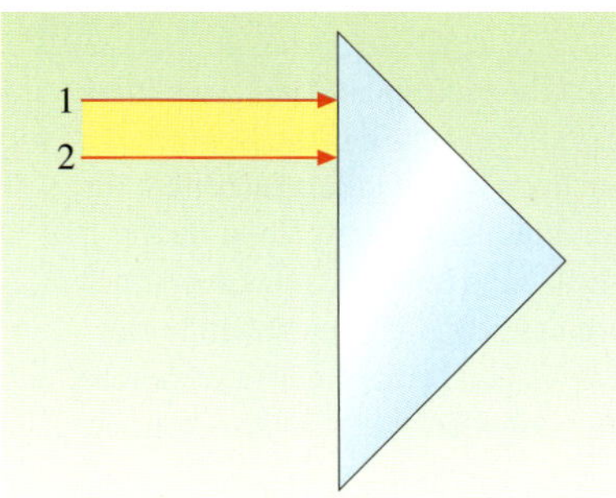

A 6: Der Querschnitt eines Glasprismas sei ein gleichseitiges Dreieck. Konstruiere den Weg des Lichtstrahls, der das Prisma in der Mitte der Seite unter $\alpha_1 = 40°$, 20° bzw. 0° trifft.

A 7: (Hausversuch) Fülle ein quaderförmiges und durchsichtiges Kunststoff- oder Glasgefäß mit Wasser. Baue aus einem Trinkhalm und Pappe eine Peileinrichtung.

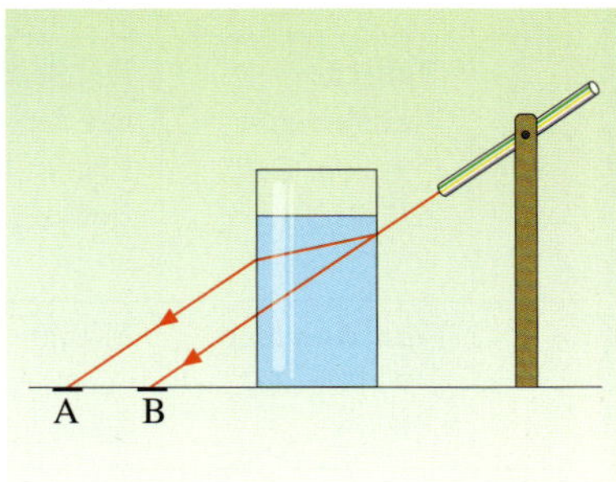

Markiere die Punkte A und B (mit und ohne wassergefülltem Gefäß). Stelle eine genaue maßstäbliche Zeichnung her. Bestätige damit die in der Tabelle der Brechungswinkel genannten Zahlen für Wasser.

Methoden

Gruppenpuzzle

Beim Gruppenpuzzle ist die Klasse in **Stammgruppen** eingeteilt (➠ *Bild 1*, 1. Schritt, z. B. rote Gruppe). Jedes Mitglied einer Stammgruppe ist „Experte" für ein anderes Thema. In dieses arbeitet er sich ein und bespricht es in der **Expertengruppe** mit Mitschülern, die *dasselbe Thema* bearbeiten (➠ *Bild 1*, 2. Schritt); z. B. bearbeiten alle Experten mit der Nummer 1 das Thema 1. So lernst du im Team offene Fragen und Probleme zu lösen. Zudem überlegt man in der Expertengruppe, wie man das Thema als „Lehrer" unterrichtet. Jeder Experte muss nämlich seine Strammgruppe über sein Thema unterrichten (➠ *Bild 1*, 3. Schritt) und zwar so, dass es alle verstehen. So übst du, ein Referat zu halten und deinen Mitschülern etwas beizubringen. Zudem wirst du von Mitschülern über andere Themen unterrichtet und lernst ihnen zuzuhören.

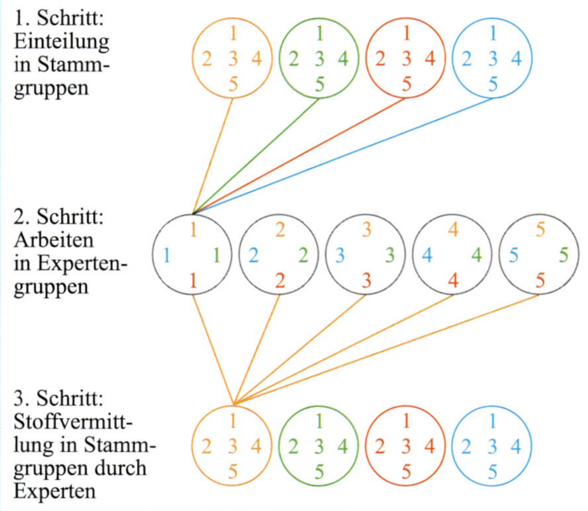

B1: Organisationsschema des Gruppenpuzzles (für eine Klasse mit 20 Schülern und 5 Expertenthemen)

Gruppenpuzzle zum Thema „Optische Erscheinungen in der Natur und im Alltag"
(Zeitbedarf: ca. drei Unterrichtsstunden)

Nr.	Expertengruppe Thema	Hilfestellung für die Arbeit in der Expertengruppe	Ziele für alle Schülerinnen und Schüler der Klasse
1	**Mondphasen** (➠ *Seite 131, Ziff. 3*)	Wichtig ist ➠ *Bild 5, Seite 131*. Euch muss klar werden, warum von der Erde aus der Mond in der entsprechenden Gestalt gesehen wird.	Jeder sollte erklären können, wie die Mondphasen zustande kommen.
2	**Größe eines Spiegels** (➠ *Seite 134, Bild 2* mit *Ziff. 1, Absatz 1 bis 3*)	Das ➠ *Bild 2, Seite 142* müsst ihr mithilfe der Gesetze der Reflexion verstehen. Außerdem müsst ihr alle Fragen beantworten, die in ➠ *Aufgabe 1, Seite 135* gestellt sind.	Jeder sollte erklären können, wie groß ein Spiegel sein und in welcher Höhe er hängen muss, damit ein Mensch sich darin vollständig sehen kann. Zu erklären ist auch, dass die Spiegelgröße unabhängig davon ist, in welchem Abstand der Mensch vor dem Spiegel steht.
3	**Optische Täuschungen** (➠ *Seite 140, Ziff. B*)	Die beschriebenen Erscheinungen müsst ihr mit den Gesetzen der Brechung erklären. Die Erklärung für das Engerstehen der Leitersprossen müsst ihr selbst entwickeln.	Jeder sollte erklären können, warum in Wasser eine Münze angehoben und ein Paddel abgeknickt erscheint, sowie Leitersprossen unter Wasser enger zu stehen scheinen.
4	**Fata Morgana** (➠ *Seite 141, Ziff. C*)	Mithilfe der Gesetze der Brechung müsst ihr euch erarbeiten, warum die Palme am Himmel schwebt.	Jeder sollte eine Fata Morgana erklären können.
5	**Totalreflexion** (➠ *Seite 142 f.*)	Zunächst müsst ihr euch anhand der Abschnitte *Ziff. 1* und *Ziff. 2* von *Seite 142* die Begriffe Totalreflexion und Grenzwinkel erarbeiten. Ihr müsst erklären können, unter welchen Bedingungen Totalreflexion entsteht. Informiert euch über Anwendungsmöglichkeiten anhand von *Ziff. 3* auf *Seite 143* und einer Internetrecherche. Ihr solltet die Aufgaben A1–A3 lösen können.	Jeder sollte erklären können, welche Bedingungen zur Totalreflexion führen. Jeder sollte einige Beispiele für Anwendungsmöglichkeiten beschreiben können.

Methoden

Mindmapping

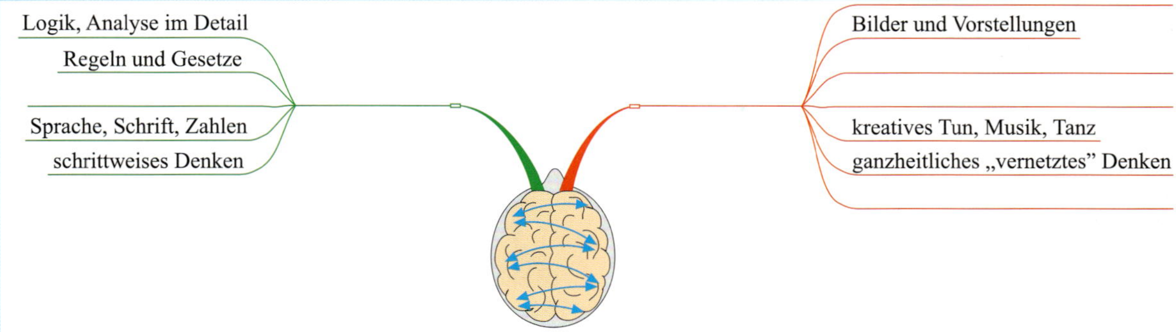

B 1: Funktionen der linken und rechten Gehirnhälfte

Die beiden Hälften des Gehirns …

Dem Bild eines Gehirns kann man es nicht ansehen, aber aus der Hirnforschung weiß man es genau:
Die linke und die rechte Gehirnhälfte erfüllen völlig unterschiedliche Aufgaben (➠ *Bild 1*).

… müssen beim Lernen einbezogen werden …

Beim Lernen kommt es auf die Denkleistung des ganzen Gehirns an, beide Gehirnhälften sollen zusammenarbeiten und sich ergänzen. Deshalb müssen wir lernen, auch die rechte Gehirnhälfte zu fordern. Wenn wir Beziehungen zwischen Schlüsselwörtern räumlich darstellen, nutzen wir die besonderen Fähigkeiten der rechten Gehirnhälfte.

… werden beim Mindmapping gefordert.

Beim Mindmapping breitet man seine Gedanken wie eine Landschaft weiträumig aus. Man beginnt mit dem Hauptgedanken als Stichwort in der Mitte des Blattes und lässt die Gedanken ähnlich wie einen Baum organisch wachsen, und zwar

- ausgehend vom Stamm (dem Thema)
- über starke Äste (die wichtigsten Gedanken)
- bis hin zu den Zweigen und kleinen Zweiglein, die die Nebengedanken darstellen.

Das sieht für die linke Gehirnhälfte unordentlich aus, weil es keine Reihenfolge der Gedanken mehr gibt, es entspricht aber genau den Fähigkeiten der *rechten Gehirnhälfte.*

Auch *Farben* sind eine Angelegenheit der rechten Gehirnhälfte. Deshalb kannst du die einzelnen Stichwörter farblich hervorheben. Jede Farbe ist ein Erkennungszeichen für die rechte Gehirnhälfte, z.B: Rot für den Hauptgedanken, Gelb für Beweis und Information, Grün für die Aufforderung zu künftigem Tun. Die Wahl der Farben ist beliebig.

Die *linke Gehirnhälfte* kommt *ordnend* ins Spiel, wenn du die Äste sortierst und in eine bestimmte Anordnung bringst. Das Ergebnis ist eine Art Landkarte der Gedanken und der Gedankenführung (daher das englische Wort **„mind map"**).
Die linke Hälfte ist der logisch-denkende, die rechte Hälfte ist der kreative Teil deines Gehirns.
Einige der Vorzüge des Mindmappings sind in folgender Mindmap beispielhaft nochmals dargestellt.

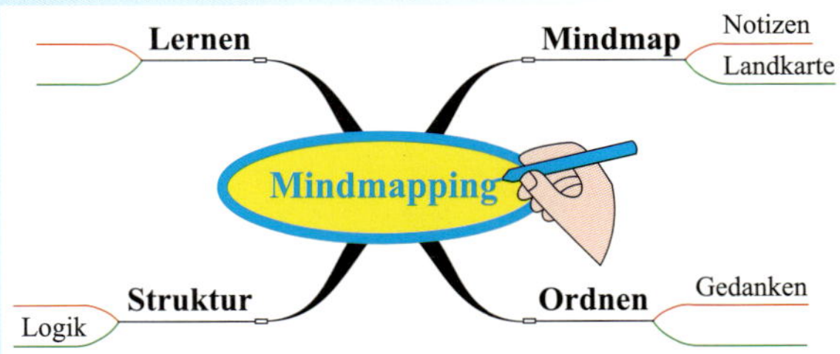

Tipps zum Erstellen einer Mindmap

- Eine Mindmap erfordert viel Platz. Verwende am besten ein DIN-A4- oder DIN-A3-Blatt.
- Fange in der Mitte des Blattes mit dem Stichwort für das Thema an. Entwerfe die Mindmap zunächst mit einem Bleistift. So kannst stets korrigieren.
- Verwende zur besseren Lesbarkeit nur große und kleine Druckbuchstaben.
- Die Gedanken werden zunächst an beliebiger Stelle um das im Mittelpunkt stehende Thema eingetragen, sodass nach und nach ein „Gedankenbaum" mit Ästen, Zweigen und Zweiglein entsteht.
- Für die Reihenfolge bei der Anordnung der Äste gibt es keine feste Regel. Oft ist es günstig, die Äste thematisch im Uhrzeigersinn anzuordnen.
- Ergänze oder ersetze Schlüsselwörter möglichst durch Bilder, Piktogramme oder Symbole.

B1: A. Dürer zeigte 1525, wie man einen Gegenstand mit gespannten Fäden exakt abbildet.

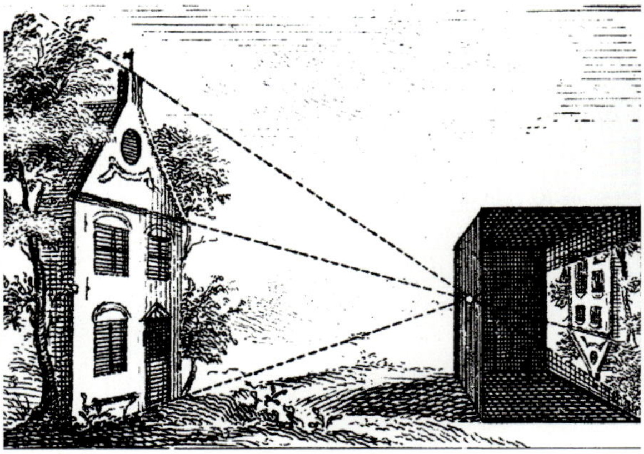

B2: Camera obscura; Pieter van Musschenbroek, Leyden, 1769

B3: Abbildung mit der Lochkamera

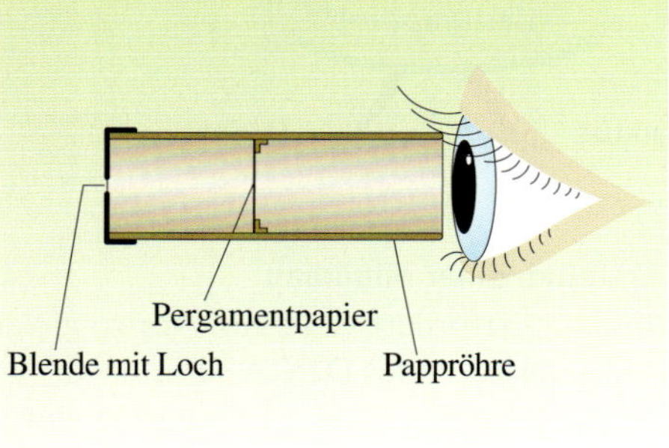

B4: Lochkamera aus Pappe

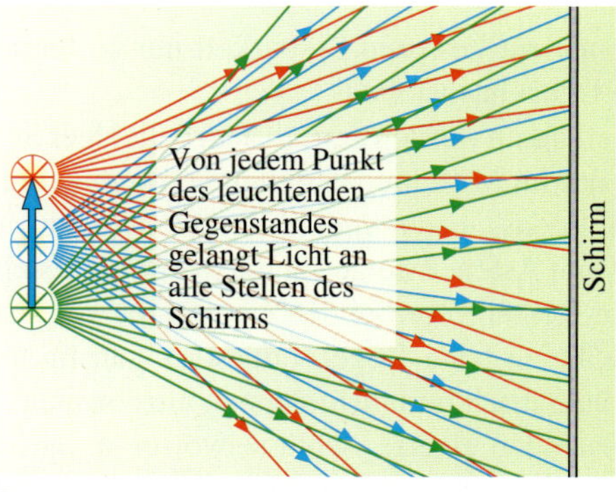

B5: So entsteht ein Durcheinander.

Optische Abbildungen

Bis zur Erfindung der Fotografie war die exakte Abbildung eines Gegenstands umständlich. A. Dürer beschreibt dies 1525 (➡ *Bild 1*). Von der Wand wird zu einem Punkt des Gegenstands ein Faden gespannt. Im künftigen Bilderrahmen legt man die Lage dieses Fadens durch zwei quer gespannte Fäden fest. Dann entfernt man den ersten Faden und klappt das Zeichenpapier auf den Rahmen, um dort den Bildpunkt zu zeichnen.

1. Die Lochkamera

Schon Ibn-al-Haitham, arabischer Physiker (um 1000), kannte die „*Camera obscura*", die **Lochkamera**. Sie besteht aus nichts anderem als einem dunklen Raum mit einem winzigen Loch (➡ *Bild 3*).

Wir bauen sie mit einer Papprröhre, etwas Pergamentpapier und einem Stück schwarzen Karton nach (➡ *Bild 4*). Noch eindrucksvoller ist es, wenn man ein Zimmer mit einem Vorhang vor dem Fenster völlig verdunkelt und ein winziges Loch in den Vorhang macht. Anschließend stellt man hinter das kleine Loch einen Schirm aus durchscheinendem Material. Haben sich die Augen an die Dunkelheit gewöhnt, dann sieht man auf dem Schirm die Umgebung vor dem Fenster, in Farbe. Selbst Bewegungen sind zu sehen. Allerdings steht das Bild nicht nur auf dem Kopf, sondern es ist auch seitenverkehrt.

2. Vom Lichtfleck zum optischen Bild

Die Häuser und Bäume draußen im Freien streuen das auf sie fallende Sonnenlicht. Sie senden dieses Licht wieder aus. Wir stellen uns diese Körper aus vielen leuchtenden Punkten zusammengesetzt vor. Jeder Punkt sendet nach allen Seiten Licht aus. Dieses Licht trifft alle Stellen des Schirms (➡ *Bild 5*). Er erscheint gleichmäßig hell.

Stellen wir nun vor den Schirm die Blende mit einem feinen Loch, dann schafft dieses Ordnung (➠ *Bild 6*). Von jedem Gegenstandspunkt erreicht nämlich nur noch ein schmales Lichtbündel den Schirm. Dort entsteht ein Lichtfleck. Je kleiner das Loch in der Blende ist, desto kleiner ist der Lichtfleck. Auch von den anderen Gegenstandspunkten gehen Lichtbündel aus. Sie überkreuzen sich in der Blendenöffnung ungestört und erzeugen auf dem Schirm ebenfalls kleine Lichtflecke. Dabei rufen benachbarte Gegenstandspunkte auch benachbarte Lichtflecke hervor; es entsteht ein fast naturgetreues, um 180° gedrehtes Bild. Die Lichtflecke haben sich zu einem optischen Bild des Gegenstands zusammengefügt; diesen Vorgang nennt man eine **optische Abbildung**.

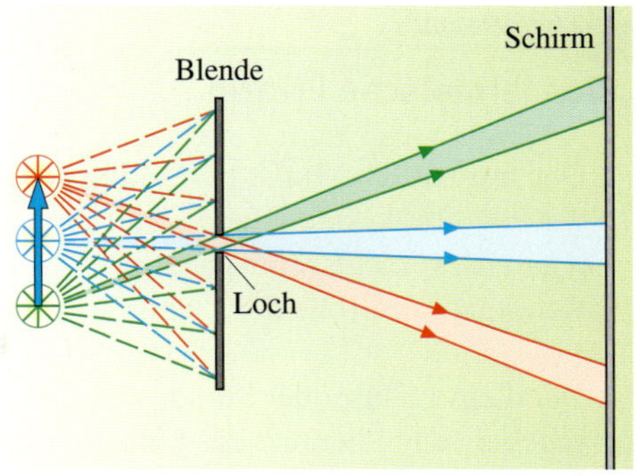

B 6: Einzelne Bündel werden ausgesondert.

3. Der Lichtstrahl als Modell des Lichtbündels

Ist das Loch der Lochblende genügend klein, so wird nur ein sehr feines Lichtbündel durchgelassen. Schon in vorherigen Abschnitten hatten wir solche sehr feinen Bündel Lichtstrahlen genannt, denn mit dem *Denkmodell* „Lichtstrahl" lassen sie sich gut beschreiben. Mit diesem Modell kann man dann die Gesetze der Geometrie auf die Optik anwenden. In der Geometrie beginnt ein *Strahl* in einem Punkt, ist unendlich lang und unendlich schmal.

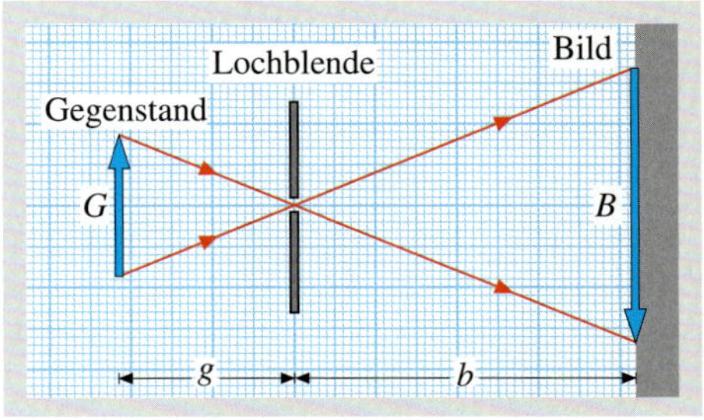

B 7: Bildkonstruktion mit Lichtstrahlen

Merksatz

Lichtstrahlen sind Denkmodelle für sehr feine Lichtbündel.

4. Der Abbildungsmaßstab

Wir konstruieren die Abbildung des Gegenstands mit Lichtstrahlen (➠ *Bild 7*). Dazu greifen wir zwei Punkte heraus, z. B. die Spitze und den Fuß des Pfeils. Von diesen Punkten aus zeichnen wir je einen Strahl durch die Öffnung der Lochkamera bis zum Schirm. Die folgenden Größen stehen fest und können gemessen werden:

- Höhe G des Gegenstands: **Gegenstandshöhe G**
- Höhe B des Bildes: **Bildhöhe B**
- Abstand g des Gegenstands von der Öffnung: **Gegenstandsweite g**
- Abstand b des Bildes von der Öffnung: **Bildweite b**.

Als **Abbildungsmaßstab A** bezeichnet man den Quotienten aus Bildhöhe und Gegenstandshöhe *(B/G)*. Beim Nachmessen in der Zeichnung stellt man zudem fest, dass dieser Quotient immer gleich dem Quotienten aus Bildweite und Gegenstandsweite *(b/g)* ist.

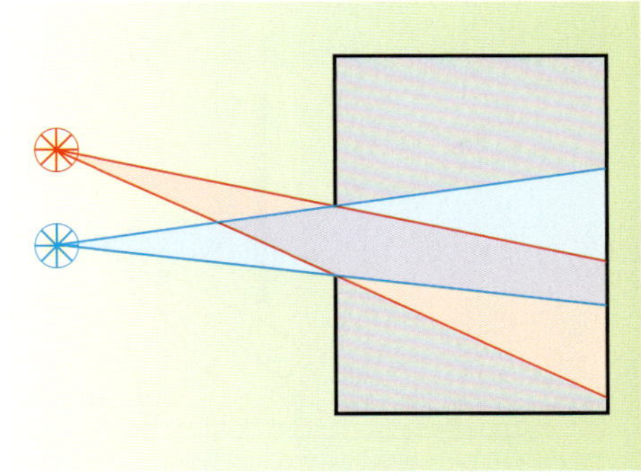
B 8: Je größer die Öffnung der Lochkamera ist, desto „dicker" sind die durchgelassenen Lichtbündel. Die Lichtflecke überlagern sich, das Bild wird unscharf.

Merksatz

Für Abbildungsmaßstab A, Bildhöhe B, Gegenstandshöhe G, Bildweite b und Gegenstandsweite g gilt:

$$A = \frac{B}{G} = \frac{b}{g}.$$

B 9: Dieses Foto wurde mit einer Lochkamera gemacht.

Interessantes

Das fermatsche Prinzip

Der französische Jurist und Mathematiker Pierre de FERMAT (1601–1665) fand eine interessante Eigenschaft des Lichts (mit heutigen Worten und mit Kenntnis der Größe der Lichtgeschwindigkeit):

„Sind ein Lichtsender S und ein Lichtempfänger E gegeben, dann benutzt das Licht den Weg, auf dem es am schnellsten zum Empfänger kommt."

Wir wollen dieses so genannte **fermatsche Prinzip** an einigen Beispielen überprüfen:
Licht legt in 16 Picosekunden (16 Billionstel Sekunden) in Luft einen Weg von ca. 5 mm zurück. Auf einigen zunächst willkürlich ausgewählten Wegen, die das Licht nehmen könnte, zeichnen wir diese 5 mm-Wegmarken ein. Der Weg mit den wenigsten Abschnitten ist der, den das Licht tatsächlich nimmt.

a) Ebener Spiegel:
Welchen Weg nimmt das Licht von der Lampe (**S**ender) zum Auge (**E**mpfänger)?

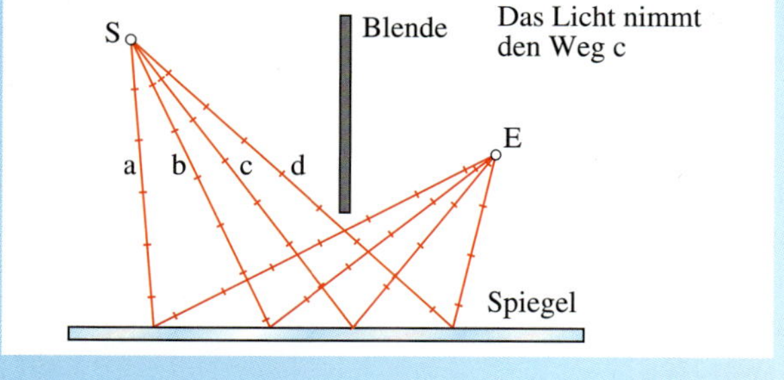

Von den eingezeichneten möglichen Lichtwegen enthält der Weg c die geringste Anzahl von Abschnitten (11,2); nur er erfüllt das Reflexionsgesetz.

b) Gewölbter Spiegel:
Welchen Weg nimmt das Licht von der Lampe (S) zum Auge (E)? Den mit nur 7 Abschnitten.

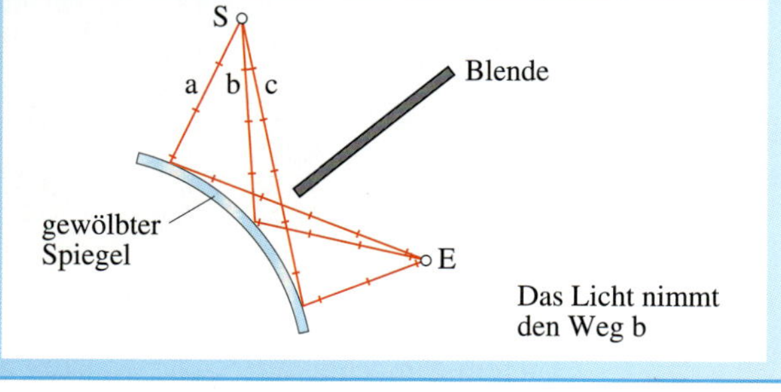

c) Brechung:

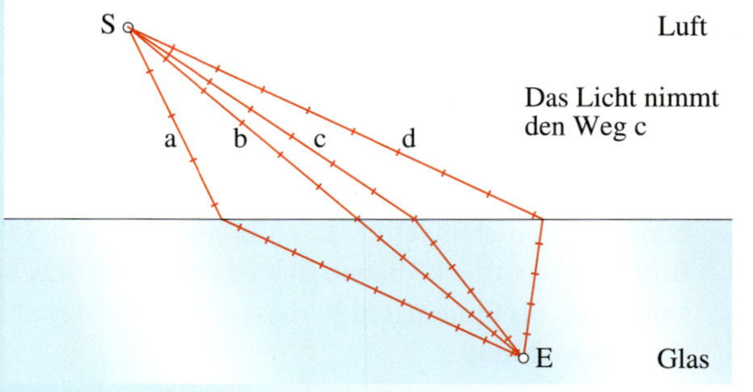

Die Lichtquelle S befinde sich in Luft, der Empfänger E im Glas. Da die Lichtgeschwindigkeit in Glas nur 200 000 km/s beträgt, legt das Licht im Glas natürlich auch nur eine kürzere Strecke pro Zeitintervall zurück, in unserem Beispiel nur ca. 3 mm. Welchen Weg nimmt das Licht von der Lampe (S) zum Empfänger (E) im Glas? Wir zeichnen eine Reihe von denkbaren Wegen und die Wegmarken ein.
Obwohl geometrisch die Verbindung c von S nach E länger als die Verbindung b ist, ist der tatsächliche Lichtweg dort zu suchen, da auf diesem die geringste Anzahl von Abschnitten (12,5) liegt.

d) Linse:
Wird der Empfänger E an die richtige Stelle gestellt, dann benötigt das Licht auf allen Wegen von S nach E die gleiche Zeit (stets 11 Abschnitte), also laufen in E alle Lichtstrahlen zusammen.

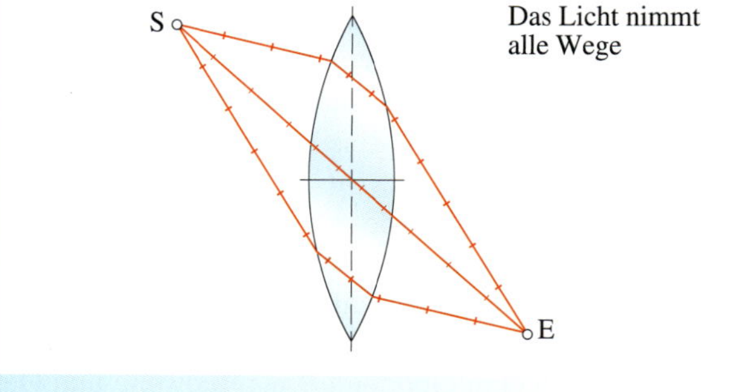

Setzen wir dieses Prinzip ganz genau um, dann erhalten wir in jedem Fall einen Lichtweg, wie wir ihn mit dem Reflexionsgesetz, dem Brechungsgesetz oder den Gesetzen der Sammellinse ebenfalls erhalten haben.

Das fermatsche Prinzip umfasst alle Gesetze der geometrischen Optik.

Methoden

Strahlenoptik selbst entdecken

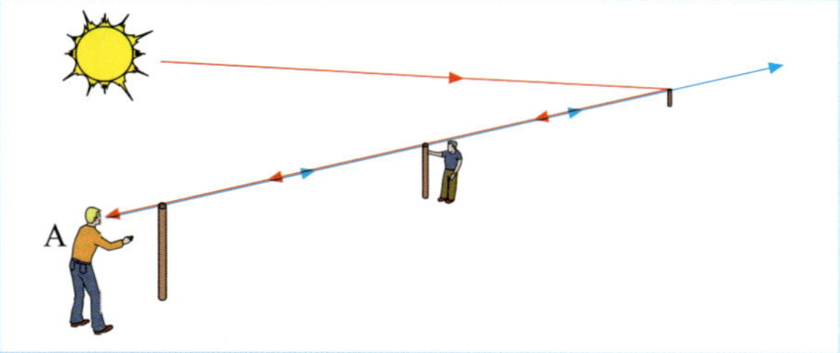

Um Zaunpfähle in einer Reihe so aufzustellen, dass sie „fluchten", benötigt man keine Hilfsmittel. Herr A „visiert" längs der Linie vom vorderen zum hinteren der schon eingesetzten Pfähle und weist seinen Helfer durch Handzeichen ein. Die Methode ist einleuchtend. Man denkt sich einen **Sehstrahl**, *vom Auge ausgehend* geradewegs zum hinteren Pfahl. Physikalisch erklären wir die Methode mit dem **Lichtstrahl**, der vom hinteren Pfosten *zum Auge führt.* In allen Bildern auf dieser Seite ist der blau gezeichnete Sehstrahl eine Gerade, der rot gezeichnete Lichtstrahl ist manchmal geknickt, weil er immer, auch bei Brechung, den realen Weg des Lichts von der Quelle zum Ziel zeigt.

Du kannst die Methode im Kleinen auf die Untersuchung von Lichtwegen anwenden. Du benötigst dazu Stecknadeln und eine Platte aus weichem Material (Kork oder Styropor®). Lege ein Blatt Zeichenpapier auf die Platte und fange an: Drei Stecknadeln a, b, c sollen von a aus gesehen genau hintereinander stehen.

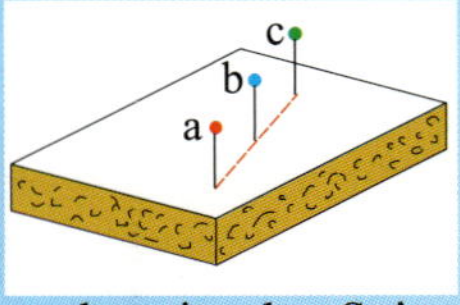

Mit dem Lineal kannst du das Ergebnis kontrollieren. Nun wird ein Spiegel dicht hinter die Stecknadel c gestellt. Von a aus gesehen ist der Spiegel Fenster zur Spiegelwelt, dort kannst du das Bild d' der Stecknadel d spazieren führen.

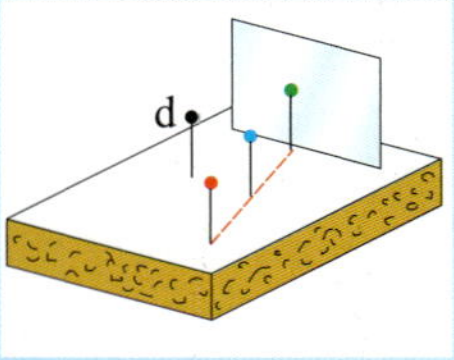

Wer so angefangen hat, wird *neugierig*: Wo muss d stehen, damit ihr Spiegelbild d' mit a, b und c fluchtet? Wie kann man in diesem Sinne passende Orte für d vorhersagen, einen, zwei, alle? Wer so weit gekommen ist, hat schon fast das **Reflexionsgesetz** für Spiegel entdeckt.

Um mit der Stecknadelmethode den **Weg des Lichts durch einen Plexiglasquader** zu erkunden, vervollständigt man auf seinem Zeichenpapier die Einstichstellen der Stecknadeln zu einem Bild der Lichtwege mit und ohne Quader – auch hier ist der Sehstrahl blau, der Lichtstrahl rot gezeichnet.

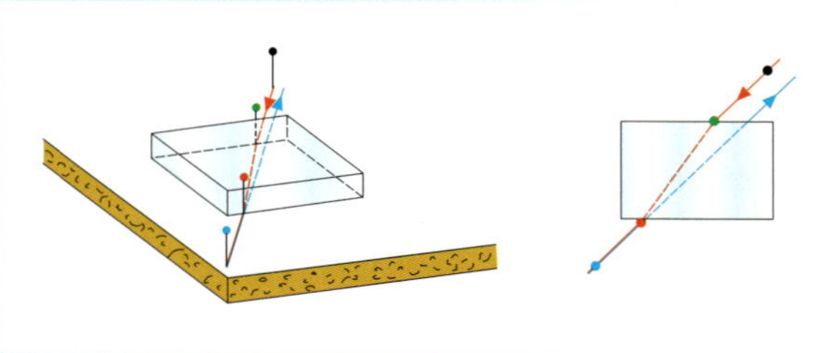

Forschen und entdecken heißt: Versuchsergebnisse auf Besonderes und Vorhersagbares „abklopfen". Hier fällt auf: Nach zweimaliger Brechung des Lichtweges ist es insgesamt zu einer **Parallelverschiebung** gekommen. Wieder drängen sich Fragen auf: Warum parallel? Woran liegt das? Um wie viel wird verschoben? Wovon hängt die Parallelverschiebung ab? Auch diese Fragen kann man planvoll untersuchen und klären. Du kannst theoretische Antworten finden oder experimentell eine Je-Desto-Aussage, bei sorgfältiger Messung auch eine Proportionalität.

Manchmal muss man beim Experimentieren durch geschicktes Vorgehen *einen* Effekt in den Vordergrund bringen: Wer das **Brechungsgesetz** in reiner Form darstellen will, möchte es nur mit einer Grenzfläche zu tun haben. Das passt eigentlich nicht zur Stecknadelmethode. Will man die Brechung nur beim Eintritt in den Plexiglaskörper untersuchen, so muss man die Brechung beim Austritt unterdrücken.

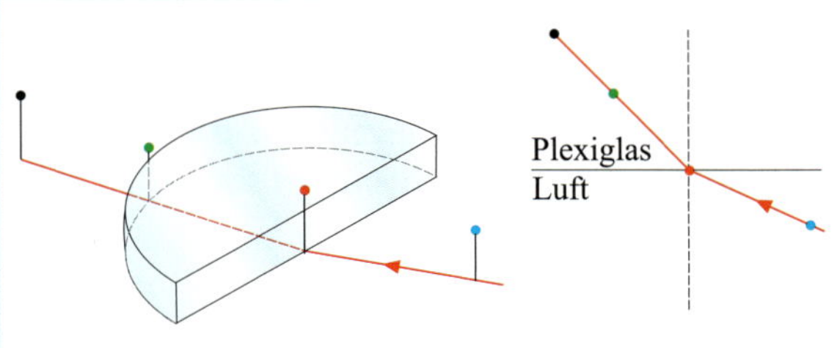

So geht der Trick: Der Probekörper hat halbkreisförmigen Umriss, eine Nadel steckt genau im Mittelpunkt dieses Halbkreises. Licht, das hier ankommt oder von hier ausgeht, trifft immer senkrecht auf den Umfang des Halbkreises. Dort findet dann garantiert keine Brechung statt. So konzentriert man die Untersuchung ganz auf die Brechung an der ebenen Grenzfläche.

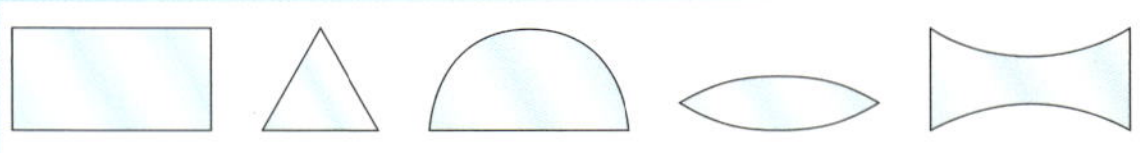

Plexiglaskörper in diesen Formen gibt es in vielen Schulen in der Sammlung für Schülerexperimente.

Das ist wichtig

1. Lichtstrahl, geradlinige Ausbreitung

Lichtbündel breiten sich geradlinig aus und durchdringen sich ungestört. Lichtstrahlen sind *Denkmodelle* für sehr feine Lichtbündel.

Reflexionsgesetz: Trifft ein Lichtstrahl auf eine spiegelnde Oberfläche, so wird der Lichtstrahl reflektiert. Dabei liegen einfallender Lichtstrahl, Lot und reflektierter Strahl in einer Ebene. Einfallswinkel und Reflexionswinkel sind gleich groß.

2. Die Brechung des Lichts

Trifft ein Lichtstrahl auf ein Medium mit anderer optischer Dichte, dann wird der Lichtstrahl gebrochen. Einfallender, gebrochener Strahl und Lot liegen in einer Ebene. Der Lichtstrahl wird beim Übergang vom optisch dünneren ins dichtere Medium zum Lot hin gebrochen. Zusätzlich tritt Reflexion auf.

Tritt ein Lichtstrahl vom optisch dichteren ins optisch dünnere Medium unter einem größeren Winkel als dem **Grenzwinkel** β_g, dann wird er nur noch reflektiert. Man spricht in diesen Fällen von **Totalreflexion**.

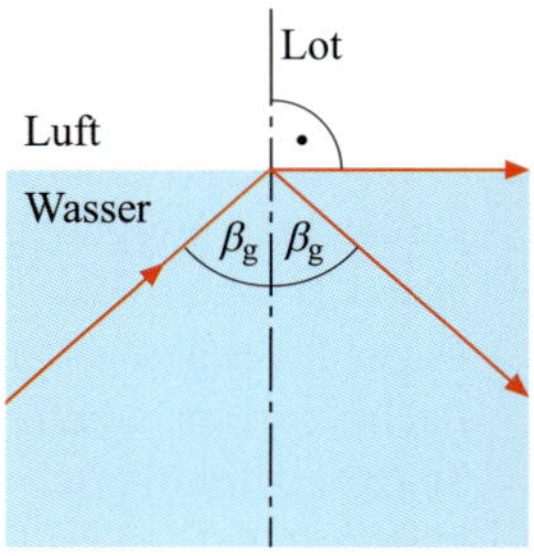

3. Optische Abbildung

Bei der **Lochkamera** sondert eine kleine Öffnung aus dem Licht, das von einem Gegenstand ausgeht, enge Lichtbündel aus. Diese erzeugen auf einem Schirm Lichtflecke, die sich zu einem optischen Bild zusammenfügen.

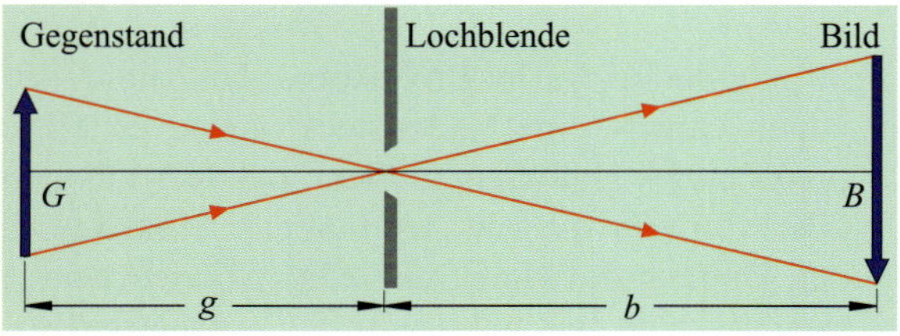

Für den **Abbildungsmaßstab** ***A*** bei der Lochkamera gilt:

$$A = \frac{B}{G} = \frac{b}{g}.$$

Dabei ist B die **Bildhöhe**, G die **Gegenstandshöhe**, b die **Bildweite** und g die **Gegenstandsweite**.

Aufgaben

A1: Leuchttürme senden ein Lichtbündel aus. Unter welchen Wetterbedingungen sieht man das Lichtbündel um das Laternenhaus kreisen, unter welchen sieht man nur ein Aufblinken des Lichtbündels?

A2: In der Nacht läuft eine Katze unter einer Straßenlaterne lang, die eine Leuchtstoffröhre enthält. Erkläre, warum die Katze keinen scharfen Schatten wirft.

A3: Leon will beim Schattentheater mit einer einzigen Pappfigur zwei Schattenbilder erzeugen. Er nimmt dazu zwei Lampen als Lichtquellen, die er nebeneinander stellt. Worauf muss er achten, damit sein Vorhaben gelingt? (Fertige eine Skizze an.)

A4: Der Mond umrundet die Erde etwa jeden Monat einmal. Wir beobachten die Mondphasen. Wie würden sich die Mondphasen entwickeln, wenn der Mond sich anders herum um die Erde bewegen würde?

A5: **a)** Bei der totalen Sonnenfinsternis erscheint die Mondscheibe von der Erde aus etwas größer als die Sonnenscheibe.

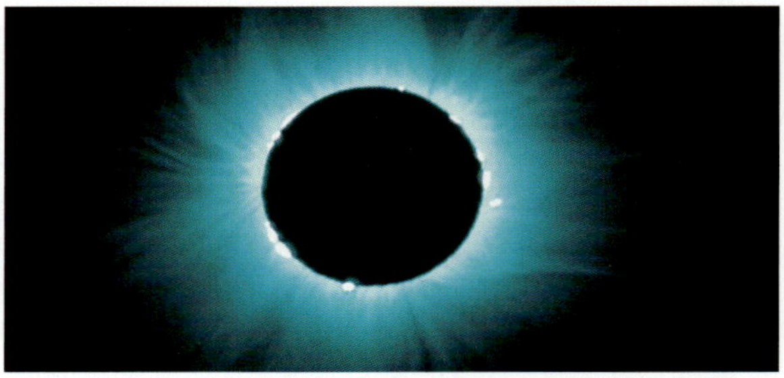

Manchmal ist es jedoch umgekehrt. Wie sieht dann ein Beobachter von der Erde aus die Sonne? **b)** Der Planet Mars hat zwei Monde, die ihn umrunden. Trotzdem wird man von seiner Oberfläche aus niemals eine totale Sonnenfinsternis beobachten können. Was könnte die Ursache sein?

A6: Sonnenfinsternisse sind stets tagsüber zu beobachten. Wie ist es mit den Mondfinsternissen? (Begründe deine Antwort.)

A7: Steht man am Abend vor einer Schaufensterscheibe, dann sieht man in der Regel die Auslagen nur, wenn das Schaufenster beleuchtet ist. Ist es dagegen hinter dem Fenster dunkler als außen, dann sieht man wenig. Wie ist das zu erklären?

A8: Schaut ein Taucher von unten an die (ruhige) Wasseroberfläche, dann sieht er einen hellen Kreis, und bei günstigen Bedingungen in diesem hellen Kreis die ganze Oberwasserwelt. Erkläre dies (Skizze!).

A9: Warum kann Totalreflexion nur beim Übergang vom optisch dichteren zum optisch dünneren Medium auftreten? Steht das nicht im Widerspruch zur Umkehrbarkeit des Lichtweges?

Kennst du dich aus?

A1: Jasper behauptet: „Flüssigkeiten dehnen sich aus, wenn sie gefrieren." Er führt einen Versuch mit Wasser durch und sieht seine Behauptung bestätigt, denn Wasser ist ja eine Flüssigkeit. „Also", sagt Jasper, „stimmt meine Behauptung". Lea hingegen sagt: „Wenn ich mit *einem* Versuch deine Behauptung widerlege, so ist sie garantiert falsch." Nimm zu beiden Aussagen Stellung.

A2: Vergleiche die Begriffe „Masse" und „Gewichtskraft" anhand von zwei Mindmaps. Beachte dabei das Gemeinsame wie auch die Unterschiede beider.

A3: Du interessierst dich dafür, welche mittlere Dichte dein Körper hat. Beschreibe, wie du vorgehen könntest und skizziere die zugehörigen Experimente. Kannst du aus der ermittelten Dichte auf einen bestimmten Stoff schließen, aus dem dein Körper besteht?

A4: Kennzeichnet die Dichte eine Eigenschaft eines Stoffes oder ist sie – wie z.B. die Gewichtskraft – ortsabhängig?

A5: **a)** Erläutere, welche anschauliche Vorstellung du mit dem physikalischen Begriff „Dichte" verbindest. **b)** Haben Formulierungen der Alltagssprache wie „die Dichte der Bäume im Wald" oder „die Zuschauer standen dicht am Straßenrand" etwas mit dem physikalischen Begriff „Dichte" zu tun?

A6: Die Fertigstellung einer Rohrleitung von 1000 km Länge wird mit einem Feuerwerk gefeiert. Angenommen, der Schall wird nicht zu stark abgeschwächt: Wie viel Zeit würde er durch das leere Rohr benötigen?

A7: Das unten stehende Bild zeigt ein *t-s*-Diagramm zweier Züge. **a)** Erzähle eine Geschichte dazu. **b)** Zeichne das zugehörige *t-v*-Diagramm.

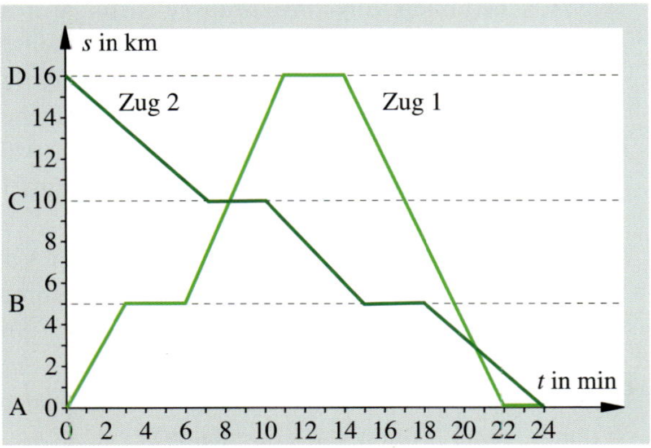

A8: Im Tabellenanhang dieses Buches findest du die Angabe über ein „Lichtjahr", also über die Länge, die das Licht in einem Jahr durchläuft. (10^{15} bedeutet die Zahl, die mit 1 anfängt und dazu 15 Nullen hat.) Folgere die Lichtgeschwindigkeit (Einheit. km/s).

A9: Die Anwohner einer Wohnstraße wollen prüfen, ob die vorgeschriebene Höchstgeschwindigkeit von 30 km/h eingehalten wird. **a)** Überlege, wie sie vorgehen könnten. **b)** Welche Zeit würde gestoppt, wenn ein Fahrzeug auf einer 15 m langen Messstrecke gerade mit 30 km/h fahren würde?

A10: Erfinde zu nachfolgendem Diagramm von einem Schulweg eine passende Geschichte.

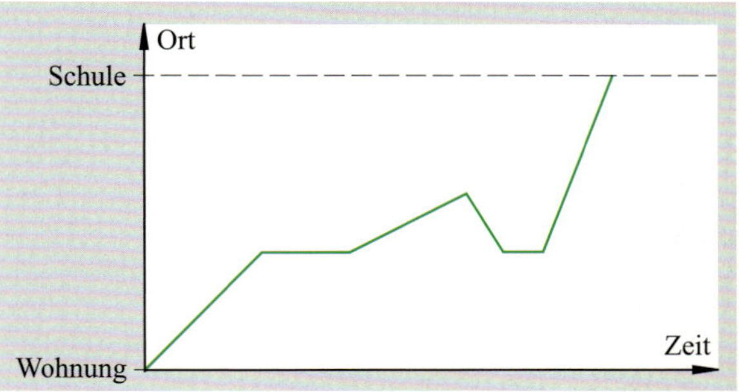

A11: **a)** Welche Bedeutung hat im folgenden Diagramm die Größe *s* auf der vertikalen Achse?

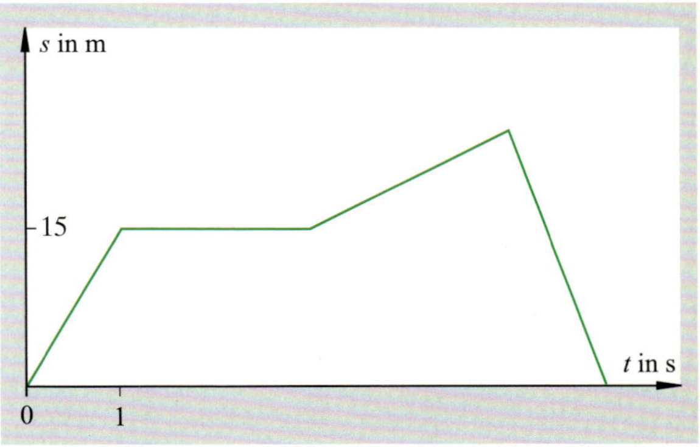

b) Beschreibe die Bewegung des Fahrzeugs in den vier verschiedenen Zeitabschnitten qualitativ. Begründe jeweils. **c)** Ermittle jeweils die Geschwindigkeit in den ersten beiden Zeitabschnitten. **d)** Zeichne das *t-s*-Diagramm so, wie es der Kilometerzähler im Auto anzeigen würde.

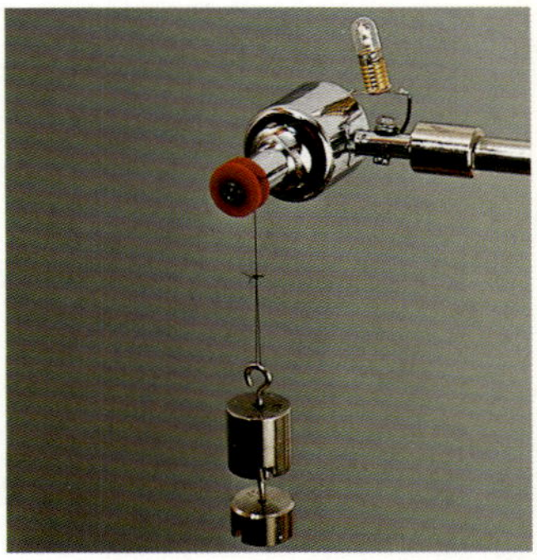

A12: Das Lämpchen leuchtet nur, wenn das Wägestück an Höhe verliert. **a)** Wo bleibt die Energie, die aufgewendet wurde, um das Wägestück anzuheben? **b)** Zeichne eine Energie-Übertragungskette. **c)** Das Glühlämpchen befinde sich im Nebenraum und sei durch lange Drähte angeschlossen. Jemand schaltet dort den Stromkreis ein und aus. Ist dies am Herabsinken des Wägestücks erkennbar?

A13: Fasse alle deine Kenntnisse über die Trägheit von Körpern zusammen. Schreibe für jede Aussage eine Begründung bzw. ein Beispiel auf.

A14: Die Bahn eines Raumschiffes weit ab von allen Gestirnen sieht wie folgt aus.

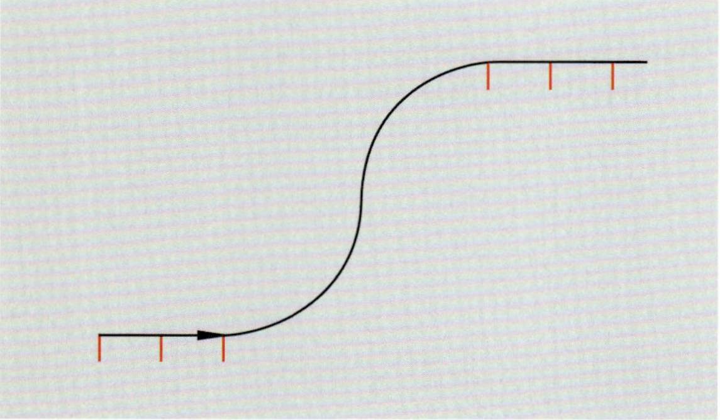

Überlege und begründe, ob im Verlauf der Bahn eine Kraft auf das Raumschiff wirkt. Die senkrechten Striche auf den geraden Stücken der Bahn sind Zeitmarken. Sie sind im Sekundenabstand gesetzt.

A15: Im Cockpit eines Autos ist ein Becher befestigt, der mit Wasser gefüllt ist. Das Auto bewegt sich nach rechts. Die Wasseroberfläche stellt sich wie folgt ein:

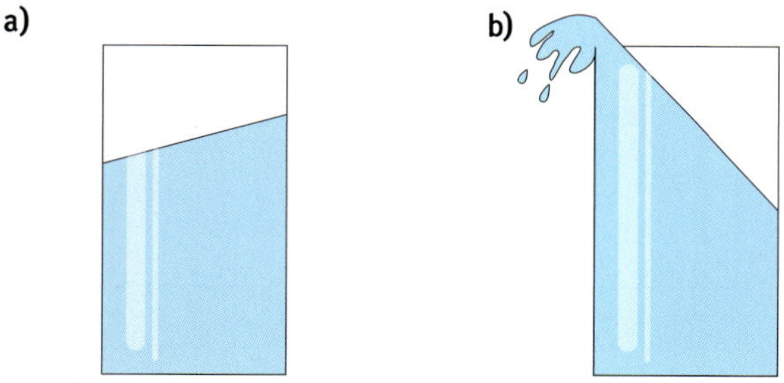

Kannst du aus der obigen Darstellung auf mögliche Bewegungszustände des Autos rückschließen?

A16: In einem Aufzug ist an der Decke ein Kraftmesser befestigt. Daran hängt eine 1 kg-Kugel. Der Kraftmesser zeigt beim Stillstand 10 N, beim Anfahren 12 N und beim Abbremsen 8 N an. Fährt der Aufzug nach oben oder unten? Begründe.

A17: Welche Versuche haben uns Hinweise darauf gegeben, dass Stoffe aus kleinen Teilchen bestehen? Stelle die Versuche mit eigenen Worten dar.

A18: Erläutere den Unterschied zwischen dem Alltagsbegriff Druck und dem physikalischen Druckbegriff.

A19 a): Warum bildet Wasser auf einer fettigen Glasoberfläche bzw. auf einer gewachsten Autokarosserie Tropfen? **b)** Beschreibe und erkläre die Funktion von Löschpapier.

A20: Beschreibe die möglichen Arten des Energietransports und grenze sie voneinander ab. Gib zu jeder Art Beispiele an.

A21: Vom Schwimmen weißt du, dass die Energieabgabe des Körpers an vorbeiströmendes kaltes Wasser besonders groß ist. Wie sind die warmblütigen Delphine und Wale vor Auskühlung geschützt?

A22: Wie wirkt sich die Verspiegelung der Wände einer Thermosflasche aus, wenn man **a)** eine heiße und **b)** eine sehr kalte Flüssigkeit einfüllt?

A23: Verfolge den Weg der Energie bei einer Zentralheizung von der Flamme des Brenners bis zur Luft des beheizten Zimmers. **b)** Warum können Warmwasserheizungen im Prinzip auch ohne eine Umwälzpumpe auskommen? **c)** Über Heizkörpern bildet sich oft eine Schmutzschicht an der Wand. Warum? **d)** Auf welche verschiedenen Arten kann Energie aus einem beheizten Raum verschwinden? **e)** Durch Herunterlassen der Rollläden kannst du nachts Energie sparen. Begründe! Was kannst du noch tun, um Heizenergie zu sparen?

A24 a): Im Kochtopf wird der Suppe nur von unten Energie zugeführt. Bei welcher Art Suppe muss man rühren, bei welcher ist es nicht nötig? **b)** Ein Topf mit welligem Boden ist auf einem Elektroherd nicht einsetzbar, wohl aber auf einem Gasherd. Begründe!

A25: In einem Park stehen eine Holzbank und eine Bank aus Metall nebeneinander. Warum kommt dir die Metallbank beim Sitzen meist viel kälter vor als die Holzbank? Wann würdest du eine Metallbank wärmer als eine Holzbank mit gleicher Temperatur empfinden?

A26: Was meint man physikalisch bei der Bemerkung „Hier ist es sehr warm.“? Was ist gemeint, wenn jemand sagt: „Vorsicht, in der Herdplatte steckt noch viel Wärme.”?

A27: Griechen stellten sich in der Antike vor, dass vom Auge Sehstrahlen ausgehen würden, die die Umgebung abtasten. Man sieht nach dieser Theorie einen Körper, wenn Sehstrahlen von ihm zurückgeworfen werden und ins Auge treffen. Führe zu dieser Theorie mit einem Mitschüler eine Pro- und Kontradiskussion durch. Dokumentiere Argumente und zugehörige Versuche.

A28: Beobachte die Mondauf- bzw. -untergänge während der nächsten zwei Wochen. Notiere Himmelsrichtung und Zeitpunkt.

A29: Erkläre anhand von ➠ *Bild 5, S. 131*: Der Vollmond ist während der ganzen Nacht zu sehen, während der zunehmende Halbmond (Position 7) etwa zur Mittagszeit aufgeht und um Mitternacht untergeht.

A30: Fabian hat Bilder vom Mond gezeichnet. Welche können keine Mondphasen darstellen?

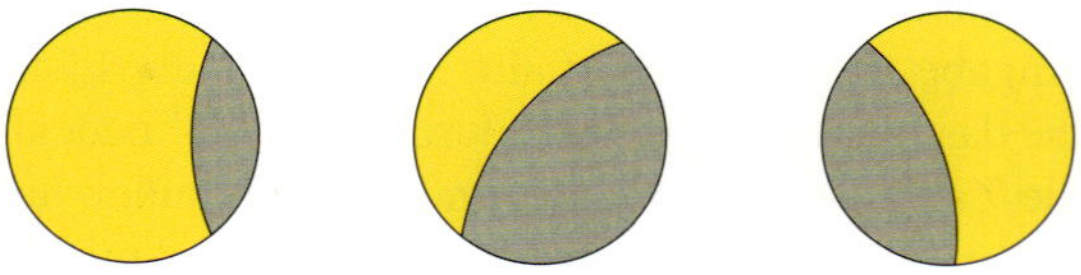

Brücken führen kleine Schwingungen aus, das geschieht infolge der Belastung und ist ganz normal. Aber abgesehen davon sollen Brücken natürlich standfest sein wie ein Stativ. Die „Statik" ist das Teilgebiet der Physik, in dem alle Bauingenieure die Grundlagen für ihre Konstruktionen vorfinden.
Bei Brücken wirken stets verschiedene Kräfte zusammen. Andererseits teilen sich auch Kräfte in mehrere Teilkräfte auf, die dann auf die Brückenlager und in den Seilen oder Streben wirken. Auf den nachfolgenden Seiten wird gezeigt, wie wir Kräfte zu einer Kraft zusammensetzen können und ebenso eine Kraft in zwei Kräfte zerlegen können.

Brücken – ein Symbol der Ruhe – sind zugleich die Voraussetzung für Bewegungen, die über sie hinweg führen. Gerne nutzen wir die Vorteile des Fahrrades, insbesondere dessen Gangschaltung. Im folgenden Kapitel werden wir sehen, dass Wellrad und Hebel die Grundformen sind, die über die Statik hinaus unzählige Anwendungen ermöglichen, welche uns Bewegungen im Alltag bedeutend erleichtern.

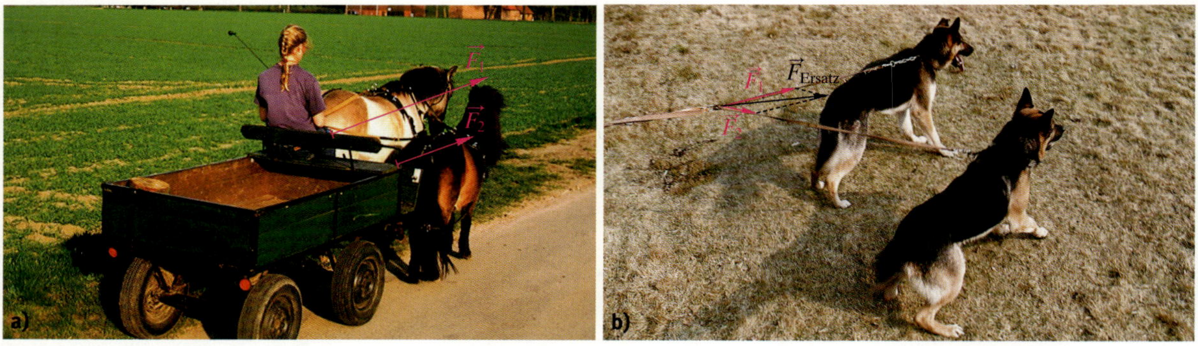

B 1: Gemeinsam wirkende Kräfte **a)** mit gleichen Richtungen oder **b)** mit verschiedenen Richtungen.

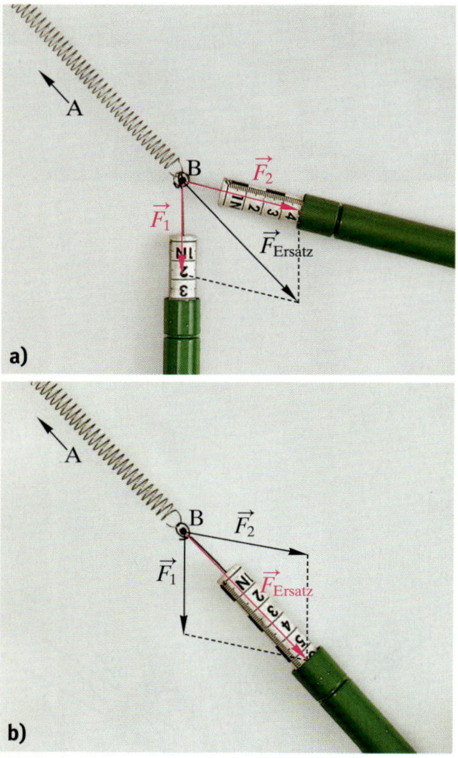

V 1: a) Wir ersetzen den gemeinsamen Teil der Hundeleine durch eine Schraubenfeder. Das eine Ende der Feder (Punkt A) ist links oben an der Tafel befestigt. Am anderen Ende (Punkt B) greifen über je einen Kraftmesser zwei Kräfte mit den Beträgen $F_1 = 3{,}0$ N und $F_2 = 4{,}0$ N nach verschiedenen Richtungen an. Die Feder spannt sich aber so, als ob an ihr nur *eine* Kraft angreifen würde. Deren Richtung wird von der Feder AB angezeigt. **b)** Wir dehnen die Feder mit nur *einem* Kraftmesser bis zum selben Endpunkt B wie zuvor. Die dazu nötige Kraft hat den Betrag $F_{\text{Ersatz}} = 5{,}5$ N und heißt Ersatzkraft.

Zusammensetzen von Kräften

1. Rückblick: Zwei Kräfte mit gleicher Richtung

In ➠ *Bild 1 a* ziehen zwei Ponys einen Wagen. Ihre Kräfte mit den Beträgen 1000 N und 2000 N wirken dabei in gleicher Richtung. Der Wagen könnte aber ebenso von *einem* Pferd allein anstelle der zwei Ponys gezogen werden. Wir wissen aus dem Kapitel „Kräftegleichgewicht", mit welcher Kraft das eine Pferd die beiden Kräfte der Ponys ersetzen kann. Weil die Richtungen der Kräfte übereinstimmen, dürfen wir die Beträge der beteiligten Kräfte wie Zahlen addieren. Hier erhalten wir den Betrag 3000 N.

Eine einzige Kraft mit diesem Betrag und mit der gleichen Richtung wie die zwei ursprünglichen Kräfte kann die beiden gleichwertig ersetzen. An der Auswirkung ändert sich dadurch nichts. Die eine Kraft, die die zwei Kräfte $\vec{F}_1$ und $\vec{F}_2$ ersetzt, heißt **Ersatzkraft** $\vec{F}_{\text{Ersatz}}$ (oder Resultierende) der beiden Kräfte $\vec{F}_1$ und $\vec{F}_2$.

2. Addition von Kräften unterschiedlicher Richtungen

In ➠ *Bild 1 b* zerren zwei Hunde am gemeinsamen Teil ihrer Leine nach verschiedenen Richtungen. Ob sich auch diese zwei Kräfte durch *eine* Kraft ersetzen lassen und – wenn ja – welchen Betrag und welche Richtung hat sie dann? Dies erkunden wir in ➠ *Versuch 1*. Tatsächlich: Die beiden Kräfte $\vec{F}_1$ und $\vec{F}_2$ lassen sich trotz unterschiedlicher Richtungen durch *eine* Kraft, die Ersatzkraft $\vec{F}_{\text{Ersatz}}$, ersetzt denken. Die Kräfte $\vec{F}_1$ und $\vec{F}_2$, aus denen sich die Ersatzkraft zusammensetzt, heißen die **Komponenten** der Kraft $\vec{F}_{\text{Ersatz}}$.

Bei der Kraftmessung fällt uns etwas völlig Neues auf: Unser Messwert 5,5 N liegt deutlich unter der Summe 7 N aus den Beträgen 3 N und 4 N. Der Betrag der Ersatzkraft ist *kleiner* als die Summe aus den Beträgen ihrer Komponenten! *Das Ergebnis entspricht also nicht mehr den Regeln der Zahlenaddition, wenn die Komponenten verschiedene Richtungen haben.*

Die Richtung der Ersatzkraft liegt zwischen den Richtungen ihrer Komponenten; sie ist mehr zu der Komponente hin geneigt, die den größeren Betrag aufweist.

3. Kräfte werden geometrisch addiert

In den Bildern zum ➠ *Versuch 1* sind die Kraftkomponenten und ihre Ersatzkraft zeichnerisch festgehalten. Winkelgetreu wurden die Kraftpfeile eingetragen. Ihre Längen geben die Beträge in einem einheitlichen Kräftemaßstab wieder.
Dabei ergibt sich zu unserer Überraschung die Figur eines Parallelogramms. Ein Punkt ist der Angriffspunkt, zwei weitere sind die beiden Endpunkte der Komponentenpfeile. Der vierte Punkt ist der Endpunkt des Ergebnispfeils. Die Komponentenpfeile bilden zwei benachbarte Seiten, und der Ergebnispfeil bildet die Diagonale vom gemeinsamen Angriffspunkt aus. Die gestrichelten Linien vervollständigen dieses **Vektorparallelogramm**.

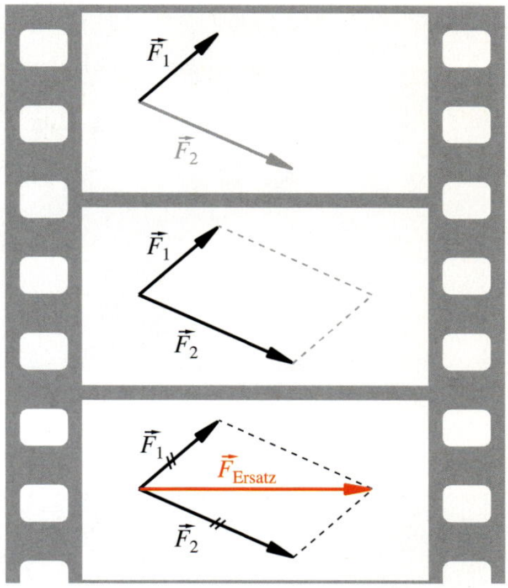

B 2: So entsteht die Konstruktion der Ersatzkraft – eine geometrische Addition.

Dieser geometrische Zusammenhang gilt für alle Kräftezusammensetzungen. Das ermöglicht es uns, zukünftig – auch ohne Versuch – die Ersatzkraft von zwei Kraftkomponenten zu bestimmen. Wir brauchen nur Zug um Zug eine entsprechende Zeichnung aufzubauen (➠ *Bild 2*): Man zeichnet den ersten Kraftpfeil, dann fügt man mit gleichem Angriffspunkt den zweiten hinzu, vervollständigt das Parallelogramm und erhält die Diagonale als Ergebnis.
Diese Addition von Kräften verschiedener Richtungen zeigt eindringlich, dass man Kräfte als **Vektoren** behandeln muss. Mit dem Betrag allein ist eine Kraft nicht bestimmt. Die Zusammensetzung geschieht als **Vektoraddition**, d. h. als geometrische Addition. Als Sonderfälle sind darin die Additionen gleich- und entgegengesetzt gerichteter Kräfte enthalten. Das zeigt ➠ *Bild 3*, wenn der Winkel 0° oder 180° beträgt. Dann ergibt sich der Betrag der Ersatzkraft als Summe bzw. als Differenz – wie bei Zahlen.

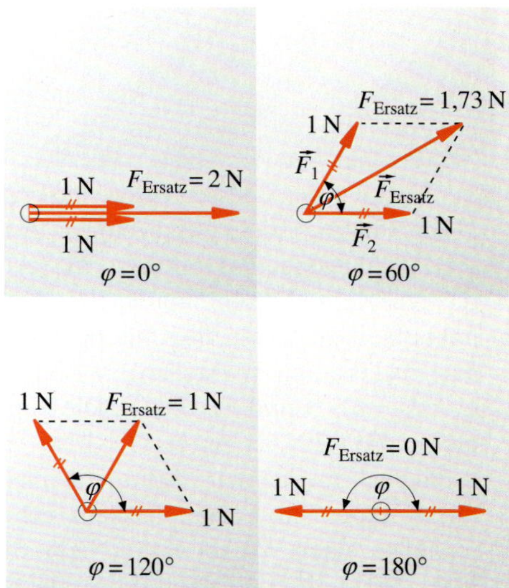

B 3: Geometrische Addition von zwei Kräften mit den Beträgen 1 N

Merksatz

Zwei Kräfte $\vec{F}_1$ und $\vec{F}_2$, die an einem Punkt angreifen, lassen sich durch *eine* Kraft mit gleichem Angriffspunkt ersetzen, die **Ersatzkraft** $\vec{F}_{Ersatz}$.
Diese Ersatzkraft findet man, indem man aus den **Komponenten** $\vec{F}_1$ und $\vec{F}_2$ ein **Parallelogramm** bildet. Die Diagonale, die den Angriffspunkt der Komponenten enthält, stellt die Ersatzkraft dar.

Aufgaben

A1: Ermittle durch Konstruktion die Ersatzkraft zweier Kräfte mit den Beträgen 6 N und 8 N, wenn sie Winkel von 0°, 30°, 60°, 90°, 120°, 150°, 180° einschließen. Zwischen welchen Grenzen liegt der Betrag der Ersatzkraft? Bei welchen Winkeln kommt man auch ohne Zeichnung, nur durch gewohnte Zahlenrechnung mit den Beträgen zum Ergebnis?

A2: Wie ändert sich bei zwei betragsgleichen Kräften der Betrag der Ersatzkraft, wenn der Winkel zwischen den Komponenten von 0° bis 180° wächst (➠ *Bild 3*)? Bei welchen Winkeln ist der Betrag der Ersatzkraft größer, bzw. gleich oder kleiner als der Betrag einer Komponente?

A3: An einem Telegrafenmast zieht ein Draht horizontal nach Osten mit 2000 N, ein zweiter horizontal nach Süden mit 3000 N. Ermittle Himmelsrichtung und Betrag der Ersatzkraft durch Konstruktion. Zeichne auch die Himmelsrichtung ein, in der ein schräg verlaufendes Halteseil am Boden zu befestigen ist. Mit diesem Seil soll der Mast bestmöglich gesichert werden.

Zerlegen von Kräften

1. Ein Fall für zwei Komponenten

In ➠ *Bild 1* teilt sich die Gewichtskraft mit ihrem Betrag $G = 200$ N auf die beiden Träger auf. Nehmen wir zunächst an, ihre Arme seien senkrecht nach unten gerichtet. Falls an der Hand des einen z. B. der Anteil $F_1 = 120$ N zerrt, dann zieht an der Hand des anderen der Rest von G, also $F_2 = 80$ N. Man sagt: Die vorgegebene Kraft $\vec{G}$ ist in die **Komponenten** $\vec{F}_1$ und $\vec{F}_2$ zerlegt worden.
In ➠ *Bild 1* halten nun aber die beiden Träger ihre Arme *schräg*, damit sie besser gehen können. Nun spüren sie: Die jetzt auch schräg liegenden Kraftkomponenten $\vec{F}_1$ und $\vec{F}_2$ von $\vec{G}$ zerren stärker an ihren Armen. Sind die Kräfte $\vec{F}_1$ und $\vec{F}_2$ größer geworden? Dies prüfen wir mit dem ➠ *Versuch 1*. Er zeigt uns, dass die Summe der Beträge beider Komponenten tatsächlich größer ist als der Betrag der Gewichtskraft.
Wir konstruieren wieder ein *Vektorparallelogramm*: Diesmal beginnen wir mit dem Vektor $\vec{G}$ als Diagonale und zeichnen die Komponentenrichtungen hinzu. Mit je einer Parallelen ergänzen wir die Zeichnung zum Parallelogramm. Es bestimmt die Komponenten, in die der vorgegebene Vektor zerlegt wurde. Bei dieser Zerlegung streicht man $\vec{G}$ aus, denn $\vec{G}$ wurde durch $\vec{F}_1$ und $\vec{F}_2$ ersetzt. Für die Zerlegung einer Kraft und für das Zusammensetzen von Kräften gilt das gleiche Vektorparallelogramm.

B 1: Zwei Kräfte ersetzen eine Kraft. Gilt hier wirklich: Geteilte Last ist halbe Last?

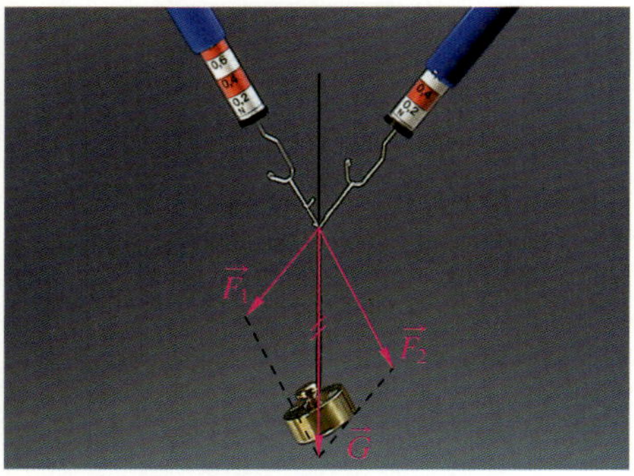

V 1: Ein Körper, dessen Gewichtskraft $G = 1$ N beträgt, zieht gleichzeitig an zwei schräg hängenden Kraftmessern. Am rechten zieht die Komponente $\vec{F}_1$ nach links unten, am linken die Komponente $\vec{F}_2$ nach rechts unten. Wir stellen ihre Beträge fest: $F_1 = 0{,}5$ N und $F_2 = 0{,}7$ N. Die Summe ist also 1,2 N – mehr als $G = 1$ N!
Schließlich messen wir auch die Winkel: Die Komponente $\vec{F}_1$ und die Senkrechte schließen einen Winkel von 40° ein, die Komponente $\vec{F}_2$ und die Senkrechte einen Winkel von 28°. Wir zeichnen das Kräfteparallelogramm und vergleichen damit die Versuchsergebnisse.

2. Andere Richtungen – andere Komponenten

Beide Komponenten sollen symmetrisch zur Senkrechten liegen und der Winkel zwischen beiden Komponenten soll auf $\alpha = 130°$ vergrößert werden. Bevor wir messen, konstruieren wir das Vektorparallelogramm, diesmal eine Raute (➠ *Bild 2*). Mit dem Maßstab 5 cm ≙ 1 N erhalten wir die Seitenlängen 6 cm. Also hat *jede* Komponente von $\vec{G}$ (mit $G = 1{,}0$ N) den Betrag 1,2 N – *größer* als G! Aber die Komponenten wirken zugleich auch etwas gegeneinander. Kraftmesser bestätigen unsere Konstruktion.

Beim Tragen des Paketes war dessen Gewichtskraft vorgegeben. Man könnte die Kraft prinzipiell nach beliebigen Richtungen, also auf beliebig viele Arten zerlegen. Da wir aber nach den Kräften in den schrägen Armen fragten, war es zweckmäßig, die Richtungen der Komponenten in die Richtungen der Arme festzulegen. Die zweckmäßige Wahl der Richtungen für eine Kraftzerlegung hängt von der vorliegenden Fragestellung ab.

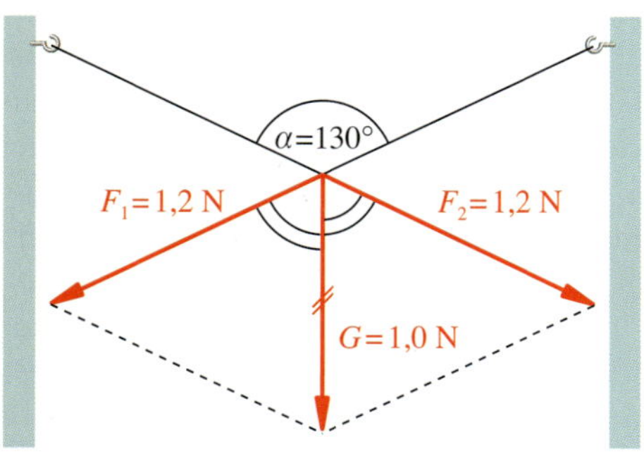

B 2: Hier ist jede der beiden Komponenten größer als die Kraft, die ersetzt wird.

Merksatz

Eine Kraft $\vec{F}$ kann durch Komponenten $\vec{F}_1$ und $\vec{F}_2$ ersetzt werden, die mit $\vec{F}$ in einer Ebene liegen (nicht parallel zueinander). Die Komponenten bilden die Seiten eines Kräfteparallelogramms. Dessen Diagonale stellt die zu ersetzende Kraft dar. Man sagt: Die Kraft $\vec{F}$ wurde in die Komponenten $\vec{F}_1$ und $\vec{F}_2$ zerlegt.

3. Die schiefe Ebene – Wie groß ist die Kraft am Hang?

Das Auto in *Bild 3* wird längs einer Rampe auf den Abschleppwagen gezogen. Ein Kran könnte es auch senkrecht nach oben heben; dann wäre auf dem kurzen Hubweg h die volle Gewichtskraft nötig. Welche Kraft braucht man aber längs der Rampe – **schiefe Ebene** genannt?
In *Versuch 2* messen wir den Betrag der Kraft, die ein Wagen hangabwärts erfährt – der so genannten **Hangabtriebskraft** $\vec{F}_H$. Solange der Neigungswinkel der schiefen Ebene $\alpha = 30°$ beträgt, ist ihr Betrag genau halb so groß wie der Betrag G der Gewichtskraft des Wagens – unabhängig davon, wie groß die Gewichtskraft ist. Wenn wir den Winkel α verdoppeln, dann wird die Hangabtriebkraft zwar größer, aber sie steigt *nicht* auf den doppelten Wert (*Bild 4*). Der Betrag F_H der Hangabtriebskraft ist also keineswegs zum Winkel α proportional.
Im nächsten Abschnitt wollen wir versuchen, eine Gesetzmäßigkeit für F_H zu finden.

4. Die Kraft am Hang – Komponente der Gewichtskraft

Die schiefe Ebene zwingt den Wagen, sich nicht in Richtung der Gewichtskraft $\vec{G}$ nach unten sondern schräg abwärts in Hangrichtung zu bewegen. Das bedeutet, dass wir den Pfeil der Gewichtskraft $\vec{G}$ ersetzen müssen. Dies geschieht mithilfe eines Kräfteparallelogramms durch zwei Komponenten:
Die eine ist die Hangabtriebskraft $\vec{F}_H$ in Richtung der Bahn. Als zweite Komponente nehmen wir die Kraft $\vec{F}_N$, die den Wagen auf die Bahn drückt. Diese rechtwinklig auf die Unterlage gerichtete Anpresskraft $\vec{F}_N$ kennen wir von der *Reibung*. Dort war die Bahn waagerecht, also $\alpha = 0°$; deshalb waren die Gewichtskraft und die Anpresskraft gleich groß: $F_N = G$. Jetzt ist aber $\alpha \neq 0°$; die Zeichnung zu *Versuch 2* zeigt, dass F_N nun immer *kleiner* sein muss als G.
Die Gewichtskraft $\vec{G}$ bildet die senkrechte Diagonale in dem Vektorparallelogramm, das in diesem Fall sogar Rechteckform hat. Es enthält ein rechtwinkliges Dreieck mit den Seitenlängen G und F_H. Es ist ähnlich dem Dreieck, das die Rampenstrecke s mit der Höhe h und der Grundlinie bildet, denn beide Dreiecke stimmen paarweise in ihren Winkeln überein. Daraus folgt die Gleichung $F_H/G = h/s$. – Beim Hinaufbewegen längs einer schiefen Ebene ist die Kraft also umso *kleiner* (Vorteil!), je *größer* die Weglänge s (Nachteil!) bei gleicher Höhe h ist. Dies gilt ebenso, wenn die schiefe Ebene zu einer **Schraube** aufgewickelt wurde, wie man es z. B. oft in einem Parkhaus sieht.

Merksatz

Bei der **schiefen Ebene** verhält sich der Betrag F_H der **Hangabtriebskraft** zum Betrag G der Gewichtskraft wie die Höhe h zur Weglänge s:

$$\frac{F_H}{G} = \frac{h}{s}.$$

B 3: Der Pkw wird mithilfe einer schiefen Ebene auf den Transporter geladen.

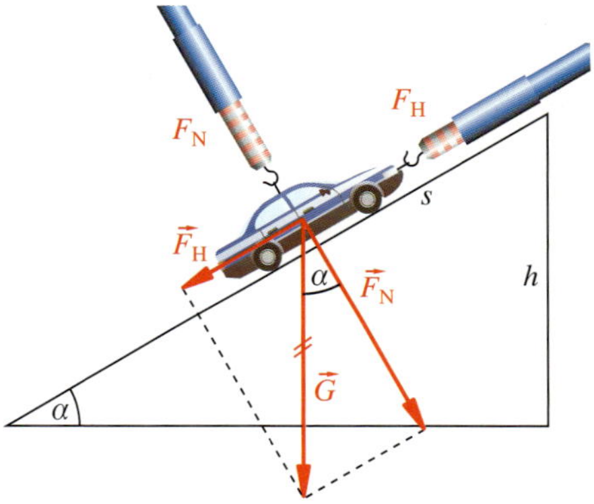

V 2: Wir ziehen einen Wagen, dessen Gewichtskraft $G = 10$ N beträgt, längs einer schiefen Ebene mit dem Neigungswinkel $\alpha = 30°$ hinauf. Den Kraftmesser halten wir parallel zur Fahrbahn und messen den Betrag der Hangabtriebskraft zu $F_H = 5{,}0$ N, d. h. $F_H = \frac{1}{2} G$. Die Hangabtriebskraft wird jedoch größer bzw. kleiner, wenn wir den Winkel α erhöhen bzw. erniedrigen. Das *Bild 4* zeigt die Messwerte zusammen mit dem jeweiligen Neigungsverhältnis h/s.

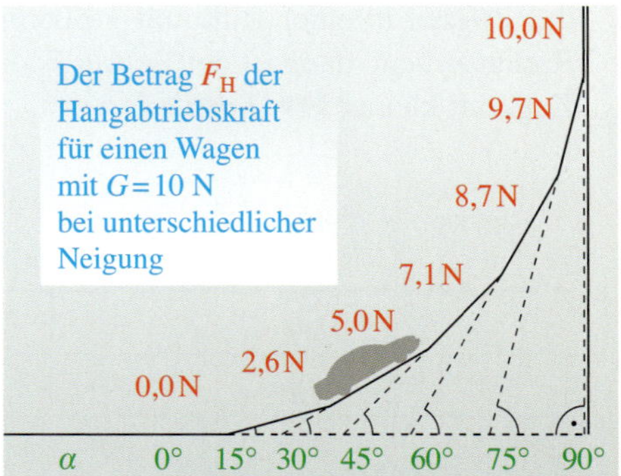

α	0°	15°	30°	45°	60°	75°	90°
h/s	0,0	0,26	0,50	0,71	0,87	0,97	1,00

B 4: Hangabtriebskraft – je nach Neigung

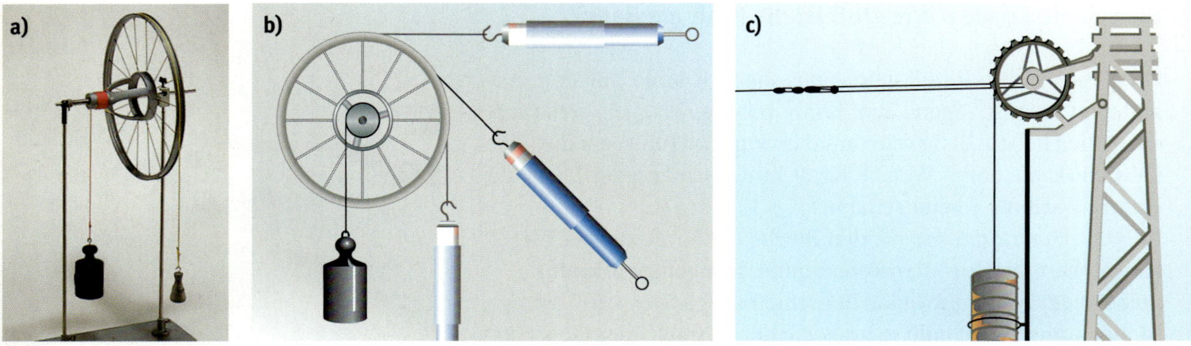

B 1: Das Wellrad: Eine Last wird mit der Seilwinde gehoben – ein Oberleitungsdraht der Bahn wird gestrafft.

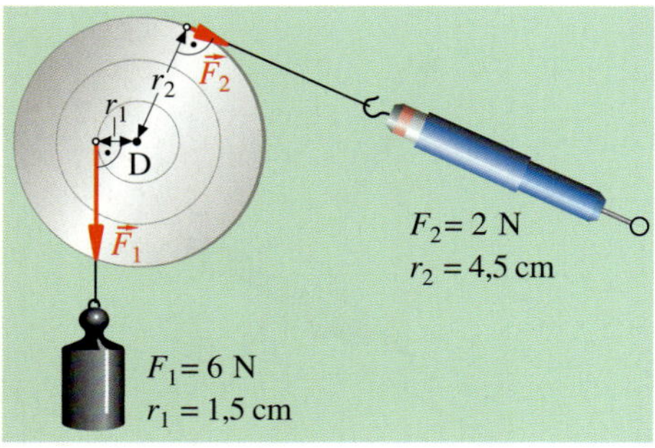

B 2: Größerer Radius r_2 – kleinere Kraft $\vec{F}_2$

V 1: Wie ➠ *Bild 2* zeigt, ist in der innersten der drei Rillen das Lastseil befestigt, der Radius beträgt $r_1 = 1{,}5$ cm. Links zieht tangential zu dieser Rille die Last (Masse $m = 600$ g) nach unten, und zwar mit der Gewichtskraft $\vec{F}_1$, deren Betrag $F_1 = 6{,}0$ N ist. Diese Kraft würde – allein – das Rad gegen den Uhrzeigersinn drehen.
a) An einem zweiten Seil setzen wir eine Zugkraft $\vec{F}_2$ ein, die auf das Rad im Uhrzeigersinn wirkt. Wenn das Seil in derselben Rille wie das Lastseil liegt ($r_2 = r_1$), dann ist die Kraft zum Halten des Rades so groß wie die Kraft am Lastseil: $F_2 = F_1$. **b)** Wenn das Zugseil in einer Rille mit größerem Radius r_2 liegt, dann ist der Betrag F_2 der Zugkraft kleiner (➠ *Tabelle 1*).

Radius r_2 in cm	Zugkraft F_2 in N	Produkt $F_2 \cdot r_2$ in Ncm
1,5	6,0	9,0
3,0	3,0	9,0
4,5	2,0	9,0

T 1: Es gilt stets: $F_1 \cdot r_1 = 9{,}0$ Ncm $= F_2 \cdot r_2$.

Wellrad und Hebel

1. Kräfte, die Räder drehen

➠ *Bild 1* zeigt eine Seilwinde im Modell. Nicht nur bei alten Brunnen findet man Seilwinden, sie werden auch in Kränen zum Heben von Lasten eingesetzt. Statt direkt am Seil zu ziehen, wickelt man es um eine drehbare Welle; daran ist ein großes Rad befestigt. Die Welle mit dem Rad – das so genannte **Wellrad** – wird mit einer am Umfang angreifenden Kraft in Bewegung gesetzt. Dazu genügt eine Kraft, die kleiner ist als die Last! In einem Kran ist das Rad zumeist als Zahnrad geformt, an dem der Motor – oft über mehrere Zahnräder – angreift. Wir erkunden den Zusammenhang der Kräfte mit ➠ *Versuch 1*. Dazu benutzen wir ein Rad mit insgesamt drei Rillen, so können wir mit verschiedenen Radien experimentieren.
Die Last am linken Seil hat eine Drehwirkung auf das Rad gegen den Uhrzeigersinn, die sich aber völlig ausgleichen lässt – durch die Drehwirkung einer Zugkraft im Uhrzeigersinn! Solange das Seil der Zugkraft in derselben Rille wie das Lastseil liegt, ist die zum Halten nötige Zugkraft ebenso groß wie die Kraft am Lastseil. Falls $r_2 = r_1$ ist, dann gilt auch $F_2 = F_1$. Auch wenn wir das Rad gleichmäßig drehen, ist die Zugkraft nicht größer als beim Halten, falls von Reibung abgesehen werden kann. – Die erforderliche Zugkraft ändert sich jedoch, wenn wir für ihr Seil eine Rille mit anderem Radius verwenden. Mit verschieden großer Kraft wird mit dem zugehörigen Radius stets dasselbe zuwege gebracht: Jedesmal gleicht die Kraft die entgegengesetzte Drehwirkung der Last aus; jede dieser Kräfte hat ein gleich großes *Drehvermögen*.

2. Das Drehmoment – ein nützliches Produkt

Das Drehvermögen der Zugkraft wird sowohl von ihrem Betrag F_2 als auch von dem zugehörigen Radius r_2 bestimmt. *Dieser Radius ist zugleich der Abstand des Seils von der Drehachse.* Das geradlinige Seilstück gibt die Linie an, längs der die Kraft wirkt. Sie wird die **Wirkungslinie** der Kraft genannt. Der Radius, also der Abstand der Drehachse von der Wirkungslinie, heißt der Kraftarm r der Kraft. Er ist rechtwinklig zur Kraft gerichtet.

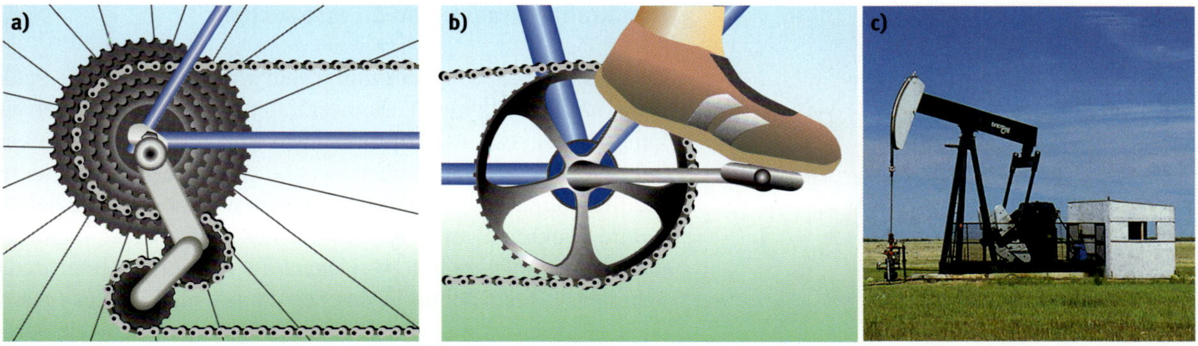

B3: Radfahrer „fahren Wellrad“. – Tretkurbel und Erdölpumpe zeigen: Wellräder und Hebel sind eng verwandt.

➡ *Tabelle 1* zeigt: Alle Produkte $F_2 \cdot r_2$ aus F_2 und r_2 sind gleich groß, nämlich 9 Ncm. Das Produkt aus dem Betrag der Kraft und dem Kraftarm ist also geeignet, das Drehvermögen einer Kraft an einem Rad zu beschreiben. Dieses Produkt heißt das **Drehmoment** $\boldsymbol{M}$ der Kraft mit dem Betrag F und dem Kraftarm r; $M = F \cdot r$ („das Moment“ – das Bewegende). Die bevorzugte **Einheit** des Drehmoments folgt aus dem Produkt: 1 N · 1 m = 1 Nm.

Merksatz

Der **Kraftarm** $\boldsymbol{r}$ einer Kraft, die an einem drehbaren Körper angreift, ist der Abstand der Drehachse von der **Wirkungslinie** der Kraft. Er bildet mit der Kraft einen rechten Winkel.
Das **Drehmoment** $\boldsymbol{M}$ einer Kraft ist das Produkt aus ihrem Betrag F und ihrem Kraftarm r:

$$\boldsymbol{M = F \cdot r}.$$

Das Drehmoment beschreibt das Drehvermögen der Kraft mit dem Betrag F, die mit dem Kraftarm r wirkt.
Die **Einheit** des Drehmoments ist **1 Nm**.

Die Last mit $F_1 = 6$ N wirkt im ➡ *Versuch 1* stets mit demselben Kraftarm r_1. Die Last allein dreht das Rad gegen den Uhrzeigersinn. Ihr Drehvermögen kann also auch als Drehmoment angegeben werden: $M_1 = F_1 \cdot r_1 = 6{,}0\text{ N} \cdot 1{,}5\text{ cm} = 9{,}0\text{ Ncm}$. Es ist nach ➡ *Tabelle 1* ebenso groß wie das entgegengesetzte Drehmoment M_2, das die andere Kraft ($\vec{F}_2$) mit ihrem Kraftarm r_2 ausübt. – Falls jedoch die Drehmomente nicht gleich groß sind, dann setzt sich das Rad im Sinne des größeren Moments in Bewegung.

Merksatz

An **Wellrädern** gilt beim Halten wie beim gleichförmigen Heben einer Last: Das Drehmoment der Last wird durch ein gleich großes, entgegengesetztes Drehmoment der Kraft ausgeglichen.
Mit dem n-fachen Kraftarm ergibt der n-te Teil der Kraft ein gleich großes Drehmoment:

$$\boldsymbol{M = F \cdot r = (\tfrac{1}{n} \cdot F) \cdot (n \cdot r)}.$$

Interessantes

Drehmomente in der Technik

➡ *Bild 1c* zeigt, wie Oberleitungen der Bahn straff gehalten werden: Dazu vergrößert man die Zugkraft mit einem Wellrad.
➡ *Bild 3a* verdeutlicht: Die Kettenräder eines Fahrrades bilden zusammen mit dem Hinterrad ein Wellrad. Die „Übersetzung“ der Kraft wird, z. B. für eine Bergfahrt, durch Umlegen der Kette auf ein Kettenrad mit anderem Radius verändert.
➡ *Bild 4* zeigt ein Messgerät für Drehmomente an einem Werkzeug: Schrauben müssen mit einem bestimmten Drehmoment festgedreht werden. Sind z. B. $M = 100$ Nm verlangt, dann braucht man an einem Griff mit $r = 0{,}40$ m eine Kraft mit $F = 250$ N, an einem verlängerten Griff mit $r = 1{,}25$ m nur $F = 80$ N.

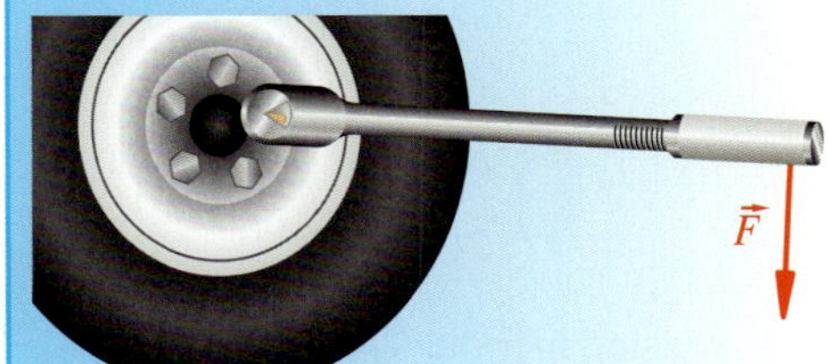

B4: Drehmomente werden gemessen.

Aufgaben

A1: Erfinde zu dem Drehmoment gemäß ➡ *Tabelle 1*: $M_2 = 9{,}0\text{ Ncm} = 0{,}090\text{ Nm}$ drei Wertepaare mit anderen Radien.

A2: ➡ *Bild 1b* zeigt zum Ausgleich der Drehmomente verschiedene Möglichkeiten. Worauf kommt es dabei an, worauf nicht?

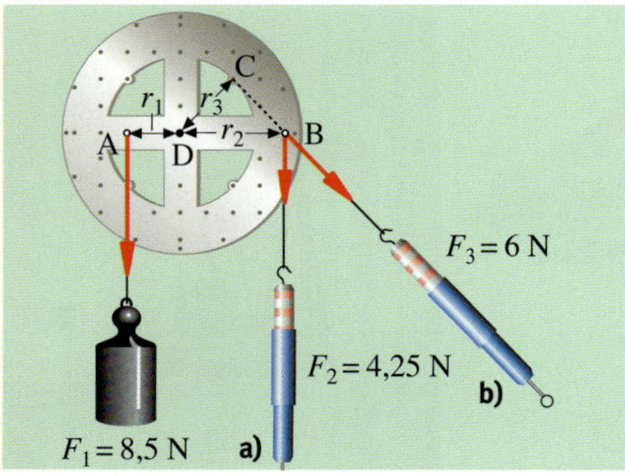

V1: An dem Rad zieht links am Stift A eine Kraft mit $F_1 = 8{,}5$ N nach unten. Das Seil verläuft dabei so, als käme es von einer Rille mit dem Radius DA $= r_1 = 6$ cm. Mit dem waagerechten Kraftarm DA erzeugt die Kraft das Drehmoment $M_1 = 51$ Ncm im Gegenzeigersinn. **a)** Zum Ausgleich liefert am Stift B die nur halb so große Kraft ($F_2 = 4{,}25$ N) mit dem doppelt so großen Kraftarm $r_2 = 12$ cm das Drehmoment im Uhrzeigersinn $M_2 = 51$ Ncm. **b)** Nun bringen wir den Kraftmesser nach rechts in die schräge Richtung. Sogleich beginnt das Rad eine Drehung gegen den Uhrzeiger. Um es in der alten Lage zu halten, brauchen wir jetzt eine größere Kraft mit $F_3 = 6{,}0$ N.

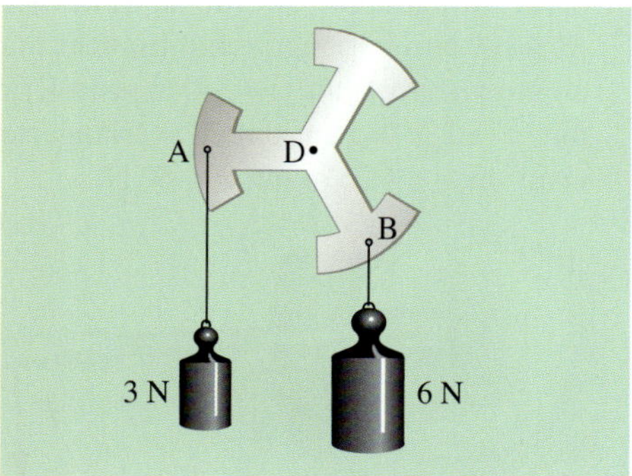

B1: Wo sind hier die Kraftarme?

3. Den Kraftarm muss man oft erst suchen

Das kennen wir vom Fahrrad: Wenn wir auf die Pedale senkrecht nach unten treten, dann erhalten wir die volle Drehwirkung nur bei etwa waagerechter, nach vorn gerichteter Pedalkurbel. Weist sie z.B. nach oben, so brauchen wir eine veränderte Kraftrichtung. Im ➡ *Versuch 1a* lassen wir zunächst die beiden Kräfte senkrecht an den Stiften einer Radscheibe angreifen, dann bringen wir gemäß ➡ *Versuch 1b* den Kraftmesser in die Schräglage: Jetzt richtet er das Seil so aus, als käme es (gestrichelt gezeichnet) von einem anderen Kreis mit dem kleineren Radius DC $= r_3$ her. Nun liegt ein Kraftarm in der Luft – die „Luftstrecke" DC! Ein Kraftarm muss nicht aus Material bestehen; messen können wir ihn trotzdem. Mit dem neuen Kraftarm DC $= r_3 = 8{,}5$ cm erhalten wir für die nun vergrößerte Kraft (Betrag $F_3 = 6{,}0$ N) das Drehmoment $M_3 = F_3 \cdot r_3 = 51$ Ncm. Es gleicht das Drehmoment $M_1 = 51$ Ncm aus. Zur Kontrolle können wir den Angriffspunkt der Kraft ($\vec{F}_3$) vom Stift B wegnehmen und ihn längs ihrer Wirkungslinie zurück zu einem Stift im Punkt C verlegen. Das Rad bleibt dann in Ruhe.

Wenn wir die Kraft $\vec{F}_1$ allein wirken lassen, dann dreht sie das Rad – es sei denn, ihre Wirkungslinie verläuft durch die Achse D. Dann ist der Kraftarm $r_1 = 0$ m, dabei verschwindet das Drehmoment völlig, wie groß die Kraft auch sei. Ihr Angriffspunkt liegt nun im „Totpunkt". Sie kann das Rad nicht drehen. – Bei der *Drei-Speichen-Scheibe* (➡ *Bild 1*) sind die Drehmomente ausgeglichen. Die Angriffspunkte der zwei *verschieden* großen Kräfte sind von der Drehachse *gleich* weit entfernt! – Nanu? – Die Strecke DB ist nämlich nicht der Kraftarm der größeren Kraft. Der Kraftarm ist der Abstand der Drehachse von der Wirkungslinie, also DC! Er ist waagerecht und *halb* so groß wie DB.

Merksatz

Der **Kraftarm** steht immer rechtwinklig zur Wirkungslinie der Kraft, er zeigt oft nicht zum Angriffspunkt der Kraft.
Das **Drehmoment** $M = F \cdot r$ einer Kraft bleibt gleich, wenn man ihren Angriffspunkt längs ihrer Wirkungslinie verschiebt. Der Kraftarm r ändert sich dabei nicht.
Wenn die Wirkungslinie einer Kraft durch die Drehachse verläuft, so ist der Kraftarm 0 m und daher das Drehmoment 0 Nm.

Vertiefung

Wie Drehmomente sich automatisch einstellen

Die Drehmomente der zwei Kräfte bei der Drei-Speichen-Scheibe in ➡ *Bild 1* haben sich selbsttätig ausgeglichen. In diese Lage dreht sich die Scheibe – wenn wir sie um einige Grad in beliebiger Richtung ausgelenkt haben – auch wieder zurück. Aber wieso? Bei einer Drehung um 5° wird der linke Kraftarm etwas kürzer – bei jeder Drehrichtung: War er anfangs 10,0 cm lang, so ist die neue Länge 9,95 cm.

Zugleich verändert sich der rechte Kraftarm von anfangs 5,0 cm auf 4,2 cm bzw. 5,7 cm je nach Drehrichtung (Werte zeichnerisch ermitteln). Mit den Beträgen $F_1 = 3$ N, $F_2 = 6$ N berechnen wir die jeweiligen Drehmomente für die Lagen B_{links} - $B_{Original}$ - B_{rechts}:
$M_1 = M_{gegen\ Uhrzeigersinn}$: **29,9** Ncm; 30,0 Ncm; 29,9 Ncm,
$M_2 = M_{im\ Uhrzeigersinn}$: 25,2 Ncm; 30,0 Ncm; **34,2** Ncm.
Bei jeder Auslenkung überwiegt also dasjenige Drehmoment, welches das Rad wieder zurücktreibt.

4. Der Hebel – Teilstück eines Wellrades

Bei der Erdölpumpe (➠ *Bild 3c* zwei Seiten zuvor) dreht sich der Querbalken um eine Achse – hin und zurück. Man kann ihn sowohl als Hebel, aber auch als Wellrad ansehen. Auf der einen Seite, am „Pferdekopf", liegt das Lastseil in einer kreisförmigen Rille – anstelle eines vollen Kreises genügt hier jedoch ein Teilstück davon. Auf der anderen Seite zieht an einem Bolzen die Kraft des Motors. Ein Hebel ist häufig stabförmig, und die Kräfte greifen an ihm über Stifte, Haken oder Bohrungen an. Es ist hilfreich, sich einen Hebel in Gedanken zu einem Rad zu ergänzen.

5. Hebelgesetze sind Drehmomentgesetze

Mit ➠ *Versuch 2* überprüfen wir an einem Hebel für beide Seiten die Produkte aus Kraft und zugehörigem Kraftarm. Ein Kraftarm, also der Abstand zwischen Drehachse und Wirkungslinie der Kraft, steht immer rechtwinklig zur Kraft. Falls – wie bei diesem Versuch – die Kräfte senkrecht wirken, sind die Kraftarme also waagerecht. Solange dann der Hebel auch waagerecht liegt, sind die Kraftarme auf dem Hebel selbst zu finden. Bei kleinen Drehungen ändern sich die Kraftarme kaum. Die von uns gemessenen Wertepaare von Kraftarm und Kraft enthält ➠ *Tabelle 1*. Sie bestätigen das *Drehmomentengesetz* auch an Hebeln.

Merksatz

Hebel und Wellräder sind **Kraftwandler**. Zum Halten und zum gleichförmigen Heben einer Last gilt:
Eine Kraft vom Betrag F, die mit dem Kraftarm r wirkt, erzeugt ein Drehmoment M; es wird durch ein gleich großes, entgegengesetztes Drehmoment ausgeglichen. Mit n-fachem Kraftarm ergibt der n-te Teil der Kraft ein gleich großes Drehmoment:

$$\boldsymbol{M = F \cdot r = (\tfrac{1}{n} \cdot F) \cdot (n \cdot r)}.$$

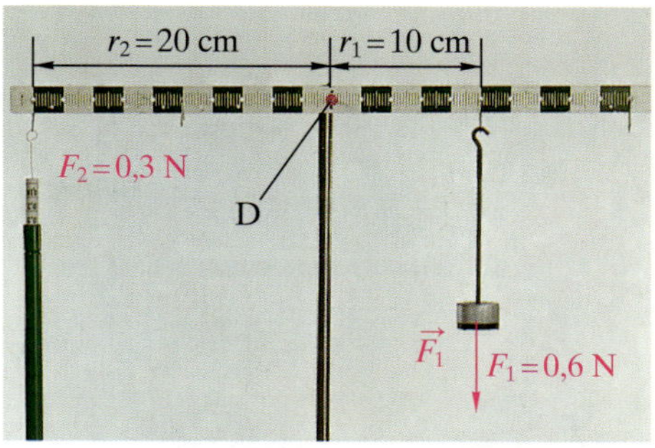

V 2: An dem Hebel erzeugt die Kraft $\vec{F}_1$ auf der rechten Seite mit ihrem Kraftarm $r_1 = 10$ cm ein Drehmoment im Uhrzeigersinn. Für dieses Drehmoment gilt: $M_1 = F_1 \cdot r_1 = 0{,}6\ \text{N} \cdot 10\ \text{cm} = 6\ \text{Ncm}$. Um es auszugleichen, schaffen wir links das nötige Drehmoment $M_2 = F_2 \cdot r_2$ gegen den Uhrzeigersinn. Dazu wählen wir unterschiedliche Kraftarme r_2 aus; der Kraftmesser gibt uns den Betrag F_2 der jeweils zugehörigen Kraft an (➠ *Tabelle 1*).

Kraftarm r_2	Kraftbetrag F_2	Drehmoment $M_2 = F_2 \cdot r_2$
4 cm	1,5 N	6,0 Ncm
6 cm	1,0 N	6,0 Ncm
10 cm	0,6 N	6,0 Ncm
12 cm	0,5 N	6,0 Ncm
20 cm	0,3 N	6,0 Ncm

T 1: Im ➠ *Versuch 2* ist rechts immer $M_1 = 6{,}0$ Ncm, also gilt: $M_1 = M_2$.

Aufgaben

A 1: Mit dem Ende einer 2,00 m langen Latte soll ein Schrank angehoben werden. Die Hebelwirkung soll die Kraft auf ein Viertel ihres Wertes herabsetzen; wo muss der Drehpunkt sein?

A 2: Stelle den Zusammenhang der Wertepaare von ➠ *Tabelle 1* im Koordinatensystem dar (Horizontalachse: Kraftarme). Darin lässt sich das Drehmoment M durch Rechtecke, deren Seitenlängen Kraftarm r_2 und Kraftbetrag F_2 entsprechen, darstellen.

A 3: Begründe und kommentiere: Wenn sich die Drehmomente aus gleichen, dann gilt die Verhältnisgleichung: $F_1 : F_2 = r_2 : r_1$.

A 4: Pia und Ria haben eine symmetrische Wippe ausbalanciert. Die eine sitzt 3,0 m, die andere 2,6 m von der Drehachse entfernt. Die leichtere Pia kennt ihre Masse: $m_{\text{Pia}} = 52$ kg. Wie viel Ria wiegt, lässt sich nun folgern. Die Lösung *kannst* du (mit Begründung!) ohne Berechnung der Gewichtskräfte finden.

A 5: Angenommen, beim Hebel in ➠ *Versuch 2* wird der Kraftmesser durch ein Wägestück mit $G = 0{,}3$ N ersetzt und der Hebel in eine 60°-Schräglage gebracht. Bestimme die veränderten Kraftarme durch Zeichnung, folgere die Drehmomente.

A 6: Skizziere eine Tür von oben, an deren Klinke eine Kraft **a)** rechtwinklig zur Tür, **b)** in Richtung der Tür, **c)** schräg zur Tür angreift. Erkläre die verschiedenen Wirkungen.

A 7: Ermittle zu ➠ *Versuch 1* Lage und Länge des Kraftarms für den Fall, dass der Kraftmesser zum Momentenausgleich im Punkt C angreift – aber waagerecht (statt unter 45°) zieht.

B1: Eine Holzlatte als einseitiger Hebel: Kraft und Last wirken auf derselben Seite

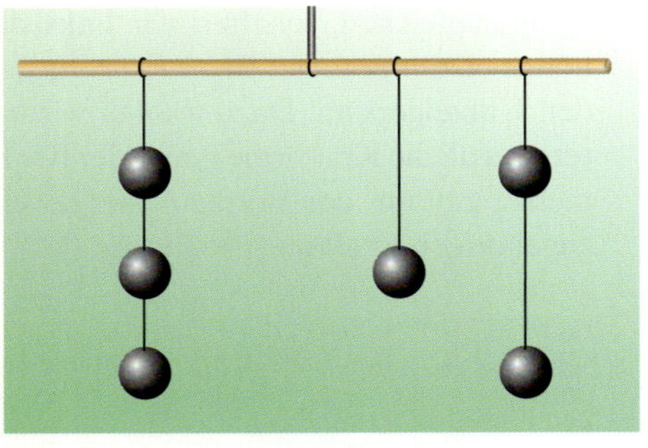

V1: Mit mehreren gleich großen Kugeln, deren Gewichtskraft je 0,3 N beträgt, soll ein Mobile gebaut werden. Obwohl die Dreiergruppe einen kleineren Kraftarm ($r_1 = 8$ cm) hat als die Zweiergruppe ($r_2 = 10$ cm), ist das Drehmoment gegen den Uhrzeigersinn größer; die Drehmomente sind noch nicht ausgeglichen. Mit dem Drehmoment der zusätzlichen Einzelkugel, deren Kraftarm $r_3 = 4$ cm beträgt, kommt der Momentenausgleich zustande.

6. Einseitige Hebel – vielseitiger Nutzen

Bild 1 zeigt, wie ein Kanaldeckel angehoben wird. Der Monteur benutzt dazu eine Latte als Hebel. Die Drehachse befindet sich hier am Ende des Hebels. – Last und Kraft greifen auf derselben Seite von der Achse an. Dieser Hebel ist also nicht mehr zweiseitig, er heißt daher **einseitiger Hebel**. Im Vergleich zum Wellrad sind nur die Drehachse und eine Speiche vorhanden. Die große Last des Deckels ergibt mit dem kleinen Kraftarm ein Drehmoment gegen den Uhrzeigersinn – es wird ausgeglichen von einem gleich großen Drehmoment im Uhrzeigersinn. Dazu wirkt der Monteur mit einem größeren Kraftarm, aber mit kleinerer Kraft – und die ist nach oben gerichtet. Weitere Beispiele für einseitige Hebel sind Schubkarre und Unterarm (*Bild 2*).

7. Darf's ein Drehmoment mehr sein?

In *Versuch 1* ergibt die Dreiergruppe der Kugeln mit ihrem Kraftarm das Drehmoment $M_1 = 7{,}2$ Ncm gegen den Uhrzeigersinn – die Zweiergruppe bringt dagegen trotz des größeren Kraftarms nur das Drehmoment $M_2 = 6{,}0$ Ncm im Uhrzeigersinn auf. Für den Drehmomentenausgleich fehlen also 1,2 Ncm im Uhrzeigersinn. Ein Drehmoment mit diesem Wert wird von einer einzelnen, gleich schweren Kugel aufgebracht, falls wir sie rechts mit dem Kraftarm $r_3 = 4$ cm zur Wirkung kommen lassen. Ob zusammen mit diesem dritten Drehmoment M_3 sich der Ausgleich auch wirklich einstellt, können wir aber *nicht voraussagen*. Denn wir haben eine Zusammensetzung von Drehmomenten mit gleichem Drehsinn noch nie untersucht. Aber der Versuch zeigt: Die Drehmomente mit gleichem Drehsinn dürfen wir wie Zahlen addieren: $M_2 + M_3 = M_1$. Weitere Versuche bestätigen dies.

Merksatz

Drehmomente mit gleichem Drehsinn werden wie Zahlen addiert. Ein Drehmoment kann aus einzelnen Drehmomenten zusammengesetzt sein.

Vertiefung

ARCHIMEDES dachte weiter

„Gib mir einen festen Punkt – und ich werde die Erde anheben." Dieser Ausspruch des ARCHIMEDES wurde uns überliefert. Der berühmte griechische Gelehrte – er lebte mehr als zweihundert Jahre vor Christus – brachte die Mechanik durch viele Entdeckungen weit voran. Ihn wegen seines Ausspruchs als überheblich anzusehen, wäre sicher unberechtigt. Wer will es ihm übelnehmen, wenn er – der zum Wellrad und zum Hebel das zugehörige Gesetz gefunden hat – in sehr drastischer Weise auf die Konsequenzen hinwies: Denn mit dem Hebelgesetz wird es dem Menschen ermöglicht, seine von Natur aus begrenzten Kräfte beliebig vergrößert zur Wirkung zu bringen. In dem Verständnis der Antike konnte man so die Natur überlisten; Gebrauchsanweisung: Hebelgesetz!
ARCHIMEDES war von der Gültigkeit des Hebelgesetzes überzeugt. Was er aufgrund von vielen Beobachtungen feststellte, hat er in eine verallgemeinerte Form gebracht und schließlich auf ein Gedankenexperiment ausgedehnt. – Nach einer Legende wurde er von seinem König zu einer Probe seines Könnens aufgefordert. Es sollte genügen, den „festen Punkt" auf einem Schiffsbauplatz zu wählen und ein riesiges Schiff landauf zu ziehen. ARCHIMEDES schaffte es ganz allein – mit einer Seilwinde und Seilrollen.

8. Hebel als Werkzeuge – die Vorteile sind handgreiflich

Mit Hebeln kann man nicht nur heben. Beim Nüsseknacken z.B. spielt die Gewichtskraft keine Rolle. Hier wird eine große Kraft gegen die Zusammenhangskräfte der Teilchen in der Schale gebraucht. Dazu setzt man einen Nussknacker als *Kraftwandler* ein (➡ *Bild 3a*). Die Kraft der Hand benutzt einen langen Kraftarm; sie ergibt eine vergrößerte Kraft an dem kurzen Kraftarm der Nuss. Das Umwandlungsverhältnis für die Kräfte folgt aus dem Verhältnis der Kraftarme.
Wie du aus ➡ *Bild 3a* selbst feststellen kannst, beträgt bei diesem einseitigen Hebel das Verhältnis $\text{Kraftarm}_{\text{Hand}} : \text{Kraftarm}_{\text{Nuss}}$ etwa 5:1, das Kräfteverhältnis ist also entsprechend 1:5. Wenn die Nuss jedoch noch näher an der Achse angesetzt wird, dann wird der Vorteil sogar noch größer. – Die Kneifzange stellt einen zweiseitigen Hebel dar (➡ *Bild 3b*). Bei ihr liegen die Angriffspunkte für das Werkstück bzw. für die Hand auf verschiedenen Seiten von der Drehachse. Die Hand wirkt mit fünffacher Kraft.

Werkzeuge sind je nach ihrem Anwendungszweck anders geformt. Besonders auffällig ist ein Vergleich zwischen einer Blechschere und einer Papierschere. Bei der Blechschere sind die Schneiden deutlich kürzer als die Handgriffe, bei der Papierschere ist es umgekehrt. Zum Blechschneiden braucht man eine große Kraft, also gibt man der Schere auf der Seite des Werkstücks einen kleineren Kraftarm als auf der Seite mit den Handgriffen. – Für den Vorteil einer *vergrößerten* Kraft nimmt man den damit verbundenen Nachteil in Kauf: Die Hand muss dann einen *längeren* Weg ausführen. Bei der Blechschere hat das zur Folge, dass dafür die jeweiligen Schnittlängen nur kurz sind. Bei der Papierschere dagegen kommt es nicht auf eine Vergrößerung der Kräfte an – lange Schneiden ergeben große Schnittlängen.

Für alle Kraftwandler – ob Wellrad, Schraubenschlüssel, Hebel, Flaschenzug – gilt: *Kraft* mal *Kraftweg* = *Last* mal *Lastweg*.

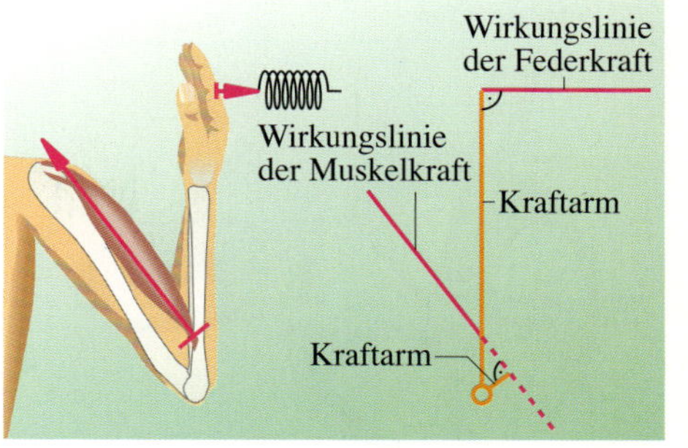

B2: Angewinkelter Unterarm – Kraftarme

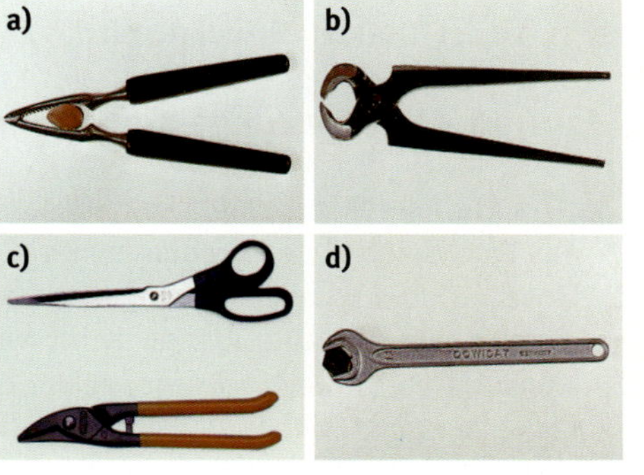

B3: Werkzeuge als Kraftwandler

B4: Mit Drehmomenten wird gelenkt

Aufgaben

A1: Zum Festhalten von Werkstücken benutzt jemand eine Pinzette bzw. eine Zange. Vergleiche Die Werkzeuge hinsichtlich der Kraftarme und der Kraftumwandlung (Skizze).

A2: Beim Schneiden eines Kartonstreifens mit einer langen Papierschere wird die Hand umso mehr angestrengt, je mehr sich die Handgriffe einander nähern. Erläutere die Zusammenhänge.

A3: Zerbrich ein Streichholz in immer kürzere Stücke. Beobachte – berichte – begründe.

A4: Paul sagt von dem Mobile in ➡ *Versuch 1*, es befinde sich „im Gleichgewicht“ – und zwar, *weil* auf beiden Seiten gleich viele Gewichte hängen. Anna meint: „Nicht *weil*, sondern *obwohl*“. Was sagst du?

A5: ➡ *Bild 2* zeigt den Unterarm als Hebel. Schätze das Verhältnis der Kraftarme ab und folgere daraus das Verhältnis der Kraft des Beugemuskels zu der Kraft, mit der die Hand zieht. Begründe, warum diese Bauweise der Natur äußerst sinnvoll ist.

A6: Die Radmutter an der Gabel eines Fahrrades wird durch einen Schraubenschlüssel (Kraftarm $r_1 = 12\text{ cm}$) von einer Kraft mit $F_1 = 45\text{ N}$ festgezogen. Eine Flügelmutter, die insgesamt 6 cm breit ist, soll genauso fest sitzen. Mit welchen Kraftbeträgen F_2 und F_3 wird man dazu auf die beiden Flügelenden drücken?

A7: Beim Lenken eines Autos sollen die Hände das Lenkrad stets außen und seitlich greifen. Das hat physikalische und biologische Gründe. Erläutere dies.

Interessantes

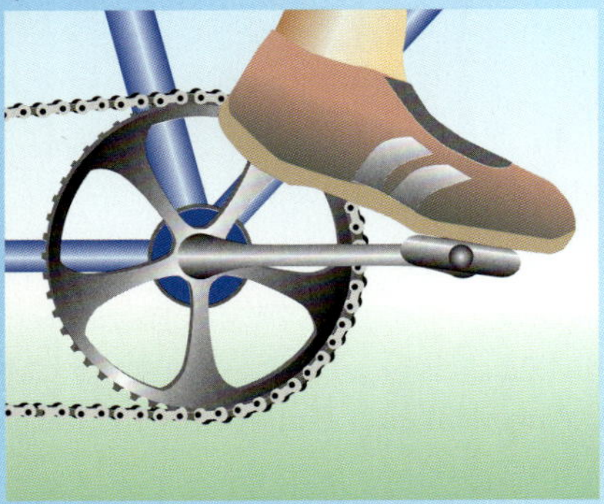

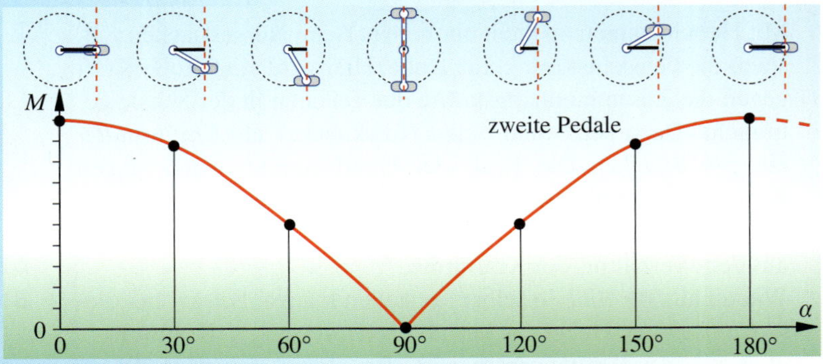

B1: An der Tretkurbel ändert sich das Drehmoment ständig – obwohl die Kraft mit $F = 100$ N stets gleich bleibt.

Fahrrad – Übersetzung – Gangschaltung

A. Die Kraft am Pedal und das Wechselspiel des Drehmoments

Beim Fahrrad werden verschiedene Zwischenstufen benutzt, um die antreibende Kraft weiterzugeben. Zunächst wird die *Abwärtsbewegung* des Fußes am Pedal in eine *Drehbewegung* der Tretkurbel umgewandelt. Ganz ähnlich ist es im Diesel- oder im Benzinmotor: Dort wird die Kraft des hin und her gleitenden Kolbens auf das Gelenk der Kurbelwelle übertragen; der Verbindungsstab ist die *Pleuelstange*.

Das Fahrradpedal erfährt von dem Fuß eine *senkrecht* nach unten gerichtete Kraft (von Ausnahmen abgesehen). An dem Angriffspunkt erzeugt diese Kraft ein Drehmoment $M = F \cdot r$. Weil sich dieser Angriffspunkt mit dem Pedal aber auf einem Kreis bewegt, bleibt der Kraftarm r nicht gleich: Der Abstand zwischen der senkrechten *Wirkungslinie* der Kraft und der Drehachse des Tretlagers hängt vom Drehwinkel α ab (➠ *Bild 1*).

Wir starten mit waagerechter Tretkurbel – sie liegt also rechtwinklig zur Kraft. Jetzt stimmt der Kraftarm r mit der Kurbellänge überein. Er hat seinen größtmöglichen Wert und folglich auch das Drehmoment M. Dies ist jedoch bei jedem Umlauf nur zweimal der Fall. Wenn der Winkel α um 30° davon abweicht, haben Kraftarm und Drehmoment nur noch 87% ihres Höchstwertes. Für $\alpha = 60°$ bleibt genau die Hälfte ihres Maximalwertes übrig. Danach verkleinern sich Kraftarm und Drehmoment noch weiter, sie werden sogar null (➠ *Bild 1*). – Verschwindet der Kraftarm, so kann die Kraft überhaupt nichts zu einer Drehung beitragen. Über einen solchen *Totpunkt* kommt ein Rad, das bereits in Bewegung ist, mithilfe der Trägheit hinweg. Wir können zwar mit unseren Beinmuskeln auch eine waagerechte Kraft aufbringen, aber die Rücktrittsbremse lässt sich nicht wirkungsvoll benutzen.

B. Die Fahrradübersetzung – die „Verkettung" von zwei Wellrädern

Beim Fahrrad sitzen auf derselben Drehachse die Tretkurbel und das mit ihr verbundene große Kettenrad (➠ *Bild 2*). Beide zusammen bilden also ein *Wellrad.* Ein Wellrad lässt das Drehmoment unverändert, aber es ist ein Kraftwandler. Wenn die Tretkurbel waagerecht liegt, ist ihr Kraftarm doppelt so groß wie der Radius des großen Kettenrades. Treten wir nun das Pedal z.B. mit der Kraft vom Betrag $F = 100$ N, so erfährt dadurch die Kette in ihrem oberen Teil die doppelt so große Kraft 200 N (➠ *Tabelle 1*). Dafür legt die Kette nur eine halb so große Weglänge zurück – z.B. nur 5 cm, wenn das Pedal um die Weglänge $s = 10$ cm getreten wird.

Die Kette reicht – so, wie ein Seil oder ein Riemen – die ihr übertragene Kraft vom Betrag $F = 200$ N und den Weg $s = 5$ cm unverändert vom vorderen Kettenrad weiter an das hintere Kettenrad, das einen kleineren Radius hat. Daher erzeugt die Kraft in der Kette bei diesem Rad ein verändertes, kleineres Drehmoment. *Der Kettentrieb ist also ein Drehmomentwandler.* Dieses kleinere Kettenrad bildet mit dem Hinterrad wieder ein Wellrad, und zwar mit dem Radienverhältnis 3 cm : 30 cm = 1 : 10. Also tritt am Reifen des Hinterrades nur noch die Kraft 200 N /10 = 20 N auf. Und: Bei 10 cm Pedalweg ergeben sich 50 cm Weglänge für das Fahrrad.

Die ➠ *Tabelle 1* zeigt für diese Übersetzung alle Übergänge in ihrem Zusammenhang: Zur Fortbewegung des Rades steht folglich insgesamt nur zweimal ein Zehntel, also ein Fünftel der Kraft zur Verfügung, mit der die Übertragungen anfingen. Andererseits ist die Weglänge des Rades $\frac{1}{2}$-mal zehnmal, also fünfmal so groß wie der Weg der Füße an den Pedalen.

Die Kraft wird mit dem Faktor $\frac{1}{n}$ verkleinert, dafür wird die Weglänge mit dem Faktor n vergrößert.

Interessantes

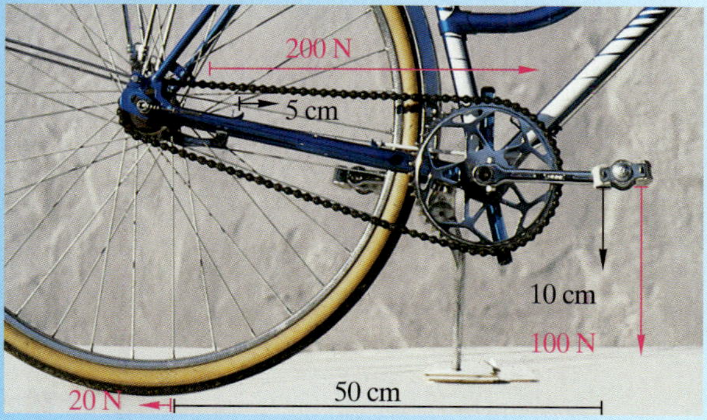

B2: Die Kraft am Pedal wird bei der Übertragung auf den Reifen verkleinert – ihr Weg vergrößert.

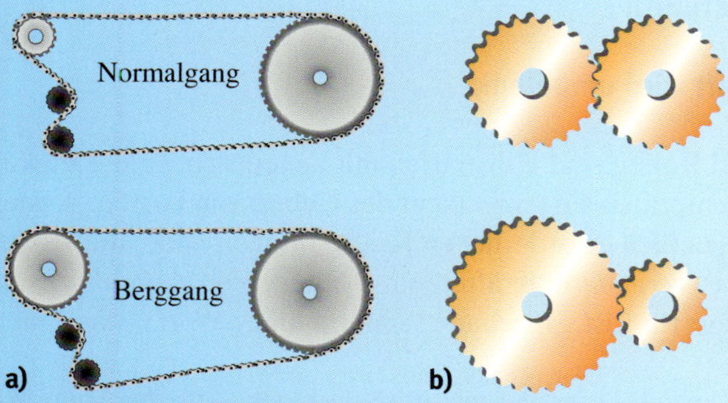

B3: Mit der Gangschaltung wird die Übersetzung gewechselt: **a)** Kettenschaltung **b)** Zahnradschaltung

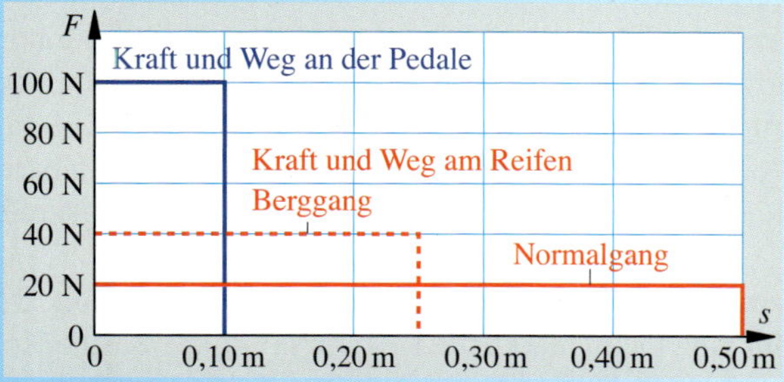

B4: Kraftbetrag F und Weg s an der Pedale und am Reifen im Vergleich – je nach Übersetzung

C. Die Gangschaltung – verschiedene Übersetzungen zur Auswahl

Wenn wir das Pedal um den Weg s weiter bewegen und wir dadurch mit dem Fahrrad um den Weg $n \cdot s$ voran kommen, so geschieht das in derselben Zeit. Wir folgern: Aus der *Geschwindigkeit* an der Pedale wird eine n-mal so große *Geschwindigkeit* des Fahrrades.
Beim Kettentrieb wird die Geschwindigkeit, mit der sich die Zähne des vorderen Kettenrades bewegen, unverändert auf die Zähne des hinteren Kettenrades weitergegeben. Wenn dessen Radius ein Drittel des vorderen beträgt, dann ist auch sein Umfang nur ein Drittel des vorderen. Folglich ist die Anzahl der Umdrehungen pro Zeit, also die *Drehfrequenz*, für beide Kettenräder verschieden: Unser Kettentrieb verdreifacht die Drehfrequenz, während er das Drehmoment auf ein Drittel verkleinert.
Der „Muskelmotor“ unserer Beine funktioniert am besten, wenn er die Kurbelwelle mit einer nicht zu großen, aber auch nicht zu kleinen Drehfrequenz antreibt. Sehr ähnlich verhält sich ein Diesel- oder Benzinmotor: Je weiter er außerhalb eines bestimmten Drehfrequenzbereichs arbeiten müsste, umso schlechter würde er laufen, und umso schädlicher wäre es für ihn und ebenso für die Umwelt.
Wenn die Fahrt bergan führt, wünschen wir uns, dass wir mit unserer Kraft ein *größeres* Drehmoment erhalten, dafür sind wir bereit, dass sich – trotz gleicher Drehfrequenz der Tretkurbel – die Räder *langsamer* drehen. Wer eine Gangschaltung hat, der wechselt dann die Übersetzung. Dazu kann die Kette auf ein anderes Kettenrad versetzt werden. Bei einer Zahnradschaltung, die in der Hinterradnabe eingebaut ist, kann eine unterschiedliche Kombination von zwei Zahnrädern zwischengeschaltet werden (➠ *Bild 3*).
Die ➠ *Tabelle 1* zeigt zum Vergleich die Werte bei einer Übersetzung für Bergfahrt, ➠ *Bild 4* veranschaulicht die Kräfte und Wege in einem Diagramm.

Angriffspunkt der Kraft	Kraftarm r	Kraftbetrag F	Drehmoment M	Weglänge s	Maschinenart
Pedal	18 cm	100 N	1800 Ncm	10 cm	**Wellrad** (Kraftwandler)
Kettenrad (vorn)	9 cm	200 N	1800 Ncm	5 cm	**Kettentrieb** (Drehmomentwandler)
Kettenrad (hinten)	3 cm **6 cm**	200 N **200 N**	600 Ncm **1200 Ncm**	5 cm **5 cm**	**Wellrad** (Kraftwandler)
Reifen (Straße)	30 cm **30 cm**	20 N **40 N**	600 Ncm **1200 Ncm**	50 cm **25 cm**	

T1: Zwischenstufen bei der Kraftübertragung. Fettgedruckte Werte: Übersetzung für Bergfahrt (Gangschaltung).

B 1: Eine große Last hängt an vielen Seilen.

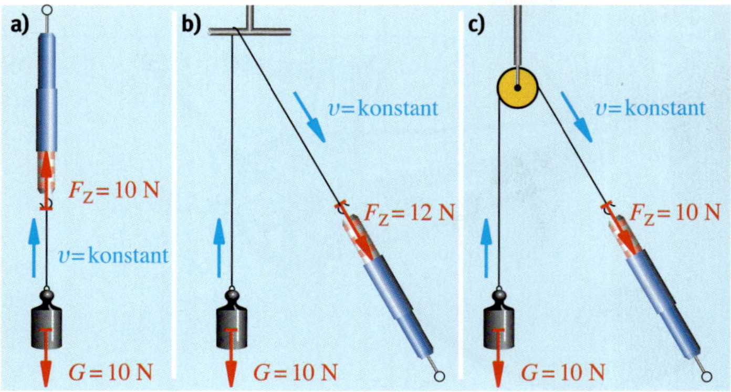

B 2: Eine Last wird mit einem Seil gehoben.

V 1: a) Wir ziehen einen Körper der Masse $m = 1$ kg an einem Seil gleichförmig nach oben (➠ *Bild 2 a*). Der Kraftmesser zeigt den Betrag der Zugkraft $F_Z = G = 10$ N. **b)** Das Seil wird über einen Metallstab gelegt und abgewinkelt weitergeführt (➠ *Bild 2 b*). Wir müssen nun mit der größeren Zugkraft vom Betrag $F_Z = 12$ N ziehen. Der Unterschied kommt von der Reibungskraft: $F_{Reib} = 12\ N - 10\ N = 2$ N. **c)** Wir ersetzen den Stab durch eine Rolle (➠ *Bild 2 c*). Die Zugkraft beträgt dann kaum mehr als $F_Z = 10$ N.

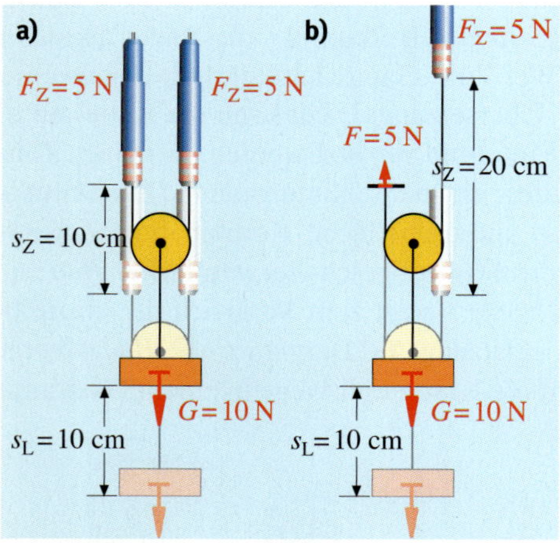

V 2 a: Wir hängen einen Klotz mithilfe von Rolle und Seil an zwei Federkraftmessern auf (➠ *Bild a*). Die Last, also Klotz und Rolle zusammen, erfährt eine Gewichtskraft vom Betrag $G = 10$ N. Jeder der beiden Kraftmesser zeigt eine Kraft $F_Z = 5$ N an. Wenn wir nun an jedem der beiden Seilenden zugleich längs des Kraftweges $s_Z = 10$ cm ziehen, dann wird auch die Last um $s_L = s_Z = 10$ cm gehoben.

Seilmaschinen

1. Eine Kraft wird umgelenkt

Seile und Rollen sind Hilfsmittel, mit denen sich viele Tätigkeiten erleichtern lassen – vor allem das Heben von Lasten: Anstelle der eigentlich erforderlichen Kräfte bringen Seile und Rollen „mit List" *veränderte* Kräfte zum Einsatz. Von dem altgriechischen Wort für List: „mechane" stammt unser Wort „Maschine".

Im ➠ *Versuch 1 a* haben wir mithilfe eines Seils den *Angriffspunkt* der Kraft verlagert – trotz unverändertem Betrag und unveränderter Richtung der Kraft ist das oft von Nutzen, z. B. bei tiefen Baugruben.
Im ➠ *Versuch 1 b* haben wir die *Richtung* der Kraft an einem Stab umgelenkt. Auch das ist oft hilfreich. Der Stab ergibt aber für uns zugleich eine Erschwernis: Die erforderliche Zugkraft wird größer. Die Ursache kennen wir: Zwischen Seil und Stab tritt zusätzlich eine entgegengerichtete Kraft auf, die Reibungskraft.

Im ➠ *Versuch 1 c* wird die Kraft mit einer Rolle umgelenkt. Dabei tritt nur eine kaum merkliche Reibungskraft auf. Solche Rollen werden **feste Rollen** genannt, wenn ihre Achsen **ortsfest** sind.

Merksatz

Mit **Seil** und **fester (d. h. ortsfester) Rolle** kann man eine Kraft in eine andere Richtung umlenken. Wenn keine Reibung auftritt, ändert sich dabei der Betrag der Kraft nicht.

2. Eine Kraft wird halbiert

Im ➠ *Versuch 2 a* hängt der Klotz an der Rolle, und die Last wird nun von *zwei* Seilabschnitten getragen. Die Gewichtskraft $\vec{G}$ teilt sich dabei gleichmäßig, d. h. je zur Hälfte auf die beiden tragenden Seilabschnitte auf. Läuft das Seil über eine reibungsfreie Rolle, so ist die Kraft im Seil überall gleich groß. Ein Anheben der beiden Seilenden ergibt ein gleich hohes Anheben der Last.

Mit ➠ *Versuch 2 b* wandeln wir die bisherige Anordnung an einer Stelle ab. Das eine Seilende wird an einem Haken befestigt. Es zeigt sich: Zum Halten der Last oder zum Heben mit gleich bleibender Geschwindigkeit ist jetzt nur noch eine halb so große Kraft nötig. Das ist ein bedeutender *Vorteil*. Aber dafür müssen wir zugleich auch einen *Nachteil* in Kauf nehmen: Zum Heben der Last um einen Lastweg s_L ist es nun notwendig, einen doppelt so großen Weg $s_Z = 2 \cdot s_L$ für die Zugkraft aufzuwenden. Denn da der Haken das eine Seilende nur hält, aber nicht hebt, müssen wir auf der anderen Seite den Kraftweg seines Seilabschnitts mit übernehmen. – Macht der Nachteil nun den Vorteil wertlos? Nein, denn ohne Hilfsmittel könnten wir viele Hebevorgänge kaum oder gar nicht ausführen!

Während sich die Rolle dreht, hebt sich zugleich ihre Achse mit der Last; die Achse ist nun also nicht ortsfest. In solchen Fällen werden die Rollen daher **lose**, d. h. **ortsveränderliche Rollen** genannt. Das Ziehen wird zumeist noch bequemer, wenn eine zusätzliche ortsfeste Rolle die Zugkraft wie in ➠ *Bild 3* umlenkt.

Merksatz

Eine **lose Rolle** verteilt die Kraft $\vec{F}_L$ gleichmäßig auf zwei Seilabschnitte. In jedem Abschnitt gilt für den Betrag der Zugkraft $F_Z = \frac{1}{2} \cdot F_L$.
Ist ein Seilende fest, so wird der Weg s_Z der Zugkraft doppelt so groß wie der Lastweg s_L. Es gilt $s_Z = 2 \cdot s_L$.

V2b: Wir befestigen das linke Seilende an einem Haken (➠ *Bild b*). Er hält nun die Hälfte der Last. Daher müssen wir jetzt nur noch eine halb so große Zugkraft mit $F_Z = \frac{1}{2} G = 5\,\text{N}$ ausüben. Damit die Last um 10 cm angehoben wird, müssen wir am freien Ende $2 \cdot 10\,\text{cm} = 20\,\text{cm}$ weit ziehen.

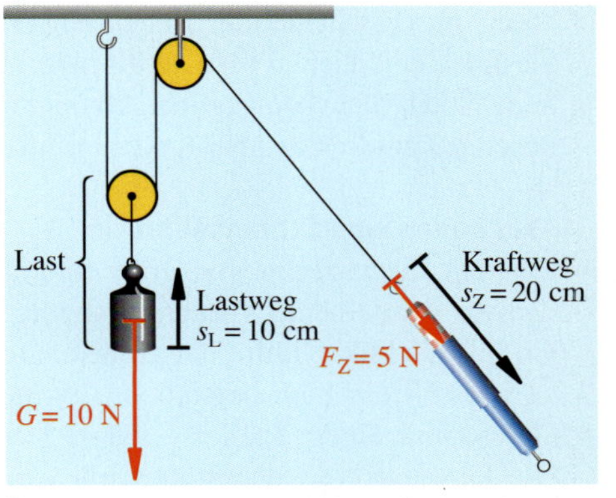

B3: Die lose Rolle halbiert die Kraft, und die feste Rolle ändert die Richtung.

3. Der Flaschenzug

Zu einem **Flaschenzug** gehört eine Gruppe von festen und eine Gruppe von losen Rollen. Die Rollen sind drehbar in Haltevorrichtungen gelagert, die *Flaschen* genannt werden. Der Name rührt von den früher üblichen, flaschenähnlichen Bauformen her.

In ➠ *Versuch 3* hängt die Last jetzt an vier Seilabschnitten. Folglich übt jeder Seilabschnitt nur eine Zugkraft mit $F_Z = \frac{1}{4} G$ nach oben aus. Die beiden oberen Rollen sind ortsfest und lenken die Seilkräfte um. Wie zu erwarten, zeigt sich:
Wenn alle Rollen nur eine verschwindend kleine Reibung haben, so müssen wir am freien Seilende nur mit der Zugkraft $F_Z = \frac{1}{4} G$ ziehen; für $G = 12\,\text{N}$ folgt $F_Z = 3\,\text{N}$. Der Vorteil der verkleinerten Zugkraft beim Heben der Last muss aber auch hier mit einem Nachteil erkauft werden: Damit alle vier Seilabschnitte um den Lastweg s_L verkürzt werden, muss der Weg s_Z der Zugkraft nun viermal so groß sein.

Merksatz

Wenn ein Flaschenzug die Kraft $\vec{F}_L$ auf n tragende Seilabschnitte verteilt, so gilt:
- Die erforderliche Zugkraft hat den Betrag $F_Z = \frac{1}{n} \cdot F_L$;
- der erforderliche Kraftweg beträgt $s_Z = n \cdot s_L$.

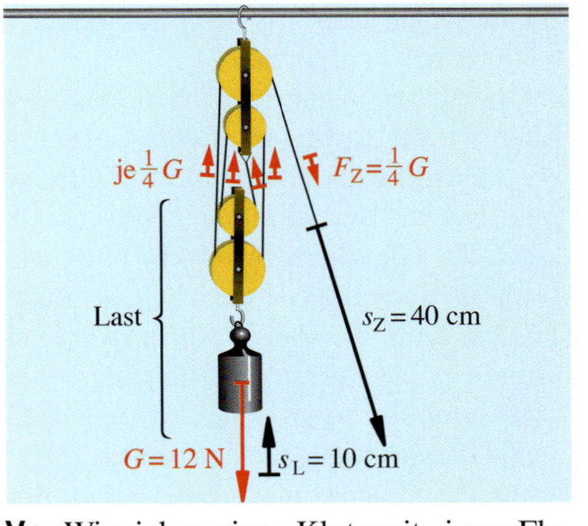

V3: Wir ziehen einen Klotz mit einem Flaschenzug um 10 cm hoch. Der Betrag der Gewichtskraft der gesamten Last ist 12 N. Wir messen die Zugkraft von etwa 3 N und den Weg der Zugkraft von 40 cm.

Vertiefung

Goldene Regel

Die Seilmaschinen sind seit alten Zeiten wichtige Hilfsmittel im Alltag. Denn sie ermöglichen eine Verstärkung der eigenen, begrenzten Muskelkraft. Dies erfordert aber einen Preis: In demselben Maße, wie die Kraft verstärkt wird, verlängert sich der Weg. Diesen Zusammenhang nannte man die **Goldene Regel der Mechanik**.

Interessantes

Kräfte in Baukonstruktionen

Stadiondächer und Brücken sollen große Weiten überspannen und müssen dabei beträchtlichen Kräften standhalten. Die Kräfte sind vor allem die Gewichtskräfte der Konstruktion selbst. Bei Brücken ist schließlich die Belastung durch die Fahrzeuge auf der Fahrbahn von entscheidender Bedeutung. Wie stark dies die unterschiedlichen Teile der Konstruktion (Streben, Seile, Stützen, ...) beansprucht, können wir bereits mit unseren Kenntnissen über Kräfte ermitteln.

A. Wir bauen eine Schrägseilbrücke

Für den Entwurf unseres Brückenmodells verabreden wir vereinfachte Voraussetzungen: Wir betrachten nur die linke Hälfte der Brücke. Den Fahrbahnkörper soll ein Stab darstellen, der links durch ein Gelenk mit einem Pfeiler („Pylon") verbunden ist. Die Gewichtskraft des Stabes soll vernachlässigbar klein sein im Vergleich zu der Gewichtskraft eines schweren Testfahrzeugs, das wir uns rechts am Ende des Stabes vorstellen. Dort ist zugleich der Befestigungsbolzen für das Seil, das schräg aufwärts zur Spitze des Pfeilers führt.

Um zu erkennen, wie das Seil belastet wird, betrachten wir die Kräfte an diesem Bolzen: Auf das Fahrzeug wirkt seine Gewichtskraft $\vec{G}$. Es stürzt nicht herab, weil die Brücke für ein *Kräftegleichgewicht* sorgt – mit der Gleichgewichtskraft $\vec{F}$: von gleichem Betrag wie $\vec{G}$, aber entgegengerichtet, senkrecht nach oben. Diese Kraft $\vec{F}$ zerlegen wir in zwei Komponenten $\vec{F}_1$ und $\vec{F}_2$, und zwar in den Richtungen, welche die Baukonstruktion vorgibt: die Richtung des schrägen Seils und die des waagerechten Stabes. (Der Stab gibt wegen des Gelenks nur Kräfte in Stabrichtung weiter.) Die Kraftkomponente $\vec{F}_1$ zeigt: Das Seil muss mit mehr als dem doppelten Betrag der Gewichtskraft an dem Bolzen *ziehen*! Die Komponente $\vec{F}_2$ zeigt, wie stark der Stab gegen den Bolzen *drückt*.

Baue ein Brückenmodell, und du kannst selbst einen **Kontrollversuch** für die Kraft im Seil vornehmen: Zerschneide das Seil und knote die Feder eines Kugelschreibers in die Lücke. Wähle ein Testwägestück, das die Feder nicht überlastet und gib dem Seil den Winkel ca. 26,5°. Beobachte deinen Kraftmesser, während du den Winkel vergrößerst. Was geschieht bei 90°?

B. Vom Kräfteparallelogramm zum Krafteck

Die Komponenten einer Kraft bestimmen wir mit einem Kräfteparallelogramm. Es zeigt die Kräfte mit Beträgen, Richtungen und Angriffspunkt. Unsere Zeichenarbeit können wir vereinfachen: Im Parallelogramm finden wir Länge und Richtung einer Komponente ebenso gut auf der gegenüberliegenden Seite. Wir verlagern nun einen der Kraftpfeile. Den Angriffspunkt kann die Figur jetzt nicht mehr anzeigen, aber es genügt nun ein Dreieck, ein **Krafteck**, um eine Kraft und zugleich ihre Komponenten mit Beträgen und Richtungen darzustellen. Im Krafteck bilden die Kraftpfeile, die zu einer Summe $\vec{F}_1 + \vec{F}_2$ gehören, eine fortlaufende Kette: Dem Pfeil $\vec{F}_1$ folgt an dessen Spitze („am Ende der Anfang") Pfeil $\vec{F}_2$. Vom Start zum Ziel ergibt sich insgesamt wieder der ersetzte Ausgangsvektor $\vec{F}$.

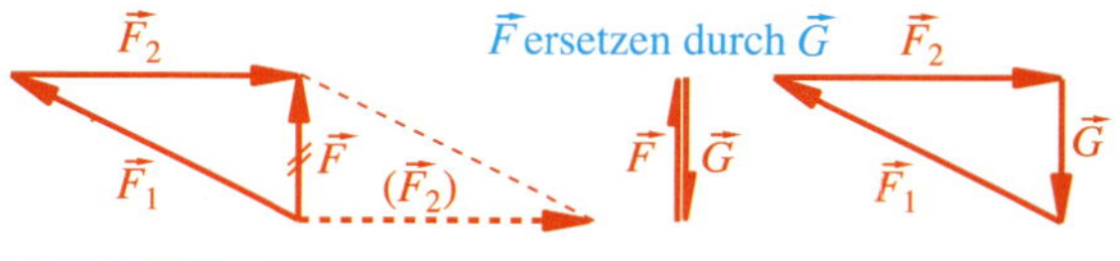

Tauschen wir nun den Vektor der Gleichgewichtskraft $\vec{F}$ durch den entgegengesetzten Vektor $\vec{G}$ aus, so besteht das Krafteck mit $\vec{G}$, $\vec{F}_1$ und $\vec{F}_2$ jetzt aus Vektoren, die ein Kräftegleichgewicht ergeben. Es gilt: Die Resultierende aller Kräfte ist null. **Alle Vektoren des Kräftegleichgewichts bilden ein *geschlossenes* Krafteck, in dem sie *hintereinandergekettet*, also mit gleichem Umlaufsinn angeordnet sind.**

Beispiel: Brücke mit einer Strebe von unten:
Wir wenden das Krafteck auf den Bolzen an und starten mit $\vec{G}$. An der Pfeilspitze setzen wir parallel zur Strebe eine Gerade an. Das Krafteck muss sich schließen mit einer Waagerechten. $\vec{G}$, $\vec{F}_1$ und $\vec{F}_2$ müssen eine geschlossene Kette bilden. Also: $\vec{F}_2$ *zieht* am Bolzen nach links, $\vec{F}_1$ *drückt* schräg aufwärts.

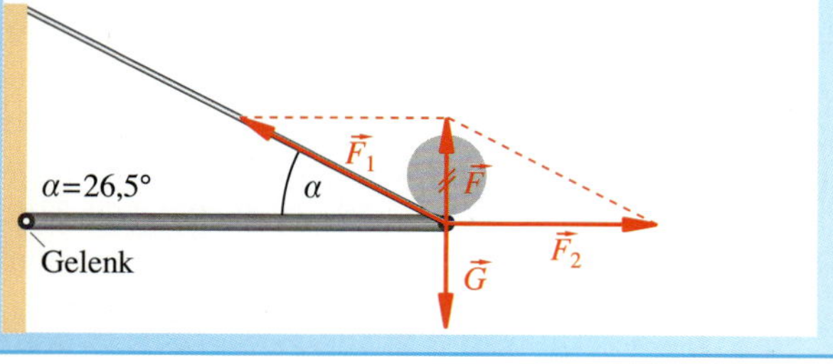

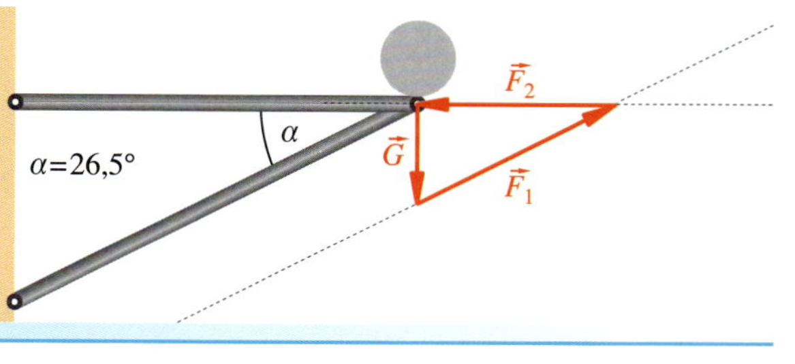

Interessantes

C. Unsere Großbaustelle: Eine Fachwerkbrücke

Wir planen eine Brücke, die aus einem doppelten „Fachwerk" von jeweils sieben Stäben besteht. Von dieser Brücke möchten wir uns so etwas wie ein Röntgenbild verschaffen: Das soll uns zeigen, wie die einzelnen Stäbe der Brücke beansprucht werden, wenn die Gewichtskraft einer Lok am mittleren Gelenk der Brücke einwirkt. Alle Verbindungsstellen der Stäbe sind als Gelenke anzusehen, dort halten die Bolzen die Stäbe zusammen. (Ein festes Anziehen ändert nichts an den Stabkräften.) Durch die Gewichtskraft der Lok werden die Lager des Fachwerks je zur Hälfte belastet (Symmetrie). Von der Gewichtskraft der Brücke selbst sehen wir hier ab.

Zuerst fertigen wir den *Lageplan* an. Den Gelenken geben wir die Namen ① bis ⑤. Die Kräfte, die *von* den Brückenlagern *auf* die Gelenke wirken, bezeichnen wir mit $\vec{A}$ und $\vec{B}$. Die Kräfte im ersten Stab nennen wir $\vec{S}$ und $-\vec{S}$, entsprechend folgen $\vec{T}$ sowie $-\vec{T}$ usw. Als Belastung des Fachwerks legen wir $G = 30$ kN fest.

Für jedes der fünf Gelenke zeichnen wir nun ein Krafteck. Wir beginnen an einem Gelenk, an dem eine uns schon bekannte Kraft angreift. Mit dem Krafteck erhalten wir für die angrenzenden Stäbe die Beträge und Richtungen der Stabkräfte. Am Gelenk ① greifen die Lagerkraft $\vec{A}$ mit dem Betrag 15 kN und die Stabkräfte $\vec{S}$ und $\vec{T}$ an. Wir legen einen Kräftemaßstab fest und beginnen das Krafteck mit dem Kraftpfeil von $\vec{A}$. Dann werden im *Uhrzeigersinn* die anderen Kräfte an diesem Gelenk berücksichtigt. Von der Spitze des $\vec{A}$-Pfeils muss das Krafteck wegen der Lage von $\vec{S}$ längs einer 37°-Geraden weiterführen (ob auf- oder abwärts, wird das Krafteck zeigen). Sicher ist: Das Krafteck muss aufgrund der Lage von $\vec{T}$ mit einem waagerechten Kraftpfeil geschlossen werden. Daraus erhalten wir eindeutig die Ergebnisse für $\vec{S}$ und $\vec{T}$: Die Kraft $\vec{S}$ ist schräg *abwärts* gerichtet; der schräge Stab *drückt* also auf das Gelenk ① mit $S = 25$ kN. Die Kraft $\vec{T}$ ist waagerecht *nach rechts* gerichtet; der zugehörige Stab *zieht* am Gelenk ① mit $T = 20$ kN. Die Ergebnisse tragen wir in unser „Röntgenbild" ein.

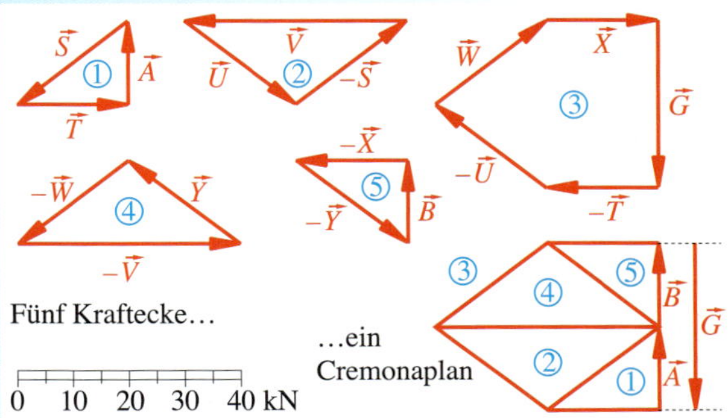

Am Gelenk ② sind zwei Stabkräfte unbekannt: $\vec{U}$ und $\vec{V}$. Wir wissen: Der Stab zwischen ① und ② *drückt* auf das Gelenk ①. Also drückt Gelenk ① über den Stab auf Gelenk ② *ebenso zurück*, aber mit der Kraft $-\vec{S}$. Mit dem Kraftpfeil von $-\vec{S}$ beginnen wir das Krafteck ②. Wegen der Lage von $\vec{V}$ wird es zunächst waagerecht weitergeführt und dann parallel zur Lage von $\vec{U}$ geschlossen. Wir erhalten das Ergebnis: $\vec{V}$ ist nach links gerichtet; der waagerechte Stab drückt auf das Gelenk ② mit $V = 40$ kN; $\vec{U}$ ist schräg abwärts gerichtet; der Stab zieht an Gelenk ② mit 25 kN.

Spannend wird es an Gelenk ③! Dem Kraftpfeil von $\vec{G}$ folgt der Kraftpfeil von $-\vec{T}$, dann der Kraftpfeil von $-\vec{U}$; wir finden so die Stabkräfte $\vec{W}$ und $\vec{X}$. – Wer genügend geübt ist, kann sämtliche Kraftecke in nur *einer* Anordnung zeichnen, dem **Cremonaplan** (nach Luigi CREMONA, einem Italiener).

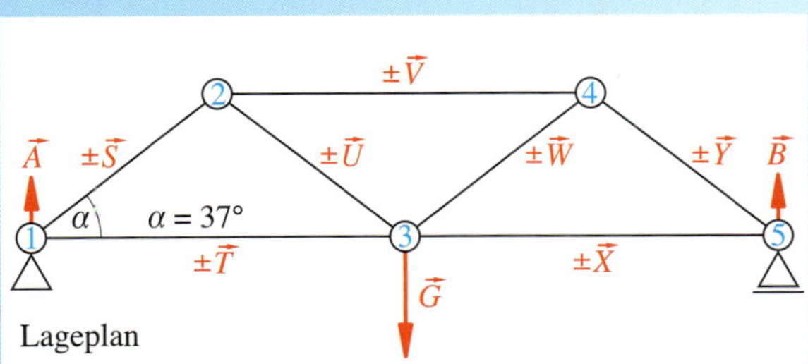

Lageplan

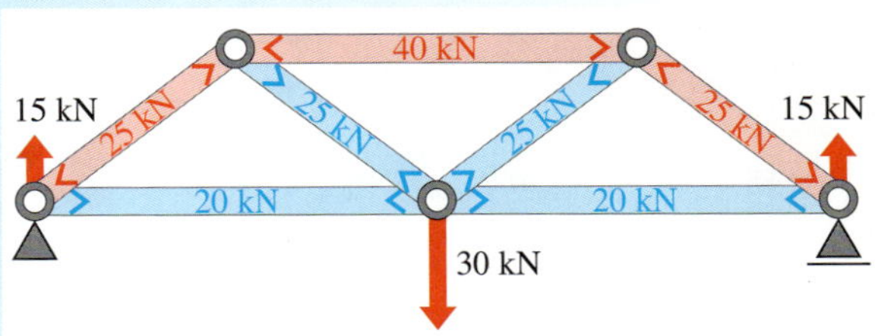

Stabkräfte, die auf die Gelenke drücken (rot)
Stabkräfte, die an den Gelenken ziehen (blau)

Interessantes

B1: Auf dem Zielfoto sind alle Laufzeiten ablesbar.

B3: Der Stab wird in vollem Lauf weitergegeben.

Sport und Physik

Kampf um Bruchteile von Sekunden

Von Laufwettkämpfen erhalten wir häufig eine Fernsehübertragung. Aber trotz des besten Kamerastandortes können wir oft nicht über die Reihenfolge der Läufer entscheiden. Eine eingeblendete Stoppuhr zeigt uns hundertstel Sekunden an. Wie viel Zentimeter muss ein Sprinter einem anderen voraus gewesen sein, der 0,01 Sekunden später die Ziellinie erreichte?

Das können wir abschätzen: Ein guter Sprinter läuft die 100 Meter in knapp 10 Sekunden, also ist sein zurückgelegter Weg für 1 s etwa 10 m; in 0,01 s ist er nur etwa 10 cm weiter! Da müssen dann Schiedsrichter das Zielfoto (➠ *Bild 1*) auswerten. Dabei lassen sie nicht den vorgebeugten Kopf, sondern den Oberkörper gelten. Das Zielfoto entsteht mit einer Spezialkamera, die mit den einlaufenden Sprintern zugleich Zeitmarken registriert.
Bei Schwimmwettkämpfen verlässt man sich dagegen auf eine Druckplatte in der Beckenwand, mit der jeder Schwimmer „seine" elektrische Uhr selbst abschaltet (➠ *Bild 2*). Es hat schon Sieger wegen einer tausendstel Sekunde gegeben. – Deren „Vorsprung"? – Weniger als 5 mm! Da fragt man sich, ob das Schwimmbecken auch millimetergenau gebaut war.

Was macht die Staffeln so schnell?

Bei Staffelläufen über 4-mal 100 Meter sind die Ergebnisse deutlich besser als bei Einzelläufen über 400 m (➠ *Bild 3*). Zwar werden bei einer Staffette immer wieder „frische" Läufer eingesetzt, aber wenn man die Gesamtzeit eines 4-mal-100 m-Staffellaufs auf die vier Teilnehmer zurückrechnet, also jedem ein Viertel der Zeit zuordnet, dann ergeben sich noch kürzere Zeiten, als dieselben Läufer im 100 m-Sprint erreichen! Dabei laufen zwei der Sprinter sogar auf Kurvenbahnen. Woher kommt dieser Widerspruch?

Betrachten wir es genauer:
Nur der Startläufer hat Bedingungen wie ein Einzelsprinter; die ersten Meter werden zum Beschleunigen bis zur Dauergeschwindigkeit gebraucht. Die anderen Läufer übernehmen den Stab nach ihrem Anlaufweg bereits mit voller Geschwindigkeit (➠ *Bild 4*). Wir müssen also unterscheiden zwischen Bewegungen mit zunehmender und solchen mit gleich bleibender Geschwindigkeit. ➠ *Bild 4* zeigt die verschiedenen Bewegungen in einer Zeichentrickfolge mit einem Zeitabstand von einer Sekunde. Beachte die Weglängen von drei Sekunden Anlauf gegenüber drei Sekunden mit maximaler Geschwindigkeit! In ➠ *Bild 6* ist derselbe Vorgang in Gestalt eines Zeit-Weg-Diagramms wiedergegeben.

B2: Schwimmer schalten ihre Stoppuhr selber ab.

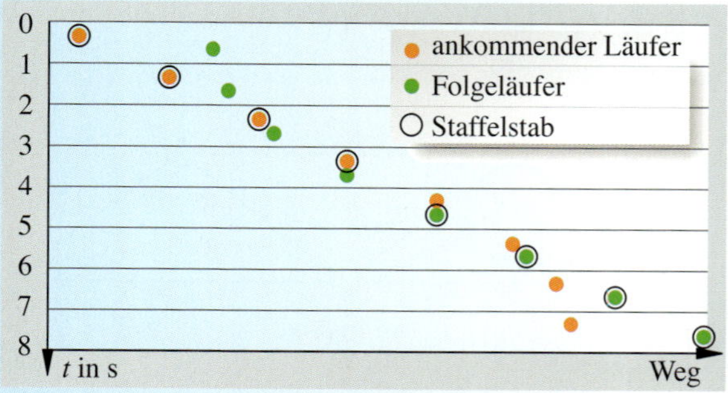

B4: So sieht der Stabwechsel im Zeichentrickfilm aus.

Interessantes

B5: Der Körperschwerpunkt liegt in Nähe der Latte.

B7: Warum ist die Außenbahn so unbeliebt?

Mit List geht's besser über die Latte

Im Hochsprung erreichen wir Menschen trotz aller Anstrengungen noch nicht einmal das Eineinhalbfache unserer eigenen Körperhöhe – Heuschrecken sind uns da weit überlegen!
Dabei müssen wir außerdem erst einen Anlauf nehmen, damit wir zusammen mit dem Absprung möglichst viel Bewegungsenergie erhalten. Vor allem diese wird dann in Höhenenergie umgewandelt. Jedes Masseteilchen unseres Körpers ist mit einem kleinen Betrag daran beteiligt. Die gesamte Masse des Körpers können wir uns in seinem Schwerpunkt vereinigt denken.

Wie hoch dieser Schwerpunkt nun gelangt, das wird – außer von der Masse – von der verfügbaren Energie bestimmt. Sieger im Hochsprung wird jedoch nicht, wer nur für die größtmögliche Höhe seines Schwerpunktes sorgt. Bei gleicher Schwerpunktshöhe kann man in flacher statt in aufrechter Körperhaltung eine höhere Latte überspringen. Den größten Erfolg bringt aber eine gekrümmte Körperhaltung: Der Rücken wird dazu wie ein Kleiderbügel geformt, und dabei werden der Kopf sowie Arme und Beine rechtzeitig nach unten abgewinkelt, wie ➠ *Bild 5* es zeigt. Bestmarken erfordern nicht nur viel Energie, sondern auch Geschicklichkeit – also Übung.

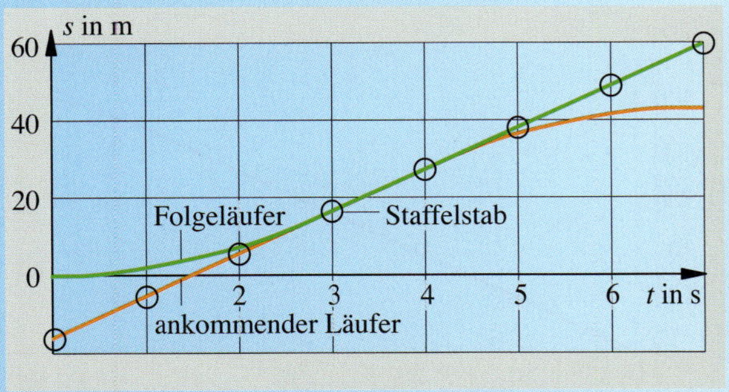

B6: So sieht ein Stabwechsel im *t*-*s*-Diagramm aus.

Ungerechte Sportrekorde?

Damit die einzelnen Bahnen zum 400 m-Lauf in dem Oval innen wie außen gleiche Länge haben, starten die Läufer nicht nebeneinander, sondern entsprechend versetzt (➠ *Bild 7*). Dennoch ist die Außenbahn unbeliebt: Dort kann man die Mitläufer nur schlecht beobachten. Daher werden die Bahnen zumeist ausgelost. – Wie es dagegen um die Gerechtigkeit z. B. für Teilnehmer geringer Körpergröße steht, danach fragt niemand. Dies gilt besonders krass beim Hochsprung. Für kleine Hochspringer ist es durchaus noch kein hinreichender Ausgleich, dass ihre „Hochsprungarbeit" in der Regel mit einer kleineren Masse erfolgt.

Beim Gewichtheben werden hingegen genau die Massen bewertet, die die Sportler „zur Hochstrecke" bringen, und diese Höhe ist bei kleinen Sportlern geringer. Aber ist denn ein Rekordwert aus Sydney mit einem aus Mexiko gleichwertig? Der Energieaufwand wird vom Ortsfaktor mitbestimmt, und dieser wird *kleiner*, wenn man sich dem Äquator nähert und wenn die Höhe über dem Meeresspiegel zunimmt. In Sydney ist der Ortsfaktor (g) um rund 0,2% größer als in Mexiko, d. h. schon rund 399 kg in Sydney erfordern die gleiche Kraft ($F = m \cdot g$) wie erst 400 kg in Mexiko! In Helsinki kann man mit gleicher Kraft sogar nur 398 kg heben.

B8: Geschafft: Die Kraft ist groß genug

Vertiefung

B1: Jupiter mit Monden – Foto einer Raumsonde

Naturgesetze

A. Naturgesetze gelten überall

Ein Jupitermond bewegt sich um seinen Planeten herum wie der Sitz eines Kettenkarussells um die Säule in der Mitte. Natürlich gibt es keine Ketten, mit denen der Mond gezwungen wird, anstelle einer Geradeausbewegung eine gekrümmte Bahn auszuführen. Für die dazu nötige Kraft muss als Ursache die Anziehung zwischen Jupiter und Mond gelten. Auf der Erde erfahren *alle* Körper, ob aus Blei oder aus Holz, eine Gewichtskraft. Der Drehwaagenversuch hat uns gezeigt, dass es Anziehungskräfte auch für zwei Körper untereinander gibt – und sie wirkt gegenseitig. Indem wir die auf der Erde gefundenen Versuchsergebnisse auf den Weltraum und damit auf die ganze Natur ausdehnen, haben wir ein **Naturgesetz** ausgesprochen. Die Astronomen sahen es sogar außerhalb unseres Sonnensystems bei Fixsternen bestätigt, die sich gegenseitig umkreisen. Bislang fand sich keine Ausnahme von dieser allgemein gültigen *Massenanziehung*. Aus Beobachtungsdaten einer Jupitermondbahn konnte man vorhersagen, dass jeder Körper in Jupiternähe eine 2,6-mal so große Kraft erfährt wie auf der Erde. Unter dieser Voraussetzung wurden die Raumsonden geplant, denen wir die so erfolgreichen Nahaufnahmen vom Jupiter verdanken.

B. Naturgesetze sind praktisch

Wenn wir eine Feder beim Händler bestellen (z. B. als Ersatzteil), dann kommt es nicht nur auf die Abmessungen an. Insbesondere muss die nötige Federhärte angegeben werden. Mit Worten allein ist dies nicht zuverlässig möglich. Denn was der eine hart nennt, kann für einen anderen weich bedeuten. Präziser ist es, die Federhärte mit dem Quotienten $D = \frac{F}{s}$ (z. B. $D = 10\,\frac{\text{cN}}{\text{cm}}$) zu beschreiben. Die Federhärte ist durch ein Naturgesetz, das *hookesche Gesetz*, festgelegt.

C. Wie findet man Naturgesetze?

Das hookesche Gesetz wie auch andere Gesetze finden wir mithilfe von Messreihen. Sie zeigen mit vielen Paaren von Messwerten, wie zwei Größen – beim hookeschen Gesetz *Kraft* und *Verlängerung* – miteinander zusammenhängen. Dazu stellt man die einzelnen Wertepaare in einem Koordinatensystem dar, dessen Achsen zweckmäßig eingeteilt werden.

➠ *Bild 2* zeigt das Diagramm einer solchen Messreihe. Mit *einer* Geraden können die Messpunkte gar nicht wirklich verbunden werden. Trotzdem wäre es sinnlos, stattdessen von Punkt zu Punkt eine Zickzacklinie zu zeichnen. Denn jeder Messwert ist mit Unsicherheiten behaftet. Diese **Messfehler** lassen sich zwar durch mehr Sorgfalt und aufwendigere Hilfsmittel (z. B. Lupenablesung) verkleinern, aber prinzipiell nicht vermeiden. Grundsätzlich kennt niemand den präzisen Wert! Unsere Angaben der Kräfte sind nicht völlig genau – noch viel unsicherer sind die gemessenen Verlängerungen. Weil jeder wahre s-Wert etliche Millimeter über oder auch unter dem Messwert liegen kann, sind im Diagramm die Punkte zu kleinen *Balken* erweitert worden.

Wenn für den Zusammenhang von Kraft und Verlängerung eine **Proportionalität** gilt, dann muss sich eine Ursprungsgerade zeichnen lassen – und zwar so, dass sich die Streuungen der Messpunkte an ihr etwa ausgleichen. Diese **Ausgleichsgerade** durchläuft nicht die Messpunkte, aber die Messbalken. Sie ist umso zuverlässiger, je mehr Messpunkte vorliegen und je weniger diese streuen.

Wenn wir eine Ausgleichsgerade gefunden haben, können wir sagen: Mit ihren Punkten haben wir in guter Näherung zahllose Wertepaare dieser Feder zur Verfügung, weit mehr als von uns gemessen wurden! Aber Vorsicht: Zulässig ist dies allein in dem Bereich, in dem wir gemessen haben. Tatsächlich gibt es bei Federn nur einen begrenzten *Proportionalbereich*, außerhalb davon verläuft der Graph gekrümmt.

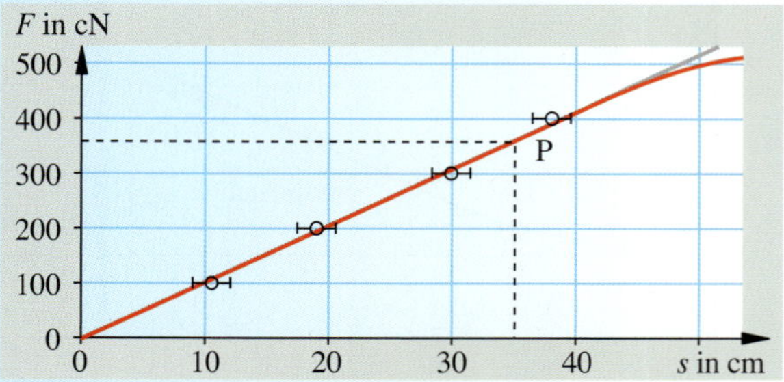

B2: Messpunkte und Ausgleichsgerade einer Feder

Vertiefung

D. Kritischer Umgang mit Berechnungen

Die Ausgleichsgerade im *s*-*F*-Diagramm ermöglicht es uns, für die Feder Voraussagen zu machen: Welche Kraft ist nötig für eine bestimmte Verlängerung? Und umgekehrt: Wie weit verlängert sich die Feder bei einer vorgegebenen Kraft? Die Antwort enthält das Diagramm, doch die Ablesung ist nicht sehr bequem und wenig genau.

Aber wir haben ja für die Gerade auch eine Beschreibung in Gleichungsform. Da sich die Proportionalität bestätigt hat, gibt es einen festen Quotienten $F/s = D$, den Proportionalitätsfaktor, Federhärte genannt. Er stellt das Steigungsmaß unserer Geraden dar. Mit seiner Kenntnis können wir Werte *berechnen*: eine Kraft durch $F = s \cdot D$ und eine Verlängerung durch $s = F/D$. Doch wie erfasst man diesen Faktor D zuverlässig? Eine Möglichkeit ist, einen Punkt P der Ausgleichsgeraden zu benutzen (es muss kein Messpunkt sein). Dem Diagramm entnehmen wir zu der Verlängerung $s = 35$ cm die Kraft $F = 360$ cN; aus $D = F/s = 360$ cN/35 cm folgt damit gemäß Anzeige unseres Taschenrechners: $D = 10{,}28571429$ cN/cm. Diese Angabe täuscht aber eine völlig überzogene Genauigkeit vor. Es ist ja nicht ausgeschlossen, dass zur Kraft $F = 360$ cN der wahre *s*-Wert nur 34,8 cm beträgt, und dieser würde $D = 10{,}34482759$ cN/cm ergeben. Für das Endergebnis sind also nur wenige Stellen des Zahlenwertes vertretbar, und das spricht hier für die gerundete Angabe $D = 10{,}3$ cN/cm.

E. Überlegter Umgang mit Naturgesetzen

Im Kapitel „Kräftegleichgewicht" haben wir die Kräfte betrachtet, die beim Tauziehen das Seil mit der roten Marke entweder im Ruhezustand halten oder in Bewegung setzen. Nun stellen wir uns eine weitere Frage: Wie groß ist die Spannkraft *in* dem Seil, also für eine bestimmte Stelle S des Seils zwischen dem rechten Seilstück und dem linken Seilstück?

Um eine Antwort zu finden, probieren wir es mit einer Überlegung: Wenn – wie in ➡ *Bild 3a* – am Seil LR eine Kraft mit $F_{L,\,links} = 1$ N nach links und zugleich eine Kraft mit $F_{R,\,rechts} = 1$ N nach rechts wirkt, dann gilt für die Ersatzkraft an dem ganzen Seil $F_{Ersatz} = (1 - 1)$ N $= 0$ N. Wenn es nicht so wäre, würde sich das Seil nach rechts oder links in Bewegung setzen. Zum Beweis kann man an dem locker liegenden Seil am linken Ende L mit einer kleinen Kraft vom Betrag 0,1 N ziehen, und schon setzt es sich in Bewegung. Dass aber die Spannkraft in dem gestrafften Seil wirklich den Betrag 0 N haben soll, da kommen uns doch Zweifel. Probieren wir es mit einer anderen Überlegung: Das Seil ist ja eigentlich durch 2-mal 1 N gespannt. Sollte in ihm also die Spannkraft 2 N herrschen? Ein Kraftmesser, den man in das (irgendwo durchgeschnittene) Seil einfügt, müsste das bestätigen. Diesen Versuch führen wir nun gemäß ➡ *Bild 3b* aus und erkennen: Der an einer *beliebigen Schnittstelle* S eingefügte Kraftmesser zeigt genau 1 N, also weder 2 N noch 0 N. Unsere Überlegungen waren beide fehlerhaft.

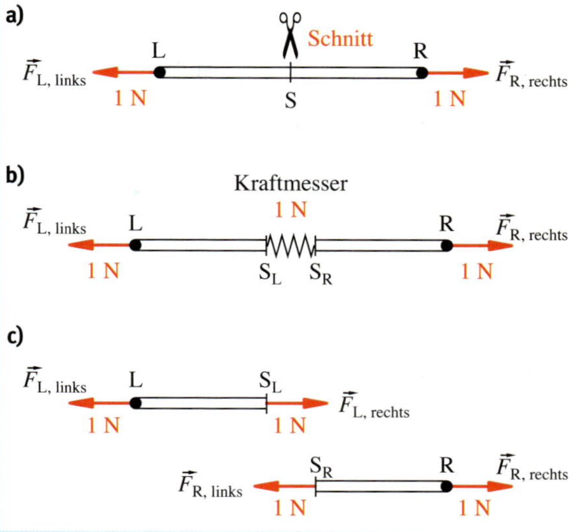

B3: Wie groß ist die Spannkraft an der Schnittstelle?

Wenn der Kraftmesser bei S eingeknüpft ist, muss auch das linke Seilstück mit den Enden L und S_L für sich im Gleichgewicht sein. Am rechten Ende S_L zieht also nach rechts eine Kraft mit $F_{L,\,rechts} = 1$ N (weder 2 N noch 0 N). Sie hält der Kraft mit $F_{L,\,links} = 1$ N das Gleichgewicht. Am rechten Seilstück S_RR dagegen sind $\vec{F}_{R,\,links}$ und $\vec{F}_{R,\,rechts}$ im Gleichgewicht (➡ *Bild 3c*).

Das **Kräftegleichgewicht** bezieht sich auf jeweils *einen bestimmten*, ausgewählten Körper. Es gilt also:
Gleichgewicht am *linken* Teil wegen
$F_{L,\,links} = F_{L,\,rechts}$;
Gleichgewicht am *rechten* Teil wegen
$F_{R,\,links} = F_{R,\,rechts}$.

Kraft und Gegenkraft greifen *stets an zwei verschiedenen Körpern* an: Mit den beiden gleich großen, aber entgegengesetzt gerichteten Kräften $\vec{F}_{L,\,rechts}$ und $\vec{F}_{R,\,links}$ haben an der Schnittstelle S vor dem Schnitt die beiden Seilstücke aufeinander gewirkt.

Das ist wichtig

1. Zusammensetzen und Zerlegen von Kräften

Zwei Kräfte, die an einem Punkt angreifen, lassen sich durch eine **Ersatzkraft** $\vec{F}_{\text{Ersatz}}$ ersetzen. Man spricht von zusammengesetzten Kräften und nennt das Ergebnis dieser Kräfteaddition auch die **Resultierende**. Der Betrag der Ersatzkraft ist im Allgemeinen nicht gleich der Summe aus den Beträgen der Einzelkräfte. Man findet die Ersatzkraft als Diagonale eines Parallelogramms, das aus den Einzelkräften, den so genannten **Komponenten**, gebildet wird (*Vektoraddition*). – Die **Zerlegung** einer Kraft in Komponenten geschieht so: Eine Kraft, die die Diagonale eines Kräfteparallelogramms bildet, kann durch die zwei Kraftkomponenten, die dessen Seiten darstellen, ersetzt werden.

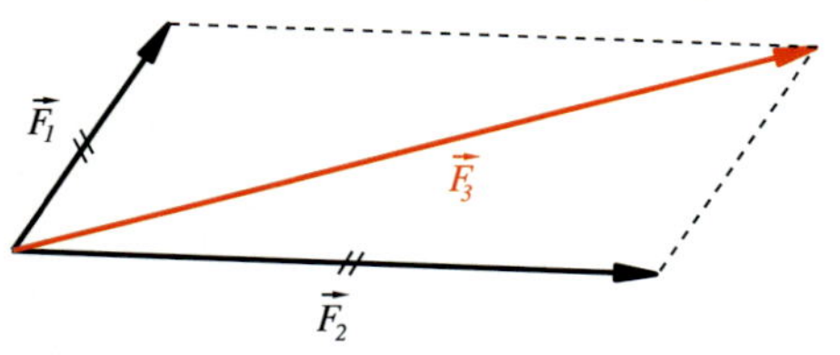

B1: Für die Kräfte $\vec{F}_1$ und $\vec{F}_2$ ist $\vec{F}_3$ die Ersatzkraft. $\vec{F}_3$ kann man in Komponenten $\vec{F}_1$ und $\vec{F}_2$ zerlegen.

2. Das Drehmoment

Wellrad und **Hebel** sind um eine Achse drehbar. Eine angreifende Kraft $\vec{F}$ kann sie in Drehung versetzen, falls die Drehachse nicht auf der *Wirkungslinie* der Kraft liegt. Dann wäre der Kraftarm $r = 0$ m.
Der **Kraftarm** ist der Abstand der Drehachse von der Wirkungslinie der Kraft $\vec{F}$, steht also senkrecht zu $\vec{F}$. Das **Drehmoment** M beschreibt die Drehwirkung der Kraft $\vec{F}$ mit dem Kraftarm r. Es gilt:

$$\boldsymbol{M = F \cdot r} \quad \text{mit der Einheit 1 Nm}$$

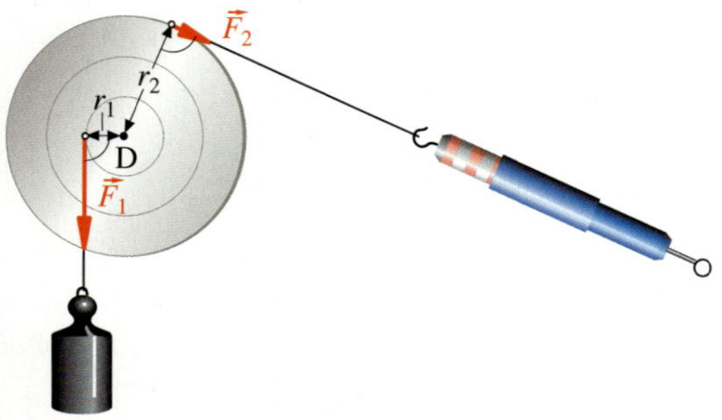

B2: Kräfte und Kraftarme am Wellrad: Die Kraft $\vec{F}_1$ wirkt mit dem Kraftarm r_1, Kraft $\vec{F}_2$ mit Kraftarm r_2.

An drehbar gelagerten Körpern besteht Gleichgewicht, wenn die Summe der Drehmomente im Uhrzeigersinn so groß ist wie deren Summe im Gegenzeigersinn. Wellrad und Hebel sind **Kraftwandler**. Es gilt:

Kraft **mal** ***Kraftarm*** = ***Last*** **mal** ***Lastarm***

3. Seilmaschinen

Feste Rollen, lose Rollen und **Flaschenzüge** sind Kraftwandler. **Feste** (d. h. ortsfeste) **Rollen** ändern nur die Richtung einer Seilkraft. **Lose** (d. h. nicht ortsfeste) **Rollen** verteilen eine Last auf zwei tragende Seilstücke, man braucht nur eine halb so große Kraft. Beim Heben ist der Kraftweg doppelt so groß wie der Lastweg. Ein **Flaschenzug** mit n tragenden Seilstücken erfordert nur den n-ten Teil an Kraft. Beim Heben ist der Kraftweg n-mal so groß wie der Lastweg.

Aufgaben

A1: Konstruiere mit den Angaben des folgenden Bildes von zweien der Kräfte die Ersatzkraft. Vergleiche diese Ersatzkraft mit der dritten Kraft. Was zeigt sich?

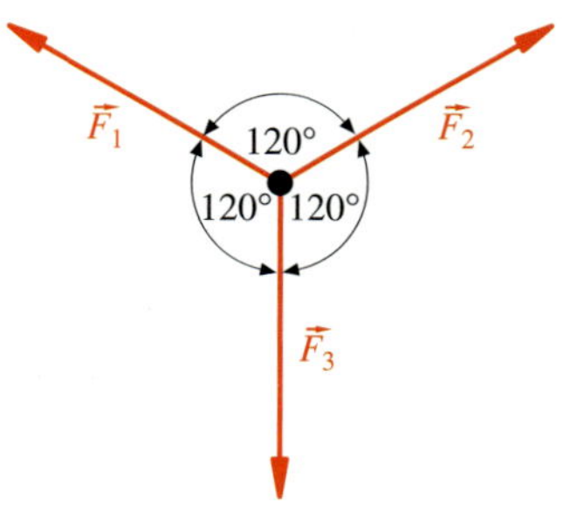

A2: An zwei Drahtseilen, die beide einen Winkel von 10° mit der Horizontalen bilden, hängt eine Straßenlampe, deren Gewichtskraft 200 N beträgt. Konstruiere die Komponenten der Gewichtskraft, die in den Seilrichtungen ziehen. Du findest so die Kräfte, mit denen die Seile von der Lampe gespannt werden.

A3: Entnimm ➠ *Bild 2* das Verhältnis $r_1 : r_2$ der Radien und bestimme das Übersetzungsverhältnis der Kräfte. Folgere hierfür und auch für andere Übersetzungen die Kraft, wenn die Last 9 N beträgt. Nenne Vor- und Nachteil des Wellrades.

A4: Auf der Seiltrommel eines Krans sollen die Seilwindungen stets *nebeneinander* aufgewickelt werden. Welcher Nachteil entsteht, wenn die Windungen des dicken Seils *übereinander* gewickelt werden?

A5: Katrin kann eine Kraft von 400 N aufbringen. Wie groß darf die Last sein, die sie damit an einer festen Rolle, an einer losen Rolle oder an einem Flaschenzug mit acht tragenden Seilstücken hochziehen könnte?

Magnetismus

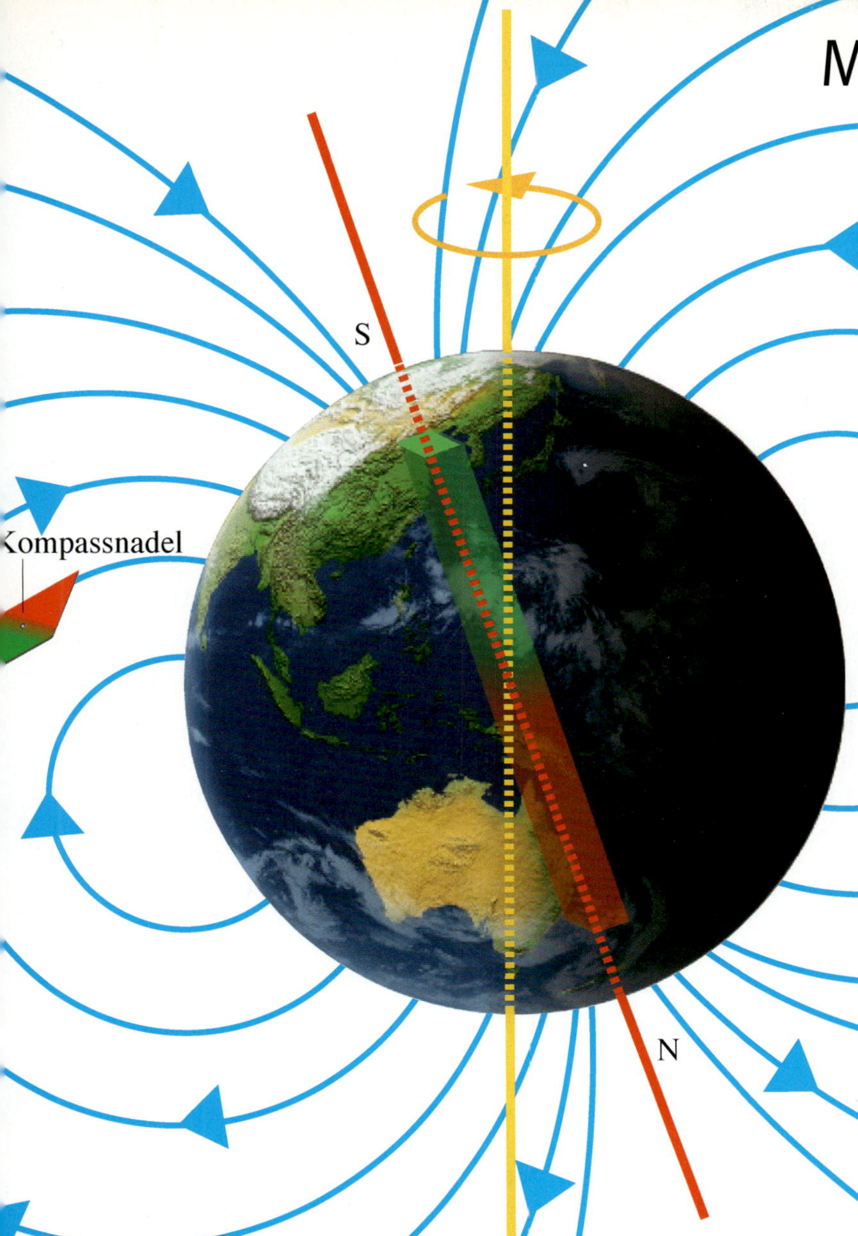

Die Erde selbst war es, die dem Menschen die Kenntnis vom Magnetismus vermittelte.
Die Entdeckung des *Magneteisensteins* und die Erforschung der von ihm ausgehenden Kräfte, führten schließlich zur Erfindung des *Kompasses*. Wie von unsichtbarer Hand geführt, richtet er sich an jedem Ort der Erde in einer bestimmten Richtung aus. Wir führen dies auf den Einfluss des *Magnetfeldes der Erde* zurück.

Die chinesische Chronik *Poeiwen-yun* berichtet schon im Jahre 2600 v. Chr. von einem Gerät, mit dessen Hilfe man sich in unwegsamen Steppengebieten zurecht finden könne. Auch auf Reisen im offenen Meer wurde dieser „*Südweiser*“ verwendet. So kam er zu den Arabern und Indern. Mit einer Fülle von Symbolen und Zeichen versehen, enthielt die *Kompassrose* eine Vielzahl von Orientierungshilfen.

Magneteisenstein aus dem Ural, 1767

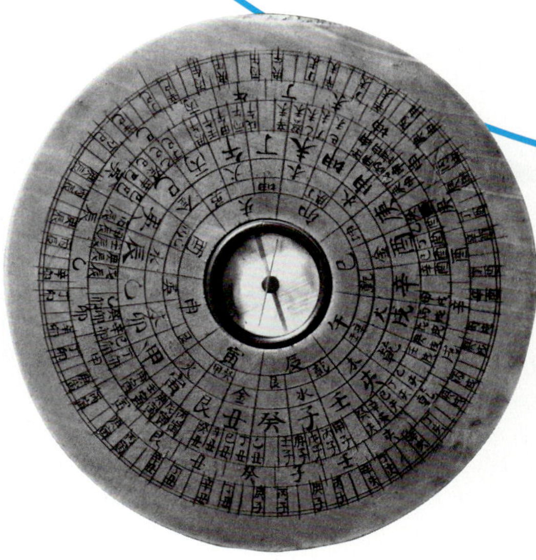

Chinesischer Schiffskompass, 19. Jhdt.

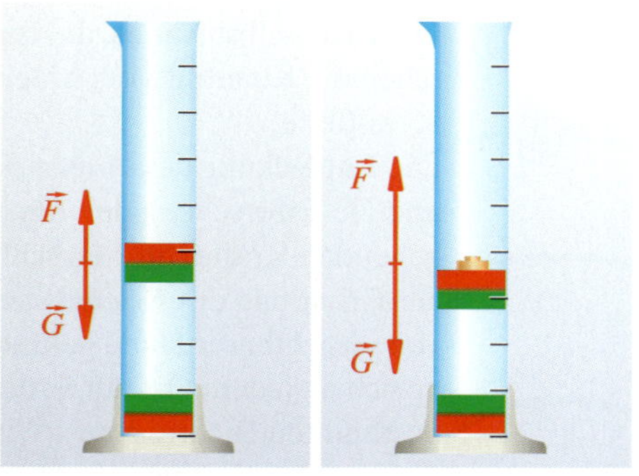

V 1: Schiebe zwei ringförmige Magnete in einen Messzylinder, so dass sich gleichnamige Pole gegenüber liegen. Der obere Magnet schwebt dann über dem unteren. Markiere den Abstand der beiden Magnete. Lege auf den oberen Magnet nacheinander Messingstücke mit 50 g, 100 g, 200 g und 250 g. Miss jeweils die Abstände der Magnete. Vergleiche sie mit den Gewichtskräften, die der Magnet und der Zusatzkörper erfahren.

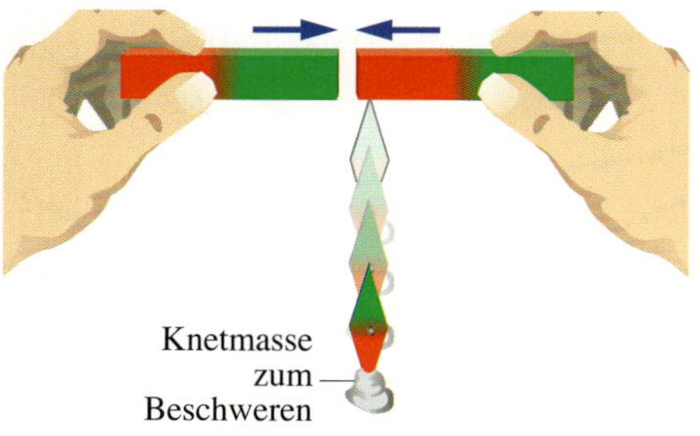

B 1: Nordpol und Südpol schwächen sich in ihrer Wirkung.

Interessantes

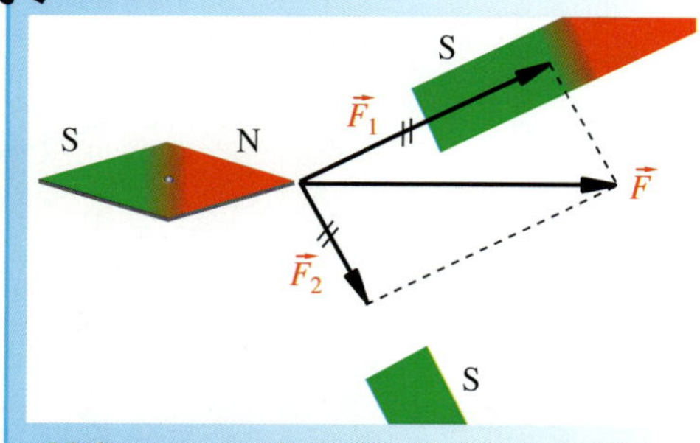

Nähert man dem Nordpol einer Kompassnadel die Südpole zweier Magnete aus verschiedenen Richtungen, so zeigt die Nadel in Richtung der resultierenden Kraft. Je nach Abstand wendet sie sich mehr dem einen oder dem anderen Magnetpol zu.

Magnetische Kräfte – Elementarmagnete

1. Magnete und ihre Pole – nichts Neues

Aus Erfahrungen mit Kompassnadeln und versteckten Magneten in Spielzeug weißt du:

- Magnete haben verschiedene *Pole.*
- Gleichnamige Pole verschiedener Magnete stoßen sich ab, ungleichnamige ziehen sich an.
- Die frei bewegliche Kompassnadel zeigt mit ihrem Nordpol nach Norden.

2. Die Wirkung magnetischer Kräfte

Zwei ringförmige Magnete befinden sich in einem Messzylinder, in dem sie leicht beweglich sind (➠ *Versuch 1*). Der obere schwebt über dem unteren. Ist er etwa schwerelos?

Du weißt die Antwort: Bei den beiden Magneten stehen sich *gleichnamige Pole* gegenüber. Sie stoßen sich ab. Am oberen Magneten besteht Kräftegleichgewicht zwischen der Gewichtskraft und der nach oben wirkenden magnetischen Kraft. Nähert man ihn dem unteren Magneten, so nimmt die Abstoßungskraft zu. Magnetische Kräfte werden größer, wenn der Abstand der Pole kleiner wird.

Wenn „zwei am gleichen Strang ziehen", so ist ihre gemeinsame Kraftwirkung größer. Gilt das auch für Magnetpole?

Auf dem Tisch steht ein Magnet mit dem Südpol nach oben. Wir versuchen, ihn mit dem Nordpol eines kleinen Stabmagneten anzuheben. Es gelingt. Nun beschweren wir den Magneten mit einem Stück Knetmasse so, dass die Kraft eines *einzelnen* Nordpols nicht mehr ausreicht, beide – Magnet und Knete zusammen – anzuheben.
Drücken wir jedoch *zwei* gleich gebaute Stabmagnete so zusammen, dass ihre Nordpole nebeneinander liegen, dann ist ihre gemeinsame Kraftwirkung groß genug, den beschwerten Magneten anzuheben. *Gleichnamige Pole* stoßen sich zwar ab, verstärken jedoch ihre magnetische Wirkung nach außen.

Halten wir aber einen Nordpol und einen Südpol nebeneinander, (➠ *Bild 1*), dann ist ihre gemeinsame Kraftwirkung sehr gering. Sie sind nicht einmal fähig, den Magneten ohne Knete anzuheben. Wir sehen also: *Ungleichnamige Pole* schwächen sich in ihrer Wirkung nach außen.

Merksatz

Die Kräfte zwischen den Polen verschiedener Magnete nehmen mit kleiner werdendem Abstand der Pole zu.
Nach außen hin ist die magnetische Wirkung gleichnamiger Pole verstärkt, die von ungleichnamigen dagegen abgeschwächt.

3. Gibt es magnetische Einzelpole?

Ein Magnet zieht ein Stück Eisen an. Wie ist das möglich? Wir wissen, dass sich ungleichnamige Magnetpole anziehen. Gibt es in dem Eisenstück vielleicht auch einen Magnetpol? Kann man einen solchen sogar erzeugen? – Wir streichen mit dem *Nordpol* eines starken Magneten über eine lange Eisennadel. Diese testen wir anschließend mit einer Kompassnadel (➠ *Versuch 2*). Ein Ende der Nadel stößt den Nordpol der Kompassnadel ab. Beim Überstreichen wurde tatsächlich ein Nordpol erzeugt. Nähern wir das *andere* Ende dem *Südpol* der Kompassnadel, so wird *dieser* abgestoßen. Obwohl nur mit einem Nordpol überstrichen, hat die Eisennadel *zwei* Pole bekommen, einen Nordpol und einen Südpol. Sie verhält sich jetzt wie ein Stabmagnet. Wir sagen, sie wurde dabei **magnetisiert**.
Durch das Überstreichen mit einem Magneten gelingt es uns nicht, einen *einzelnen* Nordpol zu erzeugen. Brechen wir also die Nadel auseinander und versuchen die beiden Pole der Eisennadel zu trennen (➠ *Versuch 2b*). Überraschenderweise erhalten wir nicht Nord- und Südpole getrennt. Vielmehr entsteht an der Bruchstelle auf der einen Seite ein neuer Nordpol und auf der anderen Seite ein neuer Südpol. Jede Hälfte hat einen Nord- und einen Südpol, sodass beide Nadelhälften zwei vollständige Stabmagnete sind. Brechen wir die beiden Hälften erneut auseinander, so erhalten wir an jeder Bruchstelle wieder einen Nord- und einen Südpol (➠ *Versuch 2b*). Jedes Bruchstück ist ein Magnet mit zwei verschiedenen Polen – man sagt **magnetischer Dipol**. Magnetische Einzelpole hat bislang niemand gefunden.

Merksatz

Es gibt nur **magnetische Dipole**, keine magnetische Einzelpole.

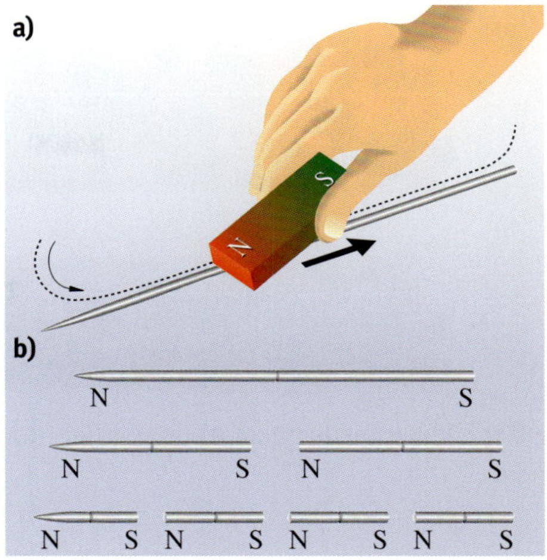

V2: a) Wir streichen mit dem *Nordpol* eines starken Magneten mehrmals *von links nach rechts* über eine 20 cm lange Eisennadel. Dann bringen wir die Nadel in die Nähe einer Kompassnadel. An der Abstoßung erkennen wir, dass am *rechten Ende* der Nadel ein *Südpol* und am *linken Ende* ein *Nordpol* entstanden ist. **b)** Wir zerbrechen die Nadel in der Mitte. Eine Kompassnadel zeigt, dass sich an der linken Bruchstelle ein Süd- und an der rechten Bruchstelle ein Nordpol neu gebildet haben. Zerbrechen wir die Stücke nochmals, so beobachten wir das Gleiche.

4. Ein Denkmodell – Elementarmagnete

Nehmen wir einmal an, man könnte die Teilung einer magnetisierten Eisennadel fortsetzen, bis man zu kleinsten, nicht weiter teilbaren Bestandteilen – sozusagen den „Elementen" des Magneten – käme. Diese **Elementarmagnete** müssten wiederum **Dipole** sein. Sie müssten ferner an ihrem Ort drehbar gelagert sein, sodass man sie beim Überstreichen mit einem starken Magneten in einen geordneten Zustand überführen kann. ➠ *Versuch 3* stützt unsere Vorstellung. Wir bringen Eisenpulver in ein Reagenzglas und überstreichen es mit dem Nordpol eines starken Magneten. So werden die Elementarmagnete der Eisenteilchen ausgerichtet. Manche Eisenteilchen drehen sich sichtbar mit. An den Enden des Reagenzglases entstehen magnetische Pole.

Merksatz

Beim Magnetisieren richtet man die im Eisen vorhandenen **Elementarmagnete** aus. Sie sind im nicht magnetisierten Eisen ungeordnet.

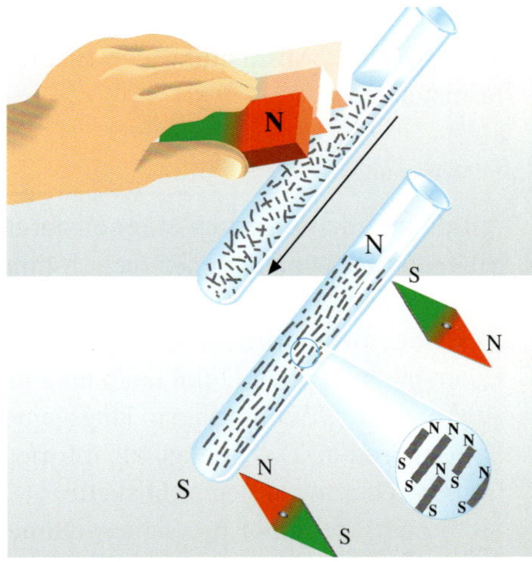

V3: In einem Reagenzglas befindet sich Eisenpulver. Mit dem Nordpol eines starken Magneten streichen wir an dem Glas mehrmals entlang. Eine Kompassnadel zeigt an, dass an den Enden des mit Eisenpulver gefüllten Glases magnetische Pole entstanden sind. Schütteln wir das Reagenzglas, so verschwinden die Pole wieder.

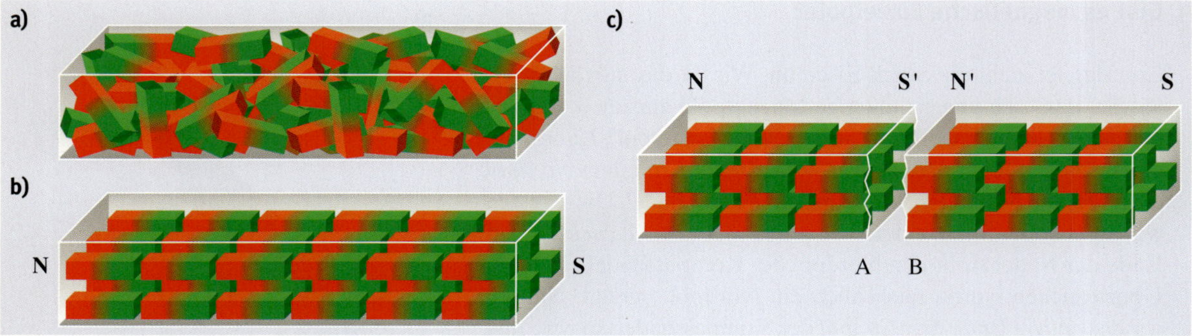

B1: Elementarmagnete **a)** ungeordnet **b)** geordnet **c)** in der Mitte getrennt

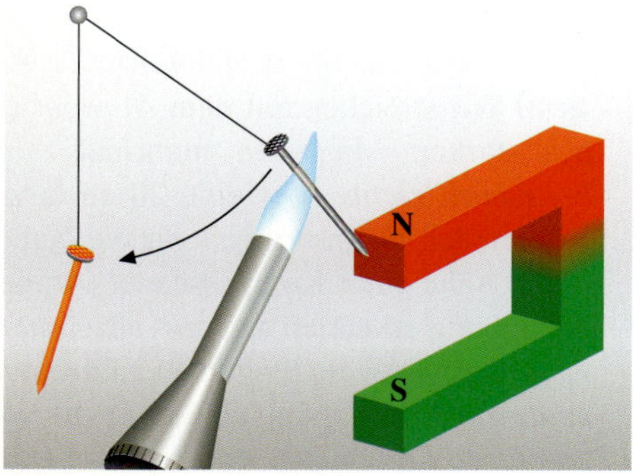

V1: Ein magnetisierter Nagel wird vom Nordpol eines Hufeisenmagneten angezogen. Erhitzen wir ihn bis zur Rotglut (770 °C), so fällt er vom Magneten ab. Die Ordnung der Elementarmagnete ist zerstört. Ab dieser Temperatur verhindert die heftige Bewegung der kleinsten Teilchen eine Ausrichtung der Elementarmagnete.

Interessantes

Digitale Information durch Magnetisieren

Magnetische Dipole eignen sich optimal für die Digitaltechnik. Ihr genügen zwei Zustände zur Informationsverarbeitung. Einen magnetischen Dipol kann man mit genau zwei Orientierungen längs einer Spur anordnen. Das genügt zur Informationsspeicherung auf einer Diskette.
Sie besteht aus einer biegsamen dünnen Polyesterfolie, die z.B. mit Eisenoxid-Pulver beschichtet ist. Beim Speichervorgang magnetisiert der Schreibkopf kleine Abschnitte der rotierenden Diskette in, andere gegen die Laufrichtung. So entstehen charakteristische Magnetisierungsmuster entsprechend der ursprünglichen Information.

5. Das Elementarmagnetmodell erklärt ...

... das Magnetisieren einer Eisennadel

Mit der Vorstellung von *Elementarmagneten* wollen wir nun das Magnetisieren einer Eisennadel verständlich machen. Stark vereinfacht zeichnen wir sie als kleine Stabmagnete (➡ *Bild 1*). Sie sollen drehbare magnetische Dipole im Eisen veranschaulichen.

Wir stellen uns die Elementarmagnete in einer Eisennadel zunächst völlig ungeordnet vor (➡ *Bild 1 a*). Überstreichen wir die Eisennadel mit dem *Nordpol* eines starken Magneten, dann „sehen" wir – in Gedanken –, wie sich der Reihe nach die *Südpole der Elementarmagnete* nach dem starken Nordpol ausrichten und in langen Ketten hintereinander zu liegen kommen (➡ *Bild 1 b*).
Im Inneren der Eisennadel liegen jeweils die Nord- und Südpole der Dipole in einer Reihe hintereinander. Am einen Ende der Eisennadel weisen alle Südpole der dort liegenden Dipole nach außen. Sie bilden gemeinsam den starken Südpol der Eisennadel. Am anderen Ende bilden alle Nordpole zusammen einen starken Nordpol der Eisennadel. Im *Mittelbereich* der Nadel schwächen sich die *Nord- und Südpole* der aufeinander folgenden Dipole in ihrer Wirkung nach außen ab.

Starke Temperaturerhöhung kann zum Verlust der Magnetisierung führen (➡ *Versuch 1*). Mit wachsender Temperatur geraten die Elementarmagnete zunehmend in Unordnung. Schließlich verschwindet ihre Ausrichtung vollständig. Auch ein starker Magnet kann sie nicht mehr ordnen (bei Eisen z.B. oberhalb 770 °C).

... das Entstehen neuer Pole

Wir können nun auch verstehen, warum beim Zerbrechen der Eisennadel neue Pole entstehen. Man kann nämlich die Elementarmagnete selbst nicht zerreißen, da sie nicht weiter unterteilbar sind. Man kann nur aufeinander folgende Dipole voneinander trennen. Deshalb zeigen sich in ➡ *Bild 1 c* an der Bruchstelle AB neue Pole N' und S'. Fügt man jedoch ihre Teile wieder zusammen, so heben sich die entgegengesetzten Pole N' und S' nach außen hin in ihrer Wirkung wieder auf. Die Bruchstelle erscheint dann wieder unmagnetisch, obwohl die Eisennadel durchgängig magnetisiert ist.

... das Magnetisieren aus der Ferne

Wir können einen Nagel magnetisieren, indem wir mit einem starken Magneten über ihn streichen.
Wir beobachten aber auch gelegentlich, dass ein zunächst unmagnetischer Nagel schon aus einiger Entfernung auf den Pol eines Magneten zuhüpft (➠ *Versuch 2*). Wir wissen, dass dies nur möglich ist, wenn der Nagel selbst magnetische Pole besitzt. Wie wurde er aber ohne Überstreichen magnetisiert?

Betrachten wir in Gedanken einen einzelnen quer liegenden Elementarmagneten *unterhalb* des *Nordpols* eines anderen Magneten (➠ *Versuch 2*). Der *Nordpol* des Elementarmagneten erfährt vom *Nordpol* des anderen Magneten eine *abstoßende Kraft*, der *Südpol* eine *anziehende Kraft*. Beide Kräfte zusammen drehen den Elementarmagneten. Die anderen Elementarmagnete im Nagel werden ebenso gedreht, denn ihre Pole erfahren entsprechende Kräfte. Durch die Ausrichtung aller Elementarmagnete wird aus dem Nagel selbst ein Magnet, dessen Südpol nach oben und dessen Nordpol nach unten weist. Die starke Anziehungskraft zwischen dem oben liegenden Südpol und dem Nordpol des Stabmagneten siegt – wegen des geringeren Abstands – über die kleinere abstoßende Kraft, die der unten liegende Nagelnordpol erfährt. Nagelmagnet und Stabmagnet ziehen sich gegenseitig an.

Der neue, kleine Magnet wirkt zusammen mit dem großen Magneten auf die Elementarmagnete des nächsten Nagels. Auch sie erfahren die schon beschriebene Drehwirkung und richten sich aus: Der zweite Nagel wird ebenso zum Magneten und bleibt am ersten Nagel hängen. Dieser Vorgang wiederholt sich bei allen weiteren Nägeln.

Merksatz

Ein Magnetpol in der Nähe eines Körpers aus Eisen richtet dessen **Elementarmagnete** aus. Das so magnetisierte Eisenstück und der Magnet ziehen sich gegenseitig an.

... Magnetisierung von kurzer oder langer Dauer

Zwei Nägel werden vertikal aufgehängt. Nähert man den Nordpol eines Magneten von unten, so werden beide Nägel magnetisiert (➠ *Versuch 3*). Die Elementarmagnete der beiden Nägel werden in gleicher Weise angeordnet. Beide erhalten unten einen Süd- und oben einen Nordpol. Daher stoßen sich die Nägel ab.

Sobald wir den Magneten, der die Ordnung der Elementarmagnete bewirkte, entfernen, kehrt die alte Unordnung wieder ein. Die Magnetisierung und damit die Abstoßung verschwinden. Eisennägel sind **weichmagnetisch**. Nadeln aus Stahl behalten ihre Magnetisierung bei. Solche **hartmagnetischen Stoffe** erhält man aus Eisen durch Zusätze von Aluminium, Nickel und Cobalt (AlNiCo). Diese Zusätze behindern das Drehen der Elementarmagnete. Eine einmal erreichte Magnetisierung bleibt dauerhaft erhalten (**Dauermagnete**).

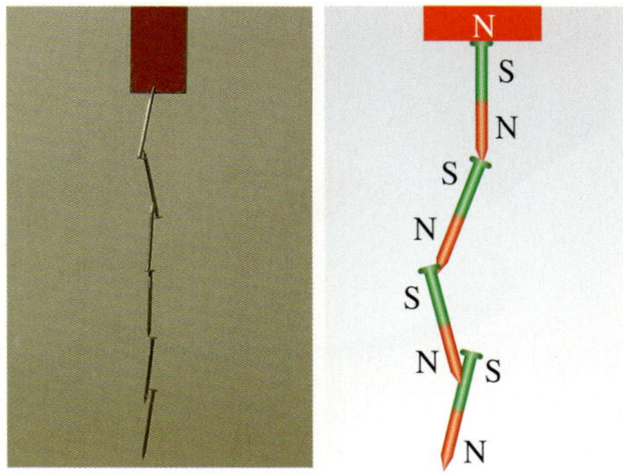

V2: Auf dem Tisch liegen einige Nägel. Wir nähern ihnen von oben den Nordpol eines Stabmagneten. Der nächstgelegene Nagel hüpft an den Nordpol des Magneten und bleibt daran hängen. Wir heben nun den Magneten langsam an und beobachten, wie ein zweiter Nagel sich an den ersten anhängt, ein dritter an den zweiten usw. Am Ende hängt eine ganze Nagelkette an dem Magneten. Lösen wir die Kette mit der Hand oben vom Magneten, so fällt die ganze Kette auseinander.

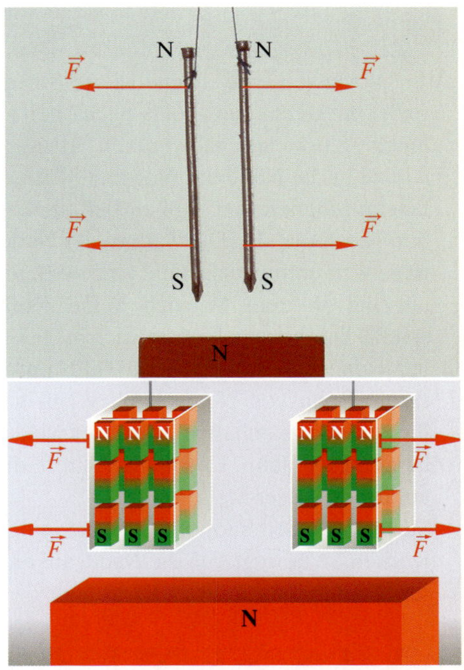

V3: Wir hängen zwei Nägel an Fäden nebeneinander auf und nähern ihnen von unten den breiten Nordpol eines starken Magneten. Die Fäden straffen sich. Gleichzeitig gehen die Nägel untereinander „auf Abstand". Entfernen wir den Magneten, so nehmen die Nägel wieder ihre alte Stellung ein.

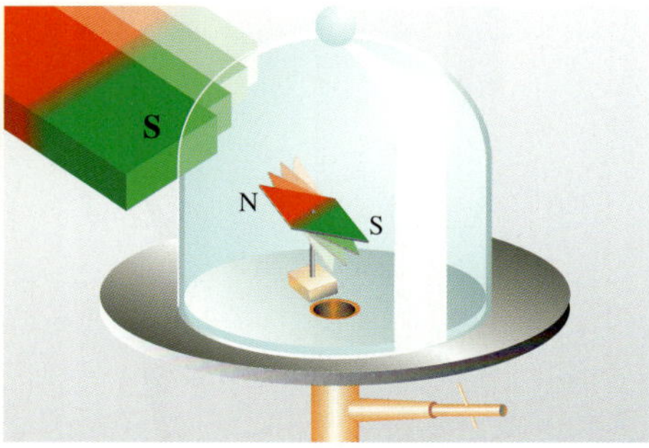

V1: Wir stellen eine Magnetnadel unter eine Glasglocke. Ihr Nordpol wird vom Südpol eines Stabmagneten angezogen, den wir von außen nähern. Daran ändert sich nichts, wenn wir die Luft aus der Glasglocke herauspumpen.

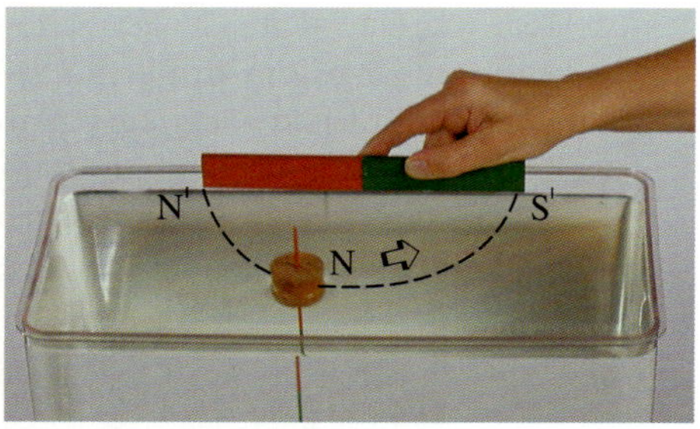

V2: Wir lassen eine magnetisierte Stricknadel mit ihrem Nordpol N nach oben an einem Korkstück schwimmen. Bringen wir sie in die Nähe des Nordpol N' eines langen Magneten, so stoßen sich die beiden Nordpole ab. (Der Südpol der Nadel ist so weit entfernt, dass die Kraftwirkung auf ihn in dem Versuch keine Rolle spielt). Der Nordpol N setzt sich in Bewegung und beschreibt die im Bild gestrichelte Bahn von N' nach S'. Wenn wir ihn unterwegs anhalten, startet er wieder längs dieser Bahn. Er folgt der Kraft, die auf ihn an dieser Stelle wirkt.
Stecken wir den Südpol der Nadel in den Korken, so bewegt sich die Nadel auf dieser Bahn in umgekehrter Richtung.

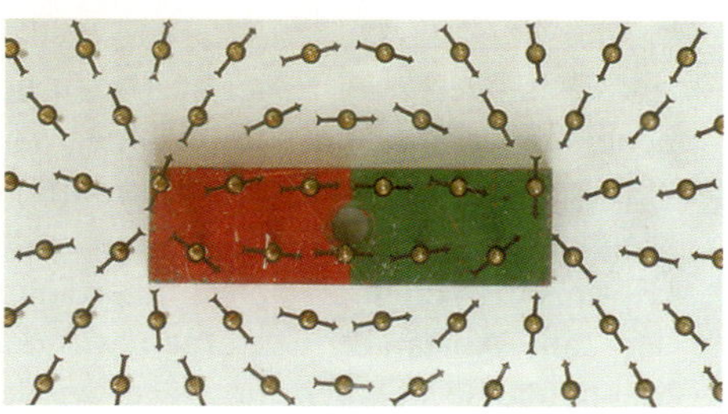

B1: Das Feld eines Stabmagneten

Das magnetische Feld

1. Wie wirken magnetische Kräfte?

Mit einem gespannten Seil kannst du eine Kraft auf einen entfernten Gegenstand ausüben und so den Wirkungsbereich deiner Hände erweitern. Der *Wirkungsbereich* eines Magneten reicht weit in den Raum hinein. Es zeigt sich, dass magnetische Kräfte sogar durch den luftleeren Zwischenraum hindurch wirken (➡ *Versuch 1*).

Eine magnetisierte Stricknadel schwimmt mit ihrem Nordpol N nach oben in Wasser (➡ *Versuch 2*). Ein Stabmagnet wirkt mit seinen beiden Polen N' und S' von außen auf den schwimmenden Nordpol N. Beim Start in der Nähe von N' besteht eine große Abstoßungskraft zwischen den beiden Nordpolen N' und N. Die anziehende Wirkung von S' auf N ist sehr gering. Die Stricknadel wird in bestimmter Richtung von N' weggestoßen und läuft nicht auf dem kürzesten Weg zum Südpol S' hin.

In jedem Punkt der Umgebung des Stabmagneten N'S' besteht zwischen den Polen N und N' eine Abstoßung und zwischen N und S' eine Anziehung. Diese Kräfte ändern von Ort zu Ort ihre Richtungen. Ihre Beträge ändern sich ebenfalls; sie hängen ja von der Entfernung der Pole ab. Ihre resultierende Kraft auf N ist somit von Ort zu Ort verschieden.

Der Nordpol N folgt in jedem Punkt seiner Bahn der resultierenden Kraft. Er beschreibt einen Bogen, der bei N' beginnt und bei S' endet. Die resultierende Wirkung lässt sich mithilfe einer einfachen Linie beschreiben. Verschieben wir den Startpunkt von N geringfügig, so beschreibt N einen anderen Bogen. Nach diesem und weiteren „Läufen" ergibt sich schließlich eine überschaubare, geordnete Struktur von Linien in der Umgebung des Magneten. Startet N an einer beliebigen Stelle im Wasser, so wird er entlang einer Linie dieser Struktur geführt.
Man nennt diese Struktur ein **magnetisches Feld**. Die **Feldlinien** beschreiben die Richtung der resultierenden Kraft, die ein *Test-Nordpol* in der Umgebung eines Magneten erfährt.

Merksatz

Der Wirkungsbereich eines Magneten heißt **magnetisches Feld**. Feldlinien geben die Richtung der Kraft an, die ein Test-Nordpol im Feld eines Magneten erfährt.

2. Feldlinien auf einen Blick

Ein *Test-Nordpol* erfährt in der Umgebung eines Magneten eine Kraft in Richtung der Feldlinien. Ein *Test-Südpol* erfährt dort eine entgegengesetzt gerichtete Kraft. Das gilt auch für die beiden Pole einer kleinen Magnetnadel. Die Kräfte drehen die Nadel und stellen sie in Feldlinienrichtung.

Reihen wir viele solcher Magnetnadeln aneinander, so bilden sie eine Kette entlang einer Feldlinie (➠ *Bild 1*). Mit mehreren nebeneinander liegenden Ketten erkennt man die Struktur eines Magnetfeldes auf einen Blick. Wir entdecken zum Beispiel in ➠ *Bild 2* parallele Feldlinien zwischen den Schenkeln eines Hufeisenmagneten.

Mit Eisenpulver erhalten wir ein noch feineres Bild magnetischer Feldlinien (➠ *Versuch 3*). Eisenfeilspäne werden im Feld selbst zu Dipolen. Wie Kompassnadeln bilden sie eine Vielzahl von Ketten und vermitteln ein übersichtliches Bild der Feldstruktur.

Wir erkennen in den Feldlinienbildern auch den Kontrast von Anziehung und Abstoßung (➠ *Bild 3*). Stehen sich Nordpol und Südpol gegenüber, so sehen wir zwischen den Polen *Brücken* aus Eisenpulver. Die Anziehung könnte man als *Zug* einer Feldlinie symbolisch beschreiben. Ganz im Gegensatz dazu steht die Abstoßung gleichnamiger Pole: Es sieht so aus, als wollten sich die Feldlinien wegdrängen. Auch in ➠ *Versuch 3* kann man bei parallelen Feldlinien die Tendenz erkennen, sich wegzudrängen.

Merksatz

Feldlinien verlaufen in der Umgebung eines Magneten vom Nordpol zum Südpol. In der Nähe der Pole laufen die Feldlinien dicht zusammen. Dort ist das Feld am stärksten.

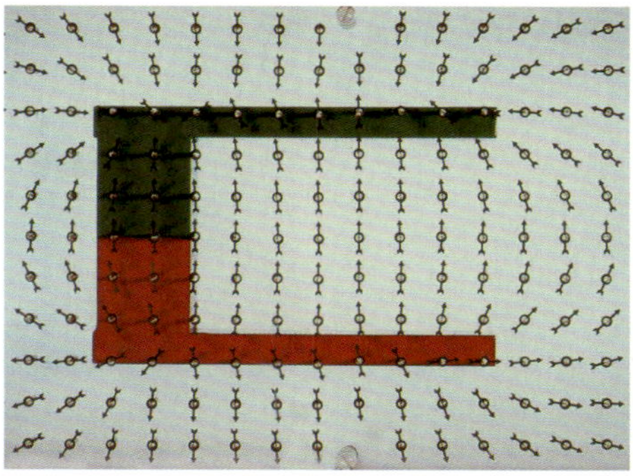

B 2: Homogenes Feld im Hufeisenmagnet

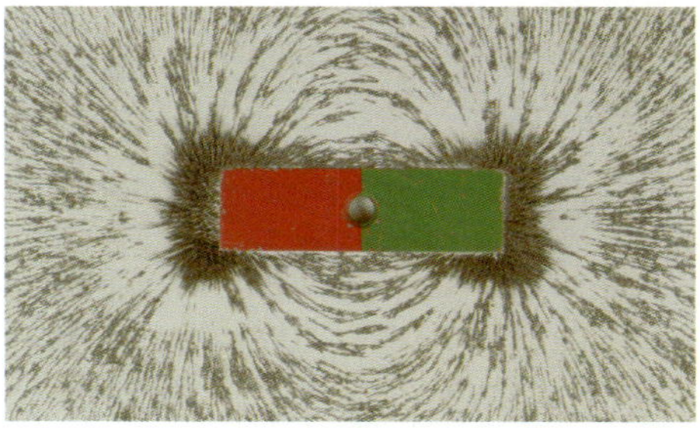

V 3: Wir legen eine Glasplatte über einen Stabmagnet und streuen Eisenpulver darauf. Das Pulver ordnet sich von selbst zu Ketten aus kleinen Dipolen.

3. Im Magnetfeld ist Energie gespeichert

Wir wissen, dass man eine bestimmte Portion Energie zuführen muss, um einen Körper gegen die Anziehungskraft der Erde zu heben. Die Energie steckt hinterher in der Lage des Körpers als vergrößerte Höhenenergie. Trennen wir einen Magneten von einem anderen unter Kraftaufwand, so müssen wir ebenfalls Energie zuführen (➠ *Bild 4*). Wo bleibt diese Energie?

Im Inneren der Magnete, also an den Elementarmagneten, hat sich nichts geändert. Diese waren ja schon vorher ausgerichtet, sodass hierzu jetzt keine weitere Energie benötigt wurde. Etwas hat sich aber doch verändert. Die Eisenfeilspäne in ➠ *Bild 4* zeigen, dass zwischen den Magneten ein vorher nicht vorhandenes Magnetfeld entstanden ist. Lässt man die Magnete wieder los, so werden sie aufeinander zu beschleunigt, und das Feld verschwindet wieder. Dies ist ein Hinweis darauf, dass Energie in einem magnetischen Feld in einer für uns neuartigen Form gespeichert werden kann. Da ein Magnetfeld ja auch im Vakuum existiert, kann Energie im materiefreien Raum gespeichert werden.

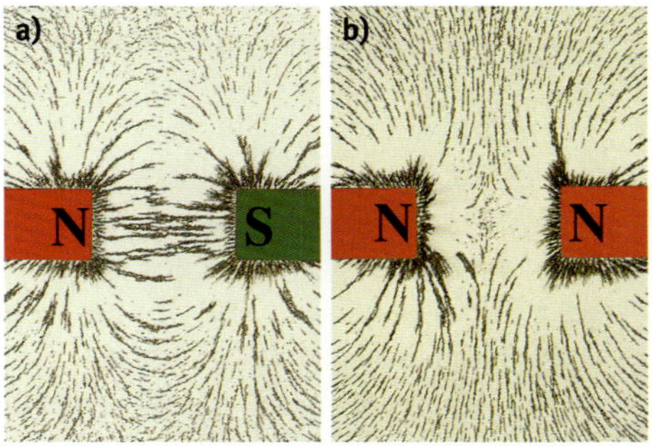

B 3: a) Anziehung ungleichnamiger Pole
b) Abstoßung gleichnamiger Pole

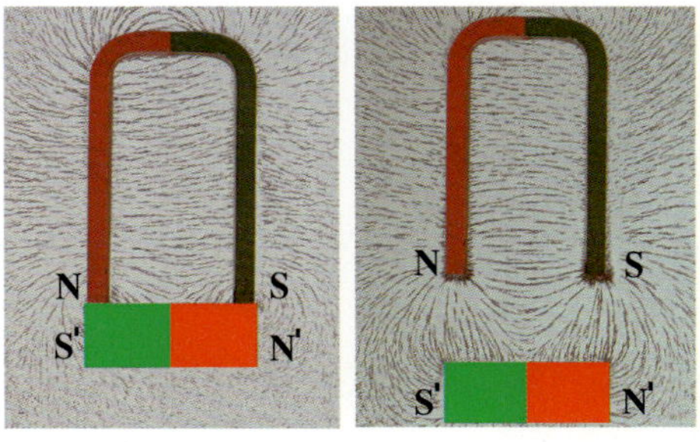

B 4: Unter Energieaufwand wurden die Magnete voneinander getrennt. Jetzt ist die Energie im Magnetfeld gespeichert.

Merksatz

In einem Magnetfeld ist Energie gespeichert – sogar im Vakuum. Sie kann beim Verschwinden des Feldes in anderer Form genutzt werden.

Interessantes

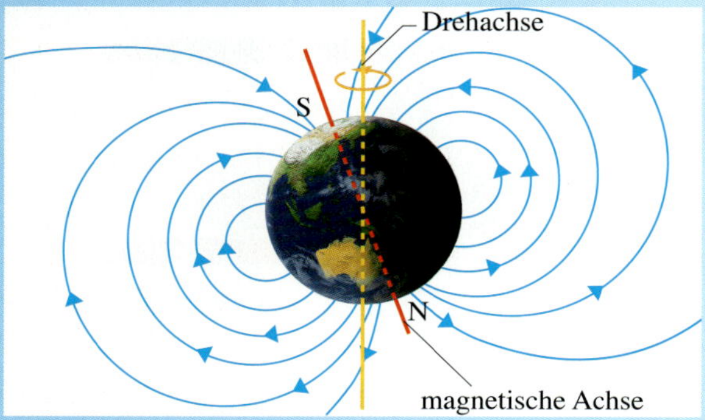

B1: Das Magnetfeld der Erde

Das Magnetfeld der Erde

A. Unsere Erde – auch ein Magnet?

Du weißt, dass eine Kompassnadel immer nach Norden zeigt. Warum tut sie das? Sie ist ein magnetischer Dipol und richtet sich entlang der Feldlinien eines Magnetfeldes aus. Offensichtlich ist es das *Magnetfeld der Erde*, das sie in die Nord-Süd-Richtung dreht. Das haben die Menschen schon sehr früh erkannt und den Kompass als Orientierungshilfe auf der Erde benutzt.

B. Die magnetischen Pole der Erde

Der Nordpol einer Kompassnadel weist in die Richtung des *magnetischen Südpols.* Dieser liegt somit in der Nähe des *geographischen Nordpols* der Erde (➠ *Bild 1*). Dort weist die Kompassnadel senkrecht nach unten. Umgekehrt liegt der *magnetische Nordpol* der Erde in der Nähe des geographischen Südpols. Die Magnetpole und die *geographischen Pole* der Erde fallen nicht zusammen.

Messungen haben ergeben, dass die Magnetpole der Erde unabhängig voneinander ihre Lage ändern. Sie verschieben sich langsam. Ihre Verbindungslinie geht nicht durch den Erdmittelpunkt.

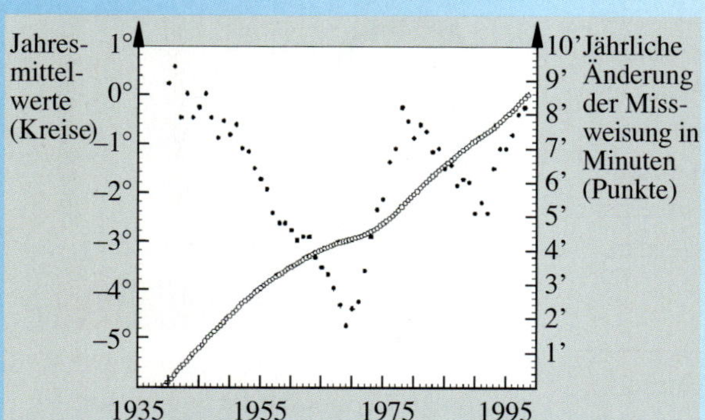

B2: Änderung der Missweisung im Lauf der Zeit

C. Die Deklination

Da der magnetische Südpol der Erde nicht mit dem geographischen Nordpol zusammenfällt, zeigt eine Kompassnadel in der Regel nicht genau nach Norden. Diese **Missweisung (Deklination)** ist von Ort zu Ort verschieden und verändert sich ständig. Messungen ergaben, dass sich an einem bestimmten Ort in Deutschland (z. B. Wingst) die Missweisung von –5° im Jahr 1938 auf 0° im Jahr 1998 nahezu gleichmäßig verändert hat (➠ *Bild 2*).

Wir entnehmen der Karte (➠ *Bild 3*), dass die Deklination in Deutschland von Ort zu Ort verschieden ist. Auf der Linie Hannover–Kassel–Stuttgart hat sie zurzeit den Wert null.

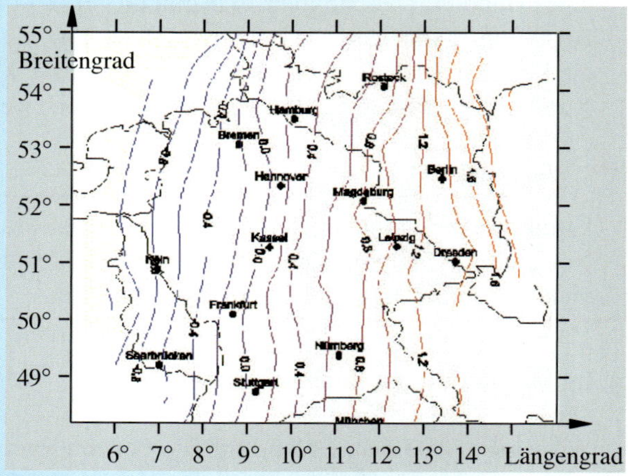

B3: Deklination in Deutschland 1998

D. Der Inklinationswinkel

Die magnetischen Feldlinien verlaufen schräg zur Erdoberfläche. Sie bilden mit der Horizontalen den *Inklinationswinkel*. Bei uns beträgt er etwa 65°. Wir messen ihn mit einer *Inklinationsnadel* (➠ *Bild 4*). Sie ist eine Kompassnadel, die sich um eine waagerechte Achse drehen kann.

B4: Deklination und Inklination

Interessantes

E. Woher rührt das Erdmagnetfeld?

Das Erdmagnetfeld kann nicht von einem Dauermagneten herrühren. Denn bei Eisen wird jede Magnetisierung schon ab etwa 750 °C beseitigt. Das Innere der Erde hat dagegen teilweise Temperaturen über 3000 °C, ist also glühend flüssig.

Man weiß, dass elektrische Ströme Magnetfelder erzeugen. Geophysiker vermuten daher starke elektrische Ströme im dünnflüssigen Eisen des äußeren Erdkerns (in etwa 3000 km Tiefe). Auf diese Ströme führt man das Erdmagnetfeld zurück. Wegen der *Erdrotation* verlaufen die Magnetfeldlinien im Inneren der Erde annähernd in Richtung der Drehachse.

F. Die Orientierung des Erdmagnetismus im Laufe der Erdgeschichte

Das Magnetfeld der Erde hat sich in Zeiträumen von Millionen von Jahren gewandelt und sogar seine Polung geändert. Davon zeugen eisenhaltige Gesteinsschichten vulkanischen Ursprungs, die von dem jeweiligen Magnetfeld der Erde magnetisiert und entsprechend orientiert wurden. Beim Abkühlen behielt das Gestein seine Ausrichtung dauerhaft bei.

Untersuchungen ergaben, dass sich die Richtung des erdmagnetischen Feldes etwa alle 500 000 Jahre umgekehrt hat. Die Richtungsänderung vollzog sich dabei innerhalb von 5000 Jahren. Diese Umkehrungen der letzten 80 Millionen Jahre sind genau erforscht.

G. Das Magnetfeld schützt die Erde

Das Magnetfeld der Erde reicht über die Atmosphäre hinaus. Es lenkt von der Sonne kommende elektrisch geladene Teilchen hoher Energie *(Sonnenwind)* ab und schützt so Menschen, Tiere und Pflanzen vor dieser gefährlichen Strahlung.

H. Die Geschichte des Magnetismus

Seit mehr als 2500 Jahren kennt man magnetische Erscheinungen. Um 585 v. Chr. beschrieb Thales die Anziehung von kleinen Eisenstückchen durch gewisse Eisenerze. Etwa 200 Jahre später ließ Plato in einer Schrift seinen Lehrer Sokrates berichten, dass Magneteisensteine ihre Kraft über mehrere Eisenringe hinweg auf andere Ringe übertragen können.

Praktische Bedeutung gewann der Magnetismus durch die Einführung des Kompasses, der wahrscheinlich aus China stammt. Er wurde von den Arabern nach Europa gebracht. Hier diente er schon im 13. Jahrhundert insbesondere in den nördlichen Breiten als Navigationshilfsmittel bei Nebel auf hoher See. Ohne den Kompass sind die Entdeckungsreisen über die Weltmeere im 15. Jahrhundert und die damit verbundenen kulturellen und wirtschaftlichen Veränderungen schwer vorstellbar.

Pierre de Maricourt (1269) kannte bereits die unterschiedlichen Pole eines Magneten und deren wechselseitige Anziehung und Abstoßung. Ihm war auch bekannt, dass beim Auseinanderbrechen eines Magneten wieder Dipole entstehen.

Der bedeutendste Gelehrte des Magnetismus seiner Zeit war der Londoner Arzt William Gilbert (De Magnete, 1600). Er stellte Kugeln aus Magneteisenstein her und markierte die mit einer Kompassnadel gefundenen Meridiane. Er wies die Inklination auf einer Eisenkugel nach. So vermutete er, dass das Innere der Erde aus Magneteisenstein besteht.

I. Das Magnetfeld als Navigationshilfe für Tiere

Wie Zugvögel aus Tausenden von Kilometern Entfernung ihr Brutgebiet ansteuern können und anschließend wieder zurückfinden (➠ *Bild 5*), war lange Zeit ein Geheimnis der Natur. Inzwischen weiß man, dass dabei auch das Magnetfeld der Erde Navigationshilfe leistet. Ihr *„Kompass"* ist ein *magnetischer Sensor,* der sich in der Haut oberhalb des Schnabels befindet. Dort sind magnetische Eisenoxid-Kristalle in Sinneszellen eingebettet. Die Zellen reagieren auf mechanische Reize. Vermutlich drükken die Kristalle je nach Ausrichtung des Kopfes im Magnetfeld auf verschiedene Nervenmembranen, die den Reiz an das Gehirn weiterleiten.

Der Kompass der Vögel kennt keinen Norden oder Süden. Seine Richtungsangaben lauten *polwärts* oder *äquatorwärts.* Im Gegensatz zum üblichen Kompass, der die Nordrichtung anzeigt, zeigt der Vogelkompass den Inklinationswinkel an, der sich von null am Äquator bis 90° an den Polen ändert.

Weitere wichtige Orientierungshilfen der Zugvögel sind *Sonnenstand und Sternenhimmel.*

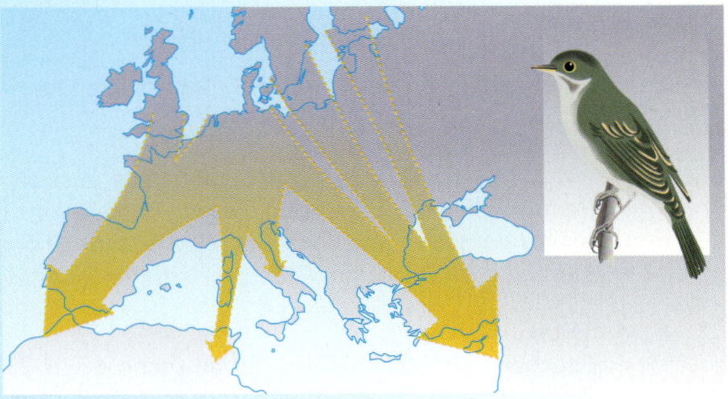

B5: Vogelflugkarte

Methoden

Planarbeit

Ziel einer **Planarbeit** kann sein, dass du ein neues Thema selbstständig erarbeitest. Für eine Planarbeit erhältst du eine Anleitung, die nachfolgend erläutert wird. Planarbeit hat den Vorteil, dass du die zur Verfügung stehende Bearbeitungszeit nach deinem Lern- und Arbeitstempo einteilen kannst. So kannst du dich ausführlich und intensiv solchen Sachverhalten widmen, die dir Schwierigkeiten bereiten oder die dich interessieren. Planarbeit kannst du allein oder auch in einer Kleingruppe durchführen.

Eine **Anleitung zur Planarbeit** enthält dabei:
- das zu bearbeitende Thema
- die zur Verfügung stehende Zeit
- die zur Verfügung stehenden Hilfsmittel (Bücher, Experimentiermaterial)
- die zu erledigenden Aufträge
- die Art der Dokumentation
- Kontrollaufgaben, mit denen du überprüfen kannst, ob du den Stoff verstanden hast.

Planarbeit zum Thema „Magnete und ihre Pole"

Zeit: 2 Schulstunden und Nacharbeit zuhause; Präsentation in der folgenden Schulstunde

Ziele:
- Auffrischen und Ergänzen der Vorkenntnisse aus dem Fach Naturphänomene
- Erarbeiten des Themas „Magnetische Kräfte" anhand des Schulbuchs
- Vorbereiten einer Versuchpräsentation

Arbeitsaufträge:
1. Schreibe **Stichworte** auf, die dir zum Thema „Magnete" aus dem Unterricht Naturphänomene und aus dem Alltag einfallen.
2. **Ordne** deine Stichworte zum Thema „Magnete" und erstelle dazu eine **Mindmap** (➡ Schulbuch Seite 147).
3. Versehe deine Stichworte zum Thema „Magnete" mit **Inhalt**.
4. Überlege dir zu deinen Stichworten geeignete **Versuche**, mit denen du den jeweiligen Sachverhalt verdeutlichen kannst. Führe einige der Versuche durch (Lehrer stellt Material aus der Physiksammlung zur Verfügung). Dokumentiere die von dir durchgeführten Versuche:
   - Fertige eine Versuchsskizze mit Beschreibung an.
   - Erläutere die Versuchsdurchführung.
   - Schreibe deine Beobachtungen auf.
   - Ziehe aus deinen Beobachtungen entsprechende Folgerungen.
   - Erkläre – falls möglich – die Versuchsergebnisse.
5. Schreibe eine **Zusammenfassung**, die du auch für die nächste Klassenarbeit verwenden kannst. Bei deiner Zusammenfassung sollst du auf **folgende Stichworte** eingehen:
   - Magnetische und nichtmagnetische Stoffe
   - Magnetpole:
     - Was versteht man unter einem Magnetpol?
     - Unterscheidung von Arten von Magnetpolen
     - Gibt es magnetische Einzelpole?
     - Namensgebung: Nordpol und Südpol
   - Kräfte zwischen Magnetpolen
   - Wirkung gleichnamiger bzw. ungleichnamiger Magnetpole nach außen hin

6. **Hilfsmittel**
   - Schulbuch Seite 178 und 179
   - Internetrecherche mit einer Suchmaschine (überlege dir hierzu geeignete Suchbegriffe)

7. **Präsentation** eines Versuchs
   - Den Versuch musst du so gut ausarbeiten, dass du ihn vor der Klasse durchführen und erklären kannst.
   - Fertige für die Präsentation dieses Versuchs eine **Folie** mit den wichtigsten Inhalten an. Fasse die Ergebnisse deines Versuchs in wenigen Sätzen zusammen. Formuliere wenn möglich einen Merksatz.
   - Fertige dazu für deine Mitschüler ein **Handout** an.

8. **Aufgaben**
   - Bearbeite Schulbuch Seite 188, Aufgabe A 3, S. 221, Aufgabe A 5
   - Denke dir zum Thema „Magnete" eine Aufgabe für die Klasse aus.

Methoden

Wie lernt man Physik?

Viele sagen „Physik habe ich in der Schule nie verstanden …“ und hängen gerne an: „… weil mein Lehrer nicht erklären konnte!“ Diese bequeme Ausrede dürfte heute nicht mehr gelten. In allen Fächern wirst du herausgefordert, dich alleine oder in der Gruppe mit den zu lernenden Inhalten auseinanderzusetzen. Auch im Physikunterricht bist du auf Selbstständigkeit beim Lernen angewiesen. Dabei hilft es dir, wenn du bestimmte Dinge von Anfang an gut einübst:

- **Einen Physiktext lesen:** Wie das *Haus der Physik* entstanden ist und wie es fertig aussieht, kann man in Physikbüchern nachlesen. Im *Inhaltsverzeichnis* sucht man das Thema, über das man sich informieren will. Im *Register* sucht man Begriffe und Wörter, deren Bedeutung unklar ist. *Bilder* vermitteln Anschaulichkeit, *Tabellen* liefern Überblicke.
  Es hilft dir beim Lesen, wenn du dir klar machst, was du vom Buch wissen willst: In diesem Buch z. B. steht in der breiten Hauptspalte immer, wie es *im Haus der Physik* aussieht. Den Hinweisen auf die Außenspalte gehst du nach, wenn du wissen willst, wie *das Haus gebaut* worden ist.
- **Verständnisfragen stellen und beantworten:** Manchmal stößt du beim Lesen auf Fragen, bei denen dir Inhaltsverzeichnis und Register nicht weiterhelfen. Bei *gemeinsamem Lernen* hilft und fordert man sich gegenseitig. Du musst dem Lernpartner deine Frage erklären und erfährst mit der Antwort eine andere Sicht auf die Dinge. Wenn beim Erklären von Fragen und Erklären von Antworten neue Fragen auftauchen, darf dies euch nicht entmutigen.
- **Im Zusammenhang darstellen und präsentieren:** Sollst du z. B. ein Referat halten oder ein Wandplakat anfertigen, so brauchst du einen Plan. Versetze dich in die Situation deiner Zuhörer oder Leser, die vielleicht zum ersten Mal in diesem Teil des „Gebäudes“ sind. Überlege genau, welche Medien (Experimente, Bilder) du einsetzen willst, damit alle dort ankommen, wo du sie hinführen möchtest.

Wie betreibt man Physik?

Vieles, was in Physikbüchern steht, kannst du selber herausfinden. Das erfordert Geduld, führt über Umwege und ist im Buch nie in aller Ausführlichkeit dargestellt. Im Unterricht ist oft die Zeit knapp; die Lehrerin oder der Lehrer hilft dann den Weg zu gehen, den man vom Ziel aus rückblickend als einen direkten Weg erkennen kann. Das ist so wie nach dem Anstieg auf einen Berggipfel: Erst von dort überblickt man zum ersten Mal den mit Mühe gegangenen Weg.

- **Mit Experimenten Theorie voranbringen:** Experimente werden in der Physik nicht gemacht, um zu zeigen, „wie es ist“. Man erforscht vielmehr, ob etwas so ist, wie man vermutet oder wie es theoretische Überlegungen behaupten. Man weiß schon etwas und stößt auf eine Frage. Man vermutet eine Antwort und plant ein Experiment, um die Vermutung zu prüfen. Dabei ist Kreativität gefordert.
- **Experimente sorgfältig durchführen:** Jedes physikalische Experiment ist eine Frage an die Natur. Auch dabei gilt: Je mehr man schon weiß, desto präzisere Fragen kann man stellen. Man führt das Experiment durch und notiert alle Beobachtungen (nicht nur die zur vermuteten Antwort passenden!). Die Auswertung soll dann die Antwort auf die gestellte Frage liefern; sie kann aber auch Zweifel wecken und die Theorie in Frage stellen.
- **Ergebnisse präzise beschreiben:** Lange vor Telefon und Internet haben Physikerinnen und Physiker Ergebnisse ausgetauscht, verglichen und kontrolliert. Die Beschreibung des Hauses der Physik ist in allen Sprachen gleich. Dabei helfen Verabredungen über Begriffe, Fachsprache und Mathematik.
- **Schwierigkeiten aushalten:** Weil Physik als Theorie im Kopf entsteht und in Experimenten ständig an der realen Natur überprüft werden muss, sind Widersprüche und Rückschläge unausweichlich. Erfolgreiche Physikerinnen und Physiker sind solche, die ihre Ideen selbstkritisch, geduldig und hartnäckig verfolgen.

Das ist wichtig

B1: Eisenpulver an einem Stabmagneten

1. Die Pole eines Magneten

Jeder Magnet besitzt einen **magnetischen Nordpol** und einen **magnetischen Südpol**. Gleichnamige Pole zweier Magnete stoßen sich ab, ungleichnamige ziehen sich an.

Gleichnamige Pole verstärken sich, ungleichnamige Pole schwächen sich in ihrer Wirkung nach außen.

2. Elementarmagnete

Der Magnetismus von Eisen lässt sich mithilfe der **Elementarmagnete** beschreiben. Es sind magnetische Dipole, die auch in – nach außen unmagnetischem Eisen – schon enthalten sind. Sie werden also beim **Magnetisieren** nicht erzeugt, sondern geordnet.

In **weichmagnetischen Stoffen** lassen sie sich leicht ausrichten, gehen aber ebenso leicht wieder in den ungeordneten Zustand über.

In **hartmagnetischen Stoffen** wie Stahl und speziellen Legierungen behalten die Elementarmagnete nach dem Magnetisieren ihre Ordnung bei. Aus solchen Stoffen fertigt man **Dauermagnete**.

3. Das Zusammenwirken magnetischer Kräfte

Bei der Halbierung einer magnetisierten Nadel entstehen wieder zwei vollständige Magnete. Das liegt daran, dass an der Bruchstelle auf der einen Seite alle Nordpole, auf der anderen Seite alle Südpole der dort nebeneinander liegenden Elementarmagnete zusammenwirken und jeweils einen starken Magnetpol bilden. Vor der Trennung schwächten sich die aneinander liegenden Nord- und Südpole gegenseitig in ihrer Wirkung nach außen. Daher erscheint die Mitte der magnetisierten Nadel unmagnetisch.

4. Das magnetische Feld

Der Wirkungsbereich eines Magneten heißt **magnetisches Feld**. In ihm ist Energie gespeichert. Auch die Erde ist von einem Magnetfeld umgeben. Eine Magnetnadel stellt sich in Richtung der **magnetischen Feldlinien** ein. Eine Kompassnadel weist nach Norden in Richtung des magnetischen Südpols. Eine Inklinationsnadel zeigt den Winkel, den die Feldlinien mit der Horizonalen bilden, an.

Aufgaben

A1: Eine Schülerin überlegt Folgendes: In einem Nagel befinden sich ungeordnete Elementarmagnete. Sie besitzen genauso viele Nordpole wie Südpole. Nähert man den Nordpol eines Stabmagneten, so werden die Südpole der Elementarmagnete angezogen, aber ebenso viele Nordpole abgestoßen. Trotzdem heben sich die Kräfte nicht auf: Der Nagel wird von dem Nordpol angezogen. Wie kann man das verstehen?

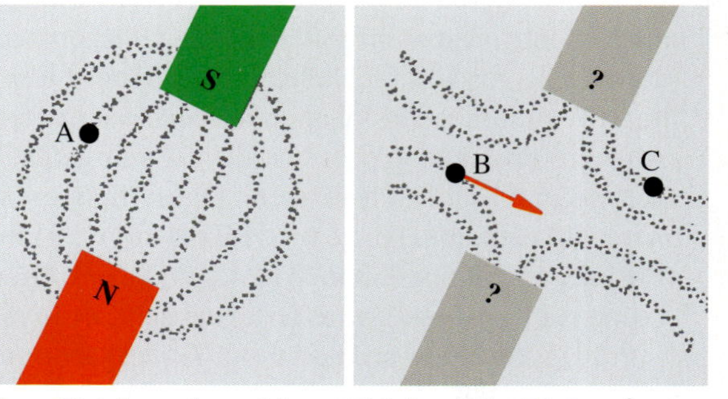

A2: Zeichne das obige Bild in dein Heft. **a)** Am Punkt A befindet sich ein Test-Nordpol (linkes Bild). Skizziere die auf ihn einwirkende Kraft durch einen Kraftpfeil. Zeichne durch A auch Feldlinien der einzelnen Magnete mit in das Bild. In welche Richtungen wirken ungefähr die einzelnen Kräfte auf den Test-Nordpol? **b)** Welche Pole stehen sich im rechten Bild gegenüber? Wie würde sich eine Kompassnadel im Punkt C ausrichten? (Im Punkt B befindet sich ein Test-Nordpol.) **c)** Woran könnte man die gegenseitige Wirkung der Magnete aufeinander erkennen, auch wenn die Polbezeichnungen in beiden Bildern fehlten?

A3: Ein Stabmagnet und ein Stab aus unmagnetisiertem Weicheisen sollen völlig gleich aussehen. **a)** Wie kannst du mit einem weiteren Magneten feststellen, welcher Stab aus Weicheisen besteht? **b)** Wie kannst du diese Entscheidung treffen, wenn kein zweiter Magnet zur Verfügung steht? Erläutere dein Vorgehen auch anhand von Skizzen.

A4: **a)** Der Polarstern steht für uns über dem Nordpunkt des Horizonts. Wie kann man auf der Nordhalbkugel der Erde zu jedem Ort die Deklination bestimmen? **b)** Wo befinden sich auf der Erde Orte mit der Deklination 180°? **c)** Was beschreibt man mit Deklination, was mit Inklination? Was ergeben beide zusammen?

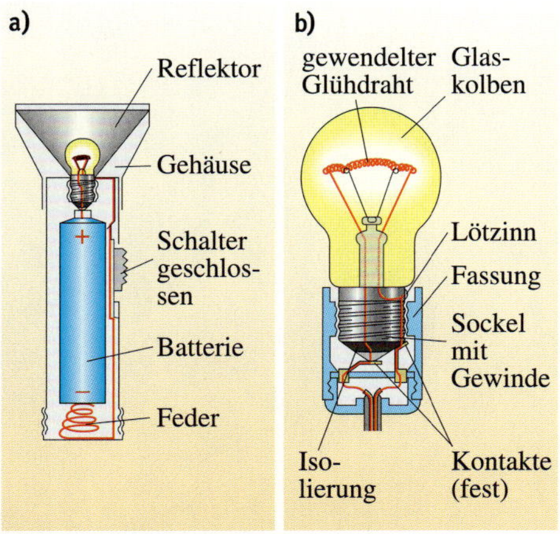

B 1: a) Bei Stabtaschenlampen ist das Gehäuse Teil des Stromkreises. **b)** Glühlampe

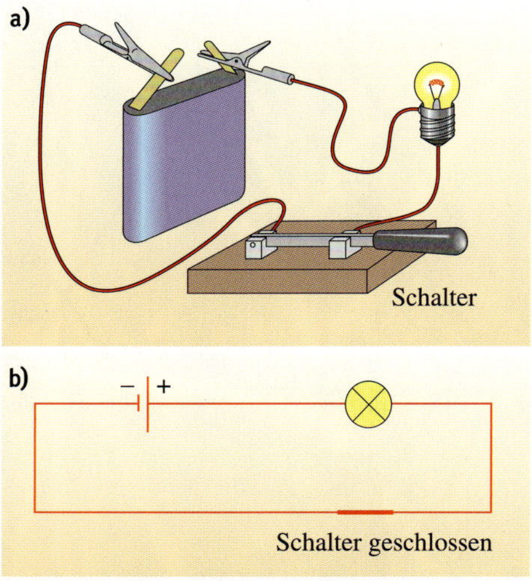

B 2: a) Stromkreis mit Schalter und langen Kupferleitungen **b)** Schaltplan

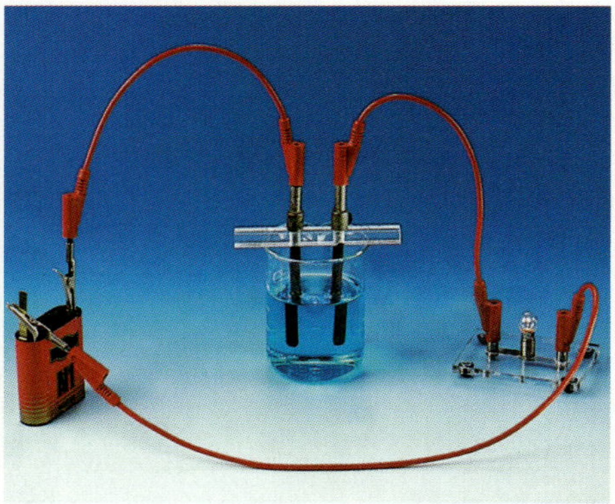

V 1: In ein Glasgefäß geben wir zwei Kohlestäbe. Dann wird das Gefäß mit verschiedenen Flüssigkeiten gefüllt. Das Leuchten des Lämpchens zeigt, ob die Flüssigkeit ein Leiter ist oder nicht.

Stromkreis – Leiter – Isolatoren

1. Was gehört zu einem Stromkreis?

Der Umgang mit „Strom aus der Steckdose" bringt Gefahren. Um zu verstehen, wie man sich davor schützt, experimentieren wir mit den Teilen einer ungefährlichen Taschenlampe.

Das Lämpchen einer Taschenlampe leuchtet, wenn wir seinen unteren metallischen Kontaktknopf mit dem Pluspol (+) der Stabbatterie und zusätzlich sein Lampengewinde durch einen Draht mit dem Minuspol (–) verbinden (➡ *Bild 1 a*). Eine solche *metallische Verbindung* besorgt das Gehäuse der Taschenlampe in seinem rot gezeichneten Teil. Das Lämpchen wird mit der Batterie als **Stromquelle** in einen **geschlossenen Stromkreis** einbezogen.

Wenn man dagegen die beiden Anschlüsse des Lämpchens unmittelbar mit einem Draht verbindet, liegt zwar ein geschlossener Leiterkreis vor. Trotzdem leuchtet das Lämpchen nicht. Hier fehlt nämlich die Stromquelle, sei es eine Batterie, ein Fahrradgenerator oder ein Akkumulator (kurz Akku).
Wir legen nach ➡ *Bild 2 a* zwischen die Batterie und das Lämpchen lange **Leitungen** aus Kupferdraht. Dann leuchtet das Lämpchen auch weitab von der Batterie. Zudem können wir mit dem **Schalter** den Stromkreis an einer beliebigen Stelle unterbrechen und wieder schließen.
Man nennt die Anschlüsse einer Stromquelle **Pole** und unterscheidet sie durch **Plus-** oder **Minuszeichen**. Sie haben nichts mit magnetischen Polen zu tun. Pole nennt man allgemein Stellen, die durch einen Gegensatz gekennzeichnet sind: Pole der Erde, einer Batterie, eines Magneten.
Die uns noch nicht genauer bekannte „Elektrizität" braucht einen Rückweg zur Stromquelle, sie führt einen Kreislauf aus. Wir sprechen davon, dass **Elektrizität strömt** und denken an den Blutkreislauf mit dem Herzen als Pumpe und den Körperorganen als Durchlaufstationen. Gas dagegen strömt zum Küchenherd und verbrennt dort; es braucht keine Rückleitung.

Der **Schaltplan** nach ➡ *Bild 2 b* stellt die Teile des Stromkreises in ihrer *physikalisch wesentlichen Zuordnung* dar. Die **Schaltzeichen** bezeichnen die benutzten Bestandteile. Die Linien symbolisieren die verbindenden Leitungen.

2. Leiter und Isolatoren

Wir entfernen den Schalter in ➡ *Bild 2 a* und überbrücken die entstandene Lücke durch verschiedene Materialien. Benutzen wir dazu Metalle oder Grafitminen aus Bleistiften, so leuchtet das Lämpchen hell auf. Man sagt, diese Stoffe seien **gute Leiter**. Bei Gegenständen aus Glas, Porzellan, Kunststoff, Gummi usw. dagegen leuchtet das Lämpchen nicht. Sie sind **Isolatoren**. Auch Luft unterbricht als guter Isolator den Stromkreis, etwa in Schaltern.

In Bädern und anderen Feuchträumen muss man besonders vorsichtig sein. Leitet also auch Wasser? Nach ➡ *Versuch 1* leitet Wasser besonders gut, wenn ihm verdünnte Säuren, Basen (Laugen) oder Salzlösungen beigefügt sind. Destilliertes Wasser dagegen leitet nicht.
Wir schütten Kochsalz in ein neues Gefäß zwischen die Kohlestäbe. Das Lämpchen bleibt dunkel. Gießen wir destilliertes Wasser dazu, leuchtet das Lämpchen umso stärker, je mehr Salz sich gelöst hat. Die schwache Leitfähigkeit von Leitungswasser und von feuchtem Erdreich rührt von gelösten Stoffen her.
Auch unser Körper leitet den Strom, besonders gut die Blutbahnen, Muskeln und Nervenstränge. Trockene Haut dagegen leitet nur schlecht. Wenn die Haut aber durch Regen, Schweiß oder im Bad feucht geworden ist, wird die Gefahr elektrischer Schläge größer. Man darf deshalb keine elektrischen Geräte anfassen, wenn man sich im Badewasser befindet oder mit feuchten Füßen auf dem Boden steht. Nimm solche **Gefahrenhinweise**, die wir auch im Folgenden geben, sehr ernst!

Merksatz

Der **elektrische Stromkreis** enthält eine **Stromquelle** und ist durch Leiter geschlossen. **Leiter** sind Metalle, Graphit, Säuren, Basen und Salzlösungen. **Isolatoren** sind Luft, Bernstein, Glas, Gummi, Keramik und die meisten Kunststoffe.

3. Gase leuchten, wenn sie leiten

Beim Blitz wird Luft kurzzeitig leitend; dabei leuchtet sie. Auch in Neonröhren für Reklamezwecke und in Leuchtstoffröhren leiten Gase, und zwar bei niedrigem Druck. Wir untersuchen jetzt dieses Leuchten von Gasen, wenn sie Strom leiten.

- In ➡ *Versuch 2* schließt man die Drähte einer **Glimmlampe**, *Elektroden* genannt, an ein Netzgerät. Dann leuchtet das Gas um die Elektrode, die mit dem Minuspol verbunden ist, hellrot auf. Das sonst gut isolierende Gas Neon wird leitend.
  Vertauscht man die Anschlüsse an der Glimmlampe oder an der Stromquelle, so leuchtet das Gas um die andere Elektrode. Diese ist jetzt mit dem Minuspol verbunden. Mit einer Glimmlampe kann man also (+)- und (–)-Pol unterscheiden.
- Zwei baugleiche, in Reihe geschaltete Glühlampen leuchten gleich hell (➡ *Versuch 3 a*). Sie führen einen Strom gleicher Stärke. Jetzt ersetzt man eine durch eine Glimmlampe (➡ *Versuch 3 b*). Die Glühlampe leuchtet kaum, die Glimmlampe dagegen hell. Die Glimmlampe bleibt dabei kalt. Sie setzt also weniger Energie um als die Glühlampe. Glimmlampen sind beim Stromnachweis empfindlicher als Glühlampen.

Merksatz

Unter besonderen Umständen leiten auch Gase. Dann senden sie Licht aus. In Glimmlampen leuchtet das Gas nur um die Elektrode, die mit dem Minuspol der Stromquelle verbunden ist.

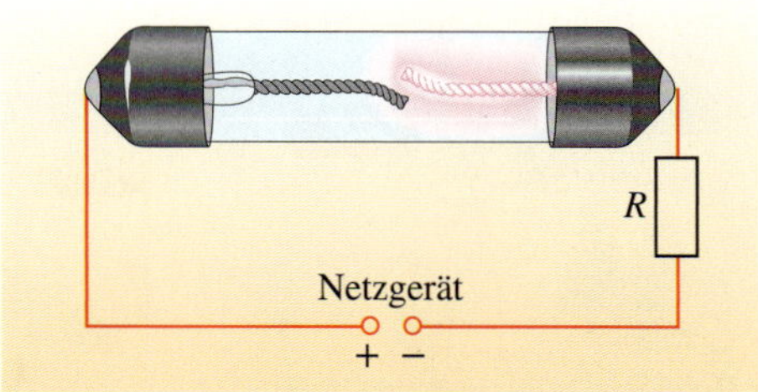

V 2: Eine Stabglimmlampe besteht aus zwei Drähten, die in ein Glasröhrchen eingeschmolzen sind und sich nicht berühren. Das Röhrchen enthält das Edelgas Neon unter vermindertem Druck. Schließt man die Glimmlampe an ein Netzgerät, so leuchtet das Gas um eine Elektrode.

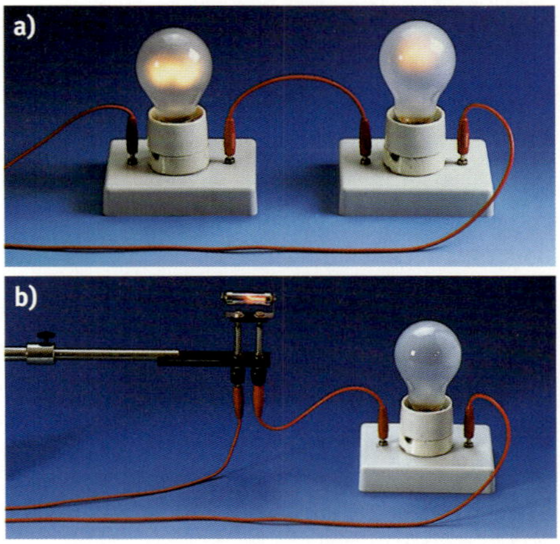

V 3: a) Reihenschaltung von zwei 15 Watt-Glühlampen: Beide leuchten gleich hell. **b)** Reihenschaltung einer Glimmlampe und einer 15 Watt-Glühlampe. Wird die Quelle stärker gemacht, so leuchtet die Glimmlampe vor der Glühlampe auf. **Vorsicht:** Versuch ist nur für Lehrer!

Aufgaben

A 1: Vergleiche das Lämpchen einer Taschenlampe mit einer großen Glühlampe (➡ *Bild 1*). Verfolge jeweils die rot gezeichnete Stromführung. Welche Drähte dienen nur zum Halten des dünnen Glühfadens? Warum sind das Lampengewinde und der untere Kontaktpunkt gegeneinander isoliert?

A 2: Wozu dient bei Stabtaschenlampen die Feder unten am Schraubgewinde? Prüfe deine Vermutung an einer Taschenlampe. Wie funktionieren Taschenlampen mit Kunststoffgehäuse?

B1: Ein Fluss, der eine Straße unterbricht, wird mit einer Autofähre bzw. einer Brücke überbrückt.

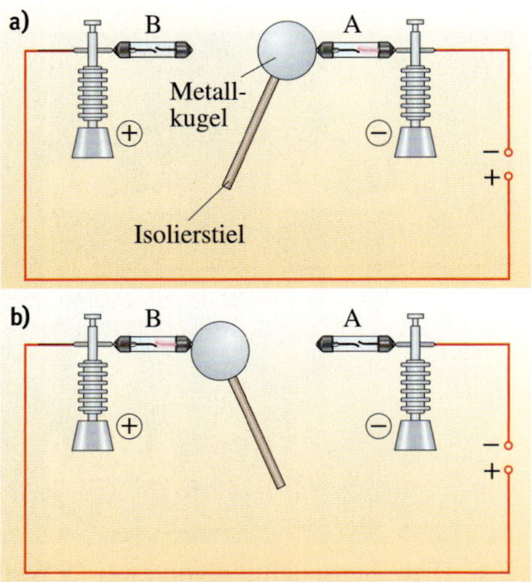

V1: Der Stromkreis zwischen den Glimmlampen A und B ist unterbrochen. **a)** Wir berühren die rechte Glimmlampe A mit einer Metallkugel, die auf einem Isolierstiel sitzt. Sie blitzt kurz an dem der Metallkugel abgewandten Ende auf. **b)** Anschließend bringen wir die Metallkugel von A zur linken Glimmlampe B. Diese blitzt beim Berühren kurz an dem der Metallkugel zugewandten Ende auf.

B2: Ein geladener Konduktor wird mit einer Glimmlampe berührt. Sie blitzt auf.

Elektrische Ladung

1. Im Stromkreis fließt Ladung

Wir haben uns schon mit Strömungen von Wasser und von der Energie (bei Wärmeleitung) beschäftigt. Könnte nicht auch in einem elektrischen Stromkreis etwas strömen? Dass Stromkreise geschlossen sein müssen, damit elektrische Geräte funktionieren, nehmen wir als ersten Hinweis dafür, dass in den Leitungen eine Art elektrische Substanz strömt.

Gibt es noch deutlichere Hinweise? Betrachten wir zum Vergleich eine Straße, die durch einen Fluss unterbrochen wird (➠ *Bild 1*). Der Verkehrsstrom kann durch eine Fähre aufrecht erhalten werden, die Autos portionsweise über den Fluss transportiert. Man kann aber auch eine Brücke über den Fluss bauen, die einen kontinuierlichen Verkehrsstrom ermöglicht.

Gibt es etwas Ähnliches auch beim elektrischen Stromkreis? Lässt sich vielleicht eine elektrische Substanz an den Polen einer Quelle abzapfen und wie mit einer Fähre „portionsweise" über eine Unterbrechungsstelle im Stromkreis transportieren?
Tatsächlich: Berührt man in ➠ *Versuch 1 a* mit einer Metallkugel die rechte Glimmlampe A, so blitzt sie kurz auf. Man schließt daraus, dass ein kurzer Stromstoß erfolgt ist. Berührt man anschließend mit der Metallkugel die linke Glimmlampe B, so blitzt diese auch kurz auf (➠ *Versuch 1 b*).
Wir berühren mit der Metallkugel nochmals die Glimmlampe A. Berühren wir sie dann an irgendeinem Ort im Physiksaal mit einer anderen Glimmlampe, so blitzt diese kurz auf (➠ *Bild 2*). Die Metallkugel hat offenbar bei A etwas von der vermuteten elektrischen Substanz abgezapft, das sie jetzt mit einem kleinen Stromstoß wieder abgibt. Man sagt, *die Kugel war elektrisch geladen*. Diese **elektrische Ladung** haben wir in ➠ *Versuch 1 b* mit der Kugel („Ladungsfähre") portionsweise über die Lücke im Stromkreis von A nach B transportiert – analog zur Autofähre.

Elektrischer Strom bedeutet also: Es *fließt elektrische Ladung*. Man betrachtet diese *Ladung* als *Substanz*, die an elektrischen Vorgängen beteiligt ist.

In einem zweiten Versuch berühren wir mit einer geladenen Kugel eine zweite ungeladene Kugel. Anschließend leuchtet die Glimmlampe an jeder der beiden Kugeln auf, aber jeweils schwächer als zuvor. Die Ladung wurde also auf beide Kugeln aufgeteilt.
Ist bei dieser Aufteilung die eine der beiden Kugeln kleiner, so blitzt an ihr die Glimmlampe schwächer auf als an der größeren. Die kleinere Kugel kann also weniger Ladung aufnehmen als die größere. Elektrische Ladung lässt sich aufteilen, ähnlich wie eine Wassermenge. Man sagt deshalb, die elektrische Ladung habe **Mengencharakter**.

Auf geladenen Kugeln besteht kein „Strom"; sie tragen **ruhende Ladungen**. Das Wort „elektrischer Strom" benutzt man nur für das Strömen von elektrischer Ladung. Unsere Sinne nehmen ruhende Ladung nicht unmittelbar wahr, auch nicht die in den Leitungen fließende. Wohl aber sehen wir ihr Abfließen in Luft an einem kleinen „Blitz", besonders deutlich in der Glimmlampe. Das dabei zu hörende Knistern ist ein schwacher Donner. Dabei wird etwas Energie freigesetzt.

Merksatz

Mit einer isolierten Metallkugel kann man elektrische Ladung portionsweise transportieren. Elektrischer Strom ist fließende Ladung.

2. Geht im Stromkreis Ladung verloren?

Bei einem Verkehrsstrom über einen Fluss gehen keine Autos verloren. Gilt Entsprechendes auch für den Transport elektrischer Ladungen? Wir überbrücken die Unterbrechungsstelle AB in ➠ *Versuch 1* durch einen guten Leiter, z. B. einen Kupferdraht. Er entspricht der Brücke beim Verkehrsstrom über einen Fluss. Nun leuchten beide Glimmlampen ständig, und zwar diejenige am Ende des Kupferdrahtes genauso hell wie die am Anfang. In der ersten Glimmlampe und im Draht geht also von der kontinuierlich fließenden Ladung nichts verloren.

Jetzt überbrücken wir die Unterbrechungsstelle AB mit einer Schnur, die nur wenig angefeuchtet ist. Wieder leuchten beide Glimmlampen gleich hell, aber viel schwächer als beim Kupferdraht. Die feuchte Schnur ist nämlich ein schlechterer Leiter als der Kupferdraht. Dennoch bleibt auch darin keine Ladung hängen. Diese Beobachtungen sprechen für folgende Vorstellung:

In unserem Stromkreis fließt an jeder Stelle immer gleich viel Ladung. Eine Stromquelle erzeugt keine Ladung. Sie ist nur eine *Ladungspumpe*. Sie führt dem Draht an einem Ende nur so viel Ladung zu, wie dieser am anderen Ende an die Stromquelle zurück gibt. Einen Stromkreis kann man also durch einen Wasserstromkreis veranschaulichen; der Stromquelle entspricht die Wasserpumpe, die den nötigen Druckunterschied als Antrieb herstellt. ➠ *Bild 3* veranschaulicht unsere Vorstellung.

Zum Pumpen braucht man **Energie**. Wenn man z. B. einen Fahrradgenerator nicht in Bewegung hält, ihm also keine Energie zuführt, so pumpt er keine Ladung. Eine „leere" Batterie hat ihre zum Pumpen nötige Energie an den Stromkreis abgegeben. Dort wurde die Energie z. B. von einer Lampe in Licht und innere Energie gewandelt.

Merksatz

In einem geschlossenen Stromkreis fließt ständig elektrische Ladung im Kreis. Die Stromquelle pumpt sie unter Aufwand von Energie hindurch, erzeugt die Ladung aber nicht. Auch wird Ladung nirgendwo vernichtet.

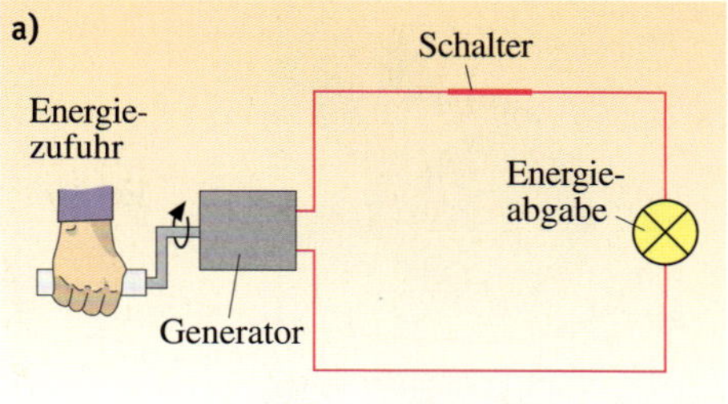

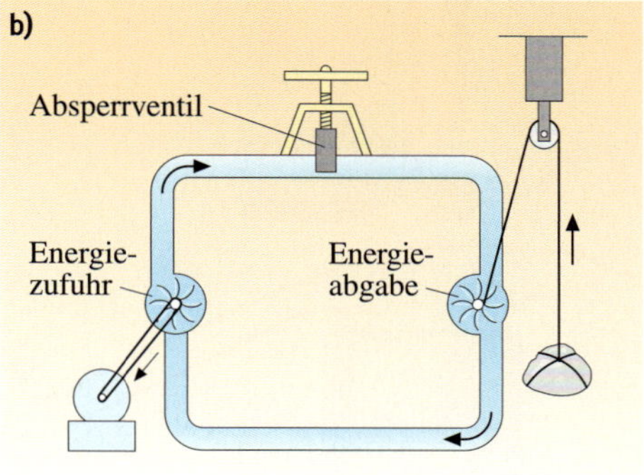

B3: Vergleich von **a)** elektrischem Stromkreis und **b)** Wasserstromkreis

Aufgaben

A1: Vergleiche Wasserstromkreis und elektrischen Stromkreis (➠ *Bild 3*). **a)** Was entspricht der Wasserpumpe, der vom Wasser angetriebenen Turbine, dem Absperrventil? **b)** Geht Wasser verloren? Warum brauchen Pumpe und Turbine je zwei Wasseranschlüsse? **c)** Könnte man das Absperrventil auch in die Rückleitung legen? **d)** Was könnte beim Wassermodell einem schlechten elektrischen Leiter entsprechen? **e)** Vergleiche die Formulierungen: Der Schalter ist geöffnet (geschlossen); das Ventil ist geöffnet (geschlossen). **f)** Man muss der Wasserpumpe ständig Energie zuführen. Wohin gelangt sie? Geht sie verloren? Wie ist es bei einem Stromkreis?

A2: **a)** Ist es korrekt zu sagen, in einer Steckdose sei Strom, auch wenn kein Gerät angeschlossen ist? **b)** Vergleiche die Redensarten „es fließt Strom" und „der Wind weht". Versuche dabei die Frage zu beantworten, was der Wind macht, wenn er nicht weht. Ist es also korrekt zu sagen, „es fließt Strom", „es weht Wind"?

A3: Formuliere mit eigenen Worten den Gedankengang, der uns zum Begriff der „elektrischen Ladung" geführt hat.

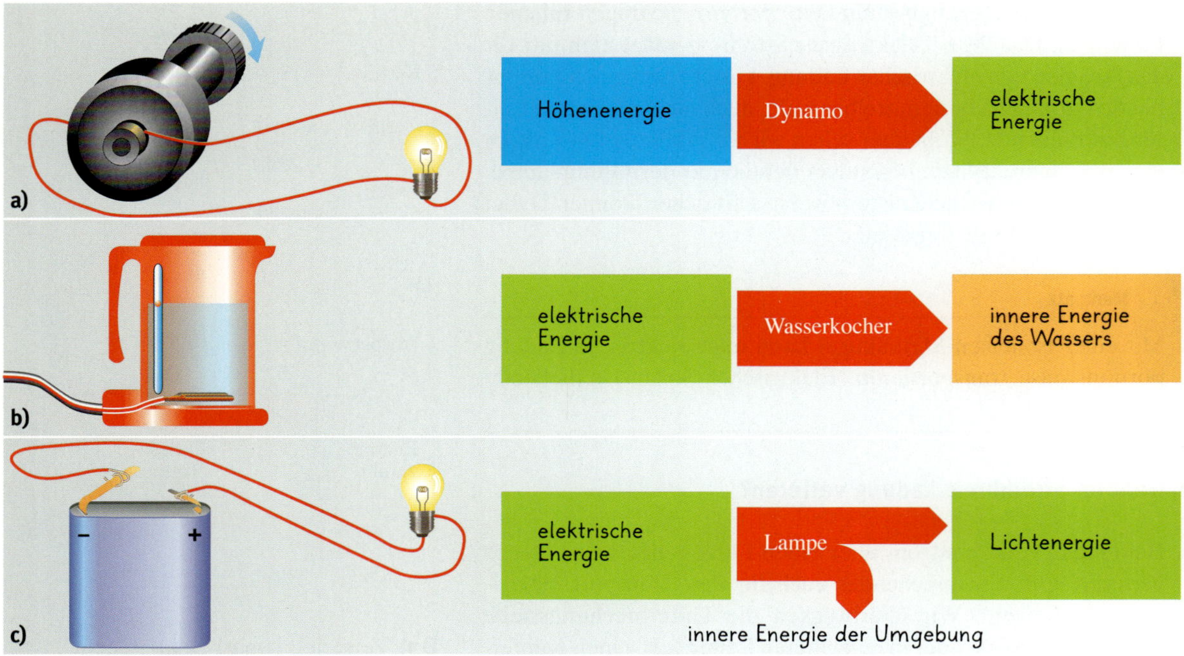

B 1: Energie wandelt ihre Form und wird weitergegeben; **a)** Fahrraddynamo, **b)** Wasserkocher, **c)** Glühlampe

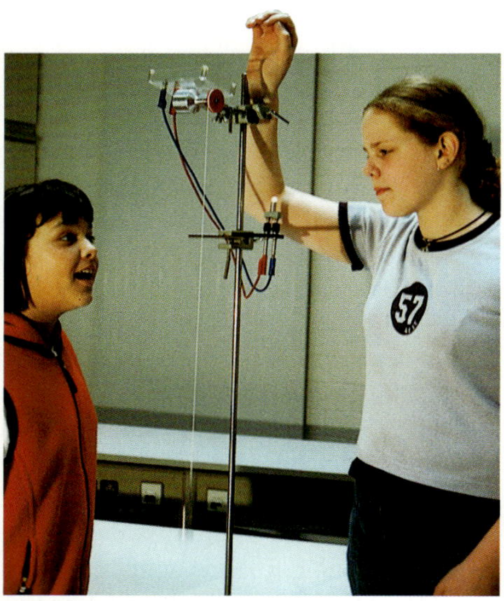

V 1: Sofia und Sarah haben einen Dynamo oben an eine Stativstange geschraubt. Statt eines Reibrädchens hat er ein Rad mit Rille, um das sie einen Faden gewickelt haben. An den Faden hängen sie zwei Wägestücke. Diese haben nun Höhenenergie. Jetzt lassen sie die Wägestücke los, die daraufhin nach unten sinken. Während dieser Zeit leuchtet das an den Dynamo angeschlossene kleine Lämpchen.
Höhenenergie wird über elektrische Energie in Licht und innere Energie der Umgebung gewandelt.

Energieübertragung im Stromkreis

1. Energie im Wandel

Sofia und Sarah besprechen ein Problem: *Woher kommt die Energie, die eine Fahrradlampe leuchten lässt?*

Für Sofia ist es klar: „Das macht der Dynamo, er erzeugt die elektrische Energie." Sarah reicht diese Erklärung nicht: „Der Dynamo allein bewirkt gar nichts. Die Lampe leuchtet nur, wenn er angetrieben wird. Dafür aber braucht man Energie."

Sarah hat Recht. Ein Dynamo *erzeugt* keine elektrische Energie. Er nimmt mechanische Energie auf und gibt dafür elektrische ab. Im ➠ *Versuch 1* „siehst" du es. Nur solange die Wägestücke nach unten sinken, also etwas von ihrer Höhenenergie opfern, wird der Dynamo angetrieben und das Lämpchen leuchtet. Sind die Wägestücke auf dem Fußboden angekommen, geht das Lämpchen aus. Man muss die Wägestücke erst wieder anheben, ihnen also Höhenenergie verschaffen, bevor sie das Lämpchen wieder zum Leuchten bringen können.

Wir sprechen hier von *Energiewandlung*. Der Fahrraddynamo wandelt *mechanische Energie in elektrische Energie* um. Mit dieser wird das Lämpchen zum Leuchten gebracht. Der Fahrraddynamo ist also ein Energiewandler.

Auch die großen Generatoren in den „Kraftwerken" sind solche Energiewandler wie der Dynamo.

Die Glühlampe zeigt, dass Energieumwandlungen nicht immer wie gewünscht gelingen: Nur $\frac{1}{20}$ der aufgenommenen elektrischen Energie geht als sichtbares Licht weiter, der große Rest heizt nur die Umgebung auf: Die Lampe des Fahrradscheinwerfers nimmt je Stunde etwa 20 kJ Energie auf. Davon gehen 1 kJ als Licht weg, 19 kJ dienen ungewollt als Heizung für die Umgebung.

2. Wie viel Energie wandeln Wasserkocher?

Du weißt bereits: Um 1 l Wasser um 1 Grad aufzuheizen, muss man 4 kJ Energie zuführen. Die Temperaturerhöhung um 2 Grad erfordert also 8 kJ Energie. Etwa so viel führt unser Wasserkocher in einer halben Minute dem Wasser zu (➠ *Versuch 2*). Dem Stromnetz entnimmt er etwas mehr Energie, weil auch das Gefäß erhitzt werden muss, und weil stets etwas Energie durch Gefäßwand und Wasseroberfläche entweicht.

3. Bequemlichkeit kostet Geld

Viele Geräte erleichtern als Energiewandler unser Leben – allerdings nicht kostenlos. Für die Rechnung des Elektrizitätswerks z. B. liest jemand den so genannten „Stromverbrauch" am Zähler ab (➠ *Bild 2*). Dieser misst die Menge an elektrischer Energie, die der Wohnung zugeführt wird. Im Zähler dreht sich eine Scheibe und treibt ein Zählwerk an. Scheibe und Zähler laufen umso schneller, je mehr Geräte eingeschaltet sind.

Das Zählwerk gibt die Energiemengen nicht in kJ, sondern in größeren Portionen an, nämlich in Kilowattstunden (kWh): 1 kWh = 3600 kJ. ➠ *Bild 3* zeigt die Kosten einer solchen Portion für verschiedene Energieträger. Wer mit elektrischer Energie heizt, muss mit hohen Kosten rechnen (➠ *Tabelle 1*).

Merksatz

Viele elektrische Geräte sind Energiewandler:
Der Wasserkocher entnimmt dem Stromnetz elektrische Energie und wandelt sie in innere Energie des Wassers um.
Glühlampen wandeln elektrische Energie in Licht um.

V 2: In einem isolierten Wasserkocher wird 1 l Wasser aufgeheizt. Wir schalten ihn eine halbe Minute lang ein. Die Wassertemperatur steigt von 18 °C auf 20 °C; wiederholen wir den Vorgang, so erhöht sich die Temperatur um weitere 2 Grad.

Quarzuhr	$\frac{4}{1000}$ J	Heizkissen	240 kJ
Taschenlampe	4 kJ	Bügeleisen	4000 kJ
Rasierer	40 kJ	el. Heizung	8000 kJ
Autolampe	160 kJ	Straßenbahn	40 000 kJ
Glühlampe	60… 800 kJ	Lokomotive	10 000 000 kJ

T 1: Energieaufnahme je Betriebsstunde

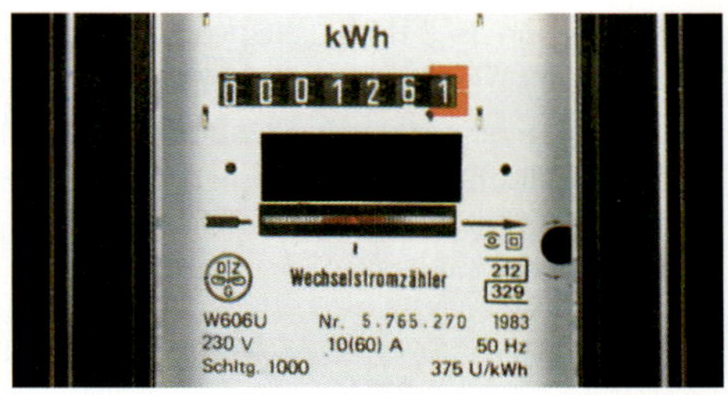

B 2: Der Zähler merkt sich alles für die „Stromrechnung".

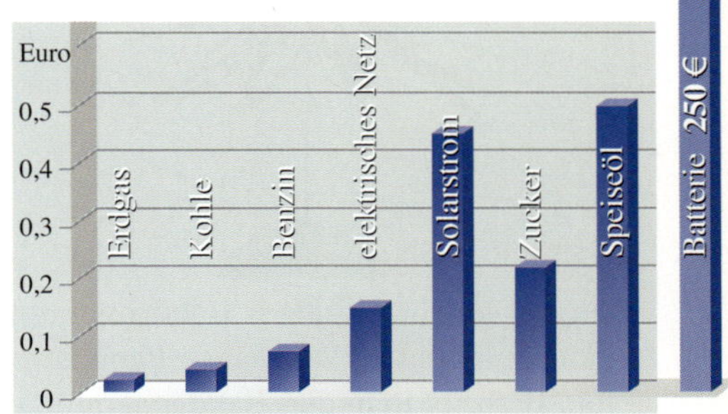

B 3: Kosten für 1 kWh = 3600 kJ Energie

Aufgaben

A 1: „Stand-by-Schaltung":
Viele elektrische Geräte brauchen Energie, selbst wenn sie mit der Fernbedienung ausgeschaltet sind. Aus der Schule kannst du vielleicht ein elektronisches Energiemessgerät ausleihen und zu Hause damit verschiedene Geräte prüfen: Fernseher, Stereoanlage usw. Notiere die Ergebnisse in einer Tabelle. Trage die Ergebnisse vor.

A 2: Schätze ab, wie viel Energie in deiner Heimatgemeinde allein durch Stand-by-Schaltungen „verbraucht" wird. Nimm dazu an, dass jedes Gerät etwa 5 J in jeder Sekunde benötigt. Wie viel ist es etwa in der gesamten Bundesrepublik?

A 3: a) Stelle dein Fahrrad „auf den Kopf", sodass du das Vorderrad bequem drehen kannst. Entferne noch die Kabelenden aus der Anschlussklemme. Kippe nun den Dynamo an den Reifen und treibe das Rad an. Zähle die Umdrehungen des Rades bis zum Stillstand.
b) Schließe nun Rücklicht und Scheinwerfer an. Drehe erneut das Vorderrad genauso schnell wie zuvor. Spürst du einen stärkeren Widerstand? Wie viele Umdrehungen schafft jetzt das Rad?

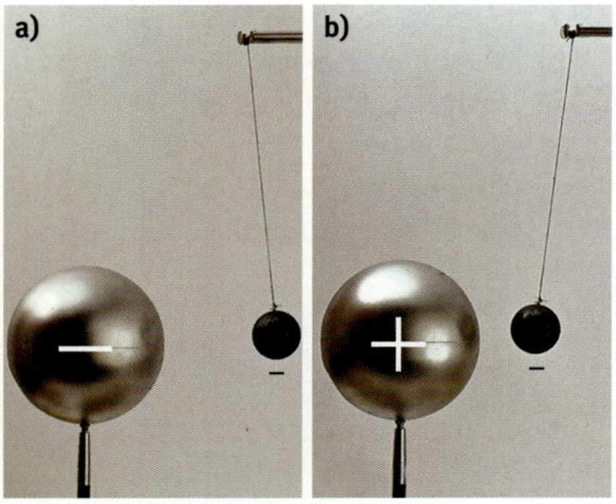

V1: a) Wir hängen ein leichtes, leitendes Kügelchen an einem dünnen, isolierenden Faden auf. Zunächst laden wir es am Minuspol des Bandgenerators. Eine ebenfalls am Minuspol geladene Kugel stößt dieses Kügelchen ab. Wenn wir Kugel und Kügelchen mit dem Pluspol berührt haben, stoßen sich beide ebenfalls ab. **b)** Nun laden wir die Kugel am Pluspol, das Kügelchen jedoch am Minuspol (oder umgekehrt). Jetzt ziehen sich beide Kugeln an.

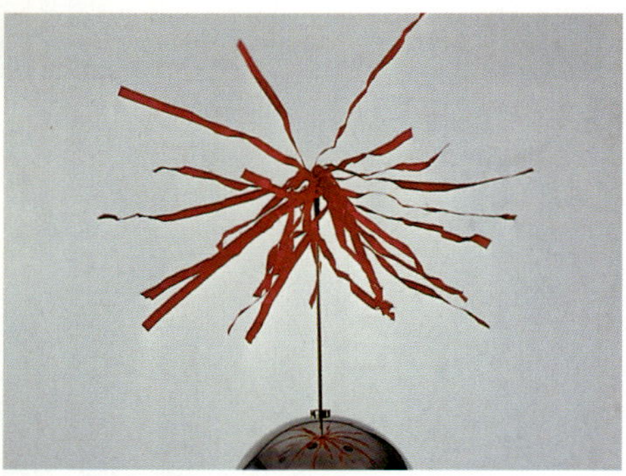

V2: Auf einem Pol eines Bandgenerators hängen an einem Stab lange Papierstreifen. Betreibt man den Bandgenerator, so wird der Pol aufgeladen. Die *gleichnamigen* Ladungen stoßen sich untereinander ab, ein Teil der Ladung fließt auf die Streifen. Diese spreizen sich.

Vertiefung

Neutralisation von Ladungen

Man bezeichnet die elektrische Ladung mit dem Buchstaben Q. Die Neutralisation beschreibt man durch die Gleichung

$$(+Q) + (-Q) = +Q - Q = 0.$$

Wir gehen hier vor wie bei Zahlen z. B. $+3 + (-3) = 0$.

Positive und negative Ladung

1. Gibt es nur eine Art von Ladung?

Bisher wurde die Kugel am Minuspol der Quelle geladen. Könnte man sie auch am Pluspol laden? In ➠ *Versuch 1 a* lädt man eine Metallkugel und ein Kügelchen am Minuspol des Bandgenerators auf. Beide stoßen sich ab. Sie stoßen sich aber auch gegenseitig ab, wenn man mit ihnen den Pluspol berührt hat. Also trägt auch der Pluspol Ladung. – In ➠ *Versuch 1 b* lädt man die Kugel am Pluspol, das Kügelchen jedoch am Minuspol (oder umgekehrt). Beide ziehen sich jetzt an. Folglich sind die Ladungen an Plus- und Minuspol verschiedenartig. Man nennt sie **positive** bzw. **negative Ladung**. Es gibt nur diese zwei Arten elektrischer Ladung (Verwechsle sie nicht mit Nord- und Südpol beim Magneten!).

Verkleinert man den Abstand zwischen der geladenen Kugel und dem **gleichnamig** geladenen Kügelchen, so wird das Kügelchen stärker ausgelenkt, die Kraft zwischen den Ladungen also stärker. Die Abstoßung gleichnamiger Ladung zeigen auch die beiden folgenden Versuche: In ➠ *Versuch 2* spreizen sich die Papierstreifen, wenn der Bandgenerator angeschaltet wird. Die auf seinem Pol sitzenden gleichnamigen Ladungen stoßen sich untereinander ab, ein Teil fließt auf die Streifen und erzeugt dort Abstoßungskräfte. In ➠ *Versuch 3* berührt man den Kopf eines **Elektroskops** mit einer geladenen Kugel. Die Ladung verteilt sich auf Kopf und Zeiger. Weil gleichnamige Ladungen sich abstoßen, spreizt sich der Zeiger ab. Die *Art* der Ladung erkennt man so aber nicht! Dies gelingt, wenn man das Elektroskop mit einer *Glimmlampe* berührt. Bei *negativer* Ladung blitzt das Gas um die anliegende Elektrode auf, bei *positiver* Ladung um die abgewandte.

Merksatz

Es gibt **positive** und **negative Ladungen**. **Gleichnamige** Ladungen stoßen sich ab, **ungleichnamige** ziehen sich an. Die Kräfte zwischen Ladungen nehmen mit sinkendem Abstand zu.

2. Entgegengesetzte Ladungen neutralisieren sich

Zwei gleiche Elektroskope sind bis *zum gleichen Ausschlag* geladen, eines positiv, das andere negativ. Die Ladungen üben in diesem Fall gleiche Kräfte auf die Zeiger aus. Die Ladungen sind also *gleich groß*. Verbindet man die Elektroskope mit einem isoliert gehaltenen Leiter, so verschwindet der Ausschlag. Von den entgegengesetzten Ladungen geht keine Wirkung mehr aus. Man sagt, sie haben sich **neutralisiert**.

Merksatz

Bringt man **entgegengesetzte Ladungen** in gleichen Mengen zusammen, so üben sie nach außen hin keine Wirkungen mehr aus. Sie **neutralisieren sich**.

3. Gibt es Ladung auch in neutralen Leitern?

Im Stromkreis wird Ladung *nicht* vernichtet. Haben sich also beim Neutralisieren die entgegengesetzten Ladungen nur vermischt? Kann man die Ladungen in einem neutralen Leiter wieder trennen? Um dies zu prüfen, nutzt man die Kraft einer Ladung, die von außen auf den Leiter einwirkt. Nähert man die positive Ladung Q_+ von oben einem ungeladenen Elektroskop, so schlägt es aus (➠ *Versuch 4*). Es zeigt also Ladung an, obgleich keine Ladung von Q_+ übergesprungen ist. Diese überraschende Erscheinung heißt **Influenz**.
Während die von oben genäherte Ladung Q_+ noch wirkt, nimmt man die Kugel K vom Elektroskop. Das Aufblitzen einer Glimmlampe zeigt, dass die Kugel K *negative Influenzladung* Q_{i-} trägt, das Elektroskop dagegen *positive Influenzladung* Q_{i+}.

Wir wiederholen den Influenzversuch, nehmen jedoch die Kugel K nicht vom Elektroskop. Entfernen wir nun die Ladung Q_+, so geht der Ausschlag wieder zurück. Die in Kugel und Elektroskop influenzierten Ladungen Q_{i+} und Q_{i-} neutralisieren sich wieder; sie waren also entgegengesetzt *gleich groß*.
Dies zeigt:
- Beim Neutralisieren vermischen sich die elektrischen Ladungen nur; sie vernichten sich nicht gegenseitig.
- Ungeladen erscheinende Leiter können gleich viel an positiver und negativer Ladung enthalten.

Merksatz

Neutrale elektrische Leiter haben gleich viel positive wie negative Ladung. Bei der **Influenz** trennt man sie teilweise, indem man eine andere Ladung nähert.

Bei Wasser strömt nur eine Sorte von Wasserteilchen von Orten hohen zu Orten niedrigen Drucks. In Kugel und Elektroskop sind positive und negative Ladung zunächst gleichmäßig verteilt und neutralisieren sich deshalb gegenseitig. Welche der beiden Ladungsarten wird nun bei der Influenz verschoben?
Es gibt drei *Vermutungen*, von denen nur aber *eine richtig* sein kann:
(A) In Metallen ist *nur* die *negative* Ladung beweglich: Sie wird von Q_+ nach oben gezogen und die Kugel negativ aufladen. Die positive Ladung bleibt im Elektroskop zurück. Hier entsteht ein Mangel an negativer, also ein Überschuss an positiver Ladung.
(B) Nur die *positive* Ladung ist beweglich: Diese Ladung wird nach unten gedrückt. Das Elektroskop wird positiv aufgeladen. Oben entsteht ein Überschuss an negativer Ladung.
(C) *Positive und negative* Ladungen sind beweglich.

Warum sollten Ladungen verschieden beweglich sein? Vielleicht sind sie nicht für sich beweglich, sondern sind stets an *Träger* geheftet. Positive Ladungsträger könnten sich anders verhalten als negative. Dies wollen wir im Folgenden klären.

V3: In ein Metallgehäuse ist gut isoliert ein Metallstab geführt. Er trägt einen leichten Zeiger aus Aluminium. Wir berühren den Kopf des Metallstabs mit einer geladenen Kugel. Der Zeiger spreizt sich ab.

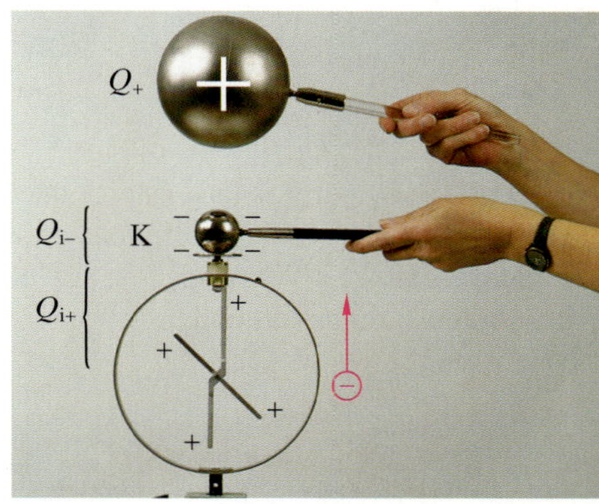

V4: a) Eine isoliert gehaltene, ungeladene Kugel K berührt den Kopf des Elektroskops. Nähern wir von oben die positive Ladung Q_+, so schlägt es aus. Beim Entfernen von Q_+ geht der Ausschlag wieder zurück. **b)** Wir nähern nun die Ladung Q_+ wieder und entfernen dann die Kugel K vom Kopf des Elektroskops. Eine Glimmlampe zeigt, dass die Kugel K negativ geladen (Q_{i-}) ist, das Elektroskop dagegen positiv (Q_{i+}).

Aufgaben

A1: Auf einem elektrisch neutralen Elektroskop sitzt eine Metallkugel. **a)** Wir nähern von oben eine positiv geladene Kugel. Wie würden sich die Ladungsträger im Elektroskop nach *Vermutung A, B, C* verhalten? Fertige jeweils eine Skizze an. **b)** Was würde sich ändern, wenn wir eine negativ geladene Kugel nähern würden? Fertige auch Skizzen an.

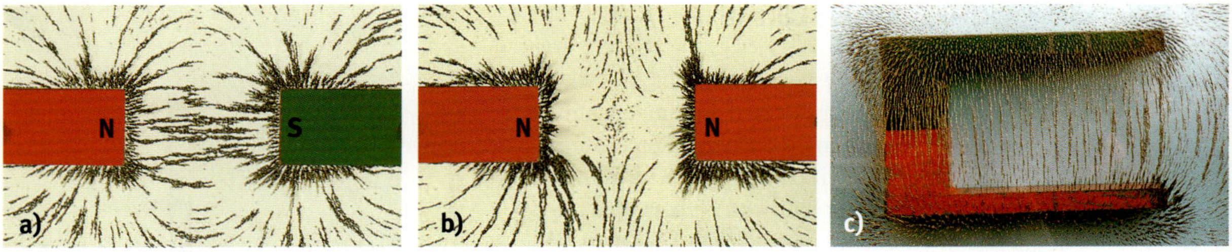

B 1: Feldlinienbilder **a)** zwischen ungleichnamigen Polen **b)** zwischen gleichnamigen Polen **c)** im Hufeisenmagnet

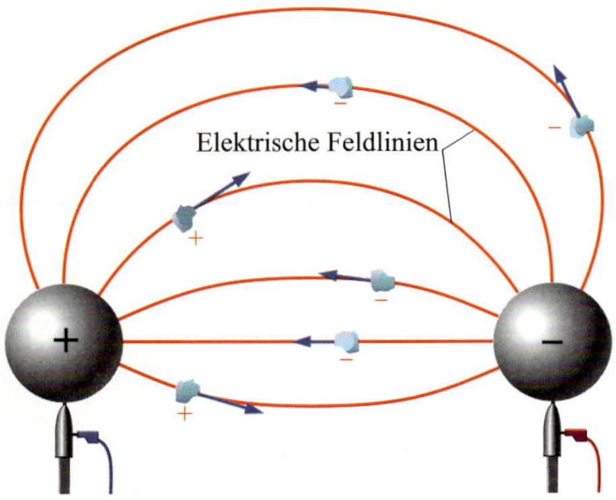

V 1: Ein Bandgenerator lädt zwei Kugeln entgegengesetzt auf. Im Umfeld ihrer Ladungen fliegen Watteflocken auf gekrümmten Bahnen hin und her.

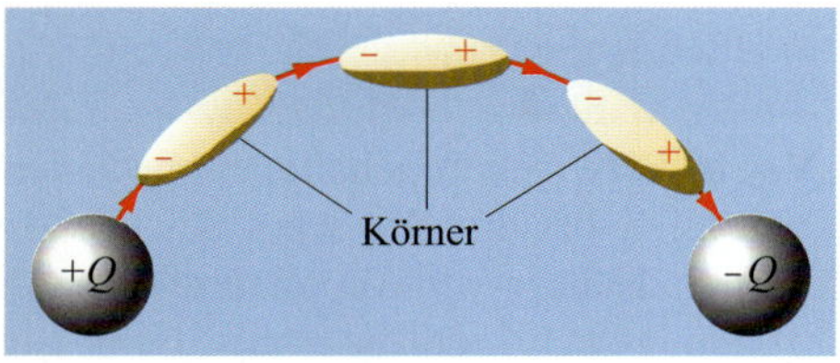

V 2: Grießkörner schwimmen in Rizinusöl. Darauf setzt man zwei Elektroden und lädt diese entgegengesetzt auf. Durch Influenz werden in den Körnern Ladungen getrennt, sie werden so zu elektrischen **Dipolen**. Die entgegengesetzten Ladungen benachbarter Körner ziehen diese zu Ketten längs der Feldlinien zusammen.

Elektrische Felder

1. Wie wirken elektrische Kräfte?

Magnete üben über Entfernungen hinweg Kräfte auf andere Magnete und magnetische Stoffe aus. Wir nannten das Umfeld eines Magneten ein *magnetisches Feld*. In ihm erfahren andere Magnete Kräfte (➠ *Bild 1a–c*).

Nun erfährt aber auch eine elektrische Ladung in der Nähe einer anderen elektrischen Ladung eine Kraft. Gibt es vielleicht – analog zum Magnetfeld – im Umfeld eines *elektrisch geladenen* Körpers ein **elektrisches Feld?** ➠ *Versuch 1* gibt einen Hinweis. Die geladenen Watteflocken werden längs der eingezeichneten gekrümmten Bahnen hin- und hergeschleppt. Offensichtlich erfahren sie Kräfte in Richtung dieser Linien. Wir nennen sie **elektrische Feldlinien**. Lässt man die Watteflocken einige Zeit hin- und herfliegen, so zeigt sich uns schließlich eine geordnete Struktur von Linien um die beiden geladenen Kugeln. Solche Feldlinienstrukturen fanden wir ganz ähnlich auch bei magnetischen Feldern.

Eine elegante Veranschaulichung der Feldstruktur gelingt mit Grieß und Rizinusöl (➠ *Versuch 2*). Die Grießkörner reihen sich kettenförmig längs der Feldlinien an. Bei verschiedenen Elektrodenanordnungen ergeben sich unterschiedliche Feldformen analog zu denen unterschiedlicher Magnetfelder (➠ *Bild 2a–c*). Die Feldlinien verlaufen z. B. zwischen zwei parallelen Metallplatten senkrecht zu den Platten und zueinander etwa parallel; ein ähnliches **homogenes** Feld fanden wir schon beim Hufeisenmagneten (➠ *Bild 1c*).

Wir sehen: In der Nähe der Elektroden liegen die Feldlinien dichter beisammen, dort ist das Feld stärker, *analog* zum magnetischen Fall. Die Dichte der Feldlinien veranschaulicht also die Stärke der elektrischen Kräfte an den verschiedenen Stellen des Feldes.

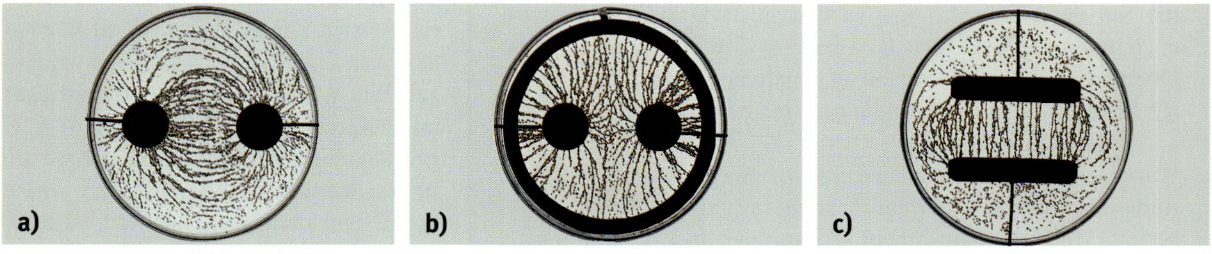

B 2: Elektrische Felder: **a)** entgegengesetzt geladene Kugeln **b)** gleich geladene Kugeln **c)** homogenes Feld

Zeichnen wir Feldlinienbilder, so geben wir den Feldlinien die Richtung der Kraft, die eine positive Probeladung im Feld erfahren würde. Negative Ladungen erfahren dann Kräfte gegen die Feldlinienrichtung.
Aus einem Feldlinienbild lässt sich aber auch die Kraft zwischen zwei Ladungen ablesen. Zwischen zwei ungleichnamigen Ladungen verlaufen die Feldlinien von positiver zu negativer Ladung fast geradlinig und parallel. Es scheint, als wollten sich die Feldlinien „verkürzen" (➡ *Bild 2a*). Bei zwei gleichnamigen Ladungen sieht es so aus, als wollten die Feldlinien einander „verdrängen". Aus Erfahrung wissen wir, dass die Ladungen sich in diesem Fall abstoßen (➡ *Bild 2b*).
Bringt man einen Leiter in ein elektrisches Feld, so ist sein Inneres feldfrei. Im Inneren des Metallringes in ➡ *Bild 3* liegen die Grießkörner ohne Struktur. Feldkräfte haben negative Influenzladungen auf die linke Ringseite gezogen. An ihnen enden die von links kommenden Feldlinien. Rechts auf dem Ring sitzen die zugehörigen positiven Influenzladungen. Von ihnen laufen Feldlinien nach rechts. So schützen die metallischen Außenhüllen von Flugzeugen und Autos die Insassen vor Blitzen (*Faradaykäfig* ➡ *Bild 4*).

Früher glaubte man, die Kraft zwischen zwei Ladungen bzw. Magneten wirke durch den leeren Raum, ohne irgendeine Vermittlung. Der Engländer Michael Faraday (1791–1867) erkannte als Erster, dass der Raum selbst für die Wirkung verantwortlich ist. Er wandte sich also dem Feld zwischen Ladungen bzw. Magneten zu und beschrieb diese „Erregung" des Raumes durch Feldlinien. Allerdings sah er sie noch fälschlicherweise als „Bahnen einer fließenden Flüssigkeit" an. Wir können aber zwischen zwei Ladungen bzw. Magneten nichts wahrnehmen, elektrische und magnetische Felder sind etwas völlig Neues und für die Elektrizitätslehre von fundamentaler Bedeutung.

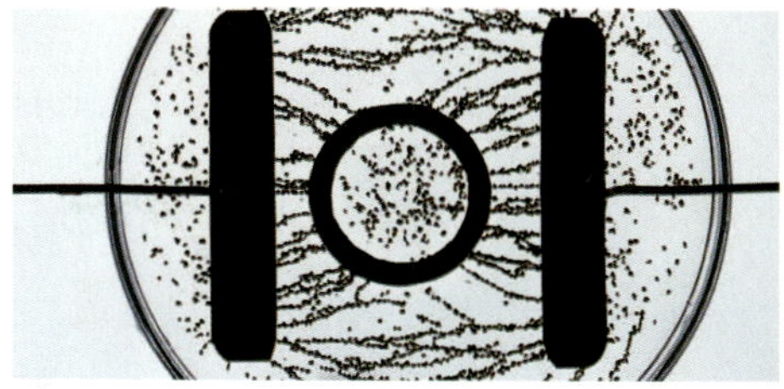

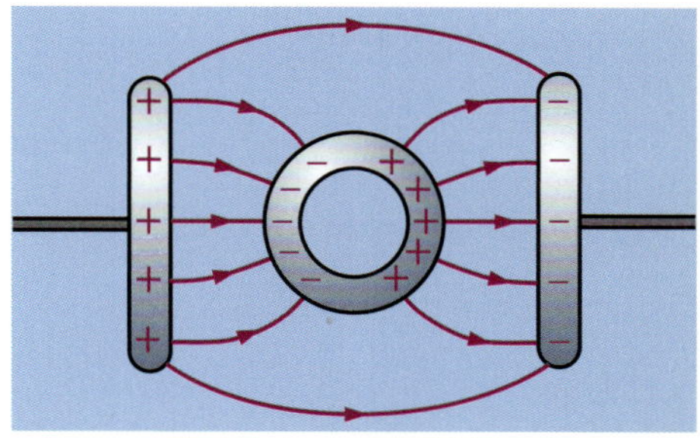

B3: Das Innere des Metallrings ist feldfrei.

B4: Autokarosserie als Faradaykäfig

Interessantes

Das elektrische Feld der Erde – Gewitter

Zwischen Erdoberfläche und Atmosphäre besteht ein elektrisches Feld. Dabei ist bei schönem Wetter die Oberfläche der Erde negativ geladen, sie bildet eine negativ geladene „Platte". In der Höhe bildet ein Überschuss an positiven Ionen eine positiv geladene Schicht. Die Atmosphäre enthält nun stets einige geladene Moleküle, die positiven wandern im elektrischen Feld zur Erdoberfläche, die negativen nach oben, beide zusammen bilden einen ständigen Strom, der das elektrische Feld mit der Zeit abbauen würde. In einer entstehenden Gewitterwolke ändert sich das aber:
Jeder fallende Regentropfen erhält durch Influenz unten etwas positive, oben negative Ladung. Beim Fall durch die Luft zieht seine positiv geladene Unterseite die negativen Ionen an und stößt die positiv geladenen beiseite. Diese positiven Ionen – meist leichte Eiskristalle – werden von Aufwinden schnell nach oben getragen und laden die Gewitterwolke oben positiv auf. Die negativ geladenen Tröpfchen sammeln sich im unteren Teil der Wolke und influenzieren positive Ladungen am Boden. So entsteht also bei Gewitterstimmung ein zweites, umgekehrtes elektrisches Feld. Dieses Feld wird schließlich so stark, dass ein Ladungsausgleich durch Blitze stattfindet.

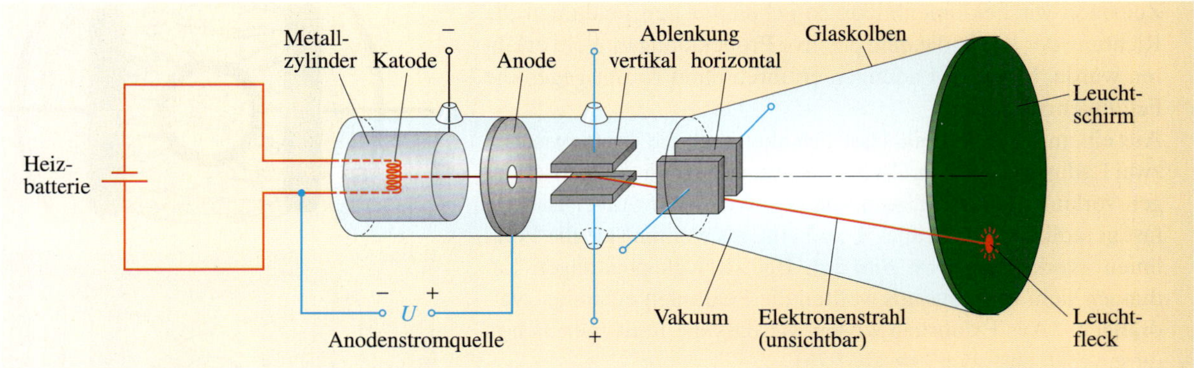

B1: Braunsche Röhre mit zwei Ablenkplattenpaaren

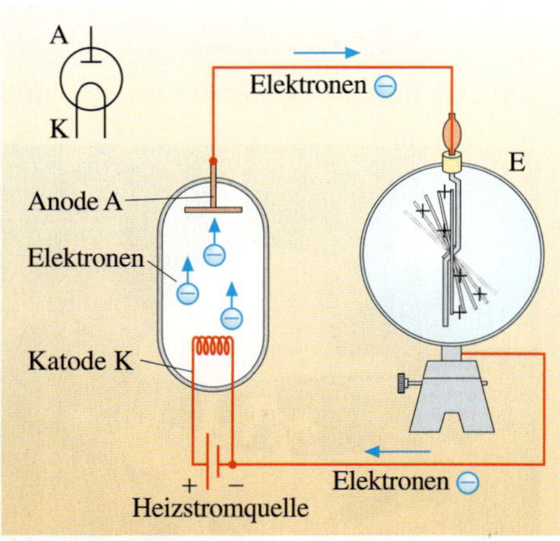

V1: In den luftleeren Glaskolben der Röhre sind ein Glühdraht (Katode K) und eine Anode A eingeschmolzen. Die Anode verbinden wir mit dem Elektroskop. **a)** Wir laden das Elektroskop und damit die Anode *positiv* auf. Sobald der Glühdraht hell glüht, geht der Ausschlag des Elektroskops schnell zurück. **b)** Nun laden wir die Anode und das Elektroskop *negativ* auf. Jetzt bleibt der Ausschlag bestehen, auch wenn der Draht normal glüht.

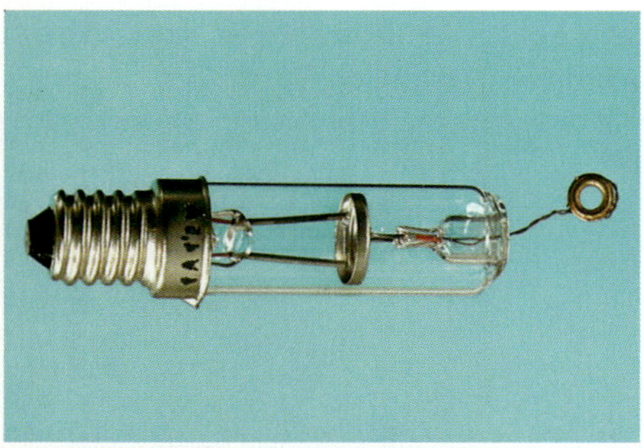

V2: Einfache Röhre, deren Glühdraht vorübergehend überhitzt werden kann.

Elektronen als Ladungsträger

1. In Metallen sind nur Elektronen beweglich

Die Glühfäden von Glühlampen bestehen aus grauem Wolframmetall. Die Stromzuleitung erfolgt über rote Kupferdrähte. Auch wenn tagelang Ladungsträger strömen, werden die Wolframfäden nicht rot; die Kupferteilchen bleiben also am Platz. Wer sind dann in Metallen die *beweglichen Ladungsträger?* Kann man sie durch Glühen aus dem Glühfaden einer Lampe freisetzen, ähnlich wie man locker sitzende Duftstoffe beim Erhitzen aus Äpfeln austreibt? Um diese Ladungsträger aufzufangen und zu untersuchen, benutzt man eine spezielle Glühlampe, **Röhre** genannt.

In ➠ *Versuch 1 a* wird die Anode dieser Röhre *positiv* aufgeladen. Sobald der Glühdraht hell glüht, geht der Ausschlag des Elektroskops zurück. Da es nicht berührt wurde, ist seine positive Ladung nicht abgeflossen. Vielmehr kommen *negative Ladungsträger* aus dem glühenden Draht und neutralisieren die positive Ladung auf dem Elektroskop. Diese negativen Ladungsträger bilden auch nach langem Glühen keine chemisch nachweisbaren Niederschläge oder Gase. Für die Elektrizität haben sie große Bedeutung. Sie werden **Elektronen** genannt.

2. Positive Ladung ist an Materie gebunden

Können auch positive Ladungsträger den Glühdraht verlassen? In ➠ *Versuch 1 b* lädt man die Anode und das Elektroskop *negativ* auf. Auch wenn der Draht hell glüht, bleibt der Ausschlag bestehen. Aus dem glühenden Draht kommen keine positiven Ladungsträger. Solche werden erst frei, wenn man den Glühdraht überhitzt (➠ *Versuch 2*). Dann geht der Ausschlag des negativ geladenen Elektroskops langsam zurück. Nun bildet sich im Innern des Glaskolbens ein Wolframniederschlag. Der Draht verdampft langsam. Die beim Glühen abgedampfte *positive Ladung ist also an Materie gebunden;* in Metallen wandern nicht die positiven Ladungsträger, dort findet man keinen Materietransport.

In unseren Versuchen wird das Elektroskop erst dann entladen, wenn der Glühdraht der Röhre hell leuchtet, und nicht schon, wenn man den Heizstrom einschaltet. Auf welche Art die Energie dem Glühdraht zugeführt wird, ist nebensächlich. Man lässt deshalb im Schaltsymbol (oben links in ➠ *Versuch 1)* die Heizbatterie weg und deutet die Katode durch einen gebogene Linie an. Die Schaltskizze zeigt dann die *zwei* Elektroden **Katode K** und **Anode A**. Man nennt diese Röhre deshalb **Glühdiode**.

Merksatz

Glühelektrischer Effekt: Ein zum Glühen erhitztes Metall sendet **Elektronen** aus. Sie sind **negativ geladen** und sitzen in Metallen verhältnismäßig locker.
Die positive Ladung dagegen ist in Metallen fest an nachweisbare Materie gebunden.

3. Der Elektronenstrahl in der Fernsehröhre

Oszilloskope und Fernsehempfänger enthalten eine **braunsche Röhre** ähnlich wie in ➠ *Bild 1.* Ihr luftleerer Glaskolben enthält eine Katode. Sie wird durch die *Heizbatterie* zum Glühen erhitzt und sendet Elektronen aus. Die *Anodenstromquelle* lädt die Anode positiv, die Katode negativ auf. Die aus der Katode abgedampften Elektronen werden zur Anode hin beschleunigt. Sie sollen als **Elektronenstrahl** durch das Loch in der Mitte der Anode weiterfliegen und nicht vom Anodenblech abgefangen werden. Hierzu lädt man den *Metallzylinder* (blau) negativ auf. Er drängt die von der Katode nach allen Seiten wegfliegenden Elektronen so zu seiner Mittelachse hin, dass sie die Anodenöffnung frei durchsetzen. Anschließend fliegen sie geradlinig zum *Leuchtschirm.* Dieser trägt eine dünne Leuchtschicht, die dort Licht aussendet, wo der unsichtbare Elektronenstrahl auftrifft.

Die braunsche Röhre eines Oszilloskops enthält hinter der *Anode* zwei übereinander liegende Metallplatten. Wird die obere Platte negativ, die untere positiv geladen, so werden die Elektronen zur unteren, positiv geladenen Platte hin abgelenkt. Der Leuchtfleck rückt nach unten. Dies bestätigt, dass Elektronen negativ geladen sind. Mit dem zweiten, um 90° gedrehten Plattenpaar lässt sich der Elektronenstrahl in horizontaler Richtung ablenken. So kann man ihn über den ganzen Schirm führen und damit Kurven zeichnen.
In ➠ *Bild 2* fliegen die rechts freigesetzten Elektronen streifend am Leuchtschirm in der Röhre entlang. Ihre Flugbahn ist nach unten, zur positiv geladenen Ablenkplatte hin, gekrümmt. Lädt man die Ablenkplatten stark genug auf, so endet der Elektronenstrahl auf der positiven Platte. Die Elektronen fließen dann zum Pluspol der Stromquelle. Sie werden an der positiven Platte also nicht umgeladen und wieder abgestoßen. Man kann Elektronen weder entladen noch stärker aufladen. Es gibt nur eine Art von Elektronen. Sie tragen stets eine *negative Ladung bestimmter Größe*, die **Elementarladung** heißt.

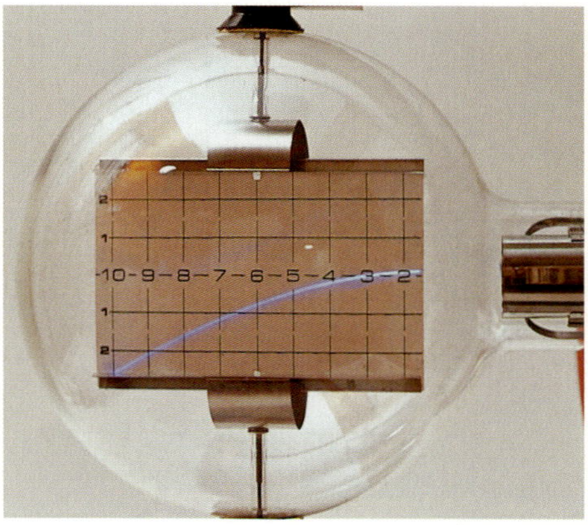

B 2: Leuchtspur eines Elektronenstrahls, der durch geladene Platten nach unten abgelenkt wird.

Aufgaben

A 1: a) Entscheide nach ➠ *Versuch 1* darüber, welche Ladungsträger bei der Influenz in Metallen verschoben werden. Welche der drei dort angegebenen Denkmöglichkeiten (A) bis (C) wird also bestätigt? **b)** Erkläre den zugehörigen Versuch mit der Elektronenvorstellung.

A 2: a) Warum haben wir das Elektroskop in ➠ *Versuch 1* sowohl positiv als auch negativ geladen? **b)** In diesen Versuchen sollte ein zu Beginn ungeladenes Elektroskop eigentlich von den Glühelektronen immer stärker negativ geladen werden. Doch schlägt es nur außerordentlich schwach aus. Was könnte der Grund dafür sein?

A 3: a) Wie muss man die beiden Ablenkplatten der braunschen Röhre laden, damit die Elektronen auf dem Schirm zugleich nach rechts und nach unten abgelenkt sind? **b)** Man legt Netzwechselspannung (50 Hz) an das Plattenpaar zur Vertikalablenkung. Wie oft ist dann in 1 s der Lichtpunkt im oberen, wie oft im unteren Schirmteil?

A 4: Fernsehröhren sind ähnlich wie braunsche Röhren aufgebaut. Man versieht ihren Glaskolben innen mit einem leitenden Belag. Dann können die bei einer langen Fernsehsendung ständig zum Leuchtschirm fliegenden Elektronen von dort zur Anode fließen. Was würde geschehen, wenn der Leuchtschirm elektrisch isoliert wäre?

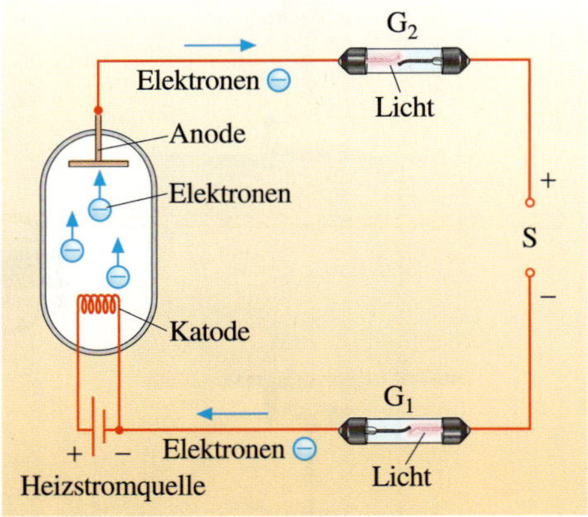

V1: a) Die Glimmlampe G_1 liegt zwischen dem Minuspol der Gleichstromquelle und der Katode einer Glühdiode. Der Stromkreis ist zwischen Katode und Anode unterbrochen. Wenn wir nun die Katode zum Glühen bringen, leuchten beide Glimmlampen G_1 und G_2 gleich hell. Wie G_1 zeigt, kommen Elektronen vom Minuspol der Quelle. Sie dampfen von der Katode ab und überbrücken die Vakuumlücke Katode – Anode. Glimmlampe G_2 zeigt, dass die Elektronen dann zum Pluspol der Quelle zurückkehren. **b)** Wir polen die Stromquelle um. Ihr Minuspol ist nun der Anode der Diode zugewandt und erzeugt dort einen Elektronenüberschuss. Auch jetzt dampfen vom heißen Glühdraht Elektronen ab. Sie werden jedoch von den Überschusselektronen der Anode abgestoßen. Die Glimmlampen leuchten nicht. Der Stromkreis bleibt unterbrochen.

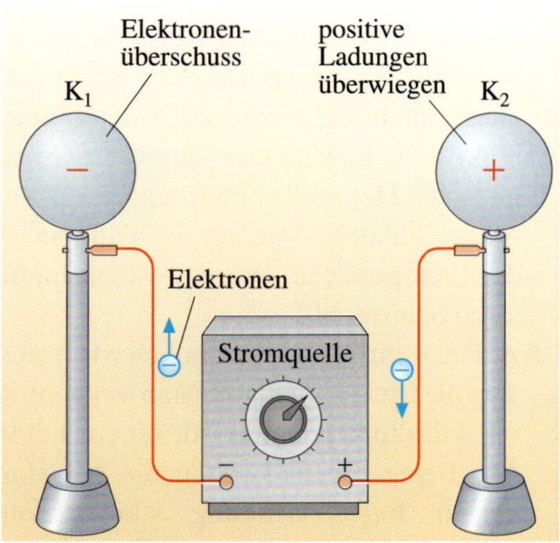

B1: Die Stromquelle pumpt unter Energieaufwand gegen elektrische Kräfte Elektronen von der Kugel K_2 (rechts) auf die Kugel K_1 (links).

Elektronenströme

1. Elektronen im Kreislauf

Woher kommen die Elektronen in einer Glühdiode? Werden sie in der Glühkatode erzeugt oder sind es Ladungsträger, die von der Stromquelle im Kreis gepumpt werden? Diese Frage beantwortet ➠ *Versuch 1*. Danach sind die Elektronen tatsächlich die im Kreis fließenden Ladungsträger. Sie werden von der Katode nur abgedampft und können so die Vakuumlücke zwischen Katode und Anode überbrücken. Die Zahl der Elektronen, die aus der Katode herausgeschleudert wird, liefert die Quelle nach. Glüht die Katode nicht, ist der Stromkreis unterbrochen.

2. Elektronenüberschuss an einem Pol

Der Minuspol einer Stromquelle gibt Elektronen ab. Dort besteht nämlich **Elektronenüberschuss**. Um ihn herzustellen, muss die Quelle Elektronen auf diesen Pol pumpen (➠ *Bild 1*). Dazu braucht die Quelle Energie, da sich negative Ladungen abstoßen. Diese Elektronen erzeugt die Quelle nicht etwa, sondern entreißt sie ihrem anderen Pol. Vorher ist dieser neutral und hat gleich viel positive wie negative Ladung. Nach dem Abzug von Elektronen überwiegt dort die ortsfeste positive Ladung. So wird er zum Pluspol.

Vom Elektronenüberschuss am Minuspol wird die ungeladene Kugel K_1 negativ geladen (➠ *Bild 1*). Am Pluspol überwiegt die positive Ladung und entreißt der ungeladenen Kugel K_2 Elektronen. K_2 wird dadurch positiv geladen.

Wenn man also sagt, ein Körper ist *elektrisch geladen*, so meint man, dass er einen *Überschuss an* negativer bzw. positiver *Ladung* trägt.

Merksatz

Eine **Stromquelle** ist eine **Elektronenpumpe**. Ihr **Minuspol** hat wie jeder negativ geladene Körper **Elektronenüberschuss**.
Am **Pluspol** überwiegt die positive Ladung (gegenüber dem neutralen Zustand **fehlen Elektronen**).

3. Stromrichtung und Elektronenfluss

In den metallischen Leitern des Stromkreises fließen Elektronen vom Minuspol zum Pluspol der Quelle. Diese Richtung des Elektronenstroms nennen wir künftig die **Stromrichtung**. Sie weist im Äußeren des Stromkreises vom Minuspol zum Pluspol. Im Innern eines Generators werden dann die Elektronen unter Energieaufwand vom Pluspol zum Minuspol zurückgepumpt (➠ *Bild 1*).

Bevor man Elektronen kannte, hatte man willkürlich vereinbart, „der Strom fließe im äußeren Stromkreis von Plus nach Minus", also den Elektronen entgegen. Diese Richtungsangabe nennt man *konventionelle* oder *technische Stromrichtung*.

Interessantes

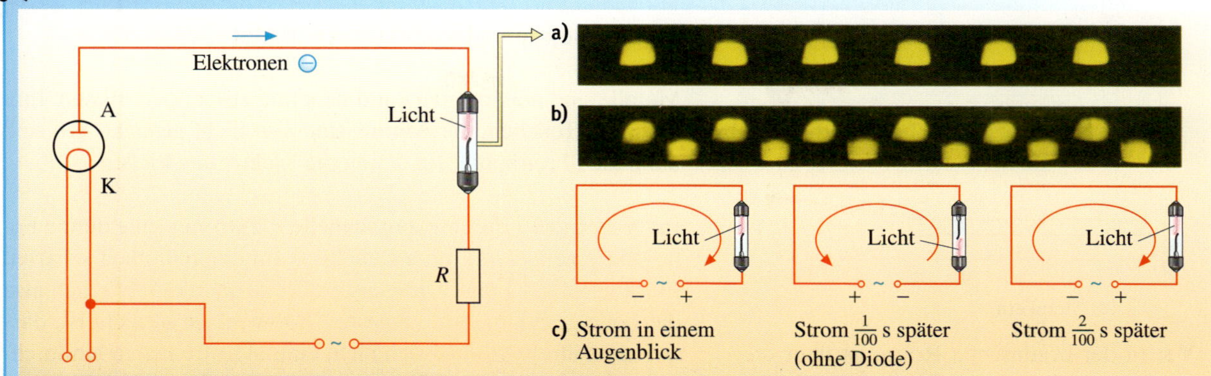

B 2: Gleichrichtung von Wechselstrom mit einer Diode (**Vorsicht:** Versuch nur für Lehrer!)

Elektronen in der Einbahnstraße

Wir polen die Stromquelle in ➠ *Versuch 1 b* um. Ihr Minuspol liegt jetzt an der Anode der Diode. Auch jetzt dampfen Elektronen vom heißen Glühdraht ab. Sie werden jedoch von den Überschusselektronen auf der Anode abgestoßen. Die Glimmlampen leuchten nicht. Der Stromkreis bleibt unterbrochen. Die Diode lässt Elektronen nur dann fließen, wenn die Katode negativ und die Anode positiv geladen ist. Sie wirkt als **elektrisches Ventil** (wie ein Fahrradventil für Luft).

Wir ersetzen die Gleichstromquelle durch eine *Wechselstromquelle* (➠ *Bild 2,* links). Trotzdem leuchtet nur das Gas um die obere Elektrode der Glimmlampe. Bewegt man diese hin und her, so sieht man nur die oberen hellen Bögen (➠ *Bild 2 a*). Dazwischen ist die Glimmlampe dunkel. Die Diode lässt nämlich Elektronen nur während der Zeitspanne fließen, in der die Wechselstromquelle ihren Minuspol dem Glühdraht zuwendet. Bei umgekehrter Polung sperrt die Diode; sie lässt sich also zur **Gleichrichtung** von Wechselstrom verwenden.

Wir überbrücken die Diode mit einem Draht (Strombegrenzer *R* nicht vergessen). Das Neongas leuchtet abwechselnd um beide Elektroden, so wie bei Wechselstrom *ohne* Diode (➠ *Bild 2 b*). Im Draht fließen ja Elektronen in beiden Richtungen (➠ *Bild 2 c*).

An Netzsteckdosen erhalten wir bei geschlossenem Stromkreis **Wechselstrom**. Jeder Pol der Steckdose ist in einer Sekunde abwechselnd 50-mal Minuspol und 50-mal Pluspol. Der andere Pol hat jeweils die entgegengesetzte Polarität. Die Elektronen schwingen mit der Frequenz 50 Hz hin und her.

Da die Elektronen sehr beweglich sind, folgen sie im ganzen Kreis praktisch ohne Verzögerung. Deshalb hat der Strom in jedem Augenblick die von der Quelle bestimmte Richtung. Unsere für Gleichstrom gefundenen Aussagen bleiben dabei richtig.

B 3: Zu Dekorationszwecken werden Glimmlampen in verschiedenem Design hergestellt.

Aufgaben

A 1: a) Könnte man in ➠ *Versuch 1 a* die Quelle auch zwischen Anode und obere Glimmlampe legen? Welche Polung müsste sie dort haben? **b)** Könnte man mehrere Stromquellen in ➠ *Bild 2* hintereinander schalten? Wie müssten dabei ihre Pole ausgerichtet sein (man vergleiche mit Wasserpumpen)? **c)** Könnte man auch mehrere Glimmlampen hintereinander legen? Um welche ihrer Elektroden würde dann jeweils das Gas aufleuchten ➠ *Versuch 1?*

A 2: In ➠ *Versuch 1 a* leuchtet die Glimmlampe nach Ausschalten des Heizstroms noch einige Zeit weiter, wird dabei aber immer schwächer. Womit hängt dies zusammen?

A 3: Wie oft ist in 10 s der eine Pol einer Netzsteckdose positiv, wie oft negativ geladen? Wie viele Umladungen finden in 10 s statt; was geschieht dabei mit den Elektronen?

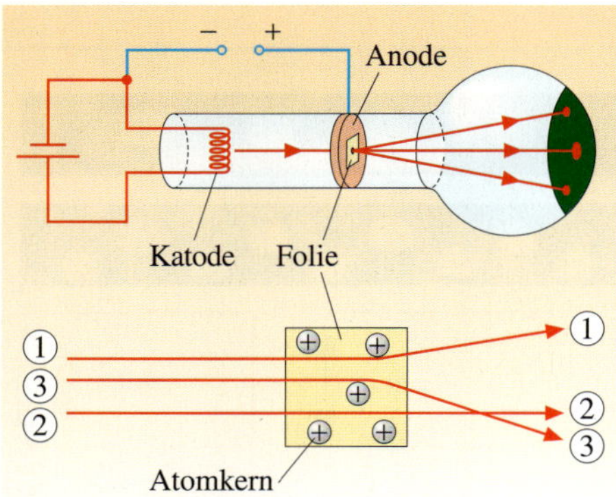

V 1: In der braunschen Röhre ist über die Anodenöffnung eine dünne Graphitfolie geklebt. Sie ist nur einige Millionen von Atomschichten dick. Wir beschießen sie mit schnellen Elektronen aus der Glühkatode. Diese erzeugen einen ähnlich scharfen Fleck auf dem Leuchtschirm wie wir ihn ohne Folie kennen. Diejenigen Elektronen, die einem positiv geladenen Kern zu nahe kommen, werden abgelenkt.

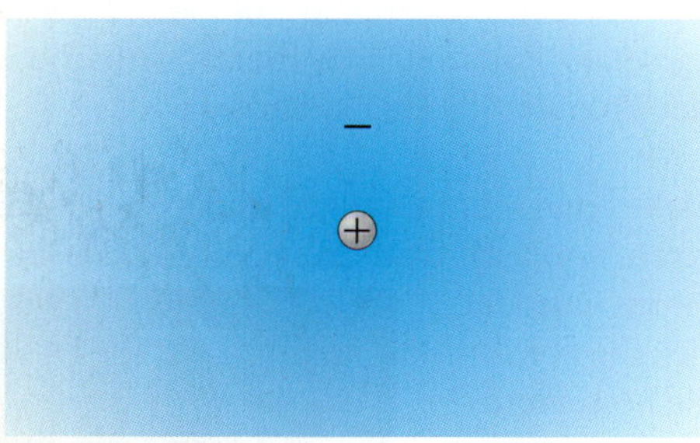

B 1: Schnitt durch ein Modellatom: Atomkern (+) und Elektronenhülle (–).

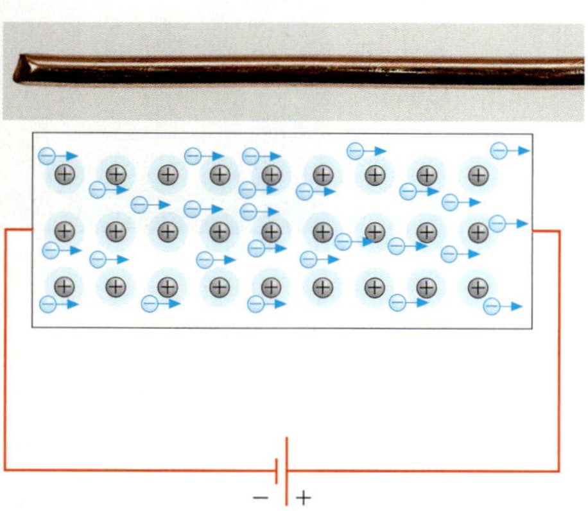

B 2: In Kupfer gibt jedes Atom ein Elektron (blau) frei. Ohne angeschlossene Stromquelle schwirren diese im Metall ungeordnet umher. Mit Stromquelle bewegen sie sich zusätzlich in Richtung Pluspol.

Elektronen und Atombau

1. Gibt es Freiräume für Elektronen in Materie?

Metalle sind massiv; man kann sie kaum zusammenpressen. Ihre kleinsten Teilchen, die **Atome**, sind also dicht gepackt. Wo sind dann die „Freiräume", in denen die Elektronen fließen?

In ➠ *Versuch 1* durchsetzen schnelle Elektronen eine dünne Folie und erzeugen auf dem Leuchtschirm einen ähnlich scharfen Fleck wie ohne Folie. Die meisten Elektronen durchfliegen also die Folie geradlinig und ungestört. Obwohl sie so dicht ist, dass zwischen ihren Atomen sich nicht einmal Luftteilchen hindurchzwängen könnten. Die Elektronen müssen also viel kleiner sein als Luftteilchen. Sie gehören zu den kleinsten Teilchen, die man kennt. Wir können sie als punktförmig ansehen.
Nur ein kleiner Teil der Elektronen wird durch die Folie zur Seite abgelenkt und hellt den übrigen Teil des Leuchtschirms etwas auf. Andere Versuche zeigen, dass diese negativ geladenen Elektronen einem positiv geladenen **Atomkern** zu nahe gekommen sind und so abgelenkt wurden. Jedes Atom hat solch einen Kern. Der Kerndurchmesser beträgt nur etwa 1/100000 des Atomdurchmessers, der seinerseits unter 1/1000000 mm liegt. Die Atomkerne sind also größer als die punktförmigen Elektronen. *Trotzdem sind die Atome fast leer!*
Weiter fand man: Im Atomkern ist über 99,9% der Masse eines Atoms konzentriert; der Rest verteilt sich auf die Elektronen. Diese schwirren in den großen, sonst leeren Bereichen um den Kern herum, ohne dass man dafür eine Bahn angeben könnte. In ➠ *Bild 1* zeigt die Stärke der blauen Tönung, dass man Elektronen in der Nähe des Kerns häufiger antrifft als weiter entfernt. Eine scharfe Begrenzung, eine Art Haut, haben Atome nicht.
Dies mag all dem widersprechen, was wir uns unter einem kompakten Stück Materie vorstellen: Schlage einmal mit der Faust auf den Tisch und stelle dir vor, dass er fast nur aus Hohlräumen besteht – deine Faust natürlich auch!
In Atomen werden die negativ geladenen Elektronen von der positiven Ladung der Kerne angezogen. Die Kräfte zwischen entgegengesetzten Ladungen halten also die Atome und darüber hinaus die feste und flüssige Materie zusammen. So kommt den elektrischen Kräften eine überragende Bedeutung zu. Ein Atom ist elektrisch neutral, wenn so viele Elektronen den Kern umgeben, dass sie die positive Kernladung neutralisieren. In diesen neutralen Atomen verstecken sich die in Materie stets vorhandenen Ladungsträger. Kein Wunder, dass wir sie nicht unmittelbar wahrnehmen. Die Elektrizität wurde deshalb erst vor ca. 200 Jahren entdeckt.

Merksatz

Atome bestehen aus **positiv geladenen Kernen** und **negativ geladenen Elektronen**. In den sehr kleinen Kernen ist fast die gesamte Masse konzentriert.

2. Das Elektronengas in Metallen

Aus Metallen konnten wir Elektronen durch Glühen freisetzen. Stromquellen setzen die Elektronen auch in sehr langen Metalldrähten in Bewegung, sogar in Überseekabeln. In Metallen gibt es also leicht bewegliche Elektronen. Von jedem Metallatom haben sich nämlich 1 bis 3 Elektronen getrennt (➡ *Bild 2*, blau). Diese bewegen sich auch im stromlosen Zustand in den großen, fast leeren Räumen zwischen den Atomkernen unregelmäßig hin und her. Ein Teil der Elektronen in Metallen verhält sich also ähnlich wie Moleküle von Gasen. Man sagt, Metalle sind von einem **Elektronengas** erfüllt.
Auch *Nichtleiter* bestehen aus Atomen. Sie leiten so lange nicht, wie *alle Elektronen fest an die Atomkerne gebunden sind.* Beim Blitz z. B. leitet die Luft, weil Elektronen freigesetzt werden.

3. Temperaturerhöhung durch fließende Elektronen

Eine Glühdiode, die kräftige Ströme aushält, wird an eine starke Stromquelle angeschlossen. Ist sie in Durchlassrichtung gepolt, so kommt das Blech der Anode zum Glühen. Dort werden nämlich die Atome von den aufprallenden Elektronen zu starken Schwingungen angeregt; die Temperatur steigt.
Auch Elektronen, die in Drähten fließen, stoßen ständig auf Atomrümpfe und verstärken deren Schwingungen. Die Temperatur und die innere Energie steigen. Man spricht auch von **Stromwärme**. Die Elektronen werden durch diese ständigen Stöße auf ihrem Weg behindert; sie erfahren dabei Widerstand.
Die gleichen Elektronen, die einen Glühdraht zur Weißglut bringen, lassen die dicken Zuleitungen kalt. Beträgt der Querschnitt des Glühdrahts nur $\frac{1}{100}$ von dem der Zuleitung, so durchfließen ihn nach unserer Vorstellung die Elektronen mit 100facher Geschwindigkeit. Sie stoßen heftiger auf die Atome und bringen den Draht zum Glühen. Darauf beruht die **Wärmewirkung des elektrischen Stromes**.

4. Wo sitzen Überschussladungen in Metallen?

In ➡ *Versuch 2* berührt man das Innere eines Metallbechers, **Faradaybecher** genannt, mit einer negativ geladenen Kugel. Sie gibt alle Überschusselektronen ab und ist anschließend ungeladen. Die in den Becher gebrachten Elektronen sind aber nicht verschwunden; sie sind zur äußeren Oberfläche geflossen und lassen sich dort abnehmen. Deshalb kann man vom Innern des geladenen Bechers keine Ladung holen.
Auch das *Innere massiver Leiter trägt keine Überschussladung.* Wohl aber können in ihm Elektronen fließen, neutralisiert von Atomkernen. M. FARADAY (um 1830) setzte sich in einen Metallkäfig und ließ von außen Funken aufschlagen. Obwohl er innen das Metall berührte, ging keine Ladung auf ihn über. Selbst die Ladung eines Blitzes dringt kaum ins Innere eines metallisch umschlossenen Raums ein. Die metallischen Außenwände von Flugzeugen und Autos sind solche **Faradaykäfige** (➡ *Interessantes*).

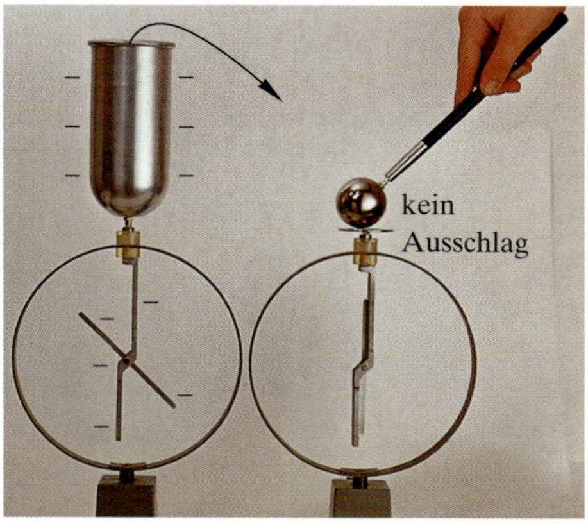

V 2: Das linke Elektroskop trägt einen Metallbecher. Wir berühren sein Inneres mit einer negativ geladenen Kugel. Das linke Elektroskop zeigt einen Ausschlag. Bringen wir die Kugel anschließend auf ein neutrales Elektroskop, so zeigt dieses keinen Ausschlag. Die Kugel wurde in dem Becher ganz entladen.

Interessantes

Blitzschutz

Der beste Blitzschutz für ein Haus wäre eine metallische Außenhülle. Es genügt aber schon, um Dach und Schornstein dicke Metallbänder zu legen. Diese sowie Dachantennen werden über dicke Leitungen mit der so genannten Potentialausgleichschiene verbunden. Diese muss über einen Fundamenterder gut geerdet werden. – Wird man im Freien von einem Gewitter überrascht, so sind die alten Sprichwörter wie „Buchen tu suchen, Eichen tu meiden" falsch. Bäume sollte man grundsätzlich meiden, weil sie empor ragende Ziele für Blitze sind. Stattdessen sollte man auf freier Fläche mit geschlossenen Füßen in die Hocke gehen und sich möglichst klein machen.

V1: Wir reiben mit einem Wolltuch eine Kunststofffolie. Dann heben wir sie von der Unterlage ab und berühren sie mit einer Glimmlampe.

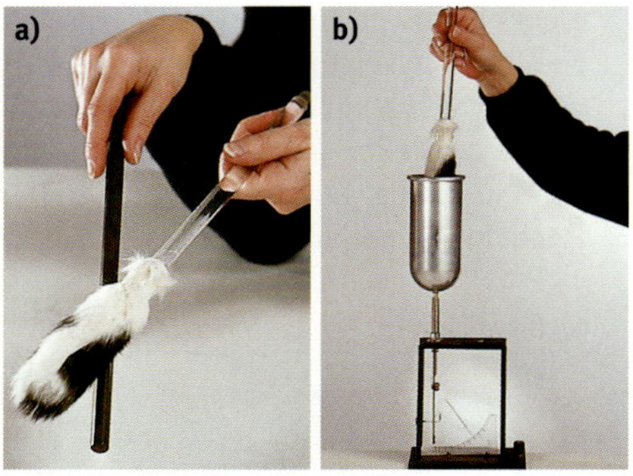

V2: a) Enger Kontakt von Fell (am Isolierstab) und Kunststoffstab. **b)** Anschließend bringen wir Fell und Stab jeweils einzeln in einen zunächst ungeladenen Faradaybecher, der auf einem Elektroskop sitzt.

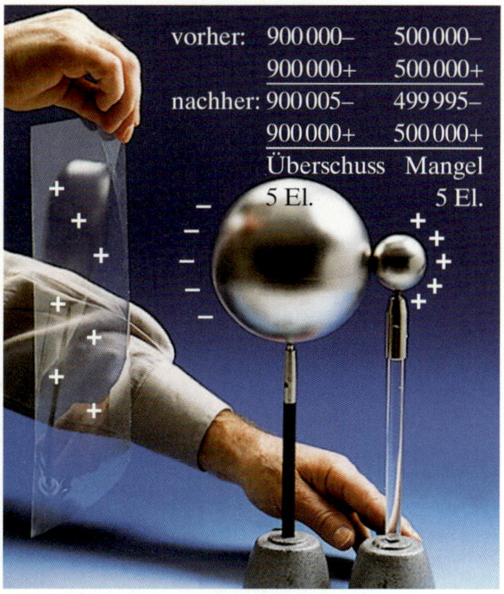

B1: Zahlenbeispiel zur Influenz: Elektronen werden von der rechten zur linken Kugel verschoben.

Elektrostatische Aufladung; Kontaktelektrizität

Du kennst das Knistern beim Ausziehen eines Pullovers oder beim Kämmen trockener Haare. Diese elektrostatische Aufladung haben die Griechen schon vor über 2000 Jahren beim Reiben des guten Isolators *Bernstein* (griech.: Elektron) beobachtet. Daher rührt der Name „Elektrizität" (wörtlich: „Bernsteinkraft"). Wir untersuchen jetzt die elektrostatische Aufladung, die bei guten Isolatoren auftritt.
Man reibt eine Kunststofffolie mit einem Wolltuch (➠ *Versuch 1*). Dann hebt man die Folie von der Unterlage ab. Sie zieht anschließend Haare oder leichte Gegenstände wie Papierschnipsel an. Mit einer Glimmlampe kann man die Art ihrer Aufladung feststellen.

In ➠ *Versuch 2* bringt man einen Kunststoffstab in engen Kontakt mit einem Fell. Der Stab zieht anschließend Papierschnipsel an. Berührt man ihn mit einer Glimmlampe, so blitzt das Gas an der dem Stab zugewandten Elektrode auf. Die Oberfläche des Stabes war also negativ geladen. Wurden durch den Kontakt Elektronen neu erzeugt oder nur dem Fell entrissen?

Man bringt nach dem Kontakt Fell und Stab einzeln in einen jeweils ungeladenen Faradaybecher. Das Elektroskop schlägt beide Male gleich stark aus.
Gibt man nach dem Kontakt jedoch beide zusammen in den Faradaybecher, tritt nicht etwa der doppelte, sondern überhaupt kein Ausschlag auf. Zusammen sind Stab und Fell also genauso neutral wie vor dem Kontakt.

In einem weiteren Versuch gibt man nach dem Kontakt nur das Fell in den Faradaybecher und berührt ihn dann von außen mit einer Glimmlampe. Das Gas um die *abgewandte* Elektrode blitzt auf. Das Fell war positiv geladen, der Stab dagegen negativ.

In ➠ *Versuch 2* wurden entgegengesetzte Ladungen voneinander getrennt, ohne dass man die Körper aneinander reiben musste. Die Ladungstrennung erfolgte bereits bei engem Kontakt. Wie bei der Influenz wird die Ladung dabei nicht neu erzeugt. Vielmehr entreißt der Stab dem Fell an der Oberfläche einen winzigen Bruchteil an Elektronen. Dann überwiegt an der Felloberfläche die positive Ladung der Atomkerne.
Bei dieser statischen Aufladung treten keine positiven Ladungen über. Diese sind an Materie (Atomkerne) gebunden und sitzen viel fester als die negativ geladenen Elektronen der Atomhülle.

Immer wenn sich verschiedene Stoffe berühren, treten Elektronen von der Oberfläche des einen Stoffs zur der des anderen über. Ein Stoff, der auf Elektronen eine stärkere Kraft ausübt, verschafft sich bei engem Kontakt mit einem anderen Stoff einen Elektronenüberschuss. Der andere Stoff verliert Elektronen; bei ihm macht sich die positive Kernladung auch nach außen hin bemerkbar. Diesen Sachverhalt nennt man **Kontaktelektrizität**.

Methoden

Planarbeit zum Thema „Influenz und elektrostatische Aufladung"

Zeit: 2 Schulstunden und Nacharbeit zuhause

Ziele:
- Vertiefen der Kenntnisse zur elektrischen Influenz unter Verwendung des Elektronenbildes.
- Erarbeiten des Themas „elektrostatische Aufladung" (➡ Schulbuch Seite 206)
- Präsentation eines Versuchs zur elektrostatischen Aufladung

Arbeitsaufträge:
1. Wiederhole die grundlegenden Sachverhalte zur elektrischen Influenz (➡ Schulbuch Seite 197) und zu „Elektronen als Ladungsträger" (➡ Schulbuch Seite 200).
2. Erläutere schriftlich den Vorgang der elektrischen Influenz unter Verwendung des Elektronenbildes anhand von ➡ Versuch 4, Seite 197 und ➡ Bild 1, Seite 206. Zeichne dazu auch eine Skizze von Versuch 4 mit den ortsfesten positiven Ladungen und der Verschiebung der Elektronen bei der Influenz. (Bearbeite Aufgabe A 1, Seite 201).
3. Beschreibe, in welchen Fällen du elektrostatische Aufladung im Alltag erlebst und wie sie sich auswirkt. Erläutere verschiedene Möglichkeiten, wie du elektrostatische Aufladung vermeiden kannst. (Internetrecherche mit geeigneten Stichwörtern).
   Welche Sicherheitsprobleme können durch elektrostatische Aufladung entstehen? (Internetrecherche mit geeigneten Stichwörtern).
   Stelle ein Beispiel einer elektrostatischen Aufladung aus dem Alltag in einem Experiment dar.
4. Führe die Versuche ➡ Versuch 1 und ➡ Versuch 2, Seite 206 durch. Dokumentiere die durchgeführten Versuche:
   - Fertige eine Versuchsskizze mit Beschreibung an.
   - Erläutere die Versuchsdurchführung (Lehrer/-in stellt Experimentiermaterial zur Verfügung).
   - Schreibe deine Beobachtungen auf.
   - Erkläre – falls möglich – die Versuchsergebnisse.
5. Überlege dir weitere Versuchsbeispiele zur elektrostatischen Aufladung und führe sie durch.

6. **Hilfsmittel:**
   - Schulbuch Seite 206
   - Informationsbeschaffung durch Internetrecherche mit einer Suchmaschine (überlege dir hierzu geeignete Suchbegriffe)

7. **Präsentation** eines Versuchs:
   - **Einen** von dir ausgedachten Versuch musst du so genau ausarbeiten, dass du ihn vor der Klasse durchführen und erklären kannst.
   - Fertige für die Präsentation dieses Versuchs eine **Folie** (auch als **Handout** für die Mitschüler/-innen) mit den wichtigsten Inhalten an. Fasse die Ergebnisse deines Versuchs in wenigen Sätzen zusammen. Formuliere wenn möglich einen Merksatz.

8. **Aufgaben** zur Kontrolle:
   A 1: Elektronen können wir nicht sehen. Trotzdem haben wir aus Experimenten Schlüsse auf sie gezogen. Verfolge und prüfe nochmals alle Argumente, die wir dabei benutzt haben. Wo konnten wir nur Mitteilungen von Experimenten anderer Art machen?
   A 2: Was heißt, ein Atom bzw. ein Körper ist elektrisch neutral? Kann es nach der Theorie vom Atombau auch völlig „unelektrische" Körper geben, die überhaupt keine Ladungen besitzen?
   A 3: Man berührt das Innere eines Faradaybechers mit einer positiv geladenen Kugel. Welche Ladung trägt er dann innen, welche außen? Erkläre deine Aussage mit der Elektronenvorstellung. Warum schlägt ein angeschlossenes Elektroskop aus?
   A 4: Denke dir zum Thema „Influenz und elektrostatische Aufladung" eine Aufgabe für die Klasse aus.

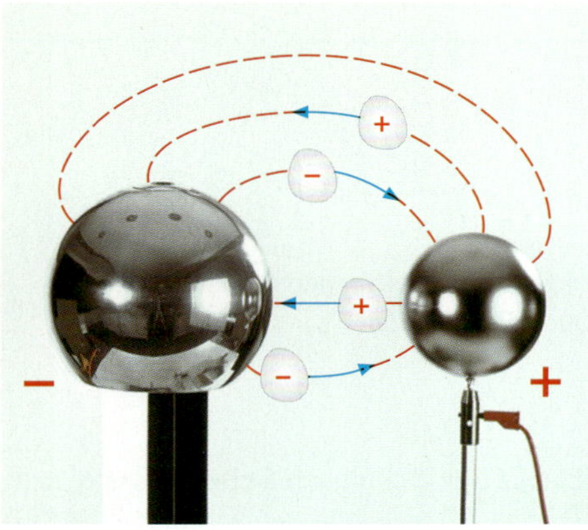

V 1: Wir bringen auf den negativen Pol eines Bandgenerators ein kleines, zerzaustes Wattestück. Es fliegt auf einer gekrümmten Bahn zum positiven Pol und von dort wieder zurück zum negativen Pol.

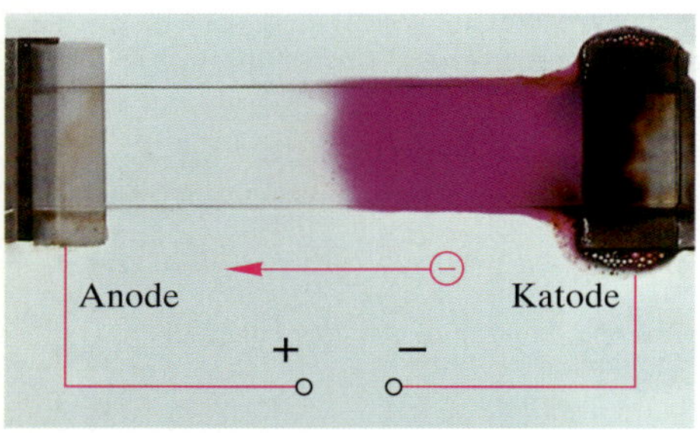

V 2: In einer Rinne befindet sich etwas leitfähig gemachtes Wasser. Die beiden Metallelektroden sind an eine Stromquelle angeschlossen. Wir geben in die Rinne einige Kristalle des stark färbenden Salzes Kaliumpermanganat. Sie lösen sich auf und erzeugen einen rotvioletten Fleck. Er breitet sich langsam zum Pluspol hin aus.

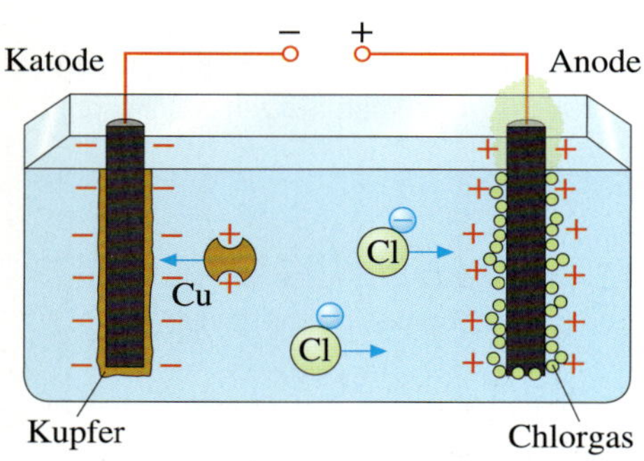

V 3: Die blaue Kupferchloridlösung enthält positive Cu^{++}-Ionen und negative Cl^{-}-Ionen. An der Katode (–) schlägt sich eine dünne, rötliche Kupferschicht nieder. An der Anode (+) steigt stechend riechendes Chlorgas auf.

Elektronen und Ionen

1. Gibt es auch sichtbare elektrische Ströme?

Noch kein Mensch hat Elektronen gesehen. Es gibt aber auch „sichtbare" Ladungsträger.
In ➡ *Versuch 1* bringt man auf den negativen Pol eines Bandgenerators ein Wattestück. Es nimmt Elektronen auf und wird abgestoßen. Auf einer gekrümmten Bahn fliegt das Wattestück zum positiven Pol und stellt so einen „sichtbaren" *Strom negativer Ladungsträger* dar. Am positiven Pol gibt es seine Überschusselektronen ab. Zudem werden ihm Elektronen entrissen; die positive Ladung überwiegt. Das Wattestück fliegt zum Minuspol zurück.

2. Bewegte Ionen in Flüssigkeiten

In einer leitenden Flüssigkeit kann man die Bewegung von Ladungsträgern verfolgen. In ➡ *Versuch 2* gibt man dazu einige Kristalle Kaliumpermanganat in leitendes Wasser. Es bildet sich ein rotvioletter Fleck. Dieser wandert langsam zum Pluspol; auch dann, wenn man die Anschlüsse an der Quelle umpolt. Der Fleck besteht also aus negativ geladenen Teilchen. Man nennt sie negative **Ionen**. Elektronen sind zwar auch negativ geladen, sind aber unsichtbar und können für sich keine Materie bilden.

In ➡ *Versuch 3* befinden sich in einer blauen Kupferchloridlösung zwei Kohlestäbe als Elektroden. Die Katode (–) wird mit einer dünnen Kupferschicht überzogen. An der Anode (+) steigen Gasblasen auf, die nach Chlor riechen. Was passiert bei diesem chemischen Vorgang, **Elektrolyse** genannt?
Die Kupferchloridlösung enthält negative Chlorionen und positive Kupferionen. Die positive *Anode* zieht die negativen Chlorionen an. Sie haben gegenüber dem neutralen Zustand ein Elektron zusätzlich (in ➡ *Bild 1* symbolisch angeheftet). An der Anode gibt das Chlorion ein Elektron ab und wird neutralisiert. Es steigt Chlorgas auf. Das abgegebene Elektron fließt im Draht zum Pluspol der Quelle. Auch die negative Ladung ist hier an Materie gebunden und kann in der Lösung wandern.
Die negative *Katode* zieht die positiven Kupferionen an. Sie haben gegenüber dem neutralen Zustand jeweils zwei Elektronen weniger (in ➡ *Bild 1* symbolisch ausgespart). Also überwiegt die positive Kernladung. Die fehlenden Elektronen werden an der Katode von der Stromquelle ersetzt. Es scheidet sich neutrales Kupfer ab. Da die Kupferchloridlösung doppelt so viele Chlorionen wie Kupferionen enthält, ist sie insgesamt elektrisch neutral.

Merksatz

Negative Ionen haben einen Elektronenüberschuss. Bei **positiven Ionen** fehlen Elektronen, die positive Kernladung überwiegt. Bei der **Elektrolyse** wandern Ionen zu den Elektroden. Sie geben dort Elektronen ab oder nehmen Elektronen auf. Dabei entstehen neutrale Atome oder Moleküle.

3. Messung fließender Ladung mit Elektrolyse

Eine **Knallgaszelle** besteht aus zwei Elektroden und einer leitenden Flüssigkeit (z. B. Kalilauge), **Elektrolyt** genannt. Führt eine Knallgaszelle Strom, so wird Wasser in seine Bestandteile Wasserstoff und Sauerstoff zerlegt, die in kleinen Gasblasen aufsteigen (➠ *Versuch 4*). Zusammen bilden sie ein hochexplosives Gas, es heißt **Knallgas**. Das Knallgas wird in einer Glasröhre aufgefangen. Sein Volumen kann dadurch gemessen werden.

Mit dieser Elektrolyse kann man fließende Ladungen einfach messen. Wird das Knallgas gleichmäßig abgeschieden, so entwickelt der Strom in der doppelten Zeit doppelt so viel Gas. Im Draht floss währenddessen die doppelte Zahl an Elektronen, also die doppelte Ladung. Aus dem *doppelten Gasvolumen* schließt man, dass die *doppelte Ladung* geflossen ist.

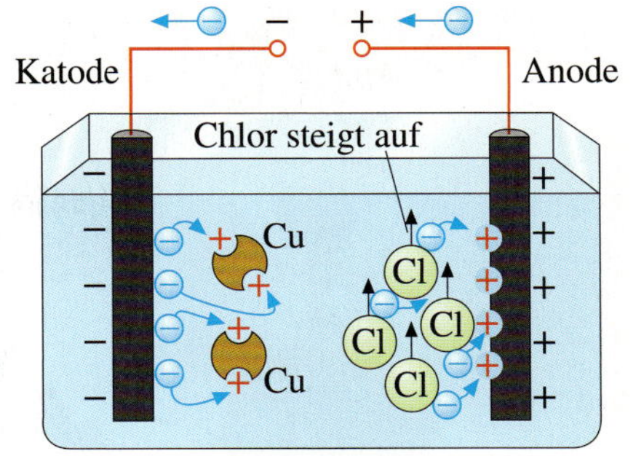

B1: Ein Chlorion gibt an der Anode ein Elektron ab. Ein Kupferion nimmt an der Katode zwei Elektronen auf. Beide Ionenarten werden dadurch neutralisiert.

Merksatz

Das bei der Elektrolyse in einer Knallgaszelle abgeschiedene Gasvolumen ist der geflossenen Ladung proportional.

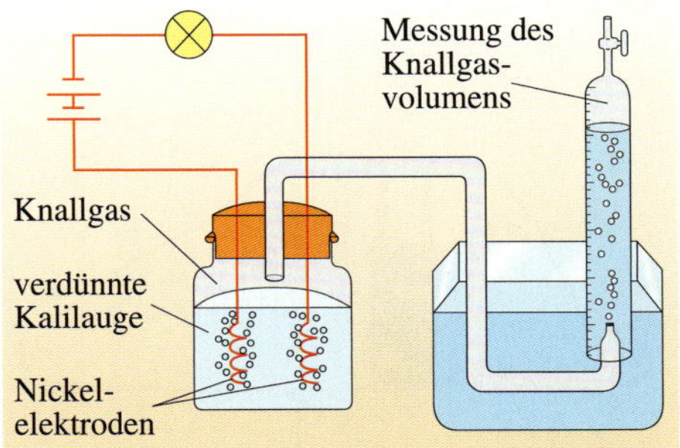

V4: Wir leiten Strom zwischen zwei Nickelelektroden durch verdünnte Kalilauge. Es entwickeln sich dabei zugleich die Gase Wasserstoff und Sauerstoff, die in kleinen Blasen aufsteigen. Zusammen bilden sie Knallgas. Sein Volumen wird in der Glasröhre gemessen.

4. Wasserstoff-Sauerstoff-Brennstoffzelle

In einer Knallgaszelle wird elektrische Energie zum Zersetzen von Wasser in seine Bestandteile Wasserstoff und Sauerstoff eingesetzt. Beim Anzünden von Knallgas wird diese chemische Energie bei der Explosion wieder abgegeben. Kann man diese Energie auch elektrisch freisetzen?

Eine Knallgaszelle hat nach dem Betrieb noch Wasserstoff- bzw. Sauerstoffbläschen auf den Elektroden. Schließt man zwei Knallgaszellen nach dem Betrieb in Reihe, so leuchtet eine angeschlossene Leuchtdiode einige Zeit auf. Dies ist das Prinzip einer neuartigen, zukunftsträchtigen Stromquelle, der so genannten **Brennstoffzelle**. In ihr wird chemische Energie in elektrische umgewandelt.

Eine *Wasserstoff-Sauerstoff-Brennstoffzelle* besteht im Prinzip aus zwei Nickeldrahtnetzen als Elektroden, die in Kalilauge als Elektrolyt eintauchen. Die Elektroden werden ständig von Wasserstoff bzw. Sauerstoff umspült. Sie sind durch eine poröse Wand getrennt. An der Elektrode der einen Seite wird der Wasserstoff (Brennstoff) zu Wasser oxidiert. Dabei werden Elektronen an die Elektrode abgegeben. Sie wird zum *Minuspol*. An der Elektrode der anderen Seite reagiert Sauerstoff mit Wasser. Dabei werden Elektronen aus der Elektrode herausgezogen. Sie wird zum *Pluspol*. Die so erzeugte Stromquelle kann als Antrieb für elektrische Geräte genutzt werden.

Bei der Wasserstoff-Sauerstoff-Brennstoffzelle läuft bei einer Temperatur von ca. 90 °C der umgekehrte Prozess ab wie in der Knallgaszelle. Da die „Stromerzeugung" in einer Brennstoffzelle ohne umweltgefährdende Abgase erfolgt und der Wirkungsgrad der Umwandlung hoch ist, wird an der Entwicklung verschiedener Typen von Brennstoffzellen mit Nachdruck gearbeitet.

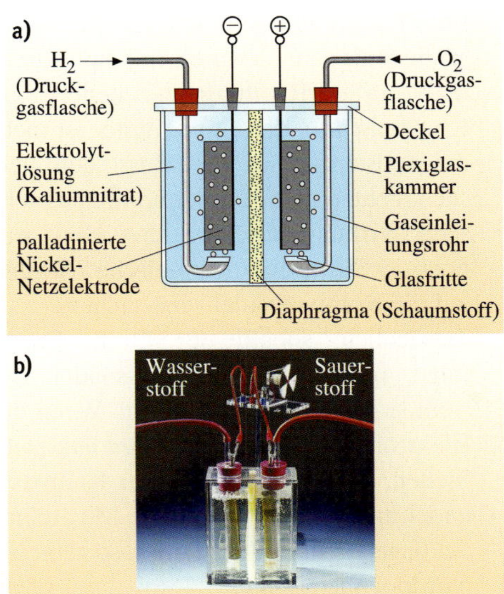

B2: **a)** Modell einer Wasserstoff-Sauerstoff-Brennstoffzelle **b)** Brennstoffzelle in Betrieb

B1: Elektromagnete heben schwere Lasten.

B2: Ein Elektromagnet lässt sich ein- und ausschalten.

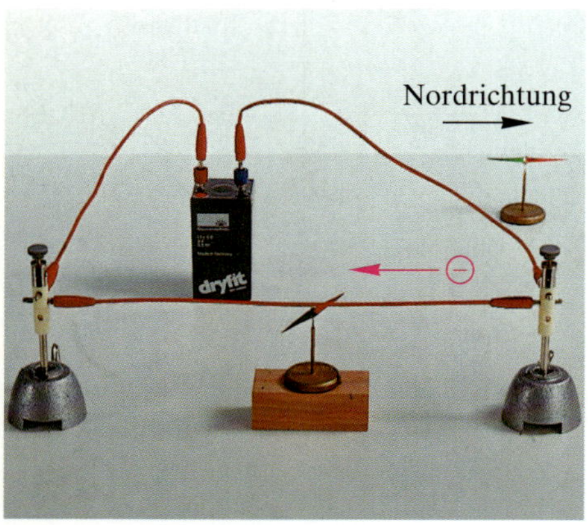

V1: Der Versuch von Oersted:
Wir wollen prüfen, ob der Strom allein für den Magnetismus eines Strom führenden Leiters verantwortlich ist. Um den Einfluss des Magnetfeldes der Erde auszuschließen, spannen wir einen Kupferdraht in Nord-Süd-Richtung und stellen eine Kompassnadel darunter. Kupfer ist nicht magnetisierbar. Es beeinflusst den Versuch nicht, da von ihm keinerlei magnetische Wirkung ausgeht. Jetzt kann nur noch der Strom eine magnetische Wirkung auf die Kompassnadel verursachen.
Tatsächlich, sobald der Draht Strom führt, reagiert die Kompassnadel. Sie stellt sich quer zum Leiter ein. Wenn die Elektronen im Draht von *Nord nach Süd* fließen, zeigt der Nordpol der Kompassnadel nach *Westen*. Steht die Magnetnadel dagegen über dem Draht, so zeigt ihr Nordpol nach *Osten*.
Offensichtlich erfahren die Magnetpole der Kompassnadel Kräfte quer zur Stromrichtung.

Magnetische Stromwirkungen

1. Ein Magnet mit Schalter

Der starke Elektromagnet eines Magnetkrans (➠ *Bild 1*) kann große Mengen von Eisenschrott halten und transportieren. Beim Abschalten des Stroms geht die magnetische Wirkung verloren und die Last fällt ab. Wir können mit einer aus Draht gewickelten, Strom führenden *Spule mit einem Eisenkern* eine große Menge Nägel hochheben (➠ *Bild 2*). Auch hier fallen die Nägel herab, wenn man den Strom abschaltet. Wiederholen wir den Versuch *ohne* Eisenkern, dann gelingt es uns nicht, die Nägel anzuheben. Ist der Magnetismus jetzt verschwunden? Wir nähern der Spule eine Kompassnadel. Sie reagiert, wenn wir den Spulenstrom ein- und ausschalten. Und noch mehr: Solange die Spule Strom führt, wird der Nordpol der Kompassnadel immer von dem einen Ende der Spule angezogen und ihr Südpol vom anderen. Also hat der *Strom* in der Spule Magnetismus erzeugt.

Diese überraschende Erscheinung kannst du selbst beobachten, indem du einen langen, isolierten Kupferdraht auf eine Papprolle wickelst und an eine Batterie anschließt. Sobald der Draht Strom führt, wird eine Magnetnadel abgelenkt. Es entsteht somit ein Magnetfeld, das in der Umgebung des Drahtes sofort wirksam ist. Beim Abschalten des Stroms verschwindet es genauso schnell wieder. Besonders stark wird die magnetische Wirkung, wenn die Spule einen Eisenstab enthält.

2. Ein Magnetfeld ohne Pole

Der dänische Physiker Hans Christian Oersted fand 1820 die magnetische Stromwirkung (➠ *Versuch 1*). Er beobachtete zufällig, dass ein Strom führender Leiter Magnetnadeln ablenkt. Damit erregte er großes Aufsehen. Bis dahin kannte man nämlich keinerlei Zusammenhang zwischen Elektrizität und Magnetismus. Seitdem weiß man, dass beide Gebiete zusammen gehören.

In Versuch 2 befinden sich Magnetnadeln in einer Ebene, die senkrecht zum Leiter steht. Sobald der Leiter Strom führt, stellen sie sich längs Kreisen um den Leiter ein. Wie beim Versuch von OERSTED (Versuch 1) steht jede Nadel quer zum Leiter.

Streuen wir Eisenpulver auf den Karton (Bild 3), so ordnet sich auch dieses bei starken Strömen zu Kreisen. Die Kreise sind konzentrisch. Ihr gemeinsamer Mittelpunkt liegt im Leiter.

Bei einem Stabmagneten gibt es Ein- und Austrittsstellen der Feldlinien an den Polen. Die Feldlinien um einen Strom führenden geradlinigen Leiter sind geschlossene Linien. Besitzt sein Magnetfeld etwa *keine Pole*? Offensichtlich nicht. Ströme in geraden Leitern erzeugen also etwas Neues, nämlich *Magnetfelder ohne Pole*!

Der *Versuch 2* zeigt noch mehr. Ändern wir die Bewegungsrichtung der Elektronen, so ändert sich auch der Umlaufsinn der magnetischen Feldlinien.
Den Zusammenhang zwischen der Bewegungsrichtung der Elektronen und der Richtung der magnetischen Feldlinien merken wir uns mit der **Linke-Faust-Regel** (*Versuch 2*).

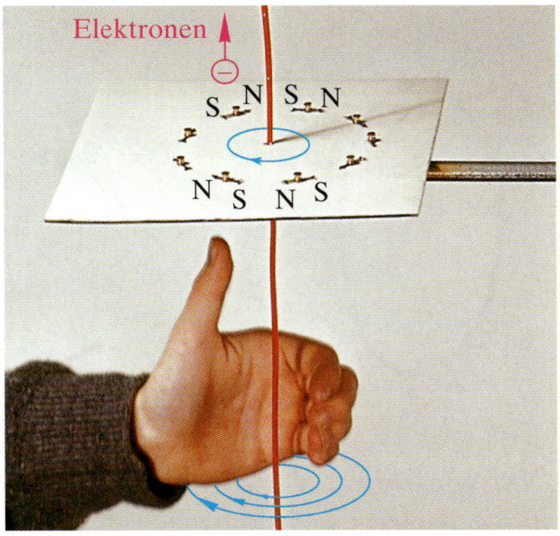

V2: Ein vertikal gestellter Leiter durchsetzt einen waagerechten Karton. Im gleichen Abstand vom Leiter stellen wir mehrere kleine Magnetnadeln auf. Sobald der Draht Strom führend ist, weisen die Nadeln längs eines Kreises. Ändern wir die Stromrichtung, dann wenden sich die Nadeln um 180°.

Merksatz

Elektrische Ströme sind stets von einem Magnetfeld umgeben. Die magnetischen Feldlinien bilden bei geraden Leitern konzentrische Kreise, die in Ebenen senkrecht zum Leiter liegen.

Linke-Faust-Regel: Umfasse den Leiter so mit der linken Faust, dass der abgespreizte Daumen in die Elektronenstromrichtung (von – nach +) zeigt. Dann geben die gekrümmten Finger die **Richtung der magnetischen Feldlinien** an.

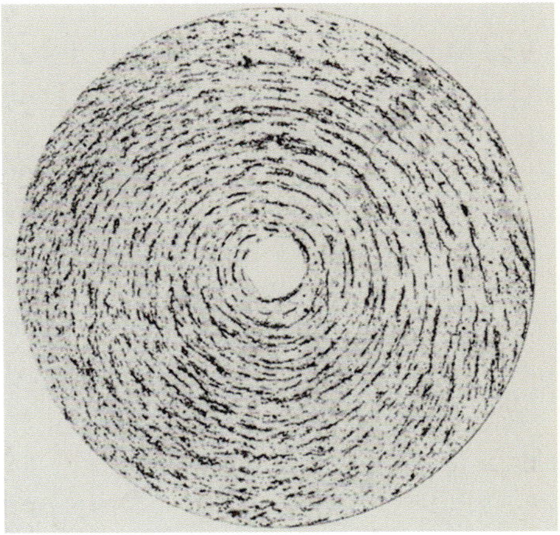

B3: Magnetfeld um einen geraden Leiter

Interessantes

Die Entdeckung der magnetischen Stromwirkung

Während einer Vorlesung wollte der Chemiker und Naturforscher Hans Christian OERSTED (1777–1851) eine galvanische Batterie vorführen, als ihm einer der angeschlossenen Drähte aus der Hand und in die Nähe einer Kompassnadel auf den Vorführtisch fiel. Er wollte ihn schnell wieder hochheben – da bemerkte er, dass sich die Kompassnadel in eine andere Richtung eingestellt hatte.

Das war ein bisher noch nicht entdeckter Vorgang, der richtungsweisend für die weitere Entwicklung der Elektrizitätslehre war. Elektrizität und Magnetismus konnten von nun an nicht mehr als getrennte Phänomene betrachtet werden.
Später wiederholte er diesen Vorgang vor einigen seiner interessierten Kollegen.

Die magnetische Wirkung des elektrischen Stromes ist die einzige, die nicht ausgeschaltet werden kann. Sie tritt immer auf. Dies ist zum Beispiel bei der Wärmewirkung nicht der Fall.

Aufgaben

A1: Eine Kompassnadel stellt sich in Nord-Süd-Richtung ein. Wie kann man sie mit einem geradlinigen Leiter in westliche, wie in östliche Richtung ablenken? Wie müsste man den Leiter stellen, damit durch sein Magnetfeld die Kompassnadel mit ihrem Nordpol in (geographisch) südliche Richtung abgelenkt wird?

A2: Skizziere bei *Versuch 1* den Verlauf der magnetischen Feldlinien um den waagerecht verlaufenden Leiter. Wende dabei die Linke-Faust-Regel an.

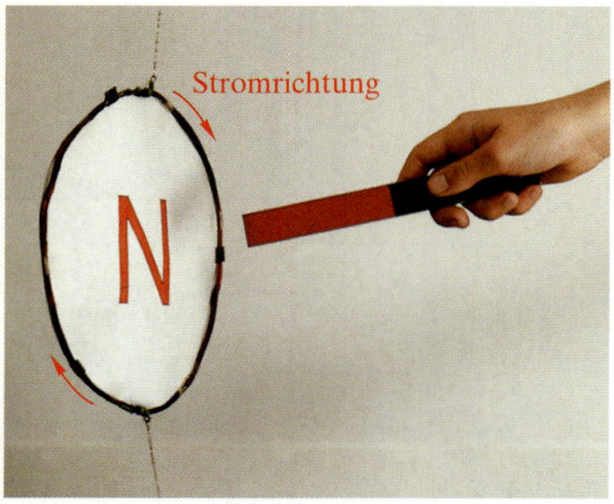

V1: Wir wickeln einen Draht in mehreren Windungen zu einer flachen *Spule* und bespannen sie mit Papier, um spätere Schwingungen zu dämpfen. Dann hängen wir ihn an einem Faden auf und führen ihm über Lamettafäden Strom zu. Er dreht sich mit einer Fläche nach Norden – wie eine Kompassnadel.
Mit einem Stabmagneten lässt sich der kreisförmige Strom führende Leiter ablenken.

V2: Mit einer Spule können wir das Zusammenwirken der magnetischen Felder der einzelnen Windungen sichtbar machen (➡ *Bild 2*). Streuen wir Eisenpulver auf die Glasplatte, so sehen wir kleine Kreise um die Leiter an den Durchstoßpunkten. Im Inneren der Spule ordnen sie sich zu parallelen Ketten an. Außerhalb der Spule ist das Feldlinienbild ähnlich dem eines Stabmagneten.

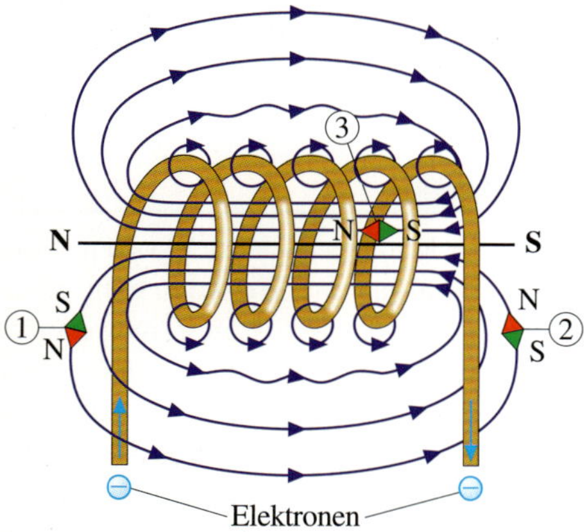

B1: Bei einer Spule überlagern sich die Feldlinien vieler Drahtwicklungen. Der Südpol von Nadel ① wird zum Spulen-Nordpol gezogen, der Nordpol von Nadel ② zum Spulen-Südpol.

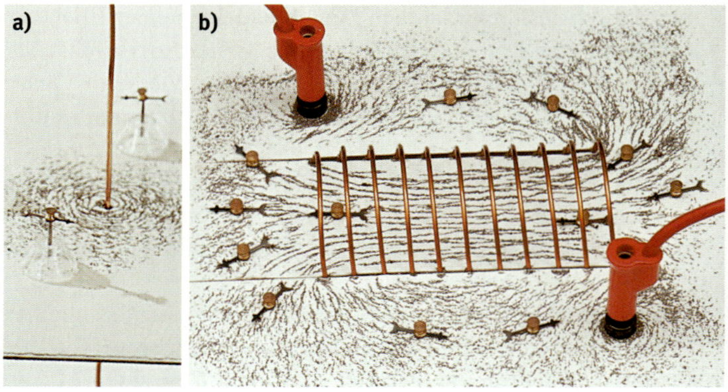

B2: a) Feldlinien eines Strom führenden geraden Leiters
b) Feld einer Strom führenden Spule

Das Magnetfeld von Spulen

1. Vom Draht zur Spule

Das Magnetfeld eines Strom führenden Drahtes ist sehr schwach. Vielleicht können wir es dadurch verstärken, dass wir den Draht zu einer Windung biegen. Die Linke-Faust-Regel gibt Anlass zur Hoffnung: Umfassen wir nämlich den zu einer Windung gebogenen Draht mit der linken Hand so, dass der Daumen entlang des Drahtes weist, dann zeigen die Finger im Inneren der Windung überall in die gleiche Richtung. Das bedeutet, dass die magnetischen Feldlinien eng beieinander liegen (➡ *Bild 2a*).

Das Magnetfeld eines Drahtes wird noch stärker, wenn man ihn in *mehreren* Windungen zu einer flachen **Spule** wickelt (➡ *Versuch 1*). Führt sie Strom, so dreht sie sich so, dass die eine Fläche (N) nach Norden zeigt. Nähert man ihr den Nordpol eines Stabmagneten, so dreht sich die Spule zur Seite.
Verhält sich die Spule wie eine Magnetnadel? Tatsächlich: Nähert man ihrer Fläche (N) den Nordpol eines Stabmagneten, so dreht sich die Spule zur Seite (➡ *Versuch 1*). Die Fläche (N) wird also wie ein magnetischer Nordpol vom Nordpol des Stabmagneten abgestoßen. Die Fläche auf der Rückseite verhält sich entsprechend wie ein Südpol. *Eine Strom führende Spule ist ein Magnet mit zwei Polen.*
➡ *Bild 1* und ➡ *Bild 2* zeigen den Verlauf der Feldlinien. Die kleinen Magnetnadeln weisen am einen Ende der Spule mit ihrem Nordpol nach außen; hier befindet sich der Nordpol der Spule, am anderen Ende – dem Südpol – zeigen die Nadeln mit ihrem Nordpol nach innen. Die Feldlinien sind geschlossen und verlaufen innerhalb der Spule parallel zur Spulenachse.

Merksatz

Strom führende Spulen haben Pole wie Stabmagnete. Außen laufen die Feldlinien vom Nordpol zum Südpol. Innen kehren sie zurück und bilden ein starkes Magnetfeld mit parallelen Feldlinien.

2. Eine Spule wird zum Elektromagnet

Enthält eine Spule einen Eisenkern, so kann man mit ihr eine große Menge Nägel anheben. Es besteht ein starkes Magnetfeld. Wie kommt es zu dieser Verstärkung? Wir wissen, dass es im Inneren einer Strom führenden Spule ein starkes Magnetfeld gibt, dessen Feldlinien parallel zur Spulenachse verlaufen. Bringen wir einen Eisenkern in die Spule, so übt das Magnetfeld der Spule auf die Elementarmagnete im Eisen Kräfte aus und ordnet sie parallel zur Spulenachse an (➡ *Bild 3*). Dabei zeigen die Nordpole aller Elementarmagnete in Feldlinienrichtung zum Nordpol der Spule hin. Das führt zu einer enormen Verstärkung des Magnetfelds der Spule im Außenraum. Spule und Eisenkern bilden einen starken **Elektromagneten.**
Wird der Strom abgeschaltet, so verschwindet das Magnetfeld der Spule und die Elementarmagnete gehen wieder in einen ungeordneten Zustand über.

Einen besonders kräftigen Elektromagneten zeigt das Bild zu ➡ *Versuch 4.* Zwei Spulen sitzen auf den Schenkeln eines dicken, U-förmigen Eisenkerns. Bei der einen Spule liegt der Nordpol unten, bei der anderen der Südpol. Das prüft man mit einer Magnetnadel. Im Bild können wir sogar die Richtung des Elektronenflusses erkennen. Damit können wir nach der Linke-Faust-Regel die Richtung der Feldlinien des Magnetfeldes der beiden Spule bestimmen.
Auf den U-Kern wird zusätzlich ein *Anker* aus Eisen aufgesetzt. Auch seine Elementarmagnete werden ausgerichtet. Sie verstärken ebenfalls das Magnetfeld der Spulen. Dabei bilden die Elementarmagnete von U-Kern und Anker längs der Feldlinien (➡ *Versuch 4*; blaue Linien) geschlossene Ketten. Sie lassen sich kaum aufreißen, denn der Anker kann nur noch mit äußerst starken Kräften vom U-Kern getrennt werden. An ihn kann man große Lasten hängen. Anstelle von Eisen kann man auch andere *weichmagnetische* Stoffe verwenden.

Ersetzt man in ➡ *Versuch 4* das Eisen durch *hartmagnetisches* Material, so richtet das starke Magnetfeld die schwer drehbaren Elementarmagnete viel besser aus, als dies beim Überstreichen einer Stricknadel mit dem Nordpol eines starken Dauermagneten gelingt. Nach dem Ausschalten des Stroms bleiben aber die Elementarmagnete ausgerichtet; die Magnetisierung bleibt erhalten. So kann man **Dauermagnete** herstellen.

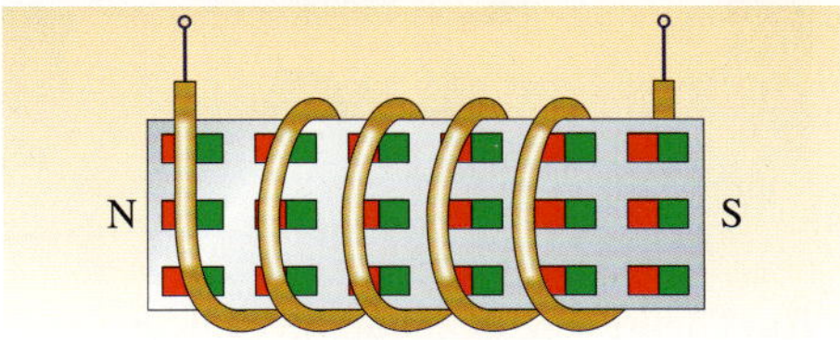

B3: Der Eisenkern verstärkt die magnetische Wirkung einer Spule erheblich

V3: a) Wir stellen eine Spule in Ost-West-Richtung auf und nähern ihr eine Kompassnadel. Erst in unmittelbarer Nähe der Spule wird sie abgelenkt. Das Magnetfeld der Spule hat nur eine geringe wahrnehmbare Reichweite. **b)** Wir schieben weichmagnetisches Material in die Spule. Jetzt wirkt das Magnetfeld auch in größerer Entfernung auf die Kompassnadel. Es ist wesentlich stärker geworden.

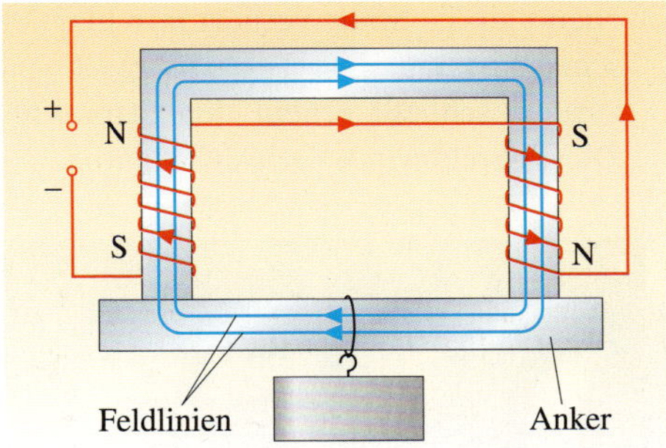

V4: Wir setzen zwei Spulen auf einen U-förmigen Eisenkern. Der Nordpol der einen Spule soll oben, der Nordpol der anderen unten liegen. Mit einem Anker schließen wir den U-Kern. Führen die Spulen Strom, wird der Anker mit großer Kraft angezogen.

Aufgaben

A1: In ➡ *Bild 4* zieht eine Strom führende Spule einen Eisenstab an. Warum bekommt er unten einen Nordpol und oben einen Südpol? Warum erfährt der Nordpol N eine Kraft nach unten, der Südpol eine Kraft nach oben?

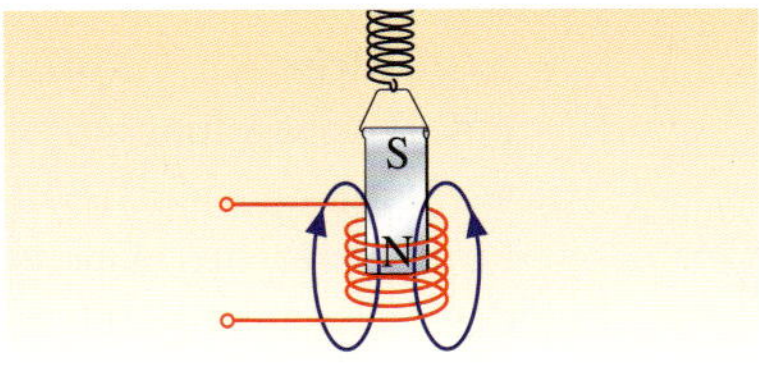

B4: zu A1 und A2

A2: Der Stab hänge nun so, dass er am unteren Spulenende herausragt. Welche Kraft erfährt er? Haben sich die Pole N, S geändert?

A3: Werden bei einer Spule mit der Stromrichtung auch die Pole vertauscht?

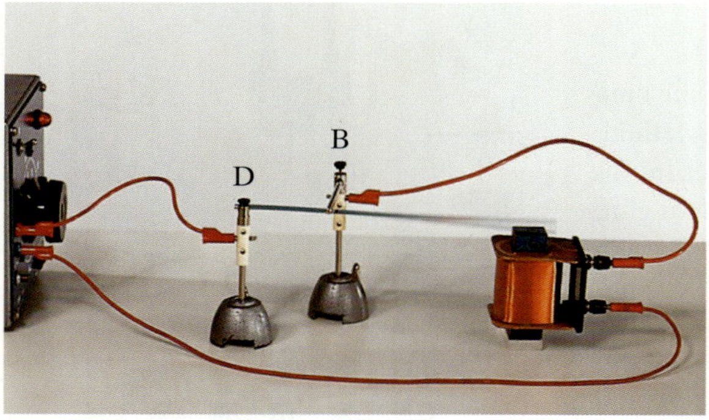

B1: Elektrische Klingel: Modellversuch

B2: Elektrischer Gong

V1: Wir bauen das Modell einer elektrischen Klingel (➠ *Bild 1*). Dazu befestigen wir über dem Elektromagnet eine elastisch schwingende Blattfeder so, dass sie im stromlosen Zustand den Kontaktstift B berührt. Den Stromkreis führen wir von der Quelle über die Blattfeder vom Ende D bis zum Stift B und von dort über die Spule zurück zur Quelle. Sobald wir den Stromkreis schließen, zieht der Elektromagnet die Blattfeder nach unten. Dadurch wird aber am Stift B der Stromkreis unterbrochen und die Spule verliert ihre magnetische Wirkung. Die Blattfeder schwingt zurück, schließt erneut den Stromkreis. Dieses Spiel wiederholt sich ständig.

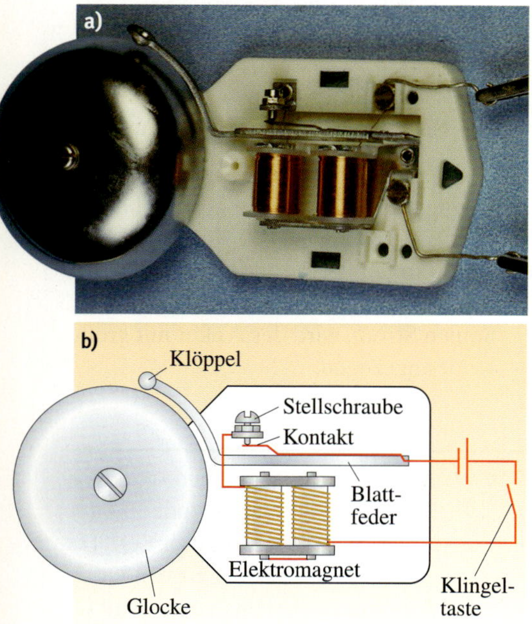

B3: Elektrische Klingel **a)** technische Ausführung **b)** Schaltbild

Anwendungen der Elektromagnete

1. Elektromagnete in Haushalt und Technik

Mit dem so genannten **Selbstunterbrecher** wird die Kraftwirkung von Elektromagneten häufig angewendet.
Wir bauen eine **elektrische Klingel** im Modell nach (➠ *Versuch 1*). Der magnetische Anker ist ein Bestandteil des Stromkreises. Wird er vom Elektromagneten angezogen, dann unterbricht er den Stromkreis. Die magnetische Kraftwirkung verschwindet dabei und der Anker schwingt zurück. Der Stromkreis ist wieder geschlossen. In der technischen Ausführung trägt der Eisenanker am frei schwingenden Ende einen Klöppel, der auf eine Glocke schlägt (➠ *Bild 3*).

Eine **elektrische Hupe** arbeitet ebenfalls mit dieser Selbstunterbrechung. In ihr ersetzt eine schnell schwingende elastische Stahlmembran den Eisenanker der Klingel.

Beim **elektrischen Gong** wird ein Eisenstab beim Einschalten des Stroms in die Spule gezogen und schlägt gegen eine Metallplatte. Wir hören *Ging;* beim Ausschalten zieht ihn eine Feder zurück und er schlägt auf eine zweite Platte: *Gong* (➠ *Bild 2*).

Elektrische Uhranlagen haben als Zentraluhr eine genaue Quarzuhr. Sie erzeugt in jeder Minute einen Stromstoß, der in jeder angeschlossenen Uhr einen Elektromagneten aktiviert. Dadurch werden über Anker und Zahnräder die Zeiger um einen Minutenstrich weitergerückt. Andere Kontakte an der Zentraluhr veranlassen, dass zu vorher eingestellten Zeiten der Pausengong ertönt.

In **elektrischen Türöffnern** löst der Strom über Elektromagnete eine Verriegelung im Schloss. Man nutzt den im Haushalt stets vorhandenen Wechselstrom. Dieser klappt sowohl die Elementarmagnete des weichmagnetischen Eisens der Spule wie die des Eisenankers 100-mal in 1 s um. Deshalb wird der Anker vom Kern rhythmisch angezogen, aber nie abgestoßen. Dabei hört man ein Summen.

2. Fernschaltung durch Relais

Um einen Stromkreis *aus der Ferne* zu schließen, verwendet man ein **Relais**. Es besteht aus einem Elektromagneten, der im *Steuerstromkreis* liegt. Führt seine Spule Strom, dann zieht der Elektromagnet eine Blattfeder A nach unten und schließt den Kontakt S_1 (➠ *Bild 4*). Hierzu genügt ein schwacher *Steuerstrom.*

Sobald die Blattfeder den unteren Kontaktstift S_1 berührt, wird der *Arbeitsstromkreis* geschlossen.
Im stromlosen Zustand übt die Spule keine Kraft auf die Blattfeder aus; sie berührt dann den obere Kontakt S_2 und schließt dadurch den *Ruhestromkreis* (➠ *Versuch 2*).
Der Steuerstromkreis lässt sich mit einer Batterie gefahrlos betreiben; dagegen können im Arbeitsstromkreis große Ströme und hohe Spannungen bestehen.
Du kennst die **Notaus-Schalter** in Experimentierräumen. Ein Knopfdruck genügt und die Steckdosen sind ohne Spannung.

Mit einem Relais kann auch ein **Warnsignal** ausgelöst werden. Bei Normalbetrieb führt die Spule des Relais Strom. Fällt der Strom in einem Gerät (z.B. Tiefkühlschrank) aus, so wird der Ruhestromkreis geschlossen. Er enthält eine Netz unabhängige Batterie für ein elektronisches Warngerät.

Auch bei **Alarmanlagen** wird bei einer Unterbrechung des Steuerstromkreises der Ruhestromkreis geschlossen und damit Alarm ausgelöst.

Das *Modell* einer **Magnetsicherung** zeigt ➠ *Bild 5*. Sie besteht aus zwei Stricknadeln, auf denen ein Nagel aus Eisen liegt. Sobald die Stromstärke einen bestimmten Wert überschreitet, zieht der Elektromagnet den Nagel an. Das erreichen wir dadurch, dass wir an der Lampe mit einem Drahtbügel einen Kurzschluss erzeugen. Sofort wird der Stromkreis unterbrochen.

Ein **Lautsprecher** enthält einen festen Topfmagneten und eine bewegliche Spule, die mit der Membran verbunden ist. Je nach Stromrichtung bewegt sich die Spule nach innen oder außen. Führt sie Wechselstrom, so wird sie zu einer Schwingung mit derselben Frequenz gezwungen. Die Membran erzeugt dann den entsprechenden Ton.

Das **Reed-Relais** besteht aus einem Glasröhrchen (➠ *Bild 6*), in das zwei Stifte aus weichmagnetischem Material eingeschmolzen sind. Sie sind von einer Spule umgeben. Führt diese einen Steuerstrom, so werden die beiden Stifte magnetisiert und ziehen sich an. Der Arbeitsstromkreis wird dabei geschlossen.

Im Auto schaltet das **Zündschloss** den Steuerstrom ein. Dieser steuert im Motorraum einen sehr starken Arbeitsstrom, der über dicke, kurze Kabel den neben dem Relais liegenden Anlassermotor in Gang setzt.

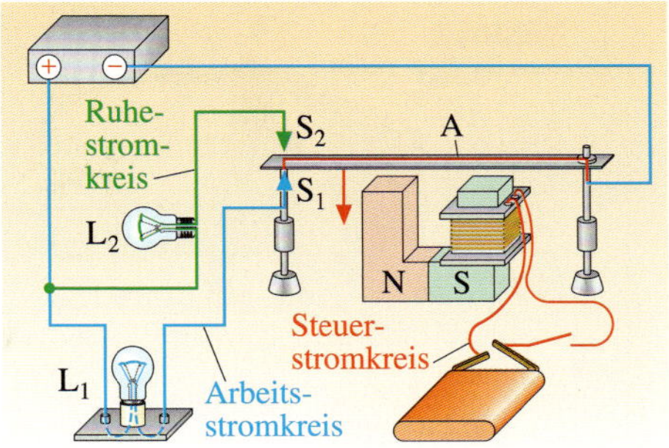

V 2: Wir bauen eine Modellschaltung für ein Relais. Dazu befestigen wir eine elastische Blattfeder A so über einer Spule mit U-Kern, dass sie den Kontaktpunkt S_2 berührt und die Lampe L_2 leuchtet. Dann schließen wir den *Steuerstromkreis.* Die Blattfeder wird nach unten gezogen und berührt den Kontaktstift S_1. Die Lampe L_1 leuchtet.

B 4: Relais; technische Ausführung; der Anker berührt die Kontakte S_1 oder S_2.

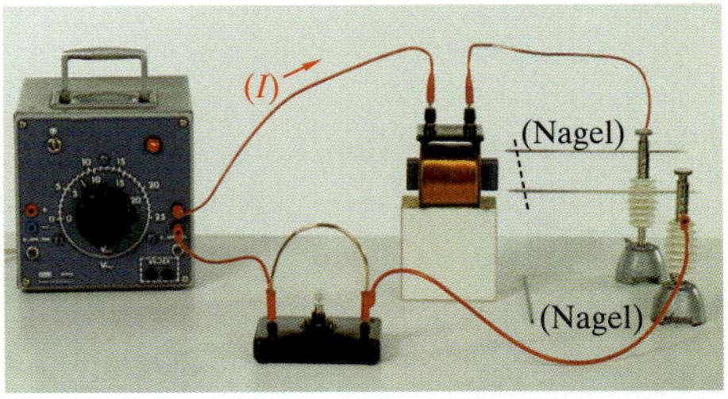

B 5: Überlastungsschutz mit Elektromagnet

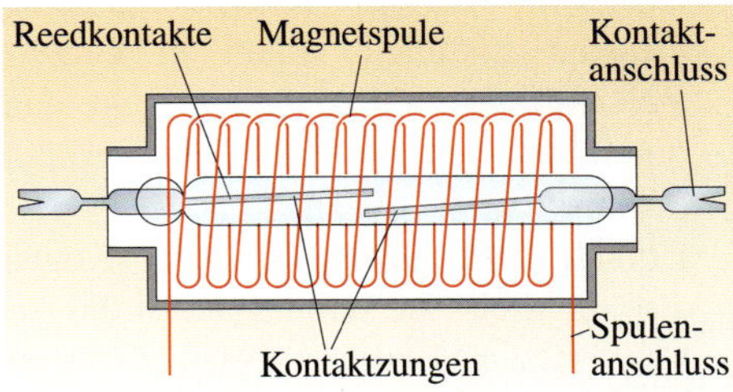

B 6: Reed-Relais

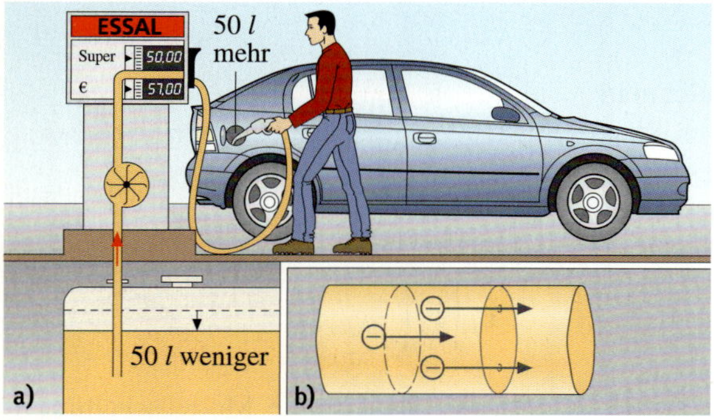

B1: a) Die Benzinuhr misst das geflossene Benzinvolumen. **b)** Elektronen, die während der Messdauer durch einen Leitungsquerschnitt gehen.

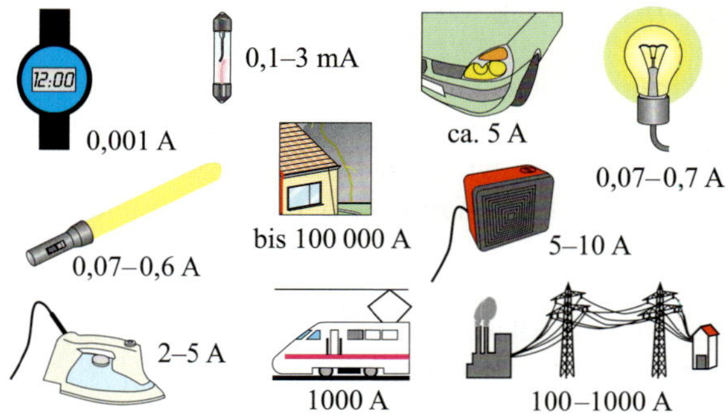

B2: Das Bild zeigt dir einige typische Beispiele für Stromstärken.
(1 mA = 10^{-3} A = 1/1000 A = 0,001 A)

Vertiefung

Ein Maß für die elektrische Ladung

Elektrischer Strom bedeutet: Elektronen fließen. Jedes Elektron hat eine gleich große Ladung. Diese ist die kleinste in der Natur auftretende Ladungsmenge. Sie wird deshalb **Elementarladung** genannt.

Als **Maßeinheit** der Ladungsmenge Q – man sagt kurz Ladung – wurde **1 Coulomb** (C) gewählt (de COULOMB, französischer Physiker um 1800).

Die Ladung eines Elektrons beträgt $1{,}6022 \cdot 10^{-19}$ C. Damit bilden circa $6{,}24 \cdot 10^{18}$ Elektronen zusammen die Ladung 1 C. Fließt die Ladung $Q = 1$ C durch einen beliebig gewählten Leitungsquerschnitt, so treten ca. $6{,}24 \cdot 10^{18}$ Elektronen hindurch.

Was bedeutet die Gleichung $I = Q/t$?

Man entlädt z. B. eine geladene Metallkugel über eine leicht angefeuchtete Schnur, die über eine Glimmlampe zur Erde führt. Die Entladung der Kugel dauert einige Sekunden (beobachte diesen Vorgang in einem verdunkelten Raum!).

Eine etwas feuchtere Schnur leitet besser; dieselbe Ladung Q fließt in kürzerer Zeit t ab. Die Glimmlampe zeigt dann durch helleres Leuchten eine größere Stromstärke $I = Q/t$ an.

Entlädt man gleichzeitig drei Kugeln, also die dreifache Ladung, so ist die Entladezeit $t = Q/I$ bei etwa gleicher Stromstärke I entsprechend größer.

Messung von Stromstärke und Ladung

1. Was zeigt eine Benzinuhr an?

Eine Benzinuhr misst das getankte Benzinvolumen. Wie geht sie vor? Nach ⇒ *Bild 1* kann man 50 l Benzin tanken, auch wenn die Leitung vom Tank zum Zapfhahn weniger als 50 l fasst. Zeigt die Benzinuhr 50 l, so wurde sie von 50 l durchströmt. 50 l sind dem Erdtank entnommen worden und aus dem Zapfhahn geflossen. *Jeden Querschnitt der Leitung haben also 50 l Benzin durchsetzt* – wenn die Leitung dicht und frei von Luftblasen war.

Bisher sagten wir: Im Stromkreis fließt Ladung. Damit haben wir die ganze bewegliche Ladung gemeint, die der Stromkreis enthält.

Sagen wir *nun*, durch ein Gerät fließe die Ladung Q, so meinen wir diejenige Ladung Q, die während der Messdauer t eine Messstelle – einen bestimmten Leitungsquerschnitt – durchströmt. In ⇒ *Bild 1 b* kommen Elektronen während der Messdauer so weit, wie es die Pfeile angeben. Das linke Elektron ist noch nicht durch den rechten Querschnitt getreten, wird also noch nicht gezählt.

Leider können wir Elektronen weder sehen noch zählen. Wir haben aber Messinstrumente, deren Ausschlag groß ist, wenn sie in einer Sekunde von viel Ladung Q (von vielen Elektronen) durchsetzt werden (genauer: ein Leiterquerschnitt). Dies erinnert an das Rädchen der Benzinuhr. Ist der Zapfhahn fast geschlossen, so ist der Benzinstrom schwach, es dreht sich nur langsam. Pumpt man stärker, so dreht sich das Rädchen schneller. Die Stärke des Benzinstroms $I = V/t$ ist dann größer (in jeder Sekunde fließt mehr Benzin; der Tank ist schneller gefüllt).

Verfolgen wir diesen Gedanken genauer. Ein Zapfhahn für Benzin liefere in $t = 100$ s das Volumen $V = 50$ l. Die *Stärke des Benzinstroms* ist dann $I = V/t = (50\ \text{l})/(100\ \text{s}) = 0{,}5$ l/s. Dabei ist es gleichgültig, ob das Benzin ein weites Rohr mit kleiner Geschwindigkeit oder ein enges Rohr mit großer Geschwindigkeit verlässt.

2. Die elektrische Stromstärke

Zum Messen der elektrischen Stromstärke I baut man ein Strommessgerät in den Stromkreis ein. Man trennt dazu die Leitung des Stromkreises auf und überbrückt die Lücke mit diesem Strommesser (➠ *Bild 3*). Die Elektronen strömen jetzt durch das eingebaute Messgerät, an dem die – im ganzen Stromkreis gleiche – Stromstärke abgelesen werden kann.
Was *Stromstärke I* sein soll, legen wir fest wie beim Benzin: Das Maß für die Stärke des elektrischen Stroms ist die *je Sekunde* durch einen Leitungsquerschnitt fließende Ladung Q. Für die Ladungsmenge wurde **1 Coulomb** (C) als Einheit festgelegt (➠ *Vertiefung, links*).
Ein Beispiel: Fließt während der Messdauer $t = 5$ s die Ladung $Q = 20$ C durch einen Strommesser, so beträgt die Stromstärke $I = Q/t = (20\text{ C})/(5\text{ s}) = 4$ C/s. Der Strommesser zeigt dann einen bestimmten Ausschlag. Er nimmt mit wachsender Stromstärke zu.

Als Maßeinheit der **Stromstärke** I wurde **1 A = 1 C/s** festgelegt (AMP\'ERE, französischer Physiker um 1800).

Merksatz

Die **elektrische Stromstärke** ist $\boldsymbol{I = \frac{Q}{t}}$.

Dabei ist Q die Ladung, die in der Zeit t durch einen beliebigen Leitungsquerschnitt fließt.
Die **Einheit** der Stromstärke I ist 1 Ampere: $\mathbf{1\ A = 1\ \frac{C}{s}}$.

Für die Stromstärkemessung brauchen wir also keine Elektronen zu zählen, wir brauchen nicht einmal eine spezielle Festlegung der Ladungseinheit 1 C. Wir sagen: 1 C ist die Ladung, die einen Strommesser in 1 s durchfließt, wenn er die Stromstärke 1 A anzeigt.

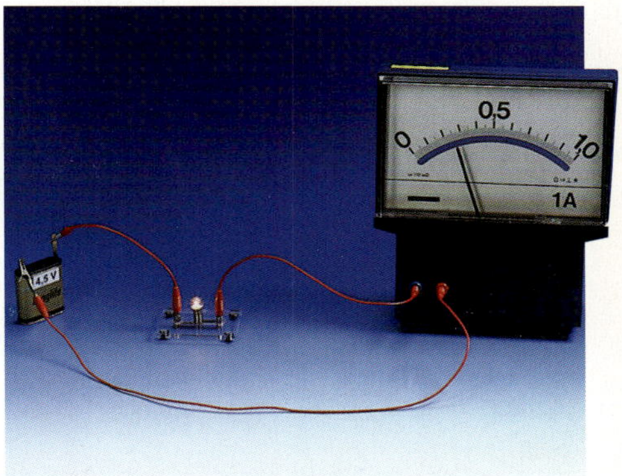

B 3: Messung der elektrischen Stromstärke mit einem Strommesser

Beispiel

Ein Strommessgerät zeigt die Stromstärke $I = 3$ A an. Wie viele Elektronen fließen je Sekunde durch jeden Leitungsquerschnitt?

Lösung:
Durch jeden Leitungsquerschnitt fließt pro 1 s die Ladung

$$Q = I \cdot t = 3\text{ A} \cdot 1\text{ s} = 3\text{ C}.$$

Die Ladung eines Elektrons ist $1{,}6 \cdot 10^{-19}$ C. Damit bilden

$$\frac{3\text{ C}}{1{,}6 \cdot 10^{-19}\text{ C}} \approx 1{,}9 \cdot 10^{19}\text{ Elektronen}$$

die Ladung $Q = 3$ C. Durch jeden Leitungsquerschnitt bewegt sich also pro 1 s die riesige Zahl von $1{,}9 \cdot 10^{19}$ Elektronen.

Interessantes

Umgang mit elektrischen Strommessgeräten

Der *Messbereich* der Instrumente, d. h. ihre Empfindlichkeit, muss der Stärke der zu messenden Ströme angepasst sein. Hier folgen einige Regeln für den Umgang mit diesen oft sehr teuren Geräten:

- **Schalte den Strommesser nie allein zwischen die Pole einer Quelle, sondern immer in Reihe mit den Geräten, bei deren Betrieb die Stromstärke zu messen ist** (➠ *Bild 4*).
- Prüfe, ob auf Wechsel- oder Gleichstrom eingestellt werden muss. Bei Gleichstrom muss die mit + bezeichnete Buchse zum Pluspol der Stromquelle hin angeschlossen werden.
- Stelle zunächst den höchsten Messbereich ein.
- Erniedrige vorsichtig den Messbereich und behalte dabei den Zeiger im Auge. Der Zeiger soll das Ende der Skala nicht überschreiten.

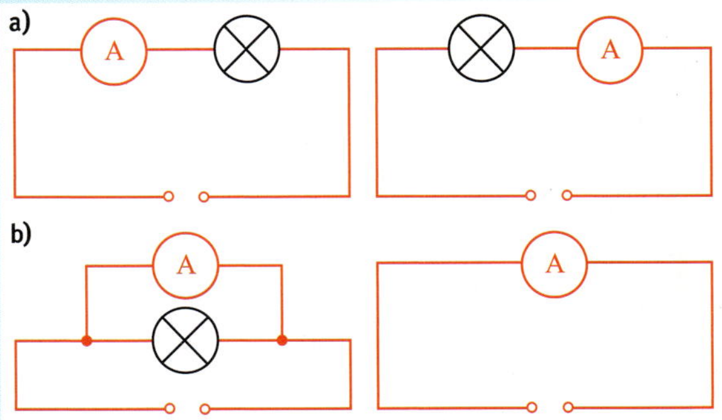

B 4: a) richtige **b)** falsche Schaltung

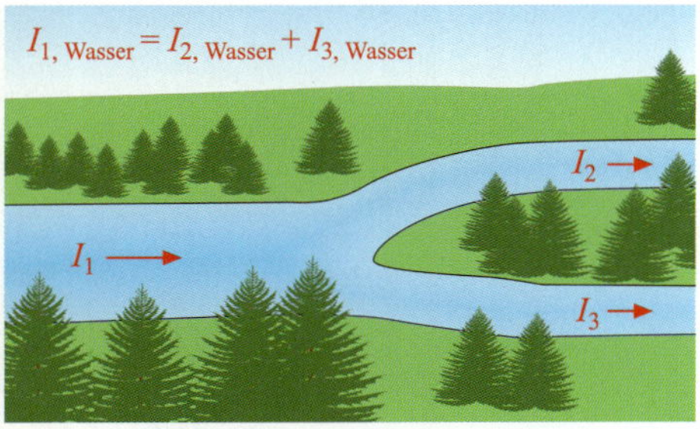

B1: Verzweigung bei Wasserströmungen

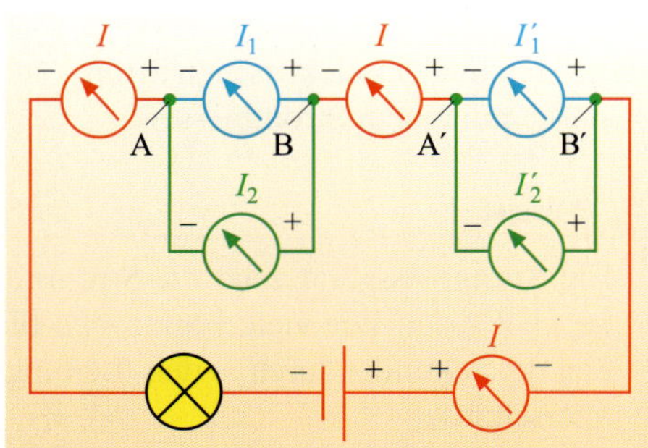

V1: Wir schalten jedem Strommesser (blau) eine andere Sorte von Strommesser (grün) *parallel.* Im blauen sinkt die Stromstärke auf $I_1 \approx 0{,}60$ A, der parallel liegende grüne zeigt $I_2 \approx 0{,}35$ A. Die roten Strommesser zeigen weiterhin $I = 0{,}95$ A an.

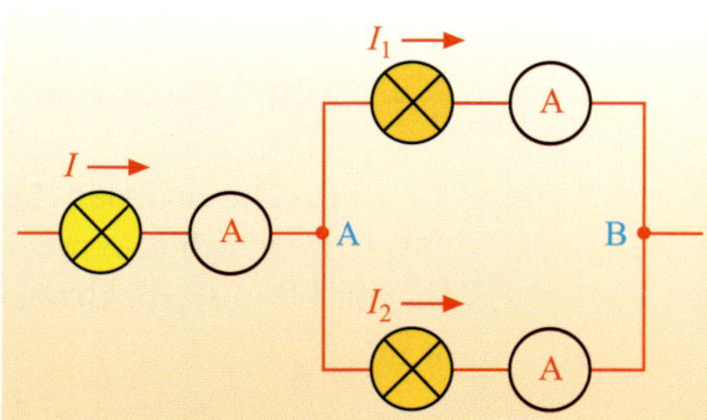

B2: Verzweigung bei elektrischen Strömen

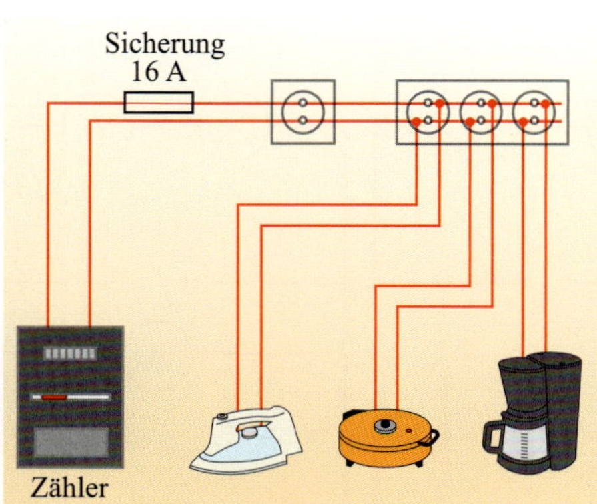

B3: Parallel geschaltete Geräte im Haushalt

3. Stromstärke bei Parallelschaltung

Was ergibt sich für die elektrische Stromstärke, wenn der Stromkreis eine Verzweigung enthält? Von Wasserströmungen ➠ *Bild 1* kennen wir die **Knotenregel:** *Die zu einem Knoten hin fließenden Wasserströme sind zusammen so stark wie die vom Knoten weg fließenden Wasserströme.* Weder geht am Knoten ein Wasserteilchen verloren noch kommt eines hinzu.

Um zu untersuchen, ob dies bei elektrischen Strömen ebenso ist, schaltet man in ➠ *Versuch 1* jedem Strommesser eine andere Sorte von Strommesser **parallel.** So verzweigt man den Strom und kann in jedem Zweig die Stromstärke messen.
Bildet man die Summe der Zweigstromstärken, so stimmt diese Summe mit der Stromstärke in der Zuführungsleitung überein.

Das Versuchsergebnis der **Parallelschaltung** von Strommessgeräten passt zum Wasserfluss, aber auch zu unserer Vorstellung strömender Elektronen (➠ *Bild 2*): Die Elektronen in der Leitung gehen an dem Verzweigungspunkt A verschiedene Wege. In B laufen sie wieder zusammen. Kein einziges Elektron ist verloren gegangen. Es fließt (je Sekunde) genauso viel Ladung zum Knoten (A) hin wie in den Teilströmen zusammen von ihm weg.

Merksatz

Bei einer **Stromkreisverzweigung** geht keine Ladung verloren. Die Summe der Stromstärken I_1 und I_2 in den Zweigen ist gleich der Stromstärke I im unverzweigten Teil des Stromkreises:

$$\boldsymbol{I = I_1 + I_2.}$$

Beispiel

Hält die Sicherung?

Du möchtest prüfen, ob du ein Dampfbügeleisen, ein Waffeleisen und eine Kaffeemaschine gleichzeitig an einer Mehrfachsteckdose betreiben kannst, ohne dass die Sicherung anspricht (➠ *Bild 3*). Diese Steckdose sei mit 16 A abgesichert.

Lösung:
Die drei Geräte benötigen folgende Stromstärken: Dampfbügeleisen $I_1 = 8{,}7$ A, Kaffeemaschine $I_2 = 5{,}4$ A, Waffeleisen $I_3 = 4{,}3$ A.
Die Stromstärke im unverzweigten Teil darf aufgrund der Sicherung maximal 16 A betragen.
Beim Anschließen an eine Mehrfachsteckdose sind diese drei Geräte parallel geschaltet. Die Summe der Stromstärken in den drei Zweigen würde betragen:

$$I_1 + I_2 + I_3 = 8{,}7\text{ A} + 5{,}4\text{ A} + 4{,}3\text{ A} = 18{,}4\text{ A}.$$

Die Stromstärke im unverzweigten Teil wäre mit 18,4 A zu groß. Die drei Geräte können nicht zusammen angeschlossen werden. Die 16 A-Sicherung wäre überlastet.

4. Sicherungen begrenzen die Stromstärke

In *Versuch 2* überbrückt man das Lämpchen mit einem dicken Kupferdraht. Bei diesem **„Kurzschluss"** steigt die Stromstärke erheblich an. Nach kurzer Zeit schmilzt der dünne Draht und unterbricht den Stromkreis. Nach diesem Prinzip arbeiten **Schmelzsicherungen** (*Bild 3*). In einer Patrone aus Porzellan liegt ein dünner Schmelzdraht, der in den Stromkreis geschaltet ist. Wenn bei einem Kurzschluss die vorgesehene Höchststromstärke der Sicherung (z.B. 16 A) überstiegen wird, schmilzt der Draht durch. Dabei fällt das an einem Drahtende befestigte farbige Kennplättchen ab. Die defekte Sicherung muss gegen eine unversehrte ausgetauscht werden.
Ein Flicken der Sicherung mit einem anderen Draht wäre strafbar. Ist er nämlich nur ein wenig zu dick, könnten sich bei einem Kurzschluss die Leitungen überhitzen und einen Brand verursachen.

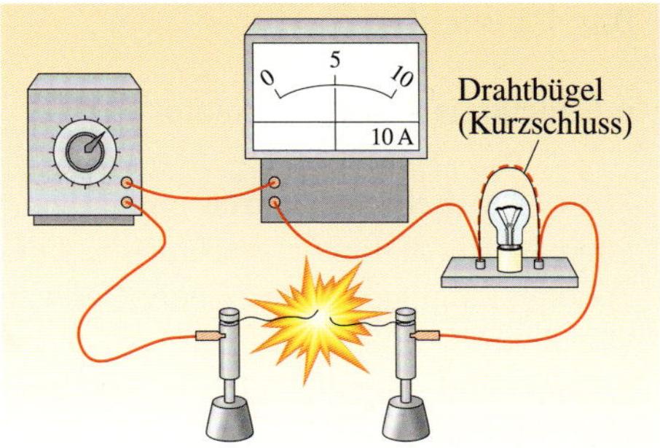

V2: Ein dünner Draht dient in dieser Schaltung als Sicherung. Überbrücken wir das Lämpchen mit einem dicken Kupferdraht, so schmilzt der Sicherungsdraht und der Stromkreis wird unterbrochen.

5. Welche Temperatur stellt sich in einem Heizdraht ein?

Elektrischer Strom liefert in einem Heizdraht ständig Energie. Warum steigt dessen Temperatur nicht ständig an?
Direkt nach dem Einschalten ist seine Temperatur nur wenig höher als die der Umgebung. Er gibt kaum Energie an die Umgebung ab, also erhöht sich vor allem die Temperatur des Drahts. Je höher dessen Temperatur ist, desto mehr Energie gibt er je Sekunde an die kältere Umgebung ab. Für seine eigene Temperaturerhöhung bleibt dann weniger Energie. Nach einiger Zeit gibt der Heizdraht je Sekunde genauso viel Energie an die Umgebung ab, wie er vom Strom geliefert bekommt: Seine Temperatur ändert sich dann nicht mehr. Es stellt sich ein **Fließgleichgewicht** ein zwischen Zu- und Abfluss von Energie.

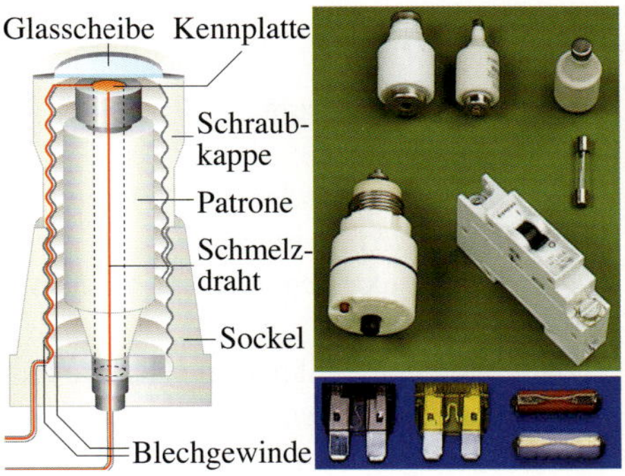

B3: Links: Schnittzeichnung einer Schmelzsicherung mit Kennplatte, rechts: verschiedene Schmelzsicherungen und zwei Sicherungsautomaten

Aufgaben

A1: Bei einem Zoo wird am Eingang mit einem Drehkreuz die Zahl der Besucher gezählt. Sie verlassen den Zoo später an einem anderen Drehkreuz. An einem Sonntag werden während der Zeit von 9.00 bis 18.00 Uhr 6500 Besucher gezählt. Ermittle die durchschnittliche Besucherstromstärke.

A2: **a)** Zur Berechnung der Verkehrsstromstärke benötigt man die Zahl der Autos, die in einer bestimmten Zeit eine Kontrollstelle passieren. Warum brauchen dabei die Angaben von zwei Kontrollstellen, die in 1 km Abstand hintereinander liegen, nicht übereinzustimmen? **b)** Gilt dies auch für die Zahl der Elektronen, die in einem unverzweigten elektrischen Stromkreis zwei verschiedene Messstellen passieren?

A3: Was heißt, die Stromstärke sei im unverzweigten Stromkreis überall gleich groß? Sind dort die Elektronen überall gleich schnell (vergleiche dünne mit dicken Drähten)?

A4: Für einen Kanal beträgt bei einem ISDN-Anschluss die maximale Datenstromstärke (Übertragungsrate) 64 kbit/s. Berechne die minimale Downloadzeit aus dem Internet für eine Datei der Größe 1,44 MByte (8 bit = 1 Byte).

A5: **a)** In der Formel 1 werden die Rennwagen mit einer maximalen Benzinstromstärke von 12 l/s betankt. Wie lange dauert das Volltanken bei einem Tankvolumen von 150 l? **b)** Informiere dich an einer normalen Tankstelle, wie groß dort die maximale Benzinstromstärke ist. Wie lang wäre damit die Tankzeit in der Formel 1.

A6: Unterscheide die Größengleichung $I = Q/t$ von der Einheitengleichung 1 A = 1 C/s. Nenne ähnliche Paare von Gleichungen aus der Mechanik.

A7: Ein Strommesser misst die Stromstärke $I = 2{,}5$ A. Man schaltet ihm einen zweiten parallel, der dann 1,5 A anzeigt. Was zeigt nun der erste Strommesser? Zeichne eine Schaltskizze. Welche Ladung fließt jeweils in 1 s?

Das ist wichtig

1. Stromkreis – Leiter – Isolator

Der **elektrische Stromkreis** enthält eine **Stromquelle** und ist durch Leiter geschlossen. Die Stromquelle pumpt Ladungen unter Energieaufwand durch den Stromkreis.
Leiter sind Metalle, Graphit, Säuren, Basen und Salzlösungen.
Isolatoren sind Luft, Bernstein, Glas, Gummi, Keramik und die meisten Kunststoffe.
Auch **Gase** können elektrisch leiten. Dann senden sie Licht aus.
Eine **Glimmlampe** ist eine Polsuchlampe: Es leuchtet das Gas um die Elektrode, die mit dem Minuspol verbunden ist.

2. Elektrische Ladungen

Es gibt zwei verschiedene Arten elektrischer **Ladung**: **positive** und **negative**.
Man kann elektrische Ladung weder vernichten noch neu erzeugen.
Ladungen üben aufeinander **Kräfte** aus: Gleichnamige Ladungen stoßen sich gegenseitig ab, ungleichnamige ziehen sich an.
Man kann positive und negative Ladungen unter Energieaufwand voneinander trennen. Am **Minuspol** hat eine Stromquelle einen Überschuss an negativen Elektronen, am **Pluspol** einen Überschuss an positiver Ladung.

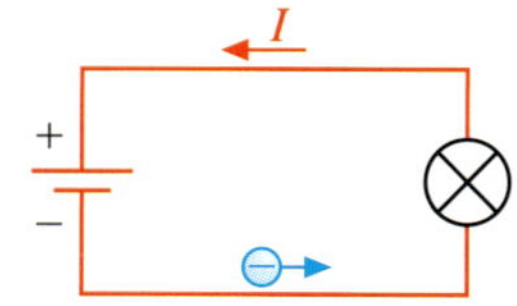

Als **Stromrichtung** bezeichnen wir die Bewegungsrichtung der Elektronen durch den Stromkreis vom Minuspol zum Pluspol.
Alle *Materie* enthält **Ladungsträger**. Ein Körper ist nach außen elektrisch **neutral**, wenn er gleich viel positive und negative Ladung enthält.

Glühelektrischer Effekt: Man kann durch Energiezufuhr (Temperaturerhöhung) Elektronen aus Metallen herauslösen. In festen *Metallen* sind nur Elektronen frei beweglich.

Leitende Flüssigkeiten enthalten freie positive und negative Ionen als bewegliche Ladungsträger.

Bei der **Influenz** in elektrischen Leitern trennt eine von außen genäherte Ladung vorübergehend bewegliche negative Elektronen von der ortsfesten positiven Ladung.

Auch Isolatoren enthalten Ladungsträger; diese sind aber im Isolator nicht frei beweglich. Bei der **elektrostatischen Aufladung** von Isolatoren treten Elektronen vom einen zum anderen Körper über.

3. Aufbau der Atome

Atome bestehen aus positiv geladenen **Atomkernen** und negativ geladenen **Elektronen**. In neutralen Atomen wird die positive Kernladung von den Elektronen der Hülle neutralisiert.
Haben Atome gegenüber dem neutralen Zustand zu viel oder zu wenig Elektronen, so nennt man sie **Ionen**. Negative Ionen haben Elektronen im Überschuss; bei positiven Ionen überwiegt die positive Kernladung.

4. Wirkungen des elektrischen Stroms

Magnetische Wirkung
Fließende Ladungen, also Ströme, haben um sich ein Magnetfeld mit in sich **geschlossenen Feldlinien**. Um einen Strom führenden *geraden* Leiter bilden die Magnetfeldlinien konzentrische Kreise. Dabei gibt es keine Magnetpole.

Linke-Faust-Regel: Hält man den gespreizten Daumen der linken Hand in Richtung des Elektronenstroms, so zeigen die gekrümmten Finger die Richtung der magnetischen Feldlinien an.

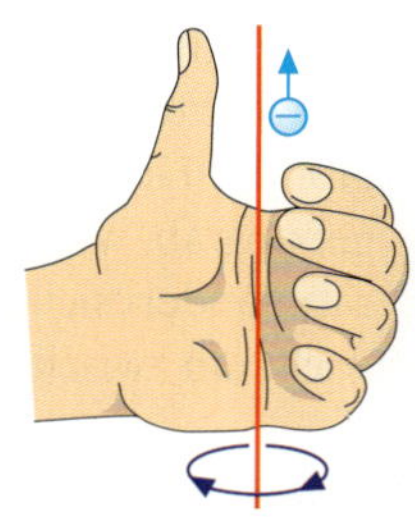

Das Magnetfeld Strom führender **Spulen** entspricht im Außenraum dem von Stabmagneten mit Nord- und Süd-Polen. Im Spuleninnern ist es *homogen* und viel stärker als außerhalb. Bei **Elektromagneten** verstärken Eisenkerne im Spuleninneren das Magnetfeld.

Wärmewirkung
Fließen Elektronen durch einen Leiter, so steigt die Temperatur des Leiters.

Chemische Wirkung
In Elektrolyten befinden sich positive und negative Ionen. Schließt man die Elektroden im Elektrolyt an eine Stromquelle, so finden chemische Vorgänge an den Elektroden statt, z. B. Gasbildung.

5. Messung fließender Ladung

Elektrischer Strom in Metall bedeutet: Elektronen fließen. Jedes Elektron hat eine gleich große Ladung.

Diese Ladung eines Elektrons ist die kleinste in der Natur auftretende Ladungsmenge. Sie wird **Elementarladung** genannt.
Als die Einheit der Ladungsmenge Q – man sagt kurz Ladung – wurde **1 Coulomb** (C) gewählt. Die Ladung eines Elektrons beträgt $1{,}6022 \cdot 10^{-19}$ C. Damit bilden ca. $6{,}24 \cdot 10^{18}$ Elektronen zusammen die Ladung 1 C. Fließt die Ladung $Q = 1$ C, so treten durch einen beliebig gewählten Leitungsquerschnitt ca. $6{,}24 \cdot 10^{18}$ Elektronen.

6. Elektrische Stromstärke

Die elektrische Stromstärke ist definiert als Quotient von geflossener Ladung Q und benötigter Zeit t:

$$I = \frac{Q}{t}.$$

Ihre Einheit ist

$$1\,\mathrm{A} = 1\,\frac{\mathrm{C}}{\mathrm{s}}.$$

Die Stromstärke 1 A = 1 C/s bedeutet, dass in 1 s die Ladung 1 C durch den Leitungsquerschnitt fließt. Damit strömen z. B. $6{,}24 \cdot 10^{18}$ Elektronen in 1 s durch jeden Leiterquerschnitt.
Gängige **Strommessgeräte** beruhen auf der magnetischen Stromwirkung. Man schaltet sie in Reihe mit dem Gerät, in dem man die Stromstärke messen will.

Aufgaben

A1: Warum muss man den Minuspol einer Batterie von dem Nordpol eines Magneten unterscheiden und diesen vom geografischen Nordpol der Erde?

A2: a) Wie kannst du die Ladungssorte auf der Kugel des Bandgenerators bestimmen? Zur Verfügung stehen Kugeln auf Isolierstielen und Glimmlampen. **b)** Kannst du die Ladungssorte auch bestimmen, ohne dabei die Ladungsmenge auf der Bandgeneratorkugel zu verändern?

A3: Erläutere den physikalischen Zusammenhang von Magnetismus und Elektrizität? Erläutere Beispiele für die Anwendung dieses Zusammenhangs im Alltag.

A4: a) Welche physikalischen Unterschiede gibt es zwischen Gewichtskräften und elektrischen Kräften? **b)** Beim Magnetismus und bei der Elektrizität gibt es das Neutralisieren. Was versteht man jeweils darunter? **c)** Kann man auch Gewichtskräfte neutralisieren?

A5: Der Astronom Johannes KEPLER glaubte, dass die Gewichtskraft magnetischer Art sei. War KEPLERS Vermutung richtig? Gib möglichst viele Begründungen (auch Versuche) für deine Antwort an.

A6: Zwei leichte, metallische und ungeladene Kügelchen hängen an Isolierfäden und berühren sich. Man nähert dem einen eine positiv geladene Kugel, ohne dass Ladung überspringt. Warum stoßen sich nun beide Kügelchen ab? Nach welchen Richtungen erfahren sie Kräfte?

A7: Man schickt durch einen sehr langen, elektrisch leitenden Stabmagneten Strom vom Süd- zum Nordpol. Kann man mit einer Magnetnadel, die parallel zum Stabmagneten steht, überprüfen, ob dieser Strom führt?

A8: a) Man bringt zwei sich berührende und ungeladene Kugeln in die Nähe des Pluspols eines Bandgenerators und trennt sie dort voneinander. Dann steckt man zuerst die eine Kugel, später beide zusammen in einen vorher entladenen Faradaybecher. Was zeigt jeweils das angeschlossene Elektroskop? Erkläre mit der Elektronenvorstellung. **b)** Wurden bei diesem Versuch die beiden verschieden großen Kugeln gleich stark geladen? Spielt es dabei eine Rolle, ob die kleinere oder die größere näher am Pluspol war? **c)** Woran erkennt man, ob vom Bandgenerator Ladung übergesprungen ist?

A9: Ein Elektroskop ist positiv geladen und schlägt etwa halb aus. Man nähert ihm von oben eine positiv bzw. eine negativ geladene Kugel. Was zeigt sich jeweils? Erkläre mit Elektronen. Was geschieht beim Berühren von Kugel und Elektroskop?

A10: Karin denkt an Elektronen und sagt, einem positiv geladenen Bandgenerator könne man mit einer Metallkugel keine positive Ladung entnehmen. Uwe argumentiert mit Ladung und ihrer Erhaltung (nicht mit Ladungsträgern) und widerspricht. Bewerte die Aussagen!

A11: Man berührt mit einer kleinen, immer wieder gleich stark neu geladenen Kugel mehrmals ein Elektroskop. Sein Ausschlag nimmt zu. Warum gibt die Kugel bei jedem weiteren Berühren immer weniger Ladung ab?

A12: a) In der Nähe einer ungeladenen Metallkugel K hängen kleine geladene Kügelchen. Jemand sagt, wenn es in der Kugel Elektronen gäbe, würden die negativ geladenen Kügelchen von ihr abgestoßen, die positiv geladenen angezogen. Was sagst du dazu? **b)** Warum werden alle in a) geladenen Kügelchen ein wenig zur ungeladenen Kugel gezogen?

A13: Auf einer Kugel sitzt die Ladung 10^{-7} C = $1/10^7$ C. Wie viele Elektronen sind dies?

A14: 1 C nennt man auch 1 Amperesekunde (1 C = 1 As). Wie viel C sind 1 Ah (Amperestunde)? Ein frischgeladener Bleiakku „gibt z. B. 84 Ah ab“. **a)** Wie lange kann ihm ein Strom der Stärke 2 A „entnommen“ werden? Warum benutzt man hier Anführungszeichen? **b)** Wie lange kann er zwei parallel geschaltete 5 A-Autoscheinwerferlampen speisen?

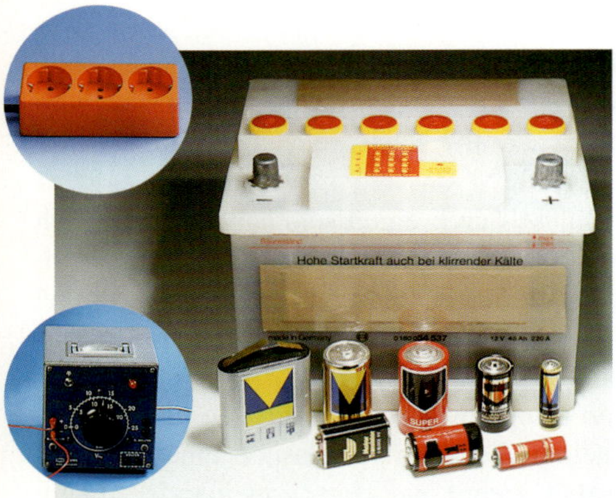

B1: Einige Spannungsquellen

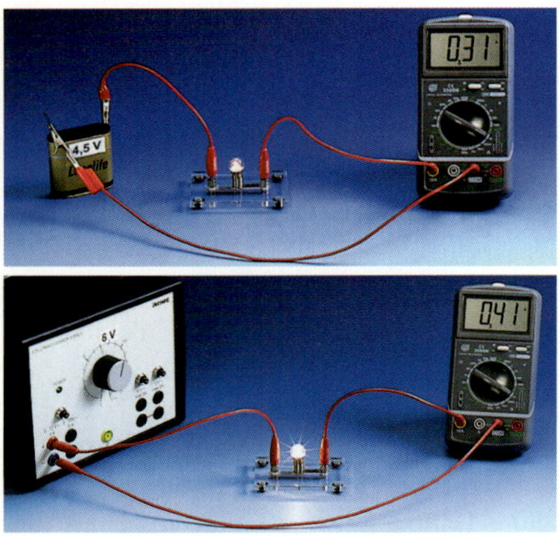

V1: Bei größerer Stromstärke leuchtet das Lämpchen heller.

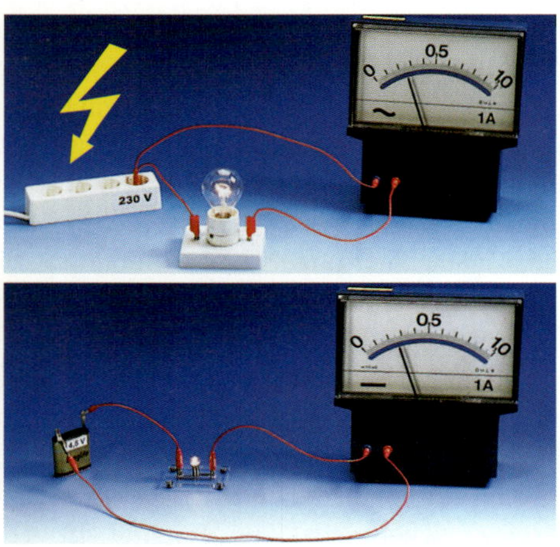

V2: Wir schließen eine Haushaltslampe an eine 230 V-Stechdose an und messen die Stromstärke. Das Lämpchen einer Fahrradbeleuchtung wurde so ausgesucht, dass bei Anschluss an eine 4,5 V-Batterie die gleiche Stromstärke auftritt. Trotz gleicher Stromstärke leuchtet es viel schwächer – die Spannung ist eben kleiner.

Die elektrische Spannung

1. Spannung und Energie

Am Leuchten von Glühlampen erkannten wir bisher das Fließen elektrischer Ladung. Wovon hängt die Helligkeit einer Glühlampe ab? Vermutlich denkst du, eine Lampe leuchtet umso heller, je „stärker" der Strom, also je größer die Stromstärke I ist.
In ➠ *Versuch 1* betreiben wir ein Lämpchen einer Fahrradbeleuchtung zuerst mit einer 4,5 V-Flachbatterie, dann mit einer 6 V-Quelle. Im zweiten Fall ist die Stromstärke größer, das Lämpchen leuchtet heller. Du hattest also mit deiner Vermutung recht.

- *Bei gleichem Gerät steigt die Stromstärke mit der Spannung.*

Doch wie steht es mit der Helligkeit, wenn man verschiedene Lampen benutzt? ➠ *Versuch 2* bringt ein verblüffendes Ergebnis: In zwei verschiedenen Lampen, unserem Fahrradlämpchen und einer bestimmten Haushaltsglühlampe, messen wir dieselbe Stromstärke $I = 0{,}26$ A. Trotzdem beobachten wir jetzt verschiedene Helligkeit: Die Haushaltslampe strahlt hell, sie kann einen ganzen Raum erleuchten. Sie ist an eine 230 V-Steckdose angeschlossen. Das Fahrradlämpchen leuchtet viel schwächer, es erhellt nur seine unmittelbare Umgebung. Es wird mit einer 4,5 V-Batterie betrieben.
Wir erkennen: Bei gleicher Stromstärke gibt eine Glühlampe bei der hohen Spannung 230 V viel mehr Energie je Sekunde ab als bei der Spannung 4,5 V.

- *Bei gleicher Stromstärke wird (in unterschiedlichen Geräten) umso mehr Energie umgesetzt, je höher die Spannung ist.*

2. Spannung kennzeichnet eine elektrische Quelle

In der elektrischen Quelle werden Ladungen unter Aufwand von Energie getrennt. Elektronen werden vom Pluspol zum Minuspol gepumpt. Dadurch entsteht zwischen den Anschlüssen der Quelle eine Spannung. Je mehr Energie dabei zum Trennen einer Ladungsportion aufgewendet wird, desto größer ist die Spannung. Diese Spannung treibt dann die Elektronen durch ein angeschlossenes Gerät und setzt dabei Energie frei.

- *Die Spannung ist der Antrieb für den elektrischen Strom.*

Die Spannung besteht aber auch, wenn keine Ladungen fließen (weil z.B. der Stromkreis durch einen Schalter unterbrochen ist). Spannung an der Stromquelle zeigt an, dass im elektrischen Gerät Energie umgesetzt werden kann, sobald Ladung fließt.

3. Ein Modell veranschaulicht die Spannung

Im Bild zu ➠ *Versuch 3* sorgt der Höhenunterschied der beiden Wasserspiegel für einen Druckunterschied zwischen den Enden des Verbindungsrohres. Also fließt Wasser aus dem rechten Zylinder in den linken. Das Flügelrad dreht sich.

Je größer der Druckunterschied im Verbindungsrohr zwischen den beiden Zylindern ist, desto stärker wird das Flügelrad angetrieben.

- *Der Druckunterschied zwischen den Enden des Verbindungsrohres ist der Antrieb für das Fließen des Wassers.*

Dieser Antrieb bleibt bestehen, auch wenn kein Wasser fließt (weil der Hahn zugedreht ist).
Um den Druckunterschied aufrecht zu erhalten, muss man während des Fließens Wasser vom linken ins rechte Rohr heben – unter Aufwand von Energie. Statt eines Schöpflöffels könnte man dazu auch eine Pumpe einsetzen.

Du hast sicher schon gemerkt: Dem Druckunterschied im Wassermodell entspricht bei der elektrischen Quelle die *Spannung*. So wie man das Wasser vom linken in den rechten Zylinder hochpumpen muss, pumpt die Batterie in ihrem Inneren die Elektronen vom Plus- zum Minuspol. Sie fließen dann durch Kabel und Gerät zurück zum Pluspol der Quelle. Die in der Quelle aufgewandte Energie wird dabei in den Geräten freigesetzt.

Merksatz

Wenn entgegengesetzte Ladungen unter Aufwand von Energie getrennt wurden, besteht **elektrische Spannung**.
Diese Energie steht auf Abruf bereit. Sie wird umgesetzt, wenn Ladung fließt.

4. Die Spannung *U* und ihre Einheit, das Volt

Bei ➠ *Versuch* 2 haben wir in beiden Stromkreisen die gleiche Stromstärke gemessen. Dies bedeutet, dass je Sekunde jeweils die gleich große Ladung floss. Also wurde bei der 4,5 V-Quelle pro Ladungsportion wenig, bei der 230 V-Quelle pro Ladungsportion viel Energie geliefert.

Die Spannung wird mit dem Buchstaben *U* bezeichnet. Ihre Einheit nennt man nach dem italienischen Physiker Alessandro VOLTA (um 1800) 1 Volt.

Merksatz

Je größer die elektrische **Spannung** *U* ist, desto größer ist die Energie, die beim Fließen einer bestimmten Ladungsmenge umgesetzt werden kann.
Die Einheit der Spannung ist **1 Volt (V)**.

Stelle dir Stromkreise mit verschiedenen Quellen und dazu passenden Glühlampen vor:
Bei einer 1,5 V-Monozelle wird je Ladungsportion wenig Energie abgegeben, bei 4,5 V ist es die dreifache, bei 150 V die hundertfache Energie. Du ahnst jetzt, warum Hochspannung gefährlich sein kann.

V3: Zwei Zylinder sind durch ein Rohr verbunden. Sie werden verschieden hoch mit Wasser gefüllt. Ein Hahn kann das Strömen des Wassers verhindern. Statt einer Turbine ist ein Flügelrad eingebaut. Wir beobachten:
a) Wenn der Hahn geschlossen ist, kann Wasser nicht fließen, trotz eines Höhenunterschieds der Wasserspiegel. Das Rädchen steht still.
b) Wenn der Hahn offen ist: Zu Beginn ist der Höhenunterschied der Wasserspiegel groß. Das Rädchen rotiert schnell.
c) Je geringer der Höhenunterschied wird, desto langsamer dreht sich das Rädchen.
d) Stehen die Wasserspiegel gleich hoch, fließt kein Wasser. Ohne Druckunterschied kein Antrieb.
e) Für einen gleichmäßigen Wasserfluss müssen wir das durchgeströmte Wasser wieder hochheben. Mit einem Schöpflöffel halten wir den Höhenunterschied konstant. Dazu müssen wir Energie liefern.
Wir übertragen dies ins **Elektrische**:
a) Wenn der Stromkreis durch einen Schalter unterbrochen wird, fließt keine Ladung – trotz bestehender Spannung.
b) Bei großer Spannung leuchtet die gleiche Lampe heller, die Stromstärke ist größer.
c) Bei kleiner Spannung ist die Stromstärke bei der gleichen Lampe kleiner.
d) Bei Spannung null, fließt keine Ladung.
e) Die Stromquelle pumpt die Elektronen in ihrem Innern vom Plus- zum Minuspol und sorgt für gleich bleibende Spannung. Dazu muss ihr dauernd Energie zugeführt werden.

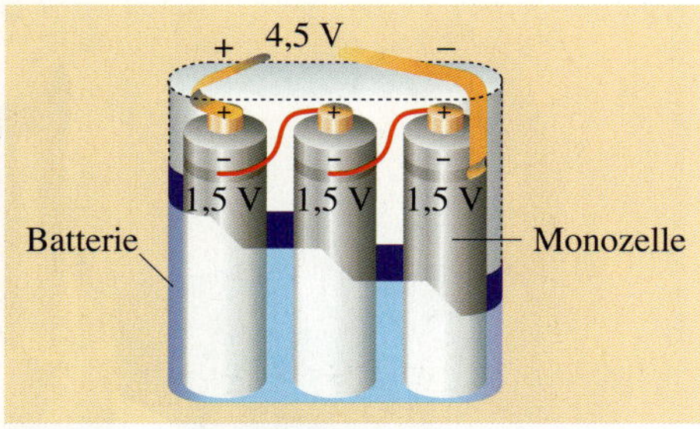

B1: Drei *in Reihe geschaltete* Monozellen mit je 1,5 V ergeben in der Flachbatterie die dreifache Spannung 4,5 V.

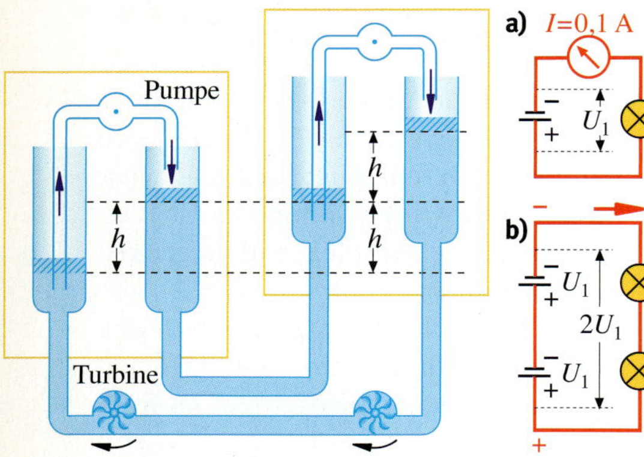

V1: a) Ein Lämpchen liegt an nur einer Zelle. Ein Strommesser zeigt $I = 0{,}1$ A an. **b)** Liegen 2 Zellen und 2 Lämpchen in Reihe, so ändert sich die Stromstärke nicht, jedes Lämpchen leuchtet gleich hell. Doch geben sie zusammen die doppelte Energie ab.

Eine Pumpe kann Wasser 5 m hoch pumpen. Staffelt man zwei Pumpen übereinander, so pumpen sie Wasser 10 m hoch. Beim doppelten Höhenunterschied setzt die gleiche Wassermenge in zwei hintereinanderliegenden Turbinen die doppelte Energie frei.

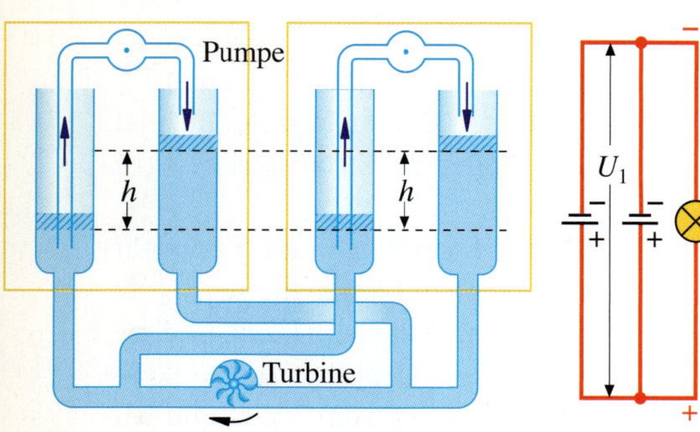

B2: Beim Parallelschalten von gleichen Pumpen und Spannungsquellen erhöhen sich weder Höhenenergie noch Spannung.

Schaltung von Spannungsquellen

1. Spannungserhöhung durch Reihenschaltung

In Flachbatterien ➠ *Bild 1* sind drei Einzel-(Mono-)zellen *in Reihe* (hintereinander) *geschaltet:* Der Pluspol der einen ist mit dem Minuspol der nächsten verbunden.
Im Bild unseres Wassermodells könnte dies bedeuten, dass der Höhenunterschied der Wasserspiegel verdoppelt, verdreifacht wurde. Damit könnte eine Turbine viel kräftiger angetrieben werden. Stattdessen könnte man auch drei Turbinen hintereinander einbauen. Mit einer bestimmten Wasserportion würde dann dreimal so viel Energie umgesetzt. Ist es im elektrischen Stromkreis ähnlich? Dies untersuchen wir im ➠ *Versuch 1*:
a) Ein Lämpchen ist für die Spannung $U_1 = 1{,}5$ V gebaut. Es leuchtet mit einer Monozelle normal hell. Beim Fließen der Ladungsportion Q durch das Lämpchen wird eine zum Lämpchen passende Energie umgesetzt.

b) Schalten wir zwei Monozellen in Reihe, so leuchtet das Lämpchen zu stark – der Glühfaden droht durchzuschmelzen. Mit der gleichen Ladungsportion Q wird jetzt im Lämpchen zuviel Energie umgesetzt. Wir ändern deshalb den Stromkreis, indem wir zu dem ersten Lämpchen ein zweites in Reihe schalten. Nun leuchtet jedes normal hell wie in a). Zusammen wird von der gleichen fließenden Ladung Q die doppelte Energie umgesetzt.
Aus dem letzten Kapitel wissen wir schon, dass bei einer größeren Spannung mit jeder Ladungsportion mehr Energie umgesetzt werden kann. ➠ *Versuch 1* legt nun nahe: Beim Hintereinanderschalten von Monozellen addieren sich die Spannungswerte:

$$U_2 = U_1 + U_1 = 2 \cdot U_1 = 2 \cdot 1{,}5 \text{ V} = 3 \text{ V}.$$

Merksatz

Schaltet man mehrere Spannungsquellen in Reihe, so addieren sich die Spannungen.

2. Parallelschalten erhöht die Spannung nicht

In ➠ *Bild 2* sorgen zwei *parallel geschaltete* Pumpen für die gleiche Höhendifferenz, wie sie eine allein aufbringt. Auch zusammen fördern sie das Wasser nur 5 m hoch. Die mit jedem Liter umsetzbare Energie addiert sich nicht, denn auch jetzt beträgt die Differenz der Wasserspiegel nur 5 m. Was entspricht dem elektrisch?
Wir schalten zwei gleiche Zellen parallel: Pluspol wird mit Pluspol, Minuspol mit Minuspol verbunden. Das Lämpchen leuchtet normal hell wie bei einer Zelle, erhält also die gleiche Energie. Die Spannung bleibt beim Parallelschalten gleich.

Merksatz

Schaltet man gleiche Spannungsquellen parallel, so bleibt die Spannung unverändert.

Methoden

Strömungen

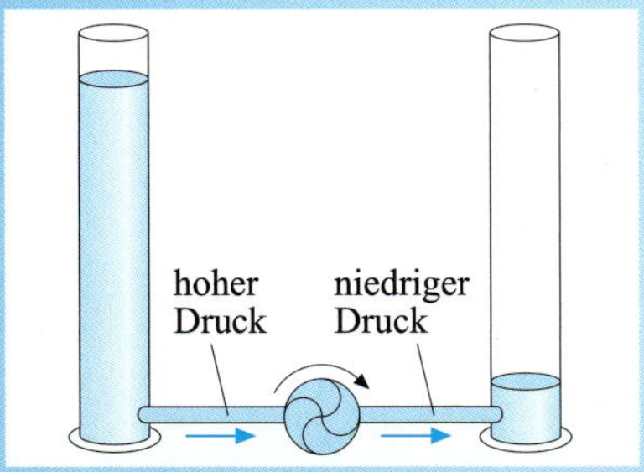

B3: Zwischen den Enden des waagerechten Verbindungsrohres besteht ein Druckunterschied. Dieser ist Ursache (Antrieb) für die Wasserströmung.

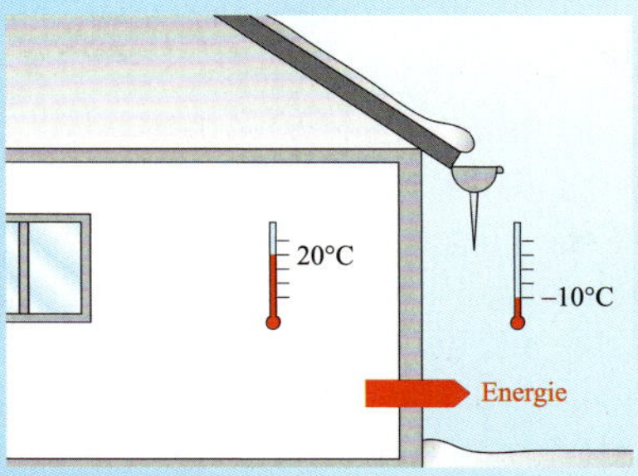

B4: Im Zimmer beträgt die Temperatur 20 °C, außen beträgt sie −10 °C. Der Temperaturunterschied von 30 °C ist die Ursache (Antrieb) für die Wärmeströmung nach außen.

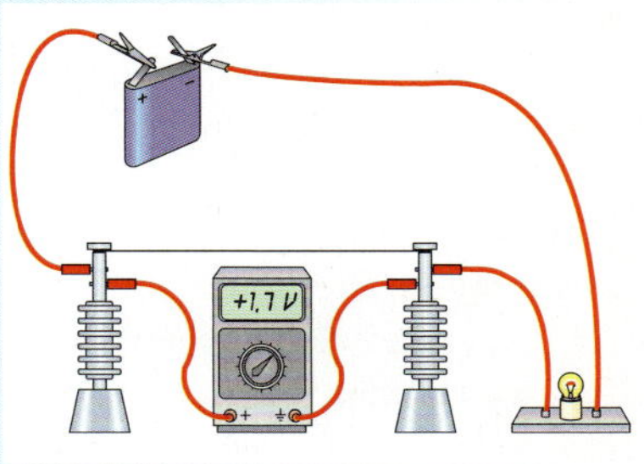

B5: Zwischen den Enden des Drahtes besteht eine elektrische Spannung. Diese Spannung ist Ursache (Antrieb) für das Fließen der Ladung.

Strömung von Wasser und Energie

- Es gibt nur eine Art von Wasserteilchen.
  Es gibt nur eine Art von Wärme.

- In dem Verbindungsrohr strömt Wasser nach rechts (→ *Bild 3*).

  In der Hauswand strömt Energie (Wärme) nach rechts (→ *Bild 4*).

- In waagerechten Anordnungen strömt Wasser von Stellen hohen Drucks zu Stellen niedrigen Drucks.

  Energie (Wärme) strömt stets von Stellen hoher Temperatur zu Stellen niedriger Temperatur.

- Die Wasserstromstärke ist:

  $$I = \text{Volumen/Zeit} = V/t.$$

  Ihre Einheit ist: 1 l/s.
  Die Energiestromstärke ist:

  $$I = \text{Energie/Zeit} = W/t.$$

  Ihre Einheit ist: 1 J/s = 1 Watt.

- Je größer der Druckunterschied in der waagerechten Leitung, also der Antrieb, desto größer ist die Wasserstromstärke.
  Je größer der Temperaturunterschied, also der Antrieb, desto größer ist die Energiestromstärke.

Strömung elektrischer Ladung

- Es gibt **zwei** Arten elektrischer Ladung: positive und negative.

- Bewegliche *positive Ladung* würde vom Plus- zum Minuspol strömen, hier nach rechts (→ *Bild 5*). Im Metalldraht sind aber nur die *negativ geladenen Elektronen* beweglich. Da sie vom Minuspol abgestoßen und zum Pluspol gezogen werden, strömen sie vom Minus- zum Pluspol.

  Fließt negative Ladung vom Minus- zum Pluspol, so gibt sie die gleiche Energie ab wie eine gleichgroße positive Ladung, die vom Plus- zum Minuspol strömt.
  Es kommt nur auf die Spannung an.

- Die elektrische Stromstärke ist:

  $$I = \text{Ladung/Zeit} = Q/t.$$

  Ihre Einheit ist: 1 C/s = 1 A.

- Je größer die Spannung, also der Antrieb, desto größer ist die elektrische Stromstärke.

Interessantes

Tragbare Spannungsquellen

A. Monozellen

Mobiltelefone, Notebooks, MP3-Player und Digitalkameras werden ohne Netzanschluss betrieben. Aber auch Geräte, die bisher kabelgebunden waren, sollen heute unabhängig vom Stromnetz einsetzbar sein, wie z. B. schnurlose Festnetztelefone, Rasierapparate und elektrische Werkzeuge. Sie alle benötigen **elektrische Zellen** oder, wenn mehrere davon in Reihe geschaltet sind, **elektrische Batterien**.

Zellen müssen entsorgt werden, wenn sie „leer" sind. Das ist problematisch für die Umwelt und den Geldbeutel. Daher werden vermehrt Akkumulatoren (Akkus) oder Akkubatterien eingesetzt, die man mithilfe von Ladegeräten am Stromnetz wieder aufladen kann.

Durch welche Vorgänge werden die Elektronen von Zellen oder Akkus angetrieben? Nun, jede Zelle bzw. jeder Akku stellt einen elektrochemischen *Energiewandler* dar, der gespeicherte chemische Energie auf direktem Wege in elektrische Energie umwandeln kann. Die Funktionsweise ist im Grunde immer die gleiche: Jede Zelle bzw. jeder Akku besitzt eine positive Elektrode (**Katode**), eine negative Elektrode (**Anode**) und eine leitende Flüssigkeit, den so genannten **Elektrolyten.** Anode und Katode bestehen aus unterschiedlichen Metallen oder aus Metall und Kohle.

Werden diese Metalle in den Elektrolyten getaucht, so kann eine elektrische Spannung zwischen ihnen gemessen werden (**galvanisches Element**). Diese Tatsache erkannte schon um 1800 der Italiener Alessandro VOLTA (Volta-Element). Eine Zink- (Zn) und eine Kupferelektrode (Cu) werden in verdünnte Schwefelsäure (H_2SO_4) getaucht. Wird nun ein Lämpchen angeschlossen, so leuchtet dieses (*Bild 1*). Dieses Beispiel schauen wir uns genauer an: Zinkatome gehen als positiv geladene Ionen in Lösung; die von ihnen abgegebenen Elektronen bleiben in der Zinkelektrode und laden sie *negativ* auf:

$$Zn \rightarrow Zn^{2+} + 2\,e^-.$$

Das Metall Kupfer gibt kaum Ionen an den Elektrolyten ab, die Kupferelektrode wird zum Pluspol. Hier nehmen die im Elektrolyten vorhandenen positiv geladenen Wasserstoffionen (H^+-Ionen) Elektronen auf und es entsteht Wasserstoffgas:

$$2\,H^+ + 2\,e^- \rightarrow H_2.$$

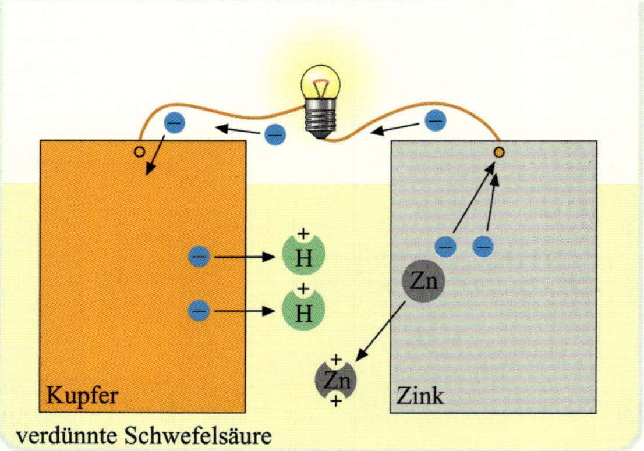

B1: Volta-Element

Forscher und Entwickler haben im letzten Jahrhundert so ziemlich alle denkbaren Elektrodenkombinationen und Elektrolyte untersucht. Nur wenige haben sich bewährt, so z. B. die **Zink-Kohle-Batterie** (*Leclanché-Element, Bild 2*), von der noch heute jährlich weltweit mehrere Milliarden Stück hergestellt werden. Sie besteht aus einem Zinkbecher, in dessen Mitte ein Kohlestift steckt. Dieser ist von einem porösen Braunstein-Körper (MnO_2) umgeben, dessen Hohlräume mit eingedickter Ammoniumchlorid-Lösung (NH_4Cl) gefüllt sind. Vom Zink treten wieder positive Ionen (Zn^{2+}) in die Lösung, der Becher wird negativ geladen, der Kohlestab wird zum Pluspol. Die Elektronen fließen nun von der Zinkelektrode über ein angeschlossenes elektrisches Gerät zur Kohleelektrode, wo sie von den im Elektrolyten vorhandenen H^+-Ionen aufgenommen werden.
Bei den so genannten **Alkaline**-Batterien besteht die Katode aus einer Mischung von Mangandioxid und Graphit, die Anode dagegen aus Zinkpulver. Als Elektrolyt dient Kalilauge.

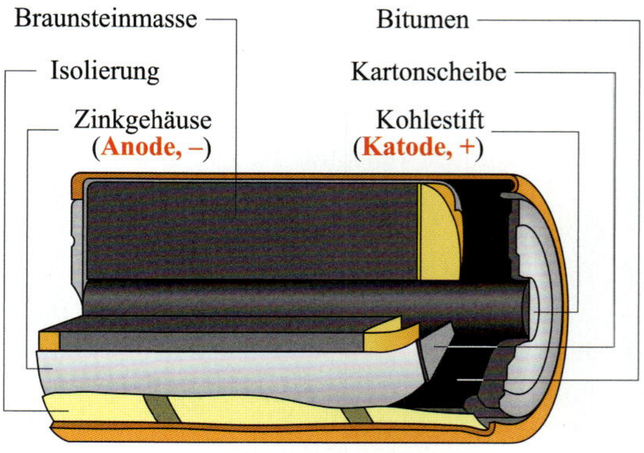

B2: Leclanché-Element

Interessantes

B. Akkumulatoren

Zellen (galvanische Elemente) haben den Nachteil, dass sich die Elektroden bei Gebrauch zersetzen und dadurch die Zelle nach gewisser Zeit überhaupt keine Energie mehr liefern kann. **Akkumulatoren** (kurz: **Akkus**), denen Energie entnommen wurde, lassen sich durch einen Aufladevorgang unter Energieaufwand wieder „auffüllen". Dabei pumpt das Ladegerät Elektronen vom Pluspol zum Minuspol zurück, wobei auch das Elektrodenmaterial nahezu wieder hergestellt wird. Der Entlade-/Ladevorgang lässt sich bis zu 1000-mal wiederholen. Die ablaufenden Elektrodenreaktionen sind aber komplizierter als bei der Zelle.

Akkus besitzen den Nachteil, dass sie sich mit der Zeit selbst entladen. Bei den heute üblichen Nickel-Cadmium- (NiCd) oder Nickel-Metallhydrid-Akkus (NiMH) ist z. B. eine Selbstentladung von bis zu 30 % pro Monat „normal". Akkus sind also nach wenigen Monaten praktisch leer. Aus diesem Grund ist es vorteilhafter, Taschenlampen oder Warnleuchten mit einer Batterie aus galvanischen Elementen zu betreiben, bei denen die Selbstentladung keine Rolle spielt.

Die Betriebsdauer von Batterien (aus Zellen oder Akkus) kann man aus der Batteriekapazität errechnen. Sie wird in Amperestunden (Ah) bzw. Milliamperestunden (mAh) angegeben. 1 Ah bedeutet: Ein Gerät kann mit 1 A etwa 1 h betrieben werden. Benötigt das Gerät aber nur 0,5 A, so kann es 2 h betrieben werden. In der Praxis sind die Zeiten allerdings immer etwas kürzer.

Projekt: Selbstgebaute Zelle mit Früchten

Material: Kupferblech, Zinkblech, Zitrone, Apfel oder rohe Kartoffel, Kopfhörer eines Discmans oder MP3-Players, Leuchtdiode

Durchführung: Ritze die Schale der Frucht an zwei Stellen an und stecke die beiden Metallbleche tief hinein. Die Bleche dürfen sich aber in der Frucht nicht berühren. Halte den Stecker des Kopfhörers so an die beiden Bleche, dass sich die Bleche dabei nicht berühren (➡ *Bild*). Ein deutliches Knacken im Kopfhörer zeigt elektrischen Strom an. Verbinde die Kontakte anschließend mit der Leuchtdiode. Falls sie nicht leuchtet, so vertausche ihre Anschlüsse.

Tauche die Bleche auch in verschiedene Flüssigkeiten, z. B. Essigwasser, Cola, Limonade und weise wie oben beschrieben elektrischen Strom nach. Trage deine Ergebnisse zum Abschluss in eine Tabelle ein.

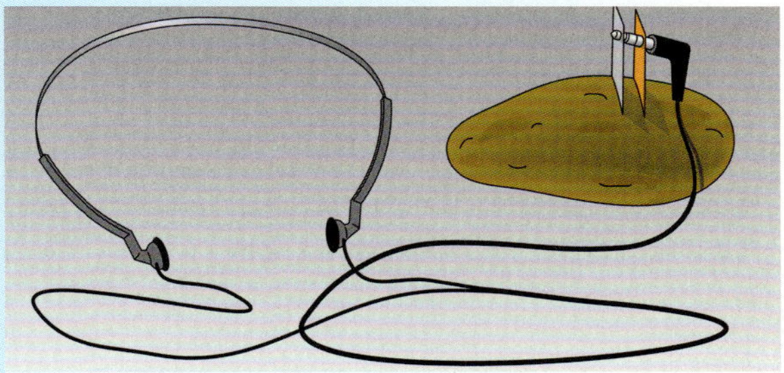

Bezeichnung	Spannung	Besondere Merkmale	Anwendungen
Primärbatterien (Zellen)			
Zink-Kohle (ZnC)	1,5 Volt	Für weniger anspruchsvolle Anwendungen	Taschenlampen, Spielzeuge, Fernbedienung
Alkali-Mangan (AlMn) (Alkaline)	1,5 Volt	Wird hohen Stromanforderungen und Dauernutzung gerecht	Tragbare Audiogeräte, Fotoapparate, Spiele
Zink-Luft (Zn-Luft)	1,4 Volt	Hohe Belastbarkeit	Hörgeräte, Personenrufgeräte
Lithium (Li)	3,0 Volt	Hohe Belastbarkeit, niedrige Selbstentladung	Fotoapparate mit hohem Strombedarf (Blitz, automatischer Filmtransport)
Silberoxid (AgO)	1,55 Volt	Hohe bis mittlere Belastbarkeit	Uhren, Fotoapparate, Taschenrechner
Sekundärbatterien (Akkus)			
Nickel-Cadmium (NiCd)	1,2 Volt	Sehr hohe Belastbarkeit, wieder aufladbar	Schnurlose Telefone, elektrische Zahnbürsten, Werkzeuge, Notbeleuchtungen
Nickel-Metallhydrid (NiMH)	1,2 Volt	Hohe Belastbarkeit, wieder aufladbar	Handys, schnurlose Telefone, Camcorder, Rasierer
Lithium-Ionen (Li-Ion) Lithium-Polymer (Li-Polymer)	3,7 Volt	Hohe Belastbarkeit, hohe Energiedichte, wieder aufladbar	Handys, Camcorder, Notebooks, Organizer

T1: Verschiedene Zell- und Akkutypen

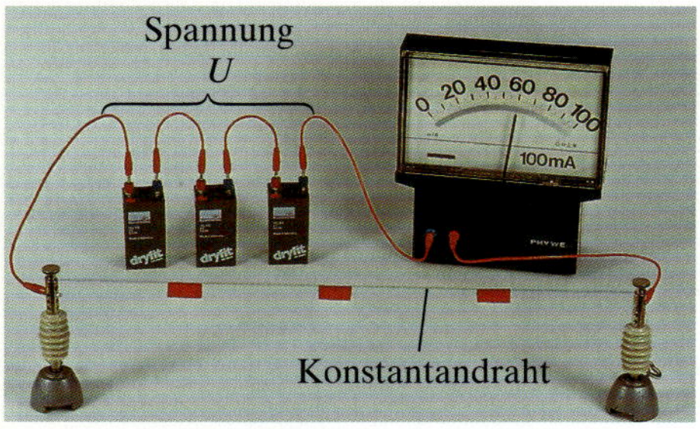

V 1: An einen 1,0 m langen Draht aus Konstantan (rote Fähnchen) mit dem Durchmesser $d = 0{,}10$ mm werden verschiedene Spannungen gelegt. Die jeweilige Stromstärke wird gemessen. ➠ *Tabelle 1* zeigt die Messwerte, ➠ *Bild 1* das zugehörige Schaubild.

U in Volt	*I* in Ampere	Quotient *U/I* in V/A
0	0	–
1,2	0,02	60
2,4	0,04	60
3,6	0,06	60
4,8	0,08	60

T 1: Drahtlänge 1,0 m; Dicke 0,1 mm

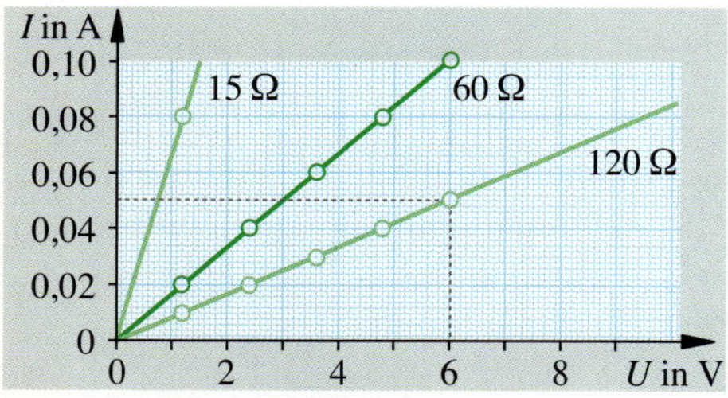

B 1: Kennlinien zeigen, wie *I* von *U* abhängt.

Ohmsches Gesetz, Widerstand

1. Wovon hängt die Stromstärke ab?

Wenn man in eine Taschenlampe statt des vorgesehenen 2,8 V-Lämpchens eine 6 V-Lampe der Fahrradbeleuchtung einschraubt, leuchtet diese nur schwach. Die zu kleine Spannung *U* (**U**rsache des Stroms) erzeugt eine zu kleine Stromstärke. Umgekehrt würde die 2,8 V-Lampe beim Fahrrad strahlend helles Licht erzeugen, wäre aber bald durchgebrannt, da die Stromstärke zu groß wäre. Um solchen Ärger zu vermeiden, wollen wir nach Gesetzen suchen, die angeben, wie die Stromstärke *I* abhängt

a) von der angelegten Spannung *U*,

b) von den Geräten im Stromkreis.

Zunächst untersuchen wir die Abhängigkeit der Stromstärke *I* von der angelegten Spannung *U* bei *einem* Gerät. In ➠ *Versuch 1* wird als „Gerät" ein Draht aus Konstantan (Legierung aus Kupfer und Nickel) verwendet.

Die Messwerte zeigen:
- Bei der *n*-fachen Spannung *U* wird am *gleichen* Konstantandraht die Stromstärke *I* auch *n*-fach.
- Deshalb ist der Quotient *U/I* konstant, d. h. von der Spannung *U* unabhängig (➠ *Tabelle 1*).
- Trägt man in einem Schaubild die Werte von *I* über *U* auf, so erhält man die ***U-I*-Kennlinie**. Sie ist bei einem Konstantandraht eine Ursprungsgerade (➠ *Bild 1*).

Diese Proportionalität zwischen *I* und *U* fand 1826 Georg Simon OHM. Wenn *I* proportional *U* ist, sagt man, es gilt das **ohmsche Gesetz**.

Merksatz

Ohmsches Gesetz: Die Stromstärke *I* ist der Spannung *U* proportional: $I \sim U$.

Interessantes

Georg Simon OHM wurde 1789 als Sohn eines Schlossers in Erlangen geboren. Sein Studium der Mathematik musste er aus Geldmangel für 5 Jahre unterbrechen. 1817 wurde er in Köln Gymnasiallehrer. Mit den außerordentlich primitiven Geräten der Schulsammlung begann er mit der Untersuchung des Zusammenhangs zwischen Spannung und Stromstärke in Metalldrähten. Nach Lehrtätigkeiten in Berlin und Nürnberg wurde er 1849 Professor für Physik und Mathematik an der Universität München. Er entdeckte als Erster, dass sich ein Klang aus Grundschwingung und Obertönen zusammensetzt. Seine bedeutenden Forschungsergebnisse in der Elektrizitätslehre und der Akustik wurden erst spät anerkannt. 1854 starb OHM in München. Ihm zu Ehren wurde die Einheit des elektrischen Widerstands „Ohm" genannt.

2. Der Widerstand als Quotient aus *U* und *I*

In unseren Versuchen wird eine Spannung an einen Draht gelegt. Sie treibt die Elektronen an. Auf ihrem Weg stoßen sie aber immer wieder gegen Atome und werden dadurch abgebremst. Die Bewegung der Elektronen wird behindert. Bei Verdoppelung der Drahtlänge wird die Stromstärke halbiert (wie bei zwei in Reihe geschalteten Lämpchen). Um die gleiche Stromstärke zu erhalten, muss man die doppelte Spannung anlegen (➠ *Versuch 2*). Also verdoppelt sich der Quotient *U/I*. Es ist daher sinnvoll, den Quotienten *U/I* **Widerstand** des Drahtes zu nennen.

Merksatz

Der **elektrische Widerstand *R*** eines Leiters ist definiert als Quotient aus der Spannung *U* zwischen den Leiterenden und der Stromstärke *I*:

$$R = \frac{U}{I}; \quad \text{Einheit } 1\,\frac{\text{Volt}}{\text{Ampere}} = 1\ \text{Ohm}\ (\Omega).$$

(Ω: griechischer Buchstabe Omega); 1 kΩ = 1000 Ω.

Aus $R = \frac{U}{I}$ folgt $I = \frac{U}{R}$.

Die Stärke des Stroms durch ein Gerät hängt von der Spannung *U* ab, die am Gerät anliegt *und* vom Widerstand *R* des Geräts.
Sind der Widerstand *R* und die Stromstärke *I* bekannt, so lässt sich die Spannung *U* berechnen:

$$U = R \cdot I.$$

Gilt $\boldsymbol{U \sim I}$, so ist der **Widerstand *R* konstant**. Für den betreffenden Leiter gilt das ohmsche Gesetz.

In unseren Versuchen hat der 1 m lange Draht einen Widerstand von *R* = 60 Ω, bei 2 m ist *R* = 120 Ω. Daraus folgt: Der Widerstand *R* ist der Drahtlänge *l* proportional.
Wie wirkt sich die Querschnittsfläche aus? Dies untersuchen wir in ➠ *Versuch 3*. Bei doppeltem Durchmesser steigt die Stromstärke auf das 4fache, der Widerstand sinkt auf den vierten Teil, nämlich auf *R* = 60 Ω/4 = 15 Ω.
Um dies zu verstehen, denken wir uns z. B. vier Drähte je mit der Querschnittsfläche A_1 parallel gelegt (➠ *Bild 2*). Werden diese zu einem Draht verschmolzen, hat dieser die 4fache Querschnittsfläche $A = 4\,A_1$, aber nur den doppelten Durchmesser. Durch die 4fache Fläche strömen 4-mal so viele Elektronen (gleichmäßig über die Fläche verteilt). Die Stromstärke *I* steigt auf das 4fache, *R* = *U/I* sinkt auf den vierten Teil.

Merksatz

Der Widerstand *R* ist der Drahtlänge *l* und dem Kehrwert der Querschnittsfläche *A* proportional.

V 2: Wir verdoppeln die Länge des Konstantandrahtes auf 2,0 m. Bei gleicher Spannung sinkt die Stromstärke jeweils auf die Hälfte (➠ *Tabelle 2*). Der Quotient *U/I* = 120 V/A ist doppelt so groß wie in ➠ *Versuch 1*.

V 3: Wir benutzen einen 1 m langen Draht mit doppeltem Durchmesser (0,20 mm statt 0,10 mm). Die Stromstärke steigt im Vergleich zu ➠ *Versuch 1* bei gleicher Spannung auf das 4fache (➠ *Tabelle 2*).

	Länge: 2,0 m Dicke: 0,1 mm		Länge: 1,0 m Dicke: 0,2 mm	
U in V	*I* in A	*U/I* in V/A	*I* in A	*U/I* in V/A
0	0	–	0	–
1,2	0,01	120	0,08	15
2,4	0,02	120	0,16	15
3,6	0,03	120	0,24	15
4,8	0,04	120	0,32	15

T 2: Quotient *U/I* in Abhängigkeit von Drahtlänge und Drahtdicke

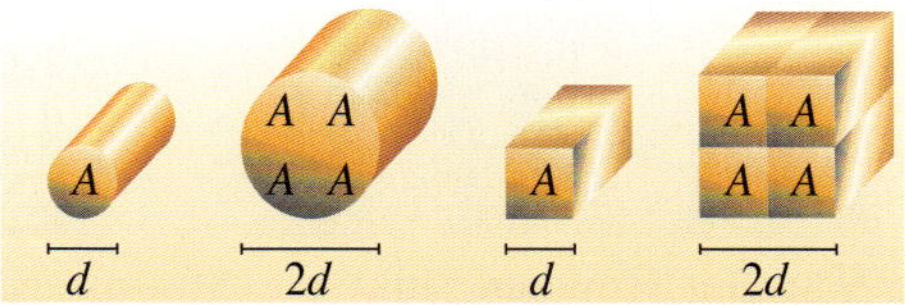

B 2: Doppelter Durchmesser ergibt 4fache Querschnittsfläche.

Beispiel

An den 1 m langen Draht aus Versuch 1 wird die Spannung *U* = 30 V gelegt. **a)** Wie groß ist die Stromstärke *I*? **b)** Die Stromstärke soll 1 A sein. Welche Länge muss der Draht haben?

Lösung:
a) Der Draht hat den Widerstand *R* = *U/I* = 60 Ω. Mit *I* = *U/R* wird
I = 30 V/60 Ω = 30 V/(60 V/A) **= 0,5 A.**
b) Zunächst berechnen wir den nötigen Widerstand: *R* = *U/I* = 30 V/1 A = 30 Ω.
Wegen *R* ~ *l* muss man die **Drahtlänge** auf **0,5 m** verkürzen.

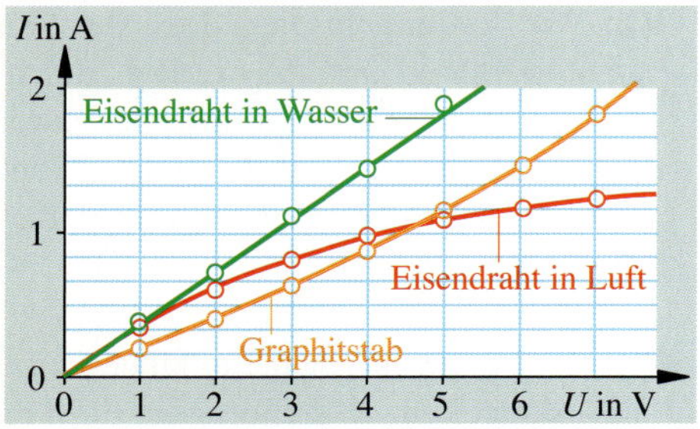

V1: Wir legen an einen Eisendraht und an einen Graphitstab (Bleistiftmine) verschiedene Spannungen und messen die jeweilige Stromstärke.

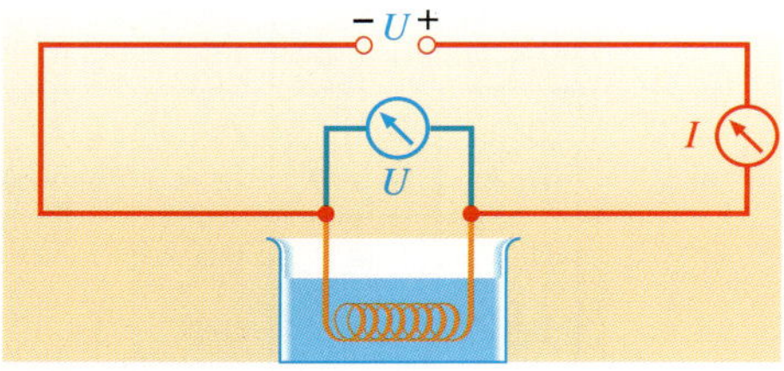

V2: Wasser sorgt für konstante Temperatur.

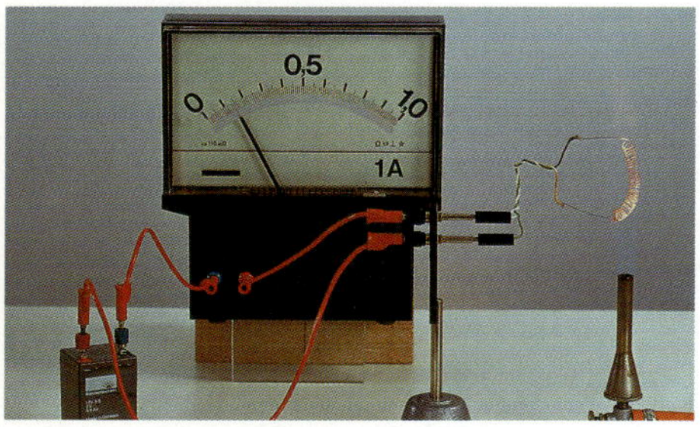

V3: Bei Erhitzen sinkt die Stromstärke, der Widerstand steigt also.
Bei **Widerstandsthermometern** nutzt man die Temperaturabhängigkeit des Widerstandes von Drähten, um die Temperatur zu messen. Sie sind klein und unempfindlich. Man kann sie z.B. am Automotor befestigen. Ein Strommesser zeigt am Armaturenbrett die Temperatur in °C.

3. Wie reagiert der Widerstand auf Erhitzen?

Wie *Versuch 1* zeigt, sind die Kennlinien des Eisendrahtes und des Graphitstabes keine Geraden wie bei Konstantandrähten. Bei Verdoppelung der Spannung steigt die Stromstärke bei Eisen auf weniger als das Doppelte, bei Graphit auf mehr als das Doppelte an. Der Quotient aus Spannung und Stromstärke ist *nicht konstant*. Der Widerstand ändert sich also. Er wächst bei Eisen mit der Stromstärke und sinkt bei Graphit.

Könnte beim Eisendraht das Ansteigen des Widerstandes mit seiner Temperaturzunahme durch die steigende Stromstärke erklärt werden? *Versuch 2* gibt darüber Auskunft: Das Wasserbad sorgt für näherungsweise konstante Temperatur. Die *U-I*-Kennlinie ist nun eine Gerade! Dies gilt auch für andere Metalle.

Merksatz

Bei **konstanter Temperatur** gilt für reine Metalle das ohmsche Gesetz, d.h. es gilt $I \sim U$.
Steigt die Temperatur, so steigt ihr Widerstand.

Den Einfluss der Temperatur auf den Widerstand von Eisendrähten zeigt *Versuch 3* eindrucksvoll. Erhitzt man eine Strom führende Wendel aus Eisendraht mit einer Flamme, so sinkt die Stromstärke trotz konstanter Spannung erheblich.

Man kann die Vergrößerung des Widerstandes bei Erhitzen leicht verstehen: Bei höherer Temperatur schwingen die Atomrümpfe heftiger um ihre Ruhelage und behindern dadurch die Bewegung der Leitungselektronen stärker.
Dies müsste ebenso für Graphit gelten. Auch in ihm führen die Atome bei Erhöhung der Temperatur heftigere Schwingungen aus. Graphit gehört jedoch zu einer Gruppe von Stoffen, bei denen noch ein weiterer Effekt hinzukommt: Bei steigender Temperatur werden zusätzliche Leitungselektronen freigesetzt. Für den Ladungstransport stehen also mehr Ladungsträger zur Verfügung. Dies verkleinert den elektrischen Widerstand. Unsere Messung zeigt, dass der zweite Effekt sich stärker auswirkt als der erste.
Bei einigen Legierungen wie z.B. Konstantan ist der Widerstand unabhängig von der Temperatur.

Interessantes

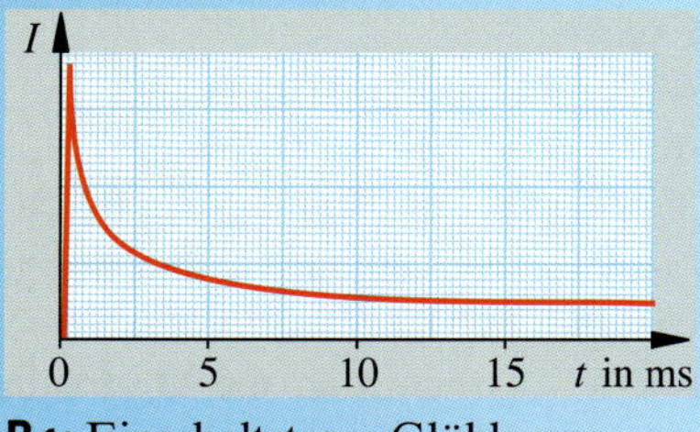

B1: Einschaltstrom Glühlampe

Warum brennen Glühlampen oft beim Einschalten durch?

Bei Zimmertemperatur beträgt der Widerstand der Glühwendel einer 60 W-Lampe 95 Ω, bei Glühtemperatur 880 Ω. Kurz nach Schließen des Stromkreises ist die Stromstärke also sehr groß. Sie sinkt erst bei Erreichen der Glühtemperatur auf den Endwert ab (*Bild 1*). Der starke Anfangsstrom erhitzt dünne Stellen des Wolframdrahtes besonders stark. Dort werden vermehrt Atome abgedampft, der Draht wird also noch dünner, bis er schmilzt.

Methoden

Gruppenpuzzle: Widerstand von Drähten

A. Aufträge

- Bearbeitet die Aufträge im Rahmen eines Gruppenpuzzles.
- Ermittelt, von welchen physikalischen Größen der Widerstand eines elektrisch leitenden Drahtes abhängt. Stellt anschließend für den Widerstand eines Drahtes eine Gleichung auf.

B. Organisatorisches zum Gruppenpuzzle

- Bildet *Stammgruppen* mit jeweils drei Personen (später Experten). Jede Stammgruppe verteilt die Aufträge an ihre Experten selbstständig.
- Bildet anschließend drei *Expertengruppen*.

C. Aufgabe der Stammgruppen

- *Hypothesenbildung:* Jede Stammgruppe überlegt, von welchen physikalischen Größen der elektrische Widerstand eines Drahtes abhängen könnte. Für jede vermutete Abhängigkeit ist eine Begründung anzugeben (Alltagserfahrung, Kenntnis aus dem bisherigen Physikunterricht, ...). Jede Stammgruppe stellt für ihre Vermutungen „Je-desto-Beziehungen“ auf (z.B.: Je größer die Größe X, desto größer ist der Drahtwiderstand R).
- Findet eine Stammgruppe keine Vermutungen, so kann sie sich bei der Lehrkraft Hilfe (z.B. ein Hilfekärtchen) holen.
- Anschließend benennen die Stammgruppen zur Untersuchung jeder vermuteten Abhängigkeit (Länge, Querschnittsfläche und Material des Drahtes) einen Experten aus ihrer Mitte.

D. Untersuchung in den Expertengruppen

- Jede Expertengruppe überlegt sich für die Untersuchung der Abhängigkeit des Widerstands von Länge, Querschnitt oder Material des Drahtes einen Versuch und plant seine Durchführung.
- Versuchsaufbau, Versuchsdurchführung samt Messergebnissen (Auswertung mit einem Tabellenkalkulationsprogramm) und die Folgerungen werden schriftlich dokumentiert.
- Jede Expertengruppe stellt für den von ihr gefundenen Zusammenhang zwischen dem Widerstand R und der entsprechenden physikalischen Größe eine „Je-desto-Beziehung“ auf.
- Anschließend wird dieser Zusammenhang mit einer Gleichung (Proportionalität) formuliert. Das ermittelte Ergebnis wird mit der Hypothese, die zuvor in den Stammgruppen aufgestellt wurde, vergleichen. Stimmen beide überein? Falls nein, sollen Gründe angegeben werden.
- Die Experten bereiten zum Abschluss den Bericht für ihre Stammgruppe vor.

E. Expertenbericht in den Stammgruppen

- Jeder Experte berichtet über die Ergebnisse seiner Expertengruppe.
- Anschließend fasst die Stammgruppe die Ergebnisse der einzelnen Expertengruppen zu Gleichung für den Drahtwiderstand R zusammen.

Falls du das Thema Drahtwiderstand im Gruppenpuzzle bearbeitet oder selbstständig eine Lösung gefunden hast, brauchst du den Abschnitt F eigentlich nicht zu lesen – oder nur zur Kontrolle. Hier steht „wie es ist“.

F. Spezifischer Drahtwiderstand

Die Ergebnisse $R \sim l$, $R \sim 1/A$ liefern zusammengefasst: $R \sim l/A$, d.h. der Quotient $R/(l/A)$ ist konstant. Der Wert dieser Konstante hängt vom Material des Drahtes ab. Er wird **spezifischer Widerstand** ϱ des Drahtes genannt. Damit gilt: $R/(l/A) = \varrho$.
Ein Draht der Länge l, der Querschnittsfläche A und des spezifischen Widerstands ϱ hat den elektrischen Widerstand R:

$$R = \varrho \cdot \frac{l}{A}$$

G. Vergleich Messergebnisse – Tabellenwerte

Berechne den spezifischen Widerstand ϱ des verwendeten Drahtmaterials aus den Messergebnissen der Expertengruppen.
Vergleiche deine Werte für den spezifischen Widerstand ϱ mit den Tabellenwerten (➡ *Tabelle 1*). Falls Abweichungen auftreten, suche nach Gründen.
Warum werden in der Tabelle die spezifischen Widerstände für eine Temperatur von 18 °C angegeben? Begründe deine Antwort.

Silber	0,016	Kohle	50–100
Kupfer	0,017	Germanium	900
Gold	0,023	Silicium	1200
Aluminium	0,028	Akkusäure	um 1300
Eisen, Stahl	0,1–0,5	Meerwasser	200 000
Wolfram	0,05	dest. Wasser	10^{10}
Konstantan	um 0,5	Porzellan, Glas	10^{19}

T1: Spezifischer Widerstand in $\Omega \cdot mm^2/m$ bei 18 °C

Interessantes

B1: Widerstände in einer elektronischen Schaltung

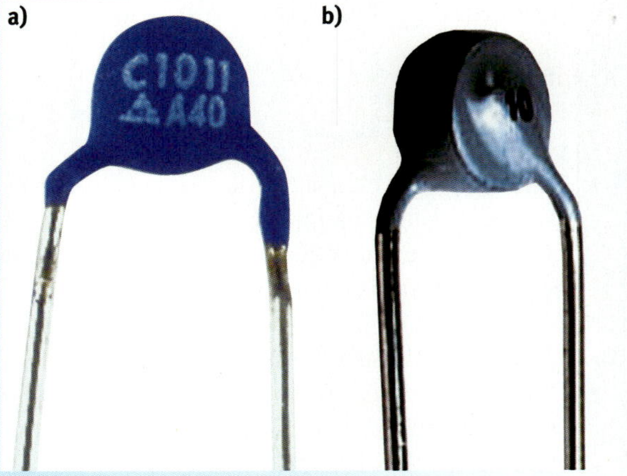

B2: a) Kaltleiter **b)** Heißleiter

Technische Widerstände

In vielen elektrischen Geräten benutzt man Leiter mit bestimmten Widerstandswerten, um die Stromstärke oder die Spannung auf geeignete Werte einzustellen. Solche Leiter selbst bezeichnet man als *Widerstände*.

In ➠ *Bild 1* ist ein Ausschnitt aus einer elektronischen Schaltung mit **Festwiderständen** zu sehen. Diese Schichtwiderstände bestehen aus einem Keramikröhrchen mit aufgedampfter Kohle oder Metallschicht.

Da Widerstandsangaben auf den dünnen Röhrchen kaum lesbar wären, benutzt man eine Farbmarkierung nach ➠ *Tabelle 1*.
Die zwei ersten Ringe bestimmen die ersten beiden Ziffern, der dritte Ring die Zahl der daran anzuhängenden Nullen (Angabe in Ohm). Der vierte Ring gibt die Genauigkeit des angegebenen Wertes an.

	1. Ring	2. Ring	3. Ring
schwarz	0	0	–
braun	1	1	0
rot	2	2	00
orange	3	3	000
gelb	4	4	0000
grün	5	5	00000
blau	6	6	000000
violett	7	7	0000000
grau	8	8	00000000
weiß	9	9	000000000

T1: Farbcode auf Widerständen

➠ *Bild 2* zeigt **temperaturabhängige Widerstände**. Man unterscheidet zwischen *Kaltleitern* und *Heißleitern*.
Wie wir sahen, nimmt der Widerstand reiner Metalle mit steigender Temperatur zu. Erhitzt man z. B. einen Kupferdraht von Zimmertemperatur auf 100 °C, so steigt sein Widerstand um etwa 30%. Metalle leiten bei Zimmertemperatur besser als bei höherer Temperatur, sind also Kaltleiter oder **PTC**-Widerstände (PTC kommt von **p**ositive **t**emperature **c**oefficient).

Bei den Heißleitern, auch **NTC**-Widerstände (**n**egative **t**emperature **c**oefficient) genannt, nimmt der Widerstand mit steigender Temperatur ab. Sie leiten im heißen Zustand besser als im kalten. Bei einigen Materialien nimmt der Widerstand auf ein Hundertstel ab, wenn man sie auf einige 100 °C erwärmt.

PTC- und NTC- Widerstände werden in der Technik dazu benutzt, um Temperaturen zu messen und manchmal auch zu regeln. Wegen der kleinen Ausmaße dieser Bauteile kann man auch an schwer zugänglichen Stellen z. B. eines Motors Temperaturen bestimmen. Dünne Kabel führen zum Ableseinstrument (Fernmessung). In Kühlschränken, Waschmaschinen und vielen anderen Geräten sorgen sie für die richtige Temperatur. Elektromotoren werden durch PTC-Widerstände vor Überhitzung geschützt.

A1: Welchen Widerstand haben die abgebildeten Widerstände? Benutze zur Lösung der Aufgabe die ➠ *Tabelle 1*.

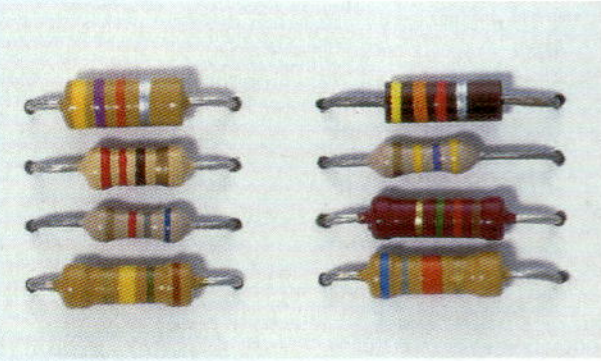

Interessantes

B3: Trotz Leichtbaus der Kurbelwelle muss deren Festigkeit gewahrt sein. Ihre Verformung im Einsatz wird mithilfe eines Dehnungsmessstreifens gemessen.

Dehnungsmessstreifen

Die Entwicklung von Flugzeugen, modernen Automotoren oder eleganten Brückenkonstruktionen ist ohne die Verwendung von **Dehnungsmessstreifen** (**DMS**) kaum möglich. Ein DMS (➠ *Bild 3*) besteht aus einem dünnen Metallband (meist Konstantan), das in vielen Windungen auf ein Plastikplättchen fest aufgebracht ist und einen bestimmten Widerstand hat (typisch sind 120 Ω). Wird das Plättchen durchgebogen, so wird der Draht gedehnt bzw. gestaucht. Dadurch werden seine Länge und sein Querschnitt verändert. Also ändert sich sein Widerstand. Die Widerstandsänderung kann sehr genau gemessen werden. Sie ist der Größe der Verformung proportional.

Das Plättchen wird sorgfältig auf die zu untersuchende Stelle eines Werkstückes aufgeklebt.

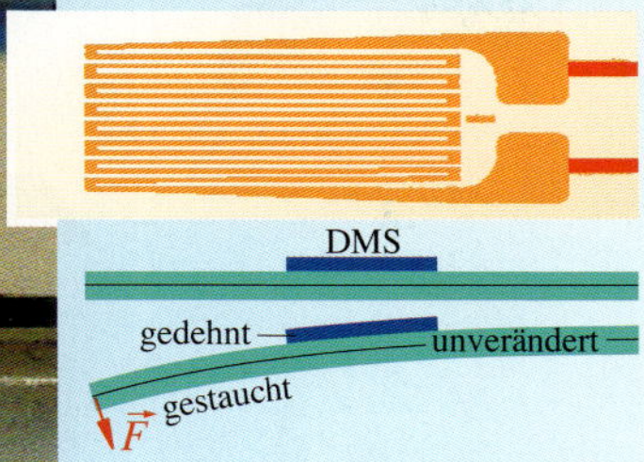

Es ist wichtig, dass man elektrische Signale für die Durchbiegung erhält. Man kann sie leicht einem Computer zuführen, der die Daten speichert und weiterverarbeitet. Dadurch erhält man Hinweise auf Schwachstellen der Konstruktion.

Aus den Verformungen kann man auf die Größe der einwirkenden Kräfte schließen – man hat daher mit einem Dehnungsmessstreifen ein Kraftmessgerät. Man sagt dazu auch **Kraftsensor**.

Dehnungsmessstreifen sind beispielsweise in digital anzeigende Waagen eingebaut.

Mehr Sicherheit im Flugzeugbau:

Bei Flugzeug-Bauteilen ist der Zusammenhang zwischen Größe und Anzahl von Verformungen und dem Beginn von Materialermüdung bekannt. Bei der Konstruktion von Flugzeugflügeln überprüfen die Ingenieurinnen und Ingenieure an kritischen Stellen (etwa die Verbindung Flügel-Rumpf) mithilfe aufgeklebter Dehnungsmessstreifen, ob es bei den unvermeidlichen Vibrationen nicht zu unerlaubt großen Dehnungen kommt – und das in *allen* Flugsituationen. Auch während des Flugbetriebs wird die Beanspruchung gefährdeter Teile mit Dehnungsmessstreifen überwacht und im Flugschreiber aufgezeichnet (zur Unfallklärung nach einem Absturz).

Aufgaben

A2: Jemand bezeichnet die Gleichung $I = U/R$ als ohmsches Gesetz. Ist dies richtig? Was nennen wir ohmsches Gesetz? Unter welcher Bedingung gilt es für Metalle? Welche Form hat dann die *U-I*-Kennlinie?

A3: Ein Draht hat den Widerstand 100 Ω. Welchen Wert hat der Widerstand, wenn man die Drahtlänge verdreifacht und gleichzeitig die Querschnittsfläche verfünffacht? Wie würde sich die Stromstärke verändern? (*U* konstant)

A4: In einem Versuch werden an verschiedenen Drähten zwei der drei Größen Spannung, Stromstärke, Widerstand gemessen.

U in V	20	12	?
I in A	4	?	0,08
R in Ω	?	200	1500

Übertrage die Tabelle in dein Heft und fülle die Lücken aus.

A5: Bei einer 100 W-Glühlampe ist bei 2 V die Stromstärke 38 mA; bei 230 V ist sie 435 mA. Berechne jeweils den Widerstand und erkläre, warum sich die Werte unterscheiden.

A6: Messgeräte zeigen den zu messenden Wert nur fehlerhaft an. Die Hersteller geben daher den größtmöglichen Fehler in Prozent des Skalenendwertes an. Bei Schulgeräten ist dieser meist 2%. **a)** Eine Stromstärke von 0,80 A ist zu messen. Jan wählt einen Skalenendwert von 10 A, Julia 1 A. Wie groß ist jeweils der maximale Fehler? Wie groß ist jeweils der relative Fehler? **b)** Erläutere, wie man den Messbereich bei Stromstärkemessungen wählen muss, damit der relative Fehler möglichst klein wird.

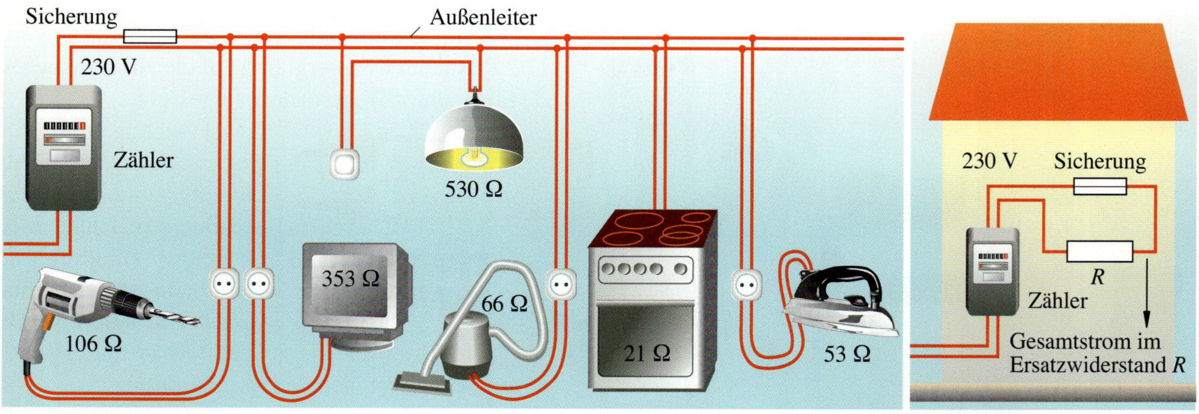

B1: Die Geräte im Haushalt liegen an der gleichen Spannung von 230 V. Sie sind parallel geschaltet.

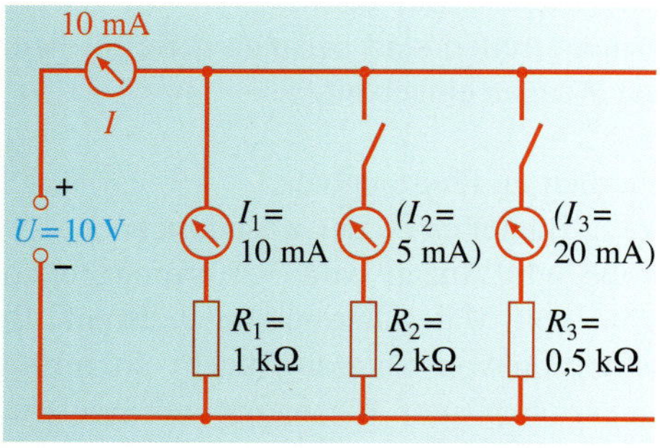

V1: Parallelschaltung von R_1, R_2, und R_3: Der Versuchsaufbau entspricht der Schaltung der Elektrogeräte im Haushalt (➠ *Bild 1*). Wir wollen untersuchen, wie sich das Zuschalten weiterer Geräte auf die Gesamtstromstärke auswirkt. Statt 230 V wählen wir die ungefährliche Spannung 10 V. **a)** Zunächst schließen wir den Stromkreis mit dem Widerstand $R_1 = 1{,}0\ \text{k}\Omega$. Die Stromstärke beträgt $I_1 = U/R_1 = 10\ \text{V}/1000\ \Omega = 10\ \text{mA}$.
b) Dann schalten wir den doppelt so großen Widerstand $R_2 = 2{,}0\ \text{k}\Omega$ *parallel.* In diesem Zweig messen wir nur die halbe Stromstärke $I_2 = 5\ \text{mA}$.
Im unverzweigten Teil lesen wir als **Gesamtstrom I_{ges}** dieser **Parallelschaltung** die Summe
$I_{ges} = I_1 + I_2 = 10\ \text{mA} + 5\ \text{mA} = 15\ \text{mA}$ ab.
c) Nun schalten wir noch einen dritten Widerstand $R_3 = 0{,}5\ \text{k}\Omega$ parallel. Der Zweigstrom $I_3 = 20\ \text{mA}$ erhöht die Gesamtstromstärke I_{ges} von 15 mA auf 35 mA. **d)** Die Teilstromstärken lassen sich auch mithilfe der Gleichung $I = U/R$ berechnen, z. B.:
$I_2 = U/R_2 = 10\ \text{V}/2\ \text{k}\Omega = 5\ \text{mA}$.

Der verzweigte Stromkreis

1. Die Geräte im Haushalt sind parallel geschaltet

Im Haushalt können alle Geräte unabhängig voneinander ein- und ausgeschaltet werden. Sie sind nach ➠ *Bild 1* direkt an die beiden oberen Netzleitungen angeschlossen, zwischen denen die Spannung $U = 230\ \text{V}$ besteht. Diese Spannung liegt also an jedem Gerät. Wie ändert sich aber die Stromstärke, wenn mehrere Geräte gleichzeitig betrieben werden?

Wir können das Ergebnis von ➠ *Versuch 1* auf den Haushalt übertragen: Durch Zuschalten eines zweiten oder dritten Geräts erhöht sich jeweils die Gesamtstromstärke. Da Ladung weder erzeugt noch vernichtet wird, muss der Gesamtstrom in der Zuleitung die Summe der Teilströme sein.

Merksatz

Bei der **Parallelschaltung** liegt an allen Zweigwiderständen die gleiche Spannung. Die **Gesamtstromstärke I_{ges}** im unverzweigten Teil ist gleich die Summe der Teilstromstärken I_1, I_2, I_3, …
Es gilt die *1. kirchhoffsche Regel (Knotenregel):*

$$I_{ges} = I_1 + I_2 + I_3 + \ldots$$

2. Welcher Zweigstrom ist am stärksten?

Nach $I = U/R$ erzeugt die gemeinsame Spannung U im doppelten Widerstand nur die halbe Stromstärke (siehe auch ➠ *Versuch 1*). Die Zweigströme sind gegeben durch $I_1 = U/R_1$ und $I_2 = U/R_2$. Dividiert man I_1 durch I_2, so entfällt U. Es folgt $\boldsymbol{I_1/I_2 = R_2/R_1}$.

Merksatz

Bei einer **Stromverzweigung** verhalten sich die Stromstärken in den Zweigen umgekehrt wie die Zweigwiderstände.

3. Mehr Geräte – weniger Widerstand

Wir wissen: Der Gesamtstrom steigt mit jedem zugeschalteten Parallelwiderstand (➡ *Versuch 1*). Da die Spannung konstant ist, muss der Gesamtwiderstand kleiner geworden sein. In Schaltungen ist es oft wichtig, die Gesamtstromstärke zu berechnen. Um dies einfach ausführen zu können, denken wir uns die parallel geschalteten Widerstände durch *einen* Widerstand ersetzt – den **Ersatzwiderstand *R***. Spannung und Stromstärke sollen sich dabei nicht ändern.

Für ➡ *Versuch 1* errechnet man:
$R = U/I_{ges} = 10\ \text{V}/35\ \text{mA} = 0{,}29\ \text{k}\Omega$.
Der Ersatzwiderstand ist kleiner als der kleinste Zweigwiderstand (in unserem Versuch 0,5 kΩ).
Aus $I_{ges} = I_1 + I_2 + I_3$ ergibt sich $I_{ges} = U/R = U/R_1 + U/R_2 + U/R_3$. Nach Division durch U erhält man den Kehrwert $1/R$ des Ersatzwiderstandes R.

Merksatz

Der Kehrwert $1/R$ des **Ersatzwiderstandes *R*** einer **Parallelschaltung** ist gleich der Summe der Kehrwerte $1/R_i$ der Zweigwiderstände R_i ($i = 1, 2, \ldots$):

$$\frac{1}{R} = \frac{1}{R_1} + \frac{1}{R_2} + \ldots$$

Beispiel

In einem Saal ist die Leitung für die Deckenlampen mit 10 A abgesichert. Wie viele parallel geschaltete Lampen mit jeweils 529 Ω dürfen gleichzeitig betrieben werden ($U = 230$ V)?

Lösung über Teilstromstärken:
Stromstärke in einer Lampe:
$I_1 = U/R_1 = 230\ \text{V}/529\ \Omega = 0{,}435\ \text{A}$.
$10\ \text{A}/0{,}435\ \text{A} \approx 23$.
Es dürfen **bis zu 23 Lampen** betrieben werden.
Lösung über Ersatzwiderstand:
Damit bei $U = 230$ V die Stromstärke $I = 10$ A wird, muss der Ersatzwiderstand $R = U/I = 230\ \text{V}/10\ \text{A} = 23\ \Omega$ sein.
Aus $R_1 = R_2 = \ldots$ folgt
$1/R = 1/R_1 + 1/R_2 + \ldots = n \cdot 1/R_1$.
$\boldsymbol{n} = R_1/R = 529\ \Omega/23\ \Omega = \mathbf{23}$.
Da der Einschaltstrom von Glühlampen größer ist als der Betriebsstrom (nach Erreichen der Betriebstemperatur der Glühwendel), wäre gleichzeitiges Einschalten kritisch. Es sei denn, man verwendet eine *träge* Sicherung.

Aufgaben

A1: a) Berechne die Ströme in den einzelnen Geräten nach ➡ *Bild 1*. Wie verhalten sich die Stromstärken von Lampe und Herd zueinander? Wie groß ist die Stärke des Gesamtstroms? **b)** Wie groß ist der Ersatzwiderstand R der gesamten Anlage? **c)** Welche Sicherung ist zu wählen, damit alle Geräte gleichzeitig in Betrieb sein können (übliche Werte: 16 A, 20 A, 40 A)?

A2: Bei einer Fahrradbeleuchtung ist der Widerstand der Lampe im Scheinwerfer 30 Ω, im Rücklicht 60 Ω. **a)** Zeichne ein Schaltbild der Anlage. **b)** Wie groß sind die jeweiligen Stromstärken und die Gesamtstromstärke ($U = 6$ V)?

A3: Zwei Widerstände mit $R_1 = 50\ \Omega$ und $R_2 = 0{,}5\ \Omega$ liegen parallel an der Spannung 0,1 V. Berechne I_1, I_2 und I_{ges}.

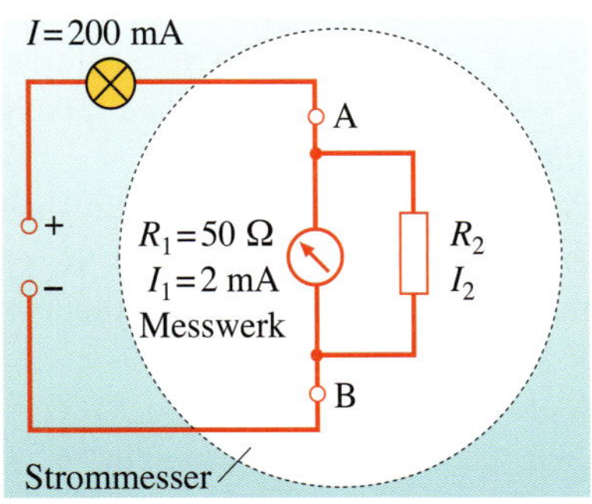

B2: Messbereich von 2 mA auf 200 mA erweitert

A4: Die Spule eines Drehspulinstruments hat den Widerstand $R_1 = 50\ \Omega$ und zeigt bei $I_1 = 2$ mA Vollausschlag. Will man Ströme bis 200 mA messen, muss man den überschüssigen Strom I_2 am Messwerk durch einen *Parallelwiderstand* R_2 vorbeileiten (➡ *Bild 2*). **a)** Berechne I_2 und R_2. **b)** Wie groß ist nun der Ersatzwiderstand R_{ges} des Messgeräts? **c)** Der Messbereich steigt auf das 100fache. Wie ändert sich R_{ges}?

A5: Ein 1 km langes Seil einer Hochspannungsleitung hat einen Stahlkern mit $R_1 = 2\ \Omega$ Widerstand. Er gibt mechanische Festigkeit. Ihn umgibt ein Aluminiummantel mit $R_2 = 0{,}1\ \Omega$. **a)** Berechne den Ersatzwiderstand R des Seilstückes. **b)** Der Spannungsabfall an dem Seilstück sei $U = 100$ V. Wie groß sind die Stromstärken im Kern und im Mantel, wie groß ist die Gesamtstromstärke?

A6: Vögel halten sich mit beiden Beinen auf dem Seil einer Hochspannungsleitung fest. Warum ist dies für sie ungefährlich? (siehe Werte von Aufgabe 5; Beinabstand 2 cm)

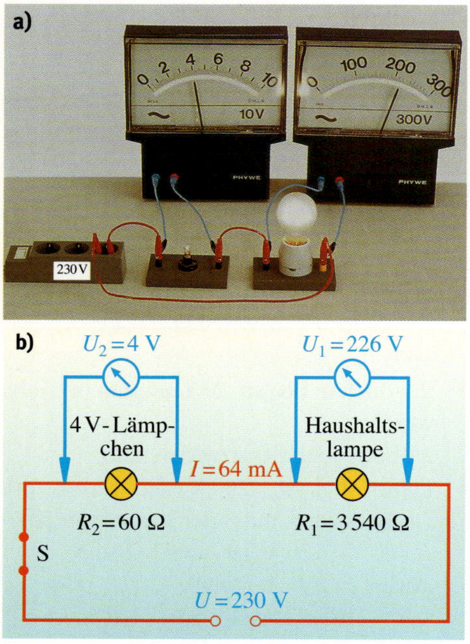

B1: a) Ein überraschender Versuch
b) Schaltskizze

V1: Wir legen an den Widerstand $R_1 = 10\ \Omega$ die Spannung $U = 10$ V und messen die Stromstärke $I = 1$ A. Nun schalten wir zu R_1 noch zwei weitere Widerstände $R_2 = 20\ \Omega$ und $R_3 = 70\ \Omega$ in Reihe (➠ *Bild 2*). Die Stromstärke sinkt auf $I = 0{,}1$ A.
Ähnlich wie bei in Reihe geschalteten Lämpchen ist auch hier der Widerstand größer geworden.
Wir denken uns nun die drei Widerstände durch *einen* großen Widerstand ersetzt. Er soll den Strom genauso behindern wie die drei Einzelwiderstände zusammen – bei der gleichen Spannung $U = 10$ V soll sich wieder die Stromstärke $I = 0{,}1$ A einstellen.
Nach unseren Messwerten hat dieser *Ersatzwiderstand* den Wert
$R = U/I = 10\ \text{V}/0{,}1\ \text{A} = 100\ \Omega$.
Dies ist gleich der Summe
$R = 10\ \Omega + 20\ \Omega + 70\ \Omega$ der *Teilwiderstände R_i*.

V2: Wir messen die Stromstärke in der Schaltung nach ➠ *Bild 2* auch an den Stellen A, B und C. Die Messung ergibt, dass die Stromstärke bei Reihenschaltung von Widerständen überall gleich ist. Dies war zu erwarten, da keine Ladung abgezweigt wird.

Der unverzweigte Stromkreis

1. Mehr Geräte – mehr Widerstand

Kann man ein 4 V-Lämpchen an einer Steckdose mit 230 V betreiben? ➠ *Bild 1 a* zeigt, dass es möglich ist, aber nur, wenn man eine Haushaltslampe *in* denselben Stromkreis schaltet (Lehrerversuch!). Man sagt, die Lampen sind in Reihe (hintereinander) geschaltet. In beiden Glühdrähten ist die Stromstärke gleich groß – kein Strom wird seitlich abgezweigt.

➠ *Versuch 1* zeigt, dass in Reihe geschaltete Widerstände *einen* großen Widerstand bilden. Den Wert dieses **Ersatzwiderstandes** erhält man, indem man die Werte der Einzelwiderstände addiert.

Merksatz

Bei **Reihenschaltung** ist die Stromstärke in allen Teilwiderständen gleich. Der **Ersatzwiderstand *R*** ist gleich der Summe der Einzelwiderstände:

$$\boldsymbol{R = R_1 + R_2 + R_3 + \ldots}$$

Der Gesamtwiderstand ist bei Reihenschaltung *größer* als jeder Teilwiderstand.
Weshalb also brennt das kleine Lämpchen in ➠ *Bild 1* nicht durch? Der Widerstand der kleinen Lampe (4 V; 65 mA) ist $R_2 = U/I = 4\ \text{V}/0{,}065\ \text{A} \approx 60\ \Omega$, der der großen Lampe (230 V; 65 mA) ist $R_1 = 230\ \text{V}/0{,}065\ \text{A} \approx 3540\ \Omega$ (➠ *Bild 2*).
Für den Gesamtwiderstand gilt:
$R = R_1 + R_2 = 3540\ \Omega + 60\ \Omega = 3600\ \Omega$.
Also ist die Stromstärke $I = U/R = 230\ \text{V}/3600\ \Omega = 64$ mA.
Dies ist etwa die für das Lämpchen vorgeschriebene Stromstärke.

Man kann die Haushaltslampe ($R_1 = 3540\ \Omega$) durch einen Widerstand mit $R_v = R_1$ ersetzen. Man nennt R_v einen **Vorwiderstand**. Vorwiderstände begrenzen die Stromstärke auf gewünschte Werte.

Vertauscht man in ➠ *Bild 1 a* die beiden Lampen, so ändert sich am Leuchten der beiden nichts. Es ist also beliebig, an welcher Stelle eines Stromkreises man den *Vor*widerstand hinzuschaltet.

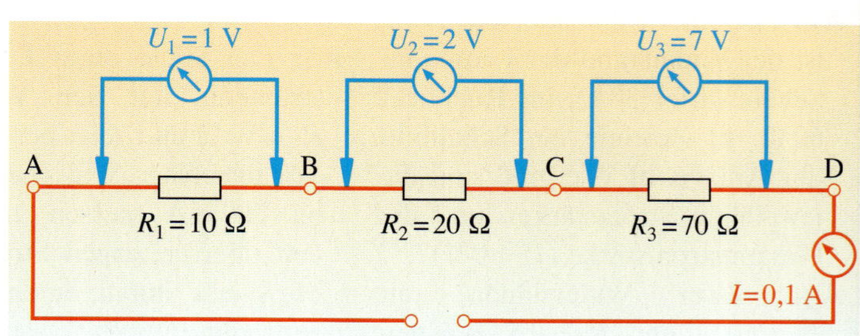

B2: Widerstände in Reihe haben gleiche Stromstärke, aber unterschiedliche Teilspannungen.

2. Spannungen teilen sich auf

Das 4 V-Lämpchen leuchtet in ➡ *Bild 1 a* normal hell. Liegen zwischen seinen Anschlüssen 4 V? Wo bleibt dann der Rest der 230 V? Um dies zu klären, schalten wir zwischen die Anschlussbuchsen der kleinen und der großen Lampe je einen Spannungsmesser (➡ *Bild 1 b*). Wir messen $U_1 = 226$ V; $U_2 = 4$ V. Die Spannung der Netzsteckdose $U = 230$ V teilt sich also in die zwei Teilspannungen U_1 und U_2 auf.

Untersuchen wir zunächst, was bei Reihenschaltung gleicher Widerstände geschieht. ➡ *Versuch 3* zeigt, dass dann an jedem Teilwiderstand die gleiche Teilspannung abfällt. Ihre Summe ist gleich der von außen angelegten Spannung.
Für verschiedene Widerstände zeigt ➡ *Versuch 4*: Die Spannung der Quelle verteilt sich über die in Reihe liegenden Teilwiderstände – und zwar so, dass sich bei jedem Widerstand die gleiche Stromstärke ergibt. Am doppelten Widerstand stellt sich die doppelte, am 7fachen Widerstand die 7fache Spannung ein. Es gilt
$I = 2\,U/2\,R = 7\,U/7\,R = U/R =$ konstant.
Aus $I = U_1/R_1 = U_2/R_2$ folgt demnach: $\boldsymbol{U_1/U_2 = R_1/R_2}$.

Merksatz

Zwischen den Enden der **Teilwiderstände R_i** liegen die **Teilspannungen $U_i = I \cdot R_i$**. Ihre Summe ist gleich der Gesamtspannung U *(2. kirchhoffsche Regel; Maschenregel)*:

$$U = U_1 + U_2 + U_3 + \dots$$
$$= I \cdot R_1 + I \cdot R_2 + I \cdot R_3 + \dots$$
$$= I \cdot (R_1 + R_2 + R_3 + \dots) = I \cdot R$$

Die Teilspannungen U_i verhalten sich wie die Teilwiderstände R_i:

$$\frac{U_1}{U_2} = \frac{R_1}{R_2};\quad \frac{U_1}{U_3} = \frac{R_1}{R_3}\quad \text{usw.}$$

In einem Stromkreis ändert sich das Potential an einem geschlossenen Schalter praktisch nicht (➡ *Versuch 5*). Öffnet man ihn, so liegt an ihm die ganze, von außen angelegte Spannung. **Achtung:** Ein herausgedrehtes Lämpchen einer Lichterkette wirkt wie ein geöffneter Schalter; zwischen den Kontakten liegen 230 V!

V3: An ein 6 V-Lämpchen wird die Spannung $U = 6$ V gelegt. Es leuchtet normal hell. Schaltet man ein zweites 6 V-Lämpchen in Reihe, leuchten beide nur schwach. Um volle Helligkeit zu erreichen, muss man die Spannung auf 12 V hoch regeln. An jedem Lämpchen liegt nun die Teilspannung 6 V.

V4: In Versuch 1 ist im Widerstand R_1 die Stromstärke $I = 0{,}1$ A. Für 0,1 A braucht man aber an 10 Ω nicht die Spannung $U = 10$ V, sondern nur die *Teilspannung* $U_1 = I \cdot R_1 = 1$ V. Bei $R_2 = 20\ \Omega$ benötigt man für ebenfalls 0,1 A die doppelte Spannung, nämlich 20 V; an 70 Ω sind $0{,}1\ \text{A} \cdot 70\ \Omega = 7$ V nötig.
Wir überprüfen unsere Überlegungen:
Zu jedem Widerstand in Versuch 1 schalten wir einen Spannungsmesser (blau) und finden, dass sich das Potential um 1 V, 2 V und 7 V ändert. Am größten Widerstand liegt die größte Teilspannung.
Unsere Messung ergibt: Die Summe der Teilspannungen ist gleich der angelegten Spannung der Quelle
$U = 1\ \text{V} + 2\ \text{V} + 7\ \text{V} = 10$ V.

V5: a) In der Schaltskizze ➡ *Bild 1 b* ist ein Schalter (S) eingebaut. Ist er geschlossen, so hat er den Widerstand $R_S \approx 0\ \Omega$. Dann liegt bei ihm die Teilspannung: $U_S = R_S \cdot I \approx 0$ V. Eine Messung bestätigt dies. **b)** Durch Öffnen des Schalters sinkt die Stromstärke I auf 0 A. Wegen $U = R \cdot I$ werden die Teilspannungen an den Lampen 0 V. Der Spannungsmesser zeigt, dass die ganze, von außen angelegte Spannung $U = 230$ V zwischen den Kontakten des Schalters liegt.

Aufgaben

A1: Es gibt 2 Arten von Lichterketten für 230 V. Die einen haben 10, die anderen 16 in Reihe geschaltete „Kerzen". **a)** Wie groß ist jeweils die Spannung an einer Kerze? **b)** Die Nennstromstärke in der 10er-Kette beträgt 130 mA, die der 16er-Kette ist 209 mA. Welchen Widerstand hat jeweils eine Kerze, welchen die Kette?

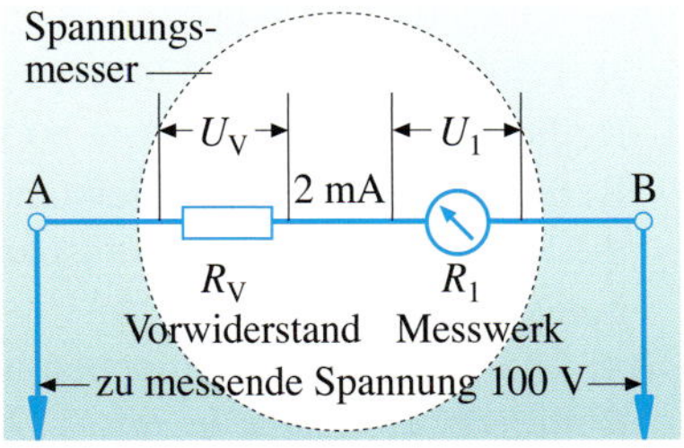

B4: Ein Drehspulgerät zur Spannungsmessung (➡ *Aufgabe 2*)

A2: Das Messwerk eines Drehspulgeräts mit $R_1 = 50\ \Omega$ zeigt bei $I = 2$ mA Vollausschlag. **a)** Welche Spannung liegt bei $I = 2$ mA am Messwerk? **b)** Das Messgerät soll Spannungen bis 100 V messen können. Auch bei $U = 100$ V muss die Stromstärke $I = 2$ mA sein. Wie groß muss R sein, wie groß der Vorwiderstand R_v?

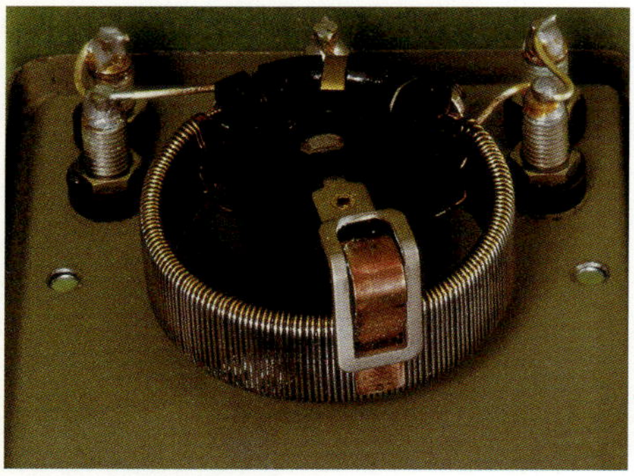

B1: Drehwiderstand

V1: Nach ➡ *Bild 2* wird ein dünner Konstantandraht zwischen die Klemmen A und B gespannt. Die Spannung $U = 1{,}5$ V zwischen A und B verursacht einen Strom der Stärke I. Den linken Anschluss eines Spannungsmessers verbinden wir mit A, mit dem anderen gleiten wir längs des Drahtes von B nach A. So messen wir die Teilspannung U_1 zwischen dem Schleifer S und dem linken Anschluss A. Wie das Schaubild zeigt, fällt sie gleichmäßig von 1,5 V auf 0 V. Steht der Schleifer in der Mitte des Drahtes, bekommen wir die halbe Spannung 0,75 V.
Durch Verschieben des Schleifers verändert man den Widerstand R des ganzen Drahtes und damit die Stromstärke I nicht. Man verändert die Teilwiderstände R_1 und R_2 und damit die Teilspannungen $U_1 = R_1 \cdot I$ und $U_2 = R_2 \cdot I$.
Da R_1 und R_2 in Reihe geschaltet sind, gilt $R = R_1 + R_2$ und $U = U_1 + U_2$.

Spannungsteilerschaltung

1. Wie unterteilt man Spannungen?

In Experimenten und in technischen Geräten benötigt man häufig veränderbare Spannungen, hat aber nur eine Spannungsquelle mit fester Ausgangsspannung U_{Quelle} zur Verfügung. Man hat z. B. eine Batterie mit 4,5 V, benötigt aber die Spannung 1,5 V. Mit einer Schaltung nach ➡ *Bild 2* lässt sich jede beliebige Teilspannung zwischen 0 V und U_{Quelle} einstellen. Man nennt eine solche Schaltung **Spannungsteiler-** oder **Potentiometerschaltung**. Die meisten Stellglieder hinter Drehknöpfen von Elektronikgeräten sind Spannungsteiler. An Radios lässt sich mit ihnen die Lautstärke regeln, bei Netzgeräten die Spannung. Statt eines gespannten Drahtes nimmt man meist Drehwiderstände (➡ *Bild 1*). Bei ihnen ist der Konstantandraht auf einen ringförmigen Isolator gewickelt, der Schleifer ist mit einem Drehknopf verbunden.

Merksatz

Ein Strom führender Leiter unterteilt die an seinen Enden angelegte Spannung stetig.

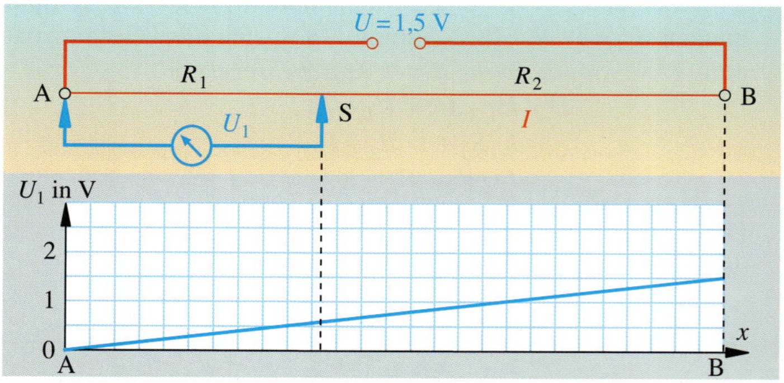

B2: Ein Draht als Spannungsteiler

Aufgaben

A1: Wie wäre der Spannungsverlauf in ➡ *Bild 2*, wenn man den Spannunsmesser zwischen S und B legte? Bei welcher Stellung des Schiebers S misst er $\frac{1}{4}$, wo $\frac{3}{4}$ der angelegten Spannung?

A2: Auf einer Projektorlampe steht 25 V/10 A. Sie soll an 230 V angeschlossen werden. Welchen Vorwiderstand muss man in Reihe schalten, damit die Lampe nicht durchbrennt?

A3: Ein Taschenrechner hat die Daten 3 V/0,1 mA. Du möchtest ihn aber mit dem 9 V-Netzgerät deines Rekorders betreiben. Geht das mit einfachen Hilfsmitteln? Erläutere dein Vorgehen.

A4: Drei Widerstände $R_1 = 20\ \Omega$, $R_2 = 30\ \Omega$, $R_3 = 50\ \Omega$ liegen in Reihe an der Spannung $U = 50$ V. Berechne den Gesamtwiderstand, die Stromstärke und die Teilspannungen.

A5: Man schaltet 4 Lämpchen in Reihe an eine Quelle mit 17 V; die Stromstärke ist 0,2 A. An dreien misst man jeweils die Teilspannung 4 V. Bestimme die Widerstände der 4 Lampen.

A6: Die Widerstände $R_1 = 20\ \Omega$ und $R_2 = 100\ \Omega$ sind in Reihe geschaltet. Die Stromstärke ist $I = 0{,}2$ A. **a)** Berechne die angelegte Spannung. **b)** Wie groß sind die Teilspannungen U_1 und U_2?

A7: Die Widerstände $R_1 = 8\ \Omega$ und $R_2 = 12\ \Omega$ sind parallel geschaltet. Die Gesamtstromstärke ist 2,6 A. Berechne die angelegte Spannung und die Stromstärken in den Zweigleitungen.

Interessantes

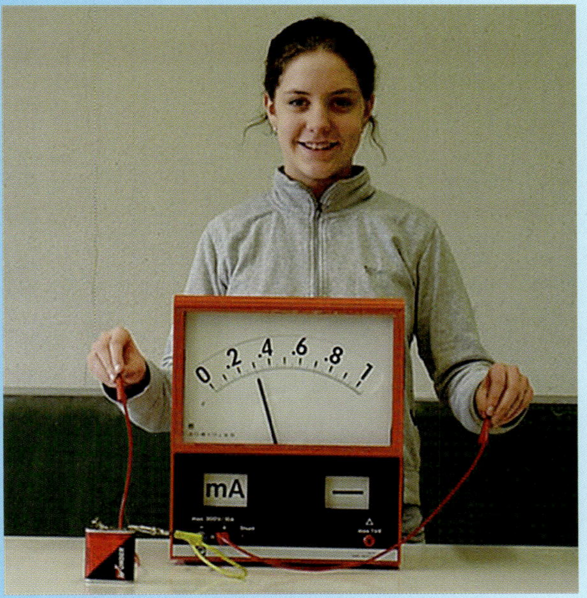

B1: Auch der menschliche Körper leitet den Strom.

Gefahren des elektrischen Stroms

Wie du an *Bild 1* erkennst, leitet der menschliche Körper den elektrischen Strom. Dies ist nicht erstaunlich. Früher hatten wir gesehen, dass Wasser zum Leiter wird, wenn in ihm Salze gelöst sind. Unser Körper besteht zu 80% aus Wasser, in dem auch Salze enthalten sind (denke an salzige Tränen oder Schweiß).

Elektrischer Strom kann sehr gefährlich sein.
Die Größe der Gefahr wird durch die Stromstärke bestimmt:
$I < 0{,}5$ mA: Solche Ströme nehmen wir nicht wahr.
0,5 mA $< I <$ 20 mA: Bei wachsender Stromstärke spüren wir ein Kribbeln, schließlich ein Verkrampfen der Muskeln.
20 mA $< I <$ 70 mA: Ab etwa 20 mA ist die Verkrampfung so stark, dass man den Strom führenden Leiter nicht mehr loslassen kann.
$I > 70$ mA: Führt der Stromweg über das Herz, so kann es ab 70 mA zum Herzstillstand kommen.
Wie bei jedem Leiter hängt die Stromstärke durch unseren Körper vom Widerstand und der anliegenden Spannung ab. Der Widerstand setzt sich aus dem Körperwiderstand (etwa 1,2 kΩ) und dem Übergangswiderstand zusammen. Dabei spielt die Größe der Berührungsfläche von Haut und Leiter ebenso eine Rolle wie der Feuchtigkeitsgrad der Haut.

Man hat herausgefunden, dass die Stromstärke durch den menschlichen Körper ungefährlich bleibt, wenn die Spannung **24 V** nicht überschreitet.
Die 230 V des Hausnetzes können *tödliche Folgen* haben!

Du darfst nie mit Strom direkt aus der Steckdose arbeiten!
Taschenlampenbatterien und Netzgeräte bis 24 V kannst du benutzen.

So verhältst du dich richtig:

- **Blanke Leitungen des Hausnetzes nicht berühren!**
- **Benutze kein Gerät mit Isolationsschäden!**
- **Elektrogeräte nie mit nassen Händen oder barfuß auf feuchtem Boden stehend berühren!**
- **In der Nähe der Badewanne haben Elektrogeräte nichts zu suchen!**

B2: Was wird hier falsch gemacht?

Interessantes

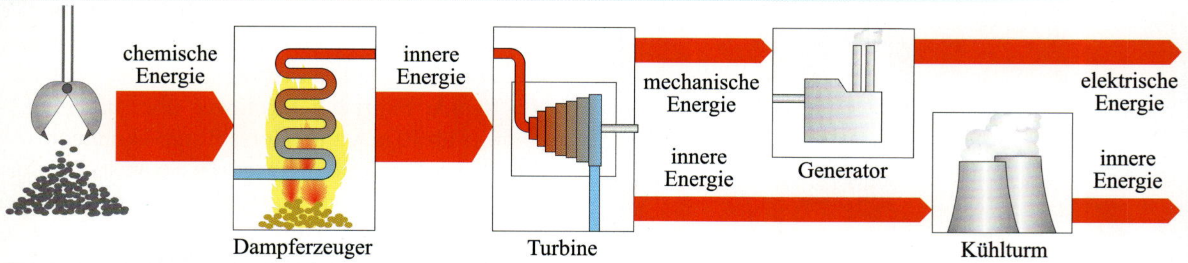

Elektrische Energie – nicht speicherbar, aber immer verfügbar?

Wenn du deine Schreibtischlampe einschaltest, setzt du eine lange Energie-Übertragungskette in Gang. In einem Kraftwerk wird das Dampfventil ein wenig mehr geöffnet, für den Nachschub von Dampf und Energie muss etwas mehr Kohle verbrannt werden. Turbine und Generator wandeln genau die Energiemenge in elektrische Energie, die deine Lampe in Wärme und Licht wandelt.

Einen *Energievorrat* gibt es nur am Anfang dieser Kette: Zu jedem Kohlekraftwerk gehört ein großes Vorratslager, damit der Nachschub an Energie nicht ins Stocken gerät.
Kohle ist wie Erdöl und Erdgas ein *Energieträger*, der nur einmal verbraucht werden kann. Noch sind Vorräte vorhanden, die in Jahrmillionen entstanden sind. Aber wir wissen: Kohle, Erdgas, Erdöl sind *nicht erneuerbare* Energieträger.
Wolltest du deine Tischlampe *allein* aus *erneuerbarer Energie*, z.B. aus „Windkraft" oder von Solarzellen versorgen, dann wärest du davon abhängig, ob der Wind weht oder die Sonne scheint. Elektrische Energie kann man nicht speichern.

Energieversorgung aus erneuerbarer Energie wird nur möglich, wenn es gelingt, Energievorräte anzulegen. Bei Energie aus Biomasse und Energie aus „Wasserkraft" ist dies möglich, bei Wind- und bei Solarenergie hofft man auf die *Wasserstofftechnologie:*

Mit **Wasserstoff als Energiespeicher** kann man
- solare Energie „ernten" und *fotovoltaisch* in elektrische Energie wandeln, wann (am Tag) und wo (z.B. in der Sahara) die Sonne scheint,
- mit elektrischer Energie Wasser in Wasserstoff und Sauerstoff zerlegen,
- den Wasserstoff als Energieträger transportieren und speichern,
- in Brennstoffzellen die chemische Energie aus Wasserstoff und Sauerstoff (der Luft) in elektrische Energie umwandeln.

Die Erzeugung von Wasserstoff geschieht in einer **Knallgaszelle:** Zwei Elektroden tauchen in eine leitende Flüssigkeit ein. Führt die Knallgaszelle Strom, so wird Wasser in seine Bestandteile Wasserstoff und Sauerstoff zerlegt, die in kleinen Gasblasen aufsteigen.

In der **Brennstoffzelle** wird die *chemische Energie des Wasserstoffs in elektrische Energie* gewandelt. Bei 90 °C läuft der umgekehrte Prozess ab wie in der Knallgaszelle. Die Elektroden werden zu Minuspol und Pluspol einer Stromquelle.
Die Umwandlung in elektrische Energie erfolgt in der Brennstoffzelle ohne umweltgefährdende Abgase, außerdem ist der Wirkungsgrad der Umwandlung hoch. Deshalb wird an der Brennstoffzelle und der Technik für den gefahrlosen Umgang mit Wasserstoff mit Hochdruck gearbeitet.

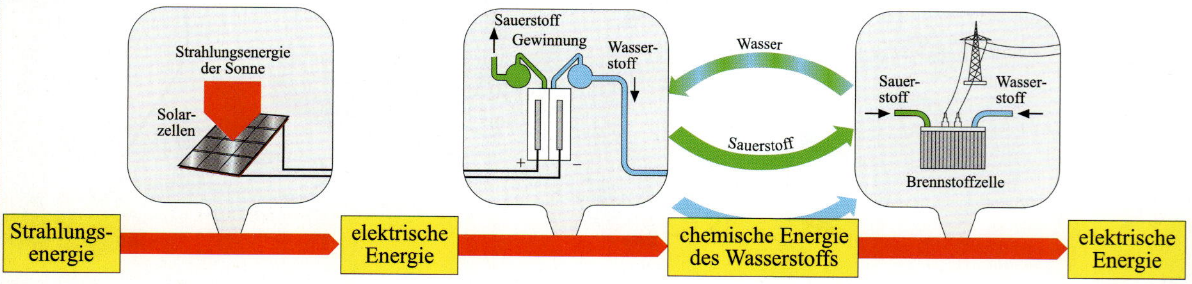

Das ist wichtig

1. Stromstärke: $\boldsymbol{I = \frac{Q}{t}}$ Einheit: $1\ \text{A} = 1\ \frac{\text{C}}{\text{s}}$

Bei einem konstanten Strom kann die durch einen Leiterquerschnitt fließende **Ladung *Q*** berechnet werden mithilfe der Gleichung

$$\boldsymbol{Q = I \cdot t}.$$

2. Die **Spannung *U*** ist der Antrieb für das Fließen von Ladung. Dabei wird pro Ladungsportion umso mehr Energie umgesetzt, je größer die Spannung ist.

3. Widerstand: $\boldsymbol{R = \frac{U}{I}}$ Einheit: $1\ \Omega = 1\ \frac{\text{V}}{\text{A}}$

Der elektrische Widerstand *R* beschreibt die Eigenschaft eines Leiters, das Fließen von Ladungen zu hemmen. Je kleiner *R* ist, desto größer ist die Stromstärke bei gegebener Spannung

$$\boldsymbol{I = \frac{U}{R}}.$$

Die Stromstärke hängt also ab von
- der Spannung *U* der *Quelle* und
- dem Widerstand *R* des *Stromkreises.*

Der elektrische Widerstand *R* hängt von der Form und dem Material des Leiters ab. Bei einem Draht mit der Länge *l* und der Querschnittsfläche *A* gilt:
- *R* ist proportional zu *l*: $R \sim l$,
- *R* ist proportional zu $1/A$: $R \sim 1/A$.

Wenn der Widerstand *R* eines Leiters konstant ist (das ist für Konstantan und Metalle bei konstanter Temperatur der Fall), so gilt für ihn das **ohmsche Gesetz:**

$$\boldsymbol{I \sim U}.$$

Bei reinen Metallen steigt der Widerstand *R*, bei Kohle sinkt *R* mit zunehmender Temperatur.

4. Parallelschaltung von Widerständen

An allen Zweigwiderständen R_i liegt die gleiche Spannung *U*. Die Stromstärken $I_i = U/R_i$ in jedem Kreis addieren sich zur **Gesamtstromstärke**

$$I_{ges} = I_1 + I_2 + \ldots = U \cdot \left(\frac{1}{R_1} + \frac{1}{R_2} + \ldots\right) = \frac{U}{R}.$$

Für den **Ersatzwiderstand *R*** parallel geschalteter Widerstände gilt:

$$\frac{1}{R} = \frac{1}{R_1} + \frac{1}{R_2} + \ldots.$$

Der Ersatzwiderstand *R* ist kleiner als der kleinste Zweigwiderstand.

5. Reihenschaltung von Widerständen

In allen Widerständen ist die Stromstärke *I* gleich groß. Die **Gesamtspannung *U*** ist die Summe der Teilspannungen $U_i = I \cdot R_i$ an den Teilwiderständen R_i:

$$U = U_1 + U_2 + \ldots = I \cdot (R_1 + R_2 + \ldots) = I \cdot R.$$

Der **Ersatzwiderstand *R*** $= R_1 + R_2 + \ldots$ der Reihenschaltung ist die Summe der Teilwiderstände R_i. Er ist größer als der größte Teilwiderstand.

Aufgaben

A1: **a)** Wie groß ist der Widerstand eines Drahtes, in dem bei einer Spannung von 24 V die Stromstärke 1,6 A beträgt? **b)** Welchen Wert darf die Spannung haben, wenn die Stromstärke 1,2 A sein soll? **c)** Jetzt soll ein Draht 16 facher Länge aus gleichem Material genommen werden. Welchen Durchmesser muss man wählen, wenn der Widerstand gleich bleiben soll?

A2: In einem Eisendraht ist bei Anlegen der Spannung 6,0 V die Stromstärke zunächst $I_1 = 1{,}5$ A. Nach kurzer Zeit stellt sich die konstante Stromstärke $I_2 = 1$ A ein. Der Draht glüht nun. **a)** Berechne die Widerstände R_1 und R_2 des Drahtes. **b)** Warum gilt bei diesem Versuch nicht das ohmsche Gesetz?

A3: In den beiden Zweigen eines Stromkreises liegen zwei Strommesser. Der eine zeigt 1,8 A. Was zeigt der andere, wenn man im unverzweigten Teil 2,4 A misst?

A4: Die Widerstände $R_1 = 160\ \Omega$ und $R_2 = 300\ \Omega$ sind in Reihe geschaltet. An diese Schaltung wird die Spannung $U = 230$ V gelegt. **a)** Berechne den Gesamtwiderstand und die Stromstärke. **b)** Berechne die Teilspannungen U_1 und U_2.

A5: Die Widerstände $R_1 = 50\ \Omega$ und $R_2 = 10\ \Omega$ werden parallel geschaltet. Berechne für $U = 7{,}5$ V den Gesamtwiderstand *R*, die Gesamtstromstärke I_{ges} und die Stromstärken I_1 und I_2 in den Zweigleitungen.

A6: Bei einem Schiebewiderstand ist ein Widerstandsdraht um ein Keramikrohr gewickelt. Die Isolation des Drahtes ist oben entfernt, sodass Draht und „Schleifer" Kontakt haben. Durch Verschieben des Schleifers wird der Widerstand des Gerätes verändert. Wie funktioniert das Gerät? Entwirf eine Schaltung (mit Batterie), bei der man die Helligkeit einer Lampe mit einem Schiebewiderstand regeln kann.

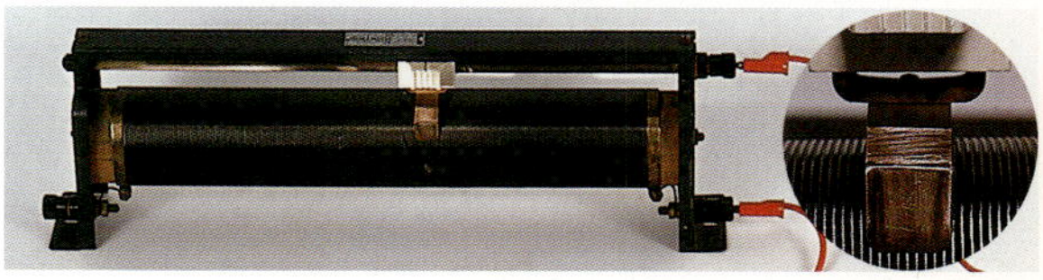

Kennst du dich aus?

A1: Das Bild zeigt die Addition dreier Kräfte. Aus $\vec{F}_1$ und $\vec{F}_2$ ergab sich die Ersatzkraft $\vec{F}_1 + \vec{F}_2$ und daraus mit $\vec{F}_3$ das Endergebnis. Übertrage die Zeichnung in dein Heft und setze die Kräfte auf andere Weise zusammen. Beginne mit $\vec{F}_2$ und $\vec{F}_3$. Was stellst du fest?

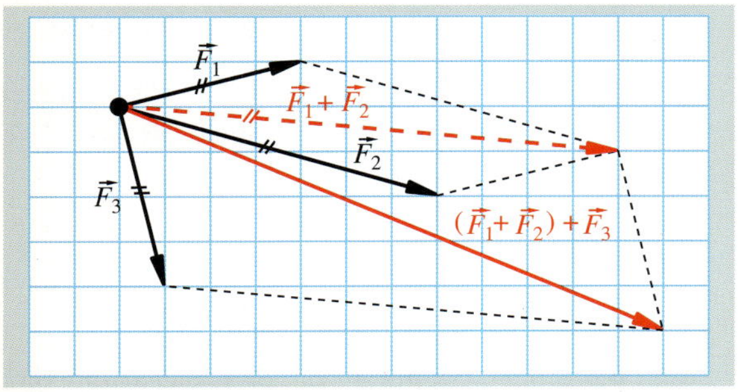

A2: Welche Bedingung gehört zu dem Merksatz über die lose Rolle und dem Merksatz über den Flaschenzug, die zwar im Text davor, aber nicht im Merksatz selbst genannt wird? Welche Bedeutung hat diese Bedingung, falls man die Last nicht weiter hochziehen, sondern nur noch in der gleichen Höhe festhalten muss?

A3: Das Prinzip des Flaschenzugs findet z. B. auch Anwendung durch Schuhriemen bei Schnürschuhen oder wenn ein Nähfaden zwei Stoffteile zusammenhalten soll. Fertige eine Skizze an und erläutere dies.

A4: Ein Kind steht vor einem Spiegel und ärgert sich, dass es sich nicht vollständig im Spiegel sehen kann. Es tritt näher heran und sieht wiederum nur einen Teil von sich. Es geht weiter weg, auch das hilft nicht. Verstehst du, warum das so ist? Erkläre.

A5: Was bedeutet es, wenn zwei physikalische Größen zueinander proportional sind? Erläutere deine Antwort anhand eines Beispiels.

A6: In der Physik sucht man zu subjektiven Wahrnehmungen der Sinne entsprechend passende physikalische Größen, mit denen Phänomene objektiv erfasst werden können. Erläutere dieses Vorgehen anhand mehrerer Beispiele aus dem bisherigen Unterricht.

A7: Ein Wanderer macht sich um 8 Uhr auf den Weg zu einer 24 km entfernten Berghütte, die er mit konstantem Tempo nach 6 Stunden erreicht, ohne Pausen einzulegen. Am nächsten Tag beginnt er um 9 Uhr den Abstieg von der Hütte zum Ausgangspunkt der Wanderung. Diesen erreicht er bei konstantem Tempo um 13 Uhr, wiederum ohne Pause. **a)** Gibt es zwischen Ausgangspunkt und Berghütte einen Ort, an dem der Wanderer an beiden Tagen zur gleichen Uhrzeit vorbeikommt? Begründe deine Antwort. **b)** An welchem Ort und zu welcher Uhrzeit „begegnet" er sich selbst?

A8: Eine Kugel startet jeweils in Position ① aus der Ruhe. Kennzeichne jeweils, wie hoch die Kugel auf der anderen Seite kommt. Begründe deine Antwort.

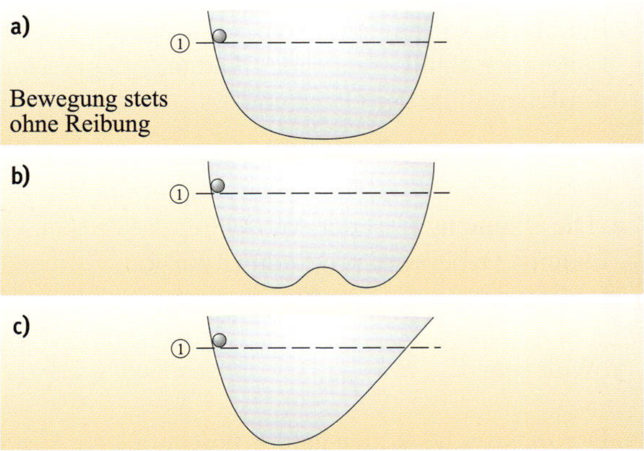

A9: **a)** Wodurch unterscheiden sich die Begriffe „Kraft" und „Druck" physikalisch? **b)** Gib Beispiele aus dem Alltag an, die zeigen, dass die Unterscheidung dieser Begriffe notwendig ist.

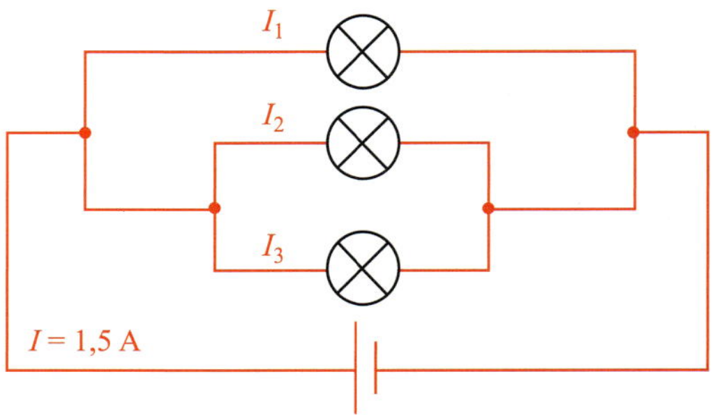

A10: Ermittle die Stromstärken I_1, I_2 und I_3 in den Zweigen auf möglichst verschiedene Weise (die Lampen sind gleich). Erläutere und begründe deine Lösungswege.

A11: Im unten abgebildeten Stromkreis beträgt die Stromstärke 0,1 A. Wie ändert sich die Lampenhelligkeit in den folgenden Fällen (begründe deine Antwort)? **a)** Der Widerstand R_1 wird verdoppelt. **b)** Der Widerstand R_2 wird verdoppelt. **c)** Der Widerstand R_1 wird verdoppelt und der Widerstand R_2 wird entfernt ($R_2 = 0$). **d)** Der Widerstand R_2 wird verdoppelt und der Widerstand R_1 wird entfernt ($R_1 = 0$).

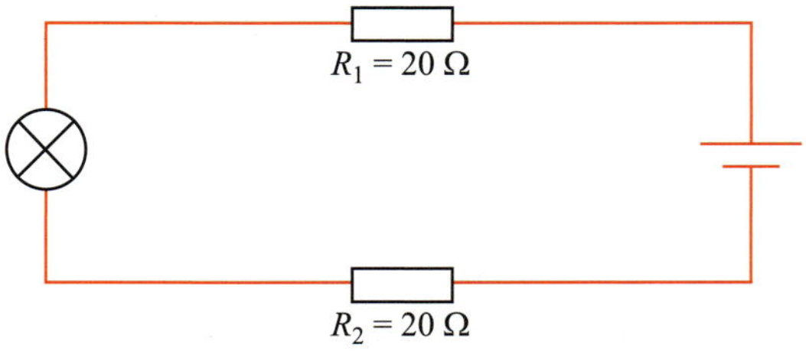

A12: Miss mit einem Ohmmeter deinen elektrischen Körperwiderstand zwischen den Händen bei **a)** trockener Haut an den Kontaktstellen **b)** feuchter Haut. **c)** Spielt die Größe der Kontaktflächen eine Rolle?

A13: **a)** Gefährliche Stromstärken beginnen ab ca. 30 mA. Ab welchen Spannungen würde es für dich nach den Messungen in A 13 a) bzw. A 13 b) gefährlich? **b)** Ändert sich dein Körperwiderstand, wenn du zwischen einer Fußsohle und einer Handfläche misst?

A14: Drei Widerstände sind wie in der folgenden Abbildung geschaltet.

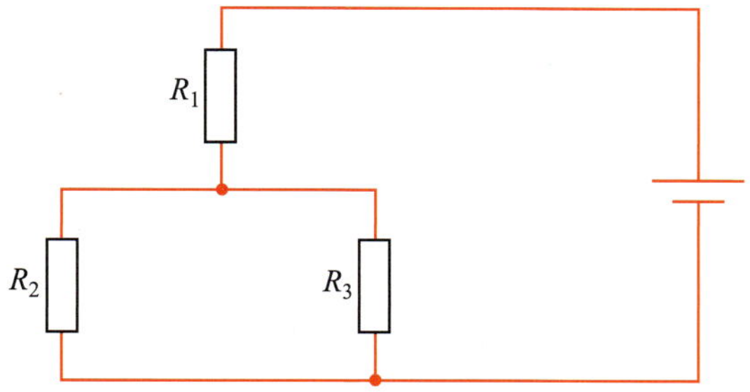

a) Ordne die elektrischen Ströme, die die drei Widerstände führen, nach ihrer Größe. Erkläre. **b)** Ordne die an den Widerständen anliegenden Spannungen der Größe nach. Erkläre. **c)** Erkläre, wie man mit dieser Schaltung erreichen kann, dass die Spannungen an R_1 und R_2 gleich groß sind.

A15: Gibt es einen Zusammenhang zwischen Magnetismus und Elektrizität? Wenn ja, erläutere ihn anhand eines Beispiels.

A16: Innerhalb einer Stadt siehst du am Straßenrand nebenstehendes Verkehrsschild: **a)** Welche Bedeutung hat dieses Schild? **b)** Wie müsste dieses Verkehrsschild physikalisch korrekt aussehen?

A17: Die Bewegung eines Körpers ergibt vereinfacht folgendes *t*-*v*-Diagramm:

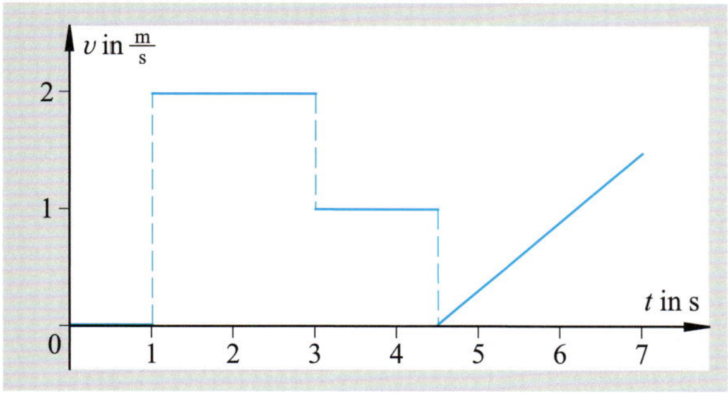

Zeichne das zugehörige *t*-*s*-Diagramm. Erläutere für die einzelnen Zeitabschnitte wie du dabei vorgegangen bist.

A18: Wie sind die Begriffe Geschwindigkeit und elektrische Stromstärke definiert? Gibt es zwischen beiden Begriffen Gemeinsamkeiten?

A19: Paul und Lena beginnen gleichzeitig mit dem Fahrrad zum 2 km entfernten Freibad zu fahren. Das folgende *t*-*s*-Diagramm zeigt den Verlauf ihrer Fahrt.

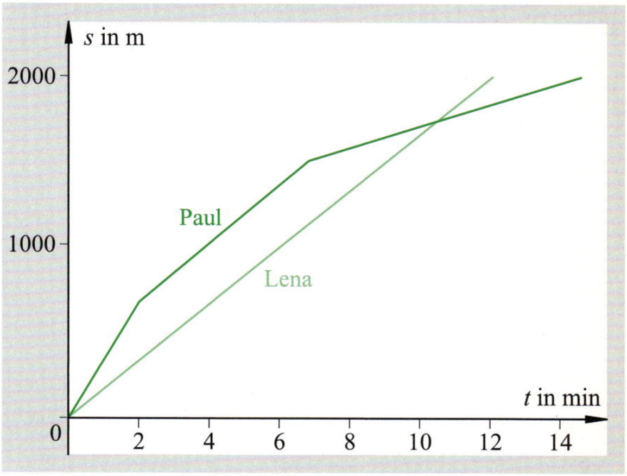

a) Beschreibe und vergleiche die Fahrt der beiden. **b)** Gibt es ein Zeitintervall, in dem Paul vor Lena fährt? Begründe deine Antwort. **c)** Gibt es unterwegs einen Zeitpunkt, an dem sie am gleichen Ort sind? Wenn ja, ermittle ihn. **d)** Gibt es ein Zeitintervall, in dem beide mit gleicher Geschwindigkeit fahren? Begründe. **e)** Wer erreicht als Erster das Freibad? Welchen Weg muss der andere dann noch zurücklegen? Verdeutliche deinen Lösungsweg im Diagramm.

A20: Mit einem Echolot wird die Wassertiefe in einem Hafen gemessen. Sender und Empfänger befinden sich 0,50 m unter der Wasseroberfläche. **a)** Berechne die Wassertiefe, wenn das vom Grund reflektierte Signal nach 0,020 s empfangen wird (Schallgeschwindigkeit Wasser 1480 m/s). **b)** Welche Zeit würde zwischen Absenden und Empfangen des Signals vergehen, wenn die Messung in Luft bei gleicher Strecke durchgeführt würde?

A21: In der Physik wird mit Modellen und Denkmodellen gearbeitet. **a)** Erläutere was man unter einem Denkmodell versteht anhand der Begriffe „Lichtstrahl“, „Teilchenmodell“, „Elementarmagnet“. **b)** Erläutere, warum das Verwenden von Denkmodellen sinnvoll und notwendig ist. **c)** Erläutere, ob das Wort „Modell“ bei einer Modelleisenbahn die gleiche Bedeutung hat wie in der Physik.

A22: Erläutere anhand einer selbstgewählten Rechenaufgabe aus dem Buch, wie du beim Lösen vorgehst. **a)** Schreibe die Schritte deiner Lösungsstrategie in der logischen Reihenfolge auf. **b)** Überlege, wie du vorgehen könntest, wenn du beim Lösen einer Aufgabe irgendwo stecken bleibst.

Vorsilben für dezimale Vielfache und Teile von Einheiten

Vorsilbe	Exa (E)	Peta (P)	Tera (T)	Giga (G)	Mega (M)	Kilo (k)	Hekto (h)	Deka (da)
bedeutet	10^{18}	10^{15}	10^{12}	10^{9}	10^{6}	10^{3}	10^{2}	10^{1}
Vorsilbe	Dezi (d)	Zenti (c)	Milli (m)	Mikro (μ)	Nano (n)	Piko (p)	Femto (f)	Atto (a)
bedeutet	10^{-1}	10^{-2}	10^{-3}	10^{-6}	10^{-9}	10^{-12}	10^{-15}	10^{-18}

	J	**kWh**	**cal***	**eV**
1 J	1	$2{,}7777 \cdot 10^{-7}$	0,23884	$0{,}6242 \cdot 10^{19}$
1 kWh	$3{,}6000 \cdot 10^{6}$	1	$0{,}8598 \cdot 10^{6}$	$2{,}247 \cdot 10^{25}$
1 cal*	4,1868	$1{,}1630 \cdot 10^{-6}$	1	$2{,}613 \cdot 10^{19}$
1 eV	$1{,}602 \cdot 10^{-19}$	$4{,}45 \cdot 10^{-26}$	$3{,}826 \cdot 10^{-20}$	1

Energieeinheiten1 J (Joule) = 1 Nm (Newtonmeter); 1 kWh = 1000 W · 1 h = $3{,}6 \cdot 10^{6}$ Joule.
1 eV (Elektronvolt) ist die Energie, die ein Teilchen mit der Elementarladung $e = 1{,}6 \cdot 10^{-19}$ C beim Durchlaufen der Spannung 1 Volt aufnimmt.

Massen, Längen und Zeiten

Massen (in kg)		**Längen und Ausdehnungen** (in m)		**Zeiten** (1 a = 1 Jahr)	
Weltall	$\approx 10^{50}$	Weltall (∅)	$\approx 10^{26}$	Weltalter	10^{10} a
Sonne	$1{,}99 \cdot 10^{30}$	1 Lichtjahr	$9{,}46 \cdot 10^{15}$	Erdalter	$5 \cdot 10^{9}$ a
Erde	$5{,}98 \cdot 10^{24}$	Erde (∅)	$1{,}28 \cdot 10^{7}$	Halbwertszeit von Uran	$5 \cdot 10^{9}$ a
Mond	$7{,}3 \cdot 10^{22}$	Berlin (∅)	$\approx 10^{5}$	Erdkruste	$3 \cdot 10^{9}$ a
Lufthülle der Erde	$2 \cdot 10^{18}$	Mensch	1,75	Paläozoikum vor	$2 \cdot 10^{9}$ a
Cheopspyramide	$6 \cdot 10^{9}$	Bakterien	$\approx 10^{-6}$	Mesozoikum vor	$5 \cdot 10^{8}$ a
Mensch	$7 \cdot 10^{1}$	Atome	$\approx 10^{-10}$	Spuren des	
1 l Wasser	1	Atomkern	$\approx 10^{-14}$	ersten Menschen vor	$6 \cdot 10^{5}$ a
Fliege	$\approx 10^{-3}$	Elektron	$5{,}6 \cdot 10^{-15}$	Neandertaler vor	$2 \cdot 10^{5}$ a
Staubkorn	$\approx 10^{-10}$			Bronzezeit vor	$5 \cdot 10^{3}$ a
Uranatom	$4 \cdot 10^{-25}$			Lichtlaufzeit Sonne–Erde	500 s
Elektron	$9{,}1 \cdot 10^{-31}$			Pulsschlag des Menschen	≈ 1 s

* veraltete, nicht mehr zugelassene Einheiten

Eigenschaften von Festkörpern, Flüssigkeiten und Gasen

Feste Körper	Dichte in $\frac{g}{cm^3}$	Längenausdehnungszahl in $\frac{mm}{m \cdot K}$	Spezifische Wärme in $\frac{kJ}{kg \cdot K}$	Schmelzpunkt in °C	Spezifische Schmelzwärme in $\frac{kJ}{kg}$
Aluminium	2,70	$2{,}4 \cdot 10^{-2}$	0,9	660	397
Blei	11,34	$3{,}1 \cdot 10^{-2}$	0,13	327	23
Eisen (rein)	7,86	$1{,}2 \cdot 10^{-2}$	0,45	1535	277
Jenaer Glas	2,5	$0{,}8 \cdot 10^{-2}$	0,78	–	–
Gold	19,3	$1{,}4 \cdot 10^{-2}$	0,13	1063	64
Kupfer	8,93	$1{,}7 \cdot 10^{-2}$	0,38	1083	205
Magnesium	1,74	$2{,}6 \cdot 10^{-2}$	1,02	650	370
Natrium	0,97	$7{,}1 \cdot 10^{-2}$	1,22	97,8	113
Platin	21,4	$0{,}9 \cdot 10^{-2}$	0,13	1769	111
Silber	10,51	$2{,}0 \cdot 10^{-2}$	0,24	960,5	105
Wolfram	19,3	$0{,}4 \cdot 10^{-2}$	0,13	3380	191
Zink	7,14	$2{,}6 \cdot 10^{-2}$	0,39	419,5	109

Die Längenausdehnungszahl gibt die Längenzunahme ΔL (in mm) eines 1 m langen Stabes bei 1 K Temperaturzunahme an.

Flüssigkeiten	Dichte bei 18 °C in $\frac{g}{cm^3}$	Raumausdehnungszahl in $\frac{dm^3}{m^3 \cdot K}$	Spezifische Wärme in $\frac{kJ}{kg \cdot K}$	Siedepunkt bei 1,013 bar in °C	Verdampfungswärme in $\frac{kJ}{kg}$
Benzol	0,879	1,2	1,73	80,1	394
Diäthyläther	0,716	1,6	2,31	34,5	384
Ethanol	0,791	1,1	2,43	78,3	840
Glycerin	1,260	0,5	2,39	290,5	–
Petroleum	0,85	1,0	2,1	150–300	–
Quecksilber	13,55	0,2	0,14	357	285
Wasser	0,9986	≈0,2	4,19	100	2256

Die Raumausdehnungszahl gibt die Volumenzunahme ΔV (in dm^3) von 1 m^3 bei 1 K Temperaturzunahme an.

Gase	Dichte bei 0 °C und 1,013 bar in $\frac{g}{dm^3}$	Dichte als Flüssigkeit in $\frac{g}{cm^3}$	Spezifische Wärme in $\frac{kJ}{kg \cdot K}$	Schmelzpunkt in °C	Siedepunkt bei 1,013 bar in °C
Ammoniak	0,771	0,68	2,16	– 77,7	– 33,4
Chlor	3,21	–	0,74	–101	– 34,1
Helium	0,178	0,13	5,23	–272	–269
Kohlenstoffdioxid	1,98	–	0,84	–	– 78,5
Luft	1,293	–	1,01	–213	–191
Sauerstoff	1,43	1,13	0,92	–219	–183
Stickstoff	1,25	0,81	1,04	–210	–196
Wasserdampf 100 °C; 1,013 bar	0,6	0,96	1,95	–	–
Wasserstoff	0,0899	0,07	14,32	–259	–253

Farbcode auf Schichtwiderständen

	schwarz	braun	rot	orange	gelb	grün	blau	violett	grau	weiß	gold	silber
1. Ring	0	1	2	3	4	5	6	7	8	9		
2. Ring	0	1	2	3	4	5	6	7	8	9		
3. Ring		0	00	000	0000	00000	usw.				:10	:100
4. Ring		±1%	±2%								±5%	±10%

Spezifischer Widerstand bei 18 °C

Stoff	$\frac{\Omega\,mm^2}{m}$	Stoff	$\frac{\Omega\,mm^2}{m}$	Stoff	$\frac{\Omega\,mm^2}{m}$
Silber	0,016	Kohle	50 … 100	Polystrol	$5 \cdot 10^{18}$
Kupfer	0,017	Germanium	900	Glas	$10^{16} \ldots 10^{19}$
Gold	0,023	Silicium	1 200	Porzellan	$10^{19} \ldots 10^{20}$
Aluminium	0,028	Meerwasser	200 000	Glimmer	$10^{19} \ldots 10^{21}$
Wolfram	0,049	dest. Wasser	10^{10}	Hartgummi	$10^{19} \ldots 10^{21}$
Nickel	0,07	Schiefer	10^{12}	Paraffin	$10^{20} \ldots 10^{22}$
Eisen	0,1 … 0,5	Marmor	$10^{13} \ldots 10^{14}$	Siegellack	10^{22}
Konstantan	0,5	Pressspan	10^{14}	Bernstein	$>10^{22}$

Internationale Einheiten

1 inch (in, Zoll)	= 2,54 cm	1 ounce (oz)	= 28,35 g
1 foot (ft) = 12 in	= 30,48 cm	1 pound (lb)	= 16 oz = 453,6 g
1 yard (yd) = 3 ft	= 91,44 cm	1 quarter (qu)	= 28 lbs = 12,70 kg
1 mile = 1760 yd	= 1609 m	1 short ton	= 2000 lbs = 907,2 kg
1 acre	= 4047 m²	1 long ton	= 2240 lbs = 1016 kg
			englisch amerikanisch
1 geographische Meile	= 7420 m	1 pint (liq. pt.)	= 0,5683 l = 0,4732 l
1 Seemeile (sm)	= 1852 m	1 quart = 2 pints	= 1,1365 l = 0,9464 l
1 Knoten (kn) = 1 sm/h	= 0,5144 m/s	1 gallon = 4 quarts	= 4,5461 l = 3,7854 l
1 Faden	= 1,829 m	1 petroleum barrel	= 159,11 l = 158,99 l
1 Registertonne	= 2,832 m³	1° Fahrenheit (°F)	$= \frac{5}{9}$ °C
1 internat. Karat	= 0,2051 g	wobei 32 °F der Temperatur 0 °C entspricht.	
1 Feinunze (troy ounce, tr. oc.)	= 31,1035 g		

Stichwortverzeichnis